ALMANAQUE SHOW DE QUÍMICA®: um fantástico guia de experiências químicas

APOIO:

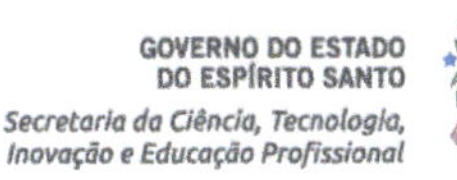

HONERIO COUTINHO DE JESUS

ALMANAQUE SHOW DE QUÍMICA®: um fantástico guia de experiências químicas

www.showdequimica.com.br

https://www.youtube.com/channel/UCx1ut2MaJBj94r3P1bQaCzQ

@showdequimica

showdequimica

2024

2ª Edição

Direção editorial: Victor Pereira Marinho e José Roberto Marinho

Edição revisada segundo o Novo Acordo Ortográfico da Língua Portuguesa

Dados Internacionais de Catalogação na publicação (CIP)
(Câmara Brasileira do Livro, SP, Brasil)

Jesus, Honerio Coutinho de
Almanaque show de química: um fantástico guia de experiência química /
Honerio Coutinho de Jesus. – 2. ed. – São Paulo: LF Editorial, 2024.

Bibliografia.
ISBN 978-65-5563-441-9

1. Química - Experiências 2. Química - Experimentos I. Título.

24-200250 CDD-540.724

Índices para catálogo sistemático:
1. Química: Experimentos 540.724

Aline Graziele Benitez - Bibliotecária - CRB-1/3129

LF Editorial
www.livrariadafisica.com.br
www.lfeditorial.com.br
(11) 2648-6666 | Loja do Instituto de Física da USP
(11) 3936-3413 | Editora

ATENÇÃO!

As experiências descritas neste livro devem ser executadas ou acompanhadas por pessoas adultas responsáveis, professores ou estudantes com conhecimento básico de química, a fim de se evitar possíveis acidentes.

As experiências deste livro poderão ser reproduzidas através do kit experimental "Show de Química", parte integrante do projeto www.showdequimica.com.br.

"O mais incompreensível sobre o universo, é que ele é compreensível" Albert Einstein

"A consequência da inconsequência humana é a falta de consequência" O autor

para aqueles que sabem fazer a hora e não esperam acontecer.

DEDICATÓRIA:

- Dedico este livro a todos aqueles que veem prazer na beleza dos fenômenos científicos, que desejam entender o mundo ao seu redor de forma mais sapiente, desatrelados de mitos e crendices.
- Dedico este livro às pessoas multidisciplinares, caminhando para a plenitude do saber.

PREFÁCIO DA 2ª EDIÇÃO

Já se passaram dois anos da 1ª edição deste livro, patrocinada pelo instituto Granado de Tecnologia da Poliacrilonitrila - IGTPAN (Jacareí - SP), vinculado a empresa Quimlab Produtos de Química Fina Ltda, por meio do seu Diretor mantenedor, o Químico e M.Sc. Nilton Pereira Alves Granado. O livro foi lançado na Feira Analítica Latin América de São Paulo entre os dias 21 a 23 de junho de 2022 no EXPO São Paulo, com distribuição gratuita de 2000 exemplares. Muitos elogios foram direcionados pelos leitores à esta obra, relativo à sua abrangência química, inovação e qualidade gráfica. Destaco nesta atual edição a mensagem recebida do ilustre professor Jüergen Heinrich Maar, da Universidade Federal de Santa Catarina (UFSC), reproduzida a seguir.

Nestes dois anos o projeto Show de Química (www.showdequimica.com.br) continuou a realizar seu propósito mestre de popularização científica em escolas e eventos, com participação em editais públicos e de alunos do curso de Química (licenciatura e Bacharelado) do Departamento de Química nas ações do projeto. Em 2022 foram realizadas 8 apresentações do espetáculo Show de Química na Feira Colatina Conectada (norte do ES) e uma apresentação na X Jornada Integrada de Extensão da UFES. No ano de 2023 o projeto recebeu recursos da Fundação de Amparo à Pesquisa e Inovação do ES (FAPES), através do edital n° 12 Universal Extensão, com realização de 5 shows e 10 dias completos de oficinas ao longo daquele ano, para 5 escolas estaduais da região sudoeste serrana do estado do ES. Também foram realizadas 3 apresentações de shows na Mostra de Ciências do Centro de Ciências Exatas da UFES, e de forma notória, o projeto recebeu recursos do CNPq para a SNCT 2023, com realização de 5 palestras e 5 shows em escolas do sul do estado do ES, com distribuição gratuita do kit experimental Show de Química e da 1ª edição do livro Almanaque Show de Química. Gostaria de destacar as melhorias engendradas para os dois novos modelos de kits criados em 2023 (ver canal Yoube), que ampliaram a quantidade de vidraria e reagentes, de forma a contemplar experiências novas na área de Química Orgânica, além de permitir uma maior quantidade de replicatas experimentais (a maioria dos frascos de reagentes foram ampliadas para 30 g).

Muito trabalho realizado, e muito trabalho ainda a ser realizado, após 30 anos de luta em prol da popularização científica. No final do ano passado recebi o convite da Editora Livraria da Física de São Paulo para uma nova edição deste livro. Como já tinha esta intenção desde 2022, principalmente para incluir a temática de funções orgânicas (embora a 1ª edição contemple experiências com compostos orgânicos), retomei a escrita de novos temas para compor esta nova edição (oxigênio singlete, introdução a química orgânica e suas funções), além de expandir a temática de equilíbrio químico, polímeros e reações relógio, e apresentar dois novos modelos do kit experimental Show de Química. Uma nova diagramação foi realizada com introdução do índice remissivo. A mudança do layout da 1ª edição (16x23 cm para 17x24 cm), e diminuição do tamanho da letra principal (Cambria math) para 9,5, permitiu a inclusão de novas 50 páginas.

Vitória, abril/2024 **O autor**

AGRADECIMENTOS:

Dentre os diversos colaboradores, agradeço especialmente ao CNPq pelo aporte financeiro no edital da SNCT 2023 que permitiu, além da realização de shows e palestras em escolas do ES, a confecção e doação para estas escolas de kits experimentais ampliados, que respaldaram a ampliação da 1ª edição.

Agradeço as duas alunas de mestrado do programa de pós-graduação do Departamento de Química da Ufes, **Amanda Marsoli Azevedo Feu** e **Gyovana Lima Welsing**, pela contribuição na redação da parte orgânica e no trabalho de diagramação. Agradeço ainda ao Prof. Dr. **Reginaldo Bezerra dos Santos**, do DQUI – UFES, pela revisão técnica dos textos de Química Orgânica, e ao Prof. Dr. **Anderson Fuzer Mesquita** pela revisão do Capítulo 16.

Mensagem de apoio do Prof. Juergen Heinrich Maar

Prezado professor Honério:

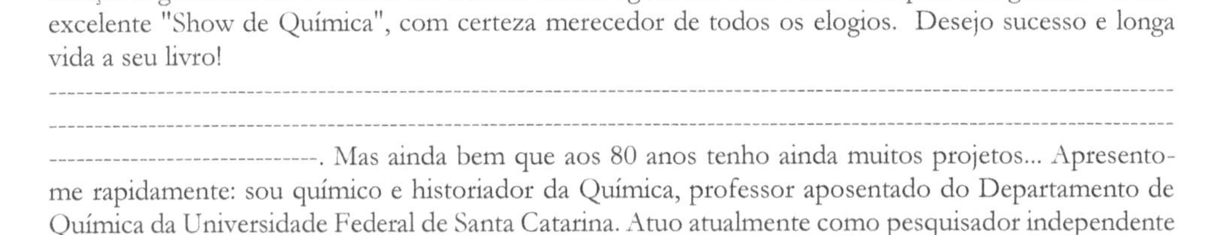

Graças à gentileza do Nilton e do Marcos tenho agora em mãos um exemplar autografado de seu excelente "Show de Química", com certeza merecedor de todos os elogios. Desejo sucesso e longa vida a seu livro!

-----------------------------. Mas ainda bem que aos 80 anos tenho ainda muitos projetos... Apresento-me rapidamente: sou químico e historiador da Química, professor aposentado do Departamento de Química da Universidade Federal de Santa Catarina. Atuo atualmente como pesquisador independente na área de história da Química.

Fiquei muito bem impressionado com o seu livro, com seu texto a um tempo conciso e sóbrio, mas contendo também uma farta e bem escolhida série de ilustrações bem pertinentes. O que me chamou positivamente a atenção é o predomínio do texto diante da ilustração, como deveria ser nos livros desse tipo. Não faz mais sentido em textos dessa natureza o predomínio do ilustrativo, e às vezes até do lúdico. Na era da informática deve predominar a explicação e o entendimento, e esse é um ponto forte do seu livro. Também me chamou a atenção a presença de temas menos comuns, como perfumes, e de assuntos mais atuais.

Bom, esta é a avaliação de um professor de Química há muito tempo afastado da prática docente no ensino médio, mas de alguém que esteve sempre ligado, de um modo ou de outro, à problemática do ensino de Química. Fui durante doze anos coordenador do curso de graduação em Química, e fiz parte também do Conselho de Ensino, Pesquisa e Extensão da UFSC. Como coordenador, tive a oportunidade de reformular os currículos e ementas dos cursos de Licenciatura e de Bacharelado em Química, e tentei sugerir modificações de conteúdo e forma nos currículos de Química do ensino médio, em congressos e outros eventos. Mas não tive sucesso. A Química é a "menos amada" das ciências lecionadas no ensino médio, e tenho para mim que isso se deve em muito à maneira como essa ciência é apresentada: parece tratar-se de conteúdos muito distantes do cotidiano do aluno - falta uma combinação ideal da teoria necessária com a prática e vivência diárias, bem como de uma certa dose de filosofia da ciência (inclusive na formação do professor). Acho que mesmo meus livros de "História da Química" podem contribuir para a melhoria do ensino de Química - nenhuma ciência é uma ilha. Esquecemos uma velha máxima: a ordem de dificuldades que a Humanidade teve para entender certos conceitos é a ordem de dificuldades que os alunos têm para aprender esses conceitos. O analfabetismo científico, aumentando não só entre nós, mas mundialmente, torna-se um perigo, pois leva mais e mais à pseudociência e por fim contribui para o negacionismo.

Por hoje encerro por aqui. Certamente teremos no futuro outras oportunidades para trocar ideias sobre o ensino da Química.

Desejando uma boa semana,

Cordialmente,

Juergen Heinrich Maar.

4 de setembro de 2022

PREFÁCIO 1ª EDIÇÃO

Almanaque Show de Química®: um fantástico guia de experiências químicas

É com satisfação que apresento, para os entusiastas da Química, esta nova obra do projeto Show de Química de autoria do Professor Honerio Coutinho de Jesus, que ministra disciplinas correlatas à Química na Universidade Federal do Espírito Santo, principalmente na área de Química Analítica. A Química é onipresente em todas as atividades humanas. É com essa forma de ver o mundo que o Professor Honerio revisita sua obra publicada em 2018 (3ª Ed.), fruto do projeto Show de Química de sua autoria, apresentando de forma lúdica e experimental um universo de notáveis reações químicas, possíveis e seguras. A obra é essencial ao saber do jovem curioso, do aluno e professor do ensino médio ao ensino superior e aos profissionais de Química, para que possam expor de maneira simples e básica os conceitos dessa ciência intrigante, proporcionar um aprendizado mais consciente, responsável e fascinante pela Ciência. O texto inicia-se pela necessária revisão geral dos conceitos de Química, útil para o leitor não familiarizado com esta ciência. Adiante, o texto caminha para o ambiente de trabalho, o laboratório químico, onde as curiosidades da ciência da Química se transformam em "mágicas" aos olhos de um leigo, mas evidentes aos observadores de senso aguçado. Uma excelente descrição dos elementos químicos continua o texto de forma simples e instrutiva. Caminha posteriormente para os compostos químicos, suas propriedades e diversidade, numa abordagem inicial focada em compostos usuais de laboratório, e depois com uma visão mas aplicada e comercial, como os perfumes, detergentes e o amplo campo dos polímeros. O compêndio segue com a importância dos coloides, assunto esse de grande importância industrial. Em seguida, o texto se adentra no mundo de cristais e géis de silicato, com belas formações e cores, de grande interesse acadêmico e tecnológico. Outro assunto fascinante é mostrado no tema de cor e processos cromáticos, que despertam grande curiosidade dos aficionados pelo estudo das cores e suas aplicações comerciais. Ato contínuo, as reações relógio que marcadamente tem influência do tempo, e pelas raras, mas não menos importantes reações oscilantes, que se equiparam à fenômenos físicos, de astronomia e biologia, por exemplo. A Quimiluminescência prossegue na tarefa de abordar os conhecimentos de absorção e excitação de partículas fundamentais e emissão de energia na forma de luz visível. Posteriormente, segue-se os conceitos fundamentais de Química relacionados à Cinética Química, Equilíbrio Químico e Eletroquímica. Na seção Cinética Química são considerados os conceitos de efeitos de reagentes, superfície de contato, condições de reação e catalisador. No item referente ao equilíbrio químico temperatura e pressão, concentração e hidrólise demonstram suas influências nas reações químicas. A eletroquímica tem hoje uma importância fundamental na cadeia de valor da Indústria Automobilística, uma vez que está substituindo motores a explosão por sistemas movidos a baterias e supercapacitores. Em sequência, o autor aborda fantásticas experiências exotérmicas, pirotécnicas e explosivas, assunto que muito o fascinou em sua carreira juvenil. Finaliza a excelente obra o capítulo referente à reações de cátions e ânions, complementar na formação química. A obra é extremamente ilustrada, com excelente didatismo, compondo um compêndio essencial para profissionais, alunos e apreciadores da ciência da Química.

Prof. Dr. Luiz Claudio Pardini

Instituto Tecnológico de Aeronáutica (ITA)

São José dos Campos - SP

PREFÁCIO DO AUTOR 1ª EDIÇÃO

Almanaque Show de Química®: um fantástico guia de experiências químicas

Passaram-se nove anos deste a 1ª e 2ª edição do livro "Show de Química - Aprendendo Química de forma lúdica e experimental". Neste período shows e oficinas foram realizados em escolas, universidades e eventos, além de outras ações desenvolvidas, como o aperfeiçoamento do kit experimental Show de Química, capacitação para empresas, criação do Show de Química Kids para festas de aniversário, e finalmente a participação no programa de empreendedorismo "Sinapse da Inovação" (edital 2017) da Fundação CERTI de Santa Catarina, patrocinado pelo Governo do estado do ES por meio da FAPES (Fundação de Amparo à Pesquisa e Inovação do Espírito Santo). Neste programa pudemos adquirir um bom *know-how* sobre empreendedorismo e ter a oportunidade de fundar a empresa Educainnova Ciência e Produções Educacionais em fevereiro de 2018, de forma a disponibilizar produtos e serviços do projeto Show de Química®. Uma loja virtual da empresa foi então criada para atender o público interessado (www.educainnovaciencia.com).

Após publicação da 1ª edição do livro Show de Química em julho de 2013 (edital do CNPq relativo ao Ano Internacional da Química), com 550 livros impressos e distribuídos gratuitamente para escolas e entidades no país, uma segunda edição comercial foi preparada ainda em 2013 (setembro), após revisão gramatical e correções de alguns erros técnicos (tiragem de 670 livros). Naquele mês, o autor se afastou para realização de um pós-doutorado no Canadá com retorno no final de set/2014. O projeto voltou com suas atividades nas Semanas Estaduais (SECT) e Nacionais (SNCT) de Ciência e Tecnologia, patrocinadas respectivamente pela FAPES e CNPq, além de outras apresentações em instituições de ensino no país. Entre 2013 a 2019 foram realizadas 37 apresentações do espetáculo Show de Química e 30 oficinas, todas descritas no histórico do projeto na aba **Sobre** do site www.showdequimica. com.br. A partir de 2017 um novo modelo de apresentação foi realizado em escolas estaduais de tempo integral da Secretaria de Estado da Educação do ES (SEDU), com apresentação de Show de Química em auditório pela manhã e oficinas à tarde para diversos grupos de alunos. Esta integração show-oficina tem sido frutífera, pois além de gerar fascínio na plateia, agrega maior valor educacional aos alunos, permitindo-os participar da execução de importantes experimentos e contribuindo para uma melhor formação educacional.

Também no ano 2017 levamos o projeto para entreter crianças em festas de aniversário, além da participação e capacitação numa feira sobre segurança de trabalho numa grande empresa do estado, elevando assim a abrangência do projeto. Também melhorias no kit experimental foram realizadas, coroando o trabalho já realizado no kit inicial desenvolvido em 2013 por conta do financiamento do CNPq relativo ao Ano Internacional da Química.

Em função de uma demanda comercial para nova tiragem do livro Show de Química, e trabalho empreendedor do programa "Sinapse da Inovação", em meados do ano de 2018 reformulei a 2ª edição do livro, com retirada de alguns produtos químicos de difícil acesso, adequação do texto para a norma da IUPAC, melhoria de antigas experiências e proposição de novas a partir da aquisição no exterior da fenomenal coleção "*Chemical Demonstration - A Handbook for Teachers of Chemistry*", Vol. 1 a 5, do americano Bassam Z. Shakhashiri da Universidade de Wisconsin. Essa 3ª edição melhorada foi publicada pela Editora Livraria da Física de São Paulo (tiragem de 600 livros) e contém 158 experiências propostas, que podem ser reproduzidas com a nova versão do kit experimental Show de Química (caixa de acrílico), também desenvolvido à época, e disponível no site do projeto (ver capítulo 2).

As ações do projeto continuaram mesmo durante a pandemia de Covid-19, contudo de forma remota. Entre junho de 2020 e março de 2021 foram realizadas 5 palestras gravadas em congressos de ensino no país (ver site do projeto), 2 *lives* e 4 oficinas *on-line*, duas delas na SNCT patrocinada pelo CNPq, sendo que a última em 11/03/21 abordou outras temáticas correlatas (inteligência artificial, agentes sanitizantes, pigmentos químicos na pintura), mostrando a multidisciplinaridade do projeto e sua importância social. A partir do segundo semestre de 2021, com a lenta volta às atividades, foram realizadas inicialmente 6 apresentações do Show de Química no estado do ES e depois mais 6 em cinco outros municípios, com patrocínio do CNPq para a SNCT 2021 (tema "A transversalidade da ciência, tecnologia e inovações para o planeta"). Também nessa semana, oficinas foram apresentadas em 4 escolas atendidas.

Em meados de 2021 recebi um convite do Instituto Granado de Tecnologia da Poliacrilonitrila - IGTPAN, vinculado à empresa Quimlab Produtos de Química Fina Ltda, por meio do seu Diretor mantenedor, o Químico e M.Sc. **Nilton Pereira Alves Granado**, para a redação e impressão de um novo livro com tiragem de 2000 livros, que serão destinados a doação para escolas, empresas, universidades, museus, instituições educacionais, alunos e aficionados por ciências, principalmente Química. Sem dúvida iniciativas como esta, de instituições e empresas privadas, que acreditam na educação como forma do desenvolvimento social e econômico do Brasil, é um exemplo a ser seguido.

Aproveitamos a oportunidade desta 1ª edição patrocinada para fazer algumas melhorias técnicas e visuais, com inserção de novos textos (mais de 100 pg. escritas) e 40 novas experiências (**o livro possui agora mais de 200 experiências**), com temas atuais e tecnológicos, bastantes instigantes (polímeros, materiais crômicos, titulometria, anéis de Liesegang, elementos químicos, reações hipergólicas, etc.). A partir da doação de reagentes químicos e financiamento de uma bolsa para uma aluna de química do DQUI/UFES, foi possível realizar diversas experiências no laboratório aqui na UFES, que resultaram em vídeos novos para o canal YouTube (https://www.youtube.com/user/HonerioCoutinho) e postagens no Instagram (@showdequimica). Também a interlocução técnica com o diretor Nilton Granado do IGTPAN, ao longo deste último ano, foi vital para o êxito desta parceria. Aprendi muito com este químico raiz e empresário genial; experiências fantásticas que eu não conhecia, o que consagra definitivamente este importante e longevo projeto educacional.

Uma boa viagem ao leitor!

Vitória, 15 de maio de 2022

Prof. Dr. Honerio Coutinho de Jesus

Departamento de Química/CCE

Universidade Federal do Espírito Santo

AGRADECIMENTOS 1ª EDIÇÃO

Almanaque Show de Química®: um fantástico guia de experiências químicas

Gostaria imensamente de agradecer ao Químico e Diretor do Instituto Granado de Tecnologia da Poliacrilonitrila - IGTPAN, M.Sc. **Nilton Pereira Alves**, por esta notória oportunidade educacional e profissional, e principalmente pelas sugestões de novas experiências e pelo constante diálogo com este notável Químico "raiz", onde muitas informações técnicas foram discutidas e revisadas, principalmente na área de polímeros, e experiências de impacto da internet, gentilmente apresentadas pelo citado. Também agradeço algumas doações de reagentes de sua empresa Quimlab Produtos de Química Fina Ltda, que em muito ajudaram na realização de novas e fantásticas experiências, algumas delas reproduzidas nesta edição, que também recebeu uma atualização fotográfica e técnica.

Agradeço também ao IGTPAN pela concessão de uma bolsa de pesquisa para a aluna do DQUI **Lívia Davel Gomes**, durante 8 meses (a partir de agosto/2021), e que participou ativamente da realização de experiências, shows, oficinas, filmagens e edição de vídeos, além de alimentar e manter o Instagram do projeto por estes meses. Também contribuiu na pesquisa e escrita de textos que foram incorporados a este livro. A aluna já era minha bolsista de extensão pelo programa de bolsas de extensão da PROEx/UFES. Sua interlocução com o diretor Nilton foi fundamental para sua formação acadêmica e contribuição ao projeto. Desta forma agradeço contribuição da aluna.

Agradeço ainda ao técnico **Vitor de Araújo Freitas** do DQUI/UFES, que desde meados de 2020 tem contribuído com o projeto, principalmente em lives, gravações, oficinas e shows realizados em escolas. Sua experiência educacional no ensino médio foi proveitosa ao projeto. Outra importante contribuição foi a da aluna **Ingrid Alcântara de Aquino**, também do DQUI/UFES, que participou ativamente das diversas tarefas realizadas (auxílio nas filmagens, edição de textos e imagens, participação em shows e oficinas).

Por sugestão do químico Nilton, e com grande satisfação, não poderia deixar de agradecer ao renomado pesquisador da área de engenharia de materiais do Instituto Tecnológico da Aeronáutica (ITA), Prof. Dr. Luiz Cláudio Pardini, que gentilmente aceitou o convite de prefaciar esta nova obra, o que valoriza muito este trabalho educacional.

O autor

Maio de 2022

REAPRESENTAÇÃO DA 3ª EDIÇÃO (2018) do livro

Show de Química: Aprendendo química de forma lúdica e experimental

Peripécias juvenis

Já se passaram quatro décadas desde a minha adolescência, quando comecei a realizar de forma improvisada algumas experiências extraescolares e perscrutar diversas áreas das ciências exatas, como astronomia, eletricidade, eletrônica e química. Essas eram para mim hobbies científicos, pura diversão que consumiam minhas horas vagas principalmente nas férias escolares, com o objetivo de satisfação pessoal e de curiosidade científica.

Na área de química muitas experiências foram realizadas de forma artesanal e sem recursos, principalmente aquelas experiências mais instigantes, como a fabricação de fogos de artifício, espoletas e explosivos. Lembro-me da época (a partir dos 13 anos) quando produzia pólvora negra artesanal (usando o adubo nitrato de sódio) para ser utilizada em foguetes de bambu, ou mais tarde, a produção de espoletas (fulminato de mercúrio, azida de chumbo) para a detonação de explosivos caseiros (amonales, ácido pícrico, etc.). Diversas outras experiências instigantes e ousadas foram realizadas, a exemplo da produção e aspiração de óxido nitroso para se verificar o suposto efeito hilariante sobre a pessoa (como se via nos desenhos animados da época), aspiração de clorofórmio para percepção do efeito anestésico e experiências com fósforo vermelho e branco para verificar suas propriedades físicas e químicas (quimiluminescência). Era um fascínio de luzes, cores e som! Lembro-me também de uma fracassada experiência que fiz na 8ª série (antigo 1° grau), quando capturei um rato e o aprisionei numa ratoeira, para logo depois abrir dentro dela um pequeno frasco contendo NaCN que estava com coloração avermelhada em sua parte superior, supostamente devido a presença de ácido cianídrico! Infelizmente o rato escapou durante a ação de levantamento da ratoeira. Fracasso total e longas horas perdidas, mas tudo em nome da ciência! Era um mundo sem Shopping Centers e internet, sem celular, onde eu estudava, brincava e me divertia com as ciências exatas.

O curso técnico de Eletrotécnica realizado dos 15 aos 17 anos (ETFES - Vitória), seguido de estágio na Escelsa aos 18 anos, aliado ao conhecimento de eletrônica adquirido no curso e em revistas de divulgação em bancas de jornal, muito contribuíram para o despertar da experimentação científica, e multidisciplinaridade do conhecimento. Eu era também apaixonado pela Química e Astronomia e durante meu bacharelado em Química na Universidade Federal de Minas Gerais (UFMG), dos 19 aos 22 anos, tive acesso a boas referências bibliográficas, que me permitiram entender alguns fracassos e realizar novas experiências interessantes. Cheguei a levar meu laboratório pessoal para Belo Horizonte - MG (uma caixa grande com materiais e reagentes transportada de ônibus), a fim de não deixar esmorecer meu espírito científico. Cheguei a construir uma casinha de compensado no terraço de meu prédio em BH para instalar meu pequeno e adorável laboratório químico. Muitas experiências lá realizei!

A partir do mestrado na Pontifícia Universidade Católica do Rio de Janeiro (PUC-Rio) em 1986 na área de Química Analítica (desequilíbrios radioativos e geoquímica de urânio, tório e terras raras) continuei com minhas investigações extracurriculares em ciência, tendo alcançado o "cume do Everest" na minha vivência sobre explosivos, quando finalmente consegui sintetizar a nitroglicerina (já havia tentado duas outras vezes desde os 15 anos de idade sem sucesso). Consegui isso após aprender o processo de nitração por intermédio de um professor de Química Industrial da PUC, que me demonstrou a síntese da nitrocelulose (algodão pólvora) em seu laboratório. Fiquei extasiado e maravilhado quando detonei apenas uma gota da nitroglicerina por mim sintetizada (via golpe de martelo) e percebi uma forte explosão e formação de um pequeno buraco no chão de cimento. Naquele momento eu tinha alcançado o "Nirvana" da minha vida experimental! Na época do mestrado já fazia circuitos eletrônicos temporizados para detonação de explosivos testes.

Com a disponibilidade na PUC-Rio de boas referências bibliográficas, principalmente o periódico *Journal of Chemical Education*, pude continuar a investigar e reproduzir fantásticas experiências de química, tendo em 1992 sido convidado por uma professora de orgânica da PUC para realizar uma apresentação de química num seminário interno da instituição, para uma plateia de professores, técnicos e alunos. Ao longo de seis meses e durante meu trabalho de doutorado, organizei todo o conhecimento adquirido até aquele momento num manual de experiências que seria utilizado no protótipo de kit experimental também construído em 1992, contendo fascinantes experiências de química. Surgia assim o projeto Show de Química, que havia completado 20 anos em 2013 com mais de 120 apresentações em vários estados brasileiros (www.showdequimica.com.br). Nestas apresentações tenho demonstrado notáveis experiências químicas (reações quimiluminescentes, reações relógio, oscilantes, espoletas, serpentes químicas, etc.) a fim de despertar a curiosidade científica para a plateia de alunos e professores, além de divulgar tais fenômenos para melhor aprendizagem dos estudantes e aplicação em trabalhos escolares.

Ao longo desses anos o projeto contou com a participação de vários alunos da Universidade Federal do Espírito Santo (UFES), onde sou professor desde 1994 e onde o projeto se desenvolveu. Muitas entrevistas em jornais impressos e na televisão foram produzidas, com ótimo impacto na mídia e no público em geral. Embora a maioria das apresentações tenha ocorrido no ES, terra natal, o projeto pode atingir também outros estados do país, como o Rio de Janeiro, São Paulo, Tocantins e Distrito Federal, contribuindo assim para a popularização da química em nível nacional, em feiras científicas e eventos similares. Todas as apresentações são relatadas no site www.showdequimica.com.br, sendo que muitas delas são ilustradas no **Apêndice 4**.

A partir de 2008 o projeto começou a receber apoio financeiro da Fundação de Amparo à Pesquisa do Espírito Santo (FAPES) para realização de shows e oficinas na Semana Estadual de Ciência e Tecnologia (2008, 2010 e 2012) em Vitória-ES, com a participação de diversos alunos do Departamento de Química da UFES.

Ano Internacional da Química

No final de 2010, o projeto recebeu um expressivo financiamento do Conselho Nacional de Desenvolvimento Científico e Tecnológico (CNPq/MCTI) dentro do edital 48/2010 em homenagem ao Ano Internacional da Química. O Projeto de dois anos iniciado em abril de 2011 teve como objetivos principais a realização de cerca de 40 apresentações do Show de Química em escolas e eventos, a redação final e distribuição de, aproximadamente, 500 livros para escolas do estado e entidades públicas do país e a confecção de 25 exemplares do kit experimental Show de Química para distribuição em escolas do estado do ES. No início de 2012, iniciou-se uma parceria com a Secretaria de Estado da Educação (SEDU) do governo do ES, o qual elegeu 25 escolas do ensino médio para receber gratuitamente as apresentações e o material produzido pelo projeto (DVD, livro Show de Química 1ª ed. e kit experimental).

O projeto também foi convidado pelo CNPq em 2012 para participar em Brasília-DF da 9ª Semana Nacional de Ciência e Tecnologia (SNCT), na forma de estande e pequenas apresentações para a plateia presente e para um grupo de jovens aprendizes do CNPq. Paralelamente outra parte da equipe apresentava Shows de Química na 9ª Semana Estadual de Ciência e Tecnologia (SECT) realizada em Vitória-ES.

Naqueles anos o projeto teve uma boa cobertura pela mídia televisiva e impressa (Programa do Jô da Rede Globo, Programa Em Movimento da TV Gazeta, entrevista na TV Tribuna, TV capixaba, TV Ambiental) que auxiliaram na popularização do projeto e na disseminação da importância da química para a sociedade. A partir do lançamento do livro o projeto começou a alcançar uma abrangência nacional.

Ao longo destes anos, além dos alunos envolvidos, o projeto tem contado com a parceria do Núcleo de Ciências da Pró-reitora de Extensão (ProEx) da UFES, que tem levado o projeto a vários municípios do estado do ES.

Devido ao meu comprometimento com outras atividades universitárias (administração, ensino e pesquisa), e como o projeto financiado pelo CNPq entre 2011 e 2013 mostrou-se mais copioso do que o previsto, não foi possível realizar todos os desdobramentos engendrados à época, a exemplo da busca de parceria com uma grande editora, a fim de imprimir uma maior tiragem e veiculação em todo território nacional. Para ampliar sua abrangência, preparou-se uma 2ª Edição comercial em meados de

2013 com recursos próprios e parceria com uma importante gráfica no estado do ES. Na 2ª edição uma completa revisão do português foi realizada, além da correção de alguns assuntos técnicos, que passaram despercebidos na 1ª edição financiada pelo CNPq. A 2ª edição também foi lançada via e-book pela editora BOOKESS do grupo SBS (www.bookess.com). O trabalho não se encerraria na segunda edição, e outros tópicos da química foram incluídos nesta terceira edição, que conta agora com a parceria da Editora Livraria da Física de São Paulo.

Devido ao grande sucesso dos kits experimentais Show de Química doados às escolas do estado do ES, dentro do projeto finalizado com apoio do CNPq, melhorias da infraestrutura foram realizadas para atender escolas, instituições e interessados na divulgação da química.

Minha visão de mundo

Dentro das áreas de educação e psicologia, muito têm-se debatido acerca das metodologias mais adequadas para favorecimento do desenvolvimento cognitivo do ser humano (aquisição de um conhecimento por meio da percepção), objeto de estudo há vários séculos. É de consenso geral que o aprendizado pelos jovens das ciências ditas experimentais (biologia, física, química, etc.) é muito facilitado quando os conceitos e fenômenos são abordados com uma complementação experimental, que propicia a comprovação do modelo e dos conceitos estudados e a percepção *in loco* dos fenômenos abordados, favorecendo no final a fixação do conhecimento.

No Brasil, a experimentação nunca chegou a ser uma prática pedagógica rotineira devido a questões culturais e financeiras. Poucos laboratórios eram disponíveis nas instituições de ensino até meados do século passado e o ensino experimental era muito baseado em demonstrações pelo professor, situação esta melhorada nas décadas posteriores quando também os alunos começaram a realizar seus próprios experimentos no laboratório, geralmente em grupos. Contudo, tal modelo pedagógico recebera muitas críticas, pois oferecia pouco espaço para a ação independente e criativa dos estudantes. Estes recebiam um roteiro previamente formulado e seguiam rigidamente os passos da atividade proposta, de uma forma mecânica e robotizada. Não havia surpresas ou descobertas e os resultados já eram previstos no roteiro.

Embora este modelo pedagógico persista até hoje, ele tem recebido muitas críticas ao longo dessas décadas. Paralelamente, teorias e movimentos pedagógicos surgiram em várias partes do mundo a fim de melhorar o processo cognitivo dos estudantes (Escola Nova, modelo da redescoberta, teoria de Piaget, teoria de Vigotski, construtivismo, entre outras correntes filosóficas e educacionais). O pensamento piagetiano deu novo alento a todos que preconizavam a importância da atividade experimental no ensino das ciências, sendo, pois, a prática pedagógica mais relevante. Mais importante do que ensinar determinado conteúdo, seria capacitar a mente para aprender este conteúdo. Segundo Piaget, um aluno só poderia aprender um determinado conteúdo científico se dispusesse da estrutura mental lógica que permitisse a compreensão deste conceito. Diferentemente, a teoria sociocultural de Vigotski propõe que o cérebro constrói novas estruturas mentais, de origem sociocultural, a partir das existentes. Para Piaget, se a estrutura cognitiva para o aprendizado de um novo conceito não existe, a melhor estratégia pedagógica seria apressar a formação dessa estrutura antes de ensinar o conceito e eliminar possíveis barreiras cognitivas. Para Vigotski, respeitados os limites cognitivos, seria persistir no processo de ensino do novo conceito, pois esta é forma de construir a estrutura mental para a aprendizagem. Assim, para Vigotski, a construção de uma nova estrutura mental se inicia quando ela é exigida, situação esta encontrada no ensino formal. A gênese desta construção se inicia pela imitação, após observar um parceiro mais capacitado (em geral, o professor). Ambas as teorias levam ao Construtivismo, que considera que o conhecimento é uma construção humana preexistente a qualquer processo de ensino e aprendizagem. O Construtivismo tem como objetivo básico a transmissão do conhecimento produzido pelas gerações anteriores.

A partir das considerações mencionadas, considero também que o processo de aprendizagem é muito facilitado quando se atrela os conceitos teóricos abordados na sala de aula com a experimentação, seja por meio de aulas demonstrativas ou desenvolvidas pelos próprios alunos, não importando demasiadamente o modelo educacional. O mais importante é buscar um melhor caminho para a aprendizagem, calcada na realidade socioeconômica de cada escola, dos alunos e do educador.

Existem outras questões não levadas em conta nas teorias pedagógicas, principalmente no mundo atual. Muitos problemas podem ser citados, como: i) o baixo investimento no país em educação, comparados a países de primeiro mundo. O país investe somente 5% do PIB na educação e no ranking dos países membros da OCDE (Organização para a Cooperação e Desenvolvimento Econômico) estamos nas últimas posições; ii) baixos salários e alta carga horária para os professores, que os desestimulam para cursos de reciclagem e os empurram para um ensino mecanicista; iii) pouco comprometimento de professores e alunos com a educação devido a políticas educacionais existentes e excesso de liberdade na escola (principalmente por parte dos alunos); iv) globalização de interesses sociais e econômicos, devido à massificação da internet e das redes sociais, que ao meu ver dispersam os alunos de propósitos educacionais mais nobres. Hoje, um aluno passa mais tempo diante de uma tela de computador curtindo jogos ou redes sociais, absorvendo ou trocando informações infrutíferas, do que se dedicando aos estudos e ao crescimento intelectual. Há décadas atrás, o professor era muito valorizado, como também a figura do pesquisador e do cientista. Hoje, é mais" chique" ser ator de televisão, protagonista de programas de auditório, cantor de música popular, ou "bombar" na internet! Vivemos a época da imagem, do consumismo fortuito e do descartável!

Lembro-me do meu passado acadêmico na década de 80. À medida que o profissionalismo aumentava (graduação, mestrado e doutorado) o "espírito" por curiosidades científicas esmaecia. Estava havendo uma gradual substituição do sentimento e "magia" científica pela lógica e obrigações acadêmicas. Não havia mais tanto tempo para o lúdico. Daí a importância de incentivar este senso cognitivo para os jovens e retomar o espaço perdido para as outras fontes de entretenimento (redes sociais, por exemplo). Se já era difícil encontrar a décadas atrás pessoas dedicadas a várias áreas do conhecimento humano, mais rara é tal característica nos dias atuais! Durante toda minha vida acadêmica dentro da universidade conheci uns poucos alunos e raros professores detentores de um conhecimento multidisciplinar (p. ex., química, astronomia, eletrônica, música, esportes, filosofia, artes, etc.). Não temos tempo para o conhecimento eclético, os interesses são outros, há muita competitividade, o que leva a especialização (para os que estudam) e ao produtivismo, em detrimento do lúdico e da multidisciplinaridade.

Em minha opinião, o ensino das ciências numa visão histórica e experimental deve ser valorizado, a fim de acelerar o desenvolvimento cognitivo do aluno. Esforços devem ser compartilhados por todos, não somente pelo governo, pois muita coisa pode ser feita com poucos recursos financeiros, basta ter coragem e boa vontade. Devemos buscar mecanismos para incentivar os alunos a estudar e aprender mais, independente do modelo pedagógico usado, de forma a contribuir na formação de bons profissionais, não que entendam muito de jogos e redes sociais, mas sim que possam interagir de uma maneira crítica e holística na resolução dos problemas que o cercam, tanto na área social, econômica, política, ambiental e profissional. Precisamos garantir uma maior eficiência na formação de nossos alunos. Poucos vão para a universidade e geram mão de obra mais qualificada e competitiva para o mundo moderno.

Tenho simpatia por aqueles que possuem curiosidade pelo entender, pelo observar e pelo fazer. Se o sistema não o ajuda, seja autodidata! Se você vê sentido em se perder um dia na preparação de foguetes artesanais para perdê-los depois após a ignição, ou qualquer outro experimento sem fins lucrativos, exceto o de aprendizado pessoal, você faz parte da família dos curiosos e que possuem um espírito verdadeiramente científico! Não deixe a alma científica esmorecer!

Sobre o livro

Este livro enfatiza o aprendizado de química de forma lúdica e experimental, trazendo algumas das experiências mais fantásticas da química, de forma a despertar o encantamento desta ciência pelos alunos e assim facilitar o aprendizado dos conceitos teóricos. Ele é voltado para aqueles que queiram aprender algo mais além do abordado na grade curricular do ensino médio e fundamental, usando tais experiências como atividade escolar complementar ou, simplesmente, como realização pessoal para satisfação da curiosidade científica.

As experiências apresentadas serão respaldadas, na medida do possível, por uma explanação histórica e teórica, favorecendo assim o aprendizado. Algumas experiências são simples, como na maioria dos livros experimentais no mercado editorial, enquanto outras exigem maiores recursos e um maior grau de conhecimento e segurança. Na medida do possível, tais experiências devem ser realizadas sob supervisão de um professor ou pessoa responsável, mas como fui autodidata no início da minha carreira científica, não devo desencorajar aqueles alunos que queiram reproduzir tais experiências por conta própria, deste que tenham o conhecimento necessário.

O livro foi organizado em capítulos para melhor exposição dos temas. Foi incluída uma breve revisão de química geral de forma a dar suporte aos temas experimentais abordados e, portanto, este livro não tem o propósito de ser um livro de referência para tais tópicos, melhor abordados em outros livros didáticos. **O principal objetivo** é o de ensinar e mostrar aos alunos e professores como realizar notáveis experiências químicas (reações oscilantes, relógio, quimiluminescentes, etc.) de forma a despertar o senso lúdico e experimental do leitor, e contribuir assim para um melhor desempenho escolar e melhor compreensão do mundo ao seu redor.

Este livro poderá ser utilizado nos diversos níveis do ensino como **livro complementar** ou **paradidático**, desde o ensino fundamental (experiência sobre os elementos químicos, reações simples, indicadores, sangue do diabo, jardim químico, foguete de PET, etc.) até o ensino superior, onde reações mais sofisticadas podem ser expostas para o estudo de cinética, equilíbrio e reações químicas (reações oscilantes, relógio, quimiluminescência, etc.). Mas de fato, a maioria dos tópicos abordados neste livro poderá ser explorada pela grade curricular do ensino médio, em trabalhos complementares e feiras de ciências.

Como o livro aborda alguns assuntos nevrálgicos e envolve alguns riscos experimentais, foi incluído um capítulo sobre noções de laboratório e segurança, e um anexo sobre as **propriedades das substâncias** mais tóxicas do kit experimental Show de Química, integrante deste projeto, além da tabela periódica para consulta das massas atômica dos elementos químicos.

Todas as experiências do kit experimental Show de Química são delineadas em caixa texto com fundo amarelo, chamadas de EXPERIÊNCIA. Mesmo aqueles que não possuem o kit experimental poderão reproduzir as experiências por conta própria ou através do laboratório da própria escola e demais instituições. Para aqueles interessados em adquirir o kit Show de Química entrar em contato com www.showdequimica.com.br ou www.educainnovaciencia.com.

Em suma, o livro Show de Química tem o mérito de apresentar ao público uma abordagem de ensino diferente, que é a de facilitar a aprendizagem dos assuntos expostos na grade curricular através da realização de notáveis experiências químicas. **Este provavelmente seja o mais completo livro de demonstrações químicas já lançado no país.** Em minha opinião, o interesse do aluno é aumentado quando ele coloca a "mão na massa", e além das experiências mais simples disponibilizadas na internet, possa reproduzir reações verdadeiramente instigantes, como osciladores e relógio químicos, espoletas e serpentes químicas. Esta é a alma do projeto Show de Química!

Sobre o kit experimental

O kit experimental "Show de Química" é parte integrante do projeto e foi desenvolvido para contemplar as experiências mormente apresentadas nos Shows de Química realizados nas escolas e demais eventos ao longo destes 25 anos. Ele contém diversas outras experiências não contempladas nas apresentações e que possuem um cunho mais acadêmico e geralmente mais aproveitadas pela rede escolar.

O kit foi baseado num protótipo desenvolvido pelo autor em 1992 durante a construção do projeto e após a realização da primeira apresentação na PUC-Rio. Na época, não foi exacerbado alguns aspectos de segurança e de toxicidade, como é feito nos dias atuais e que limitam a abrangência de muitos módulos e kits experimentais de química disponíveis atualmente no mercado brasileiro. Tentei preservar a essência do projeto, sem se preocupar, neste primeiro momento, com a eliminação de substâncias tóxicas e perigosas para atender a critérios de legislação (e comercias) ou da Química verde. Tal preocupação foi deixada de lado, pois os primeiros kits deste projeto financiados pelo CNPq foram destinados à doação para 25 escolas do estado do Espírito Santo. Num segundo momento, em caso de interesse de uma empresa ou instituição, o kit poderá ser readaptado para atender a requisitos da legislação, aspectos didáticos e até mesmo comerciais.

Os reagentes e materiais do kit experimental Show de Química poderão ser repostos pelo interessado por meio da compra em lojas especializadas de química, ou de forma mais direta, pela loja virtual www.educainnovaciencia.com, que também comercializa o kit completo e serviços (shows, oficinas e treinamentos). Contudo, o autor fica à disposição sobre quaisquer dúvidas sobre o manuseio das substâncias e sobre contatos das empresas fornecedoras de produtos químicos.

Ao longo desses 28 anos não foi lançado no mercado brasileiro nenhum módulo ou kit experimental de química que verdadeiramente perscrutou reações lúdicas e impactantes para o público escolar e espero assim que tal kit possa reverberar positivamente nas escolas e demais instituições de ensino. Muitas das experiências apresentadas são desconhecidas para a maioria dos químicos e não são encontradas nem mesmo na internet, onde Youtubers e Blogueiros tem a tendência de repetir reações químicas banais e sem profundidade.

Agradecimentos da 3ª edição

Como este livro e projeto sintetiza uma vida dedicada à experimentação na Química, gostaria de agradecer cronologicamente:

A meus pais, Maria José e Josias, e aos meus irmãos, Josival, Maria da Penha, Antônio José e Sebastião que, apesar de todas as dificuldades, contribuíram para minha formação acadêmica e intelectual. A minha esposa Eliani e a meus dois filhos, André e Alexis, pelo carinho e compreensão nos momentos difíceis e de muito trabalho.

Aos meus antigos professores, desde o ensino fundamental finalizado na saudosa escola Almirante Barroso (Goiabeiras, Vitória-ES), onde sempre me incentivaram e auxiliaram no meu começo investigador. Agradeço também aos colegas e professores do ensino médio profissionalizante em Eletrotécnica na antiga ETFES (atualmente IFES de Vitória) e na graduação de Química (UFMG) pelo incentivo e sugestões na minha jornada científica.

Ao meu saudoso e grande mestre Norbert Miekeley (*in memorium*) que muito me ensinou durante minha jornada na PUC-Rio, onde realizei meus estudos de pós-graduação (mestrado e doutorado). Agradeço muito a confiança por ele depositada a minha pessoa, resultado de minha dedicação e altivez, que me deram liberdade para realizar interessantes experiências no laboratório do professor, a exemplo de minha primeira síntese da nitroglicerina.

Também agradeço ao Prof. Pércio Augusto Mardini Farias e José Marcus de Oliveira Godoy da PUC-Rio, pelos frequentes convites para realização de apresentações do Show de Química em diversos eventos da instituição, a exemplo do evento "PUC por um dia". Também agradeço aos professores que levaram o projeto a eventos científicos no Brasil, em especial ao Prof. Marco Aurélio Zezzi Arruda (Unicamp), ao Prof. Reinaldo Calixto de Campos (*in memorium*, PUC-Rio), à Profa. Maria Tereza Weitzel Dias Carneiro Lima (UFES), à Profa. Geórgia Labutto (USP Leste) e às servidoras Ana Paula e Cristina Sanches do CNPq em 2012, e mais recentemente à servidora Leda Cardoso Sampson Pinto da Coordenação Geral de Popularização e Divulgação da Ciência.

Agradeço à Universidade Federal do Espírito Santo (UFES) e ao Departamento de Química pelo apoio logístico para alocação dos materiais do projeto no Laboratório de Ensino 1 do DQUI/CCE e transporte corriqueiro para execução das inúmeras apresentações nas escolas do Estado do ES.

Ao Prof. José Ballester Julian Júnior do Núcleo de Ciências da Pró-Reitoria de Extensão da UFES, ex-membro da equipe do projeto, pela interlocução junto às escolas e diversos eventos no estado ao longo de uma década. O projeto teve uma boa divulgação devido ao seu trabalho de popularização das ciências no nosso estado.

À Profa. Rhaiany Rosa Vieira Simões, atual professora da SEDU-ES, licenciada e bacharel em Química pela UFES e ex-membro da equipe do projeto, pela participação em diversas apresentações do Show de Química no estado do Espírito Santo como em outros estados, ao longo de mais de 7 anos. Agradeço também sua articulação junto às escolas do estado e colaboração ao projeto a partir do financiamento do CNPq em 2011.

Agradeço também ao Prof. Dr. Alexandre de Oliveira Legendre, atual professor da Universidade Estadual Paulista Júlio de Mesquita Filho, Faculdade de Ciências de Bauru, pela participação no projeto e pertinentes contribuições, quando era professor do DQUI-UFES.

À Fundação de Amparo à Pesquisa do Espírito Santo (FAPES), pelo apoio logístico e financeiro na realização de diversas apresentações do Show de Química nas Semanas Estaduais de Ciência e Tecnologia (SECT), a exemplo da 9ª SECT de 2012 na Praça do Papa em Vitória-ES.

Ao CNPq, pelo apoio financeiro no edital 48/2010, relativo ao Ano Internacional da Química, que permitiu um novo alento ao projeto e aquisição de diversos equipamentos, materiais e reagentes, além do auxílio financeiro a diversos alunos do DQUI/CCE-UFES envolvidos no projeto. Agradeço muito o convite realizado para nossa participação na 9ª SNCT em Brasília-DF em 2012.

Agradeço a todos aqueles alunos e professores que me auxiliaram na condução deste projeto ao longo desses 25 anos, em especial à equipe de 2011-2013 composta por alunos do Departamento de Química da UFES que participaram ativamente das apresentações realizadas nas SECT, revisão de textos para o livro e construções dos kits experimentais de química. Destaco em especial a participação de Hugo Paul Collin, Michele Kapiche Alonso, Thalles Ramon Rosa, Carlos Felipe Bubach de Almeida, Rana Monteiro da Fonseca, Leidiane de Oliveira Rangel, Luiza Alves Mendes, José Guilherme Aquino Rodrigues, Laura Rebouças, Larissa Chisté Melchiades da Silva e Renan Martin Pruculi. Destaco a crucial colaboração destes dois últimos alunos na revisão final da redação e diagramação da 1ª e 2ª Ed. do livro. Agradeço também aos alunos calouros do curso de Química da UFES pela ajuda na montagem dos kits experimentais na reta final do projeto em 2013.

Agradeço finalmente aos demais participantes do projeto que contribuíram com os inúmeros shows e oficinas realizadas após 2014 e até o presente momento, citados na aba do site www.showdequimica.com.br.

Agradeço ainda ao meu filho Alexis de Almeida Coutinho, a aluna Talita Mendes de Oliveira e ao Prof. Anderson Fuzer Mesquita do Departamento de Química da UFES, e a Profa Gabriela Felix Siqueira pela ajuda na revisão de fotos e textos na reta final desta 3ª edição.

Agosto de 2018

SUMÁRIO

Sumário

CAPÍTULO 1

Revisão de Química

1.1 Uma visão histórica da Química
1.2 Breve revisão da Química Geral
1.3 O conceito de mol
1.4 Cálculo Estequiométrico
1.5 Ligações Químicas
1.6 Soluções
1.7 Gases
1.8 Termoquímica
1.9 Cinética Química
1.10 Equilíbrio Químico
1.11 Eletroquímica
1.12 Titulação Volumétrica
1.13 Introdução à Química Orgânica.

1.1 UMA VISÃO HISTÓRICA DA QUÍMICA

A Química pode ser definida de forma clássica como a ciência que estuda as substâncias, sua natureza, suas propriedades e suas transformações e pode ser dividida em pura e aplicada; o primeiro grupo subdividindo-se, em geral, em físico-química, analítica, orgânica e inorgânica e o segundo grupo abrangendo a química industrial, engenharia química, química agrícola, química ambiental, toxicológica, radioquímica, quimiometria, neoquímica e muito mais.

Devido ao grande avanço do conhecimento humano nessas últimas décadas, não existe uma clara fronteira entre a química e as outras ciências naturais, se tornando multidisciplinar, como na sua origem alquímica, quando seus praticantes eram astrólogos, ferreiros, artesãos, médicos e sacerdotes. Como consequência de sua abrangência, temos hoje a geoquímica, a hidroquímica, a astroquímica, a paleoquímica, a bioquímica, a farmoquímica, neoquímica, dentre outras.

A origem da Química remonta aos primórdios da civilização e, cingida num empirismo acanhado, era mais caracterizada como uma arte do que como ciência. Os egípcios sabiam purificar certo número de metais, como o ouro e a prata; utilizavam seus conhecimentos de química no embalsamento de cadáveres (múmias) há mais de 3000 a.C. Os gregos e os romanos exploravam as minas de ouro, cobre, fabricavam sabões, vidros, cerâmica e por volta de 600 a.C. a 300 a.C., com a ascensão da cultura Helenística ou Grega, começaram a questionar como seria constituído o mundo criado pelos deuses, originado do caos primordial e que formou o céu, a terra e os mares, em termos de tipos de matérias e suas "qualidades".

O pensamento e a busca por esta compreensão sobre a constituição da matéria, sempre estiveram ligados às mais antigas manifestações filosóficas do conhecimento humano e seus mais antigos registros históricos datam da Grécia antiga. Um dos mais antigos filósofos gregos, Tales de Mileto que viveu por volta de 624 a 558 a.C. acreditou que o mundo era constituído do elemento água. Depois seu discípulo, Anaxímenes (585/528 a.C. - datas aproximadas) julgava que tudo era permeado e formado pelo Ar. Logo a seguir Heráclito (540/470 a.C. - datas aproximadas) acreditou que tudo era constituído pelo fogo. Estes mesmos filósofos Pré-Socráticos, partilhavam da suposição que a matéria poderia ser dividida em frações menores "*ad infinitum*" e supunham um universo formado por um único elemento e a partir deste elemento todas as substâncias conhecidas eram produzidas.

Com Empedocles (490/430 a.C.) veio a teoria de que o universo não era formado de um único elemento e sim dos elementos, Água de Tales, Ar de Anaxímenes, do Fogo de Heráclito e mais um novo elemento foi introduzido, a Terra. Partindo do raciocínio de Empédocles, outro filósofo grego, Aristóteles (384 a.C. - 322 a.C.), introduziu um quinto elemento que chamou Quintessência ou Éter e seria responsável pela formação do céu. Aristóteles também acreditava que com os constituintes do universo material, água, ar, terra e fogo, com suas quatro qualidades, frio, calor, secura e umidade, se poderia formar todos os tipos de materiais existentes, inclusive o homem. A diversidade material conhecida era então devida as diferentes proporções que estes elementos se encontravam nas substâncias (Figura 1.1).

Água: Combinação de frio e umidade
Ar: Combinação de quente e umidade
Fogo: Combinação de quente e secura
Terra: Combinação de frio e secura

Figura 1.1. Os Quatro Elementos clássicos dos Gregos e as combinações das qualidades.

Desta filosofia de Aristóteles, evolui-se para a ideia que conhecendo-se as proporções (análise) destes elementos primordiais nas substâncias, poder-se-iam recriá-las (síntese) nas quantidades que se desejassem. Foi a interpretação da Teoria dos Elementos de Aristóteles que levou às tentativas de se obter o ouro, a partir dos metais "vis" conhecidos até então, e com isso enriquecer aquele que possuísse este segredo. Os primeiros a buscarem esta proeza foram os Alquimistas, que consideravam esta como a "Grande Obra", e o objeto que tornaria todo o metal ou substância que a tocasse em ouro foi chamado de "Pedra Filosofal". O ouro por ser considerado eterno e imortal, por não alterar suas características nem ao fogo, foi a primeira ambição da Alquimia e este mesmo desejo de perseguição da imortalidade para um metal, por analogia, foi buscado para o homem, e aquilo que lhe daria a imortalidade e saúde eterna seria chamado de "Elixir da Longa Vida". Desta maneira o sonho do alquimista estaria completo: Teria a riqueza e os prazeres propiciado pelo ouro e a eternidade para desfrutá-las.

Na mesma época de 600 a.C. a 300 a.C. surgiu uma outra corrente filosófica, denominada Atomista, em que se acreditava que a matéria era constituída de partícula muito pequenas e indivisíveis que chamaram de "Átomos", significando em grego "sem partes". Estes mesmos filósofos também acreditavam na existência de diversos tipos de átomos, com formas e tamanhos diversos, todos sem cheiro, sabor e cor. Além disso estes átomos podiam se combinar fortemente formando os corpos sólidos; serem constituídos de partículas redondas e com isso formariam os líquidos; ou no caso dos gases, os átomos estariam bastante separados um dos outros, o que permitia moverem no espaço vazio. Fazem parte desta corrente filosófica os pensadores Leucipo no século V a.C. e seu discípulo Demócrito (460 a.C. - 370 a.C.), e que foi esquecida até o século XVII e ressuscitada pelo cientista inglês Robert Boyle (1627-1681).

Do século V a.C. até o século XVII, abrangendo toda a Idade Média na Europa, esta pseudociência que misturava religião, astrologia, misticismo e a doutrina Aristotélica se denominou "Alquimia" e teve maior avanço no mundo Árabe, que segundo os preceitos do Islã, é dever do homem conhecer a leis que governam o mundo criado por Alá, bem diferente do catolicismo que tinha a visão oposta. É crédito também dos Árabes a tradução da maior parte da filosofia grega para seu idioma, que caso não o fizessem, todo estes conhecimentos estariam perdidos. A própria palavra "Alquimia" deriva do árabe "*al-kīmiya*", que se supõe ser originada da palavra grega "*khēmeia*" que significa "a arte de ligar metais".

Os alquimistas não tinham em mente o esclarecimento dos fenômenos químicos ou a descoberta de leis. Dedicavam-se apenas à procura da "Pedra Filosofal", cuja finalidade era transmutar os metais ordinários em ouro e de um remédio universal ou "panaceia" que curasse todas as doenças e, assim, sonhavam com o "Elixir da longa vida". Mas esta busca, apesar de não ter logrado os resultados desejados, legou a Química atual uma grande quantidade de substâncias novas (ácido azótico, ácido muriático, água-régia, amoníaco, soda, potassa, sais, óxidos, elementos com o arsênio, antimônio, espíritos do vinho , ácido acético, etc.), equipamentos (alambique, banho-maria, retorta, cadinhos, matrazes, etc.), métodos de purificação (destilação, lixiviação, extração com solventes, copelação, sublimação, etc.) e síntese, partindo matérias primas de origem mineral, vegetal e animal. Métodos de ensaios ou análise para identificar as substâncias e sua pureza também foram descobertos e aperfeiçoados pelos alquimistas, como o "Ensaio de Fogo", usado para determinar o teor de ouro e prata em uma amostra, fazendo sua fusão com chumbo e queima a 1110 °C. Este método de "ensaiar" é tão preciso, que quantidades de prata e ouro presentes na amostra na ordem de 50 mg poderiam ser determinadas por pesagem direta, sendo, portanto, um método que se usa até hoje como método de referência por governos, casas da moeda, refinarias e laboratórios em todo o mundo.

Desvanecidas as esperanças dos alquimistas, a Química entrou em uma nova fase, a Iatroquímica ou Quimica Médica inicialmente com Paracelso (1493-1541) que estudou grande parte das substâncias conhecidas até então para uso como medicamentos.

Depois de Paracelso, que já dera outras aplicações para o conhecimento alquímico na medicina, surgiu na Inglaterra, Robert Boyle (1627-1691), considerado o pai da Química Moderna. Boyle sepultou de vez a Alquimia e foi o primeiro a dar uma definição moderna de "Elemento Químico" e "Substância Química". Em seu livro o "Químico Cético" publicado em 1661 (Figura 1.2), ele descreve um diálogo entre três personagens, aos moldes do "Diálogo Sobre os Dois Máximos Sistemas do Mundo" de Galileu Galilei. Um destes personagens defendia o ponto de vista de Aristóteles, outro defendia a Iatroquímica de Paracelso e o último era um Químico Cético, o qual tomava partido. Com isso Boyle desacreditou o conhecimento alquímico vigente e deu um passo decisivo para a criação da Química atual, que só poderia se desenvolver pelo emprego do método do raciocínio científico defendido por Descartes (1596-1650).

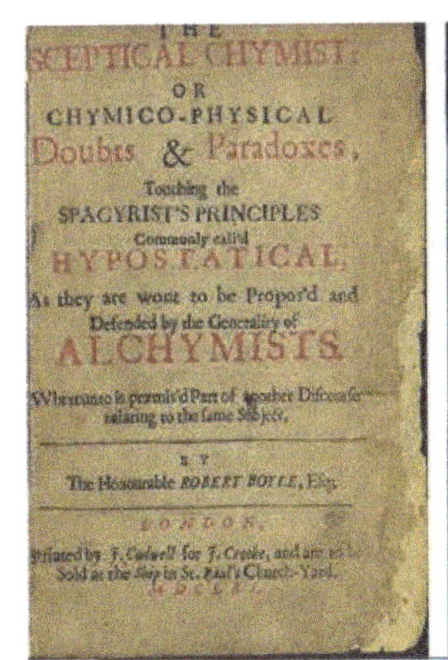

SCEPTICAL CHYMIST:
OR
CHYMICO-PHYSICAL
Doubts & Paradoxes,
Touching the
SPAGYRIST'S PRINCIPLES
Commonly call'd
HYPOSTATICAL,
As they are wont to be Propos'd and
Defended by the Generality of
ALCHYMISTS
BY
The Honourable ROBERT BOYLE, Esq;
Sold at the Ship in St. Paul's Church-Yard.

Figura 1.2 Livro de Robert Boyle (1627-1691), "Químico Cético" publicado em 1661. Ao lado seu retrato.

No final do século XVIII, inaugura-se o período moderno e rigorosamente científico da química, com Lavoisier, Scheele, Priestley, Dumas, Bertholet, Proust, Dalton, Gay-Lussac, Richter e outros. A química começava a se estruturar como uma das mais belas e gloriosas conquistas do espírito humano. Mesmo sendo já considerada uma ciência, a Química com as suas inúmeras substâncias conhecidas sendo utilizadas em medicina e nas técnicas da época, ainda não eliminara a herança da Alquimia, permanecendo hermética (fechada) em muitos sentidos. Seu entendimento e aprendizado eram muito complexos devido às nomenclaturas e simbolismos existentes e aos diversos nomes para as mesmas substâncias químicas e processos químicos empregados. Coube ao químico francês Antoine-Laurent de Lavoisier (1743-1794), o trabalho de organizar este conhecimento disperso, relacionar os elementos conhecidos no sentido da definição de Boyle e criar uma nomenclatura moderna, lógica e acessível a todos. Em seu livro "Tratado Elementar de Química", publicado em 1788 (Figura 1.3), consta a primeira tabela dos elementos químicos ou substâncias simples que não poderiam ser desdobradas em outras. Neste livro estão descritas 33 substâncias simples conhecidas e separadas em 4 classes, com seus novos nomes e os antigos. Lavoisier não relacionou nesta tabela os elementos de Aristóteles, pois já sabia que o Ar era composto por diferentes tipos de gases como o Azoto (Nitrogênio) e o Oxigênio, e a água pelos elementos Oxigênio e o Hidrogênio (Ar Inflamável).

Logo após a sistematização da Química por Lavoisier em seu "Tratado", outro passo importante na sua evolução como ciência foi dado por John Dalton (1766-1844) que com base nos seus experimentos científicos com gases e com a descoberta da sua "Lei das Proporções Múltiplas", e também da "Lei das Proporções Definidas" de Proust, a constituição intima da matéria só poderia ser explicada se fosse formada por diminutas partículas, que ele chamou de Átomos, ressuscitando assim o Atomismo de Demócrito e Leucipo, da Grécia antiga.

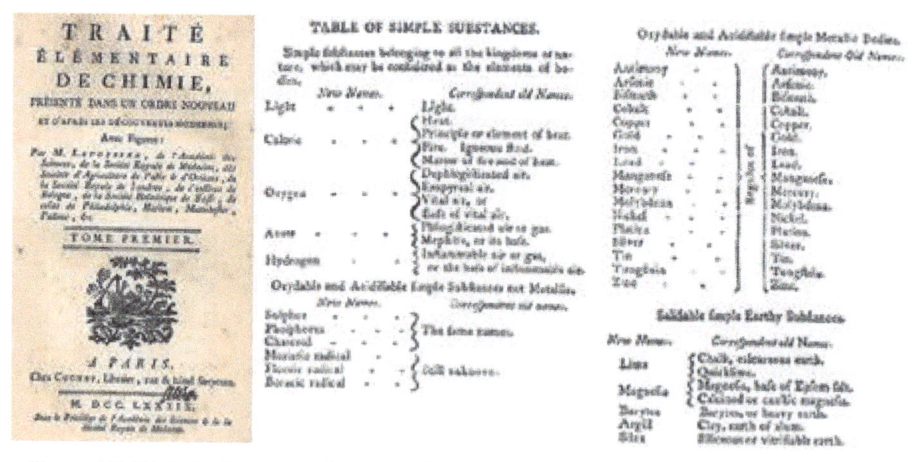

TRAITÉ ÉLÉMENTAIRE DE CHIMIE,

TOME PREMIER.

A PARIS.

M. DCC. LXXXIX.

TABLE OF SIMPLE SUBSTANCES.

New Names.	Correspondent old Names.
Light	Light.
Caloric	Heat.

Oxydable and Acidifiable simple Metallic Bodies.

New Names.	Correspondent Old Names.
Antimony	Antimony.
Arsenic	Arsenic.
Bismuth	Bismuth.
Cobalt	Cobalt.
Copper	Copper.
Gold	Gold.
Iron	Iron.
Lead	Lead.
Manganese	Manganese.
Mercury	Mercury.
Molybdena	Molybdena.
Nickel	Nickel.
Platina	Platina.
Silver	Silver.
Tin	Tin.
Tungstein	Tungstein.
Zinc	Zinc.

Salifiable simple Earthy Substances.

New Names.	Correspondent old Names.
Lime	[illegible]
Magnesia	[illegible]
Barytes	[illegible]
Argill	[illegible]
Silex	[illegible]

Figura 1.3. "Tratado Elementar de Química", livro de Lavoisier publicado em 1788, com a primeira descrição ordenada dos elementos químicos conhecidos na época.

Nessa época, foram propostas e confirmadas por experimento as primeiras teorias capazes de serem verificadas. Durante o século XIX, foram desenvolvidos os conceitos básicos da química e feitas as primeiras aplicações industriais. Também o mito de que as substâncias orgânicas somente poderiam ser criadas em organismos vivos foi quebrado por Wohler (1800-1882) com a síntese da ureia partindo do sal inorgânico cianato de sódio, dando início a uma nova área da química que se passou a chamar "Quimica Orgânica" e que trata atualmente da química do carbono.

Outra sistematização da Química fundamentando mais ela como ciência, talvez a maior de todas, ocorreu na segunda metade do século XIX, quando pode ser respondida uma das principais perguntas feitas pelos gregos a 2 mil anos atrás sobre a constituição do nosso universo: Quantos tipos de elementos formam matéria conhecida? O tempo ia passando e cada vez mais o número de elementos químicos ou substâncias simples aumentavam e os químicos já estavam confusos, pois não sabiam quantos deles poderiam ainda serem descobertos, até que em 1869, o químico russo Dmitri Ivanovich Mendeleev, (1834-1907) publicou seu livro "Princípios de Química" onde relacionou de forma organizada em formato de tabela os 63 elementos conhecidos. Esta tabela de Mendeleev tinha algumas vantagens sobre outras tabelas ou teorias antes apresentadas, mostrando semelhanças numa rede de relações verticais e horizontais. A classificação de Mendeleev deixava ainda espaços vazios, prevendo a descoberta de novos elementos.

A tabela de Mendeleev serviu de base para a elaboração da atual tabela periódica, que além de catalogar os elementos conhecidos, fornece inúmeras informações sobre o comportamento de cada um e seus compostos. O trabalho de Mendeleev foi um trabalho audacioso e um exemplo espetacular de intuição científica.

Não pode ser deixado de mencionar outro grande marco no avanço da química, ainda no final do século XIX, com a utilização das técnicas de espectroscopia descobertas por Bunsen (1811-1899) e Kirchhoff (1824-1887), para analisar as substâncias químicas, que permitiu inclusive se determinar a composição química das estrelas, evidenciando a existência de um elemento novo no sol, denominado por isso de Hélio, até então desconhecido na Terra. A utilização deste instrumento em análises da luz emitida pelos elementos químicos, chamado de "Espectroscópio", desmentiu o filósofo francês Auguste Comte (1798-1857) que afirmou que jamais saberíamos a composição química das estrelas.

No final do século XIX e início do século XX com a descoberta da "Radioatividade" por Henri Becquerel (1852-1908) no Urânio e de outros elementos radioativos como o Rádio e o Polônio por Pierre Curie (1859-1906) e Marie Curie (1867-1934), foi confirmado que os elementos podiam se transmutar em outros, uma das crenças primordiais da alquímica com o uso da "Pedra Filosofal".

O entendimento e o uso das partículas radioativas provenientes do Rádio e de tubos de raios catódicos, na primeira metade do século XX, permitiu a descoberta de partículas menores que os átomos, e que os constituem, como os elétrons por Joseph John Thomson (1856-1940) em 1896, prótons por Ernest Rutherford (1871-1937) em 1917 e nêutrons por James Chadwick (1891-1974) em 1932.

A partir desta época químicos e físicos, trabalhando juntos, estabeleceram a estrutura básica da matéria ao nível submicroscópico, novos elementos químicos foram sintetizados por "transmutação" de elementos mais leves em mais pesados, por fusão e fissão nuclear. Atualmente 28 elementos novos foram sintetizados utilizando aceleradores de partículas ou sincrotron. Estes mesmos equipamentos permitiram a descoberta de dezenas de novas partículas subatômicas.

No final do século XX a Química avançou também desvendando as estruturas das células vivas, principalmente das proteínas e da estrutura do DNA, que foi elucidado em 1953 por James Watson (1928 - atualmente) e Francis Crick (1916-2004), e permitiu um maior entendimento sobre a vida, reprodução, hereditariedade, manipulação de genes, tratamento de doenças e criação de novos medicamentos.

Agora no início do século XXI um dos maiores desafios da Química será promover a sustentabilidade ambiental dos recursos naturais, explorados a milhares de anos pela humanidade, para conservação e manutenção das espécies vivas em nosso planeta, seja com a descoberta de novos materiais (neoquímica) e rotas de produção industriais provenientes da cadeia de recursos renováveis, sem deixar "pegadas" no meio ambiente. Isso será feito com a descoberta de métodos de reciclagem de resíduos de plásticos e fibras sintéticas descartados no meio ambiente na escala de milhões de toneladas por ano; pela descoberta de plásticos biodegradáveis; pela descoberta de novos processos de fixação de carbono para produção de compostos orgânicos e alimentos, mimetizando a fotossíntese das plantas; pelo desenvolvimento de métodos de purificação de água do mar para uso doméstico e agricultura; pela reparação dos danos ambientais ocasionados pelos efeitos climáticos oriundos da utilização de combustíveis fósseis; pela produção de fertilizantes empregando microrganismos cultivados; pela descoberta de novos materiais para produção de baterias e estruturas leves e resistentes para carros elétricos mais eficientes e que não poluem; pela descoberta de métodos de obtenção do hidrogênio para uso como combustível empregando a luz solar para quebrar as ligações químicas da água; e mais uma infinidade de outras descobertas deverão ser realizadas por esta nova Química do século XXI, que deste sua origem a milhares de anos, nunca se preocupou com a conservação da vida e dos recursos no planeta que as futuras gerações irão usufruir. Esta Química que é embrionária na atualidade se chama Química "Verde" ou Sustentável.

1.2 BREVE REVISÃO DE QUÍMICA GERAL

A natureza é composta de noventa diferentes elementos químicos (o tecnécio e o promécio não são encontrados naturalmente), que se agregam ou se combinam entre si em moléculas e acarretando numa abundante diversidade de matéria natural. Toda matéria é feita de átomos, que por sua vez são feitos de prótons, nêutrons, elétrons e outras partículas subatômicas. Associada à matéria tem-se a energia, a qual define a capacidade da matéria de realizar trabalho. Quanto maior a energia interna de uma substância, maior a capacidade da mesma de se transformar ou reagir com outra substância. A energia não pode ser criada nem destruída, apenas transformada de uma forma para outra. Como exemplo, as moléculas do organismo, ao reagirem, transformam energia química das ligações em calor e energia mecânica. A matéria da natureza está em constante troca de energia, seja ela química ou de ordem física.

As substâncias podem ser divididas em puras e misturas. As substâncias puras (constância na composição e propriedades químicas) se dividem em substâncias simples (elementos - formados de um único tipo de átomo) e substâncias compostas (formadas de moléculas - agregação de átomos). Mistura é a reunião de duas ou mais substâncias puras em qualquer proporção, conservando em cada substância a sua individualidade. As misturas podem ser homogêneas (soluções) ou heterogêneas, conforme a sua composição seja a mesma ou não, em todos os pontos de sua massa. Praticamente toda a matéria na natureza são misturas.

Soluções são misturas homogêneas, monofásicas, constituídas de dois ou mais componentes. Distinguem-se destas as dispersões ou pseudo-soluções, para as quais a fase dispersa (o componente em menor quantidade) possui um tamanho pronunciado em relação à fase dispersante. Estas dispersões são chamadas em geral de misturas coloidais, dispersões coloidais, sistemas coloidais ou simplesmente de coloides, e possuem tamanho para a fase dispersa na faixa de 1 nm a 1000 nm (ou 1 μm), ou seja, ela se refere a sistemas contendo tanto moléculas grandes como partículas pequenas. A interação entre as partículas coloidais e o solvente é tamanha que o sistema final adquire propriedades físico-químicas diferenciadas. Coloquialmente, diz-se que as dispersões coloidais são dispersões intermediárias entre as soluções verdadeiras e os sistemas heterogêneos, em casos que as partículas dispersas são maiores do que as moléculas do solvente, mas não suficientemente grandes para se depositar pela ação da gravidade.

As misturas coloidais podem ser classificadas conforme Tabela 1.1. Existem casos em que as partículas interagem tão fortemente com o meio, a ponto de originar uma única fase, geralmente viscosa, denominada *gel*. Detalhes sobre este assunto podem ser vistos no Capítulo 6 sobre coloides. Estes estão presentes no nosso cotidiano, sendo de suma importância sua compreensão e importância social.

Tabela 1.1. Classificação dos sistemas coloidais.

Fase dispersante	Fase dispersa		
	Gás	Líquido	Sólido
Gás	Não existe. Os gases são solúveis entre si.	**Aerossol líquido** nuvem, neblina, desodorante	**Aerossol sólido** fumaça, poeira em suspensão, aerogel
Líquido	**Espuma líquida** espuma de sabão, creme de barbear	**Emulsão** leite, mel, maionese, cremes, sangue	**Sol** tintas, pastas abrasivas
Sólido	**Espuma sólida,** pedra-pomes, isopor, espumas comerciais	margarina, opala, pérola, **geís**	**Sol sólido** Vidro, cristal de rubi, ligas metálicas

Existem diversos processos para separação das misturas em seus componentes fundamentais. Para misturas heterogêneas são empregados os processos mecânicos, tais como decantação, filtração, centrifugação, tamisação e magnetismo; enquanto que para misturas homogêneas, processos de fracionamento são utilizados, tais como destilação, cristalização, fusão e liquefação. Para os sistemas coloidais podem ser empregados a ultracentrifugação e ultrafiltração (uso de alta pressão para filtração de soluções coloidais com membranas especiais de porosidade na faixa coloidal).

As substâncias puras podem ser divididas conforme suas propriedades funcionais. As inorgânicas são divididas em óxidos, ácidos, bases e sais, e as orgânicas (as que contêm carbono e/ou participantes dos processos biológicos) em um grande número de funções, tais como fenóis, ácidos carboxílicos, éteres, ésteres, cetonas, álcoois, aminas, etc. As diversas substâncias inorgânicas e orgânicas podem combinar-se entre si produzindo novas substâncias, que no sistema podem estar na mesma fase ou se separarem em outra fase. As reações químicas inorgânicas podem ser caracterizadas como reações de precipitação, ácidos-bases, complexação e oxirredução.

Nas reações de oxirredução há transferência de elétrons entre as espécies envolvidas. A que cede elétrons é dita redutora, consequentemente se oxida (aumenta o número de oxidação); a que recebe elétrons é dita oxidante e consequentemente se reduz (diminui o número de oxidação). O fluxo de elétrons pode ser aproveitado para realizar trabalho, acarretando nas chamadas pilhas. Quando através de um fluxo externo de elétrons forçamos a realização de uma reação não espontânea, teremos o processo da eletrólise numa célula eletrolítica.

Do ponto de vista cinético, as reações dependem da natureza dos reagentes, da concentração dos mesmos, da temperatura e da presença de catalisadores no sistema reacional. A velocidade da reação geralmente aumenta quanto mais reativos forem os reagentes (o que depende da energia interna), maior a concentração dos mesmos (o que aumenta a frequência das colisões), maior a temperatura (aumento na frequência de colisões e na fração de moléculas que possuem energia de colisão maior que a de ativação) e com a presença de catalisador (diminuição da energia de ativação).

Do ponto de vista termodinâmico, qualquer reação se processará para um estado de equilíbrio onde não mais haverá variações globais nas concentrações dos reagentes e produtos, e onde a energia livre do sistema (somatório das energias livres dos reagentes e produtos) é mínima. Muitas vezes, a formação de produtos é tão favorecida que não resta de forma perceptível resquícios de reagentes e a reação é dita irreversível, distinguindo-se das reversíveis que envolvem equilíbrio. Como exemplo de reações irreversíveis tem-se as reações explosivas.

A característica de uma reação química será descrita tanto por fatores cinéticos como termodinâmicos, isto é, se a reação envolve substâncias orgânicas ou inorgânicas, se a temperatura e as concentrações são baixas ou altas, se há catalisador, etc.

1.3 O CONCEITO DE MOL

Mol é um termo que expressa uma quantidade de substância, da mesma forma que uma dúzia equivale a 12 objetos. O mol refere-se a $6{,}022\times10^{23}$ substâncias, e este número é chamado de constante de Avogadro, em homenagem ao cientista italiano Amedeo Avogadro.

A **quantidade de substância**, ou ainda a **quantidade de matéria** ou **quantidade química**, denotada pela letra ***n***, é uma grandeza que mede a quantidade de entidades elementares presentes em uma dada amostra ou sistema. As entidades elementares podem ser átomos, moléculas, íons, elétrons ou partículas, dependendo do contexto.

O Sistema Internacional de Unidades (SI) define a quantidade de matéria como sendo proporcional ao número de entidades elementares presentes (IUPAC, 2007). A unidade SI para a quantidade de substância é o mol (símbolo mol). O **mol** é definido como a quantidade de substância que contém um número de entidades elementares igual ao número de átomos em 0,012 kg do isótopo Carbono-12. Esse número é a constante de Avogadro - N_A, e contém exatamente $6{,}022\ 140\ 76\times10^{23}$ entidades elementares. Desta forma, 1 mol de Carbono-12 contém $6{,}022\times10^{23}$ átomos de carbono-12, como 1 mol de glicose contém $6{,}022\times10^{23}$ de moléculas de glicose. Assim, para uma dada substância B, a quantidade de substância, $n(\mathrm{B})$ em mols, será proporcional ao número de entidades elementares $N(\mathrm{B})$, ou seja,

$$n(\mathrm{B}) = \frac{N(\mathrm{B})}{N_A}$$

A **unidade de massa atômica**, ou **Dalton**, é uma unidade de medida de massa utilizada para expressar a massa de partículas atômicas ou moleculares. Ela é definida como 1/12 da massa do isótopo do carbono-12 em seu estado fundamental. Seu símbolo é ***u*** ou **Da**, e a seguinte equivalência é válida:

$$1u = 1\ \mathrm{Da} = \frac{1}{12}\times\frac{12}{6{,}022.10^{23}} = 1{,}66\times10^{-24}\ \mathrm{g}$$

A **massa molar** (símbolo M) de um elemento químico ou de uma substância é numericamente igual à massa atômica desse elemento ou do total das massas atômicas componentes da substância em unidades de massa atômica. Desta forma, conhecendo-se a massa atômica de um elemento (expressa em unidades de massa atômica, u ou Da) ou dos elementos constituintes da substância, sabe-se também a sua massa molar - expressa em **g/mol**.

Ex.: a massa atômica total da substância água, H_2O, é 18,015 u. Se pesarmos 36,030 g de água, a quantidade de substância $n = \mathrm{m}/M$ será

$$n = \frac{36{,}030\ \mathrm{g}}{18{,}015\ \mathrm{g/mol}} = 2\ \mathrm{mol}$$

Textualmente falando, temos dois mols de água, ou dois moles no português de Portugal.

Uma revisão desta definição no Sistema Internacional de medidas (SI) desatrelando o mol da grandeza massa (kilograma), para uma condição específica, foi realizada recentemente (Marquardt, 2018). O mol foi definido pela IUPAC em 1971 para um conjunto de átomos do carbono-12 não ligados em repouso e em seu estado fundamental. Assim, pode-se dizer que 0,012 kg de carbono-12 puro na forma de grafite, no estado sólido e temperatura ambiente, não é exatamente 1 mol sob a definição de 1971. Ou seja, para a mesma quantidade de átomos do mesmo elemento, rigorosamente teríamos diferentes massas em função do estado da matéria (sólido, líquido, gasoso), devido às diferentes forças de agregação atômica (relação massa × energia). Tal condição era ignorada no passado, mas devido ao avanço científico e tecnológico nestas últimas décadas, que permitiu determinar a incerteza da constante de Avogadro ao nível de uma parte por bilhão (1 ppb), tal reformulação é necessária.

Na proposta anterior da IUPAC a quantidade de substância, $n(B)$, estava também relacionada com a massa molar de B, $M(B)$, através da equação,

$$n(B) = \frac{m(B)}{M(B)}$$ onde $m(B)$ é a massa da substância pesada.

A massa molar é relacionada com a massa atômica relativa, $A_r(B)$,

$$M(B) = A_r(B).\frac{M(^{12}C)}{12} = A_r(B).M_u$$ onde M_u é a constante de massa molar.

Com a nova definição da IUPAC de 2017 (Marquardt, 2018), a constante de massa molar não é mais exatamente 1 g/mol, pois a massa molar de carbono-12 não ligado não é mais exatamente 12 g/mol. A diferença é extremamente pequena (< 1 ppb) e não tem relevância prática para a Química. Contudo, na área de Física, quando medidas precisas sejam necessárias, principalmente na escala atômica, deve-se conhecer com exatidão a constante de massa molar (que será $\neq 1$).

As massas molares das diversas substâncias normalmente variam entre:

- 1–238 g/mol (1 a 238 Da) para átomos de elementos que ocorrem naturalmente;
- 10–1000 g/mol (10 a 10^3 Da) para compostos químicos simples;
- 1000–5.000.000 g/mol (10^3a 5×10^6 Da) para polímeros, proteínas, fragmentos de DNA.

A maioria dos elementos é encontrada na natureza como mistura de isótopos (átomos de mesmo número atômico e de massa diferente). Podemos determinar a massa atômica média de um elemento usando as massas de seus vários isótopos e suas abundâncias relativas. Por exemplo, a massa atômica ponderada do carbono é $12{,}0107u$, pois na natureza temos 98,93% do isótopo de carbono-12 ($12u$) e 1,07% do isótopo de carbono-13 ($13{,}0034u$).

$$0{,}9893 \times 12u + 0{,}0107 \times 13{,}0034u = 12{,}0107u$$

Os elementos se combinam quimicamente dando origem a substâncias por duas ou mais espécies de átomos com proporções definidas, que chamamos de compostos (p. ex., CO_2 H_2O). Outros compostos são constituídos de partículas eletricamente carregadas denominadas de íons - os de carga positiva são denominados de cátions e os de carga negativa de ânions. O composto cloreto de sódio, é constituído de íons Na^+ e Cl^-, massa molar = 58,45 g/mol. Na Figura 1.4, a mesma quantidade de substância é comparada para compostos diferentes.

Figura 1.4. Comparação de volume ocupado por 1 mol de um sólido (58,45 g de NaCl), 1 mol de líquido (18,0 g de H_2O) e 1 mol de gás (32,0 g de O_2).

Para compostos orgânicos e inorgânicos são utilizados indistintamente os termos massa e peso molecular (devido a força história), mesmo sabendo-se que o peso é uma força (massa x aceleração da gravidade). Massa molecular (m) é a massa de uma dada molécula ou composto, expressa em Da ou u, e a massa molecular média é a média ponderada de entidades da mesma molécula (por exemplo, diversos tamanhos de cadeia polimérica de um mesmo polímero). Ambos os termos são fundamentalmente distintos da massa molar (vinculada ao mol), mas relacionados entre si. A massa molar é definida como a massa de uma dada substância (m) dividida pela quantidade de substância (n), ou seja, $M = m/n$, sendo expressa em g/mol. Esta grandeza é usualmente mais apropriada quando lidamos com quantidades macroscópicas de substâncias (capazes de serem pesadas), enquanto que usamos normalmente os termos massa ou peso molecular quando focamos no tamanho da molécula (p.ex., uma proteína de 100 kDa).

Assim os termos massa molecular, peso molecular e massa molar são frequentemente usados de forma intercambiável em áreas da ciência onde a distinção entre eles é inútil. Em outras áreas da ciência, a distinção é crucial. A massa molecular é mais comumente usada quando se refere à massa de uma única ou específica molécula bem definida, e o peso molecular quando se refere a uma média ponderada de uma amostra (caso de polímeros).

Antes da redefinição de 2019 das unidades de base do Sistema Internacional -SI (BIPM, 2018), as quantidades expressas em Daltons (Da ou u) eram, por definição, numericamente equivalentes a quantidades idênticas expressas nas unidades g/mol e, portanto, eram estritamente intercambiáveis numericamente. Após a redefinição das unidades, essa relação é quase equivalente (ver a definição supracitada de constante de massa molar M_u).

1.4 CÁLCULO ESTEQUIOMÉTRICO

Uma forma de resolver cálculos estequiométricos é a utilização da chamada análise dimensional, onde as unidades das grandezas são incluídas durante todo o cálculo e multiplicadas, divididas ou canceladas simultaneamente. O importante dessa análise é o correto uso dos fatores de conversão, que são frações cujos numeradores e denominadores são as mesmas grandezas expressas em diferentes unidades. Por exemplo, 1 m e 100 cm, significam o mesmo comprimento, 1 m = 100 cm. Dessa relação temos dois fatores de conversão:

$$\frac{1\text{ m}}{100\text{ cm}} \quad \text{e} \quad \frac{100\text{ cm}}{1\text{ m}}$$

Se quisermos transformar 10 m para centímetros usamos o segundo fator de conversão e temos:

$$\text{Número de centímetros} = (10\text{ m}) \times \left(\frac{100\text{ cm}}{1\text{ m}}\right) = 1000\text{ cm}$$

O uso de regra de três deve ser desencorajado, pois é pouco didático e em geral induz a erros. Muitas das grandezas não são diretamente proporcionais, e até mesmo, nem são proporcionais. Regra de três é um vício do ensino médio que deve ser abandonado.

A palavra estequiometria (do grego *stoicheion*, elemento, e *metron*, medida) foi introduzida na Química em 1732 por Jeremias Richter como um nome para a ciência das medidas das proporções dos elementos químicos nas substâncias.

Cálculo estequiométrico ou estequiometria é o cálculo das quantidades dos reagentes e/ou produtos envolvidos numa reação química, e efetuado com o auxílio de uma equação química.

Ao efetuar cálculos estequiométricos, basicamente devemos escrever a equação balanceada e a partir dos coeficientes da equação, obter informações que permitam estabelecer uma relação de proporção envolvendo os dados do problema.

Exemplo 1:

Que quantidade de NH_3 é produzida a partir de 2 mols de H_2 na reação abaixo?

$$N_2(g) + 3H_2(g) \rightarrow 2NH_3(g)$$

Solução: A relação estequiométrica que temos entre nitrogênio hidrogênio e amônia é 1:3:2. Pelo método de análise dimensional temos que a quantidade de NH_3 a ser formada é

$$\text{Quantidade de } NH_3 = n = (2 \text{ mol de } H_2) \times \left(\frac{2 \text{ mol de } NH_3}{3 \text{ mol de } H_2}\right) = 1{,}3 \text{ mol de } NH_3$$

Exemplo 2:

A ureia, $(NH_2)_2CO$, é preparada por reação de amônia com dióxido de carbono:

$$2NH_3(g) + CO_2(g) \rightarrow (NH_2)_2CO\,(aq) + H_2O\,(l)$$

Em determinado processo, tem-se 637,2 g de NH_3 para reagir com 1142,0 g de CO_2.

(a) Qual dos dois reagentes é o limitante?

(b) Calcule a massa de $(NH_2)_2CO$ formada.

Dados: $M_{ureia} = 60$ g/mol $M_{NH_3} = 17$ g/mol $M_{CO_2} = 44$ g/mol

Solução:

a) Como a relação estequiométrica entre amônia, gás carbônico, ureia e água é de 2:1:1:1, calculamos então quantos gramas de gás carbônico reagem com 637,2 g de amônia.

$$m\,CO_2 = 637{,}2 \text{ g de } NH_3 \times \left(\frac{1 \text{ mol de } NH_3}{17 \text{ g de } NH_3}\right) \times \left(\frac{1 \text{ mol de } CO_2}{2 \text{ mol de } NH_3}\right) \times \left(\frac{44 \text{ g de } CO_2}{1 \text{ mol de } CO_2}\right) = 318{,}1 \text{ g}$$

Como para reagir com 637,2 g de CO_2 são necessários 318,1 g, ou seja, dos 1142,0 gramas de CO_2 que existem, apenas 318,1 gramas irão reagir, portanto CO_2 é o reagente em excesso e NH_3 é o reagente limitante.

(b) A massa a ser formada de $(NH_2)_2CO$ é

$$m_{ureia} = 637{,}2 \text{ g de } NH_3 \times \left(\frac{1 \text{ mol de } NH_3}{17 \text{ g de } NH_3}\right) \times \left(\frac{1 \text{ mol de ureia}}{2 \text{ mol de } NH_3}\right) \times \left(\frac{60 \text{ g de ureia}}{1 \text{ mol de ureia}}\right)$$

$$m_{ureia} = 1124 \text{ g}$$

O cálculo estequiométrico prevê um rendimento de 100% para as substâncias envolvidas, situação dificilmente encontrada nos processos químicos, seja devido à reversibilidade das reações químicas (quando a constante de equilíbrio não é muito alta), seja devido a efeitos cinéticos (reações lentas), ou seja, devido à incapacidade de recuperação total do componente de interesse durante o processo analítico (perdas por filtração, evaporação, contaminação, etc.).

Exemplo 3:

A grafita pura é constituída essencialmente de carbono. Sua queima ocorre de acordo com a equação: $C + O_2 \rightarrow CO_2$. Qual o rendimento da reação, sabendo que a queima de 66 g de grafita pura produz 230 g de dióxido de carbono?

Solução: Para calcular o rendimento da reação, calcula-se o rendimento teórico da reação de queima de 66 gramas que será menor do que o rendimento real e depois se calcula qual foi a porcentagem da reação, logo

$$R_t = 66\text{ g de C} \times \left(\frac{1\text{ mol de C}}{12\text{ g de C}}\right) \times \left(\frac{1\text{ mol de } CO_2}{1\text{ mol de C}}\right) \times \left(\frac{44\text{ g de } CO_2}{1\text{ mol } CO_2}\right) = 242\text{ g de } CO_2$$

$$\%\text{ de rendimento} = \left(\frac{230\text{ g de } CO_2}{242\text{ g de } CO_2}\right) \times 100\% = 95\%$$

1.5 LIGAÇÃO QUÍMICA

1.5.1 Regra do octeto

Um grande número de elementos adquire estabilidade eletrônica quando seus átomos apresentam oito elétrons na sua camada mais externa. Dadas as variações na distribuição eletrônica, existem várias exceções para essa regra, a exemplo do Hidrogênio (H) e do Hélio (He), em que ambos se estabilizam com dois elétrons na última camada, e outros casos onde os átomos têm mais do que oito elétrons na última camada quando ligados. A regra do octeto é bem aplicada para os elementos representativos da tabela periódica, que são aqueles pertencentes aos grupos 1, 2 e 13 a 17 (na notação americana grupo IA a VIIIA), a exemplo do carbono, que é tetravalente (pode realizar quatro ligações). O oxigênio segue a regra do octeto, já o hidrogênio se estabiliza com 2 elétrons na camada de valência (Figura 1.5).

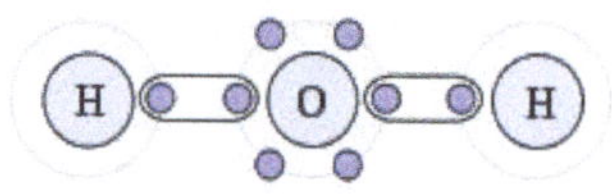

Figura 1.5. Modelo esquemático para a distribuição eletrônica da água.

1.5.2 Ligação iônica ou eletrovalente ou heteropolar

Ocorre entre átomos de metais e ametais ou metaloides e há transferência (doação) de elétrons. Os metais cedem elétrons aos ametais. Como consequência dessa transferência de elétrons, formam-se íons (partículas dotadas de cargas elétricas): o metal origina um íon positivo (cátion) e o ametal um íon negativo (ânion). Os íons se unem devido às forças de atração eletrostática, formando uma substância iônica ou **composto iônico**, com um retículo cristalino definido (cúbico, tetragonal, ortorrômbico, hexagonal, romboédrico ou trigonal, monoclínico e triclínico – ver Capítulo 10). Esse arranjo dos cátions e ânions dá grande estabilidade aos compostos iônicos, determinando suas principais características:

- São sólidos nas condições ambientes (25 °C e 1 atm).
- Apresentam elevados pontos de fusão e ebulição.
- São duros e quebradiços.
- São, de modo geral, solúveis em água.
- Conduzem corrente elétrica quando em solução aquosa ou no estado líquido e fundido.

1.5.3 Ligação covalente

Ocorre entre átomos que têm forte tendência para receber elétrons, ou seja, entre ametais ou hidrogênio, e há compartilhamento de elétrons entre os átomos. Como consequência desse compartilhamento, formam-se moléculas, que são estruturas eletricamente neutras. A substância formada será uma substância molecular ou **composto molecular** por ser formada por moléculas.

Os compostos moleculares possuem pontos de fusão e ebulição baixos, comparados aos das substâncias iônicas. Nas condições ambientes podem ser encontrados nos estados gasoso, líquido e sólido, e quando puros, não conduzem corrente elétrica em nenhum estado físico. Poderão conduzir corrente elétrica em solução aquosa, dependendo de haver ou não a formação de íons.

1.5.4 Ligação metálica

A ligação metálica ocorre entre metais, isto é, átomos com alta eletropositividade. Segundo a Teoria da nuvem eletrônica ou do mar de elétrons, alguns átomos do metal "perdem" ou "soltam" elétrons de suas últimas camadas, esses elétrons ficam "passeando" entre os átomos dos metais e funcionam como uma "cola" que os mantêm unidos. Existe força de atração entre os elétrons livres que se movimentam pelo metal e os cátions fixos. Este modelo é simples e é suplantado pelo modelo do orbital molecular para os metais.

1.5.5 Teorias da ligação química

O átomo é constituído de um núcleo que é formado de prótons e nêutrons. Ao redor do núcleo são encontrados elétrons, estes por sua vez não possuem uma localização exata, apenas é determinada a probabilidade de serem encontrados em certa região. Os elétrons descrevem órbitas ao redor do núcleo, tendo uma energia constante que se torna maior quanto mais afastado do núcleo. São agrupados em subníveis ou subcamadas (s, p, d, f ... – número quântico secundário l), que por sua vez são agrupados em camadas (K, L, M, N... – Número quântico principal n).

Os elétrons encontrados no último nível de uma distribuição eletrónica são chamados de elétrons de valência, estes são os que participam das ligações químicas, como as ligações covalentes, metálicas e iônicas. Essas ligações em geral obedecem à regra do octeto e os átomos compartilham elétrons entre si para atingir o mesmo número de elétrons do gás nobre mais próximo dele.

A atribuição detalhada dos elétrons de um átomo é chamada de distribuição eletrônica e por meio dela podemos prever o estado de oxidação dos elementos, como os da primeira família da tabela periódica que é $+1$. Por meio da configuração eletrônica dos elementos é montada uma tabela de acordo com seus elétrons de valência. Os elementos nos quais o subnível mais externo é um subnível s ou p são chamados elementos representativos (p. ex., para Li temos $1s^2 2s^1$; para Mg temos $1s^2 2s^2 2p^6 3s^2$ ou a estrutura do neônio$+3s^2$ ou [Ne] $3s^2$). Os elementos nos quais o subnível d é preenchido são chamados elementos de transição (p. ex., para Mn temos [Ar] $4s^2 3d^5$). Aqueles nos quais o subnível $4f$ é preenchido são chamados lantanídeos e os com subnível $5f$ são chamados actinídeos (ver tabela periódica, pg. 366).

Nos subníveis s, p, d, f situam-se os orbitais (número quântico magnético, m_l), regiões de maior probabilidade para os elétrons serem encontrados. Cada orbital pode ter no máximo 2 elétrons. Em cada camada atômica temos 1 subnível s com seu orbital s, de baixa energia e formato esférico. O subnível p possui 3 orbitais (p_x, p_y, p_z), podendo gerar um máximo de 6 elétrons neste subnível. Cada orbital p possui uma densidade eletrônica distribuída em duas regiões simétricas do átomo. O subnível d possui 5 orbitais e o subnível f possui 7 orbitais, todos orbitais com diferentes formatos de orientação ao redor do núcleo. Além disso, por estarem mais afastados do núcleo, possuem alta energia. A Figura 1.6 ilustra alguns desses orbitais, onde a probabilidade de se encontrar o(s) elétron(s) é máxima.

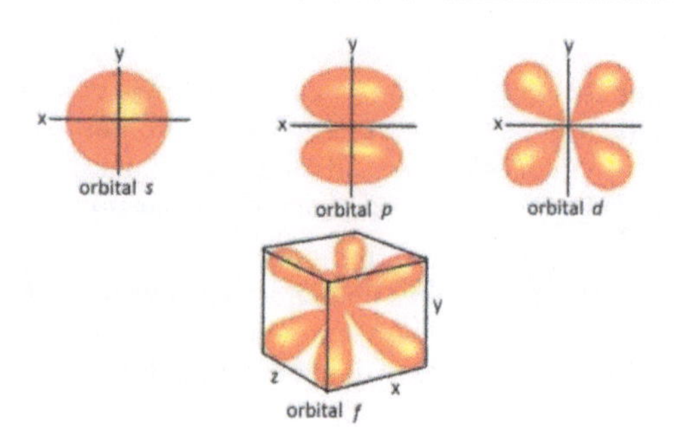

Figura 1.6. Ilustração de alguns orbitais atômicos.

As estruturas de moléculas ligadas de forma covalente podem ser representadas pelas *estruturas de Lewis*, que são extensões dos símbolos de Lewis para átomos (veja o exemplo da Figura 1.5). As ligações com compartilhamento de 2 elétrons são chamadas de ligação simples, de 4 elétrons ligação dupla e de 6 elétrons ligação tripla. Para moléculas, a superposição de orbitais atômicos gera novos orbitais híbridos, que podem ser considerados combinações de estruturas de Lewis e são baseados na noção de repulsão elétron-elétron (*o modelo RPENV*), resultando nas chamadas *estruturas ressonantes*. A superposição de um orbital *s* com um *p* gera o orbital híbrido *sp*. Demais superposições podem gerar outros orbitais hídridos, como o sp^2, sp^3, sp^3d e sp^3d^2, resultando nas diferentes geometrias espaciais das moléculas (linear, trigonal plana, tetraédrica, bipirâmide trigonal e octaédrica).

Caso a superposição dos orbitais atômicos ou orbitais híbridos se faça de modo axial (na mesma direção da linha que une os núcleos - eixo internuclear), a ligação gerada é dita tipo sigma (σ). A superposição lateral de orbitais tipo *p* (direção perpendicular ao eixo internuclear) produz uma ligação pi (π). Assim, uma ligação dupla (4 elétrons compartilhados) é feita por uma ligação σ e uma π, enquanto que uma ligação tripla, por uma σ e duas π (p_y-p_y e p_z-p_z). Na Figura 1.7 é exemplificada a geometria molecular do etileno, onde é mostrada em separado a ligação σ formada pela superposição dos orbitais hídridos sp^2 dos carbonos e a ligação π formada pela superposição de orbitais *p* dos átomos de carbono.

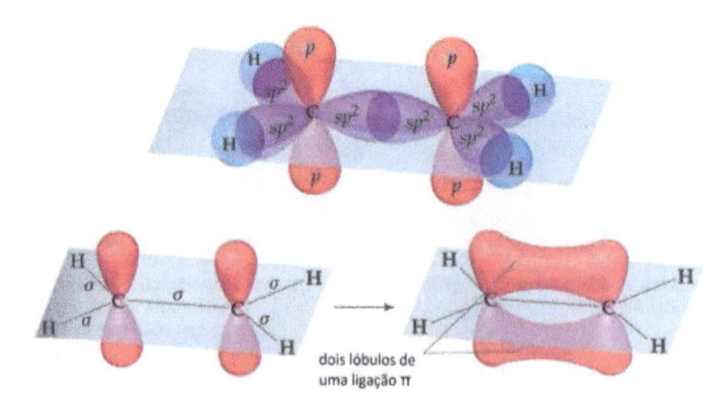

Figura 1.7. Superposição de orbitais do etileno para formação de ligações σ e π.

Em algumas moléculas como a do benzeno, os elétrons ligantes estão deslocalizados, isto é, não estão associados totalmente com dois átomos que formam a ligação, devido à formação de duas ou mais estruturas ressonantes envolvendo ligações π, como exemplificadas na Figura 1.8.

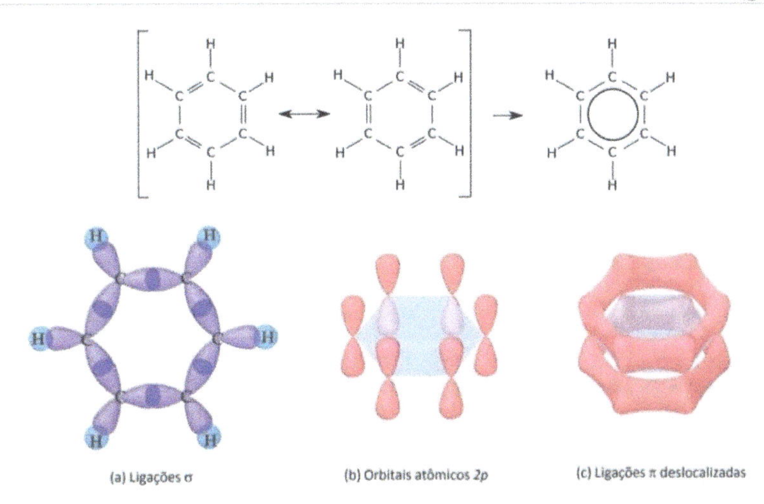

Figura 1.8. Superposição de orbitais atômicos $2p$ no benzeno para formação do orbital molecular π descentralizado.

1.6 SOLUÇÕES

Solução é uma mistura formada por diversos componentes que podem ser separados por meios físicos, mas a aparência é totalmente uniforme e apresentam-se em uma única fase, pois o tamanho das partículas é pequeno, gerando assim uma mistura homogênea. A proporção dos componentes pode variar arbitrariamente. O componente em maior quantidade na solução geralmente denomina-se solvente, e o(s) em menor quantidade de soluto(s). De acordo com o estado de agregação, as soluções podem ser sólidas, líquidas ou gasosas (Figura 1.9, Tabela 1.2).

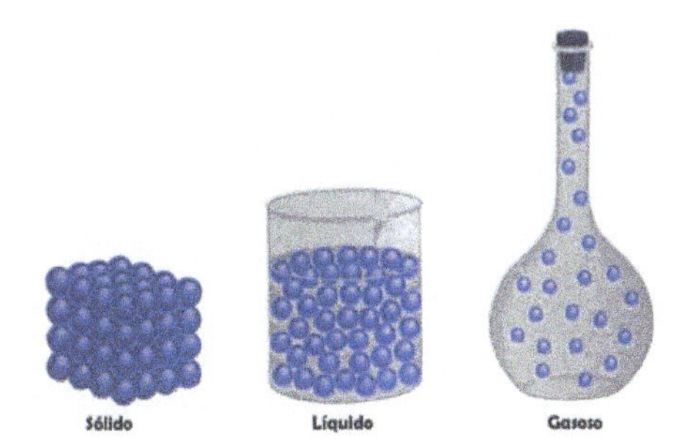

Figura 1.9. Ilustração de solução sólida, líquida e gasosa. As distâncias interatômicas de sólidos e líquidos são da ordem de angstroms (0,1 nm) e para gases 10 vezes maior.

Tabela 1.2. Tipos de soluções.

Solvente	Soluto		
	Gás	Líquido	Sólido
Gás	Ar puro	Vapor de água dissolvido no ar	Algumas fumaças leves
Líquido	Gás carbônico dissolvido em água	Etanol dissolvido em água	Açúcar dissolvido em água
Sólido	Hidrogênio dissolvido em paládio	Mercúrio dissolvido em ouro	Ligas metálicas

Solução sólida: Os componentes desse tipo de solução, na temperatura ambiente, encontram-se no estado sólido. Essas soluções são denominadas ligas (aço, bronze, latão, etc.).

Solução líquida: Pelo menos um dos componentes deve estar no estado líquido. Em nosso cotidiano, encontramos muitas soluções contendo líquidos dissolvidos em líquidos, a exemplo da água oxigenada (H_2O_2 em água, em concentrações de 3% m/m - 10 V, até 33% - peridrol), álcool comercial, etc.

Solução gasosa: os componentes desse tipo de solução encontram-se no estado gasoso. Toda mistura de gases é uma solução, a exemplo da atmosfera.

Soluções formadas por gás e líquido: A solubilidade de gases em líquidos depende de três fatores: a pressão exercida sobre o gás, a temperatura do líquido e a reatividade do gás (Lei de Henry). O refrigerante é uma solução líquida em que o solvente é líquido e o soluto é um gás.

Soluções formadas por sólidos e líquidos: Nos laboratórios, nas indústrias e em nosso dia a dia, as soluções de sólidos em líquidos são as mais comuns. Nesses tipos de solução, a água é o solvente mais utilizado, sendo conhecida como **solvente universal**. Essas soluções são denominadas **soluções aquosas.**

1.6.1 Formas de se expressar a concentração

A concentração é a relação entre a quantidade de componente de interesse (ou espécie) e o volume da solução, e pode ser expressa tanto qualitativamente quanto quantitativamente. Os termos diluídos e concentrados são usados para descrever uma solução qualitativamente. Uma solução contendo baixo teor do componente pode ser considerada diluída; uma com alto teor, de concentrada. Usamos várias formas diferentes de expressar a concentração em termos quantitativos. Algumas delas são: porcentagens em massa, fração em quantidade de substância, molalidade e concentração em quantidade de substância.

- **Porcentagem em massa, ppm e ppb**: Uma das formas mais simples de se expressar a concentração de um componente numa amostra ou solução é dada por:

$$\%\text{ em massa do componente} = \frac{\text{massa do componente}}{\text{massa total da solução}} \times 100$$

Para soluções muito diluídas geralmente são expressas em partes por milhão (ppm), definida como:

$$\text{ppm do componente} = \frac{\text{massa do soluto} \times 10^6}{\text{massa total da solução}} \quad \text{expressa em } \frac{\text{mg}}{\text{kg}} \text{ ou } \frac{\mu\text{g}}{\text{g}}$$

Para soluções ainda mais diluídas usa-se parte por bilhão, ppb, que significa 1 g do soluto em 10^9g de solução) expressa em µg/kg ou ng/g; ou até mesmo parte por trilhão (ng/kg).

De interesse temos a relação 1% = 10.000 ppm. Como a unidade porcentual (%) é também utilizada em sistemas de sólidos dispersos numa fase líquida, e de forma a esclarecer as fases envolvidas, expressamos o porcentual como % m/m ou % m/v.

Embora coloquialmente ppm, ppb e ppt são também expressas para soluções aquosas diluídas em termos de massa por volume, cujas densidades são próximas de 1 g/mL, tais notações não são aceitas em trabalhos técnicos científicos. Neste caso deve-se usar mg/L, µg/L e ng/L, respectivamente, para se evitar confusão.

- **Fração em quantidade de substância,** fração em quantidade de substância ou fração molar: é a relação entre a quantidade de substância do soluto com a quantidade de substância total da solução. Esta unidade é muito utilizada na área da físico-química.

$$\text{fração molar} = \boldsymbol{x} = \frac{\text{quantidade de substância do soluto}}{\text{quantidade de substância total da solução}}$$

Molalidade: molalidade de uma solução é igual a quantidade de substância de soluto por quilograma de solvente.

$$\text{molalidade} = \boldsymbol{b} = \frac{\text{quantidade de substância do soluto}}{\text{quilograma de solvente}}$$

Tal concentração é mais utilizada em físico-química, com a vantagem das medidas iniciais da massa do soluto e do solvente não serem afetadas pela variação da temperatura. As medidas de massa são também preferidas em laboratórios de certificação e calibração de forma a minimizar a propagação de fontes de erro (neste caso praticamente só temos a incerteza expandida da balança analítica).

- **Concentração em quantidade de substância ou concentração de substância:** a concentração em quantidade de substância é definida como a razão de quantidade de substância do soluto pelo volume da solução (IUPAC, 2007).

$$\text{concentração em quantidade de substância} = \boldsymbol{c} = \frac{\text{quantid. de substância soluto}}{\text{litros de soluçao}} = \frac{n}{V}$$

Embora esta notação seja a recomendada atualmente pela divisão de química da IUPAC, ainda é muito utilizada na pesquisa, em indústrias, laboratórios, normas, legislações, a notação de **concentração molar** ou **molaridade** (M) cuja unidade é mol/L. Em muitos livros e artigos científicos internacionais e na área de equilíbrio químico é muito comum reportar as espécies dissolvidas entre colchetes e substituir a unidade mol/L por M, por exemplo, $[Cl^-] = 0{,}100$ M.

A **molaridade** é mais utilizada na área de **Química Analítica**, onde a pipetagem, micropipetagem e diluições de solução são mais frequentes. Numa marcha analítica seguida da análise instrumental do(s) analito(s) de interesse, e que normalmente consome muitas horas de trabalho, a medida de volume reduz em muito o tempo do processo analítico.

1.6.2 O processo de dissolução

Uma solução é formada quando uma substância se dispersa uniformemente em outra. Sabemos que as substâncias no estado líquido e sólido sofrem forças atrativas intermoleculares que as mantêm juntas. Essas forças também atuam nas partículas do soluto e solvente, ou seja, as soluções se formam quando as forças atrativas entre as partículas soluto-solvente são de magnitude similares às forças existentes entre solvente-solvente e soluto-soluto.

As interações entre moléculas de soluto e solvente são conhecidas como solvatação, e se a água é o solvente, o processo é chamado de hidratação. O cloreto de sódio se dissolve em água, pois as moléculas da água têm uma interação suficientemente forte com íons Na^+ e Cl^- (geração de ligações íon-dipolo permanente) que compensam a atração mútua dos íons no cristal (ligação íon-íon), acrescida de um aumento na entropia dos íons hidratados na solução (seção 1.8). No caso do sal NaCl ser adicionado a um solvente apolar, a interação de dispersão de London do solvente (interação fraca devido a polarização das partículas) não será suficientemente forte para desestabilizar a rede cristalina apresentada pelo sal e a dissolução não ocorre. Pelo mesmo motivo temos que um líquido polar não forma soluções com um líquido apolar. Quando temos tetracloreto de carbono (CCl_4) e hexano (C_6H_{14}), eles se misturam em todas as proporções, pois ambas as substâncias são apolares e possuem ponto de ebulição semelhante (CCl_4, 77,4 °C e C_6H_{14}, 69 °C).

Soluções Saturadas e Solubilidade

Quando um sólido começa a se dissolver em um solvente, a concentração do soluto em solução aumenta. Esse processo é conhecido como dissolução, o seu processo inverso é denominado cristalização e esses processos estão representados pela equação: Soluto + Solvente $\rightleftarrows$ Solução.

Quando as velocidades dos processos se igualam, temos então um equilíbrio dinâmico formado. A quantidade necessária do soluto para formar uma solução saturada é denominada solubilidade, que é uma grandeza quantitativa expressa geralmente em gramas do soluto por litro de solução (g/L).

- Soluções Saturadas → Equilíbrio entre os processos de dissolução e cristalização.
- Soluções Insaturadas → Dissolve-se menos soluto do que o necessário para que se forme uma solução saturada.
- Soluções Supersaturadas → Quando temos maior quantidade de soluto em relação à solução saturada.

Um exemplo pertinente de solução supersaturada é o acetato de sódio (CH_3COONa), que sofre rápido processo de cristalização do excesso por adição de um cristal semente ou uma forte agitação, conforme ilustrado na Figura 1.10.

Figura 1.10. Solução supersaturada de acetato de sódio sofrendo cristalização.

1.6.3 Diluição e reações de soluções:

No caso de diluições de soluções com o próprio solvente, a quantidade de substância (mols) será conservada, apenas haverá aumento no volume total.

Exemplo 1: Seja 10 mL de uma solução 0,100 mol/L em cloreto de sódio. Qual a concentração final após a adição de 50 mL de água?

$$n_f = n_i \quad \Rightarrow \quad c_i V_i = c_f V_f \quad \Rightarrow \quad 0{,}1 \times 10 = c_f \times (10 + 50) \quad \Rightarrow \quad c_f = 0{,}0167 \text{ mol/L}$$

No caso da adição de outra solução do próprio constituinte, ou se ocorrer uma reação química, o número de mols deve ser somado ou subtraído, respectivamente.

Exemplo 2: Adição de 50 mL de NaCl 0,05 mol/L aos 10 mL iniciais.

$$n_f = n_i + n_2 \implies c_f V_T = c_i V_1 + c_2 V_2 \implies c_f \times 60 = (0{,}1 \times 10) + (0{,}05 \times 50)$$
$$\implies c_f = 0{,}058 \text{ mol/L}$$

Exemplo 3: Adição de 10 mL de $AgNO_3$ 0,05 mol/L aos 10 mL iniciais.

Inicialmente AgCl é precipitado, logo

$$n_f = n_i - n_2 \implies c_f V_T = c_i V_1 - c_2 V_2 \implies c_f \times 20 = (0{,}1 \times 10) - (0{,}05 \times 10)$$
$$\implies c_f = 0{,}025 \text{ mol/L}$$

1.6.4 Fatores que afetam a solubilidade

A solubilidade ou coeficiente de solubilidade representa a quantidade máxima do soluto que pode ser dissolvida em dado solvente. É uma propriedade que depende de alguns fatores importantes, como: interação soluto-solvente, efeitos de pressão e efeitos de temperatura.

Interação soluto-solvente: Um fator que determina a solubilidade é a interação entre as moléculas do soluto e solvente, e quanto mais forte forem essas interações maior será a solubilidade. Assim, moléculas de solutos polares tendem a se dissolver mais facilmente em solvente polares. Uma substância é solúvel em outra quando forma um sistema homogêneo quando misturadas. Quando se trata de líquidos eles se dizem miscíveis. Por exemplo, moléculas de álcool de cadeia curta como etanol são miscíveis em água, já que as forças de interação solvente-soluto são mais intensas em relação às interações soluto-soluto e solvente-solvente, ocorrendo liberação de calor e contração de volume no processo de mistura. Moléculas de álcool de cadeia longa como a do heptanol, possuem baixa solubilidade em água devido ao caráter hidrofóbico da cadeia. À medida que a cadeia carbônica (apolar e hidrofóbica) aumenta, a solubilidade em água decresce.

Efeitos de pressão: As solubilidades de sólidos e líquidos não são afetadas consideravelmente pela pressão, enquanto a solubilidade de um gás em qualquer solvente é aumentada à medida que a pressão sobre o solvente aumenta. Podemos observar este fato na Figura 1.11.

A relação entre a solubilidade de um gás e a pressão é expressa por uma equação simples conhecida como lei de Henry:

$$s_g = k_H \times p_g$$

- s_g → Solubilidade do gás, em quantidade de substância
- k_H → Constante de Henry (constante de proporcionalidade)
- p_g → Pressão parcial do gás sobre a solução

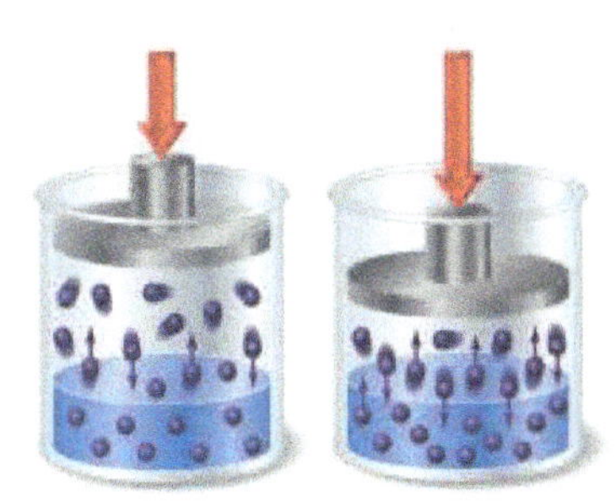

Figura 1.11. O efeito da pressão na solubilidade do gás.

A constante da lei de Henry é diferente para cada par soluto-solvente e varia com a temperatura (Tabela 1.3). Um exemplo interessante são as bebidas carbonatadas, que são engarrafadas a pressões superiores a 1 atm, assim aumentando a solubilidade do CO_2 em água. Quando a garrafa é aberta, a solubilidade do gás diminui e o CO_2 é liberado (a pressão parcial do CO_2 no ar é de apenas 0,00035 atm), aliado também à menor solubilidade do gás devido ao aumento da temperatura.

Tabela 1.3. Constantes de Henry (mol L^{-1} atm^{-1}) para alguns gases em água, a 20 °C.

Gás	N_2	O_2	CO_2	Ar	He	H_2	NH_3
k_H	$0{,}70.10^{-3}$	$1{,}3.10^{-3}$	23.10^{-3}	$1{,}5.10^{-3}$	$0{,}37.10^{-3}$	$0{,}85.10^{-3}$	62

Considerando a composição percentual de N_2, O_2 e CO_2 no ar, respectivamente iguais a 78,08%, 20,95% e 0,035%, teremos respectivamente as seguintes solubilidades na água a 20°C:

$$s_{N_2} = 0{,}70.10^{-3} \times 0{,}7808 = 5{,}5.10^{-4}\ \text{mol/L} \quad \text{ou} \quad 15\ \text{mg/L}$$

$$ou \quad \approx 15\ \text{ppm} \ (d_{H_2O}\ \text{a}\ 20\ °\text{C} = 0{,}9982\ \text{g/mL})$$

$$s_{O_2} = 1{,}3.10^{-3} \times 0{,}2095 = 2{,}7.10^{-4}\ \text{mol/L} \quad \text{ou} \quad 8{,}7\ \text{mg/L} \quad \text{ou} \quad \approx 8{,}7\ \text{ppm}$$

$$s_{CO_2} = 23.10^{-3} \times 0{,}00035 = 8{,}7.10^{-6}\ \text{mol/L} \quad \text{ou} \quad 0{,}35\ \text{mg/L} \quad \text{ou} \quad \approx 0{,}35\ \text{ppm}$$

Efeitos de Temperatura: A solubilidade da maioria dos solutos, sólidos ou líquidos na água aumenta com o aumento da temperatura, pois em geral o processo de dissolução é endotérmico. A Figura 1.12 apresenta a solubilidade de vários sais em função da temperatura.

Em contraste, a solubilidade de gases em água diminui com o aumento de temperatura (processo exotérmico). Um exemplo é a diminuição da solubilidade de O_2 em lagos devido à poluição térmica (p. ex., águas quentes advindas de processos industriais), que causa a mortandade de peixes.

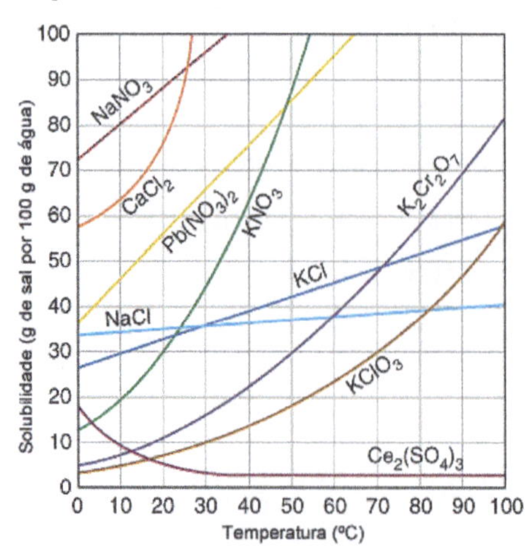

Figura 1.12. Solubilidade de compostos iônicos em água.

1.7 GASES

A maioria dos gases são compostos moleculares, com exceção dos gases nobres, que são formados por átomos isolados. As principais características físicas dos gases são a sua grande compressibilidade e extraordinária capacidade de expansão. Os gases não apresentam um volume fixo, pois sempre ocupam o volume total do recipiente em que estão confinados. Outra propriedade inerente aos gases é que eles são miscíveis entre si em qualquer proporção.

1.7.1 Características gerais dos gases

As partículas constituintes de um gás encontram-se muito afastadas umas das outras e praticamente não ocorre interação entre elas, possuindo assim um alto grau de liberdade. Em consequência, as partículas movimentam-se de maneira contínua e desordenada em todas as direções e sentidos, chocando-se constantemente com as paredes internas do recipiente em que o gás está contido (Figura 1.13) e exercendo pressão (força por unidade de área).

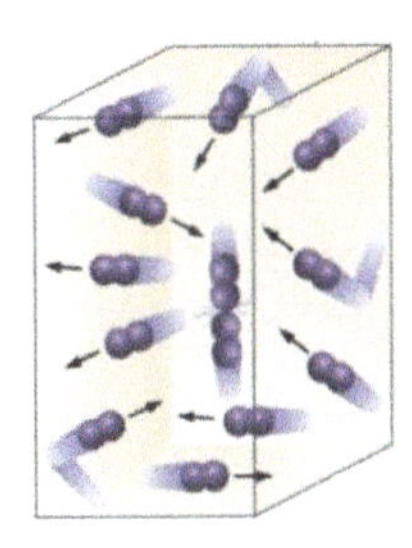

Figura 1.13. Moléculas de gás no interior de um recipiente.

A pressão exercida pelo gás é proporcional ao número de choques de suas moléculas por unidade de área do recipiente fechado. Ao aquecermos o gás contido no frasco, suas moléculas irão se movimentar com maior velocidade, aumentando assim a energia cinética (E_{cin}) média, que é proporcional à temperatura absoluta.

$$E_{cin} = k.T \qquad k \rightarrow \text{é uma constante} \qquad T = \text{temperatura absoluta (K)}$$

Chamamos de gás ideal ou gás perfeito qualquer gás que apresente essas características, o que normalmente não ocorre com a maioria dos gases com os quais trabalhamos devido ao fato de ocorrerem interações entre as moléculas. Esses gases são denominados gases reais que, a altas temperaturas e baixas pressões, se assemelham, no seu comportamento, aos gases perfeitos.

1.7.1.1 Diferença entre gás e vapor

Vapor: Designação dada à matéria no estado gasoso, quando é capaz de existir em equilíbrio com o líquido ou com o sólido correspondente, podendo sofrer liquefação pelo simples abaixamento de temperatura ou aumento da pressão. Exemplo: Vapor d`água.

Gás: É o estado fluido da matéria, impossível de ser liquefeito só por um aumento de pressão ou só por uma diminuição de temperatura, o que o diferencia do vapor. Exemplo: gás hidrogênio.

Quando estudamos um gás, devemos medir e estabelecer relações entre as seguintes grandezas: pressões (P), volume (V), temperatura (T) e quantidade de substância, que é indicada pelo número de mol (n).

Pressão: Em 1643, Evangelista Torricelli determinou experimentalmente que a pressão exercida pela atmosfera ao nível do mar corresponde à pressão exercida por uma coluna de mercúrio de 760 mmHg:

$$1 \text{ atm} = 760 \text{ mmHg} = 760 \text{ torr} = 101325 \text{ Pa} = 1{,}01325 \text{ bar} = 1{,}032 \frac{\text{kfg}}{\text{cm}^2} = 14{,}7 \text{ psi}$$

Volume: O volume ocupado por um gás corresponde ao volume do recipiente que o contém. As relações entre as unidades de volume mais comuns são:

$$1 \text{ m}^3 = 1000 \text{ L} \qquad 1 \text{ dm}^3 = 1 \text{ L} \qquad 1 \text{ L} = 1000 \text{ cm}^3 = 1000 \text{ mL}$$

Temperatura: A temperatura está relacionada com o grau de agitação das partículas. A escala termométrica mais comum é a Celsius, mas para gases é usada a escala absoluta Kelvin, recomendada pelo SI: K = °C + 273,15.

Quantidade de substância: Corresponde ao número de mols de um gás contido num dado recipiente.

1.7.2 Transformações Gasosas

As relações entre essas propriedades foram inicialmente determinadas para uma massa fixa de gás, ou seja, para uma mesma quantidade de substância, e são ilustradas na Figura 1.14.

a) **Isotérmica (T = constante):** Para uma dada massa de gás à temperatura constante, o volume ocupado pelo gás é inversamente proporcional à pressão exercida. O produto PV é constante, e para a Figura 1.14a temos que $P_1V_1 = P_2V_2$. Essa relação foi estabelecida experimentalmente em 1662 pelo químico inglês Robert Boyle, sendo conhecida como Lei de Boyle.

b) **Isobárica (P = constante):** Para uma dada massa de gás à pressão constante, o volume ocupado pelo gás é diretamente proporcional à temperatura absoluta, de forma que o quociente $k = V/T$ seja constante (Figura 1.14b). A relação entre volume e temperatura foi inicialmente observada em 1787 por Jacques Charles e quantificada em 1802 por Joseph Gay-Lussac, sendo conhecida como lei de Charles Gay-Lussac. Joseph Gay-Lussac verificou que a pressão de um gás, a 0 °C, varia em 1/273 para cada alteração de 1 °C na sua temperatura quando o volume é mantido constante. Assim, partindo-se de um gás a 0 °C e reduzindo sua temperatura em 273 °C, a volume constante, sua pressão tenderá a zero.

c) **Isocórica ou Isovolumétrica (V = constante):** Para uma dada massa de gás a volume constante, a pressão exercida pelo gás é diretamente proporcional à temperatura absoluta, de forma que o quociente $k = P/T$ seja constante (Figura 1.14c).

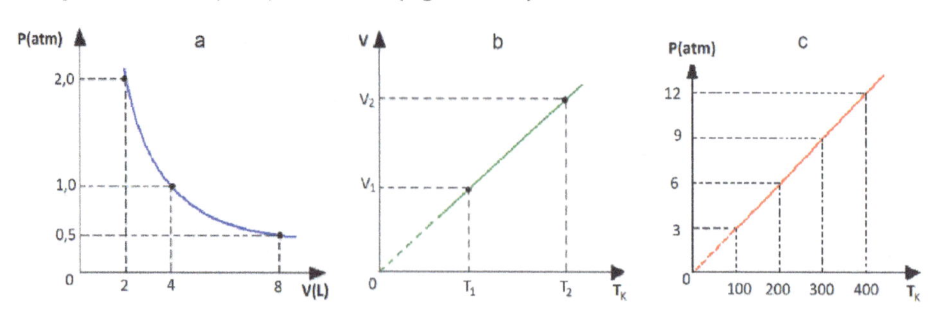

Figura 1.14. (a) Gráfico da pressão versus volume à temperatura constante, (b) volume versus temperatura à pressão constante, (c) pressão versus temperatura a volume constante.

Relacionando as três transformações gasosas estudadas até aqui, obtemos uma relação denominada equação geral dos gases:

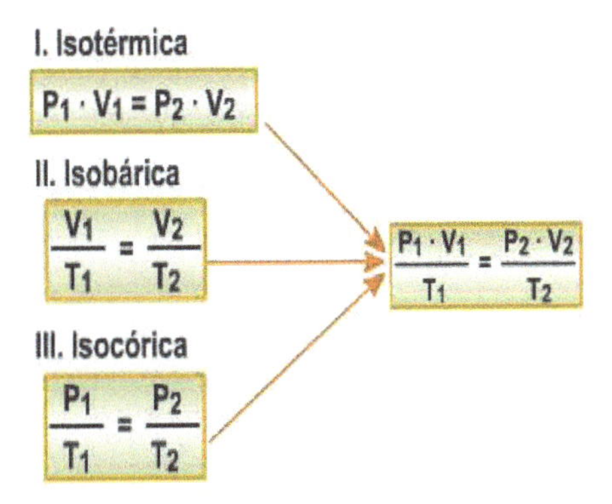

A equação geral dos gases permite que, por exemplo, conhecendo o volume de um gás em determinadas condições de temperatura e pressão, possamos determinar seu novo volume em outras condições de temperatura e pressão. Esse cálculo também pode ser feito para outras grandezas.

Condições Normais de Temperatura e Pressão (CNTP)

As comparações das propriedades dos gases são feitas a partir de certos referenciais, estabelecidos arbitrariamente e conhecidos por **Condições Normais.**

$P_{normal} = 1$ atm $= 760$ mmHg $= 101{,}3$ kPa $T_{normal} = 0$ °C $= 273{,}15$ K

Volume molar: Em condições idênticas de temperaturas e pressão, o volume ocupado por um gás é diretamente proporcional à sua quantidade de substância, ou seja, ao seu número de mols. Assim de dobramos seu número de mols (n), seu volume também irá dobrar. Logo, a relação entre o volume e o número de mols é constante $k = V/n$. Um mol de qualquer gás ($6{,}022 \times 10^{23}$ moléculas), nas mesmas condições de pressão e temperatura, ocupará sempre o mesmo volume. Assim temos:

Volume molar de gases é o volume ocupado por um mol de qualquer gás, a uma determinada pressão e temperatura. Nas CNTP = **22,4 L/mol.**

A 25 °C e 1 atm o volume molar é de 24,5 L/mol

Lei de Avogadro. Em 1811, Amedeo Avogadro enunciou sua famosa lei, também conhecida por **Hipótese de Avogadro,** segundo a qual volumes iguais de diferentes gases, a uma mesma temperatura e pressão, contêm igual número de moléculas.

Equação de estado dos gases perfeitos: Quaisquer que sejam as transformações sofridas por uma massa fixa de gás, a relação PV/T apresenta sempre um valor constante que depende do número de mol de gás. Quando essa quantidade for de 1 mol, a constante será representada por R.

Para 1 mol de qualquer gás $R = PV/T$ e o valor nas CNTP, pode então ser calculado:

$$R = \frac{P \times V}{T} = \frac{1\ \text{atm} \times 22{,}4\ \text{L}}{273\ \text{K} \times \text{mol}} = 0{,}082\ \text{atm L K}^{-1}\ \text{mol}^{-1}$$

Os valores de R estão relacionados às unidades empregadas para indicar as outras grandezas:

$$R = 62{,}3\ \text{mmHg L K}^{-1}\ \text{mol}^{-1} \quad \text{ou} \quad R = 8{,}31\ \text{kPa L K}^{-1}\ \text{mol}^{-1}$$

Genericamente, para um número qualquer de mols (n), temos:

$$\frac{PV}{T} = nR \quad \rightarrow \quad PV = nRT$$

Qualquer gás que obedeça a essa lei será considerado um gás perfeito ou ideal e, por isso, essa equação é conhecida por Equação de Estado dos Gases Ideais.

Em condições ambientais normais tais como as temperatura e pressão padrão, a maioria dos gases reais comportam-se qualitativamente como um gás ideal. O modelo do gás ideal tende a falhar em mais baixas temperaturas ou mais altas pressões, pois o trabalho realizado por forças intermoleculares torna-se mais significativo comparado a energia cinética das partículas, e o tamanho das moléculas torna-se mais significativo comparado ao espaço vazio entre elas.

1.7.3 Misturas de gases

Muitos sistemas gasosos são misturas de gases, como por exemplo, o ar que respiramos. Toda mistura de gases é sempre um sistema homogêneo.

1.7.3.1 Pressão Parcial – Lei de Dalton

Para a mistura gasosa composta de diversos componentes (A, B, C, ...), a pressão total do sistema gasoso corresponde à soma das pressões parciais exercidas por cada um dos componentes na mistura, ou seja:

$$P_T = p_A + p_B + p_C + \cdots$$

Essa relação é conhecida como Lei de Dalton das pressões e foi estabelecida em 1801. Exemplificando para a mistura dos gases He e Ar, contidos num mesmo volume e temperatura, podemos escrever:

$$p_{He} = n_{He}\left(\frac{RT}{V}\right) \quad e \quad p_{Ar} = n_{Ar}\left(\frac{RT}{V}\right)$$

Assim, a pressão parcial exercida por cada gás é diretamente proporcional ao número de mols do gás e, consequentemente, a pressão total é diretamente proporcional ao número total de mols ($n_{He} + n_{Ar} = \sum n$):

$$P = \sum n\left(\frac{RT}{V}\right) \quad \longrightarrow \quad PV = \sum nRT \quad \text{ou} \quad PV = n_T RT$$

1.7.3.2 Volume Parcial – Lei de Amagat

Numa mistura gasosa podemos considerar que cada um dos gases seria responsável por uma parte do volume total ou, ainda, por certa porcentagem do volume total. Assim concluímos:

Volume parcial: é o volume que um gás ocuparia se sobre ele estivesse sendo exercida a pressão total da mistura gasosa à mesma temperatura.

Aplicando-se a lei dos gases ideais para uma mistura gasosa (A + B), temos:

$$P_T V_A = n_A RT \quad \text{e} \quad P_T V_B = n_B RT$$

Somando as equações temos: $P_T.(V_A + V_B) = (n_A + n_B).RT \longrightarrow PV_T = n_T RT$

A fração molar pode ser obtida estabelecendo-se as relações com as pressões, com os volumes parciais e a porcentagem em volume.

$$x_A = n_A/n_T = p_A/P_T = V_A/V_T = \% \text{ em volume de A em 100\% da mistura,}$$

$$\text{logo: } p_A = x_A P_T \quad \text{e} \quad V_A = x_A V_T$$

Densidade absoluta dos gases: A partir da Equação de Estado dos Gases Ideais, $PV = nRT$, pode-se chegar a uma nova equação:

$$PV = \left(\frac{m}{M}\right) RT \longrightarrow PM = \left(\frac{m}{V}\right) RT \longrightarrow \frac{PM}{RT} = \frac{m}{V} \longrightarrow \mathrm{d} = \frac{PM}{RT} \text{ em } \frac{\mathrm{g}}{\mathrm{L}}$$

Densidade relativa dos gases: A densidade relativa entre dois gases é dada pela simples relação entre as suas densidades absolutas, medidas nas mesmas condições de pressão e temperatura.

$$d_A = \frac{PM_A}{RT} \quad \text{e} \quad d_B = \frac{PM_B}{RT} \qquad \text{o que resulta em} \qquad \frac{d_A}{d_B} = \frac{M_A}{M_B}$$

É comum comparar a densidade de um gás com a do ar. Como o ar é uma mistura, sua massa molar (M) aparente deve ser determinada por meio de uma média ponderada. Sabendo-se que o ar contém principalmente 78,08% de nitrogênio (28,02 g/mol), 20,95% de oxigênio (32,00 g/mol) e 0,93% de argônio (39,95 g/mol), temos:

$$M_{\text{aparente}} = \left(x_{\mathrm{N_2}} \times M_{\mathrm{N_2}}\right) + \left(x_{\mathrm{O_2}} \times M_{\mathrm{O_2}}\right) + \left(x_{\mathrm{Ar}} \times M_{\mathrm{Ar}}\right)$$

$$M_{\text{aparente}} = 28{,}96 \text{ g/mol}$$

1.8 TERMOQUÍMICA

O estudo da energia e suas transformações é conhecido como termodinâmica, fundamentada em três leis naturais. A primeira lei preocupa-se em acompanhar as variações de energia e permite calcular as quantidades de calor e trabalho que um sistema produz ou recebe. A segunda lei explica porque algumas reações ocorrem espontaneamente e outras não, e introduz o conceito de entropia. Já a terceira lei estabelece que a entropia de um sólido cristalino puro e perfeito é igual a zero na temperatura de zero absoluto (0 Kelvin). A termodinâmica aplicada a sistemas químicos é chamada de termoquímica.

1.8.1 Sistema

É a parte do universo limitada e bem definida onde as mudanças de energia estão sendo estudadas. A parte restante é chamada de vizinhança. Um sistema pode ser aberto, fechado ou isolado. Um sistema aberto troca matéria e energia com a vizinhança, um sistema fechado troca apenas energia com a vizinhança e um sistema isolado não troca energia e nem matéria com a vizinhança.

1.8.2 Transferência de energia: calor e trabalho

A energia pode ser transferida na forma de calor ou trabalho. O calor é a energia necessária para um objeto variar certa temperatura e o trabalho é a energia necessária para movimentar um objeto. Esses dois tipos de energia são representados pelas letras q e w, respectivamente.

Tabela 1.4. Transferência de energia tomando como referencial o sistema.

Processo	Variação
O sistema ganha calor	Positiva ($q > 0$)
O sistema perde calor	Negativa ($q < 0$)
O sistema recebe trabalho	Positiva ($w > 0$)
O sistema realiza trabalho	Negativa ($w < 0$)

1.8.3 Primeira lei da Termodinâmica

Uma das maiores observações da ciência, que a energia não pode ser criada e nem destruída, é a base da primeira lei da termodinâmica, que pode ser resumida em uma pequena frase: *A energia é conservada*. Ela não se preocupa em saber por que algumas reações tendem a ocorrer naturalmente e outras ocorrem apenas se trabalho é realizado sobre ela. Iniciamos falando sobre **mudança espontânea**. Um exemplo é o resfriamento de um bloco de metal quente, que se resfria até que sua temperatura seja igual a da vizinhança. Utilizamos a primeira lei da termodinâmica para analisarmos variações de energia em sistemas químicos. A energia interna de um sistema representada por ΔE é a soma do calor e trabalho, ou seja, podemos representar a primeira lei da termodinâmica pela equação:

$$\Delta E = E_{\text{final}} - E_{\text{inicial}} = q + w$$

Em engenharia é comum escrever $\Delta E = q - w$, que foca o trabalho realizado pela máquina na vizinhança. Neste caso, invertemos os sinais do trabalho na Tabela 1.4.

Por exemplo, na queima de oxigênio e hidrogênio contidos num cilindro pneumático são liberados 1150 J de calor para a vizinhança e a expansão do êmbolo realiza 480 J de trabalho na vizinhança. A variação da energia interna é

$$\Delta E = q + w = (-1150\text{ J}) + (-480\text{ J}) = -1630\text{ J}$$

Quando comprimimos um pistão de uma bomba de ar o trabalho será positivo, pois é aplicado sobre o sistema (ar comprimido), e como não se fornece calor ao sistema, temos: $\Delta E = q + w = 0 + w = w$, ou seja, a variação da energia interna será o trabalho realizado no pistão.

As transformações que são estudadas na primeira lei da termodinâmica são:

Transformação isobárica: ocorre à pressão constante, podendo variar somente o volume e a temperatura. Para temperatura constante, o trabalho de expansão de um gás contra a vizinhança é $w = -P\Delta V$.

Transformação isotérmica: ocorre à temperatura constante, variando somente as grandezas de pressão e volume.

Transformação isocórica ou isovolumétrica: ocorre a volume constante, variando somente as grandezas de pressão e temperatura.

Transformação adiabática: é a transformação gasosa na qual o gás não troca calor com o meio externo, seja porque ele está termicamente isolado ou porque o processo ocorre de forma tão rápida que o calor trocado é desprezível.

Medida de calor

É possível medir a energia transferida para um sistema na forma de calor se soubermos a capacidade calorífica (ou térmica) do sistema, C, isto é, a razão entre o calor fornecido e o aumento de temperatura que ele provoca. Assim, para uma determinada variação de temperatura (ΔT) do sistema, temos:

$$q = C \times \Delta T$$

É comum registrar capacidade calorífica específica (ou calor específico), c_s, que é a capacidade calorífica dividida pela massa da amostra ($c_s = C/m$) ou a capacidade calorífica molar, c_M, que é a capacidade calorífica dividida pela quantidade (em mols) da amostra ($c_M = C/n$). Se a capacidade calorífica da água é 75,3 J K^{-1}, a capacidade calorífica molar será 75,3 J mol^{-1} K^{-1} e a capacidade calorífica específica da água será 4,184 J g^{-1} °C^{-1} (ou 1 cal g^{-1} °C^{-1}). Levando-se em conta a massa do sistema, o calor pode ser calculado por: $q = m.c.\Delta T$

Processos endotérmicos e exotérmicos

Durante um processo endotérmico, como a fusão do gelo, o calor flui da vizinhança para o sistema. Se nós, como parte da vizinhança, tocarmos no recipiente no qual o gelo está contido, ele nos passará a sensação de frio porque o calor passou de nossas mãos para o recipiente. Já num processo exotérmico, como a combustão da gasolina, o calor flui para a vizinhança, esquentando-a. A Figura 1.15 ilustra tais transformações para sistemas químicos.

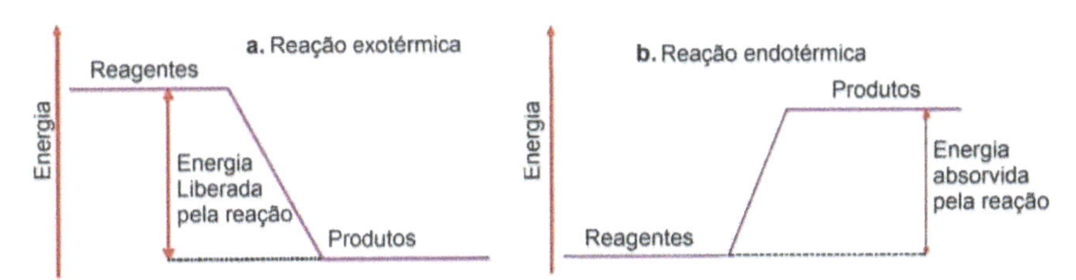

Figura 1.15. Processos exotérmico (a) e endotérmico (b).

Combustão é uma reação química exotérmica (há exceções) entre uma substância combustível (que sofrerá oxidação) e outra comburente (que se reduz), geralmente o oxigênio, para liberar calor e luz. Durante a reação de combustão são formados diversos produtos resultantes da combinação dos átomos dos reagentes. No caso da queima em ar de compostos orgânicos (metano, propano, gasolina, etanol, diesel, etc.) são formados dezenas de compostos, por exemplo CO_2, CO, H_2O, H_2, CH_4, NO_x, SO_x, fuligem, etc., sendo que alguns desses compostos causam a chuva ácida, danos aos ciclos biogeoquímicos do planeta e agravam o efeito estufa.

Entalpia

A função termodinâmica chamada entalpia responde pelo fluxo de calor nas mudanças químicas ou físicas que ocorrem **à pressão constante** quando nenhuma forma de trabalho é realizada. Na prática, só é possível medir a variação de entalpia que ocorre em uma reação utilizando um calorímetro de pressão constante. O cálculo da variação de entalpia é dado por:

$$\Delta H = q_p \qquad \Delta H = H_{\text{final}} - H_{\text{inicial}} \quad \text{ou} \quad \Delta H = H_{\text{produtos}} - H_{\text{reagentes}}$$

Para **reações exotérmicas**, a variação de entalpia é menor do que zero, pois como ocorre a liberação de calor, a entalpia dos produtos é menor do que a dos reagentes.

Para **reações endotérmicas**, a variação de entalpia é maior que zero, pois ocorre absorção de calor, ou seja, a entalpia dos produtos é maior do que a dos reagentes.

Entalpia de reação: É a variação de entalpia que acompanha uma reação química, também chamada de calor de formação (ΔH_r). Por exemplo, a combustão de 2 mols de hidrogênio com 1 mol de oxigênio gerando 2 mols de H_2O à pressão constante libera 483,6 kJ de calor.

Lei de Hess: É possível calcular ΔH de uma reação a partir de outras, de forma que não há a necessidade da medição calorimétrica para todas as reações, muitas delas de difícil medição experimental. Esse é o princípio da **lei de Hess**, onde estabelece que a variação da entalpia de uma reação final pode ser obtida pela soma da variação da entalpia de reações parciais, como exemplificado abaixo.

$$CH_4(g) + 2O_2(g) \rightarrow CO_2(g) + 2H_2O\,(g) \quad \Delta H = -802\ kJ$$
$$2H_2O\,(g) \rightarrow 2H_2O\,(l) \quad \Delta H = -88\ kJ$$
$$CH_4(g) + 2O_2(g) \rightarrow CO_2(g) + 2H_2O\,(l) \quad \Delta H = -890\ kJ$$

Entalpia de Formação: é a quantidade de calor liberada ou absorvida na síntese de 1 mol da substância a partir de seus elementos. No estado padrão (forma alotrópica mais estável, a 25 °C e 1 atm) temos a **entalpia de formação padrão**, ΔH_f^o, e a entalpia dos elementos reagentes é nula. A partir dos valores tabelados de ΔH_f^o pode-se calcular a entalpia padrão de uma reação (ΔH_r^o) efetuando-se a diferença da soma dos calores de formação dos produtos menos a soma dos calores de formação dos reagentes:

$$\Delta H_r^o = \sum n\Delta H_{f\,(produtos)}^o - \sum n\Delta H_{f\,(reagentes)}^o$$

Por exemplo, para a reação acima de combustão do metano, temos:

$$\Delta H_r^o = [-94{,}1 + 2 \times (-68{,}3)] - [-17{,}9 + 0] = 212{,}8\ kcal \quad \times 4{,}184 \Rightarrow 890\ kJ$$

Outras modalidades de entalpia são encontradas na química e na física, como **Entalpia de Combustão** (energia liberada na forma de calor na combustão de um mol de uma substância), **Entalpia de Ligação** (energia necessária para romper um mol de ligações químicas entre pares de átomos no estado gasoso), **Entalpia de dissolução** (calor associado à dissolução de 1 mol de soluto em uma quantidade de solvente maior ou igual à mínima necessária para a dissolução completa do soluto), **Entalpia de vaporização** (energia necessária para que um mol de um elemento ou de uma substância que encontre-se em equilíbrio com o seu próprio vapor passe completamente para o estado gasoso), **Entalpia de fusão** (quantidade de energia necessária para que um mol de um elemento ou substância em equilíbrio com seu líquido passe do estado sólido para o estado líquido).

1.8.4 Segunda lei da Termodinâmica

Algumas mudanças ocorrem naturalmente, outras não. A decomposição é natural, a construção exige trabalho. A água flui montanha abaixo naturalmente, mas devemos bombeá-la para levá-la montanha acima. Uma faísca é suficiente para iniciar um vasto incêndio em uma floresta, porém para esta crescer novamente a partir de dióxido de carbono e água é necessária a entrada contínua de energia solar. Todos esses fatos podem ser explicados por uma função de estado chamada "entropia".

Entropia e desordem: O resfriamento de um bloco de metal quente ocorre porque a energia dos átomos que vibram vigorosamente tende a se espalhar pela vizinhança. A mudança inversa não pode ser observada porque é improvável que a energia seja recolhida da vizinhança e concentrada em um único pedaço de metal. As moléculas contidas em um recipiente tendem a se espalhar e ocupar todo o recipiente - com o mesmo raciocínio no caso do metal, é improvável que as moléculas ocupem uma única parte do sistema. Esses dois exemplos mostram um aumento de desordem do sistema ou vizinhança, medida pela função de estado entropia (S). A segunda lei da termodinâmica afirma que uma variação espontânea é acompanhada pelo aumento da entropia total do sistema e sua vizinhança.

Quantitativamente, a variação de entropia do sistema, para processos reversíveis, é igual ao calor reversível absorvido dividido pela temperatura absoluta na qual a energia é transferida:

$$\Delta S_{sis} = \frac{q_{rev}}{T} \quad (T \text{ constante em Kelvin})$$

Obs.: existem vários caminhos alternativos para transferência de energia do sistema de um estado 1 para um estado 2, contudo apenas um valor possível para q_{rev}, referindo-se ao calor máximo transferido.

Basicamente, em química as reações são espontâneas porque a tendência natural é o aumento da entropia. A lei que explica o sentido das reações a serem espontâneas ou não é a segunda lei da termodinâmica:

"Uma variação espontânea é acompanhada pelo aumento da entropia total do sistema e sua vizinhança, isto é, a entropia do universo".

$$\Delta S_{univ} = \Delta S_{sis} + \Delta S_{viz}$$

Em qualquer processo reversível $\Delta S_{univ} = 0$ (p. ex., gelo em equilíbrio com água com $T_{viz} = 0$ °C), enquanto que em qualquer processo irreversível (espontâneo) $\Delta S_{univ} > 0$. A Tabela 1.5 resume os processos espontâneos e não espontâneos. A segunda lei estabelece:

i) Todos os processos espontâneos são irreversíveis;
ii) Após o processo espontâneo, deve haver conversão de trabalho em calor a fim de restaurar o sistema em seu estado inicial;
iii) Em processo espontâneo, há aumento da desordem.

Tabela 1.5. Variação da entropia em processos espontâneos e não espontâneos.

ΔS_{sis}	ΔS_{viz}	ΔS_{univ}	Caráter
> 0	> 0	> 0	Espontâneo
< 0	< 0	< 0	Não-espontâneo. O processo inverso é espontâneo
> 0	< 0		Espontâneo se ΔS_{sis} for maior do que ΔS_{viz}
< 0	> 0		Espontâneo se ΔS_{viz} for maior do que ΔS_{sis}

Variações de entropias nas reações: A entropia é um conceito importante em química porque podemos usá-la para predizer a direção natural de uma reação. Além da entropia do sistema, que está reagindo, variar quando os reagentes formam os produtos, a entropia da vizinhança também varia quando o calor produzido ou absorvido pela reação entra ou sai do sistema. A variação de entropia do sistema e da vizinhança afeta a direção de uma reação porque ambas contribuem para a entropia do universo.

A entropia de gases é muito maior do que a de líquidos e sólidos. Para a matéria pura no zero absoluto (0 K) a entropia é igual a zero. Para calcular a variação de entropia de uma reação, devemos conhecer as entropias molares dos produtos e reagentes que participam da reação. Para o estado padrão (25 °C e 1 atm), temos:

$$\Delta S_r^o = \sum nS^o_{(produtos)} - \sum nS^o_{(reagentes)}$$

Por exemplo, para a reação da síntese da amônia temos:

$$N_2(g) + 3H_2(g) \rightarrow 2NH_3(g)$$

$$\Delta S_r^o = [2 \times 192{,}4] - [191{,}6 + 3 \times 130{,}7] = -198{,}9 \text{ J K}^{-1} \text{ mol}^{-1}$$

Ou seja, houve uma diminuição da entropia (menor grau de liberdade), pois 4 mols de gases reagentes transformaram-se em 2 mols de produto.

1.8.5 Energia livre de Gibbs

Conforme supracitado, para avaliação da espontaneidade dos processos físicos e reações químicas, deve-se conhecer a variação da entropia do universo e, para isto, conhecer a variação da entropia da vizinhança, que é de difícil obtenção devido à grande extensão da mesma. Esse problema é resolvido com a introdução do conceito de energia livre de Gibbs (ou apenas energia livre).

Para processos à temperatura constante, a diferença entre o máximo possível calor absorvido pelo sistema q_{rev} e o calor realmente absorvido q fornece informações importantes para a espontaneidade. Assim, $(q_{rev} - q)$ mede a transformação de trabalho em calor quando se procura restaurar o sistema reversivelmente. Tal transformação representa o grau de irreversibilidade.

$$\text{Grau de irreversibilidade} = q_{rev} - q$$

Para uma transformação espontânea a T constante, $q_{rev} - q > 0$.

Pela segunda lei da termodinâmica, $\Delta S_{univ} = \Delta S_{sis} + \Delta S_{viz}$, e considerando que a variação da entropia no sistema é q_{rev}/T e na vizinhança é $-q/T$ (pois se o sistema absorve $+q$ a vizinhança absorve $-q$), temos

$$\Delta S_{univ} = \frac{q_{rev} - q}{T}$$

Para processos a temperatura e pressão constante $-T\Delta S_{univ} = q_p - q_{rev} = \Delta G$, e esta variação de energia será chamada de **energia livre de Gibbs**. Mas, q_p é a variação da entalpia do sistema (ΔH) e q_{rev} é a variação da entropia do sistema vezes a temperatura $(T\Delta S)$. Logo,

$$\Delta G = \Delta H - T\Delta S$$

Podemos garantir que a entropia do universo aumenta se a energia livre do sistema diminui (é mais fácil avaliar o sistema do que o universo).

A energia livre é uma medida quantitativa da tendência à reação. Ela mede a totalidade de energia atrelada a um sistema termodinâmico disponível para execução de trabalho "útil", por exemplo, trabalho atrelado ao movimento em máquinas térmicas, produção de eletricidade em sistemas químicos, etc. Na equação $\Delta G = \Delta H - T\Delta S$ a entalpia se relaciona à variação da energia interna do sistema (p. ex., da quebra de ligações químicas) somada a contribuições de calor (da vizinhança para o sistema ou o contrário), enquanto que o termo $T\Delta S$ se relaciona à perda de energia para o aumento da desordem do sistema. Dessa forma, a diferença é a máxima energia possível que pode ser convertida em trabalho. Quanto mais negativo ΔG, mais trabalho útil é possível. Na prática, nos diversos processos espontâneos irreversíveis, nunca conseguimos extrair esta totalidade de trabalho, pois parte se perde em mais calor.

Tabela 1.6. Efeito da temperatura na espontaneidade de reações.

ΔH	ΔS	$-T\Delta S$	$\Delta G = \Delta H - T\Delta S$	**Características da reação**	**Exemplo**
−	+	−	Sempre negativo	Espontânea a todas as temperaturas	$2O_3(g) \rightarrow 3O_2(g)$
+	−	+	Sempre positivo	Não espontânea a todas as temperaturas; reação inversa sempre espontânea.	$3O_2(g) \rightarrow 2O_3(g)$
−	−	+	Negativo a baixas T; positivo a altas T	Espontânea a baixas T; torna-se não espontânea a altas T	$H_2O\ (l) \rightarrow H_2O\ (s)$
+	+	−	Positivo a baixas T; negativo a altas T	Não espontânea a baixas T; torna-se espontânea a altas T	$H_2O\ (s) \rightarrow H_2O\ (l)$

Um valor negativo de ΔG indica uma reação espontânea, um valor positivo indica uma reação não espontânea, e se $\Delta G = 0$, então nenhuma mudança do sistema ocorre, ou seja, o sistema está em equilíbrio, podendo sair deste estado por variação da temperatura ou mudança da natureza do sistema. Podemos concluir que uma reação exotérmica sempre será espontânea, e uma reação endotérmica não espontânea, poderá ser espontânea se elevarmos sua temperatura. A Tabela 1.6 mostra o efeito da T na espontaneidade das reações.

Variações da energia livre padrão: O cálculo da energia livre padrão de reação é semelhante ao cálculo de entalpia padrão de reação.

$$\Delta G_r^o = \sum n\Delta G_{f\ (produtos)}^o - \sum n\Delta G_{f\ (reagentes)}^o$$

As energias livres dos elementos em seus estados padrão são fixadas como zero, a exemplo da entalpia padrão (esta escolha arbitrária não afeta as diferenças das energias entre os reagentes e os produtos).

Exemplo: Para a síntese da amônia pelo processo Haber-Bosch ($N_2 + 3H_2 \rightarrow 2NH_3$), calcule ΔG a 25 °C (298 K).

✓ A partir da tabela de valores para ΔG^o, temos:

$$\Delta G^o = [2 \times (-16{,}45)] - [0 + 0] = -33{,}3\ \text{kJ/mol}$$

✓ A partir das tabelas de entalpia de formação e entropia molar, temos:

$$\Delta Hf^o = [2 \times -46{,}19] - [0 + 0] = -92{,}38\ \text{kJ/mol}$$

$$\Delta S^o = [2 \times 192{,}5] - [191{,}6 + 3 \times 130{,}6] = -198{,}4\ \text{J/(K.mol)}$$

Logo: $\Delta G^o = \Delta H^o - T\Delta S^o = [-92{,}38 - 298 \times (-0{,}1984)] = -33{,}3\ \text{kJ/mol}$

A variação da temperatura em processos termodinâmicos não afeta muito o valor de ΔH e ΔS, sendo muito próximos do estado padrão (298 K e 1 bar).

Industrialmente o processo de Haber-Bosch é realizado a altas temperaturas (400 °C a 500 °C) porque a reação é extremamente lenta à temperatura ambiente. Mesmo que ΔG seja positivo nestas condições, um forte aumento da pressão (200 a 600 bar) e uso de catalisador (ferro e óxidos) favorecem assim tal produção.

A energia livre e constante de equilíbrio: A maioria das reações químicas ocorre sob condições não-padrão e, neste caso, a variação da energia livre do sistema está relacionada com a energia livre padrão pela equação

$$\Delta G = \Delta G^o + RT\ln Q$$

onde R é a constante ideal dos gases ideais (8,314 J/mol K), T é a temperatura absoluta e Q é o quociente da reação (lei de ação de massa).

No equilíbrio,

$$\Delta G = 0$$

E, portanto,

$$\Delta G^o = -RT\ln K_{eq} \quad \text{ou} \quad K_{eq} = e^{-\Delta G^0/RT}.$$

1.9 CINÉTICA QUÍMICA

O ramo da química que estuda as velocidades das reações é chamado de cinética química, que explica com qual rapidez uma reação prossegue e os fatores que facilitam ou dificultam tal avanço. Por exemplo, guardamos certos tipos de alimentos na geladeira para que não estraguem, para que durem mais tempo. Podemos concluir, assim, que a temperatura é um fator que influencia na velocidade de uma reação.

As velocidades das reações são definidas de uma forma similar à de um carro que percorre certa distância (Δx) em um determinado tempo (Δt). A relação $\Delta x/\Delta t$ será a velocidade média do percurso e dx/dt a velocidade instantânea em cada momento do percurso (no carro, a velocidade registrada no velocímetro). A relação dx/dt refere-se a variações infinitesimais de percurso e de tempo.

Em reações químicas determinamos a velocidade das reações de forma parecida, isto é, a taxa de consumo de reagentes ou a taxa de formação de produtos em função do tempo. Tal velocidade depende, em geral, da **natureza dos reagentes** (reatividade), **estado físico** dos reagentes (se em pó, gás, etc.), **concentração** dos reagentes, **temperatura** na qual a reação ocorre e presença de um **catalisador**.

Significado da velocidade de reação química: A velocidade de reação é uma quantidade positiva que nos diz como a concentração de um reagente ou produto varia com o tempo. Por exemplo, para a reação de decomposição abaixo:

$$2N_2O_5(g) \rightarrow 4NO_2(g) + O_2(g)$$

A velocidade de decomposição do pentóxido de dinitrogênio é o dobro da formação do oxigênio, devido à relação estequiométrica 2:1. Para se evitar essas variações estequiométricas, é costume definir a velocidade média única da reação. Por exemplo, para a reação hipotética:

$$aA + bB \rightarrow cC + dD$$

onde A reage com B formando os produtos C e D, podemos mostrar quantitativamente que a velocidade de consumo dos reagentes e a formação dos produtos é:

$$Velocidade\ média\ única = v = -\frac{1}{a}\cdot\frac{\Delta[A]}{\Delta t} = -\frac{1}{b}\cdot\frac{\Delta[B]}{\Delta t} = \frac{1}{c}\cdot\frac{\Delta[C]}{\Delta t} = \frac{1}{d}\cdot\frac{\Delta[D]}{\Delta t}$$

onde $\Delta[X]$ é a concentração final menos a concentração inicial e Δt é o tempo final menos o tempo inicial. O sinal de menos significa um consumo dos reagentes e as letras a, b, c e d são os coeficientes estequiométricos de cada substância.

Velocidade de reação e concentração: A maioria das reações possui um comportamento típico que é o decrescimento da velocidade à medida que a concentração dos regentes diminui. A Tabela 1.7 mostra como a velocidade de decomposição do pentóxido de dinitrogênio varia com o tempo.

Tabela 1.7. Velocidade de decomposição de N_2O_5 a 67 °C (k = 0,35 min^{-1} ou 0,0058 s^{-1})

Tempo (min)	0	1	2	3	4
Concentração de N_2O_5 (mol L^{-1})	0,160	0,113	0,080	0,056	0,040
Veloc. instantânea (mol L^{-1} min^{-1})	0,056	0,040	0,028	0,020	0,014

Observa-se que quando a concentração diminui por um fator de dois, a velocidade cai à metade, resultando que a velocidade dessa reaçao é diretamente proporcional à concentração de N_2O_5. Sendo assim, a velocidade inicial também é dependente da concentração inicial dos reagentes. Na Figura 1.16 podemos ver tais variações, de forma discreta Δx (intervalos de concentração divididos por intervalos de tempo) ou de forma instantânea dx (variações infinitessimais de concentração e tempo, sendo pois a tangente em cada ponto).

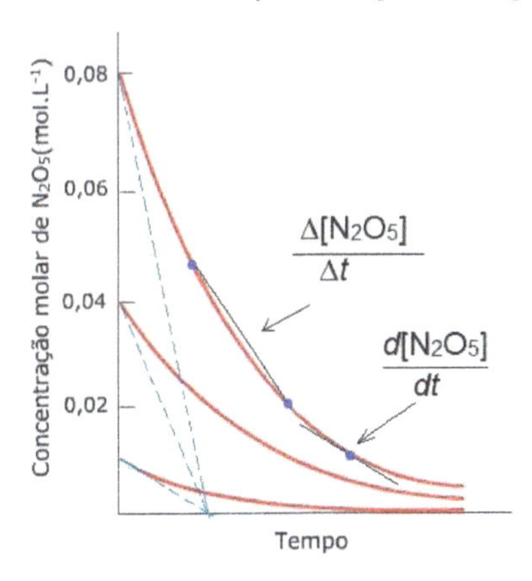

Figura 1.16. Variação da concentração de N_2O_5 em função do tempo e para três concentrações iniciais. As linhas pontilhadas em azul referem-se à tangente ou velocidade inicial. Na primeira curva é exemplificada a variação discreta de velocidade em termos de intervalo $\Delta x/\Delta t$ e no ponto (dx/dt = velocidade instantânea).

Equação de velocidade e constante de velocidade: Vimos que a velocidade de decomposição do N_2O_5 é diretamente proporcional à sua concentração:

$$\text{Velocidade} = v = k[N_2O_5] = 5{,}8 \times 10^{-3}\ s^{-1} \quad \text{à } T = 340\ K\ (67\ °C)$$

e a relação das duas variáveis gera uma reta com inclinação igual a k. A equação é chamada de equação de velocidade para a decomposição de N_2O_5 ($2N_2O_5 \rightarrow 4NO_2 + O_2$) e k é a constante de velocidade da equação, que é reportada para uma dada temperatura e independe das concentrações e velocidades observadas na reação.

Já para a decomposição de NO_2 ($2NO_2 \rightarrow 2N_2 + O_2$), a relação da velocidade com a concentração de NO_2 não é linear, mas sim quadrática.

$$\text{Velocidade} = k[NO_2]^2 = 0{,}54\ L\ mol^{-3}\ s^{-1} \quad \text{à } T = 573\ K\ (300\ °C)$$

Desta forma, observamos que cada reação química possui uma relação matemática entre a velocidade e a concentração dos componentes do sistema, relação esta que é obtida experimentalmente e não pode ser deduzida com total segurança a partir da estequiometria da reação.

Ordens de reação: É a soma dos expoentes aos quais estão elevadas as concentrações na expressão de velocidade e não estão relacionados aos coeficientes estequiométricos. Para a reação supracitada de decomposição de N_2O_5, a ordem da reação seria 1 (a velocidade varia linearmente com a concentração), enquanto para a decomposição do NO_2 a ordem seria 2 (a velocidade varia com o quadrado da concentração).

Já para a reação de decomposição da amônia em um fio de platina quente ($2NH_3 \rightarrow N_2 + 3H_2$), a velocidade de decomposição é constante e não depende da concentração, ou seja, a reação é de ordem zero ($v = k$).

Outras reações dependem de mais de um componente, como a reação redox do íon persulfato com o íon iodeto:

$$S_2O_8^{2-}(aq) + 3I^-(aq) \rightarrow 2SO_4^{2-}(aq) + I_3^-(aq)$$

cuja velocidade de desaparecimento de $S_2O_8^{2-} = k[S_2O_8^{2-}].[I^-]$. A reação é de primeira ordem em relação ao persulfato e de primeira ordem em relação ao iodeto e possui uma ordem total de 2.

Reações podem ter ordens fracionárias e até negativas, a exemplo da oxidação do dióxido de enxofre em trióxido de enxofre na presença de platina.

$$2SO_3(g) + O_3(g) \rightarrow 2SO_3(g) \qquad velocidade = \frac{k[SO_2]}{[SO_3]^{1/2}} = k.[SO_2].[SO_3]^{-1/2}$$

A ordem de uma reação é determinada experimentalmente, no caso da cinética empírica, ou por meio de modelos matemáticos, a partir de dados espectroscópicos e de química teórica sobre as moléculas participantes, no caso da cinética química teórica. Na prática, as reações mais importantes são as de ordem zero, primeira e segunda ordens. Reações de terceira ordem são bastante raras (muito improvável a colisão simultânea de três partículas) e não são conhecidas reações de ordem superior a três. Para conhecer a ordem de reação são necessários dados experimentais e hipóteses a respeito da sequência de etapas elementares por meio das quais a reação ocorre, isto é, do mecanismo da reação.

Determinação da ordem de reação e da lei de velocidade:

As características das velocidades de reações podem ser identificadas pelo exame da velocidade inicial da reação, que é a variação instantânea da concentração no início da reação (ver Figura 1.16). Tal procedimento tem a vantagem de trabalhar com um sistema com pouca interferência dos produtos formados, já que estes podem afetar a velocidade e a interpretação dos resultados. Conforme supracitado, a ordem e a lei de velocidade podem também ser determinadas por medidas espectrofotométricas ou de uma propriedade física relacionada à concentração dos reagentes ou produtos.

A partir das concentrações iniciais e das velocidades iniciais, podemos levantar a(s) ordem(ens) de uma reação química. Na reação:

$$BrO_3^-(aq) + 5Br^-(aq) + 6H_3O^+(aq) \rightarrow 3Br_2(aq) + H_2O(l)$$

foram obtidos os seguintes dados experimentais:

	Concentração inicial (mol L^{-1})			Velocidade inicial
Experimento	BrO_3^-	Br^-	H_3O^+	(mol BrO_3^- L^{-1} s^{-1})
1	0,10	0,10	0,10	0,0012
2	0,20	0,10	0,10	0,0024
3	0,10	0,30	0,10	0,0036
4	0,20	0,10	0,15	0,0055

Ordem em bromato: Comparando os experimentos 1 e 2 observa-se que a velocidade dobra quando a concentração de BrO_3^- dobra. Portanto, a reação é de primeira ordem em BrO_3^-.

Ordem em brometo: A partir dos experimentos 1 e 3 deduz-se que a reação também é de ordem 1 em Br^-.

Ordem em hidroxônio: Comparando os experimentos 2 e 4 observa-se que quando a $[H_3O^+]$ aumenta por um fator de 1,5, a velocidade aumenta por um fator de 2,29, que é o quadrado de 1,5, logo a reação é de segunda ordem em H_3O^+.

Logo: Velocidade de consumo de $BrO_3^- = k[BrO_3^-] \times [Br^-] \times [H_3O^+]^2$

A reação é de quarta ordem no total. Substituindo os dados dos quatro experimentos na equação acima, calcula-se o valor médio da constante de equilíbrio, $k = 12\ L^3\ mol^{-3}\ s^{-1}$.

Concentração e tempo: Geralmente precisamos saber como a concentração de um reagente ou produto varia com o tempo e, para isso, precisamos integrar a variação da concentração (de $[A]_0$ até $[A]_t$) em função da variação do tempo (de 0 até t). Para reações de ordem zero, de primeira ordem ou de segunda ordem as seguintes leis de velocidade integrada são obtidas:

Ordem 0: $v = -\dfrac{d[A]}{dt} = k$, integrando temos, $[A]_t = [A]_0 - kt$

Ordem 1: $v = -\dfrac{d[A]}{dt} = k[A]$, integrando temos, $[A]_t = [A]_0 . e^{-kt}$

Ordem 2: $v = -\dfrac{d[A]}{dt} = k[A]^2$, integrando temos, $\dfrac{1}{[A]_t} = \dfrac{1}{[A]_0} + kt$

A Figura 1.17 mostra as variações na concentração de um reagente A em função do tempo para reações hipotéticas de ordem 0 (k = 0,0052), ordem 1 (k = 0,1) e ordem 2 (k = 10), com a mesma concentração inicial ($[A]_0$= 0,08 mol/L).

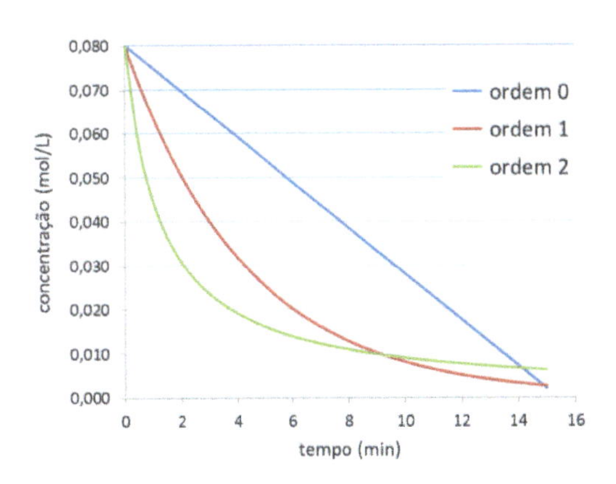

Figura 1.17. Variações das concentrações para reações hipotéticas de ordem zero, primeira ordem e de segunda ordem. As velocidades são as tangentes sobre as curvas.

Para a confirmação da ordem de reação de um reagente ou produto, os dados experimentais podem ser linearizados após a aplicação de uma função de transformação da variável. Para ordem 0 plota-se [A] em função do tempo, para ordem 1 plota-se o logaritmo da [A] em função do tempo e para ordem 2 plota-se o inverso da [A] em função do tempo. A inclinação da reta é a constante de velocidade k.

Catálise: Quando a energia de ativação de uma reação for alta, apenas uma pequena fração das colisões moleculares leva à reação, em temperaturas normais. Utilizando um catalisador é possível diminuir a energia da ativação da reação. Um catalisador aumenta a velocidade da reação, sem ser consumido nela. Em uma mesma temperatura, uma fração maior de moléculas de reagente pode cruzar a barreira de energia mais baixa da trajetória catalisada e se transformar em produtos, como pode ser visualizado na Figura 1.18.

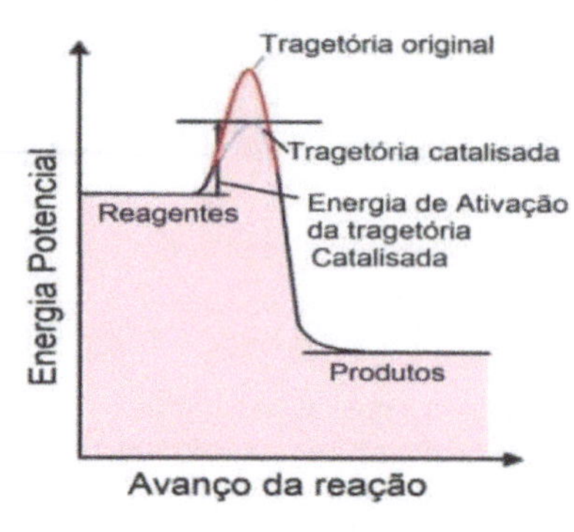

Figura 1.18. Gráfico mostrando um catalisador diminuindo a energia de ativação de uma reação.

Um catalisador homogêneo é aquele que está na mesma fase da mistura reacional (para reagentes gasosos o catalisador é um gás; para reagentes líquidos o catalisador homogêneo se dissolve na solução). Um catalisador heterogêneo está numa fase diferente da do sistema reacional (por exemplo, um catalisador sólido para uma reação em fase gasosa).

Velocidade de reações e temperatura: A velocidade das reações aumenta quando a temperatura aumenta. Este efeito pode ser explicado em termos de teoria cinética dos gases: o aumento da temperatura aumenta em muito a fração de moléculas com energias cinéticas muito altas, a probabilidade de colisão aumenta e maior será o número de moléculas capazes de fornecer a energia de ativação necessária para a reação.

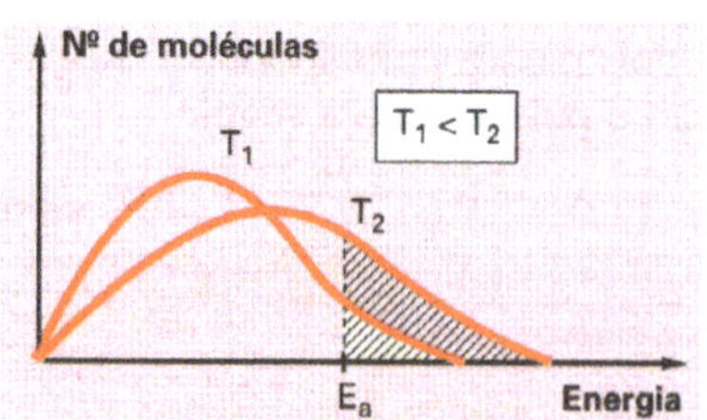

Figura 1.19. Distribuição de moléculas de uma substância em diferentes temperaturas.

A Figura 1.19 mostra que, quando a temperatura é aumentada, a fração de moléculas com energia mais alta aumenta e, portanto, maior a fração que consegue vencer a barreira de ativação. Em resumo, a elevação da temperatura aumenta a constante de velocidade das reações e consequentemente a velocidade da reação.

Relação entre *k* e *T*: Uma lei de velocidade mostra a relação entre as velocidades e as concentrações. No entanto, as velocidades também dependem da temperatura. Com poucas exceções, a velocidade aumenta acentuadamente com o aumento da temperatura. A chamada de equação de Arrhenius relaciona a constante de velocidade k com a temperatura T:

$$k = A.e^{-E_a/RT}$$

onde A é um fator de frequência (aproximadamente constante para uma dada reação), R é a constante dos gases (8,314 J K) e E_a é a energia de ativação. Processos com baixa energia de ativação ocorrem rapidamente, enquanto processos com elevada energia de ativação ocorrem mais lentamente. A equação de Arrhenius pode ser aplicada para reações gasosas, líquidas e até reações heterogêneas. O intervalo de temperaturas no qual ela é válida é amplo para reações elementares, restrito para reações complexas e é estreito para reações em cadeia.

Mecanismos de reações:

Outra definição importante é a do conceito de molecularidade, que é o número de espécies reagentes que tomam parte em uma etapa elementar da reação:

- molecularidade 1: apenas uma espécie química participa do processo de reação. Ex.: um rearranjo molecular.
- molecularidade 2: duas espécies químicas colidem entre si para que a reação ocorra.
- molecularidade 3: é muito rara, pois depende da ocorrência de uma colisão tripla.

A maioria das reações químicas não ocorre em uma única etapa simples como descreve a reação global, mas sim em uma sequência de etapas. Às vezes, essas etapas se ordenam em uma sequência simples, mas em alguns casos inter-relacionam-se de maneira complexa. As etapas que levam os reagentes aos produtos e a relação dessas etapas entre si constituem o mecanismo da reação química. Por exemplo, começamos analisando a reação:

$$2NO(g) + 2H_2(g) \rightarrow N_2(g) + 2H_2O(g)$$

Essa reação se ocorresse em uma única etapa, envolveria a colisão simultânea de quatro moléculas, o que é muito improvável. Certamente essa reação ocorre através de uma série de etapas, cada etapa é chamada de etapa elementar. O mecanismo da reação entre NO e H_2 plausível é o seguinte:

Etapa 1: $2NO(g) \rightarrow N_2O_2\,(g)$

Etapa 2: $N_2O_2(g) + H_2(g) \rightarrow N_2O(g) + H_2O(g)$

Etapa 3: $N_2O(g) + H_2(g) \rightarrow N_2(g) + H_2O(g)$

A soma dessas etapas fornece a reação global balanceada. Tal mecanismo foi obtido combinando teoria e experiência. Então, uma combinação da teoria das colisões com os dados experimentais fornece um meio para se propor um mecanismo de reação que seja possível.

Quando uma reação química ocorre em mais de uma etapa, sempre vai existir uma etapa mais lenta que vai atuar como limitante, portanto, vai ser determinante da velocidade da reação global. Logo, a etapa mais lenta é denominada etapa determinante da velocidade da reação química, pois dela depende a velocidade do processo global. Para o exemplo anterior, a lei de velocidade determinada experimental é:

$$\text{Velocidade} = k[NO]^2 \times [H_2]$$

e não está relacionada diretamente à estequiometria da reação (regra geral para as reações químicas).

1.10 EQUILÍBRIO QUÍMICO

Equilíbrio químico é a parte da química que estuda as reações reversíveis e as condições para o estabelecimento dessa atividade equilibrada. Qualquer sistema em equilíbrio representa um estado dinâmico no qual dois ou mais processos estão ocorrendo ao mesmo tempo e na mesma velocidade. Como exemplo, temos a reação entre SO_2 e O_2 formando SO_3 inicialmente estudada por Haber. Em 1864, Cato Guldberg (um matemático) e Peter Waage (um químico), ao misturarem esses três gases, concluíram que à medida que se formava trióxido de enxofre, este se decompunha formando dióxido de enxofre e oxigênio:

$$2SO_2(g) + O_2(g) \rightleftharpoons 2SO_3(g)$$

até que as velocidades das reações diretas e inversas fossem iguais, gerando uma relação de concentrações (uma constante) independente da composição de misturas iniciais de gases. Os dois pesquisadores observaram que:

$$K = \frac{(p_{SO_3}/P^o)^2}{(p_{SO_2}/P^o)^2 . (p_{O_2}/P^o)}$$

onde p_x é a pressão parcial dos gases e $P^o = 1$ bar é a pressão padrão. Ou seja, na equação entra os valores relativos de pressão, de forma a tornar a constante adimensional, no intuito de eliminar inconsistência nos cálculos termodinâmicos. Em geral, tais relações de equilíbrio são dadas de forma simplificada (somente as pressões dos gases), pois a pressão padrão P^o é unitária.

Do ponto de visto químico, uma reação é dita reversível quando, durante a reação dos reagentes, os produtos formados na reação mostram tendência em originar de novo as substâncias de partida. A transformação química será incompleta e alcançará um estado de equilíbrio quando as substâncias reacionais de partida e os produtos finais da reação se consumirem e se formarem na mesma velocidade. Essa condição de atividade equilibrada é conhecida como equilíbrio químico.

Uma reação é dita irreversível quando não há tendência de reação dos produtos formados, com regeneração dos reagentes. Como exemplo, pode-se citar a decomposição pelo calor do clorato de potássio:

$$2KClO_3 + \text{calor} \rightarrow 2KCl + 3O_2$$

Outro exemplo é a explosão de um composto explosivo. Não é de esperar que os gases gerados na explosão reajam entre si regenerando o explosivo.

Definição da constante de equilíbrio

Do ponto de vista termodinâmico, a tendência da reação se processar para o lado de formação dos produtos (lado direito) é estabelecida pela constante de equilíbrio, que segue a **lei de ação das massas** (derivada inicialmente por Guldberg e Waage, que estabeleceram, numa abordagem cinética, que a taxa de uma reação elementar é proporcional ao produto das concentrações das moléculas participantes). A constante de equilíbrio, K, foi derivada para ajustar-se à condição onde a taxa de formação das espécies produtos se iguala a de formação das espécies reagentes, sendo pois, definida como a relação matemática entre a multiplicação das espécies produto pela das espécies reagentes, todas as espécies elevadas a seus respectivos expoentes estequiométricos.

Dada a reação geral: $a\text{A} + b\text{B} \rightleftharpoons c\text{C} + d\text{D}$

$$K_{eq} = \frac{[p_c]^c . [p_d]^d}{[p_a]^a . [p_b]^b}$$ para pressão parcial de gases (em bar)

$$K_{eq} = \frac{[\text{C}]^c[\text{D}]^d}{[\text{A}]^a[\text{B}]^b}$$ para concentrações molares de gases e espécies dissolvidas

Embora as constantes de equilíbrio para sistemas gasosos sejam reportadas em termos de pressão parcial (K_p), é de interesse também o estudo da reação em termos de concentrações molares (K_c). Esta relação é dada pela equação $K_p = (RT)^{\Delta n} . K_c$, onde Δn é a variação do número das moléculas entre os produtos e reagentes.

A constante de equilíbrio termodinâmica (simbolizada por K^o) depende, na verdade, do produto das **atividades** das espécies (um conceito termodinâmico - atividade química), e não de suas concentrações. Para soluções diluídas, a atividade química de uma espécie dissolvida é aproximadamente igual a sua concentração molar (mol/L), para gases igual a pressão parcial (bar), e para sólidos e líquidos puros a atividade é unitária. Contudo para soluções mais concentradas (> 0,01 mol/L), os íons se atraem fortemente formando pares iônicos, diminuindo a eficiência destes íons no estabelecimento do equilíbrio químico, os seja, a "concentração efetiva" deve ser estabelecida pela atividade química, $\boldsymbol{a_i} = \gamma_i . [i]$, ou seja, a concentração molar do íon $[i]$ vezes um fator de eficiência, chamado de coeficiente de atividade $\boldsymbol{\gamma_i}$. Este fator é aproximadamente unitário para soluções muito diluídas, mas geralmente menor que 1 para soluções concentradas. Ele depende da concentração de íons totais na solução (que causa a atração interiônica), que é representada pela força iônica $\boldsymbol{\mu} = \frac{1}{2}\sum c . z^2$, onde $\boldsymbol{c}$ é a concentração do íon e $\boldsymbol{z}$ é a carga do íon. A relação entre o coeficiente de atividade e a força iônica do meio é estabelecida pela equação de Debye-Hückel:

$$-\log(\boldsymbol{\gamma_i}) = \frac{A.(\boldsymbol{z}_i)^2.\sqrt{\boldsymbol{\mu}}}{1 + B.\alpha.\sqrt{\boldsymbol{\mu}}}$$ para água à 25°C, $A = 0{,}509$; $B = 0{,}328$ e α é o diâmet. do íon hidrat.

Para um determinado sistema, a K_{eq} termodinâmica (ou K^o) é uma constante para uma determinada temperatura, mas K_c depende da **força iônica** do meio, que é função das espécies dissolvidas e de suas cargas, que afetam os coeficientes de atividade e a própria atividade dos íons específicos em um equilíbrio químico. Ou seja, íons distintos também afetam o equilíbrio químico, além é claro dos íons comuns (ver o princípio de Le Chatelier abaixo).

A ordem de grandeza de K_{eq} indica a extensão na qual uma reação prosseguirá. Se K_{eq} é muito pequena, a mistura em equilíbrio conterá majoritariamente reagentes. Também é possível determinar o sentido no qual uma mistura prosseguirá para atingir o equilíbrio e calcular as concentrações de reagentes e produtos quando o equilíbrio for atingindo.

Por exemplo, para a reação $H_2(g) + I_2(g) \rightleftharpoons 2HI(g)$, K_{eq} é 51 a 448 °C. Como K_{eq} é maior que 1, será obtida no equilíbrio uma maior quantidade de produtos do que reagentes. Contudo, as reações são ditas quantitativas (>99,99%) quando a constante é maior que 10^4 (pois surgiram 9999 espécies produto para 1 restante). Mas mesmo em reações com altíssimas constantes (p. ex., 10^{20}), teoricamente é prevista a presença de reagentes no equilíbrio, mesmo em quantidades ínfimas (p.ex., 10^{-15} mol/L), não mensuráveis.

Quando se inverte uma reação, a nova constante de equilíbrio é o inverso da primeira. Por exemplo, se a ionização da água

$$2H_2O \rightleftharpoons H_3O^+ + OH^- \qquad K_{eq} = [H^+].[OH^-] = 10^{-14} \text{ à } 25°C \quad (\text{pH} = 7 \text{ em água pura})$$

é um processo muito desfavorável, mas a sua formação a partir da reação de ácido e base forte (H^+e OH^- livres) é um processo muito favorável ($K' = 1/K_{eq} = 10^{14}$), associado a uma alta variação de entalpia (a neutralização é exotérmica, $\Delta H^o = -55{,}9$ kJ/mol) e de energia livre de Gibbs ($K_{eq} = e^{-\Delta G^o/RT} = 10^{\frac{-\Delta G^o}{5{,}708}}$).

As constantes de equilíbrio variam de 0 a 1 para reações não espontâneas (constantes de instabilidade para ácidos e bases fracas, e sólidos insolúveis), e é maior que 1 para reações espontâneas (formação de complexos e reações redox com potencial final positivo). Quando se multiplica uma reação química por um fator, a nova constante é a primeira elevada a tal fator, pois a relação entre energia e a constante de equilíbrio é $\Delta G^o = -RT\ln K_{eq}$ (p.ex., 2x$\Delta G^o = -2RT\ln K = -RT\ln K^2$).

Princípio de Le Chatelier:

O equilíbrio de uma reação química pode ser deslocado por variação das concentrações ou pressões (no caso de gases), de reagentes e/ou produtos, e pela variação da temperatura e meio reacional (nesses dois últimos casos, a K_{eq} também varia). Essas variações podem ser avaliadas pelo princípio de Le Chatelier, que diz:

"Se um sistema químico em equilíbrio se submete a qualquer causa exterior perturbadora, o equilíbrio se desloca (reagindo quimicamente) no sentido que minimize tal ação perturbadora".

Tomando como exemplo a síntese da amônia no processo Haber-Bosch, $N_2(g) + 3H_2(g) \rightleftharpoons 2NH_3(g)$, a 127 °C (400 K), e considerando que ΔG é aproximadamente igual a ΔG^o (-92,38 kJ/mol $\rightarrow$ processo exotérmico), tendo ainda uma constante de equilíbrio de 41 nesta temperatura, podemos deduzir que:

- Efeito da concentração ou pressão parcial: Mantido o volume do recipiente constante, se adicionarmos mais N_2 ao sistema, a reação se deslocará para a direita. Se aumentarmos NH_3, ela se deslocará para a esquerda.
- Aumento da pressão total por diminuição do volume: O sistema se deslocará para o lado de menor pressão, que tem menos mols de gás, ou seja, para a direita.
- Aumento da temperatura: Considerando que o processo é exotérmico, mesmo a 127 °C, um aumento na temperatura deslocará o equilíbrio para a esquerda (lado endotérmico que abaixa a temperatura), desfavorecendo a formação de amônia.

Observar que a adição de catalisador não afeta o equilíbrio químico, mas sim a cinética de formação da amônia. Embora mais altas temperaturas (p. ex., a 500 °C, $K = 1{,}45 . 10^{-5}$) possa desfavorecer a produção da amônia no processo Haber do ponto de vista de equilíbrio químico, esse aumento da temperatura, aliado ao aumento da pressão e ao uso de catalisador, favorece em muito a reação do ponto de vista cinético, acelerando muito a produção industrial da amônia.

Cálculo das concentrações no equilíbrio:

Exemplo 1: Supondo a mistura dos gases hidrogênio e nitrogênio com pressões parciais de 0,928 bar e 0,432 bar em equilíbrio, na síntese da amônia, com $K = 1{,}45 . 10^{-5}$ a 500 °C, podemos determinar então a pressão parcial da amônia.

	$N_2(g)$ +	$3H_2(g)$ ⇌	$2NH_3(g)$
Pressão no equilíbrio (bar)	0,432	0,928	$+x$

$$K_p = \frac{(p_{NH_3})^2}{(p_{N_2})(p_{H_2})^3} = \frac{(x)^2}{(0{,}432)(0{,}928)^3} = 1{,}45 . 10^{-5} \quad \Rightarrow \quad x = 2{,}24 . 10^{-3} \text{ bar}$$

Exemplo 2. Partindo-se de concentrações iniciais no sistema acima, podemos calcular as novas concentrações de equilíbrio a partir das variações estequiométricas previstas na equação química da reação.

Na Figura 1.20 é ilustrada a reação estequiométrica de H_2 com N_2 para a produção da amônia, até alcançar o equilíbrio químico.

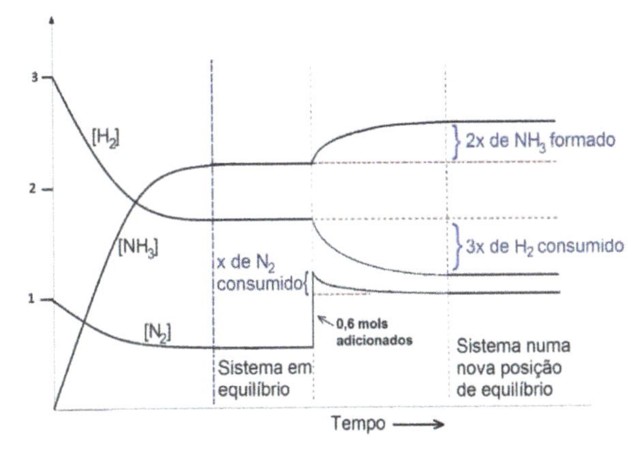

Figura 1.20. Exemplo ilustrativo de variações das pressões parciais de gases na produção da amônia.

Supondo que $K = 1{,}66$ a uma dada temperatura ($130°C < T < 227°C$) e pressões parciais dadas na tabela abaixo, calcule a nova posição de equilíbrio após adição de 0,6 bar de N_2.

	$N_2(g)$	+	$3H_2(g)$	$\rightleftharpoons$	$2NH_3(g)$
Inicial	0,54		1,74		2,17
Variação	$0{,}6 - x$		$-3x$		$2x$
Equilíbrio	$0{,}54 + 0{,}6 - x$		$1{,}74 - 3x$		$2{,}17 + 2x$

$$K_p = 1{,}66 = \frac{(p_{NH_3})^2}{(p_{N_2})(p_{H_2})^3} = \frac{(2{,}17 + 2x)^2}{(1{,}14 - x)(1{,}74 - 3x)^3}$$

Na tentativa de agrupar os termos da equação $f(x) = 0$ teremos uma equação de quarto grau, sem resultado prático. Podemos resolver a equação utilizando o método matemático de **iteração**, isolando um x em função do próprio x, ou seja, $x_n = f(x_{n-1})$. Atribuimos valores iniciais de x na função $f(x)$ e calculamos o resultado x_n (p.ex., usando no Excel). O processo se repete até uma diferença Δx desejada.

Para a equação acima, temos para o novo equilíbrio: $x = 0{,}0903$ bar,

o que resulta $p_{N_2} = 1{,}05$ bar, $p_{H_2} = 1{,}47$ bar *e* $p_{NH_3} = 2{,}35$ bar

Exemplo 3: Qual é o pH de uma solução de ácido acético (ácido fraco) 0,01 mol/L?

$$Ca - x \qquad x \qquad x$$

Simplificando H_3O^+ por H^+, temos $\mathbf{HAc} \rightleftharpoons \mathbf{H^+ + Ac^-}$ $\quad K^o = \dfrac{a_{H^+}.a_{Ac^-}}{a_{HAc}}$

considerando que as atividades das espécies (vide acima) tem valores próximos às concentrações (neste caso coeficientes de atividade $\gamma_i \approx 1$), e desprezando a contribuição de H^+ devido à hidrólise da água, temos simplificadamente:

$$K^o \approx K_c \quad \text{e} \quad K_c = 1{,}8.10^{-5} = \frac{[H^+].[Ac^-]}{[HAc]} = \frac{x.x}{(Ca - x)} = \frac{x^2}{0{,}1 - x}$$

o que leva a uma equação de 2° grau. Desprezando x em relação a Ca (concentração analítica), pois o grau de ionização é baixo, e definindo $K_c = K_a$ (constante do ácido), temos

$$Ca.K_a = x^2 \quad \Rightarrow \quad x = [H^+] = \sqrt{Ca.K_a} = \sqrt{0{,}01 \times 1{,}8.10^{-5}} = 4{,}24.10^{-4}\ \text{mol/L}$$

$$\mathbf{pH} = -\log[H^+] = \mathbf{3,37}.$$

Se considerássemos a equação de 2° grau, o pH seria de 3,38 → erro de 0,3%.

Este exemplo também se aplica a bases fracas, mas neste caso a equação simplificada seria, $[OH^-] = \sqrt{Cb.K_b}$. Para uma solução de amônia 0,01 mol/L o pH será:

$[OH^-] = \sqrt{Cb.K_b} = (10^{-2} \times 10^{-4,75})^{1/2} = 10^{-3,38}$ mol/L, logo pOH=3,38 e **pH=10,62**

Lembrar que em sistemas aquosos $K_w = [H^+].[OH^-] = 10^{-14}$ ou $pH + pOH = 14$

No sistema conjugado de Brønsted-Lowry (sistema ácido-base conjugados - item 16.1) vale a seguinte relação: $K_w = K_a.K_b$ e $pK_w = pK_a + pK_b = 14$ a 25 °C. Ou seja, se a constante básica de uma base conjugada $K_b = 10^{-3}$, a constante ácida do ácido conjugado é $K_a = 10^{-11}$, ou se $pK_a = 3$ então $pK_b = 11$.

Em cálculos de equilíbrio químico é melhor reportar a constante de equilíbrio e concentração das espécies em termos da função p ($pX = -\log[X]$ ou $\mathbf{[X] = 10^{-pX}}$ ou $\boldsymbol{K = 10^{-pK}}$), pois gera cálculos mais diretos e facilidade em visualizações gráficas.

Exemplo 4:

Um tipo de solução muito comum na química analítica é a **solução tampão**, que contém uma mistura de ácido fraco e de sua base conjugada, ou de base fraca com seu ácido conjugado, exemplificado por HB : B, e que tem a função de evitar a variação do pH por agentes externos.

Como exemplo podemos preparar o sistema tampão amônia/cloreto de amônio (NH_3/NH_4Cl) dissolvendo uma quantidade adequada de amônia comercial (14 M) e do sal cloreto de amônio em água, para um volume final de solução. A relação deve ser calculada a fim de se obter o pH desejado ($pH = -\log[H^+]$, ver detalhamento no item 1.10), numa faixa onde o pH não se afaste muito do pK_a ($-\log K_a$) do sistema tampão. Em geral o pH deve estar na faixa de $pK_a \pm 1$, para garantir uma boa eficiência tamponante. O pK_a do íon amônio (ácido fraco) é 9,25. Temos então o seguinte equilíbrio para o sistema tampão NH_4^+: NH_3

$$\begin{matrix} Ca - x & & x & & x \\ NH_4^+ & \rightleftharpoons & H^+ & + & NH_3 \end{matrix}$$

mas no sistema tampão temos alta concentração de amônia adicionada (Cb), e não somente aquela resultante da hidrólise do íon amônio, x, advinda do sal NH_4Cl ($Cs = Ca$).

$$Logo: \; K_a = \frac{[H^+].[NH_3]}{[NH_4^+]} \qquad K_a \cong \frac{x.(Cb + x)}{(Ca - x)}, \qquad \text{como } x \ll Cb \text{ ou } Ca\text{ , temos}$$

$$K_a \approx x.\frac{Cb}{Ca}, \quad Ca \equiv Cs \qquad \text{aproximando: } x = [H^+] = K_a.\frac{Ca}{Cb} \quad \text{ou} \quad pH = pK_a + \log\frac{Cb}{Ca}$$

Para o preparo do tampão NH_3/NH_4Cl pH=10, utilizado na complexometria de Ca e Mg com EDTA (item 1.12), e considerando a concentração analítica do sal 1 mol/L, e sabendo-se que $Ka = 10^{-pKa}$, teremos:

$$[H^+] = K_a.\frac{Ca}{Cb} \Rightarrow 10^{-10} = 10^{-9,25}.\frac{Ca}{Cb} \Rightarrow \frac{Ca}{Cb} = 0,178 \text{ se Ca} = 1 \Rightarrow \text{Cb} = 5,62 \text{ mol/L}$$

Ou seja, para o preparo de 100 mL deste tampão, poderíamos dissolver 5,349 g do sal cloreto de amônio (53,49 g/mol) com água, e adicionar 40 mL de hidróxido de amônio concentrado (14 mol/L), e completar até os 100 mL finais.

$$c_i V_i = c_f V_f \quad \text{item 1.6.3} \quad \Rightarrow 14 \times V = 5{,}62 \times 100 \quad \Rightarrow V_{NH_3} = 40 \text{ mL}$$

Uma forma mais elegante e mais pura de preparo deste tampão (menor contaminação de impurezas do sal) seria reagir um excesso de hidróxido de amônio com HCl (12 mol/l), de forma a gerar a relação $Cb/Ca = 5{,}62$. No preparo de 100 mL de tampão, como 0,1 mols de NH_3 serão convertidos em NH_4^+ ao reagir com o HCl, precisamos então de 0,662 mols de amônia, e 0,1 mols de HCl, resultando em

$$14 \frac{\text{mol}}{\text{L}} \times V = 0{,}662 \text{ mol} \Rightarrow V_{NH_3} = 47 \text{ mL} \quad \text{e} \quad 12 \frac{\text{mol}}{\text{L}} \times V = 0{,}1 \text{ mol} \Rightarrow V_{HCl} = 8{,}3 \text{ mL}$$

Devido os cálculos serem aproximados e não levarem em conta a atividade das espécies, na prática o tampão preparado deve ser ajustado ao pH de interesse com adição complementar de ácido ou base, e medida do pH num pHmetro (potenciostato).

Exemplo 5:

Um anfólito é uma espécie aquosa que tem simultaneamente comportamento ácido e básico (ver item 16.1). Tem comportamento tampão, embora não seja um verdadeiro tampão. Se a constante ácida do anfólito for maior do que a básica, a solução será ácida (pH<7), mas se for ao contrário, a solução será básica (pH>7). A equação aproximada de um anfólito é: $[H^+] = \sqrt{K_1 . K_2}$, onde K_2 é a constante ácida da espécie anfólita e K_1 a constante ácida da espécie geradora do anfólito.

A principal espécie ácido-base da água do mar é o íon bicarbonato (≈ 80%), que provém da primeira ionização do ácido carbônico:

$$H_2CO_3 + H_2O \rightleftharpoons H_3O^+ + HCO_3^- \quad K_{a1} = 10^{-6,35} = K_1$$
$$HCO_3^- + H_2O \rightleftharpoons H_3O^+ + CO_3^{2-} \quad K_{a2} = 10^{-10,33} = K_2$$

Logo: $[H^+] = \sqrt{K_1 . K_2} = \sqrt{K_{a1} . K_{a2}} = (10^{-6,35} . 10^{-10,33})^{1/2} = 10^{-8,35} \quad \Rightarrow \text{pH} \approx 8{,}3$

O pH calculado está condizente com o caráter mais básico do íon bicarbonato:

$$HCO_3^- + H_2O \rightleftharpoons H_2CO_3 + OH^- \quad K_{b2} = K_w / K_{a1} = 10^{-7,65}$$

se K_b do anfólito é maior do que seu K_a, então o pH final será básico.

1.11 ELETROQUÍMICA

A eletroquímica é a parte da química que estuda não só os fenômenos envolvidos na produção de corrente elétrica a partir da transferência de elétrons em reações de óxido-redução, mas também a utilização de corrente elétrica na produção dessas reações. O seu estudo pode ser dividido em duas partes:

✓ **Célula galvânica** (homenagem a Luigi Galvani) **ou voltaica** (homenagem a Alessandro Volta): são dispositivos nos quais uma reação espontânea de óxido-redução produz corrente elétrica contínua. No anodo ocorre a oxidação de espécie(s) química(s), adquirindo polaridade negativa (pois os elétrons gerados fluirão para o circuito externo), e no catodo ocorre a redução (polo positivo, entrada de elétrons).

✓ **Célula Eletrolítica:** é o processo contrário da célula galvânica no qual uma corrente elétrica produz uma reação de óxido-redução. É um processo forçado, onde necessita de energia externa suprida por um gerador ou bateria para forçar os processos eletrolíticos no sistema. Como a polaridade desta célula é a mesma da fonte externa aplicada, teremos polo negativo no catodo (redução) e positivo no anodo (oxidação), polos estes contrários ao da célula galvânica.

1.11.1 Pilhas ou baterias

É uma fonte de energia eletroquímica fechada e portátil que consiste em uma ou mais células voltaicas. A primeira pilha elétrica foi criada em 1800 pelo físico italiano Alessandro Volta, que tentava explicar o fenômeno "eletricidade animal", denominado pelo biólogo Luigi Galvani, devido às contrações musculares das rãs em contato com metais. Volta provou que esse fenômeno se dava por causa da eletricidade comum. Ele empilhou diversos discos de **zinco** intercalados por discos de **prata** (até 60 discos), separados por tecido embebido em ácido sulfúrico. Esse empilhamento em série (Figura 1.21) gerava corrente elétrica e tensão suficiente até para dar choque. Cada conjunto de discos e tecido forma uma célula (ou cela) voltaica. Nessa célula, os elétrons fluem da placa de zinco (anodo - oxidação) para a de prata (catodo - redução), podendo manter uma lâmpada acesa durante certo período de tempo.

Figura 1.21. Pilha de Volta.

Essa descoberta foi aperfeiçoada em 1836 por John Frederick Daniell, que utilizou como eletrodos (do grego, percurso elétrico) **zinco** e **cobre**, e dividiu a cela eletroquímica em duas partes (duas semicelas). Na pilha de Daniell, os dois eletrodos metálicos eram unidos externamente por um fio condutor e as duas semicelas eram unidas por uma ponte salina, contendo uma solução saturada de K_2SO_4 (aq). A Figura 1.22 mostra o esquema dessa pilha.

Ao longo do tempo, o anodo de zinco (oxidação) vai sendo corroído gerando íons Zn^{2+} na solução, e na outra semicela íons cobre são depositados no catodo de cobre (redução), desvanecendo a cor azul desta solução. De forma a manter o equilíbrio iônico das soluções (eletroneutralidade), íons potássio da ponte salina continuamente migram para a solução de cobre, enquanto que íons de sulfato migram para a solução de zinco.

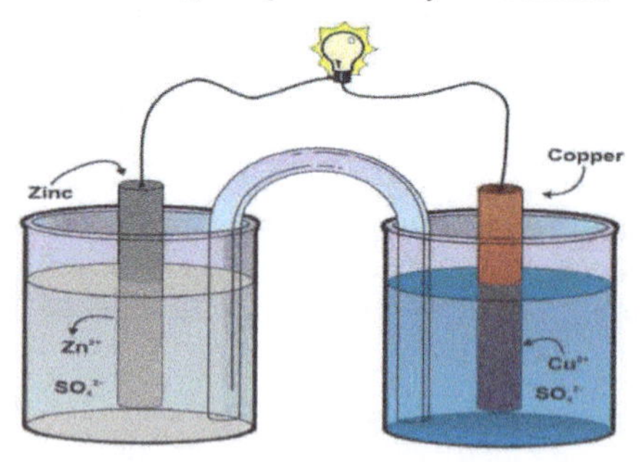

Figura 1.22. Pilha de Daniell

Para análise dessas duas semirreações, podemos concluir que os elétrons fluem, no circuito externo, do eletrodo de zinco para o eletrodo do cobre, ou seja, os elétrons, por apresentarem carga negativa, migram para o eletrodo positivo, que nesse caso, é a lâmina de cobre (os íons de Cu^{2+} sofrem redução). Na ponte salina há uma migração de cargas positivas (K^+) para a direita e uma migração de cargas negativas (SO_4^{2-}) para a esquerda. A ponte salina pode ser substituída por uma placa porosa, que impede o movimento convectivo da solução (apenas difusão da água e dos íons).

A equação global dos processos ocorridos nessa pilha pode ser obtida pela soma das duas semirreações:

Anodo: $Zn(s) \rightleftharpoons Zn^{2+}(aq) + 2e^-$ $E_2^o = 0{,}76$ V

Catodo: $Cu^{2+}(aq) + 2e^- \rightleftharpoons Cu(s)$ $E_1^o = 0{,}34$ V

Reação Global: $Zn(s) + Cu^{2+}(aq) \rightleftharpoons Zn^{2+}(aq) + Cu(s)$ $E^o_{célula} = 1{,}10$ V

Oficialmente por convenção mundial, representamos a célula galvânica escrevendo os eletrodos de forma que a diferença de potencial seja positiva. No caso acima, temos:

$$Zn_{(s)} \mid Zn^{2+}_{(aq)} \parallel Cu^{2+}_{(aq)} \mid Cu_{(s)}$$

onde a barra | significa interface solução-superfície onde há transferência de elétrons ou diferença de potencial (a ponte salina tem duas superfícies de contato, portanto ||).

Potencial de célula e energia livre de reação: O potencial da célula, E_c, é a medida da capacidade que tem a reação da célula de forçar elétrons através de um circuito. Quanto mais alta essa capacidade, mais alta é a voltagem da célula. Uma pilha ou bateria descarregada é uma célula em que a reação atingiu o equilíbrio, perdeu a capacidade de mover elétrons e tem potencial igual a zero.

A unidade no sistema internacional (SI) do potencial elétrico (E) é o Volt (V), da quantidade de carga (Q) é o Coulomb ©, da corrente elétrica (i) é o Ampere (A), do tempo (t) é o segundo (s), da energia (**E**) é o Joule (J), e da potência (P) é o Watt (W). A energia é definida de forma que 1 coulomb ao atravessar uma diferença de potencial de 1 V libere a energia de 1 J. Sabendo-se que energia é potência × tempo, que potência é potencial elétrico × corrente, e que a quantidade de carga é corrente elétrica × tempo, temos as seguintes relações:

$$1J = 1V \times 1C \text{ ou } \mathbf{E} = E \times Q \Rightarrow P \times t = E \times i \times t \Rightarrow P = E \times i \text{ ou } W = V \times A$$

O potencial da célula é análogo ao potencial gravitacional, onde o trabalho máximo produzido por um corpo que cai é igual a sua massa vezes a diferença de potencial gravitacional (m.g.h). Da mesma forma, o trabalho máximo que o elétron pode realizar é igual a sua carga vezes a diferença de potencial elétrico que ele experimenta.

Termodinamicamente, a variação da energia livre de Gibbs (ΔG) fornece a quantidade máxima de trabalho sem expansão (sem variação de volume) que pode ser obtido de um processo a temperatura e pressão constantes. Ou seja, $\Delta G = w$. Sabendo-se que o trabalho elétrico é igual à quantidade de elétrons ($-neN_A$) que atravessa uma diferença de potencial E e que o número de Faraday é igual a $eN_A = 96485$ C/mol e$^-$, então se conclui que $\Delta G = -nFE_c$ *ou* $-nF\Delta E$.

Na pilha de Daniell, os eletrodos são de zinco e cobre. Tanto os íons Zn^{2+} como os íons Cu^{2+} na solução têm certa tendência de receber elétrons, porém os íons Cu^{2+} tem uma tendência muito maior e, portanto, sofrem redução. Concluímos assim que os íons Cu^{2+} têm maior potencial de redução comparado aos íons Zn^{2+}.

$$Cu^{2+}(aq) + 2e^- \rightleftharpoons Cu(s) \qquad E_{red} = 0{,}34 \text{ V}$$

$$Zn^{2+}(aq) + 2e^- \rightleftharpoons Zn(s) \qquad E_{red} = -0{,}76 \text{ V}$$

Logo, $\Delta E = E_c = 0{,}34 - (-0{,}76) = 1{,}10$ V (o efeito seria o mesmo se somarmos a semirreação do zinco com sinal invertido, visto anteriormente). Nessa pilha, como os íons $Cu^{2+}(aq)$ sofreram redução, o zinco sofrerá oxidação, o que nos permite concluir que ele apresenta maior potencial de oxidação (E_{oxi}). Em uma pilha, a espécie que apresenta maior E_{red} sofre redução e, portanto, a outra espécie, de maior E_{oxi}, sofre oxidação.

A espécie que sofre redução oxida a outra, sendo assim, é um agente oxidante. Na pilha de Daniell o íon **Cu^{2+}** é o **agente oxidante**, pois se reduz ao oxidar o **Zn**, e o metal zinco é o **agente redutor**, pois se oxida ao reduzir o íon Cu^{2+}.

Medidas dos potenciais: O potencial de uma célula galvânica (E_c) é a diferença de potencial entre as semirreações dos eletrodos, o de maior potencial de redução (catodo) menos o de menor potencial de redução (anodo). Como as medidas são relativas ($E_1 - E_2$), estabeleceu-se um eletrodo padrão para o qual todas as outras semirreações são referendadas. Escolheu-se o eletrodo de hidrogênio como padrão, pois possuía potencial na metade da escala de potenciais eletroquímicos. O eletrodo consiste em fio de platina ligado a uma placa de platina porosa no interior de um tubo de vidro, onde é borbulhado com gás hidrogênio (H_2) à pressão de 1 bar (10^5 Pa ou 0,987 atm) e a 25 °C (IUPAC, 2017). A platina não participa da reação. O conjunto está imerso em uma solução ácida, em que as atividades dos íons é 1 mol/L (Figura 1.23).

Os potenciais-padrão de redução dos elementos variam de forma complicada na Tabela Periódica, entretanto os mais negativos são fortes agentes redutores (oxidam-se facilmente – p. ex. zinco e metais eletroativos) e encontram-se no lado esquerdo da Tabela Periódica. Já os elementos com potenciais de redução positivos gostam de se reduzir, sendo, pois, fortes agentes oxidantes (p. ex. flúor), tendo em vista que oxidam os outros e encontram-se à direita da tabela.

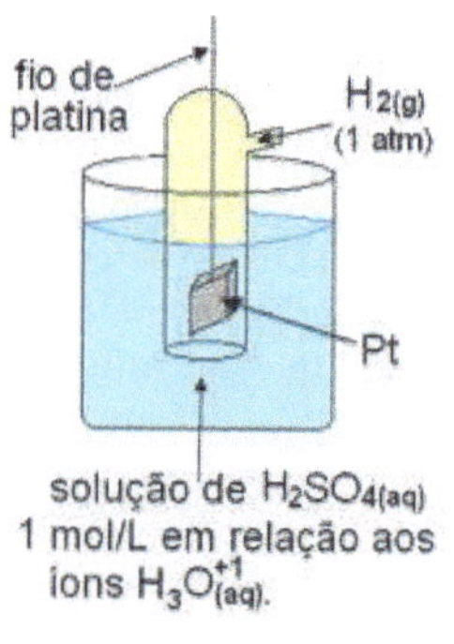

Figura 1.23. Conjunto imerso em solução ácida

$$2H^+(aq) + 2e^- \rightleftharpoons H_2\,(g) \qquad E^o = 0{,}00\ V$$

Por convenção, foi atribuído a este eletrodo o valor **zero** em todas as temperaturas.

Todas as outras semirreações são referendadas a este **eletrodo padrão de hidrogênio (EPH)** e são reportadas na condição eletroquímica padrão, ou seja, pressão dos gases de 1 bar e concentração das espécies eletroativas igual a 1 molar.

Algumas dessas semirreações de redução são apresentadas na Tabela 1.8, a 25 °C.

Experimentalmente, a diferença de potencial numa pilha galvânica (ddp) é medida por um potenciostato de alta impedância de entrada (ou multímetro de alta impedância), de forma a manter a corrente elétrica praticamente nula, não drenando trabalho elétrico. Nessas condições, temos o sistema em equilíbrio termodinâmico, cuja variação de energia livre é igual a $\Delta G = -nF\Delta E$, e se refere ao máximo trabalho útil possível a ser extraído da pilha. Na prática, quando ligamos uma carga na pilha, a corrente elétrica é diferente de zero e o trabalho elétrico produzido não será o máximo possível, pois parte da energia é perdida na forma de calor (trabalho inútil).

Na química, em geral, consideramos que as pilhas são geradores ideais, sem resistência interna (r), mas na verdade uma avaliação mais rigorosa deveria levar em conta tal perda de energia quando a corrente elétrica (i) é drenada. Assim, a diferença de potencial de um gerador (ddp) está relacionada com a força eletromotriz (E_c) por: $\text{ddp} = E_c - i.r$.

Tabela 1.8. Potenciais-Padrão de algumas espécies a 25 °C.

Potencial de redução ($E°_{red}$)	Estado reduzido		Estado oxidado	Potencial de oxidação ($E°_{oxid}$)
−3,04	Li	⇄	$Li^+ + e^-$	+3,04
−2,92	K	⇄	$K^+ + e^-$	+2,92
−2,90	Ba	⇄	$Ba^{2+} + 2e^-$	+2,90
−2,89	Sr	⇄	$Sr^{2+} + 2e^-$	+2,89
−2,87	Ca	⇄	$Ca^{2+} + 2e^-$	+2,87
−2,71	Na	⇄	$Na^+ + e^-$	+2,71
−2,37	Mg	⇄	$Mg^{2+} + 2e^-$	+2,37
−1,66	Al	⇄	$Al^{3+} + 3e^-$	+1,66
−1,18	Mn	⇄	$Mn^{2+} + 2e^-$	+1,18
−0,83	$H_2 + 2(OH)^-$	⇄	$2\,H_2O + 2e^-$	+0,83
−0,76	Zn	⇄	$Zn^{2+} + 2e^-$	+0,76
−0,74	Cr	⇄	$Cr^{3+} + 3e^-$	+0,74
−0,48	S^{2-}	⇄	$S + 2e^-$	+0,48
−0,44	Fe	⇄	$Fe^{2+} + 2e^-$	+0,44
−0,28	Co	⇄	$Co^{2+} + 2e^-$	+0,28
−0,23	Ni	⇄	$Ni^{2+} + 2e^-$	+0,23
−0,13	Pb	⇄	$Pb^{2+} + 2e^-$	+0,13
0,00	H_2	⇄	$2H^+ + 2e^-$	0,00
+0,15	Cu^+	⇄	$Cu^{2+} + e^-$	−0,15
+0,34	Cu	⇄	$Cu^{2+} + 2e^-$	−0,34
+0,40	$2\,(OH)^-$	⇄	$H_2O + 1/2\,O_2 + 2e^-$	−0,40
+0,52	Cu	⇄	$Cu^+ + e^-$	−0,52
+0,54	$2I^-$	⇄	$I_2 + 2e^-$	−0,54
+0,77	Fe^{2+}	⇄	$Fe^{3+} + e^-$	−0,77
+0,80	Ag	⇄	$Ag^+ + e^-$	−0,80
+0,85	Hg	⇄	$Hg^{2+} + 2e^-$	−0,85
+1,09	$2\,Br^-$	⇄	$Br_2 + 2e^-$	−1,09
+1,23	H_2O	⇄	$2H^+ + 1/2\,O_2 + 2e^-$	−1,23
+1,36	$2\,Cl^-$	⇄	$Cl_2 + 2e^-$	−1,36
+2,87	$2\,F^-$	⇄	$F_2 + 2e^-$	−2,87

ORDEM CRESCENTE DE AÇÃO OXIDANTE

ORDEM CRESCENTE DE AÇÃO REDUTORA

Potenciais-padrão e constantes de equilíbrio: Na seção de termoquímica vimos que a energia livre está relacionada com a constante de equilíbrio de uma reação através de: $\Delta G° = -RTlnK$. Vimos também nessa seção que $\Delta G° = -nF\Delta E°$ (do estado padrão). Logo,

$$nF\Delta E° = RT.lnK \quad \text{e} \quad \Delta E° = \frac{RT}{nF}lnK$$

para 25 °C (298,15 K) $RT/F = 0{,}02569$. Mudando-se para a base decimal no logaritmo, temos:

$$\Delta E° = \frac{0{,}0592}{n}\log K \quad \text{ou} \quad K = 10^{\frac{n\Delta E^o}{0{,}059}}$$

Exemplo:

Calcule a constante de equilíbrio a 25 °C e a solubilidade (s) de cloreto de prata em equilíbrio com água pura:

$$AgCl(s) + e^- \rightleftharpoons Ag^+(aq) + Cl^-(aq)$$

De uma tabela mais completa de oxirredução, temos:

$$AgCl(s) + e^- \rightleftharpoons Ag(s) + Cl^-(aq) \qquad E^o = +0{,}22\text{ V}$$

$$Ag(s) \rightleftharpoons Ag^+(aq) + e^- \qquad E^o = -0{,}80\text{ V}$$

$$AgCl(s) \rightleftharpoons Ag^+(aq) + Cl^-(aq) \qquad \Delta E^o = -0{,}58\text{ V}$$

Logo, $-0{,}58 = \frac{0{,}0592}{1}\log K \quad \rightarrow \quad K_{ps} = 1{,}6.10^{-10}$

Considerando as atividades iguais às concentrações das espécies, temos:

$Kps = 1{,}6.10^{-10} = [Ag^+].[Cl^-] = s^2$ logo, $s = 1{,}26.10^{-5}$ mol/L

Equação de Nernst:

À medida que uma reação avança em direção ao equilíbrio, as concentrações dos reagentes e produtos se alteram e a energia livre ΔG se aproxima de zero. Se o sistema for uma célula eletroquímica, o potencial elétrico também decresce até zero. Uma bateria descarregada é uma bateria em que a reação da célula atingiu o equilíbrio químico, ΔE e $\Delta G = 0$, e ela não pode mais realizar trabalho.

A partir da equação $\Delta G = \Delta G^o + RT\ln Q$, que calcula a energia livre de um estado qualquer ΔG a partir daquela do estado padrão ΔG^o, numa reação química com relação de produtos e reagentes Q (lei de ação de massas), e sabendo-se que em eletroquímica $\Delta G = -nF\Delta E$ e $\Delta G^o = -nF\Delta E^o$, a relação dessas equações resulta na conhecida Equação de Nernst (em homenagem ao alemão Walther Nernst):

$$\text{A 25 °C temos } \Delta E = \Delta E^o - \frac{0{,}0592}{n}\log Q$$

Exemplo: A pilha de Daniell na condição padrão possui $[Cu^{2+}]$ e $[Zn^{2+}]$ iguais a 1 mol/L e potencial de 1,10 V, a 25 °C. Calcule agora o potencial quando $[Cu^{2+}]= 0{,}001$ mol/L e $[Zn^{2+}]= 0{,}1$ mol/L.

Considerando as concentrações iguais às atividades das espécies e a atividade dos sólidos unitária, temos:

$$Zn(s) + Cu^{2+}(aq) \rightarrow Zn^{2+}(aq) + Cu(s) \ (n = 2) \qquad Q = \frac{[Zn^{2+}]}{[Cu^{2+}]} = \frac{0{,}1}{0{,}001} = 100$$

$$Logo: \ \Delta E = \Delta E^o - \frac{0{,}0592}{n}\log Q = 1{,}10 - \frac{0{,}0592}{2}\log 100 = 1{,}04 \text{ V}$$

À medida que a reação avança, o eletrodo de zinco se dissolve gerando mais íons Zn^{2+}, e o íon Cu^{2+} se deposita sobre o eletrodo de cobre. No equilíbrio químico $\Delta E = 0$, a constante será:

$$0 = \Delta E^\circ - \frac{0{,}0592}{n}\log K \quad \Rightarrow \quad 1{,}10 = \frac{0{,}0592}{2}\log K \quad \Rightarrow \quad K = 1{,}45.10^{37}$$

Essa altíssima constante acarreta teoricamente na total dissolução do zinco, contudo aspectos cinéticos podem dificultar a dissolução para baixos níveis de concentração.

Pilhas comerciais:

As pilhas comerciais podem ser classificadas de acordo com as suas propriedades químicas. Uma **célula primária** é uma célula galvânica onde os reagentes são selados no momento da fabricação e, quando ela se esgota, é descartada. Uma **célula a combustível** é uma célula primária, mas os reagentes são fornecidos continuamente (como a célula de hidrogênio e oxigênio que se oxidam e reduzem sobre eletrodos de platina e são separados por uma membrana porosa). As **células secundárias** ou acumuladores, são células galvânicas que têm de ser carregadas antes do uso, ou seja, são recarregáveis, e as semirreações são reversíveis. Na Tabela 1.9 algumas destas células são esquematizadas.

As pilhas secas e alcalinas são de grande importância para a sociedade moderna já que são bastante utilizadas no cotidiano. Enquanto as pilhas são células galvânicas formadas por dois eletrodos (catodo e anodo), as baterias são formadas por várias pilhas ligadas em série ou em paralelo, produzindo então maior voltagem, corrente e potência elétrica. Podem ser primárias ou secundárias – recarregáveis (Tabela 1.9). A bateria recarregável de chumbo, muito utilizada em veículos, é de fácil preparação, e será detalhada na seção 14.1.3.

Tabela 1.9. Algumas células primárias e secundárias.

Células primárias	
Seca	**Zn (s)| $ZnCl_2$(aq), NH_4Cl (aq), MnO(OH) (s) | MnO_2(s) | grafita** 1,5 V Anodo: $Zn\ (s) \rightarrow Zn^{2+}(aq) + 2e^-$ Seguido por $Zn^{2+}(aq) + 4NH_3(aq) \rightarrow [Zn(NH_3)_4]^{2+}(aq)$ Catodo: $2MnO_2\ (s) + H_2O\ (l) + 2e^- \rightarrow 2MnO(OH)\ (s) + 2OH^-(aq)$ Seguido por $NH_4^+(aq) + OH^-(aq) \rightarrow H_2O\ (l) + NH_3(aq)$
Alcalina	**Zn (s) | ZnO (s), OH^-(aq), $Mn(OH)_2$ (s) | MnO_2 (s) | grafita** 1,5 V Anodo: $Zn\ (s) + 2OH^-(aq) \rightarrow ZnO\ (s) + H_2O\ (l) + 2e^-$ Catodo: $MnO_2\ (s) + 2H_2O\ (l) + 2e^- \rightarrow Mn(OH)_2\ (s) + 2OH^-(aq)$
Células secundárias (recarregáveis)	
Chumbo-ácido	**Pb (s) | $PbSO_4$(s) | H^+ (aq), HSO_4^-(aq) | PbO_2(s) | $PbSO_4$(s) | Pb (s)** 2 V Anodo: $Pb\ (s) + HSO_4^-\ (aq) \rightleftharpoons PbSO_4\ (s) + H^+\ (aq) + 2e^-$ Catodo: $PbO_2(s) + 3H^+(aq) + HSO_4^-\ (aq) + 2e^- \rightleftharpoons PbSO_4(s) + 2H_2O(l)$
Ni-Cd	**Cd (s) | $Cd(OH)_2$(s) | KOH (aq) | $Ni(OH)_3$(s) | Ni (s)** 1,2 V Anodo: $Cd\ (s) + 2OH^-(aq) \rightleftharpoons Cd(OH)_2(s) + 2e^-$ Catodo: $2NiO(OH)(s) + 2H_2O(l) + 2e^- \rightleftharpoons 2\ Ni(OH)_2(s) + 2OH^-\ (aq)$
Íon-Lítio	**$Li_xCoO_2(s) + Li_yC_6(s) \rightleftharpoons Li_{x+y}CoO_2(s) + C_6(s)$** 3,0-3,5 V Anodo: $Li_yC_6(s) \rightleftharpoons C_6(s) + yLi^+(solv.) + ye^-$ Catodo: $Li_xCoO_2(s) + yLi^+(solv.) + ye^- \rightleftharpoons Li_{x+y}CoO_2(s)$

- Pilha Seca ou Pilha de Leclanché:

Em 1866, o químico francês George Leclanché inventou a pilha seca, popularmente conhecida como pilha comum. Leclanché deu esse nome porque, até então, só existiam pilhas que usavam soluções aquosas, como a Pilha de Daniell.

Na realidade, esse tipo de pilha não é seca (Figura 1.24), mas sim úmida em seu interior. Ela é formada por um cilindro de zinco metálico (Zn) que funciona como anodo, separado das demais espécies químicas presentes na pilha por um papel poroso. O catodo é o eletrodo central, feito de grafite coberto por uma camada de dióxido de manganês (MnO_2) e carvão em pó, envolvidos por uma pasta úmida contendo cloreto de amônio (NH_4Cl) e cloreto de zinco ($ZnCl_2$). Essa pilha tem caráter ácido devido à presença de cloreto de amônio.

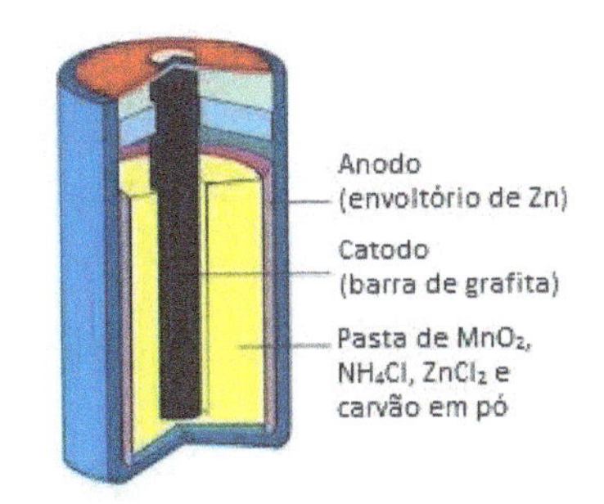

Figura 1.24. Esquema da pilha seca.

Essa pilha apresenta uma relação custo-benefício interessante somente para aplicações que requerem valores baixos e médios de corrente elétrica (controles remotos, relógios de parede, brinquedos) e ela não pode ser recarregada, pois no seu uso ocorre semirreações irreversíveis (redução do dióxido de manganês e oxidação do zinco). A utilização de MnO_2 de alta qualidade e a substituição do NH_4Cl do eletrólito por $ZnCl_2$ melhoram muito o desempenho, mesmo em aplicações que exigem correntes elétricas maiores.

O principal problema observado neste tipo de pilha são as reações paralelas, já que essas reações ocorrem durante o armazenamento das pilhas (antes de serem usadas) e durante o período em que permanecem em repouso entre distintas descargas, podendo provocar vazamentos. Para minimizar a ocorrência de tais reações, a grande maioria dos fabricantes adiciona pequenas quantidades de sais de mercúrio solúveis ao eletrólito da pilha; agentes tensoativos e quelantes, cromatos e dicromatos também são usados por alguns poucos fabricantes. Esses aditivos diminuem a taxa de corrosão do zinco metálico e, consequentemente, o desprendimento de gás hidrogênio no interior da pilha, acarretando na redução da pressão interna da pilha e possíveis vazamentos.

Além do mais, a amônia gasosa gerada no catodo, durante o uso da pilha, se deposita sobre o bastão de grafita dificultando a passagem dos elétrons (polarização) e diminuindo a voltagem da pilha. Para recuperar um pouco a carga da pilha basta deixá-la em repouso por um tempo, de forma que a amônia difunda no eletrólito e possa ser complexada pelos íons zinco advindos do anodo. Colocar a pilha na geladeira também ajuda, pois a amônia (como todo gás) se solubiliza mais à baixa temperatura.

- Pilha Alcalina:

A pilha alcalina (Figura 1.25) é semelhante à pilha seca, contudo composta de um anodo de zinco poroso imerso em uma solução fortemente alcalina (pH $\approx$ 14) de KOH ou de NaOH, e de um catodo de dióxido de manganês compactado, envoltos por uma capa de aço niquelado (garantir uma melhor vedação e prevenir o risco de vazamento de eletrólitos altamente cáusticos), além de um separador feito de papel. Na pilha comum a mistura eletrolítica é de cloreto de amônio (sal ácido) e o zinco é o envoltório do dispositivo, na alcalina, o zinco ocupa o centro da pilha.

Comparando-a com a pilha seca comum, a alcalina é mais cara, é capaz de fornecer correntes mais elevadas, mantém a voltagem constante por mais tempo e dura cerca de quatro vezes mais. Isso ocorre porque o hidróxido de potássio ou sódio é melhor condutor eletrolítico do que o cloreto de amônio, e como também não há formação de amônia gasosa, não ocorre polarização do catodo, o que resulta num potencial mais constante sob regime de carga. Contudo esta pilha contém reações irreversíveis e, portanto, também não é recarregável.

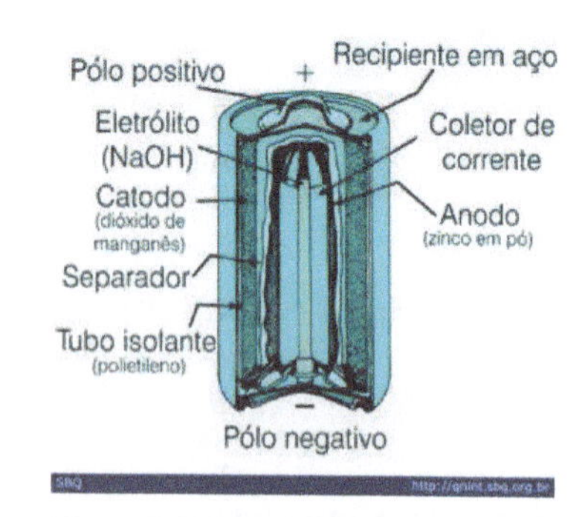

Figura 1.25. Esquema da Pilha alcalina.

Essas pilhas podem ser armazenadas por longos períodos de tempo (cerca de quatro anos), mantendo cerca de 80% da sua capacidade inicial, porém o custo delas é maior, acarretando numa menor demanda. No Brasil, o consumo de pilhas alcalinas gira em torno de 40%, enquanto as pilhas de Leclanché aproximadamente 60%.

Entretanto as pilhas alcalinas apresentam menor risco ambiental, pois, não contém metais tóxicos (Hg, Cd e Pb), e por conta disso, há uma tendência mundial na substituição deste tipo de pilha. Países como os Estados Unidos, Alemanha e Argentina possuem o consumo de cerca 70% no mercado.

- Bateria de chumbo-ácido:

No ano de 1859 o físico francês Raymond Gaston Planté desenvolveu pela primeira vez o sistema recarregável, a bateria chumbo-ácido, onde associou várias pilhas em série dando origem ao sistema de baterias recarregáveis, muito utilizado até os dias atuais. A tensão elétrica de cada pilha é de aproximadamente 2 volts. Uma bateria com 6 células galvânica (ou 6 compartimentos), que é a mais comum nos carros modernos, fornece uma tensão elétrica de 12V. Associações ainda menores são usadas em tratores, aviões e em instalações fixas, como centrais telefônicas e aparelhos de PABX.

A bateria ou acumulador de chumbo-ácido é constituída de dois eletrodos; um de chumbo esponjoso e o outro de dióxido de chumbo em pó, ambos mergulhados em uma solução de ácido sulfúrico com densidade aproximada de 1,28 g/mL, dentro de uma malha de chumbo puro ou ligas de chumbo. O chumbo puro oferece maior resistência a corrosão, mas é muito maleável, o que dificulta o processo produtivo. Por esse motivo são usadas ligas com antimônio, cálcio e outros materiais. Os eletrodos esponjosos permitem um grande fluxo de corrente, devido à grande área superficial, aumentada ainda mais em baterias com vários eletrodos montados em paralelo em cada compartimento (Figura 1.26). Com o fechamento elétrico do circuito externo ocorre a semirreação de oxidação no chumbo e a de redução no dióxido de chumbo (ver Tabela 1.9), cuja reação global é:

$$\mathrm{Pb}(s) + \mathrm{PbO_2}(s) + 2\mathrm{H_2SO_4}(aq) \rightleftharpoons 2\mathrm{PbSO_4}(s) + 2\mathrm{H_2O}(l)$$

A reação do cátodo e do ânodo produzem sulfato de chumbo ($PbSO_4$), insolúvel que adere aos eletrodos. Quando a bateria está se descarregando, ocorre um consumo de ácido sulfúrico, assim a densidade da solução eletrolítica (água + ácido sulfúrico) diminui. Desta forma, a medida da densidade da solução eletrolítica indica a magnitude da carga ou descarga do acumulador. Quando a bateria está totalmente carregada a concentração do ácido está em torno de 40% (m/m) e a densidade da solução =1,30 g/cm^3, enquanto que no estado descarregado tem-se 16% (m/m) e 1,10 g/cm^3. Assim a densidade do eletrólito serve para avaliar o estado de carga da bateria, que quando instada no carro, é realimentada pelo alternador do carro quando este movimenta.

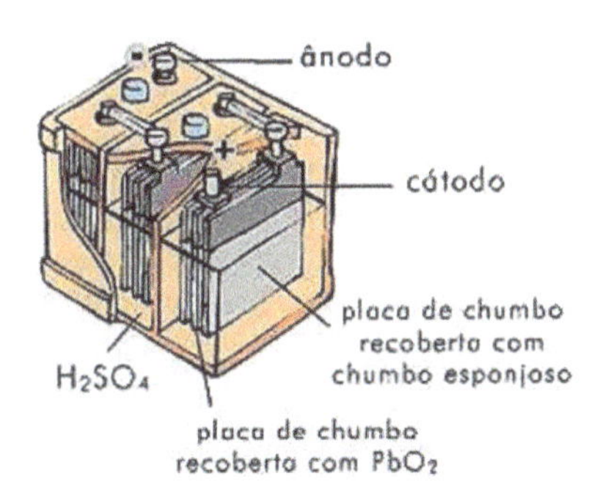

Figura 1.26. Esquema da bateria de chumbo-ácido.

Além do automóvel, as baterias chumbo-ácida são utilizadas para tracionar motores de veículos elétricos e em serviços que não podem ser interrompidos em caso de queda de energia elétrica (companhias telefônicas, hospitais etc.).

- Bateria de Níquel-Cádmio (Ni-Cd):

Essa bateria foi proposta pelo sueco Waldemar Jungner em 1899 e foi o segundo tipo de bateria recarregável a ser desenvolvida, sendo a primeira a de acumulador de chumbo. Nesta bateria utiliza-se no anodo uma liga formada por cádmio e ferro, e no catodo uma solução de hidróxido de níquel, $Ni(OH)_2$, e ambos eletrodos imersos em uma solução aquosa de hidróxido de potássio (KOH) com concentração entre 20% a 28% em massa (Figura 1.27).

Usando apenas um par de eletrodos das baterias de Ni/Cd e arranjando-o como as baterias alcalinas ou como as baterias Pb/ácido, teremos um potencial de circuito aberto de aproximadamente 1,15 V, em temperatura ambiente. Da mesma forma das baterias alcalinas, as baterias Ni/Cd são seladas para evitar o vazamento do eletrólito cáustico. Dispõe ainda de uma válvula de segurança para caso ocorra à descompressão.

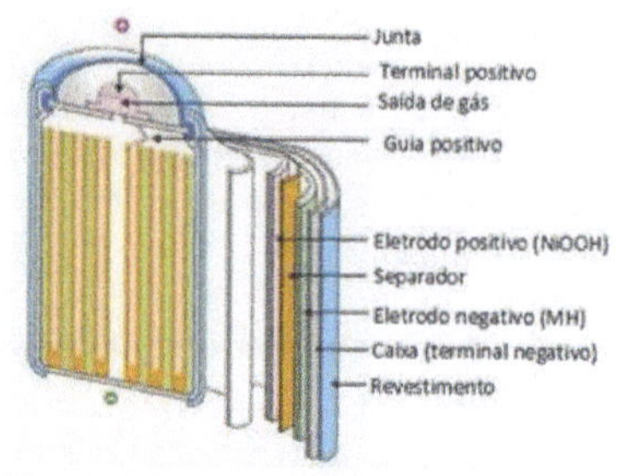

Figura 1.27. Esquema da bateria Ní-Cd.

Essas baterias são caracterizadas por apresentar um potencial elétrico quase constante, correntes relativamente altas, capacidade de operar em baixas temperaturas, potencial energético maior que as baterias de Pb/ácido (sendo de 20% a 50% mais leve) e maior durabilidade. Porém, o custo de sua produção é bem maior do que as outras, isso se deve ao custo do cádmio em sua composição, sendo um elemento tóxico para a natureza. Desta forma, estão sendo substituídas por baterias mais modernas, de maior eficiência e menor toxicidade.

- Bateria de Íon-Lítio (Íon-Li):

Em 1912, o físico-químico Gilbert Newton Lewis desenvolveu a primeira bateria de lítio, porém somente a partir do ano de 1970 que as primeiras baterias de Li foram disponibilizadas comercialmente. Houveram diversas tentativas de desenvolvê-las, mas diversas falhas ocorreram durante o processo de desenvolvimento, devido à instabilidade do lítio metálico, especialmente durante o carregamento, até que o foco da pesquisa mudasse e passasse a utilizar uma bateria não metálica de lítio, baseada apenas em seus íons. Embora a densidade de energia das baterias de íon lítio sejam ligeiramente inferiores ao do lítio metálico, comprovou-se que aquelas são mais seguras, desde que as devidas precauções sejam tomadas durante a carga e descarga da bateria, e desse modo a empresa Sony Corporation comercializou, pela primeira vez, em 1991 baterias dessa espécie.

No anodo é comumente utilizado o grafite pois, além dele apresentar uma estrutura lamelar ele também é capaz de intercalar reversivelmente os íons lítio entre suas camadas de carbono sem que altere a sua estrutura. Já o catodo, contém, geralmente óxidos de lítio que possuam a estrutura lamelar ($LiCoO_2$, $LiNiO_2$) ou espinel ($LiMnO_2$) mas, o óxido de cobalto litiado (Li_xCoO_2) é, geralmente, o mais usado pelos fabricantes.

Durante a descarga da bateria os íons lítio migram do interior do material que compõe o anodo até dentro do material que compõe o catodo e desse modo, os elétrons movem-se através do circuito externo. No anodo ocorre a reação de oxidação do carbono e consequentemente há a liberação de íons lítio a fim de manter a eletroneutralidade do material. Esse processo pode ser visto na Figura 1.28 ao lado.

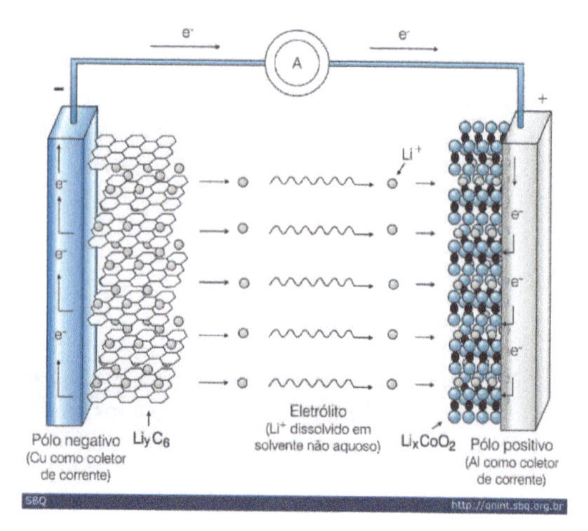

Baterias modernas:

Atualmente os seres humanos não vivem sem as baterias recarregáveis, pois é por meio delas que muitos equipamentos modernos funcionam, como smartphones, relógios, equipamentos, carros, aviões etc. Logo, a busca por uma bateria que possua alta durabilidade, rápido carregamento e baixo custo aumentou, como também melhoria na robustez, de forma a se evitar explosão quando a bateria é submetida à elevação de pressão ou impacto.

A bateria mais comum no mercado é de Íon Lítio, pois sua produção é barata, possui alta capacidade energética e rápido carregamento. Entretanto, com a introdução do carregamento via Wireless a vida útil da bateria pode se reduzir, em função da facilidade de recarga em ambientes públicos, aumentando a quantidade de ciclos consumidos. A bateria ao recarregar libera calor que afeta ainda mais o dispositivo.

Devido aos possíveis problemas com as baterias de íon lítio há estudos que buscam revestir os eletrodos com grafeno para gerar uma bateria em que seria capaz de ser recarregada por completo em apenas 12 minutos, teriam preço acessível, maior capacidade e temperatura estável. Porém, este tipo de bateria só seria aplicado em veículos elétricos por conta da demora para se obter uma carga completa em um carro. Logo, a bateria de grafeno é vista como um aperfeiçoamento das baterias de íon lítio.

Estudos também preveem a introdução de uma bateria de íon de magnésio no estado sólido para que não ocorra problemas de pegar fogo por conta do superaquecimento. Além disso, essa bateria teria o dobro da capacidade de carga que as de lítio, porém, o desenvolvimento desse tipo de tecnologia ainda está em estudo e nos estágios iniciais. Alguns cientistas buscam identificar matérias que possuam uma boa combinação com o lítio para otimizar sua densidade enérgica e também a identificação de novos metais. Algumas novas apostas para baterias são as baterias de Zinco-ar (Zn/ar) e Lítio-ar (Li/ar), pois elas conseguem armazenar quase duas vezes mais energia do que os modelos de íon-lítio, porém ainda se encontram em estágio de desenvolvimento.

- Bateria de Zinco-ar (Zn/ar):

Essas baterias são alimentadas pela oxidação do zinco com o oxigênio do ar, elas possuem altas densidades de energia e possuem baixo custo para a produção. Seu tamanho varia desde células-botão muito pequenas para aparelhos auditivos até baterias muito grandes que são utilizadas para a propulsão de veículos elétricos e para o armazenamento de energia em escala de rede. Possuem longa vida útil se estiverem seladas impedindo a entrada de ar.

Esse tipo de bateria possui algumas vantagens sobre as células de energia atuais, como estruturas semiabertas exclusivas, densidade energética significativa, eletrodos flexíveis e um eletrólito aquoso. Além disso, o zinco é mais fácil de ser manipulado e mais abundante no meio ambiente.

- Bateria de Lítio-ar (Li/ar):

Essas baterias podem armazenar, em teoria, até cinco vezes mais energia do que as baterias de íon lítio. O seu funcionamento é através da combinação do lítio presente no anodo com o oxigênio do ar para gerar o peróxido de lítio (Li_2O_2) no catodo durante a fase de descarga ou de uso da energia. Durante a fase de recarregamento, o Li_2O_2 é decomposto em lítio e oxigênio.

Infelizmente, os protótipos experimentais dessa bateria mostraram-se ser incapazes de funcionar em um sistema aberto por conta da oxidação do anodo de lítio e a produção de subprodutos indesejados no catodo. Esses subprodutos formam uma "borra" ao redor do catodo, que parará de funcionar.

- Bateria de Sódio-Níquel-Cloro ($Na/NiCl_2$):

No Brasil, a equipe "Programa Veículo Elétrico de Itaipu", em Foz do Iguaçu (PR) em parceria com a empresa suíça de geração de energia Kraftwerke Obershasli AG/KWO, conseguiram desenvolver uma bateria de sódio, níquel e cloro que é 100% reciclável. Essa bateria possui a capacidade de armazenamento e potência equivalentes à de íon/Li, porém, ela possui o formato de um monobloco e não pode ser dividido em módulos menores. Por conta disso, é mais adequada para veículos elétricos maiores como ônibus, trens e caminhões.

Os eletrodos estão no estado líquido, no anodo tem-se sódio fundido e no catodo uma mistura de níquel (Ni) e cloreto de níquel ($NiCl_2$). A transferência do sódio na forma iônica ocorre através da elevada temperatura de operação da bateria (entre 272° e 350 °C). Essas baterias já se encontram disponíveis no comércio para potencias entre 5 a 500 kW e capacidade de energia de até 100 kWh, um dos seus diferenciais é que a sua eficiência é de 85 a 90% possuindo um tempo de resposta de 20 ms com alta vida útil.

1.11.2 Corrosão

É a deterioração total, parcial, superficial ou estrutural de um determinado material devido a ação do meio de exposição, gerando diversos produtos de corrosão e liberação de energia. A corrosão em geral acontece em ligas e peças metálicas, mas também pode ocorrer no concreto armado e polímeros. A corrosão do ferro e suas ligas é a mais importante, com estimativa aproximada de 20% de todo o ferro produzido anualmente ser utilizado para reposição de equipamentos que sofreram corrosão, ao custo de bilhões de dólares.

A corrosão pode ser classificada como:

i) Eletroquímica: quando um metal ou liga metálica está em contato com água e oxigênio do ar, com formação de uma solução eletrolítica condutora e áreas catódicas e anódicas, ou seja, uma pilha de corrosão (p.ex., formação da ferrugem). Também pode ocorrer quando dois metais distintos estão ligados por um eletrólito, gerando a oxidação espontânea de um e redução do outro (p.ex., pilha de Daniell).

ii) Química: quando há um ataque direto do material com um agente químico reativo ou um solvente, p.ex., ácido sulfúrico corroendo metais, solventes ou oxidantes orgânicos degradando as moléculas de polímeros, e a chuva ácida degradando concreto, prédios e monumentos.

iii) Eletrolítica: quando ocorre devido à presença externa de uma corrente elétrica, processo este não espontâneo, ao contrário dos outros dois tipos de corrosão. Muito frequente em tubulações de água e de petróleo, em canos telefônicos e de postos de gasolina, que sofrem corrosão eletrolítica por causa de falhas no isolamento ou aterramento, deficiência mecânica ou estrutural, que geram correntes parasitas e de fuga, que escapam para o solo e formação de pequenos furos nas instalações.

Do ponto de vista de mecanismo, a corrosão pode ser classificada em diversos tipos:

i) uniforme, quando a corrosão ocorre em toda a extensão da superfície; ii) por *pites*, devido a formação de pequenas cavidades de relevante profundidade; iii) por concentração diferencial, quando o material imerso em meios iônicos diferentes (formação de pilha de concentração); iv) por aeração diferencial, devido à variações nas concentrações de oxigênio; v) corrosão filiforme, quando se processa sob camadas de revestimento; vi) galvânica, com formação de pilha de corrosão (vide a classe eletroquímica supracitada); vii) corrosão sob tensão, quando existem tensões de tração e fatores ambientes específicos, viii) e corrosão física associada ao escoamento de fluídos, p.ex., corrosão erosiva e por cavitação.

Corrosão no Ferro: Este é um exemplo de uma corrosão eletroquímica. O ferro oxida-se facilmente quando exposto ao ar úmido com formação da ferrugem, como ilustrado na Figura 1.29. A corrosão pode ser mitigada com a instalação à peça de ferro de eletrodos de sacrifício, como zinco ou magnésio (muito utilizados em estruturas grandes), que possuem potenciais de oxidação maiores e, portanto, são mais facilmente oxidados (proteção catódica). Mais utilizados contra corrosão são os revestimentos orgânicos (pinturas com tintas e plastificação com polímeros), e inorgânicos, via revestimentos metálicos ou de conversão, como a anodização (formação de camada de óxido protetora) e galvanoplastia (p.ex., cromatização, niquelagem e douração). A escolha de um sistema de proteção contra a corrosão para os metais ferrosos (como o aço-carbono) dependerá de uma série de fatores, sendo um dos principais o grau de corrosividade do meio.

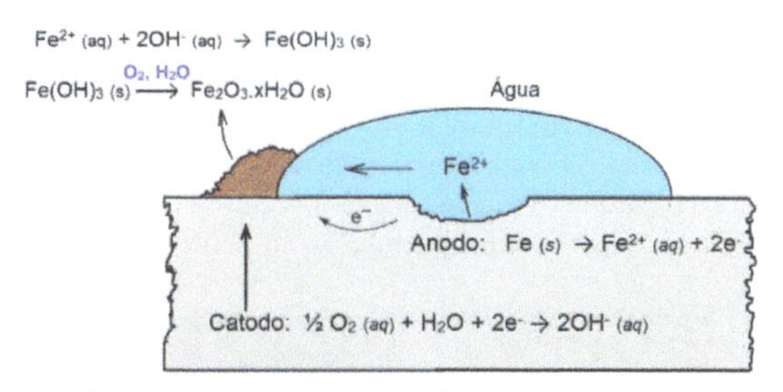

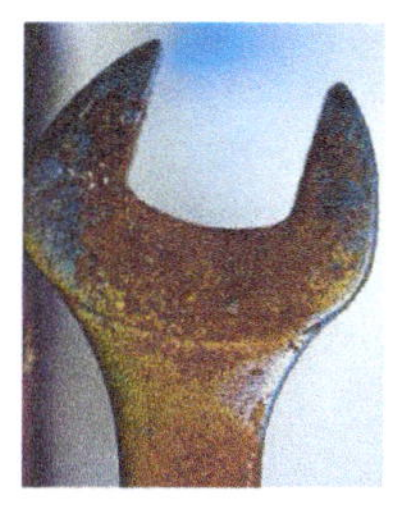

Figura 1.29. Célula eletroquímica formada pela corrosão do ferro. Na região anódica o ferro é oxidado gerando íons Fe^{2+}e Fe^{3+} que migram para a região catódica, onde o oxigênio é reduzido formando hidroxila, havendo a precipitação de oxihidratos de ferro e formação da ferrugem.

1.11.3 Eletrólise

A palavra *eletrólise* é originária dos radicais *eletro* (eletricidade) e *lisis* (decomposição), ou seja, decomposição por eletricidade, podendo ainda ser chamada literalmente de eletrodecomposição. A eletrólise é um processo que separa os elementos químicos de um composto através do uso da eletricidade, advinda de uma fonte de tensão externa (baterias ou gerador – Figura 1.30). O processo da eletrólise é uma reação de oxirredução.oposta àquela que ocorre numa célula galvânica (pilhas e baterias), constituindo um fenômeno físico-químico não espontâneo. Na célula eletrolítica os dois eletrodos estão no mesmo compartimento, só existe um tipo de eletrólito e as concentrações e pressões não estão próximas da condição padrão.

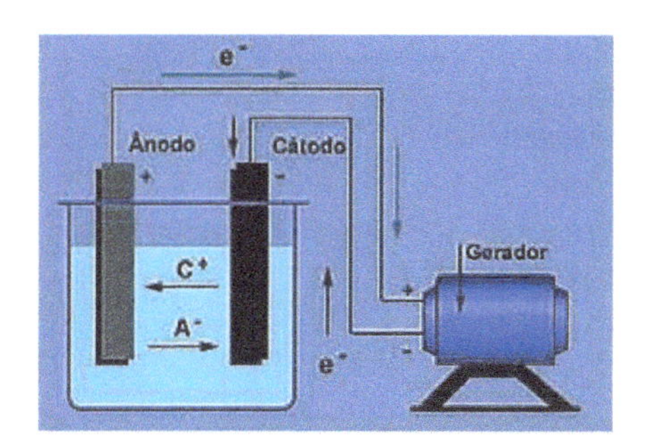

Figura 1.30. Cuba eletrolítica. Energia fornecida por um gerador.

Os processos eletrolíticos são de grande importância na indústria atual e tiveram participação no desenvolvimento de ideias quanto à natureza elétrica da matéria. Entre seus usos está a recarga de baterias e a produção industrial de elementos como o alumínio e o cloro.

Eletrólise ígnea:

Eletrólise ígnea é uma reação química de eletrólise, isto é, a separação de elementos químicos de um composto, feita com o eletrólito fundido, não ocorrendo sobre a solução do eletrólito. O termo ígneo vem do latim *igneu*, significando ardente. Na eletrólise ígnea utilizam-se eletrodos inertes que possuam elevado ponto de fusão, comumente de platina ou grafita. O potencial externo aplicado deve ser suficiente para forçar as reações não espontâneas (o contrário da célula galvânica) e obter uma velocidade significativa de formação de produtos. A diferença de potencial adicional, que varia com o tipo de eletrodo, é chamada de sobrepotencial ou **sobrevoltagem**.

O processo da eletrólise ígnea é utilizado para obter metais alcalinos, alcalinos terrosos e alumínio, pois seus cátions não ganham carga em solução aquosa (estes tem alto potencial de oxidação e são dificilmente reduzidos, a água é mais facilmente reduzida).

Eletrólise do cloreto de sódio fundido: O cloreto de sódio funde a 808 °C e torna-se condutor de corrente elétrica. Passando-se uma corrente elétrica contínua por esse líquido produz-se a eletrólise desse sal, com produção de gás cloro (altamente tóxico), de coloração verde amarelado, e o sódio metálico em forma líquida nesta temperatura (ponto de ebulição somente a 883 °C).

Catodo (−): $2Na^+ + 2e^- \rightarrow 2Na$

Anodo (+): $2Cl^- \rightarrow Cl_2 + 2e^-$

O cloro pode ser recolhido em solução de soda cáustica para produção do hipoclorito de sódio e o sódio metálico deve ser manipulado com cuidado, pois reage com água violentamente, causando explosões, produzindo hidróxido de sódio e gás hidrogênio.

Figura 1.31. Cloro gasoso (esq.) e Sódio metálico armazenado em óleo mineral (dir.).

No processo Downs, o cloreto de sódio fundido é eletrolisado com um anodo de grafita (formação de gás cloro) e catodo de aço (formação de sódio líquido). Cloreto de cálcio é adicionado para diminuir o ponto de fusão do cloreto de sódio até uma temperatura economicamente mais viável.

Eletrólise da água:

Além dos íons provenientes da dissolução dos sais em água, a própria água e seus íons (H_3O^+ e OH^-) podem participar de reações eletroquímicas. As seguintes reações para a água são possíveis:

Oxidação da água: $2H_2O \rightarrow O_2 + 4H^+ + 4e^-$ (meio ácido)

$4OH^- \rightarrow O_2 + 2H_2O + 4e^-$ (meio básico)

Redução da água: $2H^+ + 2e^- \rightarrow H_2$ (meio ácido)

$2H_2O + 2e^- \rightarrow H_2 + 2OH^-$ (meio básico)

A partir da equação de Nernst obtêm-se as seguintes equações em função do pH:

Oxidação da água: $E_{oxi} = +0{,}059 \times pH - 1{,}229$

Redução da água: $E_{red} = -0{,}059 \times pH$

Para pH = 7 (solução neutra) o $E_{oxi} = -0{,}82$ V e $E_{red} = -0{,}41$ V, o que perfaz um potencial total de 1,23 V, potencial mínimo necessário a ser aplicado na cuba eletrolítica para decomposição da água. Contudo, devido à sobrevoltagem, na prática esse potencial é maior. Para que o campo elétrico aplicado na cuba eletrolítica se propague, deve ser adicionado um eletrólito suporte, como o Na_2SO_4, que não participa das reações eletrolíticas. Também um potencial relevante (6 V) deve ser aplicado para facilitar a cinética de decomposição. A reação global da eletrólise da água é

$$\mathbf{2H_2O \rightarrow 2H_2 + O_2} \quad \text{com 4 mols de carga elétrica envolvidos.}$$

Eletrólise de cloreto de sódio em solução (salmoura): O potencial de redução do íon sódio é muito mais negativo (−2,71 V) do que o da água (−0,41 V) e, portanto, em solução aquosa ele não sofrerá redução. No catodo haverá a redução da água com desprendimento de hidrogênio. Já no anodo poderemos ter duas reações:

$$2H_2O \rightarrow O_2 + 4H^+ + 4e^- \quad E = -0{,}82\ \text{V} \quad \text{em pH=7}$$

$$2Cl^- \rightarrow Cl_2 + 2e^- \quad E = -1{,}36\ \text{V}$$

A princípio poderíamos esperar que a oxidação da água é mais favorável do que a do íon cloreto, contudo a sobrevoltagem na produção do oxigênio sobre eletrodo de platina lisa pode ser muito alta e, na prática, ocorre também a produção de cloro, favorecida ainda mais pela alta concentração da salmoura.

Na indústria usa-se soluções quase saturadas de NaCl (300 g/L) e o processo eletrolítico acarreta na produção de gás cloro no anodo e gás hidrogênio e íons hidroxila no catodo. Após o avanço da reação, forma-se hidróxido de sódio, que pode ser separado por evaporação da solução. Contudo, tal solução fica contaminada por NaCl da solução inicial. Uma forma de diminuir tal contaminação é efetuar a eletrólise com um catodo de mercúrio, que gera alta sobrevoltagem para evolução do hidrogênio, permitindo assim a redução dos íons sódio diretamente no mercúrio. Após a separação desse mercúrio, ele é colocado em contato com água pura, o que permitirá a reação do sódio amalgamado com água e a produção de soda cáustica de alta pureza (ver seção 14.1.4).

Aspectos Quantitativos da Eletrólise

O físico e químico inglês Michael Faraday (1791-1867) estudou aspectos quantitativos que envolvem a eletrólise, que depois de vários experimentos formulou algumas leis. Em uma delas mostrou que a quantidade de massa de um metal que se deposita sobre o eletrodo é diretamente proporcional à quantidade de carga elétrica (Q) que atravessa o circuito.

$$Q = i \times t \qquad \text{onde } i = \text{corrente elétrica (em A)} \ \text{ e } \ t = \text{tempo (em s)}$$

Assim, a unidade da carga seria A × s, que é igual à unidade coulomb (C).

No ano de 1909, o físico Robert Andrews Millikan (1868-1953) determinou que a carga elétrica de 1 elétron é igual a $1{,}602189 \times 10^{-19}$ C. A constante de Avogadro diz que em 1 mol de elétrons há $6{,}02214 \times 10^{23}$ elétrons. Assim, a quantidade de carga transportada pela passagem de 1 mol de elétrons é igual ao produto da carga elétrica de cada elétron pela quantidade de elétrons que temos em 1 mol, ou seja:

$$1{,}602189 \times 10^{-19} \times 6{,}02214 \times 10^{23} = 96486\ \text{C}$$

Portanto, se soubermos a quantidade de substância (n) em elétrons que percorre o circuito elétrico, basta multiplicar pelo valor que acabamos de ver, que encontramos a carga elétrica (Q) que será necessária para realizar o processo eletrolítico de interesse:

$$Q = n \times 96486\, C$$

O valor de 96486 C é conhecido como constante de Faraday (1 F). Desse modo, se a carga utilizada no processo for dada em Faraday, então poderemos usar as relações estabelecidas para calcular a quantidade de massa a ser depositada na eletrólise.

Exemplo: O processo de galvanoplastia consiste no depósito de metais sobre outra peça metálica (cobreação, douração, prateação, cromagem, etc.). No processo, as reações não são espontâneas. É necessário fornecer energia elétrica para que ocorra a deposição dos íons metálicos da solução ou provenientes do anodo (eletrodo de sacrifício). Considerando uma peça metálica com uma área de 1 m^2 a ser recoberta com uma camada de cobre de 10 μm de espessura, e considerando que a cuba eletrolítica contendo $CuSO_4$ está sob um regime constante de 10 A e tensão aplicada de 5 V, quanto tempo será necessário para tal recobrimento?

Solução: a massa de cobre necessária é

$$m = d \times V = 8{,}92\ g/cm^3 \times 10^4 cm^2 \times 10.10^{-4} cm = 89{,}2\ g$$

$$\text{então } n_{Cu^{2+}} = \frac{89{,}2\ g}{63{,}546\ g/mol} = 1{,}40 \text{ mols } Cu^{2+} \text{ ou } 2{,}8 \text{ mols } e^- \text{ ou } 2{,}80 \text{ Faradays}$$

que equivale a $2{,}80 \times 96486\ C = Q = i \times t = 10 \times t \quad \Rightarrow \quad \boldsymbol{t = 7{,}5\ h}$

1.12 TITULAÇÃO VOLUMÉTRICA

A Química Analítica tem por objetivo o desenvolvimento de métodos para determinação da composição química dos materiais e o estudo da teoria em que se baseiam esses métodos. A análise química de um determinado material ou sistema de interesse (amostra) pode envolver simplesmente uma determinação qualitativa ou, de modo mais completo, a investigação da sua composição quantitativa. Na análise qualitativa identificam-se os tipos de elementos, íons ou moléculas que constituem a amostra e na análise quantitativa determinam-se a quantidade de cada um desses componentes. A escolha do método mais indicado a ser usado na análise quantitativa de uma dada amostra depende da própria composição do sistema e da concentração a ser determinada do(s) analito(s). Embora existam hoje dezenas de métodos e técnicas instrumentais, aplicas a uma miríade de amostras naturais, tecnológicas e industriais, é ainda de grande aplicabilidade os métodos ditos "clássicos", baseados em reações estequiométricas, de especial importância os de titulação.

Titulação é uma análise química quantitativa, onde uma espécie ou componente de interesse (chamado de analito) de uma amostra desconhecida tem sua concentração determinada por meio de uma reação química estequiométrica com outro reagente de concentração conhecida (chamado de padrão). O processo pelo qual a solução padrão é vagarosamente adicionada à solução problema, a partir de uma bureta, é denominado titulação. Quando as quantidades entre as duas substâncias envolvidas na reação são quimicamente equivalentes, a titulação é interrompida, e considera-se que o **ponto de equivalência** da reação foi alcançado. Na prática o que observamos é o **ponto final** da titulação, que pode ser igual ou diferente daquele teórico estequiométrico, devido a sensibilidade e faixa de trabalho dos indicadores utilizados, erros pessoais, erros de métodos, etc. A partir de cálculos apropriados pode-se então determinar a quantidade do analito presente na amostra. Essa técnica analítica é também conhecida como volumetria, titulometria ou titrimetria.

Baseando-se nos 4 tipos de reações químicas, temos a

i) **Volumetria ácido base**, dividida em alcalimetria, quando titulamos uma amostra ácida desconhecida com uma base forte padrão (normalmente o NaOH); e acidimetria, quando titulamos uma amostra básica desconhecida com um ácido forte padrão (geralmente o HCl). Três reações de neutralização são possíveis:

$H^+ + OH^- \rightleftharpoons H_2O$ (ácido forte com base forte, p.ex. HCl com NaOH),

$H^+ + B^- \rightleftharpoons HB$ (ácido forte com base fraca, p.ex. HCl com solução de NH_3),

$OH^- + HB \rightleftharpoons H_2O + B^-$ (base forte com ácido fraco, p.ex. NaOH com ác. acético).

A variação do pH da solução titulada contra o volume do titulante gera uma curva de titulação, cujo ponto de equivalência é a máxima tangente da curva.

Vários indicadores ácido-base podem ser utilizados (ver Figura 8.4), mas a fenolftaleína é usual na titulação de soluções ácidas com o NaOH (águas, efluentes industriais, vinagre, ácidos orgânicos, bebidas, etc.); e o alaranjado de metila na titulação de soluções básicas com o HCl (alcalinidade de águas, leite de magnésia, barrilha, calcário, etc.). Usualmente são empregados os padrões primários biftalato de potássio e carbonato de sódio para titular, respectivamente, o NaOH e HCl (a solução padronizada é dita padrão secundário).

Os padrões primários são dissolvidos no erlenmeyer (neste caso a solução a ser padronizada fica na bureta), e devem possuir algumas condições desejáveis como: serem de fácil obtenção, purificação e secagem (em geral 105 a 150 °C), serem estáveis ao ar e pouco higroscópicos (a pesagem após dessecagem deve ser rápida), possuírem alta massa molar para diminuir o erro na pesagem, serem relativamente solúveis nas condições que serão empregados, e a reação com o titulado deve ser rápida e estequiométrica, com erro de titulação desprezível.

ii) **Volumetria de precipitação**, baseada na formação de um composto pouco solúvel e de rápida precipitação, e aplicada na determinação de haletos e de alguns íons metálicos. Os métodos volumétricos que empregam o $AgNO_3$ como reagente precipitante são chamados de argentimetria, e são os mais usados, principalmente para a determinação de íons haletos (Cl^-, Br^- e I^-). A solução de nitrato de prata deve ser preparada e armazenada em frasco de vidro âmbar (para se evitar sua decomposição fotolítica à prata elementar), e pode ser padronizada com o sal NaCl ou KCl (padrão primário). Os métodos mais usuais nesta técnica, são:

- Método de Mohr: onde precipitamos Cl^- e Br^- com a solução padrão de $AgNO_3$ e utilizando o indicador K_2CrO_4. Após o ponto de equivalência o íon cromato reage com o íon prata formando um precipitado de cor vermelha, caracterizando assim o ponto final da titulação. O pH da solução deve estar entre 6,5 e 10,5.

- Método do indicador de adsorção. Antes do ponto de equivalência o indicador aniônico não adsorve sobre o precipitado de haleto de prata continuamente formado, pois temos um excesso do ânion titulado (p.ex. Cl^-). Após o ponto de equivalência ocorre uma forte adsorção do indicador aniônico, pois a superfície do precipitado AgCl formado está positiva (íons Ag^+em excesso). O método de Fajans refere-se à titulação de cloreto com $AgNO_3$ e uso do indicador diclorofluoresceína.

- Método de Volhard: usada na determinação de Cl^-, Br^-, I^- e SCN^-com nitrato de prata. Após a adição de um excesso de $AgNO_3$ sobre a solução do haleto, o excesso é titulado com solução padrão de tiocianato de potássio ou amônio, usando o íon Fe^{3+} como indicador [$Fe(NO_3)_3$].

$$Cl^- + Ag^+ \rightleftharpoons AgCl_{(s)} + Ag^+{}_{(excesso)}$$

$$Ag^+{}_{(excesso)} + SCN^- \rightleftharpoons AgSCN_{(s)}$$

O ponto final é detectado pela formação do complexo vermelho solúvel de tiocianato férrico (ver item 7.4.5), após o primeiro excesso de titulante.

$$Fe^{3+} + SCN^- \rightleftharpoons Fe(SCN)^{2+} \quad \text{(também } Fe(SCN)_2{}^+ \text{ e complexos posteriores)}$$

A dosagem de cloreto por esse método envolve uma dificuldade devida a maior solubilidade de AgCl em relação a AgSCN. Quando o último é formado num meio em que existe AgCl, parte de AgCl se dissolve para estabelecer as condições de equilíbrio. Esta dificuldade pode ser eliminada, separando-se previamente o precipitado de AgCl por filtração ou recobrindo-o com um líquido inerte. Para determinação de brometo e iodeto isto não é necessário, pois o AgBr e AgI são mais insolúveis do que AgSCN.

O método de Volhard tem a vantagem de titular haletos em meio fortemente ácido, impedindo a hidrólise de metais polivalentes ($Fe^{3+}, Al^{3+}, Ti^{3+}$), e de ânions precipitáveis com prata (carbonato, oxalato, arsenato), tendo assim uma importante aplicação na análise de rochas, solos e sedimentos.

iii) **Volumetria de complexação**, que se baseia na reação de um cátion metálico (ácido de Lewis) com um agente ligante (base de Lewis – doador de par de elétrons), formando um complexo suficientemente estável ($K_f > 10^{10}$). O caso mais simples é o de uma reação que origina um complexo do tipo 1:1, $M + L$, sendo o ácido etilenodiaminotetraacético (EDTA ou H_4Y) o mais utilizado na titulometria de complexação. Ele possui 6 sítios de ligação, sendo assim um ligante haxadentado, independente da carga do cátion que se liga. O uso do sal dissódico do EDTA (Na_2H_2Y) é preferível devido à alta solubilidade do sal. Caso se deseje usar o sal orgânico (H_4Y), deve-se adicionar NaOH à solução para dissolvê-lo.

Esta técnica é particularmente útil para a determinação de diferentes íons metálicos em solução, com o devido ajuste do pH do meio (uso de tampão) e de agentes complexantes auxiliares (mascarantes), para evitar a complexação de íons interferentes. A influência do pH na titulação é crucial, pois quanto mais espécies desprotonadas tivermos na solução, mais fácil fica a formação do complexo MY. Ou seja, demanda-se energia para deslocar os prótons de espécies protonadas ($H_4Y, H_3Y^-, H_2Y^{2-}, HY^{3-}$) para formação de Y^{4-} e complexação do metal. Assim, quanto maior o pH, mais efetiva será a complexação do metal, contudo a maioria dos metais sofrem hidrólise com o aumento do pH, de forma que existe um pH mínimo para cada metal que garanta uma alta constante de estabilidade condicional $K' = K_{est}.\alpha_o$, onde α_o é a fração da espécie Y^{4-} em relação a todas as espécies do EDTA ($\alpha_o = [Y^{4-}]/C_T$); e um pH máximo que evita a hidrólise e precipitação do metal, ou que garanta a eficiência do indicador (nítida mudança de cor).

Um indicador capaz de produzir uma mudança de cor não ambígua é usado para detectar o ponto final da titulação. Para a determinação da dureza de águas (causada predominantemente pela presença de sais de cálcio e magnésio) usa-se o indicador metalocrômico Negro de Eriocromo T em pH 10 (tampão de NH_3/NH_4Cl) para a determinação simultânea de Ca^{2+} e Mg^{2+}, e o indicador Calcon ou Murexida para determinação de Ca^{2+} em pH 12 (adição de NaOH). A trietanolamina é utilizada como agente mascarante para se evitar a competição de outros íons mais polivalentes em relação ao analito de interesse. O cloreto de hidroxilamônio também evita tal competição ao reduzir o estado de oxidação destes íons interferentes (p.ex. Fe^{3+} e Sn^{4+}).

iv) **Volumetria de óxido-redução**, que se baseia em reações com compartilhamento de elétrons, entre uma espécie redutora (doa elétrons para outra e se oxida) com uma outra oxidante (que recebe elétrons e se reduz). Ou seja, o agente oxidante oxida o agente redutor, e o agente redutor reduz o oxidante (ver item 1.11 e 14.1). Tais reações redox são gerenciadas pela equação de Nernst, pois a cada momento da adição do agente titulante (oxidante ou redutor) sobre o titulado, pode-se depreender um novo estado de equilíbrio termodinâmico (as reações redox são rápidas e o gotejamento é lento), principalmente próxima à região do ponto de equivalência). A identificação do ponto final da titulação pode ser visual, sem adição de indicador (permanganimetria), com adição de indicador específico (amido na iodometria) ou indicador redox verdadeiro (difenilamina na dicromatometria), ou de forma instrumental (potenciometria, com medidas de potencial de um eletrodo ativo comparado a um eletrodo de referência).

Três importantes métodos redox se destacam:

- **Permanganimetria:** que utiliza solução padrão de permanganato de potássio ($KMnO_4$) como agente oxidante, e o próprio titulante de cor violeta como indicador após o ponto de equivalência. Como o potencial de redução do ânion MnO_4^- é muito alto em meio ácido (E^o = 1,51 V em $[H^+] = 1$ M), ele consegue oxidar uma ampla gama de compostos orgânicos e inorgânicos, e até mesmo titular a água oxigenada, H_2O_2 (tipicamente um agente oxidante, que se reduz para H_2O, mas na presença de permanganato em meio ácido é oxidado para O_2).

$$2MnO_4^- + 5H_2O_2 + 6H^+ \rightleftharpoons 2Mn^{2+} + 5O_2 + 8H_2O \qquad \Delta E^o = 1{,}51 - 0{,}70 = 0{,}81\ V$$

O $KMnO_4$ não possui as características de um padrão primário, principalmente pela possível presença de MnO_2 como contaminante, resultante da lenta reação do ânion permanganato com a água (lembra-se, o MnO_4^- é forte oxidante e também consegue oxidar a água!).

$$4MnO_4^- + 4H^+ \rightleftharpoons 4MnO_2 + 3O_2 + 2H_2O \qquad \Delta E^o = 1{,}69 - 1{,}23 = 0{,}46\ V$$

Assim as soluções de permanganato de potássio devem ser periodicamente padronizadas com padrões primários (p.ex. oxalato de sódio - $Na_2C_2O_4$).

Este método é muito utilizado para análise de minério de ferro ($E^o_{Fe^{3+}/Fe^{2+}} = 0{,}77$ V).

$$5Fe^{2+} + MnO_4^- + 8H^+ \rightleftharpoons 5Fe^{3+} + Mn^{2+} + 4H_2O \qquad \Delta E^o = 1{,}51 - 0{,}77 = 0{,}74\ V$$

Após digestão da amostra com ácido clorídrico e filtração da solução, adiciona-se solução do $SnCl_2$, gota a gota, à quente, para reduzir o Fe^{3+}, e sem adição de grande excesso. O excesso de Sn^{2+} é removido com adição de $HgCl_2$, que forma calomelano (Hg_2Cl_2). Atualmente, e por pressão da Química Verde (ver item 2.4), tem-se utilizado Zn em limalhas ou solução de $TiCl_3$ para redução do Fe^{3+}.

Depois é adicionada a solução de Zimmermenn-Reinhardt (ZR), contendo H_2SO_4 para acondicionar o meio (ácido); H_3PO_4 para eliminar a cor amarela devido aos íons Fe^{3+} gerados durante a titulação, formando o complexo incolor $[Fe(PO_4)_2]^{3-}$; e $MnSO_4$ para inibir a oxidação dos íons Cl^- presentes no meio, devido ao abaixamento do potencial redox do sistema.

- **Dicromatometria:** O dicromato de potássio não é um oxidante tão forte (E^o = 1,36 V em $[H^+] = 1$ M) quanto ao permanganato, de sorte que possui aplicação mais limitada. Todavia, a técnica apresenta algumas vantagens como: i) o $K_2Cr_2O_7$ é um padrão primário e suas soluções são estáveis, não sofrendo decomposição mesmo sob ebulição na presença de ácidos fortes (HCl, H_2SO_4 até 2 M); ii) é amplamente utilizado na análise de Fe em minério, tendo vantagem sobre a permanganimetria, já que praticamente não oxida o íon cloreto presente na solução, proveniente da digestão da amostra.

$$6Fe^{2+} + Cr_2O_7^{2-} + 14H^+ \rightleftharpoons 6Fe^{3+} + 2Cr^{3+} + 7H_2O \qquad \Delta E^o = 1{,}36 - 0{,}77 = 0{,}59\ V$$

A solução ZR é substituída por solução fosfosulfúrica, com as mesmas funções supracitadas. O ponto final da titulação é dado por indicadores redox (a difenilamina é a mais usada).

- **Iodometria:** Os métodos volumétricos que envolvem a oxidação de íons iodeto (iodometria) ou a redução de iodo (iodimetria), são baseados na semirreação:

$$I_2 + 2e^- \rightleftharpoons 2I^- \qquad E^o = 0{,}535\ V$$

As substâncias que possuem potenciais de redução menores que o sistema I_2/I^- são oxidados pelo iodo, e portanto, podem ser titulados com uma solução padrão desta substância (iodimetria - método direto). Exemplos:

$$2S_2O_3^{2-} + I_2 \rightleftharpoons S_4O_6^{2-} + 2I^-$$

$$C_4H_6O_4(OH)C{=}COH \text{ (vitamina C)} + I_2 \rightleftharpoons C_4H_6O_4C({=}O)\text{-}C{=}O + 2I^- + 2H^+$$

O iodo molecular é pouco solúvel em água, de forma que sua solução padrão é preparada dissolvendo o elemento sólido em solução de KI (em excesso), formando o complexo tri-iodeto muito solúvel. Usa-se amido como indicador, que após o ponto de equivalência forma o complexo triiodeto-β-amilose de cor azul. Algumas substâncias fortemente redutoras ($Sn^{2+}, As^{3+}, S_2O_3^{2-}, SO_3^-, H_2S$) são oxidadas quantitativamente em condições adequadas.

Por outro lado, os íons iodeto exercem uma ação redutora sobre sistemas fortemente oxidantes (H_2O_2, $Cr_2O_7^{2-}$, MnO_4^-, halogênios, ozônio) com a formação de uma quantidade equivalente de iodo. O iodo liberado é então titulado com uma quantidade equivalente de tiossulfato de sódio (iodometria - método indireto). Neste método o indicador amido deve ser adicionado somente próximo ao ponto de equivalência, para se evitar uma forte adsorção do iodo antecipada. Exemplos:

$$H_2O_2 + 2I^- + 2H^+ \rightleftharpoons I_2 + 2H_2O$$

$$2Cu^{2+} + 4I^- \rightleftharpoons 2CuI_{(s)} + I_2$$

$$2MnO_4^- + 10I^- + 16H^+ \rightleftharpoons 2Mn^{2+} + 5I_2 + 8H_2O$$

A padronização das soluções de tiossulfato pode ser feita com o uso do padrão primário $K_2Cr_2O_7$ ou KIO_3, através da técnica da iodometria indireta.

$$Cr_2O_7^{2-} + 6I^- + 14H^+ \rightleftharpoons 3I_2 + 2Cr^{3+} + 7H_2O$$

$$IO_3^- + 5I^- + 6H^+ \rightleftharpoons 3I_2 + 3H_2O$$

Neste livro abordaremos algumas destas titulações, muito presentes nos laboratórios de análise química. Titulações aproximadas poderão ser realizadas com o uso de proveta ou bureta (que garante exatidão e precisão analítica) do kit experimental Show de Química.

1.13 INTRODUÇÃO À QUÍMICA ORGÂNICA

Em síntese, a Química Orgânica constitui uma área da Química dedicada à investigação dos compostos que incluem o elemento carbono, denominados compostos orgânicos. A origem da expressão "compostos orgânicos" remonta a mais de duzentos anos, quando foi cunhada para descrever substâncias geradas por organismos vivos, sejam eles animais ou vegetais. Naquela época a Teoria da Força Vital postulava que os compostos orgânicos só poderiam ser sintetizados por organismos vivos (que tinha a energia necessária para isto), e não em laboratório. Contudo em 1828 o químico alemão Friedrich Wöhler sintetizou a ureia em laboratório a partir do composto inorgânico cianato de amônio (ver pag. 31), demonstrando que nem sempre os compostos orgânicos são provenientes de organismos vivos.

Atualmente a designação "compostos orgânicos" é atribuída a todos os compostos que possuam carbono, independentemente de sua origem em organismos vivos. A evolução do conceito ao longo do tempo reflete a complexidade e a abrangência do campo de estudo, marcado por avanços significativos na compreensão da química dos compostos orgânicos.

Em suma, nos compostos orgânicos, a união entre átomos ocorre por meio de ligações covalentes, um fenômeno que se manifesta predominantemente entre elementos não metálicos, resultando na formação de moléculas. Essas ligações podem ocorrer por compartilhamento de dois elétrons (denominada de ligação simples ou sigma - σ), quatro elétrons (ligação dupla – uma σ e outra pi - π) ou seis elétrons (ligação tripla – uma σ e duas π). Veja também o item 1.5.5.

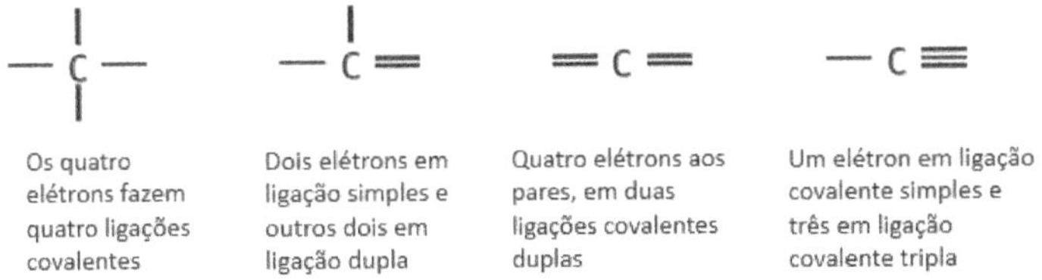

Os quatro elétrons fazem quatro ligações covalentes

Dois elétrons em ligação simples e outros dois em ligação dupla

Quatro elétrons aos pares, em duas ligações covalentes duplas

Um elétron em ligação covalente simples e três em ligação covalente tripla

Figura 1.32. Exemplos de ligações simples, duplas e triplas entre carbonos.

Esses compostos, por sua vez, originam substâncias moleculares, cujas propriedades físicas podem variar significativamente. Enquanto algumas dessas substâncias orgânicas assumem o estado gasoso em condições ambiente, outras se apresentam no estado líquido, e há ainda aquelas que se solidificam. Essa diversidade de estados físicos evidencia a riqueza de composições e propriedades intrínsecas aos compostos orgânicos, destacando a complexidade e a versatilidade dessas substâncias na química molecular. O carbono, como elemento fundamental na Química Orgânica, demanda uma análise mais aprofundada. Qual seria a razão pela qual o carbono desempenha um papel crucial na formação dos compostos orgânicos?

1.13.1 Estudo do Carbono

Na segunda metade do século XIX, Archibald Scott Couper (1831-1892) e Friedrich August Kekulé (1829-1896) iniciaram o estudo da estrutura do carbono. Esses estudos, posteriormente denominados postulados de Couper-Kekulé, analisam o comportamento químico do carbono e são subdivididos em três pontos principais:

1º Postulado: Tetravalência Invariável. O átomo de carbono manifesta sua tetravalência de forma constante, uma característica que lhe permite estabelecer até quatro ligações covalentes.

2º Postulado: Uniformidade nas Quatro Valências do Carbono. Este princípio esclarece a razão pela qual existe apenas um tipo de clorometano, independentemente da posição do átomo de cloro. Qualquer arranjo resulta em um único composto: CH_3Cl.

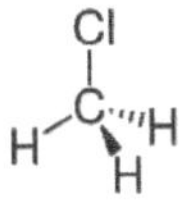

3º Postulado: Encadeamento Invariável. Átomos de carbono unem-se diretamente entre si, dando origem a estruturas denominadas cadeias carbônicas.

1.13.2 Cadeias carbônicas

Cadeia carbônica refere-se à estrutura composta por todos os átomos de carbono de uma molécula orgânica, abrangendo também o(s) heteroátomo(s) posicionado(s) entre esses carbonos (Figura 1.33).

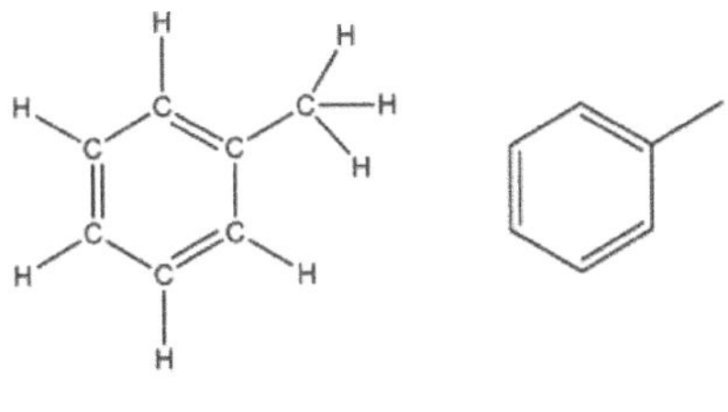

Figura 1.33

Heteroátomo: Qualquer átomo presente em uma molécula orgânica, que não pertença aos elementos carbono ou hidrogênio, e que se encontre entre dois ou mais átomos de carbono, isto é, integram a cadeia carbônica.

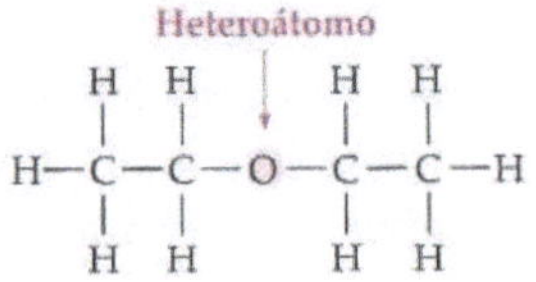

```
          Heteroátomo
   H   H       |     H   H
   |   |       ↓     |   |
H—C—C—O—C—C—H
   |   |             |   |
   H   H             H   H
```

Figura 1.34. Exemplo de cadeia carbônica com a presença de Heteroátomo.

1.13.3 Classificação dos carbonos em uma molécula orgânica

A classificação de átomos de carbono refere-se à identificação e contagem do número de outros átomos de carbono aos quais um átomo específico está ligado em uma molécula ou cadeia carbônica. Essa análise é crucial na compreensão da estrutura molecular e na predição das propriedades químicas e físicas de compostos orgânicos.

Ao determinar como os átomos de carbono estão dispostos na cadeia carbônica, é possível classificar diferentes tipos de carbono, como carbono primário, secundário, terciário ou quaternário. Essa classificação baseia-se na quantidade de outros átomos de carbono aos quais um determinado átomo de carbono está diretamente ligado.

Carbono primário: ligado a apenas um outro átomo de carbono.

Carbono secundário: ligado a dois outros átomos de carbono.

Carbono terciário: ligado a três outros átomos de carbono.

Carbono quaternário: ligado a quatro outros átomos de carbono.

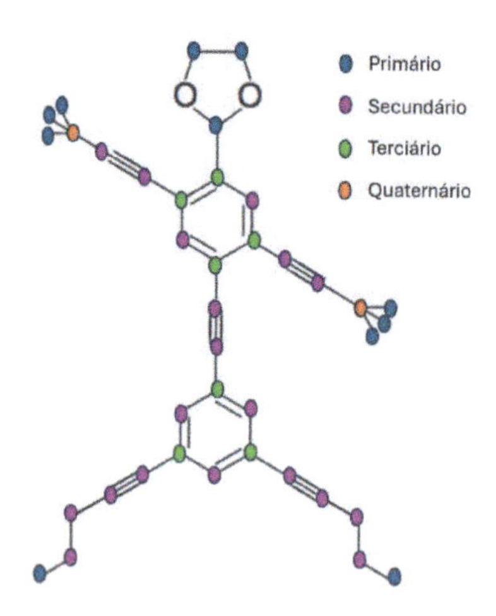

Figura 1.35 "Nanokid" exemplificando classificação de carbonos.

Essa classificação é fundamental para entender a reatividade química, a estabilidade e outras propriedades específicas de compostos orgânicos, contribuindo para o avanço da química orgânica e de diversas áreas relacionadas.

1.13.4 Classificação de cadeias carbônicas

As cadeias carbônicas podem ser diferenciadas quanto à diversas classificações, são elas: quanto à presença de ciclos, quanto à presença de heteroátomos, quanto à insaturação; quanto à presença de ramificações e quanto à presença de aromaticidade.

Quanto à presença de ciclos

- Cadeia aberta (também chamada de acíclica ou **alifática**): apresenta extremos livres.
- Cadeia fechada ou cíclica: não apresenta extremos livres.

Quanto à presença de heteroátomos

- Cadeia homogênea: não apresenta heteroátomo.
- Cadeia heterogênea: apresenta heteroátomo.

Quanto à presença de insaturação

- Cadeia insaturada: apresenta pelo menos uma ligação dupla (σ e π) ou tripla (σ, 2 π).
- Cadeia saturada: apresenta somente ligações simples (σ).

Quanto à presença de ramificações

- Cadeia normal ou não ramificada: apresenta apenas dois extremos livres.
- Cadeia ramificada: possui mais de duas extremidades livres.

Quanto à presença de aromaticidade

- Cadeia aromática: possui anel aromático.
- Cadeia fechada ou cíclica: não possui anel aromático.

Anel benzênico ou aromático são compostos orgânicos cíclicos que possuem ligações duplas alternadas, que pelo fenômeno de ressonância formam nuvens de elétrons pi deslocalizadas (ver item 1.5.5 Figura 1.8).

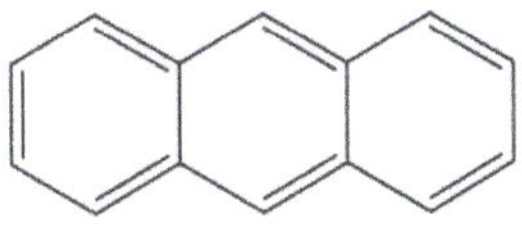

Figura 1.36. Antraceno, exemplificando anéis aromáticos.

Quanto a posição de grupos substituintes no anel benzênico de compostos aromáticos, relacionada à isomeria constitucional, ela pode ser orto (1,2), meta (1,3) ou para (1,4).

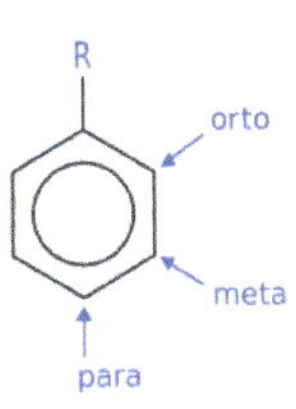

R
orto
meta
para

1.13.5 Funções orgânicas

Para uma distinção mais precisa, os compostos orgânicos são categorizados com base em características compartilhadas, sendo denominadas Funções Orgânicas. A seguir é apresentado um breve resumo das principais funções orgânicas, algumas delas exploradas no Capítulo 17.

Função Orgânica		Exemplo
Hidrocarbonetos	**Alcano** ligações simples C-H	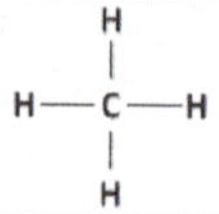 H—C(H)(H)—H
	Alceno uma ligação dupla	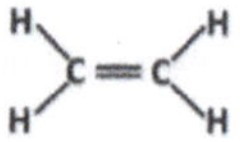 $H_2C=CH_2$
	Alcadieno duas ligações duplas	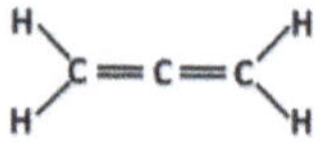 $H_2C=C=CH_2$
	Alcino uma ligação tripla	 H—C≡C—H
	Ciclano composto cíclico com ligações simples	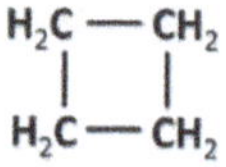 $H_2C—CH_2$ / $H_2C—CH_2$ (anel)
	Aromático contém anel aromático	 (anel benzênico)
Oxigenadas	**Ácido carboxílico** carboxila ligada a cadeia carbônica	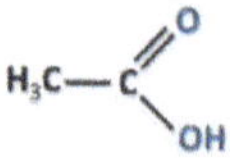 $H_3C—C(=O)OH$
	Álcool hidroxila ligada à cadeia carbônica	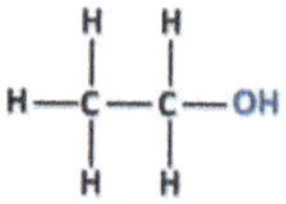 H—C(H)(H)—C(H)(H)—OH
	Aldeído carbonila ligada no final da cadeia	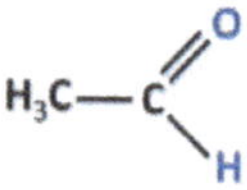 $H_3C—C(=O)H$
	Cetona carbonila ligada à duas cadeias carbônicas	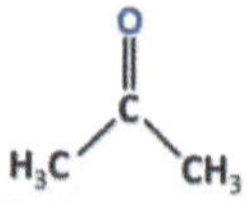 $H_3C—C(=O)—CH_3$
	Éster radical éster ligado à duas cadeias carbônicas	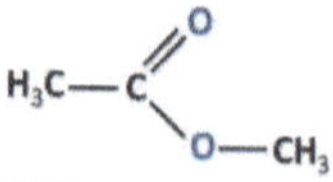 $H_3C—C(=O)—O—CH_3$
	Éter oxigênio entre duas cadeias carbônicas	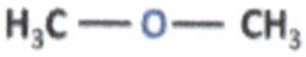 $H_3C—O—CH_3$
	Fenol hidroxila ligada ao anel benzênico	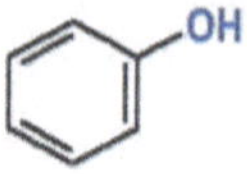 (anel benzênico)—OH

Nitrogenadas	**Amina** nitrogênio ligado à cadeia carbônica	primária	H_3C-NH_2
		secundária	$H_3C-NH-CH_3$
		terciária	$H_3C-N(CH_3)-CH_3$
		aromática	NH₂ / CH₃ (anel aromático)
	Amida radical amida ligado à cadeia carbônica		$H_3C-C(=O)-NH_2$
	Nitrocomposto radical nitro ligado à cadeia carbônica	Alifático H_3C-NO_2	Aromático NO_2 (anel aromático)
	Nitrila radical nitrila ou ciano ligado à cadeia carbônica		$H_3C-C\equiv N$
	Hidrazinas São produtos da reação entre duas aminas primárias ou secundárias		$H_2N-N(CH_3)-CH_3$
Halogenadas	**Haleta de alquila** halogênio ligado à cadeia carbônica		H_3C-CH_2-Cl
	Haleto de arila halogênio ligado ao anel aromático (Ar)		Cl / Cl (anel aromático)
Sulfuradas	**Ácidos sulfônicos** grupo sulfônico (SO_3H) ligado a radical orgânico.		$HO-S(=O)_2-R$ ou Ar
	Tioalcoóis substituição do oxigênio do grupo hidroxila (OH) por um átomo de enxofre		$H_3C-CH(SH)-CH_2-CH_3$
	Tioéteres Contém o grupo funcional (R-S-R')		R–S–R

1.13.6 Biomoléculas

Dentre os muitos compostos e classes dentro da orgânica, existem aqueles que participam dos processos químicos e biológicos dos seres vivos, intimamente ligados ao metabolismo energético do indivíduo, chamados biomoléculas. Destacam-se carboidratos, lipídios, proteínas, vitaminas e ácidos nucleicos, macromoléculas formadas por uma unidade fundamental mais simples que dão origem a elas.

Carboidratos:

Estes compostos possuem função mista, em geral poli álcool-aldeído ou poli álcool-cetona e são as biomoléculas mais abundantes na natureza. Também podem ser divididos em mono, oligo ou polissacarídeos, sendo diferenciados pelo tamanho e a complexidade da cadeia. Exemplos: Glicose, frutose e sacarose (glicose + frutose).

Lipídios:

Formados a partir de ácidos graxos e álcoois, incluem gorduras, ceras, esteróis, fosfolipídios e vitaminas lipossolúveis, como A, D, E e K. São moléculas hidrofóbicas, cuja as principais funções são armazenamento de energia e sinalização celular. Exemplos: Colesterol e alguns hormônios como testosterona e progesterona.

Proteínas:

São constituídas por aminoácidos (compostos orgânicos constituídos de necessariamente por um grupo amino e um grupo carboxílico) associados por ligações peptídicas e que estão presentes em todos os seres vivos, sejam como enzimas (participando de processos bioquímicos como catalisadores), auxiliando no transporte de moléculas ou atuando na replicação do DNA. Exemplos: Colágeno e hemoglobina.

Vitaminas:

O termo vitamina é atribuído a compostos orgânicos e nutrientes que são essenciais em pequenas quantidades para o funcionamento metabólico, mas que não sintetizados pelo próprio organismo. O ácido ascórbico (vitamina C), por exemplo, é indispensável para os seres humanos, mas não possui o mesmo valor nutricional para outros animais. Ao todo são 13 vitaminas, classificadas de acordo com a sua função química e biológica. No entanto, a diferenciação mais usual é entre as lipossolúveis e as hidrossolúveis. Exemplo: Tiamina (B_1), Ácido fólico (B_9) e Tocoferol (E).

Ácidos nucleicos:

São macromoléculas compostas por monômeros chamados nucleotídeos que, por sua vez, são formados necessariamente por um açúcar do grupo das pentoses, um radical fosfato e uma base nitrogenada. Exemplo: Ácido desoxirribonucleico (DNA) e ácido ribonucleico (RNA).

1.13.7 Isomeria

Pela multiplicidade de ligações que podem ser estabelecidas pelos átomos de carbono, diversos compostos orgânicos são formados pelos mesmos elementos químicos e com as mesmas quantidades. Este fenômeno é chamado isomeria, no qual diferentes substâncias possuem mesma fórmula molecular.

Existem dois tipos de isomeria: a **constitucional**, que considera a forma como os átomos se unem para formar as moléculas (conectividade diferente) e; a **estereoisomeria**, cujos átomos têm a mesma conectividade, mas a orientação espacial é diferente, e pode ser dividida em enantiômeros e diasteroisômeros.

Exemplos de isomeria constitucional

- A diferença entre os isômeros está no tipo de cadeia.

$CH_2{=}CH-CH_2-CH_2-CH_3$

Penteno
C_5H_{10}

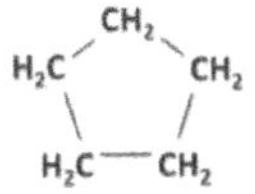

Ciclopentano
C_5H_{10}

- A diferença está na posição de um grupo funcional ou de um substituinte e também pode ocorrer para insaturações.

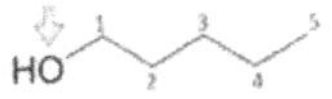

1-pentanol
$C_5H_{12}O$

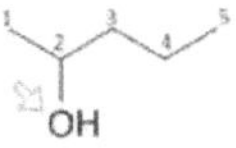

2-pentanol
$C_5H_{12}O$

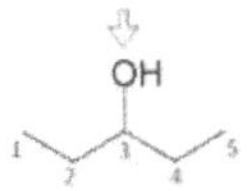

3-pentanol
$C_5H_{12}O$

- Diferença também na posição, mas especificamente do heteroátomo.

Heteroátomo entre carbono 1 e 2

$H_3C-O-CH_2-CH_2-CH_3$

Heteroátomo entre carbono 2 e 3

$H_3C-CH_2-O-CH_2-CH_3$

Metoxipropano
$C_4H_{10}O$

Etoxietano
$C_4H_{10}O$

- A diferença entre os isômeros está no grupo funcional

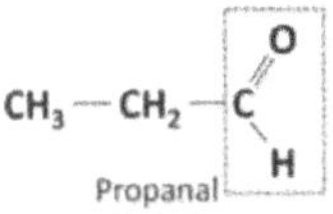

CH_3-CH_2-CHO

Propanal
C_3H_6O

$CH_3-CO-CH_3$

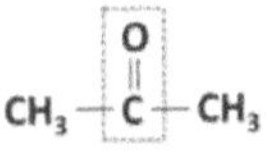

Propan-2-ona
C_3H_6O

- Diferença também na função, contudo os isômeros coexistem em equilíbrio dinâmico em solução. Ocorrem principalmente entre cetonas e enóis (equilíbrio cetoenólico) ou entre aldeídos e enóis (equilíbrio aldoenólico).

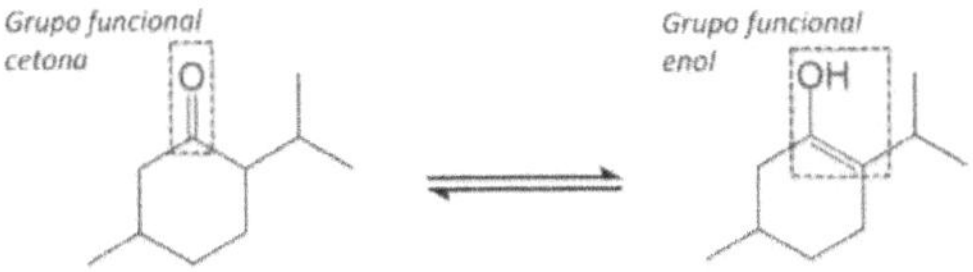

Grupo funcional cetona

Grupo funcional enol

Cetona
$C_{10}H_{18}O$

Enol
$C_{10}H_{18}O$

Exemplos de Estereoisomeria

Diasteroisômeros

Ao passar um plano pela molécula, o isômero ***cis*** terá os substituintes no mesmo plano e o isômero ***trans*** os terá em lados opostos. Estes também são chamados **esteroisômeros**.

Cis-2-buteno
C_4H_8

Trans-2-buteno
C_4H_8

Enantiômeros

Relaciona-se a isômeros que conseguem desviar luz polarizada. Quando desviada para esquerda, o isômero é chamado de *levógiro*. Se desviada para direita, receberá o nome de *dextrógiro*. Estes também são chamados **enantiômeros**.

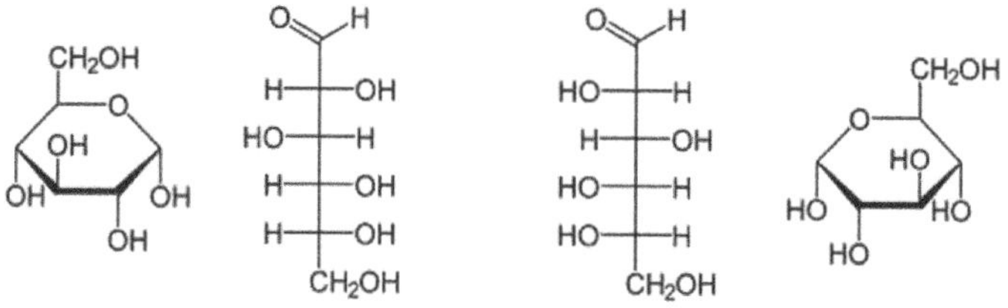

D-Glucose

L-Glucose

A glicose, glucose ou dextrose, é um monossacarídeo, e um dos mais importantes carboidratos na biologia. As células a usam como fonte de energia e intermediário metabólico. A glicose é um dos principais produtos da fotossíntese e inicia a respiração celular em seres procariontes e eucariontes. É um cristal sólido de sabor adocicado, de fórmula molecular $C_6H_{12}O_6$, encontrado na natureza na forma livre ou combinada. Juntamente com a frutose e a galactose, é o carboidrato fundamental de carboidratos maiores, como sacarose, lactose e maltose. Amido e celulose são polímeros de glicose.

CAPÍTULO 2

O Laboratório Químico

2.1 VIDRARIAS E MATERIAS DE LABORATÓRIO

A lista de vidrarias e materiais usados em laboratórios químicos é muito extensa, mas qualquer laboratório, por mais complexo e sofisticado que seja, possui geralmente as vidrarias e os materiais listados abaixo e que serão utilizadas no kit experimental Show de Química ou no seu laboratório:

Balança: É utilizada para determinar a massa das substâncias. No kit experimental Show de Química a balança é pequena - de 2 casas decimais, tipo a usada por ourives. Em laboratórios de química, normalmente utiliza-se balança analítica de 4 casas decimais.

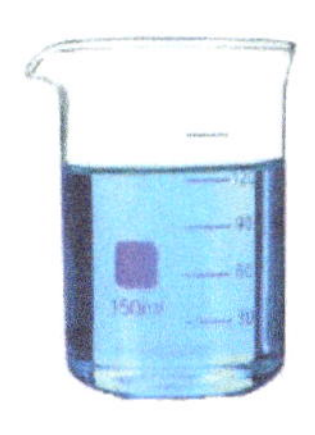

Béquer: É de uso geral em laboratório. Serve para fazer reações entre soluções, dissolver substâncias sólidas, efetuar reações de precipitação e aquecer líquidos.

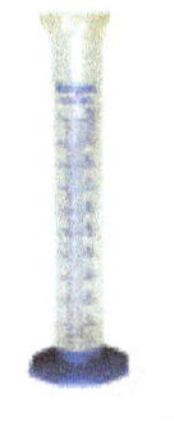

Proveta ou cilindro graduado: Serve para medir e transferir volumes de líquidos. Não pode ser aquecida.

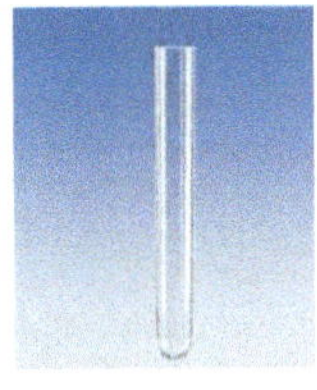

Tubo de ensaio: Empregado para fazer reações em pequena escala, principalmente em testes de reação em geral. Pode ser aquecido com movimentos circulares e com cuidado, diretamente sob a chama do bico de Bunsen.

Vidro de relógio: Peça de vidro de forma côncava. É usada em análises e evaporações. Não pode ser aquecida diretamente.

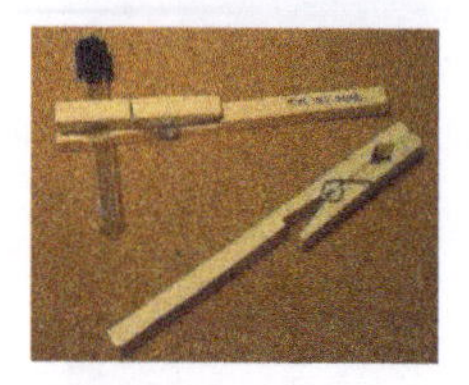

Pinça de madeira: Usada para prender o tubo de ensaio durante o aquecimento.

Suporte de madeira, plástico ou metal: É usado para suporte dos tubos de ensaio.

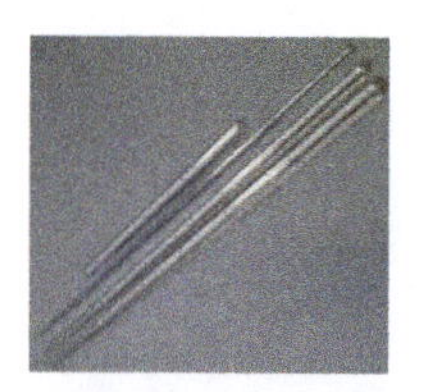

Bastão de vidro: É um bastão maciço de vidro. É utilizado para agitar e facilitar as dissoluções ou manter massas líquidas em constante movimento.

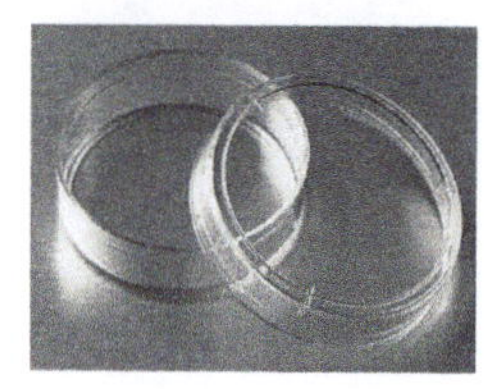

Placas de Petri: Peças de vidro ou plástico utilizadas para desenvolver meios de cultura bacteriológicos, germinação de plantas e para reações químicas em escala reduzida.

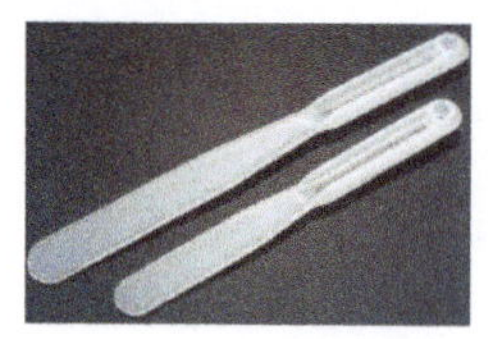

Espátula: Utilizada para transferência de sólidos, construída em aço inox, porcelana ou plástico.

Kitassato: Recipiente de vidro com paredes super reforçadas e indicado para filtrações a vácuo, com uso de funil de Büchner acoplado a um anel de borracha.

Papel de filtro: Serve para separar sólidos de líquidos. O filtro deve ser utilizado no funil comum.

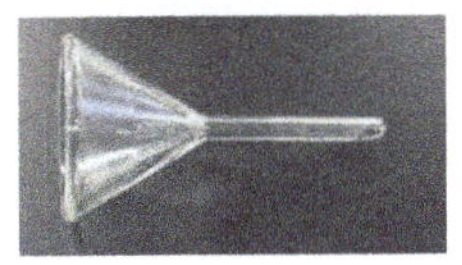

Funil de filtração: Utilizado junto do papel de filtro para filtração de sólidos e precipitados, como também para transferência de líquidos para balões volumétricos.

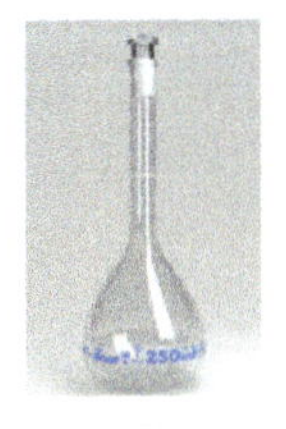

Balão volumétrico: Utilizado para preparo de soluções padrões cuja concentração deve ser exata.

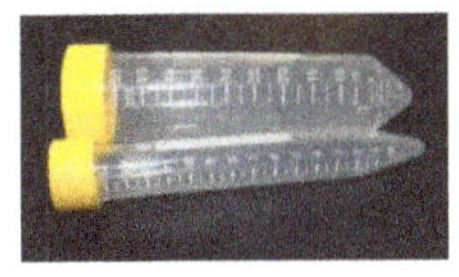

Tubo de polipropileno: Utilizado para preparação de amostras e diluição de soluções.

2.2 SEGURANÇA NO LABORATÓRIO

Mais de 90% dos acidentes de laboratório são devidos a deficiências de informação sobre as fontes de perigo bem como à negligência no respeito às normas de segurança. Para que os perigos associados ao trabalho químico sejam evitados, precisamos conhecê-los bem. Seguir alguns procedimentos e normas simples proporciona um trabalho muito mais seguro e eficiente.

Os acidentes não ocorrem, eles são causados, e o fato de eles não terem ainda acontecido não significa que não poderão acontecer. No momento em que um acidente ocorrer, as suas consequências serão imediatamente sentidas - queimaduras, cortes ou mesmo eventos mais graves. Para se evitar tais problemas, é fundamental que você conheça os procedimentos de segurança que irão permitir-lhe atuar com um mínimo de risco. Planeje o trabalho, experiência ou análise, de modo que possa executá-lo com máxima segurança.

Antes de iniciar qualquer operação, conheça as principais características dos produtos e equipamentos que irá manipular. Verifique o funcionamento de toda aparelhagem que vai ser utilizada. Em caso de dúvidas, pergunte, pesquise, consulte, pois mais vale um trabalho realizado com segurança e sucesso, que um trabalho realizado com riscos e resultados duvidosos.

Para a execução das experiências químicas nos laboratórios em geral e naquelas propostas por este livro, deve-se atentar para a prévia leitura da teoria delas, com a observância dos cuidados necessários quanto à execução da experiência e ao manuseio de substâncias tóxicas ou perigosas. Algumas recomendações sobre segurança são delineadas a seguir.

Recomendações gerais:

1- As experiências químicas que envolvem substâncias voláteis (ácidos voláteis, compostos orgânicos voláteis, produtos voláteis) deverão ser realizadas em exaustor de laboratório (capela). Na carência desse recurso pode-se utilizar uma área ou outro ambiente arejado.

2- Valorize os trabalhos laboratoriais com o uso de equipamentos de proteção individual (EPIs), como avental, óculos, calçados e luvas, principalmente naqueles procedimentos que envolvam substâncias tóxicas, cáusticas, ácidas, corrosivas e de caráter inflamável ou explosivas. Tenha sempre por perto um pano para enxugar as mãos e papel toalha para limpeza dos frascos e bancadas.

3- A bancada de trabalho deve ser adequada e resistente ao ataque de possível queda de reativo sobre a mesma. No caso de uma mesa de madeira, forre com papel ou plástico. Utilize de preferência uma bancada de cimento ou azulejo, e tenha uma torneira d'água (pia, tanque) nas proximidades.

4- Execute as experiências somente após a sua leitura e compreensão. Tenha atenção dobrada nas experiências que envolvam algum risco.

5- Execute uma experiência por vez e depois guarde todo material antes de começar outra experiência. Só assim a bancada ficará descongestionada e você terá um melhor controle das coisas.

6- Sirva-se nas experiências apenas das quantidades especificadas das substâncias. Para algumas experiências, essas quantidades poderão ser amplamente mudadas, enquanto para outras as quantidades se farão críticas.

7- A menos que seja especificado, não cheire, não experimente, não toque nos reagentes e/ou produtos envolvidos nas reações. No caso de se cheirar algum gás de reação, não direcione diretamente a fonte do gás para o nariz. Aproxime rapidamente a fonte no nariz e só depois, caso o cheiro seja fraco, mantenha a fonte num tempo maior próximo ao nariz.

8- Nas experiências que envolvam aquecimento, encha a lamparina e molhe o pavio com álcool, que deve estar um pouco puxado para fora do bico. Quando guardar a lamparina, descarregue o álcool e enxugue o pavio. No caso de usar bico de Bunsen leia as instruções quanto ao seu uso.

9- Todas as experiências devem ser executadas com instrumental limpo. Pode-se usar detergente para limpeza, com uma bucha para a vidraria maior e uma escovinha para os tubos de ensaios. Caso a limpeza não esteja completa, com material ainda aderido, remova o resíduo com um pedaço de arame grosso ou bastão de vidro e/ou lave com um pouco de ácido nítrico e clorídrico (1:3).

10- No aquecimento de tubos de ensaio, segure o tubo com a pinça de madeira e oriente a boca do tubo para uma direção oposta àquela a sua, pois o líquido, ao ferver, pode sair violentamente do tubo. Evite essas possíveis projeções agitando constantemente o tubo e imprimindo aquecimento controlado.

11- Em caso de derramamento de líquidos inflamáveis, produtos tóxicos ou corrosivos, interrompa o trabalho, avise as pessoas próximas sobre o ocorrido, solicite ou efetue a limpeza imediata, alerte o responsável pelo laboratório e verifique e corrija a causa do problema.

12- Ao manusear produtos químicos, leia atentamente o rótulo antes de abrir qualquer embalagem, considere o perigo de reações entre substâncias químicas e utilize equipamentos e EPIs apropriados, abra as embalagens em área bem ventilada na falta de uma capela, tome cuidado durante a manipulação dos produtos, feche hermeticamente a embalagem após a utilização, não coma, beba ou fume enquanto estiver manuseando substâncias químicas.

13- Estocar as substâncias químicas em locais e condições apropriados. Assegure-se que as substâncias químicas não serão manipuladas por pessoas não autorizadas.

14- Trabalhos de evaporação devem ser atentamente observados. Um recipiente de vidro aquecido após o líquido haver sido completamente evaporado pode quebrar.

15- Apesar do vidro de borossilicato suportar temperaturas altas (béquer, tubos de ensaio, etc.), trabalhe sempre com cuidado. Evite colocar essas vidrarias quentes em superfícies frias ou molhadas e vidraria fria em superfícies quentes. Elas poderão se quebrar com a rápida variação de temperatura. Arrefecimento deve ser feito de forma lenta. Vidros comuns não devem ser aquecidos.

16- Não utilize materiais de vidro que estejam trincados, lascados ou corroídos. Eles estarão mais propensos à quebra.

Descarte:

- Vidros quebrados necessitam de descarte em recipientes apropriados.
- Os resíduos de solventes devem ser colocados em frascos apropriados para descarte, devidamente rotulados, evitando a mistura dos solventes.
- Os resíduos ácidos ou básicos devem ser neutralizados antes do descarte.
- Para metais pesados, metais alcalinos e de outros resíduos, consulte uma bibliografia adequada antes do descarte.
- Identificar toda e qualquer embalagem com produto químico produzido em laboratório.

Limpeza de vidraria:

- Lavar a vidraria com bucha e detergente e enxaguar com água destilada. Caso seja necessária a remoção de gorduras resistentes, recomenda-se o uso de solução 5% m/v de soda cáustica ($NaOH$) em etanol. Deixe a vidraria de molho pelo menos por 30 min.; lave várias vezes com água destilada e enxague, se possível, com solução de HCl diluído (p. ex., 0,01 mol/L).
- Para depósitos de metais, óxidos e sais aderidos ao vidro, adicionar HCl ou HNO_3 para limpeza e depois enxaguar com água.

Primeiros Socorros:

Procedimentos de primeiros socorros devem ser aplicados rapidamente no momento do acidente e, dependendo da gravidade, deve-se encaminhar o acidentado diretamente para o hospital o mais rápido possível.

Para cada caso devem ser aplicados procedimentos básicos diferentes:

- Ingestão de substância química: não provocar vômito; na ingestão de ácidos deve-se ministrar leite de magnésia e água; no caso de ingestão de bases, misturar cerca de 30 mL de vinagre diluídos em 250 mL de água, seguido de suco de laranja ou limão.
- Inalação de vapores corrosivos: ficar em um ambiente arejado, fora do local da ocorrência.
- Queimaduras: para queimaduras com ácido, deve-se lavar com água corrente e a seguir com bicarbonato de sódio 5%; para queimaduras com base, deve-se lavar com água corrente seguido de vinagre 2%. Para queimadura nos olhos, deve-se utilizar o lavador de olhos ou soro fisiológico mais água boricada.
- Cortes: devem ser desinfetados com água e sabão e em seguida cobrir o ferimento.

2.3 INFORMAÇÕES DE SEGURANÇA DE PRODUTOS QUÍMICOS

Todo produto químico possui uma Ficha de Informações de Segurança de Produto Químico (FISPQ –MSDS em inglês), a qual apresenta informações importantes sobre o produto, como propriedades físicas e químicas, reatividade e estabilidade, aspectos toxicológicos, medidas de primeiros socorros, medidas de combate a incêndio, de controle para derramamento ou vazamento, manuseio e armazenamento, controle de exposição e proteção individual, dentre outras. Para os produtos presentes no kit experimental Show de Química, algumas dessas informações são apresentadas no **Apêndice 3** deste livro.

É muito comum a utilização do **Diagrama de Hommel** para a identificação de perigos associados aos reagentes químicos. O diagrama, também conhecido como **diamante do perigo** ou **diamante de risco**, é uma simbologia empregada pela Associação Nacional para Proteção contra Incêndios (em inglês *National Fire Protection Association*) dos EUA. Nesse diagrama são utilizados losangos que expressam tipos de risco em graus que variam de 0 a 4, cada qual especificado por uma cor (branco, azul, amarelo e vermelho), que representam, respectivamente, *riscos específicos*, *risco à saúde*, *reatividade* e *inflamabilidade*.

Quando utilizado na rotulagem de produtos, ele é de grande utilidade, pois permite num simples relance, que se tenha ideia sobre o risco representado pela substância ali contida. A figura e a tabela abaixo descrevem o Diagrama de Hommel.

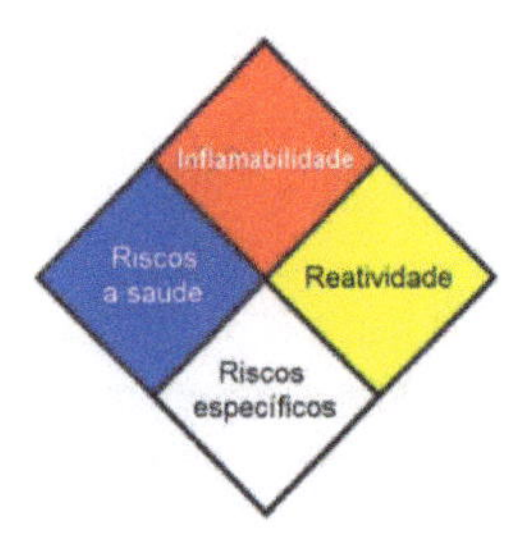

Alguns desses diamantes são descritos nas informações dos produtos químicos constantes no **Apêndice 3**.

	Risco à Saúde (Azul)		Inflamabilidade (Vermelho)
0	Não apresenta riscos à saúde, não são necessárias precauções. (Ex. Água, Propilenoglicol)	**0**	Não irá pegar fogo. (Ex. Água, Hélio)
1	Exposição pode causar irritação, mas apenas danos residuais leves. (Ex. Acetona, Cloreto de Sódio)	**1**	Precisa ser aquecido sob confinamento antes que alguma ignição possa ocorrer. Ponto de fulgor por volta de 93°C (Ex. Óleo)
2	Exposição prolongada ou persistente, mas não crônica, pode causar incapacidade temporária com possíveis danos residuais. (Ex. Éter etílico, Clorofórmio)	**2**	Precisa ser moderadamente aquecido ou exposto a uma temperatura ambiente mais alta antes que alguma ignição possa ocorrer. Ponto de fulgor entre 38°C e 93°C. (Ex. Diesel)

3	Exposição curta pode causar sérios danos residuais temporários ou permanentes. (Ex. Amônia, Ácido sulfúrico)	3	Líquidos e sólidos que podem inflamar-se sob quase todas as condições de temperatura ambiente. Ponto de ebulição por volta ou acima de 38°C ou com ponto de fulgor entre 23°C e 38°C. (Ex. Etanol, Benzeno)
4	Exposição muito curta pode causar morte ou sérios danos residuais. (Ex. Cianeto de hidrogênio, Fosgênio – $COCl_2$)	4	Irá rapidamente vaporizar-se sob condições normais de pressão e temperatura, ou quando disperso no ar irá inflamar-se instantaneamente. Ponto de fulgor abaixo 23°C. (Ex. Éter etílico)
Instabilidade/Reatividade (Amarelo)		**Risco Específico (Branco)**	
0	Normalmente estável, mesmo sob condições de exposição ao fogo, e não é reativo com água. (Ex. Água, Hélio)	**OX**	Oxidante. (Ex. Perclorato de potássio)
1	Normalmente estável, mas pode tornar-se instável sob temperaturas e pressões elevadas. (Ex. Propano)	**W**	Reage com água de maneira incomum ou perigosa. (Ex. Sódio)
2	Sofre alteração química violenta sob temperaturas e pressões elevadas, reage violentamente com água ou pode formar misturas explosivas com água. (Ex. Sódio, Ácido sulfúrico)	**ACID** **ALK**	Substância ácida. (Ex. HNO_3) Substância alcalina. (Ex. amônia)
3	Capaz de detonar-se ou decompor-se de forma explosiva, mas requer uma forte fonte de ignição, deve ser aquecido sob confinamento, reage de forma explosiva com água, ou irá explodir sob impacto. (Ex. Nitrato de amônio, Nitrometano)	**COR**	Substância corrosiva; Ácido forte ou base. (Ex. Ácido sulfúrico, Soda cáustica)
4	Instantaneamente capaz de detonar-se ou decompor-se de forma explosiva sob condições normais de temperatura e pressão. (Ex. Nitroglicerina, Trinitrotolueno)	**POI**	Substância venenosa. (compostos de mercúrio, chumbo, cádmio e arsênio)

2.4 QUÍMICA VERDE

O movimento relacionado com o desenvolvimento da Química Verde começou no início dos anos 1990, principalmente nos Estados Unidos, Inglaterra e Itália, com a introdução de novos conceitos e valores para as diversas atividades fundamentais da química, para os diversos setores da atividade industrial e econômica correlatos. Essa proposta logo se ampliou para envolver a International Union of Pure and Applied Chemistry (IUPAC) e a Organização para Cooperação e Desenvolvimento Econômico (OCDE) no estabelecimento de diretrizes para o desenvolvimento da química verde em nível mundial.

A química verde envolve o desenvolvimento sustentável e o uso de produtos e processos químicos compatíveis para a saúde humana e com o meio ambiente, ou seja, um equilíbrio entre as necessidades humanas e o meio ambiente em relação aos recursos renováveis.

Os princípios da química verde são:

- Evitar os rejeitos do que tratá-los depois de gerados.
- Dar preferência aos solventes inofensivos ao meio ambiente.
- As matérias primas usadas nos processos químicos devem ser preferencialmente biodegradáveis.
- O uso de catalisadores contendo substâncias comuns e seguras.
- Evitar altas temperaturas e pressões nos processos químicos.
- Aproveitar o máximo dos reagentes utilizados, resultando em um produto final.

Considerando a grande quantidade de insumos químicos na indústria, nesse setor a química verde é de extrema importância, pois em geral são os maiores poluidores do meio ambiente. Diversos processos industriais têm sido modernizados para mitigar os impactos ambientais, a exemplo da obtenção de ácido levulínico a partir do efluente da indústria de papel, produção de gasolina a partir da biomassa, substituição de solventes como o clorofluorcarbono (CFC) por CO_2, gás não tóxico presente na atmosfera e síntese verde do ibuprofeno.

Em laboratórios químicos tal preocupação também está presente, pois induz na formação de uma consciência ambiental para os estudantes. Ao longo desses anos, em que os conceitos de química verde vêm se espalhando não só para as indústrias, mas também nas instituições de ensino com seus respectivos laboratórios, cursos sobre o assunto têm sido oferecidos em algumas instituições de ensino do país, tanto na graduação como na pós-graduação. Exemplos dessas iniciativas em laboratórios são as práticas qualitativas que vêm substituindo os metais pesados nos laboratórios, a separação dos rejeitos químicos utilizados nos experimentos didáticos, do lixo comum para recipientes que são coletados e posteriormente jogados em aterros sanitários.

2.5 O KIT EXPERIMENTAL SHOW DE QUÍMICA®

O Kit Experimental Show de Química é um desdobramento do projeto financiado pelo CNPq em meados de 2011, sendo uma modernização de um protótipo construído em isopor pelo autor em 1992 na PUC-Rio (www.showdequimica.com.br). Como naquele primeiro protótipo do CNPq ele foi destinado à distribuição gratuita para 25 escolas públicas do estado do Espírito Santo, e a 1ª edição do livro (2013) doado para diversas instituições do país (ver introdução), preocupações com a química verde e com o manuseio de produtos controlados foram deixadas de lado, a fim de preservar a essência do projeto iniciado em 1992, o que incluía reações pirotécnicas, explosivas e com materiais tóxicos (p. ex., sais de Hg, As e Pb) e de alta reatividade (p. ex., sódio metálico e ácidos concentrados).

Conforme comentado no prefácio, em 2018 uma nova edição do livro Show de Química foi lançada, em conjunto com um novo modelo de kit experimental (em acrílico e MDF), dentro das ações do edital de empreendedorismo "Sinapse da Inovação" do Governo do Estado do ES. Alguns destes modelos foram vendidos à época pela empresa criada Educainnova Ciência. O kit continha 100 reagentes, na maioria com 10 g em frascos plásticos, e 32 itens de materiais, com uma vasta diversidade experimental.

Em junho de 2022 foi lançado o novo livro "Almanaque Show de Química: um fantástico guia de experiências químicas", com 80 pg e umas 40 experiências a mais, e que teve o patrocínio do instituto IGTPAN de SP. Devido a este upgrade no projeto, no início de 2023 dois novos modelos de kit foram desenvolvidos (fotos no item 2.5.1-e), de forma a encampar as novas experiências propostas em 2022. O primeiro kit pesa 14 kg e foi montado em caixa de acrílico (48x31x26 cm), contendo 112 reagentes e 38 itens de materiais (vidrarias e utensílios), e segundo maior, pesa 20 kg, tendo sido montado no carrinho de ferramentas da empresa São Bernardo de São Paulo, e contendo 123 reagentes e 65 itens de materiais, i.e., muito mais vidrarias e utensílios para equipar seu laboratório. A seguir os links de vídeos promocionais:

https://drive.google.com/file/d/1iBOg7VD0juUljJXYMxX51TuCNSGNafRv/view?usp=sharing

https://drive.google.com/file/d/1eEI8yzdr-nBfcQMnTgKGQyGCq8Fon7yH/view?usp=sharing

Todos os reagentes e materiais dos dois novos modelos portáteis de kit são detalhados na planilha do item 2.5.1. Ambos kits acompanham esta nova edição do livro "Almanaque Show de Química: um fantástico guia de experiências químicas", cujas experiências em sua maioria poderão ser reproduzidas pelos Kits, com uso da pequena **balança digital,** dos reagentes químicos e da vidraria e materiais disponíveis. A balança digital é a do tipo utilizada por ourives (fabricantes, vendedores e negociantes de peças de ouro e prata). Seu peso máximo é de 100 g e mínimo de 0,01 g. Dessa forma, não colocar o béquer de 250 mL ou recipientes pesados sobre ela, usar copos plásticos descartáveis. Antes de usá-la, ler o manual e instalar as pilhas acessórias.

Os kits contem **luvas nitrílicas** para manuseio de substâncias corrosivas e perigosas, como sódio metálico, fenol, ácido nítrico, ácido sulfúrico e peróxido de hidrogênio. Por questões de segurança, privilegie o uso delas em todas as experiências apresentadas. Se possível, use também avental. Devido à corrosividade e à periculosidade de ácidos fortes concentrados (HNO_3 e H_2SO_4) e peróxido de hidrogênio a 30%, eles foram armazenados em frascos de vidro âmbar, com batoque e tampa plástica. Outros reagentes também corrosivos (p.ex., fenol), reativos (carbureto, sódio, etc.) e voláteis (p.ex., éter etílico, metanol) também foram armazenados em frascos de vidro.

A maioria dos reagentes dos kits experimentais foi disponibilizada na forma sólida, de forma a preservar a estabilidade química dos compostos, já que em solução aquosa a decomposição por hidrólise, fotólise ou oxidação pelo ar é mais provável. Para alguns reagentes sólidos menos usados e estáveis em solução aquosa, foram preparadas soluções com armazenagem em conta-gotas (p.ex. indicadores).

Para se evitar problemas de contaminação, a grande maioria das experiências desses kits devem ser realizadas com água destilada ou mineral. Para algumas reações a água de torneira é permitida (p. ex., reação do metal sódio com água). Também para se evitar reações não estequiométricas e com produtos secundários, todos os reagentes do kit são de qualidade P.A. (Puro para Análise).

Os presentes kits zelam pela diversidade de experiências, de forma que contêm um grande número de reagentes armazenados em frascos (ver lista na seção 2.5.1). Em relação ao kit de 2018, os dois novos modelos de kits contêm uma quantidade expressiva de cada reagente (30 g na maioria), suficiente para a repetição de pelo menos 10 vezes cada experimento. Quando do término dos reagentes, eles poderão ser adquiridos em lojas especializadas de produtos químicos, ou em pequena quantidade na loja virtual do site deste projeto. Os kits tem a vantagem, assim, de serem pequenos e portáteis, permitindo que o professor possa reproduzir diversas experiências em sala de aula, principalmente para a maioria das escolas sem laboratório químico.

Conforme supracitado, os modelos do kit experimental Show de Química® prezam bela diversidade e beleza dos fenômenos químicos, no sentido de encantar professores e alunos (reações oscilantes, relógio, quimiluminescentes, pirotécnicas e explosivas, reações crômicas, cristais, géis, eletroquímica, etc.). Assim, temas introdutórios da química menos impactantes como separações de fases, filtração, floculação, destilação, evaporação e dissolução não foram explorados.

O kit experimental Show de Química é impar no país, devido a vasta variedade e quantidade de reagentes, além da excelência das demonstrações propostas que primam por uma experimentação lúdica e fascinante na área da Química.

2.5.1 Relação dos materiais do kit experimental SHOW DE QUÍMICA de 2023.

a) Reagentes sólidos e líquidos

	Reagente/material	Fórmula	g/mol	Frasco	quant.	un.
T6	bis-ditizonato de mercúrio II, em benzeno	$(C_{13}H_{11}N_4S)_2Hg$	711,23	T6	6	mL
A1	Cálcio metálico	Ca	40,08	PF10	5	g
A2	Magnésio em pó	Mg	24,31	PF10	10	g
A3	Essência para perfume		---	PF10	10	mL
A4	Fixador para perfume (galaxolite)	$C_{18}H_{26}O$	258,41	PF10	10	mL
B1	Algodão pólvora	$[C_6H_7(NO_2)_3O_5]_n$	---	C10	0,3	g
B2	Cloreto de mercúrio II	$HgCl_2$	271,52	C10	10	g
B3	Dióxido de chumbo	PbO_2	239,19	C10	10	g
B4	Dióxido de manganês	MnO_2	86,94	C10	10	g
B5	Eosina	$C_{20}H_6Br_4Na_2O_5$	691,86	C10	1	g
B6	Luminol	$C_8H_7O_2N_2$	177,16	C10	0,5	g
B7	Mercúrio metálico	Hg	200,59	C10	20	g
B8	Nitrato de mercúrio II	$Hg(NO_3)_2.H_2O$	342,69	C10	10	g
B9	Nitrato de prata	$AgNO_3$	169,87	C10	10	g
C1	Acetato de cálcio	$Ca(CH_3COO)_2.H_2O$	176,17	C30	30	g
C2	Acetato de sódio	$NaCH_3COO.3H_2O$	136,08	C30	30	g
C3	Ácido ascórbico	$C_6H_8O_6$	176,13	C30	30	g
C4	Ácido cítrico	$C_6H_8O_7$	192,12	C30	30	g
C5	Ácido esteárico	$C_{18}H_{36}O_2$	284,48	C30	30	g
C6	Ácido gálico	$C_7H_6O_5.H_2O$	188,13	C30	30	g
C7	Ácido malônico	$C_3H_4O_4$	104,06	C30	30	g
C8	Ácido oxálico	$C_2H_2O_4.2H_2O$	126,07	C30	30	g
C9	Ácido tartárico	$C_4H_6O_6$	150,09	C30	30	g
C10	Amido solúvel	$(C_6H_{10}O_5)_n$	---	C30	20	g
C11	Arsenito de sódio	$NaAsO_2$	129,91	C30	30	g
C12	Bromato de sódio	$NaBrO_3$	150,89	C30	30	g
C13	Brometo de sódio	NaBr	102,89	C30	30	g
C14	Carbonato de cálcio	$CaCO_3$	100,09	C30	30	g
C15	Carbonato de sódio	Na_2CO_3	105,99	C30	30	g
C16	Clorato de sódio	$NaClO_3$	106,44	C30	30	g
C17	Cloreto de amônio	NH_4Cl	53,49	C30	30	g
C18	Cloreto de cálcio	$CaCl_2.2H_2O$	147,02	C30	30	g
C19	Cloreto de cobalto II	$CoCl_2.6H_2O$	237,93	C30	20	g
C20	Cloreto de estanho II	$SnCl_2.2H_2O$	225,65	C30	30	g
C21	Cloreto de ferro III	$FeCl_3.6H_2O$	270,30	C30	30	g
C22	Cloreto de sódio	NaCl	58,44	C30	30	g
C23	Cromato de potássio	K_2CrO_4	194,19	C30	30	g
C24	Dicromato de amônio	$(NH_4)_2Cr_2O_7$	252,06	C30	30	g
C25	Dicromato de potássio	$K_2Cr_2O_7$	294,18	C30	30	g

C26	Ferricianeto de potássio	$K_3[Fe(CN)_6]$	329,25	C30	30	g
C27	Ferrocianeto de potássio	$K_4[Fe(CN)_6].3H_2O$	422,39	C30	30	g
C28	Fósforo Vermelho	P	30,97	C30	16	g
C29	Gelatina em pó		---	C30	20	g
C30	Hidrosilo - poli(acrilato de K-co-acrilamida)		---	C30	30	g
C31	Magnésio em fita	Mg	24,31	C30	2	g
C32	Nitrato de bário	$Ba(NO_3)_2$	261,34	C30	20	g
C33	Nitrato de bismuto III	$Bi(NO_3)_3.5H_2O$	485,07	C30	20	g
C34	Nitrato de cério IV e amônio	$Ce(NH_4)_2(NO_3)_6$	548,22	C30	20	g
C35	Nitrato de chumbo II	$Pb(NO_3)_2$	331,21	C30	30	g
C36	Nitrato de estrôncio	$Sr(NO_3)_2$	211,63	C30	20	g
C37	Nitrato de ferro III	$Fe(NO_3)_3.9H_2O$	404,00	C30	30	g
C38	Nitrato de potássio	KNO_3	101,11	C30	30	g
C39	Oxalato de sódio	$Na_2C_2O_4$	134,00	C30	30	g
C40	Permanganato de potássio	$KMnO_4$	158,04	C30	30	g
C41	Pirogalol (ácido pirogálico)	$C_6H_6O_3$	126,11	C30	30	g
C42	Serpente do Faraó		---	C30	6	g
C43	Serpente Preta		---	C30	10	g
C44	Sulfato de alumínio	$Al_2(SO_4)_3.14\text{-}18H_2O$	---	C30	30	g
C45	Sulfato de cobre II	$CuSO_4.5H_2O$	249,69	C30	30	g
C46	Sulfato de ferro II	$FeSO_4.7H_2O$	278,02	C30	30	g
C47	Sulfato de manganês II	$MnSO_4.H_2O$	169,02	C30	30	g
C48	Sulfato de níquel II	$NiSO_4.6H_2O$	262,85	C30	30	g
C49	Sulfato de sódio	Na_2SO_4	142,04	C30	30	g
C50	Sulfato de zinco	$ZnSO_4.7H_2O$	287,56	C30	30	g
C51	Sulfito de sódio	Na_2SO_3	126,04	C30	30	g
C52	Tetraborato de sódio	$Na_2B_4O_7.10H_2O$	381,37	C30	30	g
C53	Tiocianato de potássio	KSCN	97,18	C30	30	g
C54	Tiossulfato de sódio	$Na_2S_2O_3.5H_2O$	248,18	C30	30	g
C55	Uréia	$(NH_2)_2CO$	60,06	C30	30	g
C56	Zinco em pó fino	Zn	65,38	C30	30	g
D1	Arame de ferro + prego + fio fino de cobre		---	C70	1	fr
D2	Bicarbonato de sódio	$NaHCO_3$	84,01	C70	70	g
D3	Dextrose (D-glicose)	$C_6H_{12}O_6$	180,16	C70	60	g
D4	Enxofre em pó	S	32,07	C70	70	g
D5	Hidróxido de sódio	NaOH	40,00	C70	70	g
D6	Iodato de potássio	KIO_3	214,00	C70	50	g
D7	Iodeto de potássio	KI	166,00	C70	50	g
D8	Metabissulfito de sódio	$Na_2S_2O_5$	190,11	C70	70	g
D9	Placas de Al, Zn, Cu, Pb e Fe 15x70 mm		---	C70	1	fr
D10	Termita (mistura de Al e Fe_2O_3)		---	C70	50	g
E1	Ácido sulfúrico 6 M	H_2SO_4	98,08	CG25	25	mL
E2	Alaranjado de metila 0,2%	$C_{14}H_{14}N_3NaO_3S$	327,33	CG25	25	mL
E3	Azul de bromotimol 0,2%	$C_{27}H_{28}Br_2O_5S$	624,38	CG25	25	mL
E4	Azul de metileno 0,5%	$C_{16}H_{18}N_3SCl.3H_2O$	373,90	CG25	25	mL
E5	Azul de timol 0,2%	$C_{27}H_{30}O_5S$	466,59	CG25	25	mL
E6	Tricianocuprato(I) de potássio 0,25 M	$K_2Cu(CN)_3$	219,79	CG25	25	mL
E7	Ferroína 0,05 M	$[Fe(C_{12}H_8N_2)_3]SO_4$	692,52	CG25	25	mL

E8	Hidróxido de sódio 10%	$NaOH$	40,00	CG26	25	mL
E9	Timolftaleína 0,2%	$C_{28}H_{30}O_4$	430,53	CG25	25	mL
E10	Fenolftaleína 0,5%	$C_{20}H_{14}O_4$	318,32	CG50	50	mL
F1	Ácido fórmico 85%	CH_2O_2	46,03	V30	30	mL
F2	Anilina	$C_6H_5NH_2$	93,13	V30	30	mL
F3	Carbureto (carbeto de cálcio)	CaC_2	64,10	V30	30	g
F4	Dimetilsulfóxido (DMSO)	$(CH_3)SO$	78,13	V30	30	mL
F5	Éter Etílico	$C_4H_{10}O$	74,12	V30	30	mL
F6	Fenol cristal	C_6H_5OH	94,11	V30	25	g
F7	Formaldeído 37%	CH_2O	30,03	V30	30	mL
F8	iodo metálico	I_2	253,81	V30	20	g
F9	Propilenoglicol	$C_3H_8O_2$	76,09	V30	30	mL
F10	Sódio metálico	Na	22,99	V30	10	g
G1	Acetona	C_3H_6O	58,08	P100	100	mL
G2	Álcool benzílico	C_7H_8O	108,14	P100	100	mL
G3	Álcool de cereais	C_2H_6O	46,07	P100	100	mL
G4	Frasco vazio para sol. amido 2%		---	P100	1	fr
G5	Metanol	$(CH_3)OH$	32,04	P100	100	mL
G6	Vidro solúvel	$Na_2SiO_3.5H_2O$	212,10	P100	100	mL
H1	Ácido acético glacial 99,8%	$C_2H_4O_2$	60,05	V100	100	mL
H2	Ácido clorídrico conc. 37%	HCl	36,46	V100	100	mL
H3	Ácido nítrico conc. 65%	HNO_3	63,02	V100	100	mL
H4	Ácido sulfúrico conc. 98%	H_2SO_4	98,08	V100	100	mL
H5	Hidróxido de Amônio (30%)	NH_4OH	35,05	V100	100	mL
H6	Peróxido de Hidrogênio (30%)	H_2O_2	34,02	V100	100	mL
C57	*Ácido bórico*	H_3BO_3	61,83	C30	30	g
C58	*Ácido salicílico*	$C_7H_6O_3$	138,12	C30	25	g
C59	*Alumínio em aparas*	Al	26,98	C30	10	g
C60	*Carvão ativado*	C	12,01	C30	12	g
C61	*Óxido de cálcio*	CaO	56,08	C30	12	g
C62	*Nitrato de magnésio*	$Mg(NO_3)_2.6H_2O$	256,41	C30	20	g
D11	*Metassilicato de sódio*	$Na_2SiO_3.5H_2O$	212,10	C70	60	g
F11	*Óleo mineral (vaselina líquida)*		---	V30	30	mL
F12	*Anidrido acético*	$(CH_3CO)_2O$	102,09	V30	30	mL
H7	*2-Butanol*	$C_4H_{10}O$	74,12	V100	100	mL
H8	*Xileno*	C_8H_{10}	106,16	V100	100	mL

Códigos dos frascos:

T6 - tubo de ensaio c/tampa rosca 13x100 mm; **PF10** - plástico fumê de 10 mL; **C10** - pote cristal poliestireno de 10 mL; **C30** - pote cristal poliestireno de 30 mL; **C70** - pote cristal poliestireno de 70 mL; **CG25** - conta gotas de polietileno 25 mL; **CG50** - conta gotas de polietileno 50 mL; **P100** - frasco de polietileno 100 mL; **V30** - frasco de vidro fumê de 30 mL; **V100** - frasco de vidro fumê de 100 mL.

Todas as substâncias escritas em violeta são líquidas ou estão em solução.

As substâncias destacadas em amarelo (C57-62, D11, F11-12 e H7-8)) estão presentes apenas no kit maior da caixa de ferramentas São Bernardo.

b) Vidraria e acessórios do kit menor de acrílico:

Item	Material	pç	Item	Material	pç
1	Arame de ferro c/ rolha borracha	1	20	Papel filtro quantitativo filtraç. Média	10
2	Balança de ourives com 2 casas	1	21	Papel pH 0-14 Merck	10
3	Bastão de vidro maciço 6x150 mm	1	22	Pinça de madeira p/ tubo de ensaio	1
4	Becker grad. Borosilicato 100 mL	1	23	Pinça metálica pequena 9 cm	1
5	Becker grad. Borosilicato 250 mL	1	24	Pisseta de 250 mL	1
6	Cadinho porcelana for. Baixa 25 mL	1	25	Placa de Petri vidro 80x15 mm	1
7	Conta-gotas plástico	2	26	Proveta plástica graduada de 10 mL	1
8	Erlenmeyer de vidro 125 mL	1	27	Proveta plástica graduada de 50 mL	1
9	Escova para vidraria diam. 20 mm	1	28	Proveta plástica graduada de 100 mL	1
10	Espátula canaleta aço 15 cm	1	29	Rolhas de borracha nº 6	1
11	Estante arame revestida 12 tubos	1	30	Rolhas de borracha nº 8	1
12	Fio de Ni-Cr para teste de chama	1	31	Rolhas de borracha nº 9	1
13	Frasco Kitassato de 125 mL	1	32	Suporte para 4 pilhas AA	1
14	Frasco plástico 250 mL (Nalgon)	1	33	Tubo ensaio tampa rosca 13x100 mm	1
15	Funil filtração de vidro haste curta	1	34	Tubo ensaio tampa rosca 16x150 mm	1
16	Lamparina à álcool de 150 mL	1	35	Tubo de ensaio sem orla 16x150 mm	10
17	LED vermelho com garras jacaré	1	36	Tubo em U para ponte salina	1
18	Luva nitrílica diversos tamanhos	12	37	Vela (parafina)	1
19	Mangueira silicone tamanho 50cm	1	38	Vidro de relógio 80 mm	1

c) Vidraria e acessórios complementares do kit maior organizado em caixa de ferramentas São Bernardo: **(estes materiais somam-se aos da lista b)**

Item	Material	pç	Item	Material	pç
1	Anel de ferro com mufa 7 cm	1	16	Escova para vidraria diam. 30 mm	1
2	Balão vidro 500 mL, chato, j. 24/40	1	17	Frasco Kitassato de 250 mL	1
3	Balão vidro 500 mL, redon. j 24/40	1	18	Funil de buchner 100 mL	1
4	Balão volumétrico de vidro 100 mL	1	19	Garra com mufa 3 dedos p/ condens.	1
5	Balão volumétrico de vidro 250 mL	1	20	Garra giratória com mufa p/ bureta	1
6	Bastão de vidro maciço 6x300 mm	1	21	Gral de porcelana com pistilo 100 mL	1
7	Becker grad. borosilicato 50 mL	1	22	Pipeta volumétrica de 25 mL	1
8	Becker grad. borosilicato 600 mL	1	23	Pipetador de borracha com 3 vias	1
9	Bico de Bunsen com registro	1	24	Pisseta de 500 mL	1
10	Bureta de vidro 25 mL c/ torn. Tef.	1	25	Suporte universal com haste 45 cm	1
11	Cabeça destilação 2 juntas 24/40	1	26	Tela arame galvan. disco refratário	1
12	Cápsula porcelana f=11 cm 280 mL	1	27	Termômetro vid. s/ junta -10 a 210°C	1
13	Condensador vidro reto 300 mm	1	28	Triângulo arame c/ porcelana 6 cm	1
14	Conexão vidro 2 j. 24/40 saída vác.	1	29	Tripé de ferro 12x20 cm	1
15	Erlenmeyer de vidro 250 mL	1			

d) Material auxiliar

Além dos reagentes e materiais presentes no kit experimental Show de Química, serão necessários outros materiais para a execução de algumas experiências ou apoio:

- Açúcar
- Água destilada ou mineral
- Água sanitária
- Álcool etílico
- Álcool isopropílico
- Areia branca fina
- Bombril
- Cal virgem (CaO)
- Carvão vegetal
- Cola branca
- Corantes
- Detergente e sabão
- Fralda
- Garrafa PET 1,5 L
- Gelatina incolor
- Leite
- Limão e Laranja
- Óleo vegetal
- Sal de cozinha
- Verduras e legumes
- Vinagre

e) Fotos dos 2 modelos de Kit Experimental Show de Química

Kit menor de acrílico

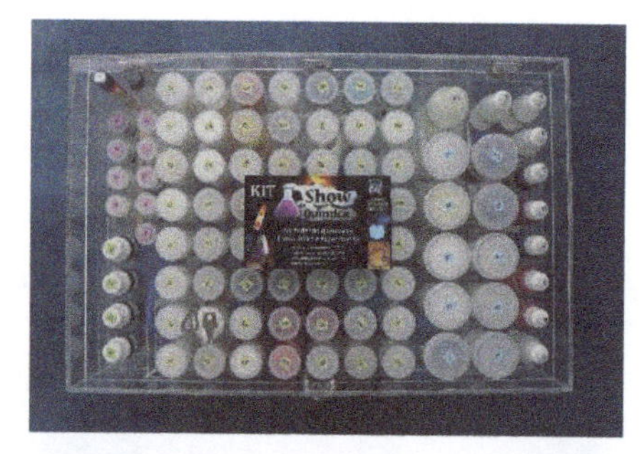

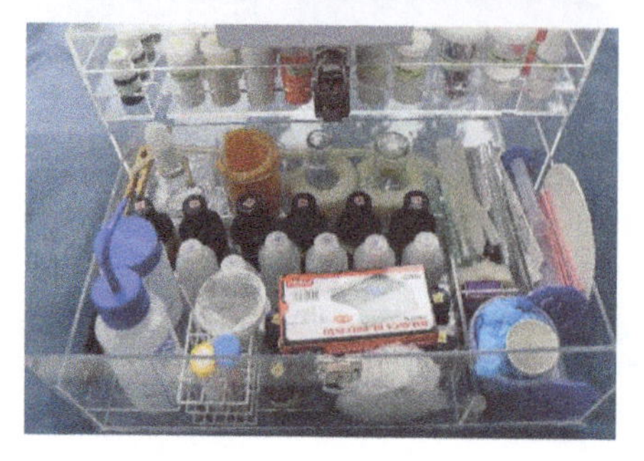

Kit maior caixa ferramenta São Bernardo

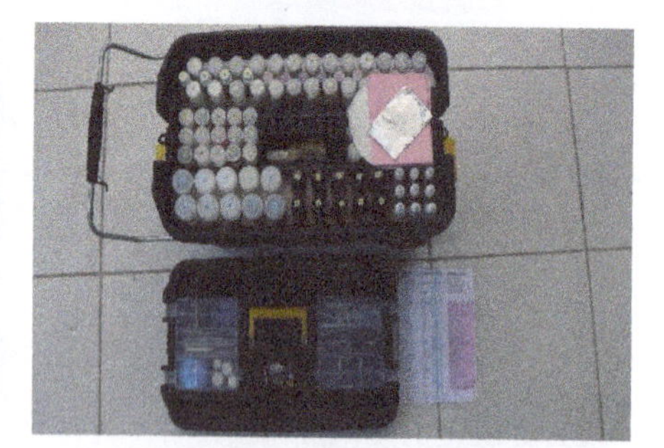

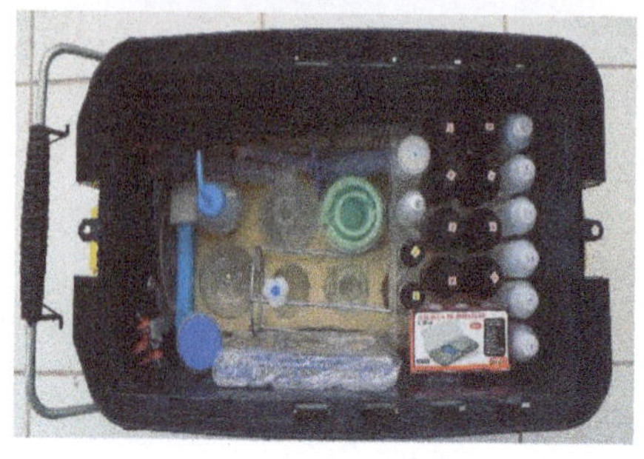

CAPÍTULO 3

Elementos Químicos

Obs.: A maioria das experiências apresentadas neste livro foram otimizadas para uso no kit experimental Show de Química® (denominadas de Experiência KIT), mas poderão ser reproduzidas em qualquer outro laboratório, com quantidades diferentes de reagentes.

3.1 HIDROGÊNIO

O primeiro a citar o hidrogênio foi Paracelso no século XVI, dizendo: "quando o ácido atua sobre o ferro, eleva-se um ar que irrompe para fora como vento". Priestley deu o nome de "ar inflamável", como também Henry Cavendish, que em 1766 em Londres preparou este gás pela reação do ácido vitriólico (H_2SO_4) com Zn, Fe ou Sn, e revelou suas principais propriedades, dentre elas a de que ao arder no ar e no oxigênio se formava água. Lavoisier (1783) deu ao gás o nome de "Hidrogênio" (do grego *Hydro Genes*), que significa *gerador de água*.

O hidrogênio encontra-se livre na natureza em quantidades muito pequenas. Na atmosfera, a proporção de hidrogênio (0,5 ppm) aumenta quando se alcançam altitudes mais elevadas. Encontra-se também em gases vulcânicos e jazidas de sais. Associado a outros elementos, participa da formação de água, rochas e de um vasto número de compostos orgânicos e inorgânicos; no total, contribui com 1% em peso (16% dos átomos) na formação da natureza. Por outro lado, é o elemento mais abundante do universo (75% em massa, ou 90% em número de átomos), e todos os outros átomos surgiram a partir dele no núcleo das estrelas a partir da fusão nuclear (estrelas de primeira geração).

O hidrogênio é um gás incolor e inodoro. É o mais leve de todos os gases, sendo 14 vezes menos denso que o ar. É pouco solúvel em água (1,7 mg/L para p_g=1 atm. conforme Tabela 1.3). É preparado no laboratório por ação de ácidos não oxidantes e álcalis sobre metais. Na indústria, é preparado pela eletrólise da água, destilação da hulha e nas refinarias de petróleo. É utilizado em maçaricos, como agente redutor na metalurgia, síntese da amônia, combustível de foguetes, etc.

São conhecidos três isótopos de hidrogênio com números de massa 1, 2 e 3, respectivamente denominados hidrogênio (ocasionalmente prótio), com abundância natural de 99,98%, deutério (0,0184%) e trítio (radioativo, meia-vida de 12,3 anos). O hidrogênio gasoso se apresenta comumente na forma de moléculas diatômicas H_2. Já o hidrogênio monoatômico, também denominado hidrogênio "ativo", é produzido como intermediário de reações, ou quando o gás hidrogênio ou algum derivado deste elemento (água, hidrocarbonetos, compostos orgânicos) é submetido a processos altamente energéticos, como descargas elétricas e plasma ($T > 5000$ °C).

O átomo de hidrogênio positivamente carregado, H^+, é o núcleo do hidrogênio ou próton, formado também nesses processos, além do resultado de certas reações nucleares. Em sistemas aquosos, o íon hidrogênio não é encontrado isolado como próton, mas sim ligado ao centro de carga negativo (oxigênio) da molécula água para formar o íon hidrônio ou hidroxônio H_3O^+, responsável pelo pH da água, $-\text{Log}\ a_{H^+}$ ou aproximadamente $-\text{Log}\ [H^+]$.

3.1.1 Estampido sônico

Essa curiosa e divertida experiência refere-se apenas à combustão do gás hidrogênio contido em um recipiente aberto, de forma a gerar um estampido sônico, que causa susto nas pessoas.

A explosão de misturas de H_2 com o ar atmosférico é muito rápida e violenta, gerando um estampido sônico (velocidades superiores à do som, 346 m/s a 25 °C) e produzindo água. No caso de oxigênio puro, a mistura estequiométrica de H_2 e O_2 expande a massa gasosa a altíssimas velocidades, da ordem de 2800 m/s ou cerca de 10.000 km/h.

Por questões de segurança, o gás hidrogênio não deve ser queimado próximo à fonte geradora, onde ele está presente em abundância.

$$\text{Reação:} \quad 2H_2(g) + O_2(g) \longrightarrow 2H_2O(g) \qquad \Delta H = -232 \text{ kJ/mol}$$

EXPERIÊNCIA 1 KIT

Instale uma mangueira plástica ou de silicone na saída do kitassato. Pese cerca de **2 g** de **NaOH** num copinho plástico utilizando a **balança digital** do kit experimental ou outra disponível. Transfira para o kitassato e dissolva com uns 20 mL de água. Separe o isqueiro e um tubo de ensaio seco. Adicione na solução alcalina pedaços de **papel alumínio** e tampe o kitassato com uma rolha de borracha. Quando o hidrogênio começar a sair pela mangueira, colete-o no tubo de ensaio emborcado para baixo, **afaste o tubo do kitassato** e com o isqueiro acenda a chama na boca do tubo. Um estampido sônico será ouvido.

CUIDADO: Nunca aproxime a chama na boca ou saída do kitassato onde o hidrogênio é gerado, pois a explosão do frasco poderá ocorrer (*backfire*).

Como o zinco, o alumínio é anfótero reagindo tanto em meio ácido ou básico. Ele forma sucessivos hidroxicomplexos solúveis ($Al(OH)^{2+}, Al(OH)_2{}^+$), passando pela precipitação de $Al(OH)_3$, e continuando até o ânion tetrahidroxialuminato III com excesso de hidroxila. Abaixo podemos exemplificar a dissolução do alumínio num meio com excesso de hidróxido de sódio, com formação de hidrogênio.

$$Al \rightarrow Al^{3+} + 3e^- \qquad \text{oxidação do alumínio, } E° = +1{,}66\text{ V}$$

$$2H_2O + 2e^- \rightarrow H_2 + 2OH^- \qquad \text{redução da água, } E° = -0{,}83\text{ V, pH=14}$$

$$Al^{3+} + 4OH^- \rightarrow Al(OH)_4^- \qquad \text{formação de complexo, } K_f = 10^{33}$$

Balanceando-se as reações acima e simplificando as equações, obtemos:

$$Al + OH^- + 3H_2O \rightarrow \tfrac{3}{2}H_2 + Al(OH)_4^-$$

Obs.: - A queima do hidrogênio é tão rápida que não causa expressiva transferência de calor para as mãos do operador quando isqueiro é usado.

- Quando o hidrocomplexo $Al(OH)_4^-$ é desidratado, ele forma sais contendo o ânion aluminato ($AlO_2{}^-$).

3.1.2 Flauta de Hidrogênio

Vamos utilizar o estampido sônico para gerar música, ou melhor, reproduzir as notas da escala musical (dó, ré, mi, fá, sol, lá, si) geradas por uma flauta andina ou de zampoña feita de tubos de bambu, cujas frequências do som soprado é função dos comprimentos variados dos tubos. A altura do som é a qualidade que nos permite diferenciar os sons agudos dos sons graves: o som alto é um som agudo e o som baixo é um som grave.

Para obter sons de alturas diferentes (graves ou agudos, cada um deles numa frequência fundamental), temos duas chances, a saber: alterar a velocidade do som (v) no interior do tubo ou alterar o comprimento de onda, conforme equação $f = v/\lambda$. A velocidade do som não irá mudar significativamente a menos que você altere drasticamente a temperatura do ar no interior do tubo ou substitua o ar por outros gases. Desta forma, parece-nos mais simples alterar a altura do som fundamental (menor frequência de ressonância, ou primeiro harmônico, $n = 1$) produzido através da mudança do comprimento de onda. Para colunas (tubos) de ar onde uma das extremidades é fechada, somente harmônicos ímpares estarão presentes, cujas frequências f são dadas pela equação:

$$L = n\frac{\lambda_n}{4} \quad \Rightarrow \quad L = n\frac{v}{4f_n} \quad \text{ou} \quad f_n = n\frac{v}{4L} \qquad n = 1, 3, 5, \ldots$$

Onde L = comprimento do tubo, n = número do harmônico e v = velocidade do som no tubo, que é influenciada pela temperatura (a 25 °C = 346,3 m/s).

Os comprimentos dos tubos obtidos pela fórmula acima emitem um som fundamental (e obviamente seus harmônicos) um tanto alterado, como se os tubos fossem realmente um pouco mais compridos do que realmente são. O som real emitido corresponde a tubos cujos comprimentos são $L + ¼\, d_{int.}$, onde $d_{int.}$ é o diâmetro interno dos tubos. Desse modo, para que nossos tubos emitam realmente a série de sons que desejamos, o fator de correção $¼\, d_{int.}$ deve ser aplicado através da fórmula,

$$L = \frac{v}{4f} - ¼\, d_{int.}$$

A equação acima se aplica bem a instrumentos de sopro tipo flauta andina, e pode ser aproximadamente usada para construção de uma flauta de tubos para combustão explosiva de um gás (p. ex., hidrogênio) ou aerossol líquido inflamável. Contudo, para se evitar chamuscamento do bambu (no caso da flauta andina) durante a explosão do hidrogênio, sugerimos o uso de tubos de PVC ou de alumínio.

Na tabela abaixo o comprimento dos tubos com e sem correção foram calculados para um diâmetro interno dos tubos de 1,5 cm e v = 346,3 m/s.

Tabela 3.1. Frequências das notas em função do comprimento dos tubos.

nota	f (Hz)	L (cm)	L corr. (cm)
Dó	261,63	33,09	**32,72**
Ré	293,66	29,48	**29,11**
Mi	329,63	26,26	**25,89**
Fá	349,23	24,90	**24,42**
Sol	392,00	22,09	**21,71**
Lá	440,00	19,68	**19,30**
Si	493,88	17,53	**17,15**

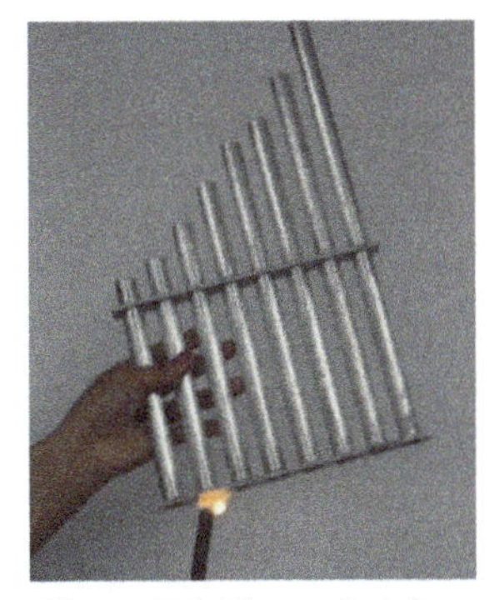

Figura 3.1. Flauta de tubos de hidrogênio.

EXPERIÊNCIA 2

Construa uma flauta tipo andina cortando tubos de alumínio de mesmo diâmetro em comprimentos calculados pela equação acima, e após levar em conta a correção devido ao diâmetro dos tubos (ver Figura 3.1). Feche um dos lados de cada tubo com um tampão de borracha ou massa plástica. Produza hidrogênio conforme experiência 1 e encha todos os tubos com este gás. Afaste a flauta do kitassato e ateie fogo com um isqueiro em cada tubo. Perceba a mudança da frequência de som do estampido, semelhante à escala musical.

CUIDADO: Nunca aproxime a chama da boca ou saída do kitassato cheio de hidrogênio, pois uma explosão perigosa pode ocorrer (backfire).

Obs.: A flauta acima é utilizada nas apresentações do projeto Show de Química com bons resultados sonoros, mas com frequências maiores daquelas da Tabela 3.1, pois a velocidade supersônica da explosão gasosa não é a mesma daquela produzida pela expansão do ar (sopro) à temperatura ambiente. A partir da medida das frequências da explosão do hidrogênio no ar (via osciloscópio), pode-se utilizar a equação acima para corrigir o tamanho dos tubos.

3.1.3 Queima de bolhas de hidrogênio

EXPERIÊNCIA 3 KIT

Repita o procedimento da experiência 1, introduzindo agora a saída da mangueira plástica numa solução de **água** e **detergente** contida numa proveta de 50 mL ou béquer de 100 mL. Coloque a solução de **soda cáustica** e mais **alumínio** no kitassato, feche-o e deixe o hidrogênio borbulhar na solução de detergente. Tenha em mãos um bastão com um chumaço de algodão na ponta embebido com álcool etílico a 96°GL (ou 92°INPM), de forma a funcionar como uma tocha, ou use um acendedor de fogão. Ateie fogo nas bolhas de sabão de hidrogênio separadas e se divirta como criança!

Observações:

- As bolhas de sabão contendo hidrogênio poderão ser produzidas isoladamente, agitando a espuma formada, diminuindo a vazão de produção do gás, etc. Bolhas menores produzem um som mais agudo do que as maiores.
- O °INPM (grau INPM, Instituto Nacional de Pesos e Medidas) é a razão em gramas de álcool absoluto contido em 100 gramas de uma mistura hidroalcóolica. Diferente portanto, do °GL (grau Gay-Lussac) que informa a relação em mililitros de etanol contidos em 100 mililitros de solução hidroalcóolica. Uma concentração alcoólica de 92° INPM contém 92 g de etanol e 8 g de água em 100 g de solução. Contudo para a concentração equivalente de 96 °GL, teremos 96 mL de etanol em 100 mL de solução final, que conterá mais de 8 mL de água devido a contração da solução (com produção de calor), resultado das interações intermoleculares água-álcool (íon permanente, dipolo induzido). Para conversão de °INPM em °GL, devemos levar em conta as densidades do etanol absoluto e da água (respectivamente 0,789 e 0,998 g/cm^3 a 20 °C). Um cálculo aproximado, não levando em conta a contração da solução, e consequente complemento de água para perfazer 100 mL de solução, pode ser obtido pela seguinte equação:

$$°\mathrm{GL} = \frac{V_{etanol}}{V_{solução}} = \frac{°\mathrm{INPM} \div 0{,}789}{(°\mathrm{INPM} \div 0{,}789) + [(100 - °\mathrm{INPM}) \div 0{,}998]} \times 100$$

3.1.4 Demonstração da lei dos gases ideais

Se confinarmos em recipientes idênticos amostras de vários gases contendo 1 mol de cada e os mantivermos à mesma temperatura, as pressões medidas em cada recipiente serão aproximadamente iguais, obedecendo à equação dos gases ideais:

$$PV = nRT$$

onde P = Pressão absoluta, V = volume ocupado pelo gás, n = número de mols, T = temperatura absoluta e R é a constante universal dos gases que é igual a $R = 8{,}31\ \mathrm{kPa\ L\ K^{-1}\ mol^{-1}}$ ou $0{,}082\ \mathrm{atm\ L\ K^{-1}\ mol^{-1}}$.

Embora nenhum gás real obedeça exatamente à equação de estado, ela é uma boa aproximação para a maioria dos gases, sendo que será tanto melhor quanto mais rarefeito o gás (menor pressão) e mais longe estiver do seu ponto de liquefação.

Utilizaremos no experimento um metal reagindo com um ácido, que no caso presente do kit experimental Show de Química, será a reação do magnésio com o ácido clorídrico, formando hidrogênio gasoso:

$$\mathrm{Mg}\,(s) + 2\mathrm{HCl}(aq) \rightarrow \mathrm{MgCl_2}(aq) + \mathrm{H_2}(g) \qquad \Delta H^o = -460\ \mathrm{kJ/mol}$$

A quantidade de substância de hidrogênio liberada (mols) está relacionada estequiometricamente à massa de magnésio consumido na reação e, dessa forma, podemos calcular o volume de hidrogênio gerado a partir da massa de magnésio pesada, utilizando a lei dos gases ideais, e comparar tal volume teórico com aquele experimental.

Como o magnésio reage com uma solução aquosa de ácido clorídrico e o gás é recolhido sobre essa solução, temos na realidade uma mistura de hidrogênio e vapor d'água (pressão total). Para determinarmos a pressão devida somente ao hidrogênio, temos que descontar a pressão parcial do vapor d'água (Tabela 3.2) da pressão total, já que pela Lei das Pressões Parciais de Dalton para gases ideais temos,

$$P_{H_2} = P_{Total} - P_{vapor\ d'água}$$

Tabela 3.2. Pressões parciais do vapor d'água em diversas temperaturas.

Temperatura (°C)	Pressão (mmHg)	Temperatura (ºC)	Pressão (mmHg)
15	12,8	23	21,0
16	13,6	24	22,4
17	14,5	25	23,8
18	15,5	26	25,2
19	16,5	27	26,7
20	17,5	28	28,3
21	18,6	29	30,0
22	19,8	30	31,8

Num primeiro momento, admitiremos também que o hidrogênio é insolúvel em água e que a amostra metálica de magnésio tem pureza de 100%.

A partir da pressão parcial de H_2 experimental, do volume medido e da temperatura, calcule o número de mols de hidrogênio experimental e compare com aquele teórico gerado a partir da relação estequiométrica abaixo:

$$\mathrm{Mg} + 2\mathrm{HCl} \rightarrow \mathrm{MgCl_2} + \mathrm{H_2}$$

Considerando a massa inicial de magnésio, compare as grandezas e verifique a eficiência do sistema, que geralmente é boa, com baixo erro envolvido. Caso tenha uma bureta de 50 mL, use-a para melhoria da precisão na leitura do volume.

EXPERIÊNCIA 4 KIT

Pese cerca de 80 mg de **fita de magnésio**, que terá cerca de 6 cm de comprimento, e a enrole num **fio de cobre**. Fixe o conjunto a uma rolha furada conforme Figura 3.2.

Encha um béquer de 250 mL com uns 200 mL de água. Caso tenha um termômetro e um barômetro, meça a temperatura da água e a pressão atmosférica. Caso não os tenha, estime a temperatura ambiente e considere a pressão de 1 atm. (o erro na equação dos gases não fica tão grande).

Transfira 5 mL de HCl concentrado para uma proveta de 100 mL e lentamente complete a proveta com água, utilizando uma pisseta, e pelas bordas da proveta, de forma a manter o ácido no fundo. Encaixe o conjunto rolha + magnésio na proveta, deixando a água transbordar. Tape o furo da rolha com o dedo e inverta o conjunto no béquer com água. Retire o dedo e espere o ácido descer até reação total com o magnésio. De forma a igualar a pressão interna da proveta com a externa atmosférica, levante ou abaixe a proveta de forma a igualar os dois níveis d´água. Anote a posição do nível de água no interior da proveta e meça o **volume** total ocupado pelos gases. De posse da Tabela 3.2, desconte a contribuição da pressão parcial do vapor d´água (dividida por 760) da pressão total ($\approx$ 1 atm) e calcule a **pressão** parcial de hidrogênio em atm dentro da proveta ($\approx 1 - 24/760$).

Figura 3.2. Fio de cobre enrolando um pedaço de magnésio e introduzido no furo da rolha, que será fixada na proveta, com passagem de líquido pelo furo.

No sentido de melhor avaliar o volume gerado de hidrogênio, corrija a perda por solubilidade desse gás em água (na verdade solução ácida) repetindo a experiência mais vezes a fim de saturar a solução com gás hidrogênio. Teoricamente, considerando a constante de Henry para hidrogênio igual a $0{,}85\times10^{-3}$ mol L^{-1} atm^{-1} e uma pressão parcial de 1 atm., teríamos uma concentração máxima de $0{,}85\times10^{-3}$ mol L^{-1}, que num volume de 200 mL equivale a 0,17 mmol dissolvidos (ou 0,34 mg de H_2). A massa de 80 mg de magnésio produzirá 3,27 mols de hidrogênio (6,5 mg de H_2) a 25°C. Dessa forma, a perda máxima de H_2 por solubilização seria de 5%, um erro aceitável.

Poder-se-ia substituir o magnésio por zinco, mas devido a menor velocidade de reação deste, ele deveria estar na forma de pó, o que gera dificuldades experimentais.

3.2 OXIGÊNIO

Uma das primeiras experiências conhecidas sobre a relação entre combustão e o ar foi realizada por Philon de Bizâncio, escritor grego do século II a.C., que tinha como um de seus interesses a mecânica. Em sua obra *Pneumatica*, Philon observou que invertendo um recipiente sobre uma vela acesa e colocando água em torno do gargalo do vaso resultava que um pouco de água subia pelo gargalo. Philon supôs erradamente que partes do ar no recipiente foram convertidas em elemento clássico fogo e, portanto, foram capazes de escapar através dos poros do vidro. Muitos séculos mais tarde, Leonardo da Vinci, com base no trabalho de Philon, observou que uma parte do ar é consumida durante a combustão e a respiração.

O oxigênio foi descoberto em 1771 pelo farmacêutico sueco Scheele, que lhe deu o nome de *ar vital*, entretanto nada publicou sobre sua descoberta até 1777. Em 1774, Priestley, um pastor anglicano, o descobriu acidentalmente chamando-o de *ar deflogisticado*. No início do século XVIII, vigorava a teoria do Flogisto (ou do Flogístico), desenvolvida pelo químico e médico alemão Georg Ernst Stahl. Segundo Stahl, os corpos combustíveis possuiriam uma matéria chamada flogisto, liberada ao ar durante os processos de combustão. "Flogisto" vem do grego e significa "inflamável", "passado pela chama" ou "queimado". Flogisto seria assim a "essência" das substâncias. A absorção dos flogistos do ar seria feita pelas plantas e por metais (aumento de massa na combustão) e a perda pela combustão de matéria orgânica. Essa teoria foi veementemente refutada por Lavoisier, que reproduziu os experimentos de Priestley, entre 1775 a 1780, e verificou a presença do oxigênio na formação dos óxidos, no ar atmosférico, na respiração, na combustão, no ácido nítrico e no ácido sulfúrico. Lavoisier denominou-o de oxigênio (oxi, 'azedo', e gênio, 'gerador de'), por acreditar erroneamente que ele era um constituinte essencial de todos os ácidos (mais tarde provou-se não ser verdade, nem todo ácido tem oxigênio e não são exatamente de sabor azedo, mas sim ácido).

O oxigênio é o elemento químico mais abundante na natureza, superando o conjunto dos demais elementos químicos. Entra na razão de 89% em peso na composição da água (oceanos, mares, geleiras, rios, lagoas), 21% em volume na atmosfera (78% de nitrogênio e 1% de demais gases), 47% da crosta terrestre (até uma profundidade de 15 km) e ainda 65% do corpo humano. Resulta, pois, em uma contribuição média de cerca de 50% na formação da natureza, o que inclui a atmosfera, hidrosfera, litosfera e biosfera. Na forma gasosa, na atmosfera ou dissolvido na fase aquosa, ele é muito importante na respiração de seres vivos, o que permitiu a evolução das espécies na história geológica do planeta terra. Na estratosfera ele também é encontrado na forma de ozônio responsável por absorver os raios ultravioletas de maior energia provenientes do Sol. Na litosfera, ele está ligado a diversos elementos, na forma de óxidos e sais (silicatos, fosfatos, carbonatos, sulfatos, nitratos, etc.). Na biosfera, ele participa de uma infinidade de processos biológicos, a exemplo da síntese de carboidratos, proteínas, DNA, etc.

A principal fonte para a produção de oxigênio em escala industrial é o ar. Os processos empregados são a destilação fracionada do ar líquido (processo de Linde) e a liquefação fracionada do ar (processo de Claude). Quantidades consideráveis de oxigênio são ainda produzidas por eletrólise de água. O oxigênio é encontrado no comércio acondicionado como gás comprimido em cilindros de aço. Ele é utilizado como desinfetante em diversos processos industriais e comerciais. Quando necessário, o oxigênio pode ser preparado no laboratório por eletrólise ou por decomposição térmica de seus óxidos e sais.

O oxigênio é um gás incolor, inodoro e insípido. No estado livre, apresenta-se como moléculas de O_2 com número de oxidação (nox) igual a zero. Ele é um gás comburente (sustenta a combustão) e se combina praticamente com todos os elementos químicos, exceto gases nobres. Na maioria de seus compostos possui nox de -2, porém como peróxido tem nox igual a -1 (H_2O_2).

3.2.1 Preparação de O_2 a partir de PbO_2

A decomposição térmica do óxido de chumbo IV leva à liberação de oxigênio, produzindo óxidos de chumbo coloridos, no estado de oxidação III e II.

$$\underset{\textbf{(preto)}}{2\,PbO_2} + \text{calor} \xrightarrow{-1/2\,O_2} \underset{\textbf{(laranja)}}{Pb_2O_3} \xrightarrow{-1/2\,O_2} \underset{\textbf{(amarelo)}}{2\,PbO}$$

Uma combustão mais viva pode ser obtida com um aquecimento mais enérgico, feito por um bico de Bunsen ou uma chama de fogão, ilustrado na Figura 3.3. Pode-se observar as duas fases sendo formadas.

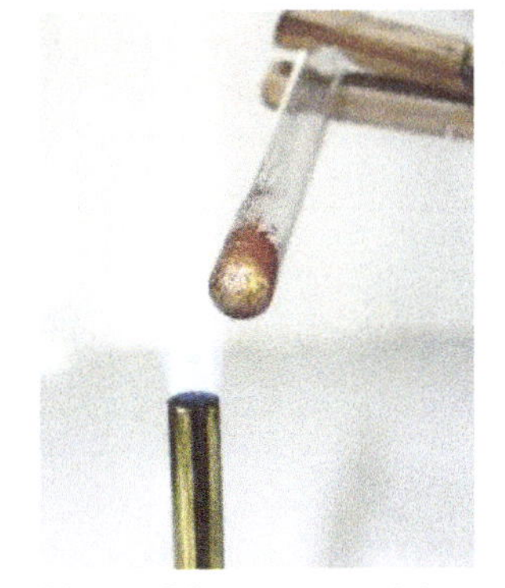

Figura 3.3. Decomposição do PbO_2 pelo calor.

O dióxido de chumbo tem aplicações na indústria de vidros, cerâmicas, pigmentos para tintas e componentes de computadores.

EXPERIÊNCIA 5 KIT

Prepare a lamparina adicionando um pouco de álcool etílico (de lojas especiais, 92,8° INPM = 92,8% m/m ou 96 °GL v/v) e umedecendo o pavio. Acenda a lamparina. Para melhores resultados usar um bico de Bunsen ou a chama de um fogão caseiro.

Adicione com a espátula um pouco de PbO_2 a um tubo de ensaio seco. Segure-o com a pinça de madeira e aqueça o tubo na lamparina, e quando começar a decomposição do óxido, adicione um palito em brasa (palito de fósforo, ou lasca de madeira) e observe a sua combustão devido ao oxigênio expelido no tubo. O resíduo amarelado no fundo do tubo consiste de PbO. Caso a decomposição não seja completa, teremos também um resíduo laranja consistindo de Pb_2O_3, conforme Figura 3.3.

3.2.2 Preparação de O_2 a partir de $KMnO_4$ ou de H_2O_2

O permanganato de potássio é muito utilizado na química como agente oxidante forte, e na química analítica em permanganimetria, que se baseia na titulação de espécies e compostos reduzidos com permanganato de potássio, através da semirreação:

$$MnO_4^- + 8H^+ + 5e^- \rightleftharpoons Mn^{2+} + 4H_2O \qquad E^o = 1{,}51\text{ V em }[H^+] = 1\text{ M}$$

Com o excesso de permanganato após o ponto de equivalência, a solução vira para rosa, caracterizando o ponto final da titulação (ver item 1.12).

A decomposição do sal a quente também leva à produção de oxigênio, manganato de potássio e dióxido de manganês.

$$\underset{\text{(violeta)}}{2\,KMnO_4} \xrightarrow[\text{calor}]{} \underset{\text{(verde)}}{K_2MnO_4} + \underset{\text{(preto)}}{MnO_2} + O_2$$

EXPERIÊNCIA 6 KIT

Repita a experiência anterior substituindo o PbO_2 por **permanganato de potássio**. Sob a ação do calor, o permanganato decompõe-se a manganato de potássio, dióxido de manganês e oxigênio. Após o resfriamento do tubo, adicione um pouco de água e observe a cor verde característica do íon manganato. Compare com a cor violeta do permanganato, dissolvido em outro tubo.

A água oxigenada, **H_2O_2**, pode também ser utilizada para produção de oxigênio. Jogue fora a solução do tubo acima, lave com água mantendo um pouco de **MnO_2** no fundo (ou adicione um pouco a partir de um frasco de reagente). Adicione um pouco de água oxigenada diluída de farmácia (3% ou 10 volumes) ou concentrada (30%) e aqueça o tubo. Observe a forte evolução de O_2 catalisada pelo dióxido de manganês.

Uma forma mais elegante de produção de O_2 pode ser realizada pela reação de permanganato de potássio em meio ácido.

$$2MnO_4^- + 5H_2O_2 + 6H^+ \rightarrow 2Mn^{2+} + 5O_2 + 8H_2O$$

Tal reação é utilizada em Química Analítica para dosagem de H_2O_2 por solução de $KMnO_4$ padrão (método da permanganimetria - ver item 1.12).

EXPERIÊNCIA 7 KIT

Num tubo de ensaio adicione um pouco de **permanganato de potássio** e uns 3 mL **água oxigenada** 10 volumes. Adicionar gotas de **H_2SO_4** concentrado ou diluído e observe a evolução de oxigênio, que é acelerada pelo aquecimento.

3.2.3 Determinação do teor de O_2 no ar pela queima de uma vela

Vamos reproduzir de forma quantitativa a observação milenar do aumento da coluna d´água num recipiente quando uma vela é queimada (ver introdução sobre Oxigênio), contudo de forma quantitativa.

EXPERIÊNCIA 8 KIT

Separe uma **vela** curta e um béquer de 100 mL. Acenda a vela, pingue parafina derretida no béquer e fixe-a no centro. Com a vela acessa, vá adicionando água ao béquer até próximo do pavio, de forma a eliminar o volume morto da vela. Rapidamente emborque a proveta plástica de 100 mL sobre o pavio acesso da vela e espere a água subir até o equilíbrio das pressões. Levante ou desça a proveta de forma a igualar o nível interno d´água com o externo, e assim evitar a contribuição de pressão (peso) exercida pela coluna d´água dentro da proveta (cuidado para não levantar demais, pois o ar externo pode entrar). Utilizando uma caneta de retroprojetor, faça uma marca na proveta do nível final da água que subiu, e obtenha o volume de água que subiu, após combustão da vela (ou faça uma relação das medidas de comprimentos). Este volume deverá estar próximo de 21% do volume total da proveta.

Obs.: - Pode-se usar outro tubo cilíndrico de vidro sem escala (p. ex., tubo de ensaio largo), desde que se marque com caneta permanente os níveis inicial e final da água.

A experiência acima tem sido reproduzida há décadas por professores de ciências e de química para determinar o teor de oxigênio no ar, e embora o valor obtido seja muito próximo do real, ela contém algumas falácias (Braathen, 2000).

A combustão da parafina da vela (constituída de hidrocarbonetos saturados C_nH_{2n+2} $n > 20$), caso fosse completa, resultaria em:

$$C_nH_{2n+2} + (3n+1)/2\ O_2 \rightarrow nCO_2 + (n+1)H_2O$$

Isto é, consumo de oxigênio e formação de gás carbônico e vapor de água. O pressuposto fundamental do método é que o vapor d'água se condensa e o gás carbônico, por ser muito solúvel em água, dissolve-se rapidamente. O oxigênio é removido, a pressão dentro do cilindro diminui e a água do recipiente sobe pelo cilindro até uma altura que correspondente ao volume ocupado pelo O_2. Comparando-se este volume com o volume total do cilindro, calcula-se o teor de oxigênio no ar em porcentagem v/v.

Embora o CO_2 seja 18 vezes mais solúvel que o O_2, para a mesma pressão parcial, conforme constantes de Henry (k_H $CO_2 = 23.10^{-3}$ e k_H $O_2 = 1{,}3.10^{-3}$ mol L^{-1} atm^{-1}), o que poderia a princípio favorecer a veracidade da experiência, temos de fato uma lenta cinética de dissolução do gás carbônico, associada ainda a uma incompleta combustão da parafina no final da combustão da vela, com formação de monóxido de carbono (ainda mais insolúvel que o CO_2).

Outro problema refere-se ao calor produzido durante a combustão. O aumento da temperatura ocasiona uma expansão e possível escape de gases. Depois, ocorre um resfriamento e contração do volume. Uma parte do oxigênio é de fato consumida. Uma parte do CO_2 de fato dissolve-se e, assim, o resultado obtido regularmente parece revelar a "verdade", mas não é! Em outras palavras, o mito da combustão da vela para a determinação do teor de oxigênio no ar sobreviveu durante décadas porque uma série de fatores aparentemente "conspiram" para a obtenção de resultados coerentes com o teor esperado (21%). O método da combustão da vela é um excelente exemplo de como se pode obter a resposta "certa" pelas razões erradas: "Mais importante do que obter a resposta certa é obter certo a resposta".

Para evitar os problemas da experiência acima, propõe-se substituir a vela por palha de aço (p. ex., Bombril) inserida no fundo do tubo cilíndrico. Também bons resultados podem ser obtidos pela oxidação do pirogalol.

3.2.4 Determinação do teor de O_2 pela oxidação de palha de aço

Um resultado mais confiável sobre o percentual de oxigênio no ar pode ser obtido através da oxidação de ferro de uma palha de aço, contida no fundo de uma proveta. Esta oxidação é muito lenta (de 2 a 3 dias), mas pode ser acelerada pela limpeza prévia da palha de aço com solução de ácido acético, que remove a camada de óxido previamente existente, expondo a superfície renovada de ferro à rápida oxidação (somente 30 min).

$$2Fe + 3/2\ O_2 + H_2O \rightarrow Fe_2O_3.H_2O$$

EXPERIÊNCIA 9 KIT

Introduza a metade de uma bucha de palha de aço (aproximadamente 4 g) num copo de vidro e adicione vinagre puro ou diluído (1:1) até cobrir. Revolva a palha de aço por aproximadamente 1 min para melhor limpeza da ferugem, e em seguida, sacuda a bucha vigorosamente numa pia para remoção do excesso de vinagre. Rapidamente a introduza no fundo de uma proveta de 100 mL, e logo em seguida, emborque a proveta dentro d'água contida num béquer de 250 mL. Após 1 dia ajuste a altura interna e externa da água, para igualar as pressões, leia a escala da proveta e determine o % O_2 no ar. Nessas condições, todo o oxigênio contido na proveta é consumido na oxidação da palha de aço.

3.2.5 Determinação do teor O_2 pela reação com pirogalol

O pirogalol, ácido pirogálico ou benzeno-1,2,3-triol é um pó branco cristalino e um poderoso agente redutor. Foi primeiro preparado por Scheele 1786 por aquecimento de ácido gálico. É um fenol derivado do benzeno, após substituição de três átomos de hidrogênio ligados a carbonos adjacentes, por hidroxilas.

O composto torna-se castanho com o tempo devido sua sensibilidade em reagir com o oxigênio. Esta oxidação é acelerada em solução alcalina, gerando produtos de degradação de cor escura. Desta forma pode ser utilizada para determinação do teor de O_2 no ar. Os outros gases componentes do ar não reagem com o sal sódico do pirogalol, com exceção do dióxido de carbono, que também é absorvido pela solução do sal. Porém, o efeito do CO_2 nos resultados é desprezível, devido a sua baixa proporção no ar (0,041%).

Também é utilizado para análise dos gases do digestor de lodo anaeróbio, e em formulações de corantes capilares, prática que está em desuso devido a preocupações quanto à sua toxicidade (DL50 oral rato = 300 mg/kg), e portanto não pode ser ingerido, inalado ou ter contato com a pele.

EXPERIÊNCIA 10 KIT

Dissolva cerca de **1 g de NaOH** em 50 mL de água contida num béquer de 100 mL, e adicione mais **2 g de pirogalol.** Agite para dissolver. Emborque a proveta de 100 mL na solução (Figura 3.4) e espere umas 3 horas para que o oxigênio reaja totalmente com o pirogalol. Se puder, passe filme de PVC ao lado do béquer e proveta, de forma a minimizar a absorção de oxigênio pela solução externa na proveta, e garantir uma maior concentração de pirogalol interna.

Observe o aumento do nível da solução dentro da proveta. Ajuste esse nível com o externo para equalizar as pressões e anote a variação de volume de líquido dentro da proveta, que corresponderá à depleção de oxigênio na atmosfera interna da proveta. Você obterá um valor próximo a 21%.

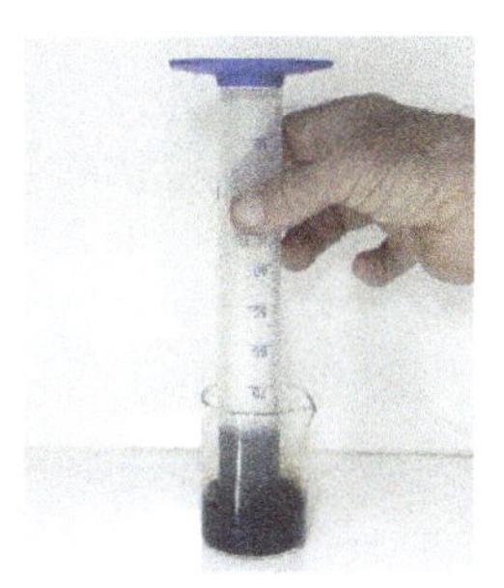

Figura 3.4. Ilustração do posicionamento de uma proveta invertida numa solução de pirogalol contida num béquer para obtenção do teor de O_2 do ar.

Repita os três experimentos acima pelo menos 3 vezes, para obtenção da média e desvio padrão das medidas, e conclua quais deles é o mais exato e mais preciso na determinação do teor de oxigênio no ar.

3.3 CLORO

O sueco Carl W. Scheele foi o primeiro a preparar cloro em estado livre (1774) por ação de ácido clorídrico (*spitus salis*) sobre dióxido de manganês (pirolusita). A princípio, ele acreditou que o gás era ácido muriático privado de hidrogênio (considerado então como flogisto) e o chamou de ácido muriático deflogisticado. Somente em 1810 que Davy demonstrou que se tratava de um novo elemento, o qual o chamou de cloro, que em grego antigo (*khlôros*) significa "amarelo esverdeado".

O cloro é um elemento quimicamente muito ativo. Ele reage diretamente com a maior parte dos elementos, embora menos vigorosamente do que o flúor. Não reage diretamente com carbono, oxigênio ou nitrogênio, mas entra em combinação com todos esses elementos por meios indiretos. Por sua grande atividade química, o cloro não é encontrado livre na natureza, mas sim combinado em grandes quantidades na água do mar, predominantemente cloreto de sódio, depósitos de salgema e outros depósitos minerais. O cloro é um agente oxidante forte, cujo potencial-padrão de redução é:

$$Cl_2(g) + 2e^- \rightleftharpoons 2Cl^- \quad E^o = +1{,}36\ V$$

Tem uma cinética de reação rápida, muito mais rápida do que o oxigênio molecular. As soluções aquosas de cloro se decompõem lentamente com evolução de oxigênio. Em solução aquosa encontra-se em parte como tal e, em parte, na forma de seus produtos hidrolíticos, HCl e HClO.

O cloro é um gás amarelo esverdeado, de odor irritante e sufocante, muito tóxico. Ataca as mucosas nasais e as vias respiratórias. É cerca de duas vezes mais denso que o ar. Industrialmente, é preparado pela eletrólise de salmouras (NaCl ≈ 300 g/L). Devido ao seu alto poder de oxidação, é utilizado na indústria e comércio como branqueador e desinfetante, além de insumo para diversos produtos industriais, sendo que 2/3 de sua produção é utilizada na fabricação de produtos orgânicos, como o policloreto de vinila (PVC) e intermediários na produção de plásticos. Compostos geradores de cloro são utilizados como branqueadores e desinfetantes na limpeza doméstica (água sanitária - hipoclorito de sódio), ou no tratamento de água de piscina (hipoclorito de cálcio, dicloro-s-triazinatriona de sódio ou dicloroisocianurato de sódio).

No laboratório, é preparado pela oxidação de ácido clorídrico por agentes oxidantes, como dióxido de manganês, dióxido de chumbo, permanganato de potássio e dicromato de potássio.

$$MnO_2 + 4HCl \rightarrow MnCl_2 + Cl_2 + 2H_2O$$

3.3.1 Reação do Cl_2 com fósforo vermelho

O gás cloro pode ser preparado pela decomposição de água sanitária em meio ácido. A água sanitária comercial é uma solução aquosa de hipoclorito de sódio com cerca de 2 a 3% de cloro ativo.

$$NaClO + 2HCl \rightarrow NaCl + Cl_2 + H_2O$$

Esse gás reage com o fósforo vermelho (descrito no item 11.5) gerando bonitos fumos brancos de cloreto de fósforo III e V.

$$P + 3/2Cl_2 \rightarrow PCl_3$$
$$P + 5/2Cl_2 \rightarrow PCl_5$$

A reação do cloro com fósforo branco (P_4) produz $PCl_5(s)$, e libera − 463 kJ/mol de entalpia (calor a pressão constante). O pentóxido de fósforo reage violentamente com água produzindo ácido clorídrico e ácido fosfórico.

EXPERIÊNCIA 11 KIT

Introduza uma das pontas de um bastão de vidro no frasco contendo **fósforo vermelho**. Na proveta de 100 mL adicione cerca de 20 mL de **água sanitária** e uns **5 mL de HCl** medidos com uma proveta. Imediatamente, insira a ponta do bastão impregnada com fósforo vermelho dentro da proveta e observe uma vigorosa combustão com a formação de fumos brancos de cloretos de fósforo (Figura 3.5).

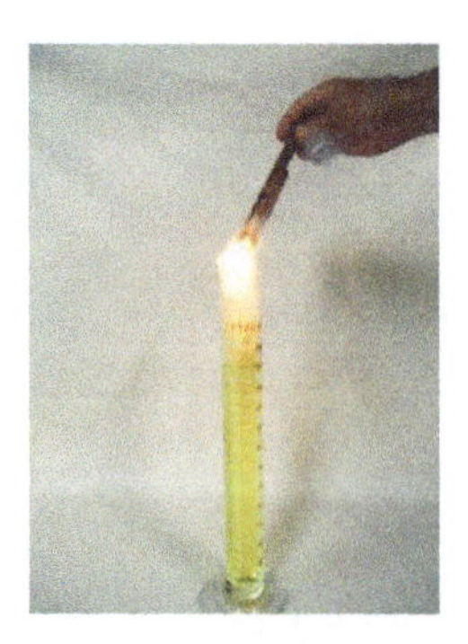

ATENÇÃO: Devido à alta toxidade do gás cloro e irritação causada na pele, olhos e sistema respiratório pelo PCl_5, faça a experiência num exaustor de laboratório ou num lugar arejado.

Figura 3.5. Formação de fumos brancos de cloretos de fósforo a partir da reação de cloro com fósforo vermelho.

EXPERIÊNCIA 12 KIT

Também teste a produção de cloro a partir da reação do dióxido de manganês com o ácido clorídrico. Num tubo de ensaio adicione 5 mL de HCl e uma ponta de espátula de MnO_2. Segure o tubo com a garra de madeira e o aqueça numa lamparina ou bico de Bunsen. Observe a formação do gás cloro.

3.3.2 Reação do Cl_2 com ferro

EXPERIÊNCIA 13 KIT

Repita a experiência anterior substituindo o fósforo vermelho na ponta do bastão por um chumaço de **palha de aço**. Segure o chumaço com uma pinça e ateie fogo numa das pontas, introduzindo esta ponta rapidamente na proveta. Observe agora a formação de fumos vermelhos de cloreto férrico, conforme equação abaixo.

$$\text{Reação:} \quad Fe + \frac{3}{2}Cl_2 \rightarrow FeCl_3 \qquad \Delta H_f^o = -405 \text{ kJ/mol}$$

EXPERIÊNCIA 14 KIT

Você pode repetir a experiência acima usando um fio ou lâmina de cobre, também previamente aquecido numa chama (lamparina, bico de Bunsen). Observe a formação de depósito de $CuCl_2$ no fio, que ao ser levado à chama produz uma bela chama verde.

Outra interessante experiência com cloro diz respeito à reação fotoquímica deste gás com hidrogênio armazenados num tubo de ensaio fechado com uma rolha de cortiça. Ao incidirmos um feixe intenso de luz no tubo, uma reação em cadeia acontece com produção final de HCl e liberação de calor. Uma explosão se sucede e a rolha é projetada em alta velocidade (ver item 15.1.2).

3.3.3 Reação "Misturas Químicas Misteriosas"

Esta é uma experiência muito criativa envolvendo diluição e reação de soluções, que gera um interessante efeito visual. Três soluções, armazenadas em recipientes incolores (copo de vidro, acrílico, béquer) são misturadas entre si. A primeira contém água, a segunda um reagente colorido, e a terceira um reagente incolor. A "brincadeira" pode ser executada em 4 movimentos, a saber:

1) Inicialmente adicionamos a segunda solução à primeira, acarretando no tingimento da água, e a tornando cada vez mais colorida à medida que mais corante vai sendo adicionado.

2) Contudo, se adicionarmos a terceira solução (que contém um 2º reagente mais concentrado) à primeira solução, este reagente desvanecerá o pouco do 1º reagente adicionado inicialmente ao primeiro recipiente.

3) Agora se adicionarmos a segunda solução colorida à terceira mais concentrada, a menor quantidade do 1º reagente será desvanecida completamente pelo excesso do 2º reagente, contida no terceiro recipiente, e a solução final se manterá incolor,

4) Mas se adicionarmos a terceira solução ao segundo recipiente, o excesso do 2º reagente reagirá completamente com o 1º reagente contido no segundo recipiente, e a solução muda para incolor.

O interessante desta experiência é associar tais efeitos de cor a uma boa história, a fim de causar um maior impacto à plateia. Como sugestão apresento a seguinte narrativa:

Recipiente 1: **Ser humano** Recipiente 2: **Ignorância** Recipiente 3: **Ciência**

"O ser humano nasce puro, com mente aberta, sem vícios e maldades, mas quando ele se depara com mitos, crendices, fantasias, negacionismo, que fazem parte da ignorância científica, esta domina a mente humana, ficando cada vez mais suja à medida que a ignorância prevalece; mas quando a razão científica vem para ajudar e esclarecer, ela consegue expulsar a ignorância humana! A ignorância humana não consegue contaminar a Ciência, que usa uma metodologia robusta, tangível, testável e indubitável; mas a Ciência e a educação conseguem afastar a ignorância humana!"

Podemos adaptar esta sequência de eventos utilizando-se de reações químicas, p.ex. ácido-base, complexação e oxirredução. Um exemplo seria água no primeiro recipiente, solução de NaOH com fenolftaleína no segundo recipiente, e solução mais concentrada de HCl no terceiro recipiente. Ao adicionarmos a solução vermelha básica do segundo recipiente ao primeiro, este se tinge de vermelho/róseo; mas o segundo adicionado ao terceiro, continua incolor (excesso de HCl); e terceiro no segundo desvanece a cor vermelha até ficar incolor.

Outra sugestão seria usar o poder oxidante do hipoclorito de sódio presente na água sanitária ($E^o = +0{,}88$ V, em meio básico), para oxidar e desvanecer a cor de um reagente colorido e de fácil oxidação (iodo ou corante alimentício). Vamos usar então o iodo (presente na tintura de iodo) como reagente 1 (no recipiente 2), e a água sanitária como reagente 2 (no recipiente 3).

EXPERIÊNCIA 15 KIT

Disponha numa mesa três copos transparentes, o primeiro contendo uns 50 mL de água, o segundo contendo gotas de tintura de iodo adicionadas a 50 mL de água, até escurecer, e o terceiro contendo uns 50 mL água sanitária. Siga a sequência de movimentos acima e conte a narrativa sugerida. Observe as mudanças de cor.

Obs.: A quantidade de iodo colocada no copo 2 tem que ser menor daquela de hipoclorito de sódio adicionada no copo 3, pois se não a solução de iodo não se tornará transparente.

Ao adicionarmos iodo sobre a água no recipiente 1 ela se torna colorida, e cada vez mais colorida por adição de mais solução de iodo. Agora ao adicionarmos a solução do recipiente 3 (água sanitária) ao do recipiente 1 (solução diluída de iodo), ocorrerá a oxidação do iodo e formação do íon hipoiodito (instável) e iodato em meio básico,

$$I_2 + 2OH^- \rightleftharpoons IO^- + I^- + H_2O$$
$$3IO^- \rightleftharpoons 2I^- + IO_3^-$$

Podemos calcular então a diferença de potencial para a reação global de oxidação do iodo pelo íon hipoclorito em meio básico, gerando o íon iodato.

$$ClO^- + H_2O + 2e^- \rightleftharpoons Cl^- + 2OH^- \qquad E_{red}{}^o = +0{,}88\ \text{V}$$
$$I_2 + 12OH^- \rightleftharpoons 2IO_3^- + 6H_2O + 10e^- \qquad E_{oxi}{}^o = -0{,}21\ \text{V}$$
$$5ClO^- + I_2 + 2OH^- \rightleftharpoons 2IO_3^- + 5Cl^- + H_2O \qquad \Delta E^o = 0{,}67\ \text{V}$$

No terceiro movimento, adicionamos a solução do recipiente 2 ao do recipiente 3, ou seja, o iodo reage com o hipoclorito, mas como está em menor quantidade, prevalece o excesso de hipoclorito, e a solução final resta-se incolor.

No quarto movimento, um excesso da solução de hipoclorito do recipiente 3 é adicionada sobre a solução de iodo do recipiente 2, e novamente a solução incolor.

Simples e divertido não! Nada de mistério, apenas Ciência química! Outras variações podem ser engendradas, p.ex., se colocarmos uma menor quantidade de hipoclorito de sódio sobre a solução de iodo, mantendo-se o iodo em excesso, neste caso a solução restará colorida. Também reações com formação de complexos metálicos podem ser pensadas.

3.4 IODO

Este elemento foi descoberto pelo químico francês Bernard Courtois em 1811 ao tratar a solução de cinzas de algas marinhas com H_2SO_4 à quente e destilação em retorta. Seu nome foi derivado do greco *Iodes* que significa violeta.

O iodo é um sólido negro e lustroso, com leve brilho metálico, que sublima em condições normais formando um gás de coloração violeta e odor irritante. Igual aos demais halogênios forma um grande número de compostos com outros elementos, porém é o menos reativo do grupo, e apresenta certas características metálicas. A deficiência de iodo no organismo provoca o bócio, deformação muito incomum atualmente, devido a adição de iodo pela indústria no sal de cozinha. A falta de iodo causa também retardamento nas prolactinas (hormônio cuja principal função é a de estimular a produção de leite pelas glândulas mamárias).

É pouco solúvel em água, porém dissolve-se facilmente em substâncias orgânicas, como etanol, clorofórmio ($CHCl_3$), em tetracloreto de carbono (CCl_4), ou em dissulfeto de carbono (CS_2), produzindo soluções de coloração violeta. A solubilidade do iodo em água aumenta ao adicionarmos o íon iodeto (p.ex. KI), devido a formação do complexo triodeto I_3^-, presente na tintura de iodo. Este complexo em contato com o amido gera uma coloração azul, devido a formação do complexo triiodeto-β-amilose de cor azul (ver iodometria – item 1.12 iv).

A tintura de iodo tem sido utilizada por gerações como antisséptico (impede a proliferação de micro-organismos patogênicos), principalmente para arranhados e ferimentos, sendo composta de uma solução de iodo elementar de 2 a 10% m/v dissolvido numa mistura de etanol e água. A ardência é devida principalmente ao álcool presente (para aumentar a solubilidade), e não pelo iodo. Alguns fabricantes adicionam iodeto de sódio para a formação do complexo triodeto, I_3^-, e aumentar a solubilidade de iodo na solução (p.ex., 10 g I_2 + 3,8 NaI, dissolvidos e completados para 100 mL com álcool etílico diluído).

Uma outra solução comercial contendo iodo refere-se ao produto de nome Lugol, que é uma mistura de iodo molecular com iodeto de potássio dissolvido em água destilada (p.ex., 5 g I_2 + 10 g KI + água, completados para 100 mL), evitando assim efeitos indesejados do álcool. O nome foi dado pelo químico francês Jean Lugol a um preparado de iodo explorado desde o século XIX. O Lugol é utilizado na estimulação do bom funcionamento da glândula tireoide, melhoria na produção de hormônios, e controle da síntese de estrogênio nos ovários, mas também pode ser utilizado como antisséptico. Outros derivados do iodo são disponíveis no comércio (iodopovidona e o iodofórmio).

Ambas soluções acima também podem ser utilizadas para sanitizar águas, usando-se 5 gotas de tintura de iodo a 2% por litro de água a ser tratada, deixando-se agir após a adição por 30 minutos antes da ingestão, tempo necessário para que os vírus e bactérias sejam eliminados.

Além de suas aplicações como aditivo no sal de cozinha e antisséptico de uso tópico, o iodo é utilizado na fabricação de filmes e papéis fotográficos, síntese orgânica, fabricação de medicamentos e como agente de nucleação (AgI) para formação de nuvens de chuva. Na química analítica tem um importante papel na titulometria de oxirredução, a chamada iodometria, onde o par redox

$$I_2 + 2e^- \rightleftharpoons 2I^- \quad E^o = 0{,}535\ V$$

propicia a titulação de agentes redutores (iodometria direta ou iodimetria) e de agentes oxidantes (iodometria indireta), conforme item 1.12.

3.4.1 Determinação do teor de H_2O_2 em água oxigenada (iodometria indireta)

O peróxido de hidrogênio ($M = 34{,}015$ g/mol), que em solução diluída é conhecida como água oxigenada, é um antisséptico e desinfetante de uso local, podendo ser usado na limpeza de feridas, branqueador de tecidos, papel e de cabelos. No item 4.2 o peróxido de hidrogênio é descrito em detalhes. Uma solução a 3% m/m, ou aproximadamente 10 volumes, pode ser analisada, adicionando-se excesso de iodeto de potássio a uma alíquota da solução diluída de água oxigenada (em meio ácido), e titulando-se o iodo gerado com solução de tiossulfato de sódio, previamente padronizada (padrão secundário). Este é o método da iodometria indireta, que é realizado no laboratório de pesquisa e de ensaio com vidrarias precisas e exatas (buretas, balões e pipetas volumétricas), e com pessoal qualificado, a fim de garantir acurácia nos resultados e validação metrológica.

A solução de tiossulfato ($Na_2S_2O_3$) pode ser padronizada com o padrão primário iodato de potássio ($M = 214{,}0$ g/mol), seco em estufa a 150 °C e mantido no desse-cador. No erlenmeyer a massa de 100 mg do padrão KIO_3 é dissolvida em água, seguida da adição de cerca de 1 g de KI, e posterior adição de 10 mL de H_2SO_4 1:8 (2 mol/L), com formação de uma quantidade equivalente de iodo, a ser titulada com o tiossulfato.

$$IO_3^- + 5I^- + 6H^+ \rightleftharpoons 3I_2 + 3H_2O \qquad \Delta E^o = 1{,}20 - 0{,}535 = 0{,}67\ V$$

$$2S_2O_3^{2-} + I_2 \rightleftharpoons S_4O_6^{2-} + 2I^- \qquad \Delta E^o = 0{,}535 - 0{,}08 = 0{,}46\ V$$

Após balanço estequiométrico e soma das equações (mesma quantidade de iodo), a relação estequiométrica entre o íon iodato e o tiossulfato será de 1:6 (um para seis). Partindo-se do sal de tiossulfato pentahidratado ($M = 248{,}19$ g/mol), se desejarmos preparar e titular uma solução de $Na_2S_2O_3 \approx 0{,}1$ mol/L teremos que dissolver $\approx 24{,}819$ g e diluir para 1 litro. Se na titulação dos 100 mg do padrão KIO_3 forem consumidos 27,50 mL de solução preparada de tiossulfato, medidos numa bureta de 50 mL, então a concentração padronizada desta solução será (ver item 1.6.1 e 1.6.3):

$$n_{Na_2S_2O_3} = 6 \times n_{KIO_3} \Rightarrow V.c = 6.\frac{m}{M} \Rightarrow 27{,}50 \times c = 6 \times \frac{100}{214} \Rightarrow \ c = 0{,}102\ mol/L$$

No laboratório esta titulação é realizada no mínimo três vezes, a fim de melhorar a precisão analítica, obter um melhor desvio padrão (s) e parâmetro $\boldsymbol{t}$, permitindo o cálculo do intervalo de confiança da média ($\bar{x} \pm \boldsymbol{t}.s/\sqrt{N}$) com 95% de confiança (estatística de Student).

Tendo a solução do tiossulfato padronizada, podemos utilizá-la para titular substâncias oxidantes, como a água oxigenada a 3% m/v ou a 10 volumes. Um método analítico adequado seria:

Pipetar 20 mL de água oxigenada a 10 volumes e transferir para balão volumétrico de 250 mL, completar até a marca e homogeneizar. Pipetar, em triplicata, uma alíquota de 20 mL da solução, transferir para erlenmeyer de 250 mL e adicionar cerca de 50 mL de água, 10 mL de solução de ácido sulfúrico (1:8), 1 grama de iodeto de potássio e 3 gotas de solução neutra de molibdato de amônio 3%. Titular com solução padronizada de tiossulfato de sódio até a cor ligeiramente amarela. Adicionar 2 mL de suspensão de amido a 2% e continuar a titulação até incolor. Calcular a concentração da água oxigenada em g/L e em volumes (definição no item 4.2).

$$H_2O_2 + 2I^- + 2H^+ \rightleftharpoons I_2 + 2H_2O \qquad \Delta E^o = 1{,}77 - 0{,}535 = 1{,}23\ V$$

Obs.: - O amido é adicionado somente próximo ao ponto de equivalência (P.E.) para se evitar adsorção do iodo sobre o amido, que está em altas concentrações no início toda titulação. iniciais, sobre (que causa assim P.E. antecipado – erro negativo), num meio com alto teor de iodo.

- O íon molibdato é adicionado para aumentar a cinética da reação (catalisador).

Baseando-se no procedimento acima, devemos esperar o seguinte volume na bureta para o titulante $Na_2S_2O_3$ (0,102 mol/L).

$$n_{Na_2S_2O_3} = 2 \times n_{H_2O_2} \Rightarrow V.c = 2.\frac{m}{M}$$

Mas a massa titulada, referente a alíquota de 20 ml, é uma fração (20/250) da amostra de solução inicial (20 mL de H_2O_2 a 3% m/m, d = 1,0095 g/mL) diluída, ou seja:

$$V \times 0{,}102\frac{\text{mol}}{\text{L}} = \frac{2}{34{,}015\ g/mol} \times \frac{20\ \text{mL}}{250\ \text{mL}} \times 20\ \text{mL} \times 1{,}0095\frac{\text{g}\ sol.}{\text{mL}} \times \frac{3\ \text{g}}{100\ \text{g}\ sol.}$$

V = 27,93 mL. Na prática fazemos o cálculo ao contrário, ou seja, a partir do volume titulado obtemos a concentração da amostra original.

Caso tenha acesso a um laboratório químico, com balança analítica, balões volumétricos, pipetas e bureta de 50 mL, realize a titulação da água oxigena seguindo as instruções acima. Caso não tenha, você pode realizar uma titulação aproximada utilizando uma seringa para conter a solução titulante, ou provetas e conta-gotas, conforme procedimento a seguir.

EXPERIÊNCIA 16 KIT

Inicialmente prepare uma solução de $Na_2S_2O_3$ dissolvendo aproximadamente 2,48 g do sal pentahidratado em cerca de 90 mL de água destilada ou mineral, que depois são transferidos para uma proveta da 100 mL e completados até a marca. Seque ao sol ou numa estufa KIO_3 e pese 100 mg do sal diretamente num erlenmeyer seco. Dissolva-o em um pouco d'água e adicione algo em torno de 1 g de KI, e 3 mL de H_2SO_4 6 mol/L (ou 1 mL do ácido sulfúrico concentrado ou umas 20 gotas). Sob agitação, titule o iodo gerado com a solução de tiossulfato contida na proveta de 100 mL, e zerada em 100 mL, e utilizando um conta-gotas. Próximo ao ponto de equivalência (coloração amarela fraca), adicione uns 2 mL de suspensão de amido a 2% (vide observação abaixo), e continue a adição do tiossulfato até viragem de azul para incolor. Obtenha o volume do tiossulfato pela diferença de volume (100 menos volume final da proveta). Calcule a concentração da solução de tiossulfato de sódio preparada.

Para a titulação da água oxigenada a 3% ou 10 volumes, dilua 10 mL da amostra para 100 mL finais numa proveta de 100 mL (ver procedimento acima). Transfira 20 mL desta solução para o erlenmeyer e adicione, em sequência, os mesmos reagentes supracitados, com adição agora de uma pitada de molibdato de amônio, caso o tenha (catalisador). Anote o volume inicial da solução de tiossulfato na proveta de 100 mL, e com um conta-gotas, vá adicionando esta solução ao erlenmeyer, sob agitação, para reagir com o iodo gerado, até o ponto final da titulação. Anote o volume final na proveta e obtenha o volume usado de tiossulfato por diferença. Calcule então a concentração aproximada de peróxido de hidrogênio na amostra de água oxigenada.

Caso prefira, substitua o conta-gotas por uma seringa de 50 mL, e obtenha diretamente o volume dispensado.

Observações:

- Prepare a suspensão de amido a 2% adicionando um pouco de água à 2 g de amido, e misturando para formar uma pasta. Depois adicione 100 mL de água fervente e agite bem. Após resfriar, transfira o sobrenadante para frasco de 100 mL e armazene na geladeira, e caso queira preservar por mais tempo, adicione na suspensão 1 mL de clorofórmio, ou 10 mg de HgI_2, ou 1 g de ácido salicílico, para se evitar o crescimento microbiano. Prepare nova solução quando ficar muito turva (amido de baixa pureza produz muita turvação).
- A solução de tiossulfato de sódio também pode ser padronizada com o padrão primário $K_2Cr_2O_7$ (294,19 g/mol), previamente seco em estufa a 150 °C por 2 horas.

3.4.2 Determinação da vitamina C e tintura de iodo (iodometria direta)

A vitamina C ou ácido ascórbico ($C_6H_8O_6$) é uma molécula hidrossolúvel de vital importância biológica, participando de diversas reações e funções bioquímicas, como na hidroxilação do colágeno (proteína fibrilar que dá resistência aos dentes, ossos, tendões e tecidos), síntese proteica, de hormônios e neurotransmissores, absorção do ferro, além de oferecer suporte ao sistema imunológico, em virtude da sua propriedade antioxidante, ajudando a neutralizar os radicais livres nas células.

Este composto pode ser analisado pelo método iodimétrico, pois o iodo ($M = 253{,}8$ g/mol) tem potencial de redução suficiente para oxidá-lo.

$$I_2 + 2e^- \rightleftharpoons 2I^- \quad E^o = 0{,}535\ \text{V}$$

$$\text{ácido dehidroascórbico} + 2H^+ + 2e^- \rightleftharpoons \text{ácido ascórbico} + H_2O \quad E^o = 0{,}39\ \text{V}$$

$$\text{ácido ascórbico} + I_2 \rightleftharpoons \text{ác. dehidroascórbico} + 2H^+ \quad \Delta E^o = 0{,}535 - 0{,}39 = 0{,}15\ \text{V}$$

A solução padrão de iodo I_2 0,020 mol/L pode ser preparada em balão volumétrico dissolvendo-se 5,076 g de iodo puro em uns 800 mL de água contendo 20 g de iodeto de potássio (formação do complexo triiodeto, e minimização da perda de iodo por volatilização), e completando o volume final para 1 L. A solução deve ser armazenada em frasco escuro, cuja concentração pode ser confirmada com a titulação de 50 mL de $Na_2S_2O_3$ previamente padronizado (viragem de azul para incolor), ou pela titulação de 20 mL do tiossulfato com a solução de iodo preparada (incolor para azul).

Um método analítico adequado para a titulação da vitamina C seria:

Pesar com exatidão, diretamente num erlenmeyer, cerca de 100 mg de vitamina C pulverizada (a partir de comprimido de farmácia, complemento vitamínico ou do reagente ácido ascórbico P.A. ($M = 176{,}12$ g/mol). Adicionar uns 30 mL de água destilada e agitar vigorosamente para o sólido dissolver. Adicionar 2 mL da suspensão de amido, e titular rapidamente com solução padronizada de I_2 0,020 mol/L, armazenada numa bureta de 50 mL, até aparecimento da cor azul. Calcular a % de ácido ascórbico na amostra.

A relação do ácido ascórbico com o iodo molecular é 1:1, de forma que para 100 mg da substância pura, teríamos o consumo de

$$n_{I_2} = n_{\acute{a}c.\,asc.} \Rightarrow \quad V.c = \frac{m}{M} \quad \Rightarrow \quad V \times 0{,}02\ \text{mol/L} = \frac{100\ \text{mg}}{176{,}12\ \text{g/mol}} \quad ou\ V_{I_2} = 28{,}4\ \text{mL}$$

EXPERIÊNCIA 17 KIT

Para o experimento simplificado triture um comprimido de vitamina C e pese 100 mg do pó diretamente em um erlenmeyer. Adicione uns 20 mL de água e 2 mL de suspensão de amido a 2%. Usando uma seringa de 50 mL, preenchida com solução padrão de I_2 0,020 mol/L (preparar 0,508 g de iodo + 2 g de KI em 100 mL de água), ou através de conta-gotas, adicione a solução de iodo lentamente à amostra, até viragem para azul. Calcule o porcentual aproximado de ácido ascórbico na amostra, que deve ser menor que 100% devido à presença de excipientes no comprimido *(substâncias destituídas de poder terapêutico, usadas para assegurar a estabilidade e as propriedades físico-químicas e organolépticas dos produtos farmacêuticos)*.

Conforme supracitado as soluções de tintura de iodo alcoólica ou a de Lugol contém iodo molecular estabilizado pelo íon iodeto (complexo I_3^-), e podem ser tituladas com a solução de tiossulfato de sódio 0,1 mol/L previamente padronizada com o iodato.

EXPERIÊNCIA 18 KIT

Procedimento A) Adquira na farmácia uma tintura de iodo (alcóolica ou Lugol), e verifique no rótulo o teor de iodo molecular. Caso a amostra contenha 2% em iodo, adicione 20 mL desta solução ao erlenmeyer, e lentamente vá adicionando a solução padrão de tiossulfato de sódio contida numa seringa de 50 mL, ou via conta-gotas (diferença de volume na proveta), até desvanecimento da cor a amarelo claro. Em seguida adicione a suspensão de amido e continue titulando até viragem da cor azul pra incolor (ponto final). De posse do volume total de tiossulfato, calcule a concentração de iodo baseando-se na equação

$$2S_2O_3^{2-} + I_2 \rightleftharpoons S_4O_6^{2-} + 2I^-$$

$$n_{Na_2S_2O_3} = 2 \times n_{I_2} \Rightarrow V_{Na_2S_2O_3} \times 0{,}1\ \frac{\text{mol}}{\text{L}} = 2 \times \frac{2\ \text{g}}{253{,}8\frac{g}{mol} \times 0{,}1\ \text{L}} \times V_{I_2}$$

Procedimento B) Se preferir adicione no erlenmeyer 30 mL da solução de tiossulfato de sódio, mais a solução indicadora de amido. Adicione via seringa ou conta-gotas a solução da amostra de tintura de iodo até o ponto final da titulação. Nesta titulação a viragem vai de incolor para azul.

No caso de se trabalhar com tintura de iodo mais concentrada, diminua o volume desta solução, ou aumente o volume do tiossulfato.

3.4.3 Avaliação semiquantitativa do teor de vitamina C em alimentos

A vitamina C é um importante agente antioxidante, pois sendo um redutor, reage com espécies oxidantes presentes no organismo, evitando seus efeitos deletérios (p.ex., envelhecimento das células). Esta vitamina é fundamental à saúde, mas como é hidrossolúvel, não se acumula no corpo humano, e seu excedente é eliminado na urina. Portanto seu consumo deve ser diário (100 mg para crianças em crescimento e 45 mg para adultos em geral). Diversos alimentos do cotidiano são fontes de vitamina C, como frutas (acerola, laranja, limão, morango, mamão, kiwi, maracujá, goiaba, tomate), verduras (couve, brócolis, salsa) e legumes (mandioca, ervilha, nabo, pimentão).

A acerola é uma das campeãs, excedendo mais de 1000 mg de vitamina para cada 100 g de polpa da fruta. Já o brócolis possui em torno de 120 mg, a goiaba 230 mg e laranja 60 mg por 100g de polpa. Lembrar a vitamina C se degrada com o tempo ou calor, de forma que o teor é menor em alimentos cozidos (verduras) ou preparados há mais tempo (sucos de frutas).

Vamos testar então tais alimentos quanto ao teor de vitamina C, utilizando a reação deste composto com a solução de triiodeto (preparada, tintura de iodo ou Lugol), que formará o complexo azul com o amido (triiodeto-β-amilose), quando em excesso. Partindo-se de quantidades similares de polpa destes alimentos contidas em vários recipientes, cada recipiente contendo uma mesma quantidade de solução de amido, devemos esperar então uma maior quantidade adicionada de gotas de iodo (que oxidará o ácido ascórbico), antes que o excesso forme o complexo azul.

EXPERIÊNCIA 19 KIT

Inicialmente prepare uma suspensão de amido pela adição de 1 colher de chá cheia de amido de milho em 200 mL de água fervente. Deixe essa solução esfriar antes de utilizá-la. O uso de produto comercial maisena é de interesse, pois ele tem menor teor do carboidrato amido do que o reagente amido purificado de laboratório.

Agora prepare diversos sucos com os alimentos supracitados, batendo no liquidificador quantidades similares de polpa/tecido do alimento, numa mesma quantidade de água.

Em cada recipiente adicione 30 mL da suspensão de amido, e respectivamente, 5 mL de cada suco preparado. Num dos recipientes adicione apenas a suspensão de amido, que servirá de referência quando da adição de iodo (uma gota já mudará a cor para azul). Em um recipiente adicione suco de laranja recente, e em outro, suco preparado no dia anterior. Também compare verdura fresca com outra porção cozida.

Em todos os recipientes adicione gotas de tintura de iodo a 2%, sob agitação, até viragem definitiva de cor para azul (espere sempre um pouco de tempo para que a reação do ácido ascórbico com o iodo se processe completamente). Compare suas observações quanto ao teor de vitamina C esperados nos alimentos.

Deve-se observar que quanto mais vitamina C o suco possuir, mais gotas de tintura de iodo serão necessárias para manutenção da coloração azul final, após excesso de iodo. Quando comparamos os sucos de laranja preparados em dias diferentes, observamos que o mais velho demandará menos gotas da tintura de iodo, pois houve maior degradação da vitamina C com o tempo (oxidação pelo oxigênio do ar). No caso da batata, a perda de vitamina C chega a ser 15% por mês de armazenamento. Perda também acontece quando o alimento é cozido, devido a maior solubilidade da vitamina em água quente ou por sua decomposição pelo calor. Compare uma verdura cozida com outra não cozida. Alimentos cozidos por muito tempo e alimentos que foram submetidos a processamento industrial contêm pouca vitamina C. No caso da batata, se ela for cozida sem a casca, perderá imediatamente de 30% a 50% de sua propriedade.

3.4.4 Reação "Misturas Químicas Misteriosas" com iodo-tiossulfato

Repita o item 3.3.3. substituindo a água sanitária do terceiro recipiente por solução de tiossulfato de sódio. Neste caso teremos um agente redutor, o $Na_2S_2O_3$, reduzindo o iodo à iodeto, cuja diferença de potencial positiva acarreta numa reação espontânea:

$$2S_2O_3^{2-} + I_2 \rightleftharpoons S_4O_6^{2-} + 2I^- \qquad \Delta E^o = 0{,}46\ V$$

No recipiente 1 mantenha a água, e no recipiente 2 a tintura de iodo.

EXPERIÊNCIA 20 KIT

Repita a experiência 15, mantendo no recipiente 1 somente a água, no recipiente 2 a tintura de iodo, mas adicione no recipiente 3, solução de tiossulfato de sódio, mais concentrada do que a do iodo. Sugestão: a solução de tintura de iodo a 2% equivale a 0,077 mol/L (ver cálculos acima), e considerando que ela será diluída com água no recipiente 2, a solução de tiossulfato a 0,1 mol/L é adequada para o recipiente 3. Siga a sequência de movimentos supracitados e conte a narrativa sugerida. Observe as mudanças de cor.

3.4.5 Reação do iodo com zinco em pó

O iodo sólido reage intensamente com o zinco granulado, mediado pela água, para formar o sal solúvel ZnI_2 e uma extensa cortina de vapor violeta de iodo, segundo as reações:

$$\mathrm{Zn}(s) + \mathrm{I_2}(s) \longrightarrow \mathrm{ZnI_2}(s) \quad \Delta H_f^o = -208\ \mathrm{kJ/mol}$$

$$\mathrm{ZnI_2}(s) + H_2O(l) \longrightarrow \mathrm{ZnI_2}(aq) \quad \Delta H_f^o = -56{,}2\ \mathrm{kJ/mol}$$

A adição da água facilita a reação, pois dissolve o iodeto de zinco sólido formado sobre a superfície dos reagentes, e assim, permite a propagação da reação, facilitada ainda pelo calor liberado, que sublima o iodo reagente, formando uma nuvem violácea de vapor de iodo.

EXPERIÊNCIA 21 KIT

Misture bem 1 g de zinco metálico (granulometria em torno de 0,6 a 0,4 mm, ou 20 a 30 mesh) com 3,6 g de iodo, de preferência num gral de porcelana. Transfira a mistura para um tubo de ensaio, e fixe-o num suporte. Adicione umas 30 gotas de água e observe a enérgica reação entre o zinco e o iodo, com formação de uma densa nuvem de vapores violáceos de iodo.

Outras reações do iodo são apresentadas no item 4.3.3 (síntese do triiodeto de nitrogênio) e 3.7.1 (aluminotermia). Iodo também é muito utilizado em síntese orgânica e em cromatografia de camada delgada (item 8.3) para revelar compostos orgânicos separados após eluição com solvente adequados. A revelação é feita numa câmara de iodo (onde o vapor de iodo se associa a alguns compostos orgânicos) ou utilizando-se uma lâmpada de luz ultravioleta, que provoca a fotoluminescências das moléculas (ver item 11.1).

3.4.6 Vapor ou fumaça de iodo?

Fumaça é um sistema onde uma fase sólida coloidal (p.ex., partículas muito pequenas da queima de um cigarro) está dispersa numa fase gasosa dispersante (p.ex., o ar). Maiores detalhes são descritos no Capítulo 6. Já o vapor é uma substância na fase gasosa a uma temperatura inferior à sua temperatura crítica (acima desta temperatura a substância gasosa não pode ser condensada por compressão isotérmica). A temperatura crítica da água é 374 °C; abaixo dela vapor d'água pode ser convertido em água líquida por aumento de pressão sem reduzir a temperatura. Diferencia-se o vapor do gás, onde a temperatura precisa ser abaixada para mudança de fase.

Podemos diferenciar o vapor da fumaça utilizando o iodo sólido. Colocado sobre um recipiente, ele se vaporiza facilmente, devido sua moderada pressão de vapor (0,31 torr à 25 °C e 2,25 torr à 36 °C). A pressão aumenta de forma exponencial com a temperatura, até atingir 114 °C quando se funde. Diferente do gelo seco (CO_2 sólido à −78 °C) que sublima (transição direta de sólido para gás) à pressão atmosférica (1 atm) e temperatura ambiente (25 °C), sem passar pela fase líquida, o iodo comporta-se de forma diferente, pois sofre forte vaporização com o aumento da temperatura, mas funde a 114 °C. Em sistemas abertos o aquecimento do iodo não pode ser lento, pois todo o iodo pode evaporar e não restar nada para fundir. Uma boa discussão sobre esta questão, sublimação x evaporação, é dada por Silva, 2020.

Voltando a pergunta inicial, o iodo forma vapor na atmosfera (e não fumaça), pois é composta de moléculas agregadas na fase de vapor, e não de finas partículas sólidas dispersas no ar. Reproduza o experimento abaixo para provar de vez esta questão!

EXPERIÊNCIA 22 KIT

Coloque um pouco de iodo sólido num recipiente de vidro de boca larga (p.ex., um béquer ou copo) e o aqueça um pouco (chapa aquecida, soprador térmico) de forma a produzir abundantes vapores de iodo molecular. Faça a demonstração em ambiente aberto ou num exaustor de laboratório (capela), pois os vapores de iodo são tóxicos.

Posicione atrás do recipiente uma cartolina preta (ou pano, tela preta, etc.), e ortogonalmente à nuvem de vapor de iodo, acenda uma lanterna com facho direcional. Você não deverá ver o vapor sob um fundo escuro, pois não há partículas sólidas para espalhar a luz, como numa fumaça (dispersão coloidal sólido-gás). Você só conseguirá ver o vapor se a luz vier de trás, pois neste caso haverá absorção de luz.

Obs.: O iodo para a experiência acima pode ser preparado pela oxidação de iodeto de potássio com água oxigenada em pH ácido (ver item 3.4.1).

3.5 ENXOFRE

O enxofre (do latim *sulphur*) é conhecido desde épocas remotas, tendo até sido mencionado na Bíblia. Os gregos e os romanos o conheciam, sendo que os últimos já distinguiam duas variedades. Aproximadamente no século XII, os chineses inventaram a pólvora, uma mistura explosiva de nitrato de potássio, carbono e enxofre. Em 1546, G. Agrícola nos fala do enxofre sendo empregado em mechas para acender velas e madeira seca. Somente nos finais da década de 1770 a comunidade científica convenceu-se, por meio de Antoine Lavoisier, de que o enxofre era um elemento químico e não um composto.

Na forma nativa, ele é encontrado junto a fontes termais, zonas vulcânicas e em minas de cinábrio, galena, esfarelita e estibina. É extraído pelo processo Frasch, processo responsável por 23% da produção, que consiste em injetar vapor de água superaquecido para fundir o enxofre, que posteriormente é bombeado para o exterior utilizando-se ar comprimido. A condensação/solidificação origina enxofre em forma de pó amarelo ou flor de enxofre. Também está presente, em pequenas quantidades, em combustíveis fósseis como carvão e petróleo, cuja combustão produz dióxido de enxofre que, combinado à água, resulta na chuva ácida. Também é extraído do gás natural que contém sulfeto de hidrogênio, o qual, uma vez separado, é queimado para a produção do enxofre.

É um sólido amarelo, inodoro, insípido, podendo se apresentar na forma amorfa ou cristalina. Nesse estado apresenta várias formas alotrópicas. O enxofre reage com metais formando sulfetos e com não metais formando compostos covalentes. Possui vasta aplicação industrial, como fabricação do ácido sulfúrico, vulcanização da borracha, fabricação da pólvora negra, de produtos químicos, de fungicidas, etc.

3.5.1 Preparação de H_2S

O sulfeto de hidrogênio é produzido naturalmente pela redução de sulfatos e compostos orgânicos contendo enxofre (proteínas, cisteínas), mediada por bactérias anaeróbias em ambientes redutores (esgoto, manguezal, efluentes industriais, ovo), gerando o característico cheiro de ovo podre (gás sulfídrico). Ocorre naturalmente no petróleo cru, gás natural, gases vulcânicos e mananciais de águas termais (próximas a vulcões). Em solução aquosa, se hidrolisa e recebe o nome de ácido sulfídrico, formando a espécie HS^-(íon sulfídrico) e S^{2-}(sulfeto). O íon sulfeto é muito utilizado em marcha analítica na química para separar ou identificar metais de transição, cujos sulfetos são muito insolúveis.

O gás sulfídrico pode ser produzido por atividades industriais, tais como processamento alimentício, coquerias, fábricas de papel, curtumes e refinarias de petróleo. É um gás inflamável, incolor, com odor característico de ovo podre (desagradável). No laboratório, é normalmente preparado pela reação de ácido sobre o sulfeto de ferro II, muitas vezes com o uso do aparelho de Kipp. Sulfeto de hidrogênio e oxigênio queimam com uma chama azul para formar dióxido de enxofre e água.

ATENÇÃO: Não aspire demasiadamente o ácido sulfídrico, pois ele é tóxico. Trabalhe numa capela ou ambiente ventilado.

EXPERIÊNCIA 23 KIT

Prepare sulfeto de ferro aquecendo ferro com enxofre. Num tubo de ensaio, adicione um pedaço de **palha de aço** e um pouco de **enxofre**. Segure o tubo com a pinça de madeira, agite e aqueça-o na lamparina ou bico de bunsen. Após a formação de sulfeto de ferro, deixe resfriar o tubo e adicione alguns mL de **ácido clorídrico**. Aqueça novamente. Cheire com cuidado o gás sulfídrico que se desprende, o qual é responsável pelo característico cheiro de ovo podre.

Reações:

$$Fe + S \rightarrow FeS \qquad \Delta H_f^o = -100 \text{ kJ/mol}$$

$$FeS + 2HCl \rightarrow FeCl_2 + H_2S$$

EXPERIÊNCIA 24 KIT

O ácido sulfídrico pode ser também preparado aquecendo num tubo de ensaio um pouco de parafina (constituída de hidrocarbonetos saturados) com enxofre. Contudo o rendimento é menor com relação ao experimento anterior.

3.5.2 Variedades alotrópicas do enxofre

São conhecidas várias formas alotrópicas do enxofre. As estruturas cristalinas mais comuns (item 10.1) são o octaedro ortorrômbico (enxofre α), estável a temperatura ambiente, e o prisma monoclínico (enxofre β). Quando o enxofre rômbico é aquecido até 95,6 °C, passa à variedade monoclínica sem se fundir. A fusão do monoclínico ocorre a 115 °C, transformando-se num líquido pouco viscoso de cor amarelo-âmbar, que consiste de moléculas S_8. Ao continuar o aquecimento, o líquido torna-se mais viscoso, adquirindo uma coloração escura, devido à decomposição das moléculas S_8, formando longas cadeias de átomos de enxofre que se entrelaçam entre si, diminuindo a fluidez do líquido. O máximo de viscosidade é alcançado numa temperatura em torno de 200 °C (nesse ponto não é possível retirá-lo do recipiente). Aquecendo-se mais, a viscosidade decresce, o enxofre torna-se um fluido pardo e funde a 444,5 °C. Se o enxofre líquido (acima de 350 ºC) é descarregado em água fria, obtém-se uma massa elástica, de consistência similar à da goma, denominada **enxofre plástico** (enxofre γ), amorfo, formado por cadeias que não tiveram tempo para se reorganizarem em moléculas de S_8. Gradualmente, o enxofre plástico transforma-se em enxofre cristalino.

EXPERIÊNCIA 25 KIT

Observar as características acima, adicionando **enxofre** a um tubo de ensaio até um terço de sua capacidade, ou use um recipiente de porcelana (Figura 3.6). Encha o béquer de 250 mL com água. Segure o tubo de ensaio com a pinça de madeira e aqueça-o na lamparina observando as mudanças. Quando o enxofre começar a ferver, derrame-o no béquer com água. Observe sua plasticidade. Observe também que o enxofre fervente, ao sair do tubo, se inflama espontaneamente com chama azulada (formação de SO_2).

Figura 3.6.

3.5.3 Chuva ácida

A chuva ácida é um dos grandes problemas ambientais de aspecto global com que todos se confrontam. Ela tem causado morte de peixes, destruição de vegetações, contaminação do solo e da água e degradação de monumentos artísticos, de estruturas metálicas, de prédios, de pontes e de outros, além do surgimento de doenças respiratórias. O fenômeno da chuva ácida foi descoberto por Argus Smith, na Grã-Bretanha, em meados de 1800, mas permaneceu esquecido até os anos 1850.

Esse tema de imprescindível importância precisa de bastante atenção. A principal causa de acidificação das águas é a presença de gases ácidos (SO_2 e NO_x) e partículas ricas em enxofre na atmosfera terrestre, provenientes da queima do carvão, de derivados do petróleo e de atividades industriais. Na ausência de qualquer contaminante atmosférico, a água precipitada pela chuva é levemente ácida devido à dissolução do CO_2 atmosférico, formando ácido carbônico (fraco, $Ka = 4{,}6.10^{-7}$), que após dissociação na água gera acidez, resultando pHs na água da ordem de 5,6.

$$CO_2(g) + H_2O(l) \rightleftharpoons H_2CO_3(aq) \rightleftharpoons H^+(aq) + HCO_3^-$$

Essa acidez natural pode assim ser influenciada pela presença de óxidos de enxofre e de nitrogênio que sofrem processos fotolíticos e de oxidação durante o transporte das massas gasosas na atmosfera, gerando no final ácido sulfúrico e ácido nítrico, que conferem à água precipitada um pH mais ácido que o natural devido ao CO_2. Dessa forma, a chuva ácida é um problema de poluição que não respeita estados ou fronteiras. Erupções vulcânicas também contribuem localmente para o abaixamento do pH devido à liberação de HCl e SO_2.

O limite para se considerar a precipitação como ácida é, em geral, um pH menor que 5, o que corresponde a concentrações mensuráveis de um ou mais ácidos fortes e que resultarão em comprovados efeitos negativos.

O SO_2 é o principal óxido de origem antrópica que torna a chuva ácida. Ele reage com o oxigênio do ar e se transforma em trióxido de enxofre, que na presença de água líquida nas gotículas das nuvens, nevoeiros e outras formas de condensação atmosférica, é convertido em ácido sulforoso e ácido sulfúrico.

$$S\,(s) + O_2(g) \rightarrow SO_2(g)$$

$$SO_2(g) + H_2O(l) \rightarrow HSO_3(aq) \quad \text{(ácido sulfuroso)}$$

$$SO_2(g) + \tfrac{1}{2}O_2(g) \rightarrow SO_3(g)$$

$$SO_3(g) + H_2O(l) \rightarrow H_2SO_4(aq) \quad \text{(ácido sulfúrico)}$$

EXPERIÊNCIA 26 KIT

No Kit Experimental Show de Química ou no seu laboratório, coloque um pouco de água no kitassato e adicione algumas gotas do indicador **fenolftaleina**. Acrescente gotas de **solução de amônia** até observar uma mudança de cor (solução básica). Acenda um **palito de fósforo** dentro do kitassato e deixe a cabeça do fósforo queimar totalmente. Rapidamente, retire o palito de fósforo e tampe o kitassato, agite rapidamente e observe a mudança de cor para incolor devido à acidificação da água pelo SO_2 formado.

A cabeça do palito de fósforo de segurança é constituída pela mistura de clorato de potássio (ou dicromato de potássio), sulfeto de antimônio (III) e cola. Na lixa da caixa de fósforos tem-se a mistura de fósforo vermelho, sulfeto de antimônio (III), um pouco de óxido de ferro (III), vidro moído e cola. Dessa forma, ao acender o palito, o Sb_2S_3 é oxidado pelo $KClO_4$ a SO_2, que acarreta assim o aumento da acidez da água.

A experiência acima pode ser reproduzida de forma mais intensa substituindo o palito de fósforo por enxofre puro.

ATENÇÃO: Trabalhe numa capela ou em ambiente arejado.

EXPERIÊNCIA 27 KIT

Coloque um pouco de **enxofre** numa superfície que possa ser aquecida (azulejo, pedaço de alumínio, etc.), ateie fogo nele com um **palito de fósforo** e colete os gases formados num Erlenmeyer emborcado sobre ele. Vire lateralmente o Erlenmeyer e adicione água (contento um indicador ácido base – seção 7.2) via jatos d´água da pisseta ou na forma de aerossol a partir de um frasco borrifador. Arrolhe o Erlenmeyer, agite e verifique a mudança de cor.

3.5.4 Pôr do sol químico

O pôr do sol químico, uma experiência simples, mas muito utilizada no ensino de química para demonstrar porque o céu é azul. Nessa experiência, o composto químico tiossulfato de sódio reage com o ácido clorídrico formando partículas de enxofre muito pequenas (coloide - Capítulo 6), e distribuídas de maneira homogênea, porém maiores do que átomos e moléculas de uma solução verdadeira. O enxofre sólido disperso na água é chamado de sol e a reação química é seguinte:

$$S_2O_3^{2-}(aq) + 2H^+(aq) \rightarrow SO_2(g) + S\,(s) + H_2O\,(l)$$

Uma das mais importantes propriedades físicas das dispersões coloidais refere-se à capacidade de espalhamento de luz, fenômeno conhecido como efeito Tyndall. Por exemplo, em um retroprojetor, a luz branca vinda de sua lâmpada contém todas as cores, e ao colocarmos uma mistura coloidal de tiossulfato de sódio e ácido contida num béquer sobre o retroprojetor, parte da luz que atravessa a mistura coloidal se espalha. No início da reação quase não existe enxofre coloidal formado e a luz azul é mais espalhada, pois há a preponderância de moléculas e partículas de baixo tamanho, menores que o λ do azul (450 nm). À medida que a reação prossegue mais e mais enxofre se forma, a mistura torna-se mais coloidal, o tamanho das partículas aumenta e há uma preponderância de espalhamento para maiores comprimentos de onda do espectro eletromagnético (vermelho, $\lambda > 700$ nm). Esse é o mesmo motivo por que o céu é azul (espalhamento de Rayleigh) na parte alta da abóboda celeste e avermelhado no horizonte, onde predominam partículas maiores de poeira.

EXPERIÊNCIA 28 KIT

Consiga um retroprojetor ou um Datashow, corte um círculo de uns 8 cm de diâmetro no centro de uma folha de celofane azul. Coloque essa folha sobre o retroprojetor, uma placa de Petri no centro do furo, conforme Figura 3.7, e ajuste o foco do retroprojetor. Dissolva 0,25 g de **tiossulfato de sódio** em 30 mL de água e transfira esta solução para a placa de Petri, seguida da adição de 1 gota de **HCl** diluído. Agite com o bastão de vidro. Ao iniciar a projeção temos uma paisagem bucólica azulada com uma cor clara para o "sol" projetado. À medida que o íon tiossulfato sofre decomposição em meio ácido, mais enxofre é gerado e mais luz é espalhada, propiciando uma tonalidade mais alaranjada. Se desejar, adapte uma folha com recorte de montanhas em cima do retroprojetor (Figura 3.7), e desloque a paisagem enquanto o sol vai ficando mais alaranjado. Alguns minutos após a demonstração é possível visualizar um precipitado (enxofre) precipitado dentro da placa de petri.

Figura 3.7. O pôr do sol químico.

3.5.5 Ácido sulfúrico mais açúcar

Conhecido desde o século IX, o ácido sulfúrico era chamado de óleo de vitríolo, em virtude de ser preparado pela destilação do sulfato de ferro (vitríolo verde). Atualmente, é o mais importante derivado do enxofre; produzido industrialmente pelo processo de contato, onde o enxofre é oxidado pelo oxigênio para formar SO_2, que depois é oxidado a SO_3 usando V_2O_5 como catalisador. O SO_3 é então colocado para reagir com água para gerar o H_2SO_4 até a concentração de 98% m/m, ou adicionado ao próprio ácido sulfúrico para formação de ácido sulfúrico fumegante ou *oleum* ($H_2S_2O_7$ - ácido pirosulfúrico ou dissulfúrico, que pode ser representado por $H_2SO_4 \cdot SO_3$), que depois é diluído com água para formar H_2SO_4. O oleum é muito utilizado na fabricação de explosivos, com teores de SO_3 de até 30%.

O ácido sulfúrico possui diversas aplicações industriais como produção de adubos, refino de petróleo, processamento de minérios, fabricação de produtos químicos, pigmentos, plásticos, na metalurgia, processamento de efluentes, etc. Além de propriedades oxidantes (a quente e diluído), o ácido sulfúrico é um poderoso desidratante (concentrado), combinando-se exotermicamente com água dando uma série de hidratos, dos quais o menor conhecido é o monohidrato, $H_2SO_4 \cdot H_2O$. Dependendo da quantidade do ácido adicionado à água, a solução chega a ferver.

ATENÇÃO: Na manipulação do ácido sulfúrico, tenha cuidado para não deixar cair na pele. Se ocorrer, lave-a imediatamente com água de torneira em abundância, passe água boricada ou com bicarbonato. Nunca adicione água ao ácido devido ao forte aquecimento e potencial risco de respingo na pelo e olhos.

EXPERIÊNCIA 29 KIT

Coloque 10 g de açúcar doméstico no béquer de 100 mL e adicione uns 10 mL de **H_2SO_4 concentrado.** Observe a carbonização do açúcar com intumescimento da massa, conforme Figura 3.8. Para esta relação de reagentes serão liberados aproximadamente 33 kJ de calor.

$$C_{12}H_{22}O_{11} + H_2SO_4 \rightarrow C + \text{hidratos de } H_2SO_4$$

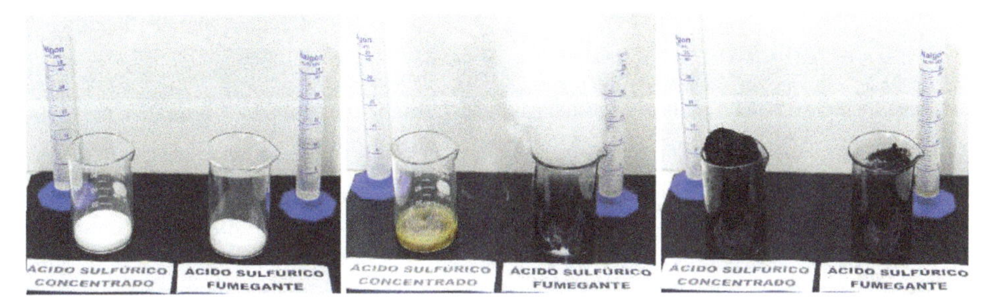

Figura 3.8. Carbonização da sacarose do açúcar comercial pelo efeito desidratante do ácido sulfúrico concentrado (béqueres à esquerda). Quando **H_2SO_4** fumegante é utilizado (béqueres à direita), uma evolução mais rápida de calor e vapor d'água acontece, resultando num menor volume final da massa de carbono.

O ácido sulfúrico desidrata exotermicamente matéria orgânica retirando hidrogênio e oxigênio com formação de água. Para a sacarose (342,30 g/mol) teremos:

$$C_{12}H_{22}O_{11}(s) \rightarrow 12C(\text{grafite}) + 11H_2O(l) \qquad \Delta H_r^o = -919 \text{ kJ/mol}$$

A água formada, hidrata o H_2SO_4 através da equação:

$$H_2SO_4{\cdot}nH_2O + mH_2O \rightarrow H_2SO_4{\cdot}n_1H_2O$$

onde $n + m = n_1$. Para 1 mol de H_2SO_4 98% (ou 2% de água) teremos 0,11 mols de água (n). Para o exemplo reportado por Shakhashiri (1983), considerando 70 g de sacarose teremos 0,2 mols de sacarose, que produzirá 11 vezes mais água, ou 2,2 mols de água (m). Neste caso n_1= 2,3. Interpolação de dados de calor de formação de hidratos de $H_2SO_4{\cdot}nH_2O$ resultará no valor de calor de diluição para a reação acima de −40,6 kJ/mol. Considerando a desidratação dos 70 g de sacarose (0,2 mol) com 70 mL de ácido sulfúrico 98% (1,28 mols) teremos 180 kJ de calor liberado devido a desidratação da sacarose e 51,9 kJ devido a hidratação do ácido sulfúrico 98%, totalizando 232 kJ de calor.

Na Figura 3.8 podemos visualizar a sequência de carbonização da sacarose (açucar doméstico) pelo H_2SO_4 concentrado comercial comparado ao do H_2SO_4 fumegante. Devido a maior capacidade de desidratação do fumegante, esta reação é mais violenta produzindo uma liberação de calor e vapor de água mais intensa.

3.5.6 Ácido sulfúrico + $KMnO_4$ + álcool

Outra interessante experiência diz respeito à reação do ácido sulfúrico concentrado com permanganato de potássio. Inicialmente a reação produz ácido permangânico, $HMnO_4$, o qual é desidratado pelo H_2SO_4 frio para formar o anidrido heptóxido de dimanganês (Mn_2O_7 - Figura 3.8), sendo primeiramente descrito em 1860. Este óxido de aspecto oleoso e cor verde escuro é um oxidante muito forte, decompondo-se próximo à temperatura ambiente e explodindo acima de 55 °C. A explosão pode ser iniciada por contato com um redutor, como álcool etílico, acetona e diversos compostos orgânicos (Figura 3.9). Devido sua alta instabilidade, também explode com calor, choque ou atrito.

Síntese do heptóxido de dimanganês:

$$KMnO_4 + H_2SO_4 \rightarrow HMnO_4 + KHSO_4$$

$$2HMnO_4 \rightarrow Mn_2O_7 + H_2O$$

Oxidação do álcool:

$$8Mn_2O_7 + 3CH_3CH_2OH \rightarrow 16MnO_2 + 6CO_2 + 6H_2O$$

Figura 3.9. Molécula com um par de tetraedros compartilhando o mesmo vértice.

A reação com acetona é mais energética com característica hipergólica (item 15.1.3).

EXPERIÊNCIA 30 KIT

Adicione num tubo de ensaio ou numa placa de Petri, **5 mL** de **H_2SO_4 concentrado** e, com cuidado, mais **5 mL** de **álcool etílico 96 °GL**. Adicione o álcool lentamente pelas bordas, de forma a gerar camada bem definida de álcool sobre o ácido. Com a espátula, adicione pequenas porções de **$KMnO_4$** no tubo de ensaio. Observe a reação do heptóxido de dimanganês com o álcool através dos bonitos lampejos produzidos.

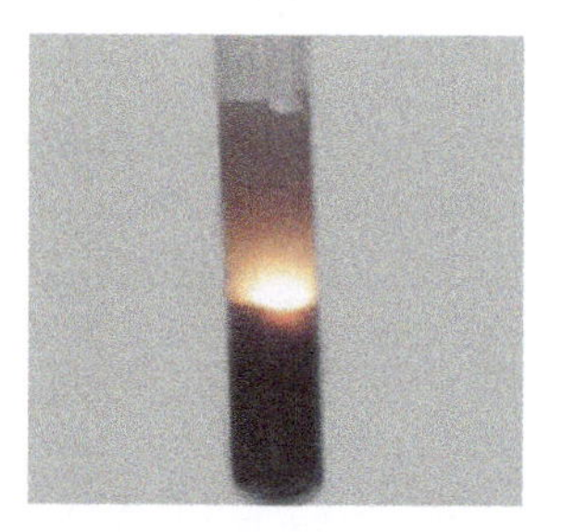

Figura 3.9. Explosão do heptóxido de dimanganês em contato com etanol.

3.6 SÓDIO e POTÁSSIO

Desde os tempos mais remotos conhecemos e usamos o sal comum, o cloreto de sódio, obtido por evaporação da água do mar, e o mineral carbonato de sódio, obtido das cinzas de plantas marinhas, tendo recebido junto com o carbonato de potássio (obtido de plantas terrestres) a denominação árabe de *alqili*. Mais tarde, denominou-se *natron* (em castelhano *sosa*) ao "álcali mineral", que consistia do derivado de plantas marinas e do mineral *trona*, um sesquicarbonato de sódio. O sódio foi somente isolado como metal por Sir Humphry Davy, em Londres em 1807, o qual o separou de hidróxidos sólidos úmidos por meio de eletrólise. Ele também separou o potássio a partir da eletrólise do hidróxido de potássio ou potassa cáustica. O nome é derivado do inglês *Potash* (*Pot ash*) e do latim *Kalium*, com mesmos significados.

O sódio e o potássio estão muito difundidos na natureza, em diversas rochas e minerais. Em abundância, o sódio é o sexto elemento na natureza, contribuindo com 2,8% em peso, e o potássio é o oitavo, com 2,6% em peso. O sódio possui larga aplicação industrial, como na preparação de corantes, na síntese orgânica, em lâmpadas de vapor de sódio, no peróxido de sódio, na fabricação de detergentes e de sabões, e em diversos produtos químicos. O potássio é empregado em células fotoelétricas, em suplementos alimentares e em medicamentos, na indústria como KOH, em fertilizantes como o sal KCl e KNO_3.

O sódio e potássio, como todos os demais metais alcalinos, são extremamente reativos. Reagem com não-metais produzindo compostos iônicos e violentamente com a água produzindo hidróxido de sódio e hidrogênio. Devido à facilidade de reagirem com oxigênio, são armazenados em óleo mineral ou querosene (solventes apolares).

3.6.1 Reação de sódio com a água

ATENÇÃO: Manipule sódio ou potássio metálico sobre uma superfície seca (azulejo ou uma folha de alumínio). Corte-o com a espátula e veja seu brilho metálico. Apanhe um pedaço com uma pinça e tenha muito cuidado para não tocar nele, pois poderá causar graves queimaduras. Use luvas.

Se um grande pedaço de sódio (> 5 mm) for adicionado à água, o calor gerado na reação poderá causar a combustão do hidrogênio gerado, seguida de uma explosão. Como reagiremos um pequeno pedaço e também estamos interessados na queima do H_2, forçaremos a ignição com uma chama.

$$\mathrm{Na}(s) + \mathrm{H_2O}(l) \rightarrow \mathrm{NaOH}(aq) + \tfrac{1}{2}\mathrm{H_2}(g)$$

EXPERIÊNCIA 31 KIT

Coloque um chumaço de algodão na ponta do bastão de vidro e o umedeça com álcool (ou use um acendedor de fogão). Encha o béquer de 250 mL com uns 50 mL de água e o coloque num lugar arejado e afastado de utensílios. Para o kit experimental Show de Química, retire um pequeno pedaço de **sódio** do frasco usando uma pinça metálica (caso contrário corte um pedaço pequeno < 5 mm de seu frasco), e o adicione ao béquer com água. Ateie fogo ao bastão com álcool e aproxime a chama do sódio que reage. Após ignição do hidrogênio e afaste-se do béquer, pois ao término da reação pode ocorrer uma pequena explosão, principalmente quando a atmosfera está seca e quente. Teste o pH da solução adicionando gotas de fenolftaleína. A solução ficará rósea.

Figura 3.10. Foto superior: corte de um pedaço de potássio metálico, com uma cor superficial metálica violácea, e a direita, de sódio, com um tom mais prateado. Foto abaixo à esquerda: queima de potássio (chama violeta) e de sódio em água (chama amarela). Foto abaixo à direita: explosão da queima do sódio em água e cor após adição de fenolftaleína.

Devido ao maior potencial de oxidação do metal potássio (2,92 V) comparado ao sódio (2,71 V), ele reage mais violentamente com água, e mesmo um pedaço pequeno já é suficiente para causar a ignição do hidrogênio liberado. Esta reação é bela, produzindo uma chama violeta (combustão do hidrogênio e emissão de linhas atômicas do potássio, p.ex., 404,4 nm, 766,5 nm e 769,9 nm). A chama do sódio é amarela, conforme Figura 3.10.

3.6.2 Reação de sódio com álcool

O álcool etílico é menos polar que a água e, por consequência, reage mais lentamente com o sódio e potássio, produzindo etanolato de sódio/potássio e hidrogênio.

$$Na\,(s) + CH_3CH_2OH\,(l) \rightarrow CH_3CH_2ONa\,(aq) + \tfrac{1}{2}H_2(g)$$

EXPERIÊNCIA 32 KIT

Adicione cerca de 5 mL de **álcool etílico** 96 °GL a um tubo de ensaio. Com a pinça, adicione um pedaço pequeno de **sódio** ao tubo. Agite para remoção da camada de hidróxido e/ou peróxido de sódio aderido à superfície. Observe que agora a reação é mais lenta, pois o álcool é menos polar que a água. Essa é uma interessante experiência para demonstração do efeito da afinidade entre reagentes na velocidade de reações (item 12.1 do capítulo de Cinética Química).

No caso de potássio a reação com etanol é um pouco mais reativa e rápida. Compare a reatividade destes dois metais com outros líquidos orgânicos (p.ex., álcool propílico, metanol).

3.6.3 Amálgama de sódio

EXPERIÊNCIA 33 KIT

Segure um pedaço de **sódio** com a pinça sobre uma superfície limpa e limpe-o com a espátula. No béquer de 100 mL, limpo e seco, adicione o pedaço de sódio e um pouco de **mercúrio** metálico, com cerca da mesma quantidade. Una os dois metais com o bastão de vidro até a formação exotérmica do amálgama. Observe que agora você tem uma solução sólida de metais. Ao amálgama formado (Na·Hg), adicione um pouco de água. Observe a lenta reação do sódio amalgamado com a água, formando hidrogênio e hidroxila, aumentando o pH da solução (testar com fenolftaleína).

Após o término da reação, transborde a água, lave o mercúrio com água e seque-o com papel absorvente, retornando-o para o frasco.

No caso de potássio, o amálgama gerado libera mais energia, e após reação com água, gera bolhas de hidrogênio mais rapidamente.

3.6.4 Papel indicador de polos

A eletrólise de soluções NaCl é a mais importante do ponto de vista comercial. Além da produção da soda cáustica (hidróxido de sódio), são obtidos também como subprodutos cloro e hidrogênio. Uma solução de salmoura sofre na eletrólise o seguinte processo:

Catodo (–): $2H_2O + 2e^- \rightarrow H_2\,(g) + 2OH^-(aq)$

Anodo (+): $Cl^-(aq) \rightarrow Cl_2\,(g) + 2e^-$

$$2H_2O + 2Cl^-(aq) \rightarrow H_2(g) + Cl_2(g) + 2OH^-\,(aq)$$

Conforme abordado na seção 1.11.3 no polo negativo (catodo) ocorre a redução da água. Como o cátion Na^+ possui um potencial muito negativo de redução, é a água que vai reduzir (potencial de redução mais positivo), gerando hidroxila, e na presença de fenolftaleína, a solução fica rósea (ver também item 14.2 - escrita eletroquímica). No polo positivo (anodo) ocorre oxidação da água e/ou do cloreto; esta última oxidação favorecida quando se tem altas concentrações de cloreto (salmoura).

Como no catodo há a formação de hidroxila, esse meio pode ser utilizado para identificar a polaridade de baterias ou fontes de alimentação quando a polaridade é desconhecida e na ausência de medidor eletrônico ou elétrico.

EXPERIÊNCIA 34 KIT

Dissolva numa placa de Petri um pouco de **NaCl** ou de sal de cozinha, e adicione gotas de **fenolftaleína**. Coloque 4 pilhas pequenas num suporte de pilhas (ou use outra bateria com 6 V, 9 V ou 12V) e introduza os terminais na solução de NaCl. Após algum tempo, observe a coloração vermelha no polo negativo devido à formação de OH^-. Essa solução, ou um papel umedecido com a mesma, poderá servir então como indicadora de polos. Caso queira, use outro indicador ácido base (p.ex., **timolftaleína** que fica azul).

Em nossa experiência, você certamente não observará no anodo a evolução de gás cloro ou oxigênio, pois pode haver a oxidação do metal do fio (uma liga) mais facilmente do que a oxidação de cloreto ou da água. Caso queira observar a evolução de cloro, utilize um eletrodo inerte (fio de platina, bastão de carbono de uma pilha seca) e concentrações mais altas de NaCl. Outros sais (KCl, Na_2SO_4, etc.) podem ser utilizados para eletrólise e teste da polaridade de pilhas e baterias.

3.7. MERCÚRIO

O mercúrio é um dos metais conhecidos pelos antigos. Teofrasto (330 a.C.) o obteve triturando cinábrio com vinagre numa vasilha de latão; essa é a primeira notícia do método de amalgação. Aristóteles menciona o metal como prata fluída ou prata viva. Discórides o chamou de *hydro argiros* (prata líquida), e daí deriva o nome latim *hydrargyrum*, que deu origem a seu símbolo atual, Hg. Os antigos químicos designaram esse elemento com o nome dos mensageiros dos deuses, Mercúrio.

O mercúrio encontra-se, às vezes, em estado livre na forma de pequenas inclusões em massas rochosas; mas o mineral mais importante é o cinábrio, HgS. Os principais produtores são a Itália, Espanha e EUA. Também está associado com hidrocarbonetos gasosos e líquidos (petróleo, betumes) e com jazidas de carvão mineral.

O mercúrio é líquido à temperatura ambiente. Devido a sua alta densidade (13,6 g/cm^3), baixa pressão de vapor (0, 26 Pa ou 0,002 torr a 25 °C, e 10 Pa a 77 °C), ser líquido numa grande faixa de temperaturas (−39 a 357 °C) e possuir dilatação linear, ele é muito utilizado na confecção de termômetros e barômetros. É também utilizado na fabricação de lâmpadas de vapor de mercúrio, construção de aparelhos científicos, em diversos processos industriais, fabricação de cinábrio artificial, de pigmentos, do fulminato de mercúrio (detonante) e na amalgação de metais (ligas com outros metais). A amalgação do ouro e de prata é de larga aplicação comercial. Os amálgamas tornam-se sólidos já com poucas quantidades do outro metal (p. ex., 1,5% de sódio). Os amálgamas dentários são constituídos por uma mistura de metais geralmente nas proporções de 50% de Hg, 35% de Ag, 9% de Sn, 6% de Cu e traços de Zn, e estão caindo em desuso (substituição pela porcelana) devido à possível toxidade do mercúrio metálico, embora estudos têm apontado para a baixa toxidade desses amálgamas no ser humano (contudo, o íon mercúrico, metil e dimetilmercúrio são muito tóxicos).

O elemento puro não se altera ao ar seco, já ao ar úmido ele se cobre com uma película de óxido, também obtido quando é aquecido até perto de seu ponto de ebulição na presença do ar. O mercúrio é energicamente atacado pelo cloro à temperatura ordinária. Combina-se também com o enxofre, quando com este é fracionado (técnica para coleta de mercúrio caído). Os potenciais-padrão de oxidação dos pares Hg/Hg(I) e Hg/Hg(II) são (Tabela 1.8):

$$2Hg \rightleftharpoons Hg_2^{2+} + 2e^- \qquad E° = -0{,}789\ V$$
$$Hg \rightleftharpoons Hg^{2+} + 2e^- \qquad E° = -0{,}854\ V$$

O mercúrio é, pois, mais nobre do que o hidrogênio. Ele não se dissolve em ácido clorídrico ou ácido sulfúrico diluído em ausência de ar. O mercúrio é atacado pelo ácido sulfúrico concentrado a quente e pelo ácido nítrico mesmo diluído, com formação de sais de mercúrio.

3.7.1 Coração pulsante de mercúrio

Essa talvez seja a experiência mais fascinante envolvendo mercúrio. Quando uma agulha de ferro toca uma gota de mercúrio em uma solução ácida (H_2SO_4) contendo um agente oxidante ($K_2Cr_2O_7$), o mercúrio pulsa rapidamente (na escala de 1 Hz), uma classe de fenômenos na qual movimento macroscópico periódico é induzido por reações químicas em interfaces. O coração pulsante de mercúrio envolve uma complexa rede de reações redox que afetam a tensão superficial da gota de mercúrio. Ele é um exemplo de reação oscilante redox heterogênea (Capítulo 10), tendo sido utilizado como demonstração para discussão de processos redox. Foi primeiro publicado em 1873 por Gabriel Lippmann[2].

EXPERIÊNCIA 35 KIT

Coloque um vidro de relógio numa superfície plana e instale na lateral do vidro um **suporte para uma agulha.** Instale na ranhura desse suporte a **agulha**, de forma que a ponta dela fique próxima do centro do vidro de relógio. Fixe o conjunto numa superfície plana, colocando embaixo do vidro de relógio três pedaços de massa de modelar, de forma a permitir o ajuste o nível do conjunto, conforme Figura 3.11a.

Com um conta gotas ou micropipeta adicione gotas de **mercúrio metálico** até obter um disco de cerca de 5 mm em diâmetro. Acerte a direção e posicionamento da agulha de forma a quase tocar o disco de mercúrio. Adicione no centro do vidro de relógio **H_2SO_4 6 M** (diluir o concentrado 3 vezes) até cobrir o mercúrio. Prepare numa proveta uma solução de **$K_2Cr_2O_7$** aproximadamente 0,1 M, dissolvendo 0,30 g do sal em 10 mL de água. Adicione agora ao vidro de relógio uns 0,5 mL desta solução (10 gotas).

Finalmente, acrescente gotas de **H_2SO_4 conc.** até que o movimento rítmico comece. Caso não inicie ou pare, ajuste a posição da agulha de forma a propiciar esse movimento. Introduza mais reagentes (H_2SO_4 diluído e $K_2Cr_2O_7$ 0,1 M) caso necessário. Quando bem otimizado as oscilações persistem por, pelos menos, 1 hora. Além de contrações concêntricas, poderão ocorrer contrações triangulares.

a) 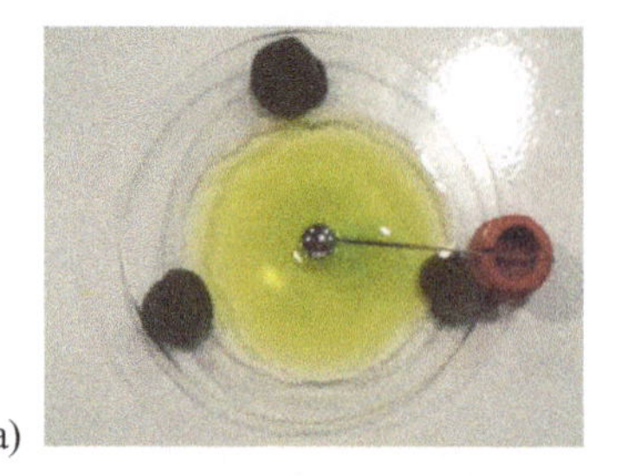

b) 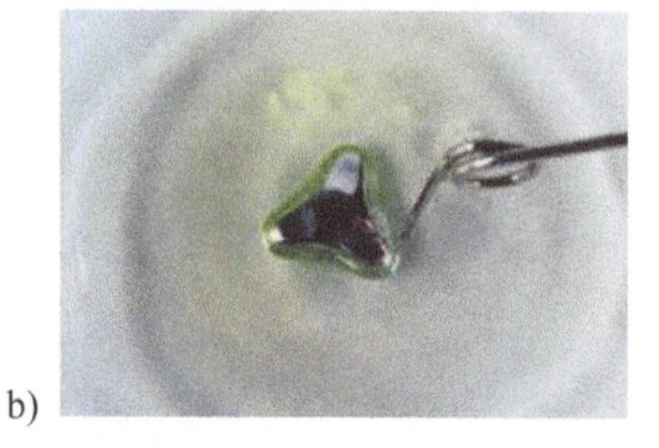

Figura 3.11. a) Montagem do kit Show de Química usando massa de modelar para ajuste do nível da gota de mercúrio. b) Coração pulsante de mercúrio com contrações na forma triangular.

Esse fenômeno pode ser explicado pelo seguinte mecanismo:

Começamos o ciclo considerando a agulha ligeiramente separada do Hg. Inicialmente o ferro da agulha é oxidado em meio ácido:

$$Fe + 2H^+ \rightarrow Fe^{2+} + H_2(g)$$

$$14H^+ + 6Fe^{2+} + Cr_2O_7^{2-} \rightarrow 6Fe^{3+} + 2Cr^{3+} + 7H_2O$$

A superfície do mercúrio sofre oxidação pelo dicromato, formando o dímero mercuroso.

$$6Hg + Cr_2O_7^{2-} + 14H^+ \rightarrow 3Hg_2^{2+} + 2Cr^{3+} + 7H_2O$$

A adicional oxidação do íon mercuroso (Hg_2^{2+}) para o insolúvel HgO, instável em meio ácido, não prevalece. Predomina a formação do sal insolúvel:

$$SO_4^- + Hg_2^{2+} \rightarrow Hg_2SO_4(s)$$

A formação de um filme de sulfato insolúvel sobre o mercúrio decresce a tensão superficial e o mercúrio achata, tocando a agulha. Desde que o Fe está acima do Hg na série eletroquímica, ele reduz o Hg^{2+}de volta para Hg, conforme reação:

$$Fe + Hg_2SO_4(s) \rightarrow Fe^{2+} + 2Hg + SO_4^{2-}$$

A dissolução do filme aumenta a tensão superficial, a curvatura é restaurada e o Hg é desconectado do Fe; um ciclo tem sido completado.

Além da tensão superficial, afetada por reações químicas, outra força de natureza física responsável pelo fenômeno é o fluxo de mercúrio, o qual é dirigido pela gravidade. No momento do toque, a gota ainda tem a inércia do fluxo e continua se achatando, enquanto no ponto do toque, a curvatura começa a aumentar, arrastando outras partes da gota. Esse jogo de forças pode acarretar numa geometria mais estável, a forma triangular (Figura 3.11b).

Obs.: Após finalização das experiências acima, recolha todo o mercúrio produzido, lave-o com água, seque com papel toalha e armazene num frasco apropriado.

3.7.2 Tornado de iodeto de mercúrio (II)

Outra notória experiência de mercúrio refere-se à formação de complexos de iodo-mercúrio numa solução aquosa de nitrato mercúrico sob agitação magnética, ajustada para criar um vórtice suave e não turbulento. Quando uma solução de iodeto de potássio é adicionada no centro do vórtice da solução de mercúrio, precipitado de iodeto mercúrico é inicialmente formado, na forma de um "tornado", que no final desaparece. Adições subsequentes aumentam a quantidade de precipitado, com mudanças na textura e de cor do precipitado. Com mais adição de iodeto de potássio, o precipitado gradualmente desaparece, podendo voltar por adição de mais sal de mercúrio.

Durante a adição do íon iodeto, formam-se complexos solúveis (Figura 3.12), e momentaneamente um pouco de precipitado devido à supersaturação local, que depois se ressolubiliza no seio da solução. Haverá uma concentração de KI que produzirá um máximo de precipitado (cerca de 3 mL de solução). Acima deste valor o tornado formado volta a se dissolver, devido à formação de complexos solúveis de iodeto-mercúrio. O iodeto de mercúrio(II) sólido existe em duas formas cristalinas, vermelha e amarela. À temperatura ambiente a forma vermelha é mais estável, mas a maioria da precipitação inicial de HgI_2 é gerada na forma amarela de mais alta energia, pois é cineticamente mais favorável, tanto para precipitar como para dissolver.

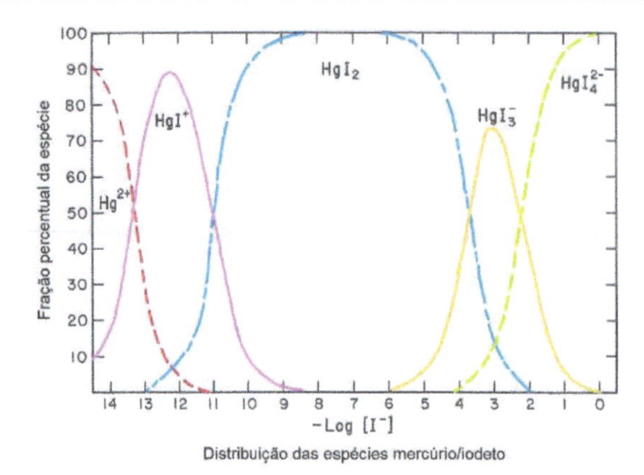

Figura 3.12. Diagrama de abundância das espécies do sistema mercúrio-iodeto, em função da concentração do íon iodeto.

EXPERIÊNCIA 36 KIT

Prepare uma solução 0,10 M de nitrato de mercúrio (II) adicionando num copo plástico 20 mL de água e 1 gotas de HNO_3 conc., seguida da adição de 0,7 de $Hg(NO_3)_2$ (o meio é feito levemente ácido para se evitar a hidrólise). Agite até dissolver. Prepare também uma solução 1 M de iodeto de potássio dissolvendo 3,3 g de KI em 20 mL de água.

Adicione 4 mL da solução de mercúrio à 400 mL de água contidos num béquer ou outro recipiente de vidro de 500 mL. Coloque o béquer num agitador magnético, introduza uma barra magnética, e agite a solução até formação de um vórtex suave e homogêneo, com pelo menos 2 cm de profundidade. Agora, com ajuda de um conta-gotas, vá adicionando gotas de KI no centro do vórtex até formação permanente de precipitado amarelo de HgI_2. Adição de mais KI ou $Hg(NO_3)_2$ podem dissolver ou formar mais precipitado (Figura 3.13).

Figura 3.13. Formação do tornado de iodeto mercúrico, de forma reversível, pela adição de excesso de iodeto de potássio ou de nitrato mercúrio.

O uso do sal solúvel $HgCl_2$ não gera bons resultados devido a formação dos complexos estáveis $HgCl^+(aq)$ e $HgCl_2(aq)$ (ver item 15.2.4), o que dificulta a precipitação de HgI_2. Caso necessite, sintetize o sal $Hg(NO_3)_2$ pela reação de Hg com HNO_3, sem excesso de ácido, e diluindo a solução final para diminuição de acidez.

3.8. ALUMÍNIO

Os antigos gregos e romanos aplicavam a expressão latim *alúmen* a toda substância de sabor adstringente. O nome foi derivado do mineral alume (sulfato duplo de alumínio e potássio, ou pedra hume), que era utilizado como antisséptico e adstringente na medicina, e fixador para tinturaria. Suspeitou-se que esta e outras substâncias derivadas desta, continham um elemento metálico desconhecido. Numerosos investigadores tentaram em vão separá-lo. Em 1825, o dinamarquês Hans Oersted preparou um amálgama de alumínio por reação de potássio com cloreto de alumínio, método esse melhorado em 1827 por Wohler. Outras pequenas melhorias foram feitas no método de amalgamação, diminuindo gradualmente o preço do alumínio. Posteriormente, com a descoberta em 1886, por Charles Hall, do método da eletrólise de Al_2O_3 (proveniente da bauxita) fundida com criolita (mineral Na_3AlF_6), o preço despencou. Na eletrólise ígnea, a criolita diminui o ponto de fusão do óxido de alumínio de 2000 para 1000 °C. Este é o método atual de obtenção do alumínio.

O alumínio é o metal mais abundante na natureza, contribuindo com 7,5% e ocupando o terceiro lugar entre todos os elementos (Oxigênio 50% e Silício 25%). Encontra-se disseminado na forma de diversos minerais (silicatos, feldspatos, óxidos, bauxita, etc.). A bauxita é o minério mais importante para a produção de alumínio, contendo de 35% a 55% de óxido de alumínio. O alumínio possui grande aplicação comercial, como na fabricação de diversas ligas, latas de refrigerante e cerveja, condutores elétricos, espelhos óticos, compostos químicos, explosivos e combustível sólido (na forma de pó), etc.

Ele é um metal leve, maleável e brilhante. Não sofre corrosão porque prontamente forma óxido de alumínio, muito denso e aderente à superfície, formando uma camada protetora e passivadora de cerca de 5 nm de espessura. O alumínio reage com ácidos e bases liderando hidrogênio (ele é anfótero). Foram determinados os potenciais-padrão dos seguintes sistemas:

$$Al \rightleftharpoons Al^{3+} + 3e^- \qquad E^o = 1{,}66\ V$$

$$3OH^- + Al \rightleftharpoons Al(OH)_3 + 3e^- \qquad E^o = 2{,}31\ V$$

$$4OH^- + Al \rightleftharpoons AlO_2^- + 2H_2O + 3e^- \qquad E^o = 2{,}35\ V$$

O alumínio se dissolve na maior parte dos ácidos: $Al + 3H^+ \rightarrow Al^{3+} + \frac{3}{2}H_2$

Os ácidos orgânicos diluídos, como ácido acético e ácido cítrico, pouco atacam o alumínio a frio, mas atacam-no expressivamente a 100ºC (formação de complexos estáveis). O ácido nítrico, tanto diluído como concentrado, não tem ação sobre o alumínio a frio (formação de camada passivada do óxido), entretanto o aquecimento provoca enérgica reação. O alumínio se dissolve rapidamente em soluções de álcalis, formando hidroxicomplexos estáveis [$Al(OH)^{2+}$ até $Al(OH)_4^-$] e liberando hidrogênio (item 3.1.1).

3.8.1 Aluminotermia

Esse termo refere-se aos processos de obtenção de metais por meio do alumínio como agente redutor. Um óxido metálico é misturado com alumínio (ambos em pó para aumentar a cinética da reação e a energia livre de Gibs), e a mistura (chamada de termita, termite ou thermite) é colocada num cadinho refratário. A reação do óxido metálico com alumínio é altamente exotérmica, atingindo temperaturas superiores a 2000°C. O metal resta fundido na parte inferior e o óxido de alumínio na parte superior.

A aluminotermia foi inventada foi inventada em 1893 e patenteada em 1895 pelo químico alemão Dr. Hans Goldschmidt, pelo que a reação é, por vezes designada como "Reação ou processo de Goldschmidt". Desde então, o processo tem sido utilizado na obtenção de diversos metais, tais como ferro, cromo, nióbio e vanádio. Por esse processo, ferro pode ser preparado no local para soldagem de peças e máquinas de grande porte. Na Primeira e na Segunda Guerras Mundiais, termitas foram utilizadas em granadas e bombas incendiárias. No impacto da bomba com o alvo, a termita queima, arremessando fragmentos de metal incandescente em todas as direções.

As termitas mais comuns são feitas da mistura de **Al em pó** com **óxidos de ferro**,

$$2Al + Fe_2O_3 \rightarrow Al_2O_3 + 2Fe \qquad \Delta H = -852\ kJ/mol \quad T \approx 2500\ °C$$

$$8Al + 3Fe_3O_4 \rightarrow 4Al_2O_3 + 9Fe \qquad \Delta H = -3348\ kJ/mol \quad T \approx 3000\ °C$$

Para alcançar a máxima eficiência da termita, é necessária uma proporção em massa de 25,3% de Al e 74,7% de Fe_2O_3 na primeira mistura; e de 23,7% de Al e 76,3% de Fe_3O_4 (óxido de ferro II e III) na segunda mistura.

As reações termitas normais precisam de temperaturas muito elevadas para iniciar, que não podem ser alcançadas utilizando disparadores de pólvora negra, hastes de nitrocelulose, detonadores ou outras substâncias ignitivas comuns. Em geral, é utilizada uma fita de magnésio que queima aproximadamente na mesma temperatura de uma reação termita, cerca de 2327 °C. Todavia, o método tem desvantagens, pois o magnésio é de difícil ignição e apaga fácil. **A reação entre permanganato de potássio e glicerina** é usada como uma alternativa para a combustão de magnésio. Quando essas duas substâncias são misturadas e inicializadas com uma chama, começa uma reação exotérmica, e o calor gerado pela oxidação da glicerina é suficiente para iniciar a reação principal. Contudo, esse método pode ser influenciado pelo tamanho das partículas usadas e a temperatura ambiente. Outras alternativas de ignição referem-se ao uso da mistura de BaO_2 + Al, uso de maçaricos oxidantes ou uma haste de ferro aquecida ao rubro.

EXPERIÊNCIA 37 KIT

Vamos ativar uma termita contendo Fe_2O_3. Num ambiente aberto (calçada, quintal, etc.), coloque sobre o chão uma pequena latinha ou faça um montículo de areia na forma de um cone. Coloque neste espaço um pouco de **termita,** ou a prepare misturando 2,53 g de Alumínio em pó com 7,47 g de Fe_2O_3. Apanhe uma fita de **magnésio**, raspe sua superfície oxidada com uma faca, e corte uma das pontas em várias tirinhas finas com uma tesoura (para facilitar a ignição da fita) e introduza a outra ponta na termita. Acenda o magnésio com um palito de fósforo ou isqueiro e afaste-se. Observe a vigorosa reação da termita. Espere esfriar e observe os grânulos de ferro formados.

Reações:

$$2Mg(s) + O_2(g) \rightarrow 2MgO(s) \qquad \Delta H = -602 \text{ kJ/mol}$$

$$2Al(s) + Fe_2O_3(s) \rightarrow Al_2O_3(s) + 2Fe(l) + \text{calor}$$

EXPERIÊNCIA 38 KIT

Agora teste a ignição da termita com a mistura de **$KMnO_4$** e **glicerina** (produto comercial com 95% de glicerol ou propanotriol, $C_3H_8O_3$). Repita o experimento acima, dispondo agora um pouco de permanganato de potássio sobre a termita, e gotejando sobre o permanganato gotas de glicerol. Espere um pouco e observe a ignição da termita.

A reação entre o permanganato de potássio e a glicerina é:

$$14KMnO_4(s) + 4C_3H_5(OH)_3(l) \longrightarrow 7K_2CO_3(s) + 7Mn_2O_3(s) + 5CO_2(g) + 16H_2O(g)$$

Observações:

- Conforme supracitado a oxidação do magnésio é muito exotérmica emitindo uma intensa luz branca. Este efeito era utilizado até uns 30 anos atrás em flashs descartáveis de máquinas fotográficas, onde um filamento de magnésio acondicionado num bulbo de vidro era disparado pela condução de corrente elétrica.

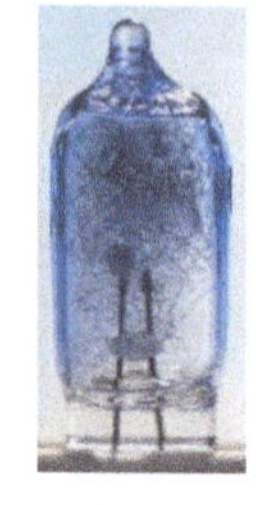

- O forte brilho devido à combustão do magnésio é muito utilizado em fogos de artifícios (ver pirotecnia, item 15.2).

- Nas apresentações mais antigas do projeto Show de Química, (www.showdequimica.com.br) o autor condicionava a mistura termita num vaso de barro com um furo embaixo, de forma a recolher o ferro fundido em outro recipiente, também de barro (Figura 3.14).

- Atualmente a termita é difícil de ser executada, pois o alumínio em pó é um produto controlado pelo exército, e assim, de difícil aquisição. Contudo, existem empresas que comercializam variedades do produto para uso industrial. É possível obter o alumínio com a granulosidade adequada para a termita (> 70 mesh ou <200 μm) a partir da peneiração de pó de alumínio de empresas de esquadria de alumínio, ou através da fragmentação de papel de alumínio num moinho de facas.

Figura 3.14. Termita de Fe_2O_3 com vazamento de ferro líquido fundido.

- O óxido de ferro pode ser adquirido em lojas de materiais de construção, comprando o produto denominado "Xadrez" de cor vermelha (Fe_3O_4 impuro).

Pode-se substituir o óxido de ferro por outros óxidos comerciais para mudar o efeito da reação e da cor produzida, como MnO_2, Cu_2O, V_2O_5, I_2O_5 e Na_2O_2. A Tabela 3.3 resume as massas estequiométricas de alumínio em pó com estes óxidos para obtenção de 10 g da mistura final. Também apresenta a relação estequiométrica entre a quantidade de óxido e alumínio (***n*** óxido/***n*** Al).

Tabela 3.3. Preparação estequiométrica de diversas termitas possíveis com diversos óxidos, para uma massa final da mistura de 10 g.

Óxido	***M*** (g/mol)	***n*** óxido/***n*** Al	***m*** Al (g)	***m*** óxido (g)	***m*** total (g)
Cu_2O	143,09	1,50	1,12	8,88	10
MnO_2	89,93	0,75	2,93	7,07	10
Na_2O_2	77,98	0,75	3,16	6,84	10
Fe_2O_3	159,69	0,50	2,53	7,47	10
Fe_3O_4	231,53	0,38	2,37	7,63	10
V_2O_5	181,88	0,30	3,31	6,69	10
I_2O_5	333,81	0,30	2,12	7,88	10

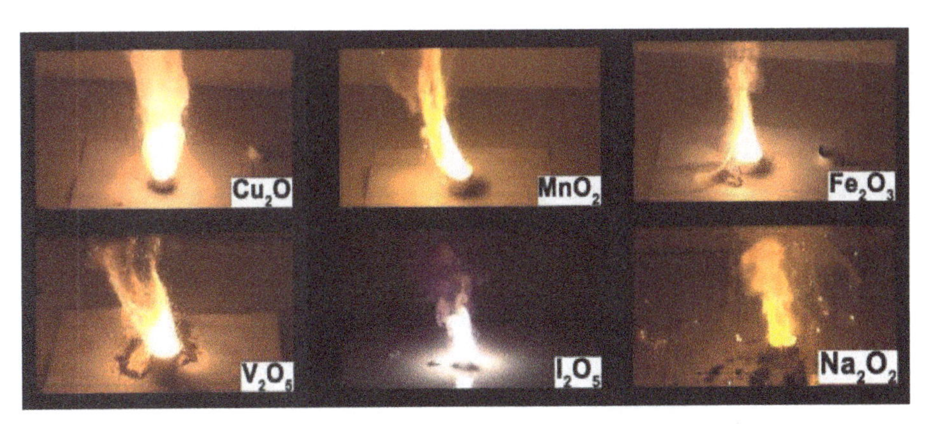

Figura 3.15. Efeitos resultantes da combustão de diversas termitas experimentais para comparação das altas energias liberadas.

As termitas preparadas foram transferidas para cadinhos de porcelana, e as misturas foram ativadas com uma fita de magnésio (Figura 3.15). Devido ao intenso calor liberado, e característica explosiva de algumas destas reações, a maioria dos cadinhos se fragmentaram violentamente.

Por uma questão de segurança, realize estes experimentos em um ambiente aberto ou dentro de uma capela (exaustor) de laboratório

Como os óxidos de metais alcalinos e terrosos são de fácil decomposição, devemos esperar, além da emissão térmica da reação (incandescência), também emissão por excitação eletrônica de átomos, radicais e íons gerados sob alta temperatura. Assim, o óxido de sódio e óxido de estrôncio produzirão, respectivamente, tons amarelos e vermelhos na chama resultante.

A termita de pentóxido de iodo (I_2O_5), também produzida no laboratório de pesquisa do DQUI/UFES, apresentou um belo efeito visual, com formação de uma densa nuvem roxa de iodo sublimado (Figura abaixo), resultante da reação exotérmica.

Como esperado a termita de peróxido de sódio (Na_2O_2) gerou uma chama intensamente amarela devido à emissão de linhas atômicas do sódio (duplete 588,99 nm e 589,59 nm).

Através dessas termitas pode-se "brincar" de testes de chama especiais (ver item 8.1).

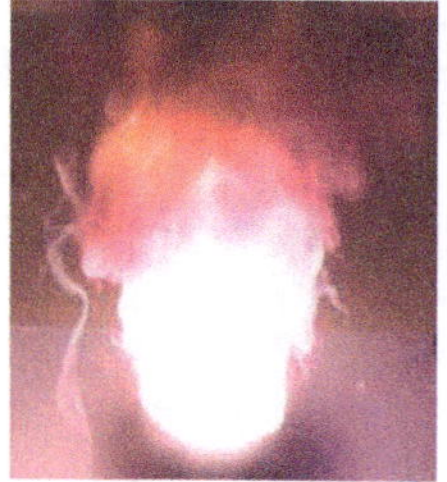

Termita de I_2O_5

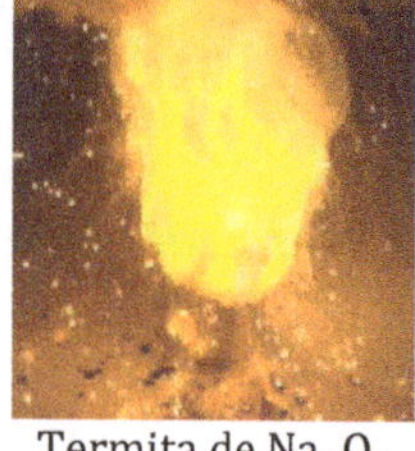

Termita de Na_2O_2

O peróxido de sódio é muito reativo (como qualquer peróxido), e a reação de sua mistura com o alumínio em pó (sugestão: 2 g Na_2O_2 com 1 g de Al em pó) pode ser ativada diretamente com gotas de água. Em poucos segundos a reação se propaga com produção de brilhantes flashes de luz e muito calor, conforme as equações abaixo e Figura 3.16.

$$Na_2O_2(s) + 2H_2O \longrightarrow 2NaOH(aq) + H_2O_2(aq)$$

$$2Al(s) + 3H_2O_2(aq) \longrightarrow Al_2O_3(s) + 3H_2O(g)$$

$$4Al(s) + 3O_2 \longrightarrow Al_2O_3(s)$$

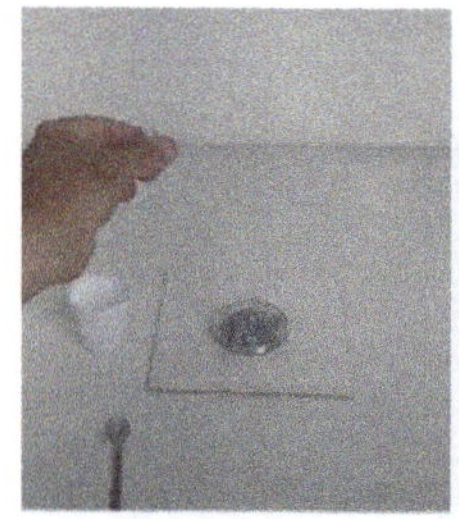

Figura 3.16. Sequência de fotos da reação de alumínio em pó misturado com peróxido de sódio, e ativada com gotas de água sobre a mistura.

Atualmente a aluminotermia é utilizada na fabricação de metais e ligas especiais. O nióbio (Nb) pode ser obtido industrialmente pela reação do alumínio com o pentóxido de nióbio (Nb_2O_5), ambos em pó. O nióbio metálico obtido não é puro e precisará passar por um refino em um forno de feixe de elétrons onde as impurezas de C e O serão vaporizadas e restará apenas vestígios em ppm (partes por milhão de impurezas).

3.8.2 Flor de alumínio

A reação altamente exotérmica das termitas era de se esperar pelo fato do Al ser um metal muito ativo, com um alto potencial de oxidação ($E^o = +1{,}66$ V), e comparável ao do sódio e ao do magnésio. Então, por que o sódio reage com a água e o alumínio não? Anteriormente, foi explicada a passivação do Al pela camada protetora e impermeável a gases de Al_2O_3, o que garante às donas de casa um duradouro uso das panelas de alumínio, fabricação de latas de refrigerante (liga com 2,5% de Mg) e demais aplicações industriais e comercias (esquadrias, barras, portas-janelas, etc.).

Porém, através de uma amalgamação podemos destruir a camada passivadora de óxido de alumínio e expor constantemente o alumínio à reação com o oxigênio. No caso da aluminotermia, a reação do alumínio com o óxido foi possível, devido à grande área superficial dos reagentes, na forma de pó, que favorece a cinética da reação e as condições termodinâmicas para formação dos produtos finais (ΔG e a constante de equilíbrio aumentam para grande área superficial e partículas < 10 μm).

EXPERIÊNCIA 39 KIT

Apanhe um pedaço de alumínio (cantoneira, placa, tubo) e raspe sua superfície com uma palha de aço. Pode-se usar também um pedaço de **folha de alumínio**, dobre-a várias vezes até dar consistência de uma tira e raspe uma ponta com a palha de aço.

Prepare um pouco de solução de **$HgCl_2$** dissolvendo uns 2 g do sal em 20 mL de água. Introduza a ponta da tira ou placa de alumínio na solução e espere reagir até formação do depósito de mercúrio metálico sobre a superfície do alumínio. Retire a tira da solução, seque um pouco com um papel absorvente e a apoie numa superfície. Observe a lenta formação de Al_2O_3 e o forte aquecimento da tira de alumínio. Em umas 2 horas teremos uma estrutura de óxido semelhante a uma flor.

Como o alumínio ($E^o_{oxi} = +1{,}86$ V) é mais eletroativo que o mercúrio ($E^o_{oxi} = -0{,}85$ V), inicialmente ele se oxidará, e o ion mercúrico se reduzirá, com deposição inicial de mercúrio metálico sobre a superfície do alumínio, e formação de amálgama Al.Hg. A sucessiva reação do Al não passivado com o oxigênio do ar gera lentamente Al_2O_3 e liberação de calor.

$$2Al + 3Hg^{2+} \rightleftharpoons 3Hg + 2Al^{3+} \qquad \Delta E° = 2{,}51\ V$$

$$Al + Hg \rightarrow Al \cdot Hg \qquad\qquad 4Al \cdot Hg + 3O_2 \rightarrow 2Al_2O_3 + Hg$$

EXPERIÊNCIA 40 KIT

Uma estrutura mais robusta de óxido de alumínio pode ser obtida fazendo uma cavidade numa placa grossa de alumínio com uma broca larga. Para facilitar a penetração de mercúrio no alumínio, inicialmente coloque algumas gotas de HCl diluído na cavidade para a dissolução da camada passivadora de óxidos. Enxugue a solução da cavidade com papel e rapidamente introduza gotas de mercúrio atritando este metal contra o alumínio com um bastão de vidro ou de aço com ponta arredondada. Após umas 2 horas uma bela estrutura de Al_2O_3 será formada (Figura 3.17).

Figura 3.17

OBS.: O ácido clorídrico diluído reage com alumínio e seu óxido, de forma a limpar a superfície, aumentar a área de contato e assim facilitar a dissolução/amalgação do mercúrio para dentro da placa. Mecanicamente, isto é muito difícil de ser feito.

$$Al_2O_3 + 6HCl \rightarrow 2AlCl_3 + 3H_2O \quad e \quad 2Al + 6HCl \rightarrow 2AlCl_3 + 3H_2$$

3.8.3 Reação da amálgama de alumínio com água

EXPERIÊNCIA 41 KIT

Da mesma forma que o sódio amalgamado reage com água (seção 3.6.3), o alumínio amalgamado reagirá lentamente com água produzindo hidróxido de alumínio e hidrogênio. Após o colapso da flor de alumínio da experiência 39, introduza a tira de alumínio restante, contendo ainda espelho de mercúrio, dentro d´água, ou adicione água na cavidade da placa de alumínio (experiência 40) e observe a formação de bolhas de hidrogênio.

$$2Al{\cdot}Hg + 6H_2O \rightarrow 2Al(OH)_3 + 2Hg + 3H_2$$

Obs.: Após finalização das experiências acima, recolha todo o mercúrio produzido e armazene num frasco apropriado.

Esta e as outras duas experiências do alumínio demonstram claramente a forte reatividade do metal com o oxigênio, após a destruição da camada passivadora nanométrica de oxihidratos de alumínio (flor de alumínio) e ou ativação necessária (aluminotermia).

3.9 CHUMBO

O chumbo era conhecido pelos antigos. No tempo dos romanos, usava-se para condução de água e na Idade Média, como material de telhado em grandes catedrais. Os alquimistas associaram esse metal pesado e brando com o planeta Saturno, de movimento lento. O símbolo moderno deriva da palavra em latim *plumbum*, associada ao som produzido pelo metal ao cair na água.

Contribui com 0,001% na formação da crosta terrestre, sendo disseminado na forma de diversos minerais (galena, cerusita, anglesita, etc.). A galena é o mais importante mineral (PbS), sendo utilizada na indústria em sua preparação (ustulação do minério para produção de óxido de chumbo, seguida da redução em alto forno com coque e óxido de ferro).

O chumbo é um metal brando e pesado, muito pouco resistente à tração, porém resistente à corrosão. Reage com o ar formando uma película protetora de carbonato-básico de chumbo. Ele é utilizado na confecção de baterias de carro, de canos e recipientes resistentes a líquidos corrosivos, na obtenção de ligas, soldas, pigmentos, vidros, chumbotetraetila (ainda usado como antidetonante da gasolina em outros países), etc.

Não obstante, o chumbo é, em geral, pouco atacado pelos ácidos diluídos. Em parte, devido à considerável sobrevoltagem para evolução de hidrogênio sobre o chumbo; em parte, devido à formação de uma camada insolúvel sobre a superfície do metal, a exemplo de sulfato de chumbo no ataque com ácido sulfúrico, que dificulta o prosseguimento da reação. De fato, o chumbo resiste ao ácido sulfúrico moderadamente concentrado, bem como ao ácido clorídrico. O ácido nítrico, porém, que é um forte agente oxidante, dissolve facilmente o chumbo. Outros ácidos também reagem com o chumbo na presença de ar. No caso do ácido acético, o ataque é ainda facilitado pela formação de complexos.

Os sais de chumbo (como os de mercúrio e cádmio), por serem muito densos e reativos, não são facilmente eliminados pelo organismo. Se ingeridos em pequenas quantidades, mesmo em intervalos de tempo longos, acumulam-se no organismo com possíveis consequências deletérias, principalmente no sistema nervoso central, com alteração funcional enzimática.

3.9.1 Árvore de Saturno

O metal chumbo tem um potencial de oxidação baixo ($E^o = +0{,}13V$) e menor do que o ferro ($E^o = +0{,}44V$). Por consequência, soluções do seu íon sofre redução em contato com metais mais oxidáveis. Esse processo espontâneo de redução de sais de chumbo gera estruturas conhecidas há muito tempo como "Árvore de Saturno", em alusão ao seu antigo nome medieval, e semelhante à arvore de prata (item 3.10.2).

A Árvore de Saturno pode ser preparada então deixando reagir ferro metálico (arames, pregos) numa solução de nitrato ou acetato de chumbo. O depósito de chumbo sobre o ferro gerará uma estrutura parecendo uma árvore.

Reações:

$$Pb^{2+} + 2e^- \rightarrow Pb \qquad E^o = -0{,}13\ V$$

$$Fe \rightarrow Fe^{2+} + 2e^- \qquad E^o = +0{,}44\ V$$

$$Pb^{2+} + Fe \rightarrow Pb + Fe^{2+} \qquad E^o = +0{,}11\ V$$

EXPERIÊNCIA 42 KIT

Num béquer de 100 mL adicione uma espátula de **nitrato de chumbo** e dissolva o sal com uns 60 mL de água. Adicione uma gota de **HNO_3** para evitar a hidrólise do íon chumbo. Introduza um **prego fino** ou **pedaço de arame** de ferro, de preferência enferrujado, e espere 1 dia. Lentamente, o chumbo deposita-se sobre o ferro formando a estrutura da Árvore de Saturno, com aparência similar à da árvore de prata.

3.9.2 Chumbo pirofórico

Essa é uma interessante experiência para demonstrar a influência do estado de divisão de um reagente na velocidade de reação (seção 12.2). Considerando a mesma temperatura, pedaços grandes de chumbo não apresentarão combustão apreciável, devido à menor área superficial e mais lenta reação com o oxigênio. Mas quando o chumbo está finamente dividido e aquecido, ele se queima espontaneamente no ar (Figura 3.18). Ele pode ser produzido a partir da carbonização do sal tartarato de chumbo (355,27 g/mol) num tubo de ensaio aquecido (o carbono formado reduz o cátion chumbo à chumbo metálico). O sal pode ser sintetizado a partir da reação do ácido tartárico, $C_4H_6O_6$ (150,087 g/mol) com nitrato de chumbo, $Pb(NO_3)_2$ (331,2 g/mol), através da equação:

$$Pb^{2+} + C_4H_6O_6 \rightarrow PbC_4H_4O_6\,(s) + 2H^+$$

Como o ácido tartárico é um diácido moderado ($pKa_1 = 3{,}04$ e $pKa_2 = 4{,}37$), o pH deve ser ajustado por adição de NaOH, a fim de neutralizar os prótons ácidos liberados, e aumentar assim o rendimento da precipitação. Mas não deve ser muito básico para se evitar a formação de $Pb(OH)_2$.

Figura 3.18

EXPERIÊNCIA 43 KIT

Prepare um pouco de tartarato de chumbo dissolvendo 1,5 g de **ácido tartárico** em 50 mL água, e adicionando-se sobre esta, outra solução contendo 3,3 g de **$Pb(NO_3)_2$** em 50 mL de água. Agite a solução final e ajuste o pH com NaOH diluído para próximo de 4 a 5, utilizando papel indicador de pH. Filtre o precipitado formado com papel de filtro e seque ao ar ou em estufa.

Adicione a um tubo de ensaio um pouco do tartarato de chumbo preparado, segure-o com a pinça de madeira e aqueça no bico de Bunsen. Após decomposição completa do sal, reduza a massa residual do tubo à pó, com o bastão de vidro ou espátula fina, e ainda quente, derrame o conteúdo do tubo sobre o chão, observando as cintilações da queima do chumbo finamente dividido (chumbo pirofórico) com o ar: $2Pb + O_2 \rightarrow 2PbO$, ilustrada na figura ao lado.

Piroforicidade é a propriedade ou tendência de um material ou substância reagir com o ambiente (água, ar) quando estiver na forma de partículas finas, apresentando assim grande área de contato e, portanto, alta energia livre de Gibbs (item 1.8.3). Exemplos de materiais pirofóricos são a pedra de isqueiro (liga de ferro-cério, que solta faíscas quando atritada), metais alcalinos e alcalino-terrosos, selênio, antimônio, alumínio ou chumbo pulverizado, zinco, titânio, urânio e zircônio.

3.9.3 Chuva de ouro

Essa é outra simples e interessante experiência com o íon chumbo(II). Quando adicionamos iodeto de potássio a uma solução de nitrato de chumbo, forma-se um precipitado amarelo de iodeto de chumbo, que é posteriormente dissolvido após aquecimento da solução. À medida que a solução é deixada esfriar, o produto de solubilidade do PbI_2 vai sendo alcançado, com formação de belos cristais amarelos na forma de lamelas, parecendo uma "chuva de ouro".

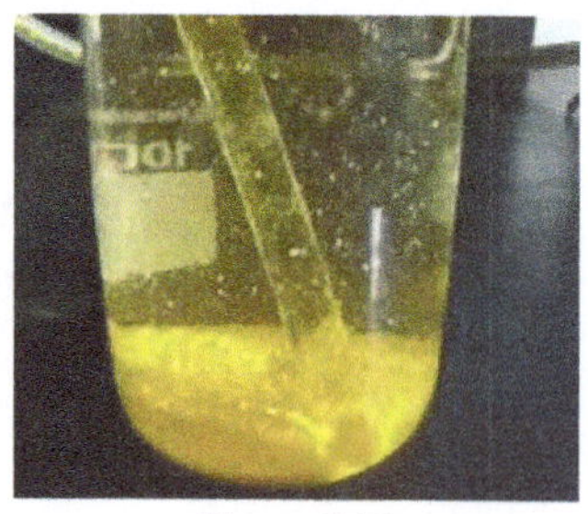

Figura 3.19

EXPERIÊNCIA 44 KIT

Dissolva cerca de 1 g de **$Pb(NO_3)_2$** em 100 mL de água contidos num béquer. Em outro recipiente dissolva uns 3 g de **KI** em 20 mL de água. Adicione um pouco desta solução à de chumbo, até abundante formação de precipitado. Aqueça o béquer para total dissolução do precipitado. Espere esfriar e observe a formação de cristais lamelares amarelos, conforme Figura 3.19.

3.9.4 Ovos fritos de PbI_2

Quando cristais de iodeto de potássio (KI) de diferentes tamanhos são dispostos em uma placa de Petri, transformações distintas podem ser observadas ao gotejar solução de $Pb(NO_3)_2$ 0,1 M sobre os cristais. Se o cristal é pequeno, apenas pequenas placas de PbI_2 serão observadas. Quando o cristal é maior, o centro de PbI_2 amarelo aparece cercado por uma camada branca de $KPbI_3$, obtendo uma aparência muito similar com um pequeno "**ovo frito**". A reação dos cristais maiores de KI com uma pequena quantidade da solução de $Pb(NO_3)_2$ resulta apenas num branco de $KPbI_3$ ou uma clara solução que contém muitos complexos $PbI_n^{(n-2)^-}$. As cores desses compostos são melhores observadas se a placa de Petri for colocada sobre uma superfície escura.

$$2KI(aq) + Pb(NO_3)_2(aq) \rightleftharpoons PbI_2(s, amarelo) + 2KNO_2(aq)$$

$$PbI_2(amarelo) + KI(aq) \rightleftharpoons KPbI_3(s, branco)$$

A solubilidade do KI é alta o suficiente para alcançar a dissolução de cristais relativamente grandes com apenas uma gota da solução de $Pb(NO_3)_2$. Obviamente, grandes cristais oferecem mais soluções concentradas de KI (*aq*), deslocando o equilíbrio para a direita nas reações acima. Se o cristal não for suficientemente grande, a mistura de PbI_2 e $KPbI_3$ é observada; com cristais pequenos, apenas a primeira reação é observada.

Em situações que a mistura de dois sólidos está em equilíbrio com o KI dissolvido, é possível deslocar o equilíbrio:

- para a esquerda, com uma gota de água pura que decresce a concentração de KI.
- para a direita, com um cristal extra de KI que cresce a concentração de KI.
- Em ambos os casos, o aumento e diminuição da cor amarela de PbI_2 é claramente observada e demonstra o princípio do deslocamento. Utilizando-se uma lupa, essas mudanças podem ser mais bem observadas.

EXPERIÊNCIA 45 KIT

Disponha um pouco do sal iodeto de potássio, **KI**, numa placa de Petri de forma circular. Prepare um pouco de solução de **$Pb(NO_3)_2$** dissolvendo 120 mg do sal em 5 mL de água contidos num tubo de ensaio. Usando um conta-gotas goteje essa solução em diversas partes da massa de KI distribuída na placa de Petri, a fim de observar a dissolução e formação do PbI_2 (amarelo) e do $KPbI_3$ (branco).

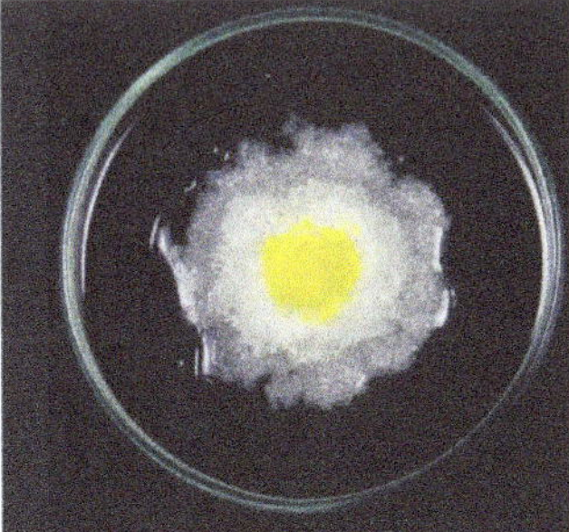

Figura 3.20. Dois ovos fritos preparados de PbI_2(amarelo) e $KPbI_3$ (branco).

3.10 PRATA

A prata, como o ouro, era conhecida pelos antigos, que os utilizavam em ornamentos e na fabricação de instrumentos e utensílios de metal. Entre os séculos 30 e 15 a.C, a prata era mais rara que o ouro e, portanto, mais valiosa. Era chamada *una* pelos químicos primitivos. Seu símbolo atual, Ag, se deve ao nome romano da prata *argentum*.

A prata se encontra nativa em grandes massas, espalhadas entre material rochoso, junto com cobre e ouro. Encontra-se também em diversos minerais, como a argentita e a cerargirita. Os minérios de cobre e chumbo são as principais fontes da prata (80%). A prata é um metal branco, lustroso, muito dúctil e maleável. Não é corrosível pela água ou pelo ar. É um metal nobre como o ouro e a platina. Sua principal aplicação consiste na obtenção de objetos de adorno e cunhagem de moedas. É utilizada no recobrimento eletrolítico de metais (proteção), fabricação de espelhos, filmes fotográficos, compostos químicos, etc.

De acordo com seu caráter nobre, a prata em forma compacta não se une diretamente com oxigênio. É certo que a prata fundida dissolve quantidades consideráveis de oxigênio; a maior parte do oxigênio é expulsa com a solidificação do metal. O ozônio ataca a prata, especialmente com aquecimento moderado; o metal enegrece devido à formação de óxido de prata. A prata tem grande afinidade pelo enxofre. O sulfeto de hidrogênio enegrece a prata com formação de sulfeto de prata. Os halogênios se combinam com a prata, em certa extensão, mesmo à temperatura ordinária.

O potencial-padrão de oxidação da prata ($Ag \rightleftharpoons Ag^+ + e^-$) é muito negativo ($E° = -0{,}7991$ V), acarretando que o metal é muito inerte e não é atacado por soluções aquosas de ácidos não oxidantes em ausência de ar. Em contato com água contendo ar dissolvido, a prata dissolve-se em proporção diminuta segundo a reação:

$$2Ag + H_2O + \frac{1}{2}O_2 \rightleftharpoons 2Ag^{2+} + 2OH^-$$

3.10.1 Espelho de prata

Ao adicionarmos hidróxido de sódio a uma solução de nitrato de prata, inicialmente forma-se hidróxido de prata (AgOH), que sendo instável, transforma-se em Ag_2O (precipitado marrom):

$$2AgOH(s) \rightarrow Ag_2O(s) + H_2O$$

A adição da amônia dissolve o precipitado devido à formação do íon complexo diaminoprata, $[Ag(NH_3)_2]^+$. A hidrólise da amônia gera hidroxila, formando o hidroxicomplexo $Ag(NH_3)_2OH$, conhecido como **reativo de Tollens**, que é usado na identificação de aldeídos, diferenciando-os das outras funções orgânicas (cetonas, ácidos, álcoois, etc.). Dessa forma, o formaldeído é capaz de reduzir o complexo à prata metálica, oxidando-se então a ácido fórmico (um ácido carboxílico). Essa reação recebeu o nome de espelho de prata.

A adição de amônia à solução de nitrato de prata tem como objetivo a diminuição do potencial de redução do íon Ag^+

$$Ag^+(aq) + e^- \rightarrow Ag(s) \qquad E° = +0{,}799\ V$$

$$[Ag(NH_3)_2]^+(aq) + e^- \rightarrow Ag(s) + 2NH_3(aq) \qquad E° = +0{,}373\ V$$

Essas semirreações indicam que a amônia forma um complexo com o íon Ag^+, que é mais difícil de reduzir do que o próprio íon metálico. A diminuição do potencial acarreta na diminuição da constante de equilíbrio da reação formaldeído-complexo de prata, favorecendo num depósito de prata mais suave e homogêneo na superfície de vidro. Caso não se adicionasse a solução aquosa de amônia, o íon Ag^+ seria reduzido tão rapidamente pelo aldeído que surgiria uma solução coloidal desse metal, de aspecto turvo e negro. A adição de hidróxido de sódio, além de servir para formar um intermediário que ao reagir com a solução de amônia origina o complexo pretendido, serve também para tornar a mistura ainda mais básica, dado que o aldeído oxida-se mais facilmente em meio básico.

EXPERIÊNCIA 46 KIT

Preparação do reagente de Tollens:

Num tubo de ensaio, adicione 250 mg de **$AgNO_3$** e o dissolva com 5 ml de água. Adicione à solução 1 ou 2 gotas da solução diluída de **NaOH 10%** até formação de precipitado. Adicione agora uma solução muito diluída de amônia, gota a gota, com agitação constante, até que o precipitado de óxido de prata se dissolva (evite excesso). A solução de amônia diluída pode ser preparada adicionando-se em um outro tubo de ensaio 5 mL de água e 4 gotas de **hidróxido de amônio**. Use um conta-gotas.

Preparado o reativo de Tollens no primeiro tubo, adicione nele 2 gotas de **formaldeído** e agite. Espere alguns minutos e observe a formação do espelho de prata na superfície interna do tubo de ensaio.

Observações:

- O formaldeído (aldeído fórmico ou metanal) é um gás com um cheiro forte e desagradável. Dissolve-se bem em água e a solução aquosa a 40% recebe o nome de formalina. Seu nome advém do ácido fórmico, que se obtém de sua oxidação e que é encontrado nas picadas das formigas (lat. *formica*, "formiga").
- Pode-se substituir a solução de formaldeído por glicose (ou dextrose), um monossacarídeo que possui diversos grupos aldeídicos. Use uma solução diluída do composto.

3.10.2 Árvore de Prata

Você pode repetir o item 3.9.1 colocando para reagir fios de cobre numa solução de $AgNO_3$, semelhante à árvore de Saturno, mas agora teremos a redução do íon Ag^+ gerando uma estrutura metálica e brilhante de prata semelhante a uma árvore. Como o potencial-padrão de redução da prata ($E^o = +0{,}80$ V) é maior do que a do cobre ($E^o = -0{,}34$ V), o íon prata forçará a oxidação do metal cobre, conforme equações abaixo.

$$2Ag^+ + 2e^- \rightarrow 2Ag \qquad E^o = +0{,}80\ V$$
$$Cu \rightarrow Cu^{2+} + 2e^- \qquad E^o = -0{,}34\ V$$

$$2Ag^+ + Cu \rightarrow 2Ag + Cu^{2+} \quad E^o = +0{,}46\ V$$

Na Figura 3.21 é representada a árvore de prata com uso de solução de sulfato de cobre e nitrato de prata. A partir de uma armação de cobre, adiciona-se solução de $CuSO_4 \cdot 5H_2O$. A cor azul vai se desvanecendo à medida que a árvore vai se formando.

Figura 3.21

3.11 PLATINA

A platina recebeu esse nome porque é o diminutivo da palavra "plata", que significa "prata" em espanhol. Foram os conquistadores espanhóis que deram esse nome para ela, pois, no século XVI, eles encontraram a platina - um metal branco que eles acharam parecido com a prata - misturada nas pepitas de ouro. Contudo, a platina já era usada pelo homem desde a antiguidade, pois objetos datados de 700 a. C. já continham ligas metálicas com esse elemento. Os ingleses Wollaston e Tennant passaram a estudar arduamente esse metal e, a partir da refinação de suas amostras, eles descobriram os outros elementos que fazem parte da família da platina na Tabela Periódica, que são: Paládio (Pd), Ródio (Rh), Irídio (Ir) e Ósmio (Os).

Na natureza, a platina é encontrada livre, na forma de pepitas, mas é muito escassa na crosta terrestre (5 μg/kg). Três quartos da produção mundial de platina vêm das jazidas de minérios da África do Sul e o restante da Rússia e do Canadá. O Brasil ainda não produz esse metal nobre. Ela também ocorre na natureza misturada com minérios de níquel e cobre, e é encontrada na forma combinada no mineral sperrilita ($PtAs_2$).

Entre as propriedades principais da platina estão seu elevado ponto de fusão (1769 ºC) e sua grande resistência à corrosão. Devido a essa resistência, a platina é considerada um metal nobre e, assim como o ouro, o ródio e o irídio, ela não é atacada pelo ácido clorídrico (HCl) e nem pelo ácido nítrico (HNO_3). Mas, é atacada por uma mistura desses dois ácidos (3:1), denominada de água-régia, formando o ácido cloroplatínico:

$$Pt + 4HNO_3 + 6HCl \rightarrow H_2PtCl_6 + 4NO_2 + 4H_2O$$

Durante muito tempo, a platina foi usada somente para falsificação de outros metais nobres. Mas, atualmente, ela é amplamente usada principalmente na produção de catalisadores, pois ela acelera algumas reações, especialmente de conversores catalíticos de escapamentos dos veículos, que têm a função de transformar gases poluentes (CO, NO, NO_2, hidrocarbonetos) liberados na combustão dos combustíveis em gases não tóxicos.

A platina também é utilizada na manufatura de joias, na indústria petroquímica, na fabricação de peças resistentes à corrosão, medicamentos, células à combustível, nas velas de ignição e nas turbinas. No laboratório químico é utilizada como cadinho para digestão de amostras, para eletrodos eletroquímicos, e como fio de platina para identificação de alguns elementos químicos (teste de chama para Na, K, Ca, Sr, Ba, Cu, B – ver item 8.1).

3.11.1 Lanterna Platina-Metanol

Duas experiências muito interessantes que fazem uso do efeito catalítico da platina são a "lanterna de metanol" e "Lanterna de Cobre" (ver item 12.5.2).

EXPERIÊNCIA 47

Num frasco de Erlenmeyer adicione uma pequena quantidade de metanol (uns 20 mL) e aqueça o frasco (sem deixá-lo entrar em ebulição). Em seguida, apanhe um fio de platina, enrolando uma das pontas, e fazendo uma alça na outra ponta, para fixação no Erlenmeyer. Aqueça ao rubro num bico de Bunsen ou maçarico a ponta enrolada, e a introduza rapidamente dentro do frasco com vapores de metanol, pendurando a outra extremidade na boca do frasco. Caso uma combustão não se inicie, repita o processo, ajustando a altura da extremidade do fio em relação ao fundo do Erlenmeyer e o aquecimento do metanol. O fio de platina irá acender e apagar aparentando ser uma lâmpada, de forma bela, ilustrada na Figura 3.22.

Neste processo o metanol reage exotermicamente com o oxigênio sobre a superfície da platina (catalisador), que se torna incandescente e sem produção de chama, e similar ao que acontece nas camisas de lampião para camping (ver observação abaixo).

Obs.: Não deixe o metanol entrar em ebulição, pois ao inserir o fio de platina poderá haver a combustão espontânea do metanol, e cessão do processo cíclico catalítico.

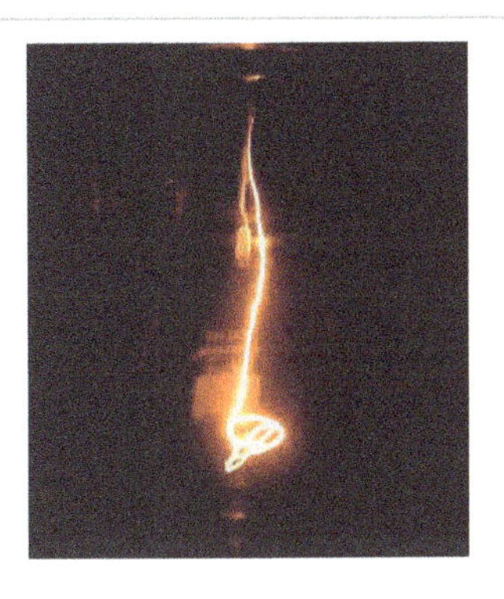

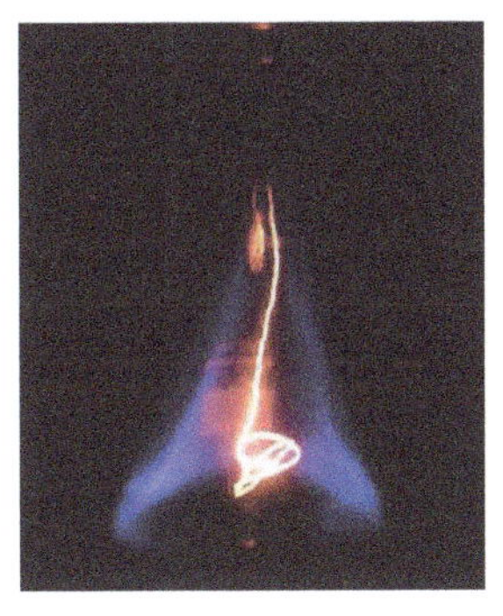

Figura 3.22. Lanterna de platina. Na foto 1 pode-se observar a incandescência do fio de platina e suave oxidação do metanol pelo oxigênio do ar. Na foto 2 a combustão dos vapores de metanol no Erlenmeyer acontece, com produção de luz azul. O processo se repete ciclicamente.

Obs.: A camisa de lampião é geralmente feita de seda artificial ou tecido de rayon, impregnado com óxidos de metais alcalinos terrosos, terras raras e tório. A camisa é então inserida dentro do lampião. Quando ele é ligado, o tecido começa a queimar, deixando uma malha de óxidos que catalisa a combustão suave do gás combustível do lampião, sem produção de chama, mas produzindo muita luz, devido a incandescência da malha de óxidos.

3.12 SILÍCIO

O nome deriva do latim *sílex* (pedra dura). Os compostos de silício foram de grande importância na pré-história, compondo as primeiras armas e ferramentas do homem. Foi identificado pela primeira vez por Lavoisier em 1787 e considerado posteriormente como elemento por Davy em 1800. Em 1811, Gay-Lussac preparou silício amorfo e impuro ao aquecer potássio com tetrafluoreto de silício. Berzelius aperfeiçoou o método de preparação e isolou o elemento em 1824.

O silício, diferentemente do carbono, não é encontrado livre na natureza, mas combinado é o elemento mais abundante na crosta terrestre (de 26 a 28%) depois do oxigênio. É encontrado sob a forma de sílica e num vasto número de silicatos presentes em rochas, p. ex., em arenitos, argilas e granitos.

Existem duas variedades alotrópicas, o amorfo e o cristalino. O amorfo é um pó pardo, mais ativo quimicamente que a variedade cristalina. Reage facilmente com não metais, e com metais formando silicetos. A variedade cristalina possui brilho metálico. O silício é um mal condutor de eletricidade à temperatura ambiente, é utilizado na preparação de ligas metálicas, preparação do *carborundum* (mesma dureza que o diamante), componentes semicondutores e silicones. Na forma de silicatos, é utilizado na indústria cerâmica, nas refinarias de petróleo, na fabricação do vidro, cimento, etc.

Suas propriedades químicas são semelhantes às do carbono: relativamente inerte à temperatura ambiente, com aquecimento há um aumento de sua reatividade com os halogênios e com alguns metais. Em geral, o silício não é atacado pelos ácidos, mas uma mistura de HNO_3 e HF o dissolve. Já em presença de flúor, no entanto, o silício reage e produz óxido. O silício é um metaloide e tem propriedades intermediárias entre os metais e ametais.

Na indústria, obtêm-se o silício por meio de redução de quartzo com carbono (ou magnésio), em presença de ferro, em fornos de arco elétrico ($SiO_2 + C \rightarrow Si + CO_2$). O silício formado se liga ao ferro dando ferrosilício, ao mesmo tempo, a presença de ferro evita a formação de carbeto. O produto apresentado na indústria como silício puro ou metálico contém pelo menos 2% de ferro.

3.12.1 Formação de silanos

A sílica reage com o magnésio formando óxido de magnésio e silício amorfo, que reage com excesso de magnésio formando siliceto de magnésio.

$$SiO_2 + 2Mg \rightarrow Si + 2MgO$$
$$Si + 2Mg \rightarrow Mg_2Si$$

Os silicetos (como os carbetos) de metais alcalinos, alcalinos terrosos e do alumínio são facilmente decompostos pela água (hidrólise) e pelos ácidos, dando lugar à formação de compostos hidrogenados gasosos. Assim, o Mg_2Si reage com HCl produzindo silanos, que se auto inflamam no ar, produzindo água e silício amorfo (resíduo final no béquer).

$$Mg_2Si + 4HCl \rightarrow SiH_4 + 2MgCl_2$$
$$SiH_4 + O_2 \rightarrow Si + H_2O$$

Os silanos tem fórmula geral Si_nH_{2n+2}. Alguns membros da série são o disilano, Si_2H_6, o trisilano, Si_3H_8 e o tetrasilano, Si_4H_{10}. Analogamente aos hidretos de arsênio e antimónio, os silanos são venenosos.

Os silanos tem maior reatividade do que seus correspondentes compostos de carbono (alcanos), devido à maior eletronegatividade do silício e por possuir orbitais *d* de baixa energia que podem ser usados para formar intermediários de reações. O monosilano (SiH_4) é análogo quimicamente ao metano.

EXPERIÊNCIA 48 KIT

Raspe uma tira de **magnésio** de uns 5 cm para eliminar a camada oxidada e a picote com uma tesoura para dentro de um tubo de ensaio limpo e seco. Caso tenha magnésio em pó adicione este diretamente no tubo de ensaio, e cancele a fita de magnésio.

Adicione agora cerca de 0,50 g de **areia branca** muito fina (triture-a antes). Balance o tubo para homogeneizar a mistura. Com a garra, aqueça o tubo num bico de Bunsen ou num maçarico até ficar ao rubro. Deixe esfriar. Adicione ao tubo uns 2 mL de **HCl 6 M** ou despeje primeiro o sólido gerado numa placa de Petri, e depois adicione a solução ácida. Você observará belos lampejos devido à combustão de silanos, ilustrada na Figura 3.23.

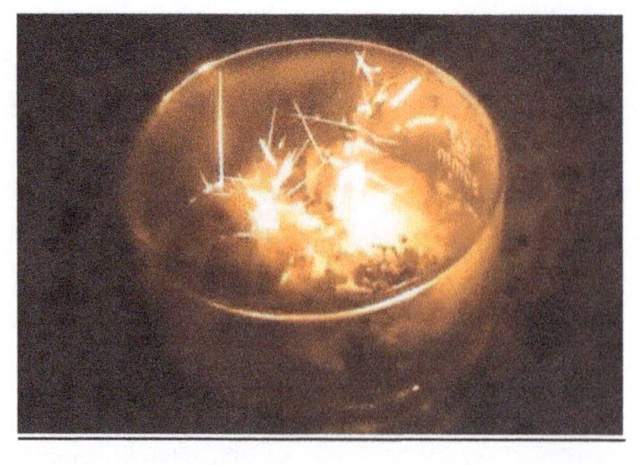

Figura 3.23. Combustão explosiva de silanos pelo oxigênio do ar após sua geração advinda da reação de siliceto de magnésio com HCl diluído.

CAPÍTULO 4

Compostos Químicos

4.1 DIÓXIDO DE CARBONO

É conhecido há muito tempo, desde o século XVII. Van Helmont distinguiu-o do ar atmosférico, chamou-o de *gás silvestre* e demonstrou que ele se produzia no curso da fermentação e durante a combustão de matéria orgânica. Porém, sua fórmula química só foi explicada por Lavoisier em 1776.

O dióxido de carbono (gás carbônico, anidrido carbônico) encontra-se na atmosfera na porcentagem de 0,035% em volume, como também em mananciais de águas ferventes, em erupções vulcânicas, em águas minerais, na respiração de todos os seres vivos, na exaustão de motores à combustão, etc.

É um gás incolor, inodoro, cerca de uma vez e meia mais pesado que o ar. Não queima e possui a propriedade de apagar a chama; daí o seu emprego nos extintores de incêndio. Solidifica-se a −78,5 °C sendo chamado de *gelo seco* e usado como refrigerante. Em contato com o ar, se evapora imediatamente sem deixar resíduo. É utilizado nas bebidas refrigerantes e em diversas aplicações industriais. Pode ser preparado pela combustão do carvão, ação de ácidos sobre carbonatos e pela fermentação alcoólica de açúcares.

O dióxido de carbono é consideravelmente solúvel em água: 100 partes de água dissolvem 88 volumes de CO_2 a 20 °C sob 1 atm. As soluções aquosas são levemente ácidas devido à formação de ácido carbônico. Acima de 1000 °C, o dióxido de carbono já se dissocia apreciavelmente em monóxido e oxigênio. O dióxido de carbono é quimicamente bastante inerte. Como anidrido do ácido carbônico, o dióxido reage vigorosamente apenas com as bases fortes formando carbonatos. O dióxido de carbono reage a altas temperaturas com K, Mg ou Zn, cedendo parcial ou totalmente seu oxigênio. Ao passar através de carvão ao rubro, forma monóxido de carbono.

4.1.1 Reação do CO_2 atmosférico com cal

A cal, também chamada cal viva, cal virgem ou óxido de cálcio, é a substância de fórmula química CaO. Em condições ambientes, é um sólido branco e alcalino. É obtida pela decomposição térmica do calcário ($CaCO_3$) em fornos industriais, sendo muito utilizada na construção civil para elaboração de argamassas, blocos construtivos e preparação de processos de pintura; como também na indústria siderúrgica, de celulose e papel, de tintas, de refratários, de cimento, na indústria alimentícia, no tratamento de águas, etc.

Quando a cal é misturada à água, para preparo de pinturas de paredes e alvenarias (caiação), transforma-se na cal extinta ou apagada, $Ca(OH)_2$, reação exotérmica em que há liberação de 63,7 KJ/mol. Durante fixação e secagem, o hidróxido de cálcio lentamente reage com o CO_2 atmosférico, convertendo-se em $CaCO_3$, que é mais insolúvel e resistente às intempéries atmosféricas.

EXPERIÊNCIA 49 KIT

No Kit Experimental Show de Química, prepare uma solução de **$Ca(OH)_2$** (cal hidratada). Caso possua em casa ou no laboratório ***cal comercial*** (óxido de cálcio), agite um pouco de cal com água num tubo de ensaio e filtre a dispersão em outro tubo com um papel de filtro, dobrado conforme Figura 4.1.

Caso não possua cal, num tubo de ensaio adicione uns 5 mL de água, um pouco de **acetato de cálcio** e umas 5 gotas de **NaOH a 10%**. Espere o sólido decantar e remova o sobrenadante (fase líquida). Lave o precipitado com um pouco de água, com agitação. Decante e descarte o sobrenadante. Agite novamente o precipitado com um pouco de água (aproximadamente 5 mL) e filtre para outro tubo de ensaio.

De posse da solução de $Ca(OH)_2$, borbulhe ar nesta solução usando um tubo ou canudo. Observe a formação de um precipitado branco de $CaCO_3$ devido à reação do gás carbônico atmosférico com o hidróxido de cálcio.

Reações envolvidas no experimento:

Início: $CaO + H_2O \rightarrow Ca(OH)_2$ ou $Ca^{2+} + 2OH^- \rightarrow Ca(OH)_2$

Fim: $Ca(OH)_2 + CO_2 \rightarrow CaCO_3 + H_2O$

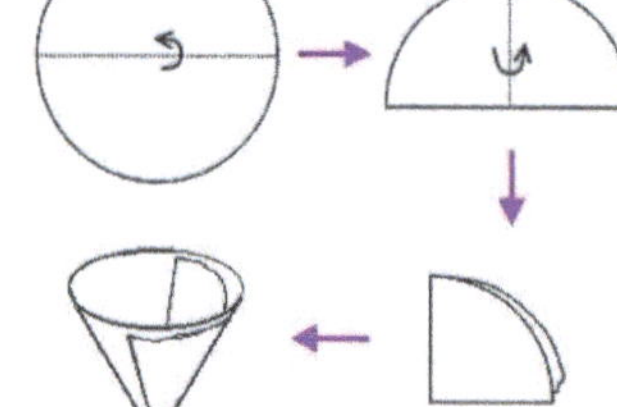

Figura 4.1. Papel de filtro sendo dobrado.

4.1.2 Reação química "ativada" pela voz ou Sopro Químico

A reação química "ativada" pela voz envolve óxidos ácidos. Estes são formados por não metais (nesse caso são compostos gasosos, p.ex., CO_2, NO_2, SO_2) ou por metais com número de oxidação elevado, como CrO_3, MnO_3, Mn_2O_7, etc. Nos óxidos ácidos gasosos, o oxigênio encontra-se ligado a um não metal através de ligações covalentes. Tais óxidos caracterizam-se por produzirem um ácido ao reagirem com água. A formação do ácido pode ser visualizada pela adição de um indicador.

O indicador azul bromotimol em meio ácido é amarelo; em meio neutro, verde; e em meio básico, azul (ver item 8.2). Quando se adiciona hidróxido de sódio à solução, esta se torna básica. Ao soprá-la, o gás carbônico exalado pelos pulmões (o ar inspirado contém 21% de O_2 e 0,035% de CO_2, mas o expirado contém 16% de oxigênio e 4,6 % de gás carbônico) produz ácido carbônico em meio aquoso conforme a reação:

$$CO_2(g) + H_2O(l) \rightleftharpoons H_2CO_3(aq)$$

O ácido carbônico vai neutralizando a base OH^- e quando a solução é totalmente neutralizada sua cor passa de azul para verde. A equação de neutralização é a seguinte:

$$H_2CO_3(aq) + OH^-(aq) \rightarrow HCO_3^-(aq) + H_2O(l)$$

EXPERIÊNCIA 50 KIT

Adicione a um Erlenmeyer ou num copo plástico **25 mL de álcool etílico** e uma gota de solução de **hidróxido de sódio 10%**. A seguir, adicione **5 gotas** do indicador **azul de bromotimol**; a solução ficará azul. Fale alto ou assopre no kitassato, sem borbulhar, e observe a suave mudança de cor devido ao aumento da acidez.

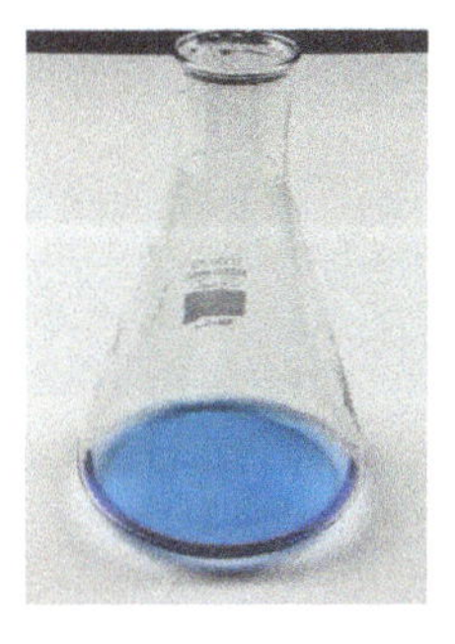

Figura 4.2. Variação de cor do indicador azul de bromotimol quando ar é soprado dentro do frasco Transição de cor em pH ≈ 7,0.

EXPERIÊNCIA 51 KIT

Participação do CO_2 numa reação reversível

Dissolva num copo plástico **0,10 g de bicarbonato de sódio** em 5 mL de água. Acrescente **20 mL de álcool etílico** e **5 gotas** de **azul de bromotimol**. A solução fica azul esverdeada devido a hidrólise básica do íon bicarbonato (pH = 8,3). Com um tubo de plástico (ou canudo), borbulhe ar na solução para assimilar CO_2. A solução torna-se esverdeada por causa do deslocamento do equilíbrio para a faixa ácida com aumento da concentração de ácido carbônico e neutralização do bicarbonato. Se borbulhar muito a solução torna-se saturada de CO_2 e fica amarela (pH < 6) (ver Figura 4.3). Com o término do borbulhamento, a solução tende a voltar para esverdeada devido à desgaseificação do CO_2 e ao deslocamento dos equilíbrios para a direita.

Equilíbrio: $$H_2CO_3(aq) + HCO_3^-(aq) \rightleftharpoons 2HCO_3^-(aq) + H^+(aq)$$

Figura 4.3. Transição de cor do indicador azul de bromotimol numa solução levemente básica (pH > 8, azul) para um meio levemente ácido (pH < 6, amarelo).

Diferente da experiência 50, a de nº 51 contém um tampão de bicarbonato (na verdade um anfólito, ver exemplo 5 do item 1.10), que permite a reversibilidade da reação.

4.1.3 Preparação de pó efervescente

As bebidas refrigerantes quando deixadas abertas por muito tempo perdem o seu efeito, pois o gás carbônico vai se perdendo aos poucos, acarretando num gosto insípido ou chocho. Em sais de frutas e comprimidos efervescentes, o gás carbônico também apresenta papel fundamental. Ele é produzido pela reação de bicarbonato de sódio e um ácido sólido fraco, em meio aquoso. Nestes produtos, são ainda adicionados medicamentos, adoçante e outros produtos para garantir a textura e o paladar necessário.

EXPERIÊNCIA 52 KIT

Você vai agora preparar um simples sal de frutas. Adicione num copo ou no béquer limpo uma porção (espátula cheia) de **bicarbonato de sódio**, uma porção de **ácido tartárico** e três porções de açúcar. Misture os sólidos. Adicione cerca de 100 mL de água e observe a efervescência da solução. Experimente levemente o gosto da solução. O que você acha? O pó efervescente poderá ter outro paladar se o ácido tartárico for substituído por ácido cítrico.

4.1.4 Foguete de CO_2

Quando dois corpos interagem, aparece um par de forças como resultado da ação que um corpo exerce sobre outro. Essas forças são comumente chamadas de ação e reação, cujo princípio é: toda ação corresponde a uma reação, com a mesma intensidade, mesma direção e sentido contrário (3ª Lei de Newton).

Isso é o que ocorre no foguete de CO_2. Tudo se inicia com a reação química que ocorre entre o vinagre (ácido acético) e o bicarbonato de sódio. Tal reação libera CO_2 com um aumento progressivo da pressão no interior da garrafa, representada pela reação:

$$CH_3COOH + HCO_3^- \rightarrow CH_3COO^- + CO_2(g) + H_2O$$

A pressão aumenta a ponto de a rolha escapar. Quando isso acontece, a água e o ar são violentamente expulsos (ação), empurrando (reação) a garrafa na mesma direção e sentido oposto.

EXPERIÊNCIA 53 KIT

Corte uma garrafa PET de 1 litro pela metade e coloque 300 mL de água. Coloque este recipiente no chão, que será a base de lançamento do foguete. Pegue uma garrafa menor, de 600 mL, e separe uma rolha de borracha ou cortiça que possa fechá-la. Adicione nesta garrafa menor 300 mL de **vinagre** e depois envolva 30 gramas de **$NaHCO_3$** em um papel de filtro, de forma a passar pelo bico. Jogue o bicarbonato dentro da garrafa de vinagre e rapidamente feche levemente essa garrafa com a rolha (não aperte muito). Coloque essa garrafa de vinagre com a rolha virada para baixo dentro da garrafa cortada ao meio com água. Afaste-se um pouco das duas garrafas e observe a garrafa sendo lançada como um foguete!

4.2. PERÓXIDO DE HIDROGÊNIO

O peróxido de hidrogênio, H_2O_2, foi descrito pela primeira vez por Thenard em 1818, quando o obteve pela ação de alguns ácidos sobre o peróxido de bário, dando o nome de água oxigenada. Tem-se afirmado sua existência no ar, na chuva, na neve e no orvalho. É um líquido incolor, inodoro, solúvel em água em todas as proporções, recebendo o nome de água oxigenada quando em baixa concentração, sendo utilizada como antisséptico, clareador de roupas e de cabelos. A solução comercial mais concentrada (30% m/m) recebe o nome de **peridrol** (comercializada até 70% m/m), sendo usado na indústria para clarear tecidos e papel, desinfetante, em misturas combustíveis, componente de espumas, e em diversas reações químicas.

Em farmácias a água oxigenada é muito vendida para uso medicinal na concentração de 3% m/m ou 10 volumes, que é o volume de oxigênio produzido em sua decomposição a partir de um volume da solução aquosa, nas CNTP. Desta forma uma solução 1 mol/L de H_2O_2 ou 34,015 g/L produzirá metade de 22,4 L de O_2 ou 11,2 L nas CNTP (ver equação abaixo). Uma solução 3% m/m (d = 1,0095 g/mL) então equivalerá a,

$$3\%\frac{m}{m} = \frac{3\text{ g}}{100\text{ g}_{\text{solução}}} = \frac{30\text{ g}}{\text{kg}} \times 1{,}0095\frac{\text{kg}}{\text{L}} \Rightarrow \frac{30{,}285\text{ g/L}}{34{,}015\text{ g/L}} \times 11{,}2\text{ L de }O_2 = 9{,}97\text{ Volumes}$$

Para peróxido de hidrogênio a 30% m/m (d = 1,12 g/mL) teremos:

$$30\%\frac{m}{m} = \frac{30\text{ g}}{100\text{ g}_{\text{solução}}} = \frac{300\text{ g}}{\text{kg}} \times 1{,}12\frac{\text{kg}}{\text{L}} \Rightarrow \frac{336\text{ g/L}}{34{,}015\text{ g/L}} \times 11{,}2\text{ L de }O_2 = 110\text{ Volumes}$$

O peróxido de hidrogênio decompõe-se lentamente em água e oxigênio pelo calor, na presença de hidróxidos ou exposição à luz. Na presença de metais de transição, sofre forte decomposição.

$$H_2O_2 + 2H^+ + 2e^- \rightarrow 2H_2O \qquad E^o = 1{,}78\text{ V}$$

$$H_2O_2 \rightarrow O_2 + 2H^+ + 2e^- \qquad E^o = -0{,}70\text{ V}$$

$$2H_2O_2 \rightarrow 2H_2O + O_2 \qquad \Delta E^o = 1{,}08\text{ V}$$

O H_2O_2 é estabilizado por pequenas quantidades de ácido fraco como o H_3PO_4.

4.2.1 Decomposição catalítica do H_2O_2

EXPERIÊNCIA 54 KIT Use luvas para manusear o peridrol (H_2O_2 30%)

Adicione a três tubos de ensaio uns 5 mL de água oxigenada a 20 volumes de farmácia ou dilua cerca de 20 gotas de **H_2O_2 30%** em 5 mL de água. Ao primeiro, acrescente 2 gotas de solução de Cu^{2+} 0,2 M; ao segundo, acrescente 2 gotas Fe^{3+} 0,2 M; e ao terceiro, 2 gotas de Cu^{2+} de Fe^{3+}, ambos 0,2 M. Compare as velocidades de decomposição.

Prepare as soluções 0,2 M dissolvendo previamente 0,25 g de **$CuSO_4.5H_2O$** em 5 mL de água e 0,40 g de **$Fe(NO_3)_3.9H_2O$** em outro tubo com 5 mL de água.

Observe o efeito catalítico de cátions metálicos na decomposição da água oxigenada (ver item 12.5.1). Em nossa experiência, as soluções de Cu^{2+}e Fe^{3+} possuem a mesma concentração. A maior decomposição do segundo tubo em comparação ao primeiro é devido ao fato que o Fe^{3+}, possuindo maior carga, é mais efetivo no transporte de elétrons no processo auto redox da água oxigenada. Ambos os cátions não são consumidos na reação, apenas facilitam a decomposição diminuindo a energia de ativação para que a reação ocorra. São catalisadores homogêneos desse sistema.

A decomposição acima pode também ser realizada via catálise heterogênea adicionando **PbO_2** ou **MnO_2** à solução de peróxido.

4.2.2 Reação de identificação do H_2O_2

EXPERIÊNCIA 55 KIT

Dissolva 0,50 g de **dicromato de potássio** em 5 mL de água num tubo de ensaio. Adicione, em seguida, 2 mL de **éter etílico**, 4 gotas de **H_2SO_4** e 10 gotas de **H_2O_2**. Agite suavemente e observe na camada etérea o aparecimento de uma coloração azul devido à formação de pentóxido de cromo Cr_2O_5. O pentóxido formado se decompõe facilmente em solução esverdeada de Cr^{3+}, o que pode ser acelerado com agitação do tubo de ensaio.

$$\text{Reação: } K_2Cr_2O_7 + 4H_2O_2 + H_2SO_4 \rightarrow 2Cr_2O_5 + K_2SO_4 + 5H_2O$$

4.2.3 Pasta de dente de elefante

O experimento a seguir, consiste na produção instantânea de uma espuma, a partir da reação de peróxido de hidrogênio com iodeto de potássio, num meio contendo detergente para incrementar a produção de espuma. A experiência mostra uma reação de decomposição da água oxigenada acelerada por um catalisador, o iodeto de potássio. Quando o catalizador é acrescentado, o oxigênio liberado forma espuma que sai do recipiente com uma velocidade grande, parecendo uma pasta de dente. A oxidação do íon iodeto produzirá um pouco de iodo, que tingirá a espuma de violeta ou avermelhada. Outros produtos podem servir de reagentes ou catalisadores para a decomposição da água oxigenada, como corantes e fermento biológico.

O experimento deve ser realizado em área aberta devido à utilização de peróxido de hidrogênio 30%, que pode ser prejudicial aos olhos, garganta e nariz. Deve-se sempre usar luvas para manusear o peridrol. Podem-se usar concentrações menores, p.ex. água oxigenada a 20% encontrada em farmácias e em lojas de produtos de beleza, contudo, o efeito não é tão bom quanto ao peridrol. Os resíduos devem ser descartados na pia, com água corrente.

A liberação de gás oxigênio é responsável pela formação de espuma junto ao detergente, com aparência de pasta de dente saindo do tubo.

$$2H_2O_2(aq) \rightarrow 2H_2O(l) + O_2(g)$$

A reação de decomposição pode ser acelerada pelo aquecimento ou ainda à temperatura ambiente na presença de um catalisador. Para evidenciar a velocidade de liberação de oxigênio, adicionam-se gotas de detergente líquido ao peróxido de hidrogênio antes de se adicionar o catalisador. No caso do uso de KI, a cinética da reação é dada pelas seguintes equações:

$$H_2O_2 + I^- \rightarrow H_2O + OI^-$$
$$H_2O_2 + OI^- \rightarrow H_2O + I^- + O_2$$

EXPERIÊNCIA 56 KIT

Numa superfície protegida ou bacia de plástico coloque uma proveta ou béquer de 100 mL e adicione 10 mL de **peróxido de hidrogênio** a 30%, seguido de três gotas de detergente líquido e uma gota de **corante alimentício**. Agite levemente o béquer para misturar, adicione 0,15 g de **fermento biológico** e observe a formação de abundante espuma com aparência de uma pasta de dente gigante (Figura 4.4).

Se preferir, use **iodeto de potássio**, KI em vez de fermento, retirando o corante. Nesse caso haverá formação de espuma avermelhada. Também outros corantes coloridos podem ser usados para gerar um efeito mais visual.

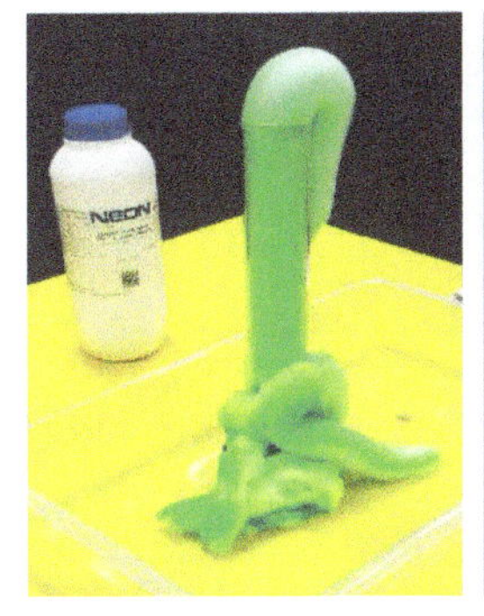

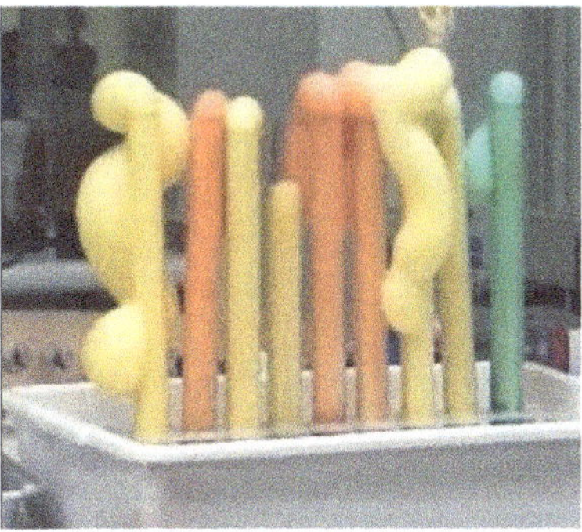

Figura 4.4. Alguns experimentos da pasta de dente de elefante, com diversos corantes.

4.3 AMÔNIA

A amônia ou gás amoníaco, era conhecido pelos antigos alquimistas que descreveram sua obtenção e suas propriedades. Primeiramente, se obteve esquentando urina com sal comum e tratando o produto resultante com álcalis. O gás assim obtido se denominou *espíritu volátil*. Acredita-se que os antigos sacerdotes egípcios conheciam essa substância, pois o nome de sal amoníaco parece ter alguma relação com o deus egípcio *Ra Ammom*. Berthollet, em 1785, demonstrou que o amoníaco era um composto de hidrogênio e nitrogênio.

A amônia se produz na natureza pela ação de bactérias putrefadoras e de formação do amoníaco sobre a matéria orgânica de solos e águas. Daí ser encontrada em estábulos e currais. Na indústria é produzida pelo processo Haber-Bosch (ver item Princípio de Le Chatelier, item 1.10 - Equilíbrio Químico). Neste processo os gases nitrogênio e hidrogênio são combinados diretamente a uma pressão de 20 MPa e numa temperatura de 500 °C, utilizando o ferro como catalisador.

É um gás incolor, de cheiro característico e muito irritante. Muito solúvel em água, hidrolisa-se em pequena escala ($pK_b = 4{,}75$) formando o hidróxido de amônio. Comercialmente, é vendida na concentração de 28 % ou em soluções mais diluídas chamadas de amoníaco.

Possui vasta aplicação industrial, em refrigeração, na indústria têxtil, na fabricação de fertilizantes (ureia), de produtos químicos (HNO_3 e nitrato de amônio), de limpeza, na fotografia, etc.

4.3.1 Chafariz de amônia

Nessa experiência será demonstrada a alta solubilidade da amônia em água, quando ela estiver presente num frasco e colocada em contato com água através de um tubo. Uma forte diminuição na pressão interna do frasco, forçará o líquido a sair na forma de um chafariz (Figura 4.5). A amônia será gerada pela reação do íon ácido $\mathbf{NH_4^+}$ com a base hidroxila:

$$\mathbf{NH_4Cl + NaOH \rightarrow NH_3(g) + NaCl + H_2O}$$

Pode-se utilizar indicadores ácido-base para embelezar a experiência.

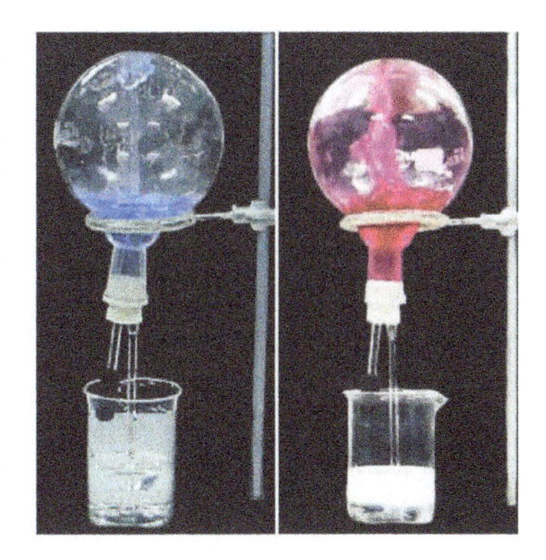

Figura 4.5. Chafariz de amônia com timolftaleína e fenolftaleína.

EXPERIÊNCIA 57 KIT

Para preparação do chafariz de amônia utilize um balão de fundo redondo, um Erlenmeyer ou kitassato com a saída fechada. Separe um béquer de 100 mL, adicione uns 80 mL de água e umas 10 gotas de **fenolftaleína**. Também prepare uma rocha de borrada com um tubo de vidro instalado.

Adicione um pouco de **NH_4Cl** num tubo de ensaio e umas 20 gotas de **NaOH** 10%. Aqueça o tubo na lamparina ou bico de Bunsen e recolha a amônia gerada para dentro do frasco, virado de boca para baixo. Molhe a rolha com água e rapidamente a introduza de boca para baixo dentro da água do béquer, conforme Figura 4.5. Agite e observe a formação de um belo chafariz de água vermelha dentro do frasco devido à queda da pressão após solubilização da amônia (ver Tabela 1.3). Melhores resultados são obtidos se você criar mais um furo na rolha para passar um conta-gotas cheio de água. Ao introduzir a água dentro do frasco contendo amônia, a pressão diminui e o chafariz acontece.

4.3.2 Sangue do diabo

EXPERIÊNCIA 58 KIT

Acrescente num tubo de ensaio cerca de 2 mL de **hidróxido de amônio** e 2 gotas de **fenolftaleína**. A solução vermelha ao ser projetada numa roupa branca poderá causar susto devido à mancha causada, porém passado algum tempo a amônia se evapora e o tecido volta a ficar com a cor original, para a surpresa da plateia.

Essa brincadeira era utilizada a décadas em festas para simular a queda de vinho tinto na roupa de convidados, causando espanto e, logo após, surpresa, ao perceber o desvanecimento gradual da mancha. Contudo, essa prática não é recomendada devido ao odor irritante da amônia (tóxica) que se evapora do tecido, e às dificuldades para lavá-lo depois, por causa da baixa solubilidade da fenolftaleína em água, resultando assim no reaparecimento da mancha devido ao caráter básico do sabão.

4.3.3 Preparação do triiodeto de nitrogênio (pimentinha)

O triiodeto de nitrogênio com 1 amônia ($NI_3 \cdot NH_3$), é um composto extremamente instável devido à ligação tripla do nitrogênio, sendo pois, um nitreto (os nitretos são instáveis a exemplo da azida de chumbo, seção 5.3.1). Ele é produzido pela reação do iodo com solução aquosa de amônia (hidróxido de amônio). A explosão pode ser iniciada mecanicamente, termicamente, pela radiação e mesmo quimicamente pela remoção da amônia. Daí, explode facilmente por si só quando deixada ao ar livre. Esse fato é utilizado por alguns "espertinhos" para assustar colegas em escolas, quando o composto é espalhado no chão à espera de um andarilho desavisado. É interessante notar que o composto, ao explodir, projeta novas porções dele a metros de distância e, de onde não havia nada, se ouve pequenos estalos.

EXPERIÊNCIA 59 KIT

Caso não tenha iodo sólido, prepare-o a partir dos reagentes disponíveis no kit experimental Show de Química. Num tubo de ensaio, adicione cerca de 5 mL de água, 0,30 g de **KIO_3** e 1,10 g de **KI**. Agite o tubo até dissolução dos sais e adicione 5 gotas de **H_2SO_4 6 M**. Decante o precipitado e descarte a solução: $IO_3^- + 5I^- + 6H^+ \rightarrow 3I_2 + 3H_2O$

Adicione ao tubo contendo iodo aproximadamente 3 mL de **NH_4OH**. Espere uns 15 min para a reação, agitando o tubo de vez em quando. Filtre a solução em papel de filtro e lave o sólido no papel com um pouco de água (use a pisseta). Verta uma pequena amostra do sólido numa superfície absorvente (p. ex. parte porosa de um azulejo) e após uns 15 min de secagem atrite levemente com o bastão ou pise no produto. Observe a explosão que ocorre graças à decomposição do triiodeto de nitrogênio em N_2 e I_2 (veja o Capítulo 15). $8NI_3 \cdot NH_3 \rightarrow 5N_2 + 9I_2 + 6NH_4I$

Em amônia líquida, seria produzido $NI_3 \cdot 3NH_3$. Tanto esse quanto o composto comum com 1 amônia, produzido em fase aquosa, não possuem unidades discretas de NI_3, mas tem uma estrutura polimérica complexa, na qual cada átomo de nitrogênio está tetraedricamente cercado por 4 átomos de iodo. O $NI_3 \cdot NH_3$ é estabilizado em solução de amônia.

4.4 ACETILENO

O acetileno ou etino, é um gás incolor e tóxico que arde com chama muito luminosa e, por esse motivo, era utilizado em iluminação antes do advento da lâmpada elétrica. Descoberto por Edmund Davy, em 1836, na Inglaterra, o acetileno foi sintetizado pela primeira vez por Barthelot por meio de um arco voltaico, produzido entre eletrodos de grafite envolvidos numa atmosfera de hidrogênio.

$$2C + H_2 \rightarrow C_2H_2$$

Tem grande aplicação industrial, como no emprego em maçaricos de ar-acetileno, na preparação do negro de fumo (carvão finamente dividido), na fabricação dos solventes tricloroetileno e tetracloroetano e de outros derivados para a fabricação de plásticos e borrachas, e muitos outros produtos comerciais. É também usado na agricultura para amadurecimento de frutas.

O acetileno é produzido pela reação de carbeto de cálcio com água (chamado comercialmente de carbureto). Industrialmente, o carbureto é obtido aquecendo-se em forno elétrico a 3000 °C uma mistura de cal e carvão:

$$CaO + 3C \rightarrow CaC_2 + CO$$

Ele é um sólido de cor vermelho-tijolo, que ao reagir com a umidade do ar se recobre de uma camada branca de hidróxido de cálcio.

4.4.1 Projétil de cortiça

Uma mistura do gás acetileno e ar (21% O_2) pode formar uma mistura detonante quando aprisionada num recipiente, ou pode gerar uma chama na saída de tubos ou bicos estreitos (caso da solda). Vamos reproduzir estes efeitos reagindo um pedaço de carbureto com água dentro de um kitassato tampado com uma rolha de cortiça. Ao atear fogo na saída do kitassato, após rápido encaixe da rolha, uma explosão ocorrerá com projeção da rolha e susto na plateia. Depois, com um novo fechamento do frasco e espera para expulsão do oxigênio no interior do frasco pelo acetileno formado, apenas uma chama se formará na parte externa do bico do kitassato.

EXPERIÊNCIA 60 KIT

Siga as instruções a rigor e não se assuste com o estampido produzido pela projeção da rolha.

Coloque uns 30 mL de água no kitassato e deixe próximo a ele a rolha de cortiça. Adicione um pequeno pedaço de **carbureto** à água, rapidamente arrolhe levemente o Erlenmeyer **(CUIDADO - Não aperte a rolha, ela deve ser solta na boca do Erlenmeyer sem pressão)** e acenda um isqueiro à saída lateral. Essa tarefa deve ser feita em poucos segundos. Se tudo der certo, a rolha deve ser projetada violentamente do Erlenmeyer, gerando susto aos espectadores (Figura 4.6).

Continuando o experimento, arrolhe novamente o kitassato com mais pressão. Agora, espere mais tempo (cerca de 5 segundos) e agite o frasco antes de aproximar a chama da saída. Dessa vez, você observará a simples queima do acetileno (C_2H_2) com produção de forte luz e fuligem de carvão, isto é, negro de fumo (combustão incompleta do acetileno).

Essa experiência demonstra então o efeito explosivo de certas misturas detonantes e o cuidado em manipulá-las. Deve-se evitar a presença de oxigênio no seio de um gás combustível (ver também experiência do item 15.1.1).

Reação do carbureto com água: $CaC_2 + 2H_2O \rightarrow C_2H_2 + Ca(OH)_2$

Combustão com pouco acetileno: $2C_2H_2 + 5O_2 \rightarrow 2H_2O + 4CO_2$

Combustão com muito acetileno: $2C_2H_2 + O_2 \rightarrow 2H_2O + 4C$ (negro de fumo)

Nesta experiência, é curioso observar o acendimento espontâneo da chama de acetileno quando se tenta apagá-la com um sopro, devido à alta temperatura do vidro na saída do gás no bico do kitassato, alcançando a temperatura de ignição do acetileno (305 °C), o que pode parecer algo mágico.

Figura 4.6. Explosão da reação entre acetileno e oxigênio do ar.

4.4.2 Formação do acetileto de prata

EXPERIÊNCIA 61 KIT

Dissolva cerca de 1 g de **$AgNO_3$** em 50 mL de água contidos no béquer de 100 mL. Instale a mangueira plástica na saída do kitassato, adicione água e um pedaço de carbureto. Feche o frasco com a rolha e borbulhe o acetileno gerado no béquer contendo nitrato de prata. Observe a formação do precipitado branco de acetileto de prata. Evite borbulhar demais de forma a mitigar a formação de prata metálica (ou óxido de prata), finamente dividida, sobre o precipitado. Descarte o sobrenadante, lave o precipitado com água e coloque para secar sobre um papel de filtro.

Disponha uma pequena quantidade de acetileto de prata seco sobre uma superfície e acenda um palito de fósforo. O composto decompõe-se violentamente quando aquecido ou atritado (veja capítulo 15 – Pirotecnia). Mantenha a cabeça de frente, para minimizar o impacto sobre o ouvido. Umedeça o restante do acetileto caso queira armazenar.

Os acetiletos metálicos, como os nitretos, são compostos instáveis, a exemplo do acetileto de prata e de cobre, e podem ser preparados pela simples reação do gás acetileno com um sal do metal.

Formação: $C_2H_2 + 2AgNO_3 \rightarrow Ag_2C_2 + 2HNO_3$

Decomposição: $Ag_2C_2 \rightarrow 2Ag + 2C + 87cal$

4.5 PERFUMES

Todo perfume é preparado a partir de quatro ingredientes básicos: óleo essencial, solventes, fixador e corante. O óleo essencial é uma mistura de substâncias aromáticas que pode ter origem animal, vegetal, sintética ou ser uma combinação de princípios aromáticos de origens diversas e que é responsável pelo aroma característico do perfume. Os solventes possuem a função de dar ao perfume a concentração desejada da essência, os mais comuns são a água e o álcool etílico. O fixador é usado para retardar a evaporação do princípio aromático, tornando o aroma mais duradouro e podendo ainda fazer parte da essência. O corante é usado apenas para tornar o produto mais atraente, os mais comuns são a clorofila, o sândalo e a cochonilha.

O aroma proporcionado pelo óleo essencial é denominado fragrância. Inicialmente, os perfumes eram classificados conforme a origem de suas fragrâncias, por isso havia perfumes florais, verdes, frutais, amadeirados e almiscarados. Atualmente, os perfumes são compostos de misturas de fragrâncias que podem ser classificadas em 14 grupos, conforme a volatilidade das substâncias componentes, segundo a sequência em ordem decrescente: cítrica, lavanda, ervas, aldeídica, verde, frutas, floral, especiarias, madeira, couro, animal, almíscar, incenso, baunilha.

Antes do advento das técnicas modernas de análise de óleos essenciais (cromatografia a gás, espectrometria de massa, ressonância magnética nuclear, espectroscopia de infravermelho, etc.), os químicos identificavam quase exclusivamente o componente principal de um óleo essencial. Hoje, é possível identificar todos os componentes de um óleo, mesmo aqueles que estão presentes em quantidades mínimas. Alguns óleos essenciais chegam a ter mais de trinta componentes, os mais comuns são o limoneno, o eugenol, o aldeído cinâmico e o geraniol, cujas estruturas moleculares são mostradas na Figura 4.7.

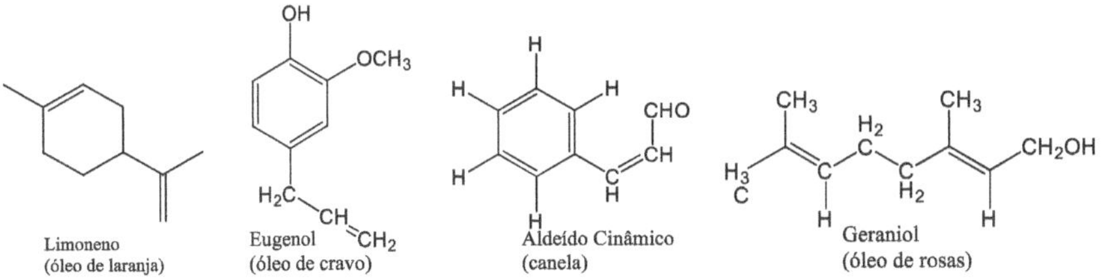

Limoneno (óleo de laranja) — Eugenol (óleo de cravo) — Aldeído Cinâmico (canela) — Geraniol (óleo de rosas)

Figura 4.7. Estrutura molecular de componentes de alguns óleos essenciais.

O **limoneno** é um composto natural, pertencente à família dos terpenos, classe dos monoterpenos, de fórmula molecular $C_{10}H_{16}$, encontrada em frutas cítricas (cascas principalmente de limões e laranjas), volátil e, por isso, responsável pelo cheiro que essas frutas apresentam. O **eugenol** é um forte antisséptico e um composto aromático presente em cravo, canela, sassafrás e mirra. Seus efeitos medicinais auxiliam no tratamento de náuseas, flatulências, indigestão e diarreia. Contém propriedades bactericidas, antivirais, e também é usado como anestésico e antisséptico para o alívio de dores de dente. Já o **aldeído cinâmico** apresenta-se na forma de um óleo amarelo viscoso, levemente solúvel em água. É largamente utilizado como aromatizante. Com a confirmação de seus efeitos bactericidas e fungicidas, tem sido amplamente estudado pelos seus efeitos causados sobre as plaquetas do sangue. O **geraniol** é um monoterpenóide e um álcool. É a parte primária do óleo de rosas, do óleo de palma rosa e do óleo de citronela, além de aparecer em pequenas quantidades no gerânio, limão e muitos outros óleos essenciais. Também é um clareador para o óleo de pálido-amarelo, que é insolúvel em água, mas solúvel na maioria dos solventes orgânicos comuns. Ele possui um odor semelhante à rosa.

O químico perfumista procura compor a essência do perfume de modo que a evaporação dos componentes da fragrância ocorra em três fases distintas, denominadas notas (veja Figura 4.8).

As notas do perfume devem ser harmônicas como as de uma música; para isso é preciso que todos os componentes combinem entre si e ressaltem as qualidades um do outro.

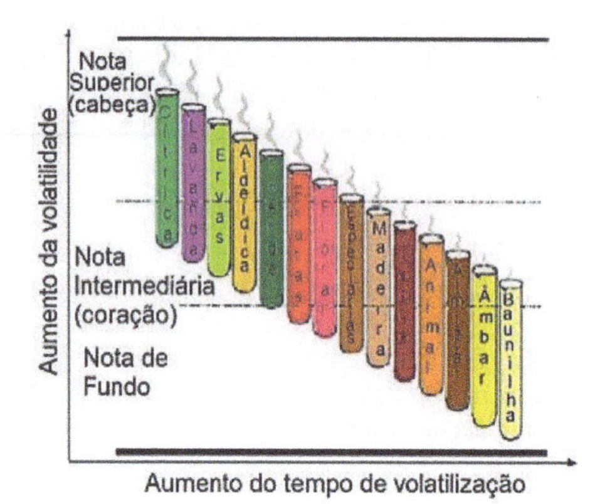

Figura 4.8. Notas em função do aumento de volatilidade e do aumento do tempo de volatilização.

A nota de corpo (ou nota de cabeça) é o primeiro odor que se percebe. É proveniente dos componentes mais voláteis da fórmula. Dura em média 15 minutos. Nota de coração é o odor intermediário ou a resultante olfativa e exprime o conjunto dos sinais de todos os componentes de modo agradável e harmonioso. Pode ser sentida após 3 ou 4 horas. A nota de fundo é o odor mais persistente do perfume, obtido com fixadores, normalmente produtos de origem animal, como o âmbar cinzento e almíscar. É sentido em 5 ou 12 horas.

Depois que o solvente e a essência são misturados, é preciso deixar um tempo em maturação para que o odor se desenvolva plenamente. Conforme a quantidade de essência utilizada, os perfumes recebem diferentes classificações.

Tabela 4.1. Classificação dos perfumes

Classificação	% de essência	Composição do solvente
Perfume	10 a 15	950mL etanol e 50mL água
Loção Perfumada	8 a 15	900mL de etanol e 100mL de água
Água de toalete	4 a 8	800mL de etanol e 200mL de água
Água de colônia	3 a 4	700mL de etanol e 300mL de água
Deocolônia	1 a 3	700mL de etanol e 300mL de água

O aroma de um perfume depende não somente de sua composição, como também de fatores externos, sendo os mais importantes:

Temperatura: influencia na velocidade de evaporação perfume. Num ambiente com temperatura moderada, o perfume exala com mais expressão;

Recepção olfativa: após certo tempo sob a ação de um odor qualquer, a percepção dele se atenua, ocorrendo a fadiga olfativa (perda da capacidade de sentir a intensidade de um odor ou mesmo de percebê-lo). No caso de um perfume, isso pode ser causado por alguns de seus componentes, como as iononas, que inibem as extremidades nervosas dos órgãos olfativos.

Assimilação biológica: são as reações que os componentes do perfume sofrem em contato com a pele de cada indivíduo (em função do suor, hormônios, circulação, cor da pele, etc.), fazendo com que ele adquira uma personalidade diferente em contato com pessoas diferentes.

4.5.1 Síntese de um perfume

Os ingredientes de perfumes e produtos similares podem ser adquiridos em lojas de artigos especializados para perfumaria, em lojas de produtos naturais ou em farmácias de manipulação, e a essência pode ser variada. No kit experimental Show de Química, foram disponibilizadas pequenas quantidades de alguns desses ingredientes para a confecção de um simples, mas bom perfume.

EXPERIÊNCIA 62 KIT

Coloque 75 mL de **álcool etílico de cereais** em uma garrafa escura. Adicione 11 mL de **essência** solúvel em álcool e misture. Adicione 2 mL de **fixador**, 2 mL de **propilenoglicol** e agite. Acrescente 10 mL de água destilada e agite. Por fim, descanse a mistura por uma semana, alternando 24 h no freezer, 24 h sem refrigeração e não exponha o perfume à luz.

4.6 DETERGENTES E SABÕES

Os detergentes e sabões são de fundamental importância na vida moderna, satisfazendo nossas necessidades de higiene e limpeza, e fazem parte de um grande leque de produtos da indústria de cosméticos e de perfumaria, incluindo os sabonetes, xampus, cremes dentais, detergentes desinfetantes e o sabão comum, sendo este o mais antigo desses produtos.

Os franceses e os alemães foram os primeiros a utilizar o sabão. A técnica de produção desenvolvida foi passada posteriormente aos romanos, entre os quais adquiriu notoriedade. Conforme escritos encontrados no papiro Ebers, datado de 1550 a.C., os povos orientais e os gregos, embora não conhecessem o sabão, empregavam, na medicina, substâncias químicas semelhantes obtidas por um método similar ao da obtenção do sabão, utilizadas como bases para a confecção de pomadas e unguentos. Somente no 2° século d.C. o sabão é citado, por escritos árabes, como meio de limpeza. Na Itália, foi conhecido devido à existência, nas legiões romanas, de batedores que tinham a função de anotar novidades existentes na cultura dos povos por eles subjugados. Esses batedores tomaram conhecimento das suas técnicas de produção na Alemanha. Conta-se que os gauleses, tanto quanto os germânicos, dominavam a técnica de obtenção de sabões e, por volta do século I d.C., esse produto era obtido em um processo rudimentar por fervura de sebo caprino com cinza de faia, processo esse que lhe conferia um aspecto ruim. Somente no século IX o sabão foi industrializado e vendido como produto de consumo na França.

Os produtos utilizados comumente para a fabricação do sabão comum são o hidróxido de sódio ou potássio (soda cáustica ou potássica) além de óleos ou gorduras animais ou vegetais (glicerídeos). O processo de obtenção industrial do sabão é muito simples. Primeiramente, coloca-se soda cáustica, gordura e água na caldeira com temperatura em torno de 150 ºC, deixando-as reagir por algum tempo (± 30 min).

A reação que ocorre é a seguinte:

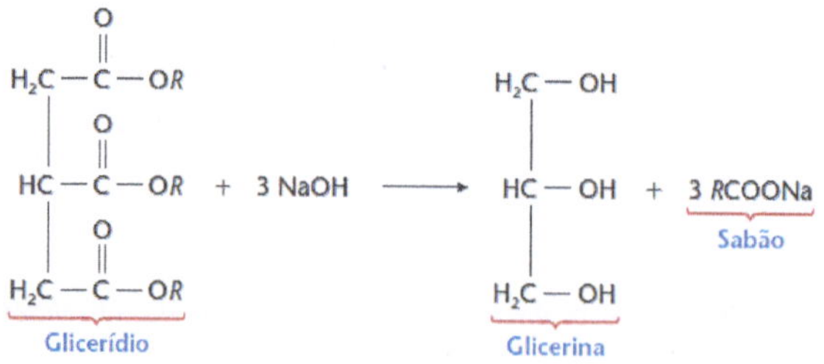

$$\underbrace{\begin{matrix} H_2C-\overset{O}{\overset{\|}{C}}-OR \\ | \\ HC-\overset{O}{\overset{\|}{C}}-OR \\ | \\ H_2C-\overset{O}{\overset{\|}{C}}-OR \end{matrix}}_{\text{Glicerídio}} + 3\,NaOH \longrightarrow \underbrace{\begin{matrix} H_2C-OH \\ | \\ HC-OH \\ | \\ H_2C-OH \end{matrix}}_{\text{Glicerina}} + \underbrace{3\,RCOONa}_{\text{Sabão}}$$

Figura 4.9.

Após, adiciona-se cloreto de sódio que auxilia na separação da solução em duas fases. Na fase superior (fase apolar) encontra-se o sabão e na inferior (fase aquosa e polar), glicerina, impurezas e possível excesso de soda. Nessa etapa, realiza-se uma eliminação da fase inferior e, a fim de garantir a saponificação do óleo ou gordura pela soda cáustica, adiciona-se água e hidróxido de sódio à fase superior, repetindo essa operação quantas vezes seja necessário. Depois de terminado o processo, pode-se colocar aditivos que irão melhorar algumas propriedades do produto final. A glicerina separada do sabão no processo é utilizada tanto por fabricantes de resina e explosivos como pela indústria de cosméticos. Por isso, seu preço, depois de purificada, pode superar o do sabão.

Os detergentes, ao contrário dos sabões, são de origem sintética (derivados do petróleo). Enquanto **sabões são sais de ácidos carboxílicos**, detergentes são sais de ácidos sulfônicos. Enquanto os sais de ácidos carboxílicos com íons divalentes e trivalentes (Ca^{2+}e Fe^{3+}, por exemplo) são insolúveis em água, os sais de ácidos sulfônicos desses mesmos íons são solúveis. Assim, os detergentes são capazes de produzir espuma mesmo empregando-se águas duras, isto é, águas ricas em íons metálicos como cálcio, magnésio e ferro. Contudo, tem a desvantagem de causar maiores problemas ambientais ao serem lançados em cursos de rios, levando à formação de espumas; de difícil degradação microbiológica, devido à estrutura ramificada das moléculas do detergente. Esse problema levou ao desenvolvimento nas últimas décadas de detergentes biodegradáveis, que são sais de alquilbenzenosulfonatos lineares. Os microrganismos presentes no ambiente são capazes de oxidar essas cadeias lineares, ou seja, promovem a biodegradação desses detergentes, enquanto os de cadeia ramificada não são oxidados, permanecendo no ambiente e contaminando-o.

Os sabões e os detergentes possuem moléculas com uma extremidade polar, capaz de ligar a água e facilitar sua penetração no material sob lavagem, e uma extremidade apolar, capaz de dissolver gorduras. Nos sabões, a propriedade polar é gerada por um grupo carboxilato (−COO−) e em detergentes sintéticos, por grupos sulfato ($-OSO_3^-$) ou sulfonato ($-SO_3$), entre outros. A parte apolar geralmente é representada por cadeias hidrocarbônicas lineares [$CH_3(CH_2)_n^-$] (Figura 4.10).

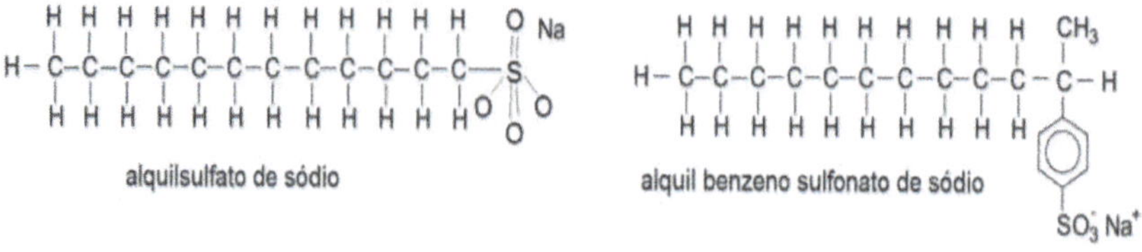

$$CH_3(CH_2)_{10}CH_2-O-SO_2-O\,Na$$

alquilsulfato de sódio

$$CH_3(CH_2)_{9}-CH(CH_3)-C_6H_4-SO_3^-\,Na^+$$

alquil benzeno sulfonato de sódio

Figura 4.10. Molécula de detergentes biodegradáveis, um lado é polar e o outro é apolar.

Quando se misturam em água e sabão, forma-se uma dispersão coloidal e não uma solução verdadeira. Tais dispersões ou emulsões, contêm agregados esféricos de moléculas chamados micelas (Figura 4.11), cada um contendo centenas de moléculas. A extremidade polar dessas moléculas é atraída pela água e a parte apolar é repelida pela água e atraída pelas gorduras.

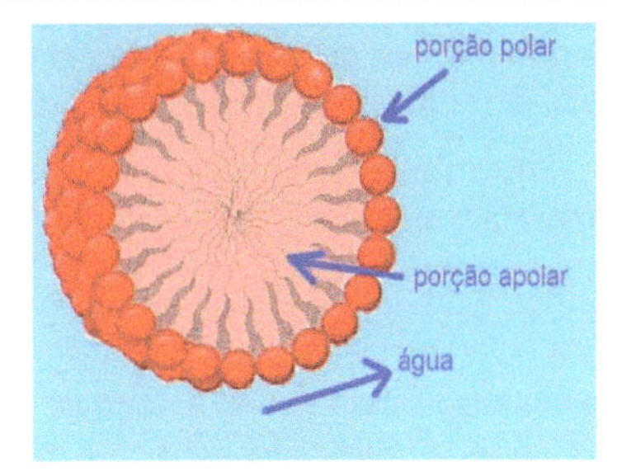

Figura 4.11.

Os componentes tensoativos dos detergentes modernos, geralmente são produzidos em larga escala industrial a partir do petróleo ou gás natural. Exemplos de surfactantes sintéticos são alquisulfatos de sódio ou alquilbenzenossultafos de sódio de cadeia linear, os quais, ao contrário de seus antecessores de cadeia ramificada, são mais facilmente biodegradáveis. Além dos surfactantes, esses detergentes modernos contêm diversos componentes aditivos com funções coadjuvantes no processo de lavagem: sequestrantes, alvejantes, esbranquiçadas, espumantes, perfumantes.

Sabões e detergentes, são denominados tensoativos aniônicos porque em ambos o grupo polar é um ânion (carboxilato ou sulfonato). Existem outros tipos de tensoativos: os catiônicos, que possuem como grupo polar um nitrogênio quaternário (sal de amônio quaternário), os anfóteros ou betaínicos, que possuem dois grupos ionizados - um aniônico e outro catiônico -, e os não iônicos, que são poliálcoois, como os polietilenoglicóis (PEG).

Detergentes e outros tensoativos, também são empregados na formulação de produtos de higiene. Os xampus, por exemplo, são soluções de alquilsulfonatos e alquilsulfatos, como o laurilsulfato de sódio; os xampus infantis empregam tensoativos anfóteros, porque estes não irritam a mucosa ocular. Os condicionadores empregam tensoativos catiônicos, que interagem com os grupamentos aniônicos presentes na proteína do cabelo (queratina), levando, assim, a um efeito antiestático, facilitando o penteado. Materiais para preparação de xampus e condicionadores também podem ser encontrados facilmente em lojas especializadas.

4.6.1 Preparação de um sabão caseiro

O óleo usado para frituras diariamente nas casas é um grande agente poluidor da natureza. Essa substância viscosa, é comumente descartada pela maioria da população em ralos de pias, o que provoca entupimento e gravíssimos impactos ambientais em corpos aquáticos onde o esgoto é despejado.

Pequena parte das pessoas conhece o perigo que o óleo de cozinha causa para nossos recursos hídricos, já tão poluídos, e, assim como o vazamento de petróleo, o descarte inadequado desses óleos é altamente prejudicial à vida aquática. Ao entrar em contato com os mananciais hídricos, o óleo de cozinha cria uma camada em cima da água (como consequência da sua característica hidrofóbica) que impossibilita a penetração solar, causando a destruição da fauna aquática, já que a oxigenação da água se torna prejudicada devido à morte de algas responsáveis pela produção de oxigênio. Além disso, quando despejado, o óleo pode ir para o solo, impermeabilizando-o e podendo gerar processos de enchente, além de eliminar gás metano em contato com o sol, o que propicia a chuva ácida.

Infelizmente, apesar de todas essas informações, na maioria dos estados brasileiros não existe políticas de conscientização da população sobre essa problemática, nem trabalhos adequados como a coleta de óleo, ou principalmente, algum tipo de tratamento das águas dos esgotos, que são despejadas diretamente nos córregos e rios.

Uma forma de mitigar tal problemática é reaproveitar o óleo usado na fabricação de sabão, mais facilmente biodegradável.

EXPERIÊNCIA 63

Num recipiente, dissolva **1 copo de sabão em pó** em ½ litro de água. Em outro recipiente, dissolva **1 kg de soda cáustica** (comprar em supermercado) em 1 litro de água quente. Adicione lentamente as duas soluções à **4 litros de óleo saturado** (usado) contidos numa bacia ou balde. Mexa a mistura por 20 min com uma colher de madeira e durante esse intervalo coloque 5 mL de **essência aromatizante**. Despeja o sabão em formas cobertas de um plástico e deixa descansar por 24 h.

Sabão artesanal de cinzas

Atualmente, há disposição de diversos tipos de sabões (como sabonetes sólidos e líquidos) de fácil acesso em supermercados, farmácias, etc., e de baixo custo. Porém, centenas de anos atrás isso não era comum, não existiam indústrias de sabões. Por esse motivo, uma técnica muito utilizada por nossos antepassados era a produção de sabão com cinzas de madeira ou lixívia (obtida passando água por meio de uma mistura de cinzas) e gordura animal. Atualmente, esse tipo de sabão não é mais comum, contudo, é possível de ser encontrado em áreas rurais e de baixa renda.

CAPÍTULO 5

Polímeros

5.1 INTRODUÇÃO AOS POLÍMEROS

A polimerização, implica a combinação química de certo número de moléculas iguais ou semelhantes para formarem uma molécula complexa de elevado peso molecular. As pequenas unidades, podem combinar-se por polimerização de *condensação* ou por polimerização de *adição*.

Formam-se polímeros de condensação nas reações em que é eliminada uma molécula simples, como a água, e entre dois grupos funcionais, como os grupos alcóolico $-OH$ e acídico $-COOH$. Para se formarem moléculas de cadeia comprida, é preciso que, em cada uma das unidades reagentes, estejam presentes dois ou mais desses grupos funcionais.

Já os polímeros de adição formam-se quando as unidades monoméricas reagem sem a eliminação de átomos. O monômero é normalmente um composto insaturado, como o etileno, $H_2C = CH_2$, que sofre, na presença de um iniciador, uma reação de adição para formar uma molécula de cadeia comprida, como o polietileno.

Os polímeros têm propriedades físicas e químicas muito diferentes dos compostos que os formaram. São de grande valor por conta da sua inércia química, sua elevada resistência mecânica, seu elevado poder dielétrico, sua elasticidade, sua baixa densidade, sua fácil obtenção à baixas temperaturas, que permitem a fabricação em larga escala e são facilmente obtidos em todos os tons e cores.

Muitos são os polímeros obtidos atualmente, como plásticos, resinas, elastômeros ou borrachas, polímeros termorrígidos e fibras sintéticas (alguns exemplos na Tabela 5.1). Possuem um vasto campo de aplicação, tendo invadido o campo dos produtos naturais, tais como o de metais, porcelana, madeira, goma, seda, algodão, etc., já que em muitos casos são mais interessantes e mais baratos.

As macromoléculas (moléculas muito grandes) obtidas por polimerização são conhecidas em laboratórios desde 1860, mas foi somente em 1864 que se desenvolveu o primeiro polímero de utilização prática, o celuloide (nitrato de celulose). O aproveitamento prático do celuloide, porém, sempre foi limitado, uma vez que ele é altamente inflamável e sofre decomposição quando exposto à luz e ao calor.

Essas características do celuloide acabaram gerando certo descrédito em relação à classe dos polímeros. Entretanto, após Leo Hendrink Baekeland desenvolver a resina plástica com alta resistência ao calor, o número de polímeros desenvolvidos aumentou de maneira surpreendente. Esse polímero sintético foi o primeiro a ser produzido industrialmente em 1909, tendo L. Baekeland demonstrado, pela primeira vez, a possibilidade de formação de plásticos a partir do formaldeído, HCHO, e de substâncias aromáticas substituídas, como o fenol, C_6H_5OH, na presença de catalisadores ácidos ou básicos. Tais polímeros designam-se por plásticos Bakelite. A condensação do fenol com o formaldeído já tinha sido observada por Baeyer em 1872, como algo inconveniente em seus estudos.

Tabela 5.1. Alguns polímeros obtidos por polimerização de condensação e adição.

Polímeros obtidos por polimerização de *condensação*			
Nomes Comerciais	**Monômeros**	**Unidade que se repete**	**Usos**
Nylon 6.6	Ácido adípico e hexametile-nodiamina	HO–C(=O)–(CH₂)₄–C(=O)–OH + H₂N–(CH₂)₆–NH₂ → $-[C(=O)-(CH_2)_4-C(=O)-N(H)-(CH_2)_6-HN]-$	Fibras, velcro, artigos moldados
Silicone	Dimetil polissiloxano	$CH_3-Si(H_3C)_2-O-[Si(H_3C)_2-O]_n-Si(H_3C)_2-H_3C$	Óleos, borrachas, resinas, películas
Poliuretano (PU)	Tolueno-diisocianato e polipropile-noglicol	$-[C(=O)-N(H)-C_6H_4-N(H)-C(=O)-O-CH_2-CH_2-O]_n-$	Espumas rígidas e elásticas
Poli(terefta-lato de etileno) - PET	tereftalato de etileno	$-[O-C(=O)-C_6H_4-C(=O)-O-(CH_2)_2]_n-$	Garrafas Fibras têxteis
Polímeros obtidos por polimerização de *adição*			
Polietileno (PE)	Etileno	n $H_2C=CH_2$ (etileno) → $-(CH_2-CH_2)_n-$ (polietileno)	Filmes, artigos moldados
Cloreto de polivinila (PVC)	Cloreto de vinila	n $-[H_2C-CH(Cl)]-$	Lâminas, tubos, canos películas
Acetato de polivinila (PVA)	Acetato de vinila	n $H_2C=C(CH_3)-C(=O)OCH_3$ (Acetato de Vinila) → $-[CH(H)=C(CH_3)(C(=O)OCH_3)]_n-$ (Poliacetato de vinila)	Adesivos, tintas
Acrílico	Metacrilato de metila	n $H_2C=C(CH_3)-C(=O)-O-CH_3$ (Metacrilato de metila) → $-[CH_2-C(CH_3)(C(=O)OCH_3)]_n-$ (Poli(metacrilato de metila))	Janelas, Lentes, Objetos decorativos
Poliacrilo-nitrila (PAN)	Acrilonitrila	n $[H_2C=CH(CN)]$ (Acrilonitrila) —Catalisador / Aquecimento→ $-[CH(H)-CH(CN)]_n-$ (Poliacrilonitrila)	Fibras têxteis e fibra de carbono

A preparação de polímeros normalmente requer condições adequadas de pressão e temperatura e também catalisadores apropriados. No entanto, existem alguns polímeros que podem ser feitos de maneira simples. Um polímero de fácil preparo é conhecido como "Sinteco" e é utilizado na fabricação de vernizes para madeira, ou ainda, de placas resistentes.

Os polímeros de estrutura unidimensional, com elevado peso molecular, rígidos a temperatura ambiente, mas que amolecem e fluem com o aumento da temperatura ou pressão, são chamados de *termoplásticos*, ou simplesmente *plásticos*. Alguns exemplos são o polietileno, poliestireno e a poliamida (Naylon). Os polímeros de estrutura tridimensional, duros, insolúveis e de grande resistência ao aquecimento e amolecimento, são chamados de *resinas termofixas* ou simplesmente *resinas* (o plástico amolece uma vez com o aquecimento, sofre o processo de cura no qual se tem uma transformação química irreversível, com a formação de ligações cruzadas, tornando-se rígido). Alguns exemplos são a resita, baquelite e resina epóxi.

O polietileno (PE) é uma resina termoplástica parcialmente cristalina e flexível, obtida através da polimerização do etileno (Tabela 5.1), sendo quimicamente o polímero mais simples e de menor custo de produção. É muito utilizado para embalagem de alimentos, sacolas, utensílios domésticos, embalagens para líquidos e cosméticos, brinquedos, isolamento de fios, mantas de proteção, etc. Os três principais tipos de polietileno são o de baixa densidade (PEBD); o de alta densidade (PEAD) e o de baixa densidade linear (PEBDL). Também pode ser combinado com diversos outros polímeros gerando as chamadas blendas poliméricas, que são misturas mecânicas de diversos plásticos a fim de proporcionar propriedades finais mais equilibradas.

Poli(tereftalato de etileno) - PET, é um polímero termoplástico patenteado em 1941 por dois químicos britânicos, John Rex Whinfield e James Tennant Dickson, formado pela reação de esterificação entre o ácido tereftálico (com 2 carboxilas) e o etilenoglicol (um diálcool), com liberação de água (reação de condensação). No processo industrial essa etapa é conduzida para formar este éster polimérico que tem baixo peso molecular e forma líquida. Esta resina é vendida no comércio (p.ex., marca Arazin) para posterior solidificação e formação do plástico PET sólido, realizada por uma reação de adição, utilizando outro comonômero, como o estireno (para aumento da cadeia e reticulação), e 1% de catalisador a base de peróxido (p.ex., peróxido de benzoila ou peróxido de metiletilcetona - Butanox®). A quantidade de estireno e catalisador usada é função da aplicação (p.ex., tempo necessário para solidificação num molde). O PET possui propriedades termoplásticas, isto é, pode ser reprocessado diversas vezes pelo mesmo ou por outro processo de transformação. Quando aquecido a temperaturas adequadas, esse plástico amolece, funde e pode ser novamente moldado. É utilizado principalmente na forma de fibras para tecelagem e de embalagens para bebidas. As garrafas produzidas com este polímero só começaram a ser fabricadas na década de 70, após cuidadosa revisão dos aspectos de segurança e meio ambiente. Atualmente o uso indiscriminado de garrafas PET e de outros plásticos tem causado sérios problemas ambientais mundo afora, devido a um descarte inadequado.

Um polímero similar ao polietileno é o politetrafluoretileno (PTFE), cuja marca mais conhecida é o Teflon, da empresa DuPont. O PTFE é produzido pela polimerização dos radicais livres do tetrafluoretileno (2FC=CF2), em vez do etileno, gerando o polímero -(2FC-CF2)n, de cor branca e muito pouco reativo (devido às fortes ligações carbono-flúor), gerando aplicações especiais como produção de recipientes e tubulações para produtos químicos reativos e corrosivos, revestimento antiaderente para panelas e outros utensílios de cozinha, e manufatura de próteses, enxertos e revestimentos em procedimentos cirúrgicos.

$$n\ F_2C{=}CF_2 \longrightarrow \left(-CF_2-CF_2- \right)_n$$

tetrafluoretileno PTFE

Um polímero termoplástico de grande importância atual é o polimetilmetacrilato (PMMA – Tabela 5.1), popularmente conhecido como acrílico, um polímero sintético de adição, versátil, transparente, moldável, resistente a produtos químicos e de vasta aplicação comercial (substitui o vidro, uso em portas, janelas, construção civil, utensílios gerais, lente de contato, fibra ótica, etc.). Possuí boa estabilidade térmica e resiste a temperaturas que variam entre –70 °C a 100 °C. Foi descoberto em 1930 pelos químicos britânicos Rowland Hill e John Crawford, e teve grande aplicação em equipamentos militares na segunda guerra mundial.

Existem ainda polímeros de adição resultantes da "soma" de monômeros diferentes que apresentam estruturas variadas, pois podem ser de dois, três ou mais tipos de monômeros, com regularidade ou irregularidade na cadeia molecular. Estes polímeros são chamados de **copolímeros**. Os copolímeros alternam os monômeros de sua molécula regularmente e possuem uma estrutura como a mostrada abaixo:

$$-A-B-A-B-A-B-A-B-$$

As letras A e B representam os monômeros que são unidos para formar um copolímero. Um exemplo de copolímero que possuem alternância nas unidades monoméricas, e de forma irregular, pode ter a seguinte estrutura:

$$-A-B-B-A-A-A-B-A-$$

Os copolímeros estão presentes em toda a parte como em borrachas de pneus, mangueiras, revestimento de tanque e válvulas que entram em contanto com fluidos apolares como a gasolina, além de serem utilizados na fabricação de brinquedos, painéis de automóveis, entre outros seguimentos.

Um exemplo de copolímero empregado na indústria é o Saran, um copolímero obtido a partir do cloroeteno (cloreto de vinila) e do 1,1-dicloroeteno. Esse é um polímero muito resistente aos agentes atmosféricos e aos solventes orgânicos, sendo empregado na fabricação de tubos plásticos para estofados de automóveis, folhas para invólucros de alimentos, etc. No esquema abaixo é ilustrado a formação do copolímero Saran.

$$n\ H_2C{=}CHCl + n\ ClHC{=}CHCl \longrightarrow \left(-CH_2-CHCl-CH_2-CCl_2-\right)_n$$

Cloreto de vinila | 1,2-dicloroeteno | copolímero Saran

Outro copolímero é a poliuretana, obtida a partir do diisocianato de parafenileno e do etilenoglicol (1,2-etanodiol); possui grande resistência à abrasão e ao calor, sendo utilizada em isolamentos, revestimento interno de roupas, aglutinantes de combustível de foguetes e em pranchas de surfe. Quando expandido a quente por meio de injeção de gases, forma uma espuma cuja dureza pode ser controlada conforme o uso que se quiser dar a ela.

$$n\ OCN-C_6H_4-NCO + n\ HO-CH_2-CH_2-OH \longrightarrow \left(-CO-NH-C_6H_4-NH-CO-O-CH_2-CH_2-O-\right)_n$$

di-isocianato de parafenileno | etilenoglicol | poliuretana

Em ciência dos polímeros e macromoléculas, suas propriedades observáveis e analisáveis como viscosidade, espalhamento de luz e absorção de luz são relacionadas com o peso molecular (o termo equivalente massa molecular é menos usado) e expressas na unidade Dalton (Da). A partir da distribuição de tamanhos, medida em equipamentos específicos, pode-se definir: i) Mn ou peso molecular médio (média da distribuição), sem se referir ao número de moléculas; ii) Mw ou peso molecular médio ponderal, que leva em conta a frequência de cada peso molecular; e iii) Mp ou o valor de peso molecular mais frequente (a moda da distribuição).

A grandeza massa molar (g/mol) não é muito usual para polímeros, sendo mais aplicado para substâncias que tem estrutura definida e simples, ou geralmente moléculas simples. Fica muito difícil você definir uma massa molecular para uma macromolécula e por isso seus pesos moleculares são sempre expressos como Mn, Mw ou Mp. As propriedades óticas e viscosimétricas dos polímeros e proteínas relacionadas com o tempo de exclusão na cromatografia de exclusão em gel dependem dos parâmetros Mn, Mw e Mp, pois sempre possuem uma distribuição de peso molecular e não um único peso. Todos os padrões comerciais de polímeros são caracterizados em termos destes parâmetros.

Alguns polímeros comerciais ou de fácil síntese serão investigados neste capítulo. O caráter polimérico do enxofre plástico foi abordado no item 3.5.2.

5.2 POLÍMEROS ATUAIS E NO COTIDIANO

5.2.1 Aerogel

Em 1931 o cientista americano Samuel Stephens Kistler desenvolveu o aerogel através de seus estudos sobre géis o qual foi publicada pela revista Nature (Kistler, 1931). Ele também desenvolveu a primeira sílica de aerogel que foi fabricada pela empresa Monsato Corporation em 1940 e é utilizada até os dias atuais. Porém, o método usado por Kistler, para sintetizar esse composto não era viável já que, era um procedimento arriscado, caro e demorado, pois envolvia a substituição do líquido da reação por um álcool supercrítico (fluido supercrítico é qualquer substância em uma temperatura e pressão acima do seu ponto crítico, no qual não existe mais distinção entre as fases líquida e gasosa). Anos depois, os cientistas desenvolveram um novo método de secagem supercrítica em que utiliza a adição de dióxido de carbono (CO_2) supercrítico no lugar do álcool supercrítico, pois, o CO_2 reduz o tempo e os perigos na reação. Atualmente, o processo de produção dos aerogéis está bem adaptado e há alguns métodos alternativos como a liofilização.

De acordo com a definição da IUPAC, aerogel é um material sólido microporoso (diâmetro dos poros < 20 nm) extremamente leve derivado de um gel, cuja parte líquida foi substituída por um gás. O resultado desse processo é um bloco sólido com densidade extremamente baixa e alta porosidade (Figura 5.1), e várias proprieda-des notáveis, como excelente eficiência para isolamento térmico, elétrico e acústico. O aerogel não é um gel (ver capítulo 6), embora tenha sido derivado dele.

Figura 5.1

A sílica é um material muito utilizado na produção dos aerogéis, que são feitos a partir da secagem supercrítica, na qual ocorre a substituição da parte líquida do gel por um gás, que vai constituir cerca de 99% do sólido. Graças a esse processo, a estrutura tridimensional do material não é danificada e ele se torna um dos sólidos mais leves do mundo, com densidades extremamente baixas que variam de 0,16 a 5 mg/cm^3, mas altamente resistentes (aguentam mais de 1000x o seu peso). São ótimos isolantes térmicos, pois o ar não circula dentro dos poros, anulando praticamente duas das três formas de transferência de calor, a condução e convecção. Possuem alta absorção de líquidos, tem aparência translúcida de cor azulada, devido ao espalhamento Rayleigh da luz (responsável também pela cor azul do céu), variando um pouco dependendo do processo na fabricação.

Atualmente, têm-se desenvolvido aerogéis à base de amido devido à grande abundância e o baixo custo desse composto. O amido, que é encontrado nas folhas, sementes e tubérculos sob a forma de grânulos, passa por processos especiais para a formação do aerogel. Primeiro ocorre a gelatinização do amido, depois a diminuição de temperatura para a retrogradação, onde as moléculas irão se reorganizar e reassociar para formar uma rede forte. Posteriormente um processo de adição de solvente volátil, que irá substituir a água, e finalmente a técnica de liofilização ou a de secagem com fluido supercrítico, para a total remoção de água. Aerogéis à base de amido são estáveis, biodegradáveis e não são tóxicos na natureza, em comparação aos aerogéis inorgânicos. Essas características têm chamado à atenção das indústrias já que possuem aplicações na biomedicina e na engenharia de tecidos, como embalagens e materiais térmicos, também podem ser usados como superabsorventes, filtro de ar (devido ao seu elevado número de poros) e a NASA tem usado como barreira térmica para trajes espaciais.

Outros aerogéis têm sido desenvolvidos, como o grafite e o de grafeno. Este último possui propriedades incríveis, como sua extrema elasticidade, que o faz voltar à forma normal depois de comprimido. Por ser um material pouco denso, consegue absorver até 900 vezes o seu próprio peso em produtos orgânicos, como óleo. Além disso, também tem sido muito estudado pela sua alta condutividade.

5.2.2 Hidrogel

São materiais constituídos por redes poliméricas hidrofílicas química ou fisicamente reticuladas, e tem como principal característica a alta absorção de água, sem perder sua forma tridimensional. As composições químicas mais comuns são derivados dos polímeros e de copolímeros de poli-acrilamida e do ácido acrílico com uma abundância de agentes de reticulação e enxertos (grafts) com amido, celulose, ácido algínico, carragena, agarose e proteínas naturais como a quitosana e gelatina.

Figura 5.2. Hidrogel de um polímero superabsorvente (PSA)

Existem diversos tipos de hidrogéis, mas, eles podem ser divididos em duas classes, o hidrogel físico e o químico. O físico é formado por ligações fracas (ligações de hidrogênio, interações hidrofóbicas e emaranhamento de cadeias) e não possui pontos de reticulação, sendo conhecido como hidrogel "reversível" e natural, como a gelatina e o amido. Diferentemente o hidrogel químico, também chamada de hidrogel "permanente", é um material que apresenta reticulações químicas formadas por ligações covalentes entre fios de polímero, que permitem a inserção de diversos grupos funcionais de interesse para melhoria de suas propriedades, como a resistência e biodegradabilidade.

Esses polímeros possuem a capacidade de carregar os mais diversos compostos em sua estrutura, e absorver alta quantidade de água. Alguns deles chamados de Superabsorventes (PSA – Figura 5.2) podem reter 300 vezes o seu peso em água (ou de 30 a 60 vezes o seu próprio volume), acarretando em mais de 99% de retenção. Os hidrogéis são usados em diferentes áreas como a medicina (usado para curativos, liberação controlada de fármacos), produtos de higiene pessoal e cosméticos (fraldas descartáveis, cremes para cabelo, creme dental, etc.), e mais recentemente na agricultura, como suprimento de água para as plantas (HIDROGEL). Os "Smart Gels", são hidrogéis ambientalmente sensíveis, e possuem a capacidade de detectar mudanças de pH, temperatura ou concentração do metabólito liberando sua carga como resultado para essas mudanças.

5.2.3 Poliacrilato de Sódio

Os polímeros superabsorventes, como o poliacrilato de sódio, foram desenvolvidos pela primeira vez no final dos anos 1960, pelo Departamento de Agricultura dos EUA, em busca de formas mais eficazes de manter a umidade do solo. As primeiras tentativas foram baseadas em amido, um polímero de ocorrência natural feito de moléculas de glicose, com alta capacidade de absorver água. Outros compostos foram testados e, com o tempo, outros tantos foram criados, obtendo-se produtos melhores do que as opções disponíveis à época, como papel de seda, esponja, algodão e polpa de madeira.

O poliacrilato de sódio é um polímero de adição, superabsorvente, tipo polieletrólito aniônico, com ligação iônica entre o grupo carboxílico e o íon de sódio. Ele é produzido na indústria pela polimerização do ácido acrílico com catalisadores e agentes de reticulação, neutralização com hidróxido de sódio, secagem e moagem. Ele é capaz de absorver água por osmose em uma proporção entre 200 a 300 vezes o valor de sua massa, e esta propriedade foi explorada pela indústria a partir da década de 1970 para confecção de absorventes femininos e fraldas descartáveis (geriátricas e para bebês).

H_2C O OH — Ácido acrílico

O O^- Na^+ n — Poliacrilato de sódio

Quando o polímero é colocado em água, os íons sódio (cargas positivas) tornam-se hidratados, rodeados pelo lado negativo das moléculas de água, por isso o polímero intumesce, aumentando seu volume. A diferença de concentração provoca a osmose, onde a água no exterior penetra no polímero para igualar diferença de concentração. Após intumescimento, é possível até inverter um copo com água contendo este material, sem que ela derrame, desde que o movimento seja feito com cuidado. Quando a água contém sais, a diferença de concentração é menor (p. ex., água da torneira ou urina) e o polímero absorve bem menos água.

EXPERIÊNCIA 64 KIT

Pegue uma **fralda descartável** e corte-a em tiras de aproximadamente 2 a 3 cm de largura. Em um saco plástico com fecho, coloque as tiras e feche o saco plástico. Agite o saco fortemente para separação do pó branco (flocos de gel), que será depositado no fundo. Colete um pouco do pó branco e transfira para um béquer (ou copo). Acrescente um pouco de água e observe o intumescimento (Figura 5.3). Cuidadosamente, inverta o béquer, e perceba a consolidação do hidrogel. Por fim, separe o pó misturado com água em outro béquer, adicione sal de cozinha e observe a desagregação do hidrogel. Caso tenha, use neste experimento o produto Poliacrilato de sódio, em vez de fralda.

Poliacrilato de sódio seco

Adição de água ao polímero

Formação do hidrogel

Figura 5.3. Entumescimento do poliacrialato de sódio. Para uma adição não exagerada de água, o gel formado consegue reter a água numa forma sólida.

O poliacrilato de sódio e outros derivados do ácido poliacrílico possuem uma vasta aplicação industrial e comercial, como agente sequestrante em detergentes, agente espessante em géis de cabelo e cosméticos, fabricação de neve falsa, revestimentos para fios eletricos, uso em cosméticos, absorventes femininos, fraldas descartáveis, etc.

5.2.4 HIDROSILO

O polímero Poliacrilonitrila (PAN), possui fórmula geral $(C_3H_3N)_n$ e é obtido pela polimerização do monômero vinílico acrilonitrila (C_3H_3N). Devido às suas propriedades especiais como baixa densidade, estabilidade térmica, estabilidade a luz solar, resistência química a solventes e alta tenacidade, principalmente é utilizado para produzir os mais diversos tipos de materiais, como na indústria têxtil para fabricação de fibras acrílicas, que possuem características similares à da lã, e fibra precursora de fibra de carbono, por não se fundir quando é aquecida. Atualmente a fibra precursora de PAN corresponde a 90% da produção mundial de fibras de carbono, um dos materiais mais leves e resistentes conhecidos. A produção de fibras acrílicas de PAN no mundo atualmente é da ordem 2,2 milhões toneladas por ano, e sendo uma fibra sintética, como o poliéster e o nylon, ao ser descartada no meio ambiente pode levar centenas de anos para ser degradada. De fato, o expressivo descarte atual de tecidos e fibras de PAN e outros polímeros em aterros e lixões é um sério problema ambiental.

Neste sentido, o Instituto Granado de Tecnologia da Poliacrilonitrila (IGTPAN) realiza pesquisas com a PAN, principalmente referentes à reciclagem química deste polímero advindas de fibras têxteis descartadas pós-consumo e também durante o processo produtivo. Durante o processo de reciclagem, o polímero PAN sofre hidrólise alcalina para produção de sais do ácido poli(acrílico-co-acrilamida) reticulado. Um destes derivados é o produto comercial HIDROSILO® (Figura 5.4), basicamente constituído de poli(acrilato de potássio-co-acrilamida) reticulado, com teores de 24% a 28% de potássio (e 10% a 14% de nitrogênio), com grande aplicação na agricultura, pois o sal de potássio permite um grau de intumescimento de centenas de vezes seu peso em água, que é armazenada na estrutura tridimensional do polímero. Assim o HIDROSILO é uma fonte contínua e duradoura de água, e dos nutrientes potássio e nitrogênio, para as plantas. O alto grau de intumescimento do polímero, e consequente hidratação do solo, corrobora para uma redução consciente do uso de água de irrigação no plantio. Em contato com o solo o HIDROSILO é capaz de manter sua capacidade de intumescimento por vários anos, até que ele seja biodegradado pelos microrganismos e animais presentes no solo. Ele é o único polímero para gel de plantio verdadeiro fabricado no Brasil.

Figura 5.4. Grânulos do HIDROSILO com sua composição química ao lado.

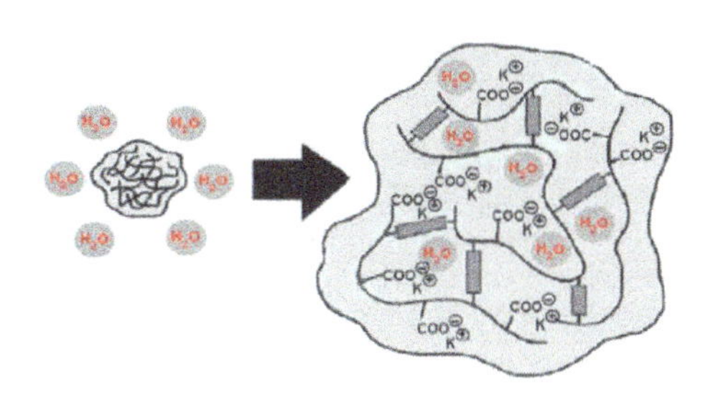

Processo de Intumescimento HIDROSILO

Grânulo do HIDROSILO antes e após intumescimento

Figura 5.5. ilustração do alto grau de intumescimento do Hidrosilo.

O HIDROSILO® tem capacidade de absorver 200 a 400 vezes seu peso em água (Figura 5.5) e com isso manter a umidade no solo por longo período. A água armazenada no hidrogel fica disponível para as raízes das plantas, permitindo-lhes realizar suas funções metabólicas. Após liberar a sua água, o Hidrosilo retorna ao seu estado original, permanecendo com capacidade funcional até 5 anos, dependendo das condições do solo, já que é biodegradável. Também apresenta resistência a raios UV superior aos PSAs convencionais, podendo ser aplicado em locais com alta incidência de luz solar, sem provocar liquefação do hidrogel ou perda significativa da capacidade de intumescimento.

Como o processo de fabricação do HIDROSILO se baseia na hidrólise do polímero PAN, não apresenta monômeros residuais tóxicos como ácido acrílico e acrilamida, presentes no poliacrilato de sódio industrial usado em higiene pessoal. Por ser livre destas substâncias tóxicas o HIDROSILO é adequado para agricultura. Por outro lado, o poliacrilato de sódio não deve ser usado na agricultura, pois na indústria sofre um tratamento superficial de suas partículas (adição de pós-tratamento) para reduzir efeitos de bloqueio por gel (intumescimento rápido que impede a penetração da água dentro da massa de poliacrilato, e causa escorrimento de água, sem absorção), além de tornar as partículas mais rígidas, para não soltar esta água quando submetidos à pressão, pois deseja-se que uma fralda ou absorvente não vaze durante seu uso. Logo, a água armazenada neste polímero não é liberada facilmente para as raízes, já que está fortemente retida na estrutura polimérica, tornando a absorção de água pelas raízes (por osmose) muito difícil, ou desperdiçada pelo efeito de bloqueio por gel. Por outro lado, o poliacrilato de potássio não possui nenhum tratamento de superfície nas suas partículas, o que torna o hidrogel formado após intumescimento mais mole, favorecendo a absorção de água de forma mais eficiente, com menos gasto de energia. Também por ter partículas mais moles e não arenosas, o contato com raiz é muito maior, preenchendo melhor os espaços existentes, além de não provocar expansão durante o seu intumescimento, evitando danos ao sistema radicular e até a expulsão da muda do berço de plantio. Além do mais o poliacrilato de sódio contém o íon sódio, que é facilmente lixiviado após troca iônica com íons presentes no solo (principalmente o cátion H^+), levando a salinização do solo ou alteração da sua sodicidade, o que favorece o crescimento de gramíneas. Após ocorrer esta troca de cátions e lixiviação do sódio do poliacrilato de sódio, os ciclos de intumescimento e liberação de água são cada vez mais reduzidos e a estrutura de poliacrilato ou "esqueleto" que sobra age como um aglutinante das partículas, favorecendo a compactação do solo. O HIDROSILO já não tem estes problemas, sendo ainda uma fonte importante do nutriente para as plantas.

Em suma, o poliacrilato de sódio é adequado para higiene pessoal, mas não para o solo! Mesmo com suas características deletérias, existem no mercado produtos baseados neste polímero, misturados com calcário dolomítico $CaMg(CO_3)_2$, para baratear e torná-lo mais atrativo para os clientes. Uma forma de distingui-los dos verdadeiros poliacrilatos de base potássica (p.ex., HIDROSILO) é adicionar aos mesmos, solução de ácido clorídrico ou muriático (HCl impuro). Uma efervescência (liberação de gás carbônico) denunciará tal produto inadequado para o plantio.

O HIDROSILO também é utilizado na solidificação de excrementos bovinos, em pocilgas e granjas, para facilitar o manuseio e ajudar na compostagem (HIDROSILO PEC); na absorção de urina e fezes de animais domésticos (HIDROSILO PET - Figura 5.6); na produção de rações, armadilhas de mosquitos, e produção de resíduos compostáveis partindo de chorume. Estudos estão sendo realizados com filme de Hidrosilo para adição de medicamentos em tratamento de feridas e queimaduras.

Além do HIDROSILO Agro, PEC e PET, outros produtos são encontrados no mercado, como HIDROSILO MED para uso em hospitais e clínicas, HIDROSILO LAR para usos domésticos, SAVEGEL FEED para alimentação de insetos e SAVEGEL para armadilha de ovos e mosquitos adultos. Além do fim a que se destinam, estes produtos se diferenciam pela presença de sílica, agentes antiaglomerantes, aromatizantes e granulometria.

Figura 5.6

Na experiência abaixo vamos testar a capacidade de intumescimento do Hidrosilo a aprender a usá-lo no plantio de sementes e preparação de mudas de plantas. Você vai precisar dos seguintes itens abaixo:

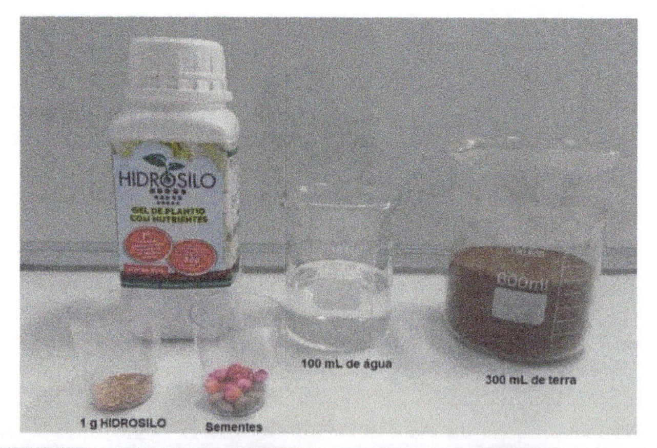

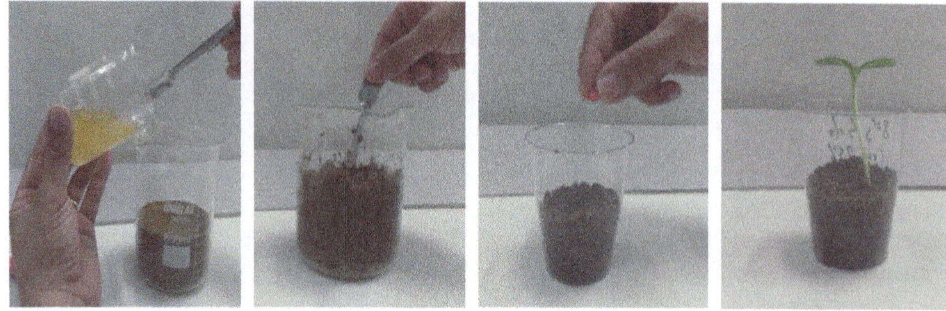

Figura 5.7. Sequência de fotos com o preparo do solo com o HIDROSILO e semeadura de girassol.

EXPERIÊNCIA 65 KIT

Plantando sementes usando polímero superabsorvente HIDROSILO:

Adquira no comércio HIDROSILO e separe 1 g do produto, além de 100 mL de água, 300 mL de terra não muito grossa e peneirada e algumas sementes.

Adicione o HIDROSILO na água e observe o seu intumescimento e formação do hidrogel que estará pronto em uns 20 minutos. Depois misture os 100 mL de hidrogel com os 300 mL de terra, com uso de uma colher ou espátula. Plante as sementes que quiser, como feijão, girassol, milho, etc., nesta mistura que contém 25% de hidrogel.

Observe a germinação e crescimentos das plantas após uma semana (Figura 5.7).

Como nesta mistura a água está na forma de hidrogel, ela evapora menos, não infiltra no solo e os tempos de rega das plantas serão menos frequentes, caso usasse água. A finalidade do uso do hidrogel no plantio é a redução de água na irrigação, melhorar o pegamento das mudas e também para armazenar mais água de chuva no solo, evitando que se perca muito rapidamente por infiltração.

Obs.: A quantidade de 1 g do produto depende da salinidade da água usada. Para altas salinidades usar mais HIDROSILO.

5.2.5 Preparando um polímero meleca com o bórax

Em água, a cola branca é uma solução de acetato de vinila, formada por longas cadeias com uma unidade que se repete, um monômero parecido com o polietileno, porém com um grupo acetato pendurado a cada dois carbonos. As cadeias dissolvidas em água movem-se livremente, e ao ser adicionado bórax o material começa a se comportar de maneira diferente, não mais independente das vizinhanças, alterando sua consistência. Isso é explicado devido ao bórax se unir por ligações cruzadas entre as cadeias poliméricas e suas vizinhanças que deixam espaços vazios para que a água fique presa entre as cadeias. Os polímeros com esse tipo de ligação são denominados reticulados, pois as cadeias se ligam como uma rede. Outros tipos de colas também podem ser utilizados para executar o experimento, por exemplo, o álcool etílico ao ser misturado com água e bórax também produzirá uma cadeia em rede, formando ligações cruzadas entre as cadeias deixando a água presa entre elas.

EXPERIÊNCIA 66 KIT

Prepare uma solução 4% de **bórax** ($Na_2B_4O_7.10H_2O$) dissolvendo 2 g do sal em 50 mL de água. Em outro recipiente, dilua **cola branca** com o mesmo volume de água (adicione 25 mL de cola + 25 mL de água). Coloque um **corante** em uma das soluções para melhor visualização do experimento. Misture as soluções e com o bastão de vidro, mexa bem até dar consistência ao polímero. Retire a "meleca" do recipiente com as mãos. À medida que você manuseia, mais consistente ele vai ficando (Figura 5.8).

Experimente outros tipos de cola, por exemplo, refaça o experimento com **álcool polivinílico**, 5 g dissolvidos em 50 mL de água, e acrescente o mesmo volume da solução de bórax a 4%.

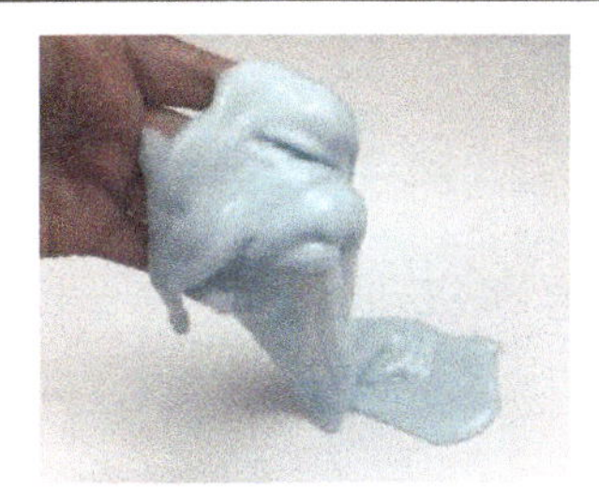

Figura 5.8. Resultado do polímero meleca.

Obs.: O bórax ou tetraborato de sódio é um mineral alcalino derivado da mistura de um sal hidratado de sódio e ácido bórico, sendo facilmente solúvel em água. É extraído na natureza de depósitos salinos formados pela cristalização e precipitação química dos sais dissolvidos em um meio aquoso, devido a um processo de evaporação. Possui diversas aplicações comerciais e industriais, como tratamento termoquímicos, em conservantes, inseticidas, limpeza de metais, fabricação de esmaltes e vidros, produção de detergentes, desinfetantes, sabões, como fertilizantes agrícola, etc.

5.2.6 Areia movediça com o amido

Um polímero natural bastante conhecido é o amido, constituído de 20 a 30% de amilose, e 70 a 80% de amilopectina, que são moléculas orgânicas de alto peso molecular e formadas por fragmentos repetidos de glicose (veja a Figura 5.9). Esta proporção varia conforme o tipo de amido (de arroz, milho, batata, etc.). A cadeia polimérica da amilose tem estrutura linear ou helicoidal, contendo de 300 a 3000 subunidades de glicose, enquanto que a estrutura da amilopectina (mais abundante nos diferentes tipos de amido) é ramificada, de maior peso molecular e cadeia se estendendo de 2.000 até 200.000 unidades de glicose.

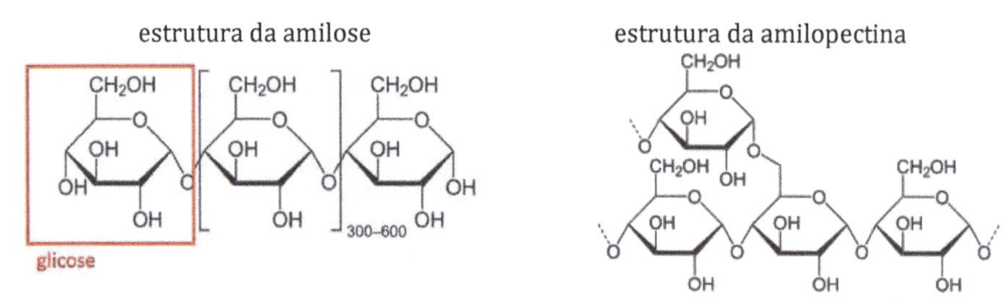

Figura 5.9. Estrutura da molécula de amido

O amido misturado em água forma uma substância totalmente diferente das outras que dissolvemos em água. Tal substância flui diferente das outras, conforme a pressão exercida sobre ela, e caracteriza-se como um fluido não-Newtoniano (fluido com viscosidade não constante), quanto maior a pressão exercida sobre a mistura, mais viscosa (ou espessa) ela se torna. Essa propriedade permite uma pessoa andar sobre a pasta de amido sem se afundar, contudo, caso ela fique parada, começa a afundar como "areia movediça".

Quando a solução está em repouso, os grãos de amido são envolvidos por moléculas de água, a tensão superficial da água provoca o aprisionamento desses grãos e, somente aplicando uma tensão mínima, os grãos são forçados a movimentar-se aumentando consideravelmente o atrito entre as espécies. Assim, a viscosidade aumenta até um limite no qual o material apresenta um comportamento elástico, quase como um sólido.

EXPERIÊNCIA 67

Coloque certa quantidade de **amido** (amido de milho, maisena, etc.) em um recipiente (béquer, pires, pote, vasilha, etc.). Adicione um pouco de água lentamente e misture até que a combinação apresente um comportamento gelatinoso. A proporção que gera melhores resultados é a de 2:1. Exerça pressão de várias formas na mistura, por exemplo, aperte a mistura com o dedo lentamente, depois tente enfiar o dedo rapidamente e observe a diferença de consistência. Faça também uma bolinha com a areia movediça e verifique sua de desintegração com e sem pressão.

Teste também a mistura de amido com outros agentes plastificantes, como o etanol e glicerina.

5.2.7 Amido no cotidiano (alimentos e química do papel)

Conforme supracitado o Amido é um carboidrato constituído principalmente de glicose com ligações glicosídicas, com um teor variado de amilose e amilopectina. Este polissacarídeo é produzido pelas plantas verdes, em órgãos de reserva, sementes, caules e raízes, servindo de fonte energética para as plantas, e em sequência para os animais consumidores delas, sendo o mais importante carboidrato na alimentação humana (estimativa de 80%). Entre os principais alimentos que possuem amido, podemos citar a batata, batata-doce, inhame, mandioca, trigo, milho, aveia, arroz e feijão, e seus derivados industrializados ou manufaturados, como bolos, pães, biscoitos, macarrão, sopas, farinha, bebidas lácteas, molhos, etc. Na digestão o amido é decomposto por reações de hidrólise em carboidratos menores, efetuadas por enzimas amilases presentes na saliva e suco pancreático.

Além do uso na indústria alimentícia e fonte de glicose, o amido é utilizado na indústria de medicamentos, de papel, têxtil, metalúrgica e até mesmo na construção civil, a exemplo da preparação de colas e adesivos, gomas para tecidos e papeis, fabricação de xaropes e adoçantes, álcool etílico e bioplásticos.

O amido pode ser identificado nos diversos alimentos e materiais contendo amido, gotejando tintura de iodo (ver item 3.4), que forma o complexo triiodeto-β-amilose de cor azul. É típico realizar esta experiência com raízes e tubérculos disponíveis (cenoura, batata, inhame, mandioca, etc.), mas outros materiais podem ser testados quanto a presença de amido, a exemplo do papel. Nem todos os polissacarídeos, apesar de serem moléculas grandes, dão complexo colorido com o iodo. Isso porque é necessário que a molécula apresente uma conformação que propicie o "encaixe" do iodo. A celulose é um exemplo de polissacarídeo que não dá reação colorida com o iodo.

O papel é composto basicamente de fibras de celulose (Figura 5.10), outro polímero natural de cadeia longa formado de unidades de glicose, com estrutura um pouco diferente a do amido. A celulose é extraída da polpa de madeira de árvores, em geral de espécies de crescimento rápido (p.ex. eucalipto), e separada da lignina, pectina e hemicelulose por processos industriais. A lignina é uma macromolécula complexa e desordenada, formada por unidades moleculares de propano-fenol substituídos com vários grupos funcionais (Figura 5.11), e é encontrada nas plantas terrestres associada à celulose na parede celular, tendo a função de garantir rigidez, impermeabilidade e resistência mecânica e microbiológica.

Representa de 18% a 35% da massa seca da parede celular dos vegetais. A hemicelulose também contribui para a formação da parede celular, sendo composta de polissacarídeos (hexoses, pentoses) de peso molecular baixo, que se encontram intercalados às microfibrilas de celulose, dando elasticidade e impedindo que elas se toquem.

A produção do papel na indústria começa com os processos mecânicos de corte da madeira, descascamento e picagem (redução da madeira em cavacos de 2 a 3 cm), seguida da etapa de polpeamento (digestão), que separa as fibras de celulose e remove a lignina e demais constituintes menos abundantes. Vários processos químicos e mecânicos são possíveis para o polpeamento e preparação da pasta celulósica, mas o mais utilizado no Brasil é o processo Kraft, onde os cavacos de madeira são tratados com um licor branco de NaOH e Na_2S em vasos de pressão (digestores) e cozimento a 170 °C. Neste processo a estrutura da lignina é rompida, e junto dos outros sacarídeos de baixo peso molecular se dissolvem, formando um licor escuro (que é aproveitada como combustível na indústria) e uma polpa marrom de celulose, contamina ainda pela lignina. Esta pasta de celulose pode ser usada na sua coloração original (não-branqueada) para produção de papéis pardos (papel de embalagem, papelão, etc.), ou passar por um tratamento químico para que se torne branca. Vários processos de branqueamento são possíveis, a exemplo do uso dos agentes oxidantes peróxido de hidrogênio (H_2O_2) e dióxido de cloro (ClO_2).

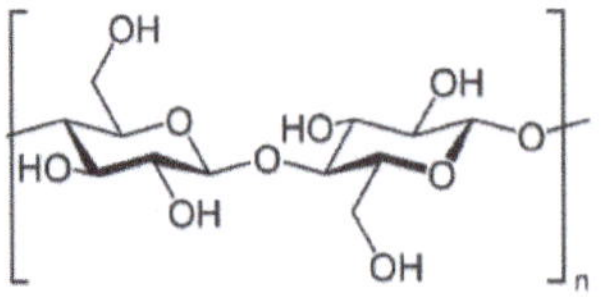

Figura 5.10. Estrutura da celulose.

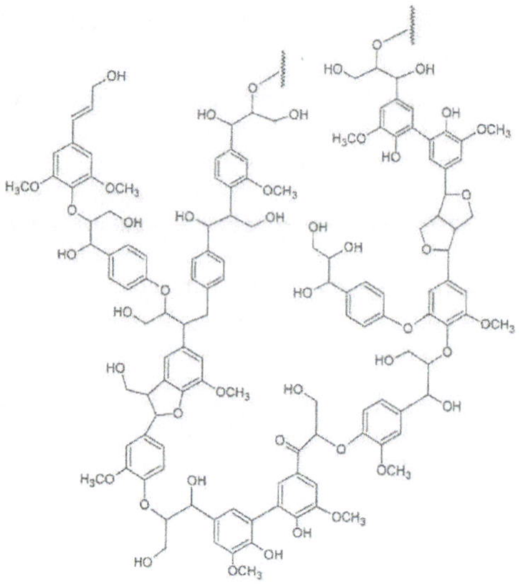

Figura 5.11. Estrutura da lignina.

O papel assim produzido ainda recebe diversos aditivos, para dar propriedades mecânicas e físico-químicas de interesse. Entre eles temos as cargas ou agentes de suporte (preenchem os espaços entre as fibras e melhoram a aparência), como caulim, dióxido de titânio, carbonato de cálcio e talco; agentes de colagem e impermeabilização (alquilceteno, resina derivada do breu), adição de sulfato de alumínio para redução do pH do papel; adição de amido para garantir maior resistência, lisura e evitar a formação de pó; além de possíveis corantes e pigmentos, dispersantes e bactericidas.

Agora que você entendeu o que é um papel, vamos testar a presença do amido em diversos tipos de papel, e em alguns alimentos acumuladores de energia (sementes, caules e raízes).

EXPERIÊNCIA 68

Separe porções ou fatias de diferentes sementes, cereais e legumes (castanhas, milho, arroz, batata, mandioca, maisena, trigo) e transfira para uma superfície plana. Também corte e deposite na superfície diversos tipos de papéis, como folha A4 para impressão, lenço de papel, papel de filtro, cartolina branca, papel pardo para embrulho ou envelope, e papelão.

Sobre todos estes materiais adicione 1 gota de tintura de iodo adquirida em farmácia ou que tenha preparado (item 3.4.2). Observe quais destes materiais possuem amido, pela formação do complexo triiodeto-β-amilose de cor azulada.

Alguns papéis especiais e brancos contêm amido, como os fotográficos e de impressão. Outros papéis mais rústicos não contêm amido, conforme pode ser observado na Figura 5.12.

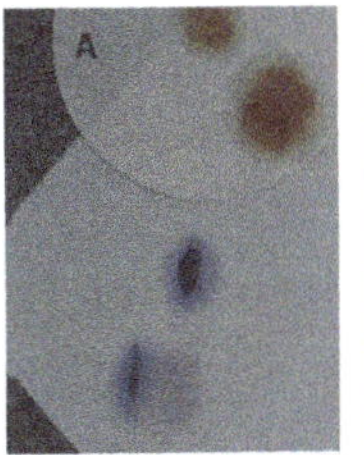

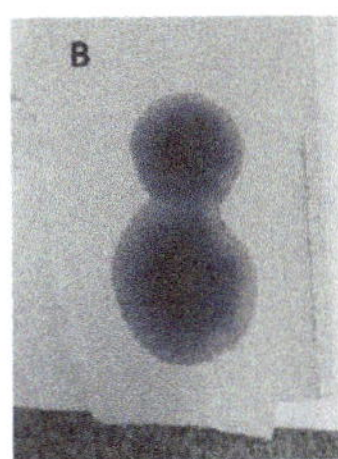

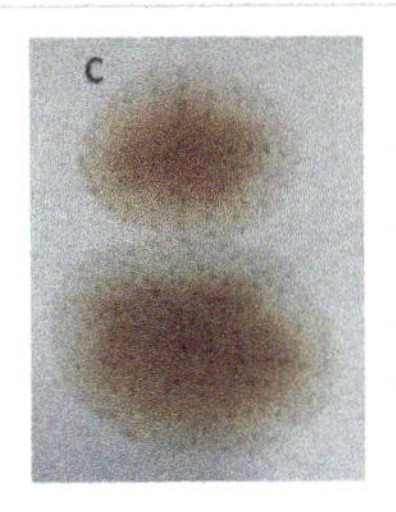

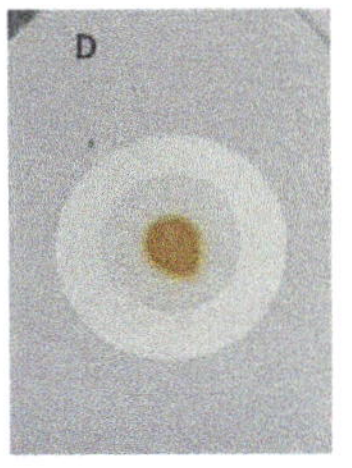

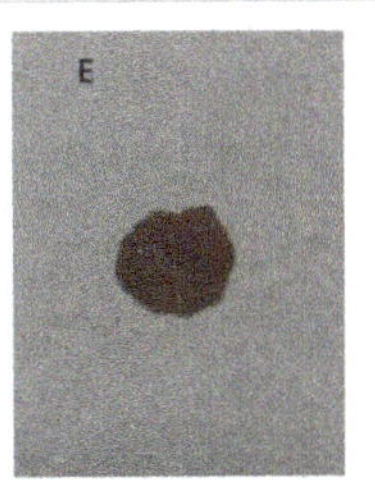

Figura 5.12. Presença de amido em papel A4 para impressão (parte inferior da foto A) e um papel toalha de baixa qualidade (foto B). Não foi observado amido num papel toalha mais branco (C), em papel de filtro (parte superior da foto A), em filtro membrana de acetato de celulose (D - referência de cor), e nem em papel pardo para embrulho (E).

Outras observações podem ser obtidas sobre a constituição do papel. Por exemplo, caso inflame uma folha de papel branco de impressão (tipo A4), seguida da calcinação das cinzas geradas (com bico de Bunsen ou maçarico), ao umedecer estas cinzas com água, o pH da solução ficará básico, devido à presença de CaO produzido pela decomposição da carga de $CaCO_3$ adicionada na fabricação do papel. Também ao aproximar-se uma lâmpada de luz negra ou ultravioleta do papel, num ambiente escuro, ele parecerá branco devido a presença de branqueadores óticos adicionados.

5.2.8 Fazendo cola com leite

As colas são usadas por uma variedade de aplicações há muitos anos, sendo que até o início desse século as principais matérias primas utilizadas para sua fabricação eram de origem animal ou vegetal, por exemplo, o sangue de animais ou resinas naturais extraídas de folhas e troncos de árvores. Uma grande variedade de colas é produzida industrialmente a partir de substâncias sintéticas, para obtenção de propriedades adequadas a novos materiais, como polímeros e cerâmicas especiais.

As colas naturais, como a cola de caseína, são muito usadas nas aplicações consideras não especiais, por exemplo, na cola de papéis ou peças de madeira na construção de pequenos objetos domésticos. Na Primeira Guerra Mundial, a cola de caseína foi muito utilizada na fabricação de aviões, pois sua estrutura possuía muitas peças de madeira. Porém, como esta cola possuía grande capacidade de absorção de umidade, o que possibilitava o desenvolvimento de fungos, ela foi abandona posteriormente pelos fabricantes de aviões.

As caseínas, são um grupo de proteínas que compõe cerca de 80% de todas as proteínas do leite, que por sua vez contém 87,1% de água, 3,4% de proteínas, 3,9% de gorduras, 4,9% de carboidratos (açúcares) e 0,7% de sais minerais, além de vitaminas. As proteínas são moléculas grandes compostas de centenas de aminoácidos. Uma característica da caseína é que precipita em meio ácido ($pH < 4,6$), pois sua estabilidade na forma de micelas associadas ao fosfato de cálcio é quebrada pela maior solubilidade do fosfato no meio ácido, o que causa a desagregação do sistema micelar e a precipitação da caseína. Após filtração e separação dessa caseína sólida, é adicionado ao precipitado um pouco de bicarbonato de sódio a fim de neutralizar a acidez residual e dissolver um pouco de caseína, gerando assim características adesivas do polímero. Na indústria, precipita-se a caseína adicionando ácido clorídrico (HCl) ou sulfúrico (H_2SO_4), ou também adicionando à resina uma enzima presente no estômago de bovinos. Apesar de ser simples, nas escolas é comum ensinar aos alunos como fazer cola por meio do leite (desnatado), visto que a caseína é a principal proteína do leite (aproximadamente 3%) e é muito solúvel em água por apresentar-se na forma de um sal de cálcio.

EXPERIÊNCIA 69 KIT

Adicione **leite aquecido** a 40 °C num copo, cerca de ¾ da capacidade do copo, e adicione um pouco de **vinagre**. Uma mistura estranha será formada. Filtre a mistura com um papel de filtro (use o de café caso queira) por cerca de 15 minutos e descarte o filtrado. Aperte o precipitado de caseína com as mãos e observe a pouca capacidade de cola. Adicione agora um pouco de **bicarbonato de sódio** e misture até uma consistência homogênea. Nessa etapa ocorrerá formação de gás (CO_2) devido à reação do ácido da acidez residual com o íon bicarbonato. Após essas etapas, a cola já está pronta. Faça o teste colando alguns pedaços de papel. O resultado será observado em algumas horas.

5.2.9 Resina fenol-formaldeído

Os primeiros passos da condensação do fenol com o formaldeído são representados no esquema a seguir.

OH H H + CH2 ‖ O + H OH H → ↑H2O (OH CH2 –)n

fenol formaldeído polifenol (baquelite)

Dependendo das quantidades iniciais dos reagentes e das condições de preparação, podem ser obtidos diversos tipos de resinas fenol-formaldeído, chamadas de polifenóis. Com o excesso de fenol são produzidas as novolacas (solúveis e plásticas), usadas na fabricação de tintas, vernizes e colas para madeira. Com excesso de formaldeído, os resoles solúveis e fusíveis, resitoles (resinas intermediárias) e as resitas (resinas finais do processo de condensação; duras, insolúveis e infusíveis). A baquelite é o polímero final deste processo de condensação, sendo quimicamente estável e resistente ao calor, e portanto, muito utilizado na fabricação de objetos inicialmente moldáveis (antes da cura), tais como cabos de panela, tomadas e plugues.

O objetivo da experiência abaixo não é o de produzir um polifenol com propriedades finais adequadas para uso como plástico ou resina. Somente objetiva a formação de uma massa resinosa devido à polimerização por condensação do fenol com formaldeído.

EXPERIÊNCIA 70 KIT

Adicione num béquer 5 mL de **formaldeído**, 10 mL de **ácido acético** e 4 g de **fenol**. Agite com um bastão de vidro para misturar. Rapidamente adicione, com agitação constante, 10 mL **HCl** concentrado, e espere cerca de 1 min para que a polimerização se processe. Afaste-se do béquer, pois a reação é extremamente exotérmica e costuma projetar material aquecido. Após resfriamento da resina, observe sua cor e consistência.

Uma resina similar pode ser preparada pela condensação de anilina com formaldeído.

EXPERIÊNCIA 71 KIT

Em um béquer de 100 mL adicione 15 mL de **anilina** a 20 mL de **HCl 6M**. Deixe a solução esfriar até temperatura ambiente. Adicione esta solução rapidamente, e sob agitação, à 30 mL de **formaldeído** contidos em outro béquer. Dentro de poucos segundos a mistura torna-se vermelha e solidifica-se numa massa emborrachada. A polimerização é bem exotérmica e a temperatura aumenta para uns 50 °C.

5.2.10 Polímero ureia-formaldeído

Aldeídos sofrem reação de condensação com ureia e com aminas tais como melamina e guanidina, formando produtos conhecidos como aminoplásticos. O mecanismo da reação pode ser considerado como um ataque eletrofílico pelo formaldeído sobre a ureia nucleofílica. A estrutura do produto contem ambos os segmentos linear e ramificado, conforme esquema a seguir:

uréia

formaldeído

H_2O

polímero uréia-formaldeído

A manufatura, utilização e as propriedades dos aminoplásticos são semelhantes aos das resinas fenólicas, das quais se diferenciam pela sua cor clara. As resinas de melanina são mais duras e estáveis às alterações de temperatura, contudo são mais caras. Os aminoplásticos são utilizados na produção de peças moldadas para fins técnicos, na fabricação de artigos domésticos, lâmpadas, estruturas, artigos sanitários. Também se utilizam para colagem de madeira, para acabamento de tecidos de seda artificial que não enrugam, de algodão e de papel, aos quais proporcionam uma maior firmeza. As resinas de melanina utilizam-se, principalmente, no fabrico de recipientes e lâminas para revestimento de mesas e de paredes.

EXPERIÊNCIA 72 KIT

Num béquer de 100 mL dissolva 10 g de **ureia** em 20 mL de solução de **formaldeído**. Esta solução ficará bem saturada. Adicione 10 gotas de **H_2SO_4** concentrado. Em poucos segundos uma violenta reação exotérmica se sucede com produção de um polímero sólido branco, ilustrado na Figura 5.13.

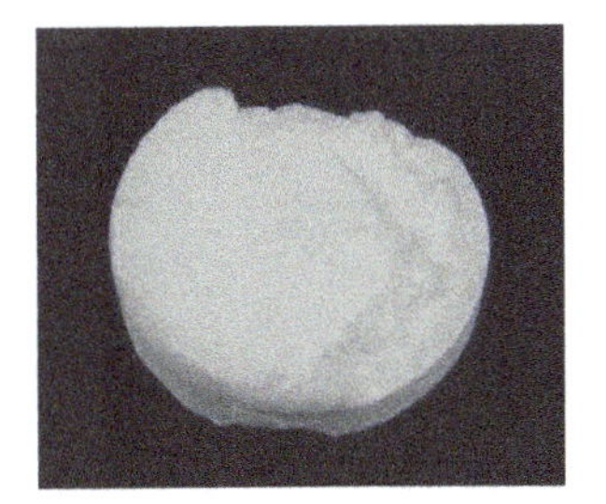

Figura 5.13. Polímero uréia-formaldeído produzido de forma artesanal.

5.2.11 Síntese do Nylon

Nylon (ou náilon, em português) é um nome dado ao polímero genérico da família das poliamidas e foi a primeira fibra têxtil sintética produzida (em 1935 pelo químico americano Wallace Hume Carothers). É possível fabricar dos fios desse polímero velcro e tecidos usados em roupas femininas e roupas esportivas. Esse polímero possui grande resistência ao desgaste e ao tracionamento; esta última propriedade é verificada na linha de pesca. Outra característica interessante do nylon e das demais poliamidas é que eles podem ser moldados sob formas diferentes, o que o faz estar presente na confecção de objetos como parafusos, engrenagem e pulseiras de relógio. Além disso, ele é inerte ao organismo e não apresenta reação inflamatória, por isso é utilizada para realização de suturas em ferimentos.

O fio nylon pode ser tão resistente quanto a teia de aranha, devido às suas semelhanças químicas (as proteínas da teia de aranha são polímeros de aminoácidos).

Tabela 5.2. Comparação entre o Nylon e as proteínas.

Nylon	-NH-[CH$_2$]n-NH-CO-[CH$_2$]n-CO-NH-[CH$_2$]n-NH-CO-[CH$_2$]n-CO-NH-[CH$_2$]n-NH-
Proteínas	...-NH-R-CO-NH-R'-CO-NH-R-CO-NH-R'-CO-NH-R'-CO-...

Os polímeros que genericamente são chamados de nylon resultam das diferentes combinações de diaminas com ácidos dicarboxílicos, sendo comum a reação de hexametilenodiamina (HMD - $C_6H_{16}N_2$) com o ácido adípico ($C_6H_{10}O_4$) ou com o cloreto de adipoíla, que gera o nylon 6.6 (esses números referem-se ao número de carbonos de cada um de seus constituintes), ou a reação desta amina com o ácido sebácico (ácido decanodióico - $C_{10}H_{18}O_4$) ou o dicloreto de ácido sebácico que gera o nylon 6.10. Já a poliamida 6 ou nylon 6 é polimerizada a partir da caprolactama que possui 6 átomos de carbono (lactama, ou uma amida cíclica, de ácido 6-aminohexanóico), e o nylon 12 a partir da laurolactama (12 átomos de carbono).

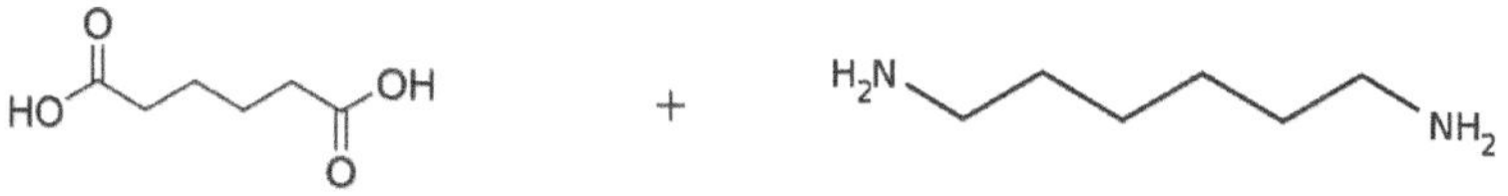

Ácido adípico + Hexametilenodiamina 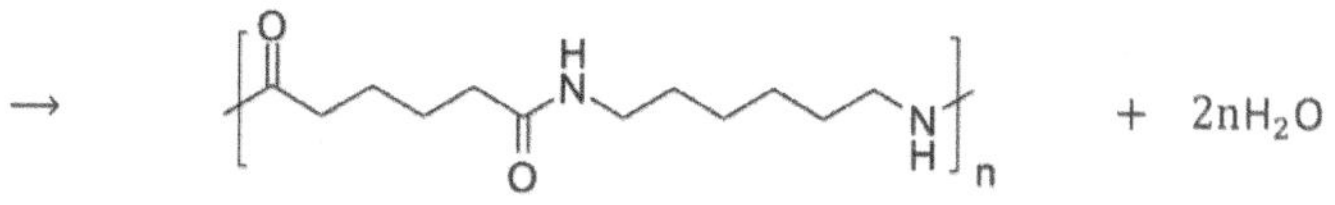 → monômero da Poliamida 6.6 ou Nailon 6.6 + $2nH_2O$

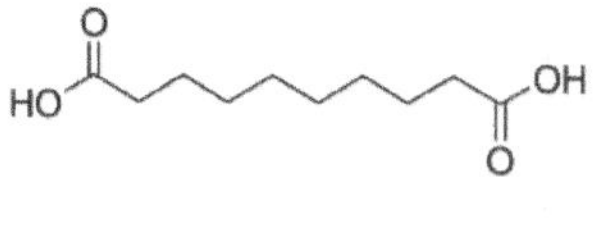

Ácido sebácico 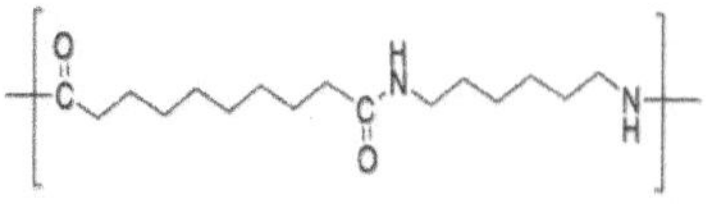 → Nylon 6.10

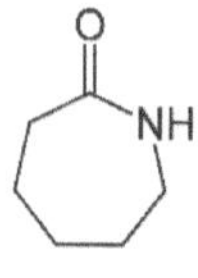

Caprolactama 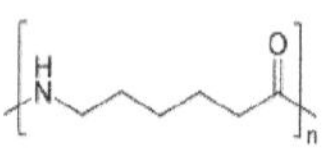 → Nylon 6

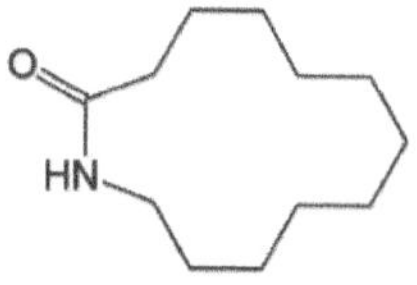

Laurolactama 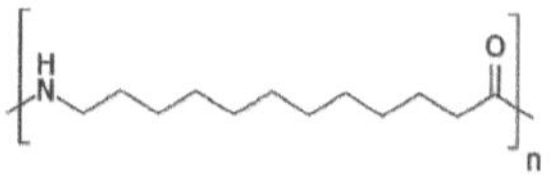 → Nylon 12

Apesar de sua vasta aplicação, seu tempo de degradação é de cerca de 400 anos. Por ser muito utilizado na indústria pesqueira, muitos animais marinhos como tartaruga e golfinhos ficam presos nas redes e acabam morrendo. Por isso seu descarte em locais indevidos pode causar sérios impactos ambientais.

Caso consiga os produtos a seguir, proceda para a síntese de um nylon.

EXPERIÊNCIA 73

Dissolva 12 g de **ácido adípico** em 100 mL de **etanol.** Dissolva 10 g de **hexametileno-diamina** (HMD) em uma mistura de 30 mL de etanol com 10 mL de água. Adicione a solução de HMD, lentamente e sob agitação, à solução de ácido adípico. Deixe a mistura esfriar à temperatura ambiente. Por filtração, separe os cristais formados do sal **adipato de hexametilenodiamina**, lave-os com um pouco de etanol e seque o produto ao ar. Pese cerca de 1 g do sal e transfira para um tubo de ensaio seco e aqueça o tubo no bico de Bunsen até a fusão completa do sal. Mantenha o tubo por aproximadamente 10 minutos sobre o bico de Bunsen até que termine a evolução do vapor de água. À temperatura ambiente, deixe o produto esfriar e o retire com um bastão de vidro.

5.2.12 Poliuretano

O Poliuretano (PU) é um polímero que compreende uma cadeia de unidades orgânicas unidas através de ligações uretânicas (o grupo funcional -O(CO)(NH)-), que são formadas por unidades de uretano (também chamado de carbamato). Os carbamatos são ésteres do ácido carbâmico (NH_2COOH), por exemplo,

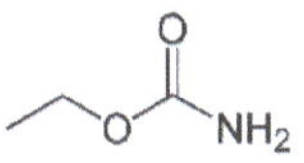

carbamato de etila

As macromoléculas são formadas pela reação de pré-polímeros contendo grupos terminais hidroxila com diisocianatos, genericamente ilustrada na figura ao lado.

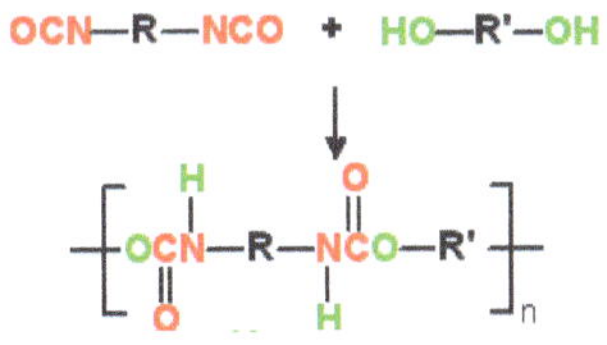

OCN—R—NCO + HO—R'—OH

A principal reação de produção de poliuretanos tem como reagentes um diisocianato (OCN-R-NCO) e um diol (como o etileno glicol, 1,4 butanodiol, dietileno glicol, glicerol) ou um poliol poliéster (segmentos de polietilenoglicol disfuncionais lineares), na presença de catalisador e de materiais para o controle da estrutura das células, conhecidos como surfactantes, no caso de espumas e tintas. Quando, na reação de polimerização, o diol é substituído por uma diamina, obtém-se uma poliureia, porque a unidade básica torna-se uma ureia e não um carbamato.

Os polióis mais consumidos na produção de poliuretano são os polióis poliéteres de diferentes estruturas a base de poli(oxipropileno) e poli(oxipropileno/etileno) (PPG's) (69% do mercado), seguidos dos polióis poliésteres (19% do mercado). A tendência atual é que se aumente cada vez mais a produção de polióis oriundos da cadeia de recursos renováveis, como aqueles derivados do óleo de mamona (ou rícino) que apresenta 90% do ácido graxo hidroxilado, isto é, o ácido ricinoleico ($C_{18}H_{34}O_3$ - um dos raros exemplos de ácido graxos hidroxilados encontrados na natureza), que para ser usado na produção PUs flexiveis ou rígidos, deve ser transesterificado com glicerina, trimetilolpropano, trietanolamina ou dietanolamina, de forma a aumentar o índice de hidroxila da molécula, que se relaciona com a rigidez da espuma a ser obtida pela reação com o diisocianato. O ácido ricinoleico é ótimo por produção de PU, não só porque é hidroxilado, mas porque tem uma ligação vinilica na cadeia que age como pontos de formação de ligações cruzadas.

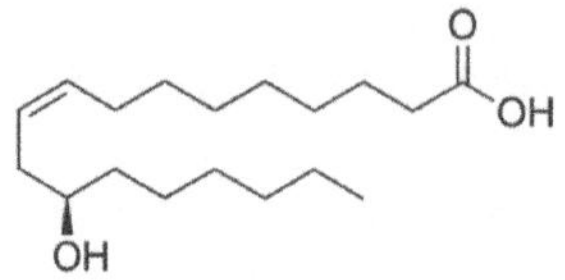

Ácido Ricinoleico

Já os diisocianatos podem estar disponíveis nas formas alifáticas ou aromáticas, sendo os de maior uso o difenilmetano diisocianato (MDI) com 66% do mercado, empregado em espumas rígidas, e o tolueno diisocianato (TDI) com 31% do mercado, sendo usado em espumas flexíveis. O TDI é produzido como uma mistura de isômeros 2,4 TDI e 2,6 TDI na proporção 80/20.

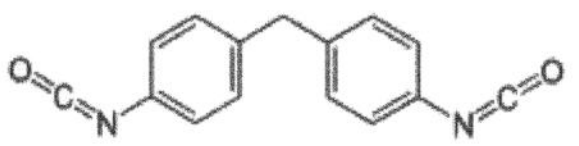

MDI

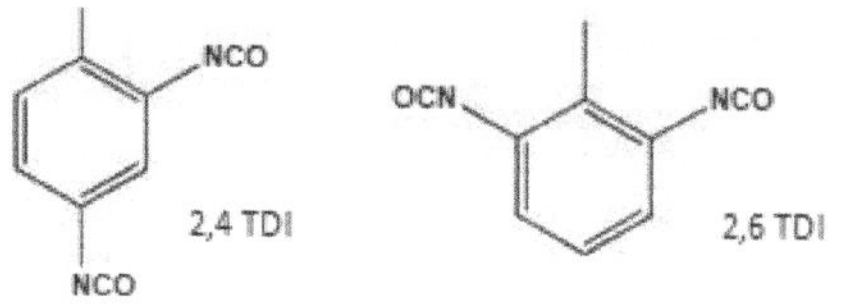

estrutura dos isômeros do TDI

Importante salientar que durante a reação entre o diisocianato e o poliol para formar o polímero PU, pode ocorrer também a reação do diisocianato com uma pequena quantidade de água deliberadamente adicionada no poliol, que produz a formação de CO_2 e expansão da massa como uma espuma, que após ser curada pode ser flexível (por isso largamente utilizada em estofamentos e colchões) ou rígida (empregada como isolamento térmico em construção civil, indústria automotiva e refrigeração). As seguintes reações são envolvidas na formação do PU e na sua expansão:

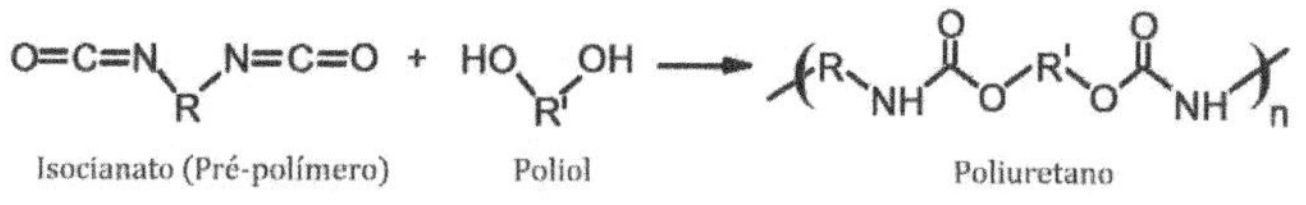

$$O{=}C{=}N{-}R{-}N{=}C{=}O + HO{-}R'{-}OH \longrightarrow [R{-}NH{-}C(=O){-}O{-}R'{-}O{-}C(=O){-}NH]_n$$

Isocianato (Pré-polímero) — Poliol — Poliuretano

$$R{-}N{=}C{=}O + H_2O \longrightarrow R{-}NH_2 + CO_2\uparrow$$

Isocianato — Água — Amina — Dióxido de Carbono

Esse polímero pode ter uma variedade de densidades e de durezas, que mudam de acordo com o tipo de monômero usado e de acordo com a adição ou não de substâncias modificadoras de propriedades. Os aditivos também podem melhorar a resistência à combustão, a estabilidade química, entre outras propriedades. Tem sido amplamente usado nas indústrias por conta das suas excelentes características, como flexibilidade, leveza, resistência à abrasão (riscos) e possibilidade de obter formatos diferenciados. É amplamente usado em espumas rígidas e flexíveis, em colchões e assento de automóveis, em elastômeros duráveis e em adesivos de alto desempenho, em colas, vernizes e selantes, em fibras, pneus rígidos, gaxetas, preservativos, carpetes, peças de plástico rígido e tintas.

Mais de três quartos do consumo global de poliuretano são na forma de espumas, podendo ser do tipo flexível ou rígida, em ambos os casos, a espuma está geralmente escondida por trás de outros materiais.

Figura 5.14. Esponja de cozinha feita da espuma de poliuretano.

Para o caso das espumas rígidas elas estão dentro das paredes metálicas ou plásticas da maioria dos refrigeradores e freezers, ou até mesmo atrás de paredes de alvenaria, caso sejam usadas como isolamento térmico na construção civil; já as espumas flexíveis, encontram-se dentro dos estofados dos móveis domésticos, buchas de limpeza (Figura 5.14), etc.

Porém os poliuretanos não são bons quando trabalham em altas temperaturas. Devido à certa termoplacidade em sua natureza, as suas propriedades tendem a cair conforme a temperatura é elevada. Outra limitação é que todos os poliuretanos estão sujeitos à hidrólise na presença de umidade a temperaturas elevadas. Esta combinação cria problemas para o poliuretano. No entanto, à baixas temperaturas, a maioria dos poliuretanos podem trabalhar por anos com a presença de umidade, mas, na presença de vapor, não temos um poliuretano que suporte uma vida longa.

Caso consiga os produtos a seguir, proceda para a síntese do poliuretano.

EXPERIÊNCIA 74

Pegue 10 g de **poliol** com catalizador (p.ex., Voranol™ 466 da empresa Dow) e 11 g de **MDI (difenilmetano diisocianato).** Misture os reagentes em um copo descartável de 200 mL por até que a mistura seja totalmente homogeneizada. Assim que a mistura estiver totalmente homogeneizada, retire o bastão e aguarde a expansão dessa mistura (Figura 5.15). É uma reação exotérmica devido a liberação de calor. Torna-se muito notável a expansão desse material, cerca de 35x o seu volume, e a rigidez dessa espuma depende do poliol, já a estabilidade do PU à luz é determinada pelo MDI.

Poliol e o MDI homogeneizados

Crescimento do PU

Poliuretano formado

Figura 5.15. Expansão do polímero poliuretano realizada conforme experiência 74.

Obs.: PU's feitos com diisocianatos aromáticos amarelam-se à exposição a luz, enquanto aqueles feito de diisocianatos alifáticos são estáveis e não mudam de cor.

5.2. 13 Poliestireno e Isopor

Outro polímero muito presente em nosso cotidiano é o poliestireno (PS), sendo um homopolímero resultante da polimerização do monômero estireno (líquido derivado da indústria petroquímica).

n estireno → poliestireno

Pertence ao grupo dos termoplásticos, isto é, de fácil flexibilidade e moldabilidade sob a ação do calor, que a deixa em forma líquida ou pastosa. Quatro tipos de poliestireno são fabricados: i) PS cristal, homopolímero amorfo, duro e com brilho, usado em artigos de baixo custo e em peças descartáveis (p.ex., copos descartáveis); ii) PS resistente ao calor, de maior peso molecular, usados em peças de máquinas e automóveis, peças de eletrodomésticos, ventiladores, ar condicionados, etc.; iii) PS de alto impacto, contendo de 5 a 10% de elastômero (borracha), e utilizado em brinquedos e utensílios domésticos (p.ex., gavetas de geladeira); iv) e PS expandido, que é uma espuma semirrígida, com o nome comercial "Isopor" aqui no Brasil.

O isopor é polimerizado na presença do agente expansor (p.ex., nitrogênio e pentano) ou então pode ser absorvido posteriormente. Durante o processamento do material aquecido ele se volatiliza, gerando as células no material, com baixa densidade e bom isolamento térmico. Algumas de suas aplicações são: uso em bandejas para embalagem de produtos hortifrutigranjeiros, protetor de equipamentos, isolantes térmicos, pranchas para flutuação, geladeiras isotérmicas, etc. O isopor tem uma apreciável inércia química a substâncias ácidas e básicas, mas é dissolvido por diversos solventes orgânicos, como a acetona e acetato de etila. O isopor constitui 98% de ar e 2% de plástico, sendo muito leve (densidade de 10 a 30 kg/m^3 ou g/L) e de pouco interesse em reciclagem, pois consome muito espaço de estocagem e gera pouca massa plástica recuperada, sendo pois, junto à maioria dos outros plásticos, um sério problema ambiental, tanto pela quantidade de plásticos gerados e descartados na natureza, quanto pelo longo período de decomposição (normalmente séculos).

EXPERIÊNCIA 75 KIT

Corte um pedaço de isopor e o transfira para um recipiente de vidro. Adicione um pouco de acetona ou removedor de unhas (que contém acetona e acetato de etila) e observe sua solubilização. Teste novamente com outros solventes orgânicos apolares disponíveis no comércio, como gasolina, aguarrás, Thinner e querosene, ou como outros solventes de laboratório, como clorofórmio, éter etílico, éter de petróleo e tolueno.

Obs.: A experiência de dissolução do isopor com acetona ou acetato de etila tem sido realizada a tempos na forma de um interessante truque, onde numa mesa são dispostos 3 copos plásticos opacos e resistentes ao solvente. O primeiro contendo o solvente, o segundo vazio, e o terceiro contento isopor fixado no fundo. Quando transferimos o solvente para o copo 2, e em seguida para o 3, nada de anormal! Contudo, quando tentamos retirar o solvente do copo 3 para outro copo, o solvente desaparece, para surpresa de todos, devido apenas à solubilização do isopor e retenção do líquido.

CAPÍTULO 6

Coloides

6. COLOIDES

As dispersões coloidais ocupam um lugar intermediário, pelas dimensões de suas partículas, entre as verdadeiras soluções e as suspensões ordinárias. O diâmetro das partículas dispersas na fase líquida varia de 1 nm a cerca de 1000 nm (1 μm). As suspensões coloidais são sistemas heterogêneos sob o ponto de vista óptico, visto que os raios luminosos se dispersam neles (efeito Tyndall). O termo coloide (grego *kolla*, cola) foi dado em 1861 pelo químico Thomas Graham ao perceber comportamentos diferentes do amido, gelatina e cola quando colocados em água, e comparados ao sal.

São característicos todos os fenômenos que têm lugar na superfície de separação de duas fases (interface), particularmente o processo de adsorção de diferentes substâncias na superfície. Os sistemas coloidais em que as partículas não podem reagir ou interagem pouco com a fase dispersante são chamados de *liófobos* (*hidrófobos* quando a fase dispersante é a água). Quando há forte interação, temos os coloides *liófilos* (ou *hidrófilo* - fase dispersante é a água).

A estabilização dos coloides pode ocorrer por causa da auto-estabilização, pela presença de íons adsorvidos ou por um coloide protetor. Os coloides podem ser formados por métodos de dispersão e de condensação e podem ser destruídos (coagulados) por aquecimento, adição de eletrólito e precipitação eletrostática.

Muito são os exemplos de coloides (ver Tabela 1.1). Sólidos e líquidos finamente divididos, misturam-se com os gases formando frequentemente os *aerossóis*, exemplificados pela fumaça (aerossol sólido) e pelo nevoeiro (aerossol líquido). Quando misturados com líquidos nos quais não se dissolvem, dão origem a suspensões coloidais, tipo *sol* (sólido em líquido) ou *emulsão* (líquido em líquido), cujos exemplos mais típicos encontram-se no sangue e no leite.

Existem casos em que as partículas interagem tão fortemente com o meio, a ponto de originar uma única fase, geralmente viscosa, denominada *gel*. Um gel pode ser definido como um sistema coloidal composto de uma fase dispersa sólida misturada com uma fase dispersante líquida, onde a forte interação do líquido com as partículas muito finas sólidas induz o aumento da viscosidade e na formação de uma estrutura semissólida, particularmente rica em líquido (até 98% em água). Vários materiais existentes podem produzir géis, tais como materiais a base de silicatos, oleatos, gelatina, álcool polivinílico e ágar.

O ágar ou ágar-ágar é um hidrocoloide fortemente gelatinoso (absorve 20x água em relação ao seu peso), e é extraído de diversos gêneros e espécies de algas marinhas vermelhas, contendo os polissacarídeos agarose e agaropectina (Figura 6.1), que atuam como carboidratos estruturais na parede celular. O ágar-ágar é muito utilizado em investigação laboratorial, na medicina, culinária e indústria. Alguns exemplos são: preparação de meio de cultura na microbiologia, de germinação de plantas na biologia vegetal, de gelatina comestível e sobremesas, e matriz na eletroforese em gel para separação de moléculas de ácidos nucleicos de diferentes tamanhos.

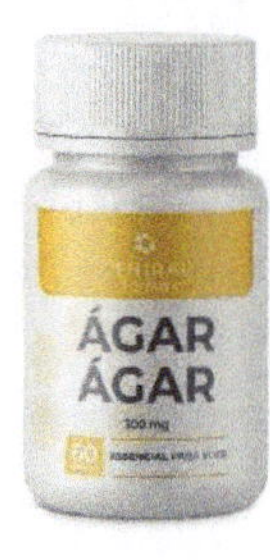

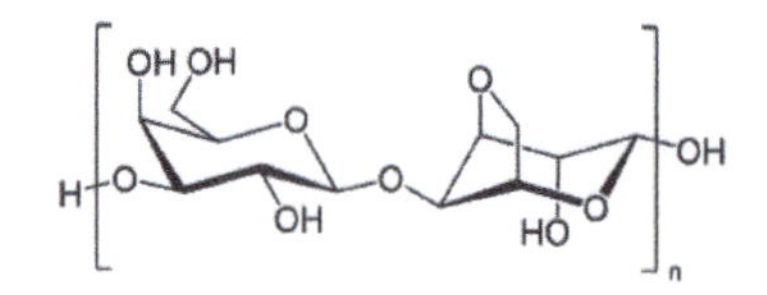

Figura.6.1. Estrutura da unidade básica do polímero agarose.

Por outro lado, a gelatina animal é uma mistura de poli e oligopeptídios derivados da hidrólise parcial do colágeno, em que as ligações moleculares naturais entre fibras separadas de colágeno são quebradas, permitindo o seu rearranjo. Ela pode ser obtida fervendo certos produtos animais, como ossos, pele, tendões e outras partes com tecido conectivo. A gelatina funde com o calor e solidifica quando o calor cessa. Também é muito utilizada em alimentos, medicina e como estabilizante ou espessante. Portanto, do ponto de vista nutricional a gelatina de origem animal e a de origem vegetal são diferentes. Claro que a parte dos aditivos (corantes, adoçantes, etc.), é comum entre ambas, mas a substância que confere a consistência gelatinosa é uma proteína na gelatina de origem animal e um carboidrato na de origem vegetal.

Outro tipo de gelatina comercial é baseada na carragenina ou carregenanos, família de polissacarídeos lineares sulfatados obtidos a partir de extratos de algas marinhas vermelhas (rodófitas), conhecidas por algas carraginófitas, comuns nas costas de áreas oceânicas temperadas. Os carragenanos são utilizadas há séculos como aditivos para produtos alimentares, em especial como estabilizantes e como clarificantes de bebidas e como uma alternativa vegetariana e vegana às gelatinas de origem animal.

Todas as gelatinas supracitadas podem ser preparadas sem a necessidade de adição de mais ingredientes.

6.1 PREPARAÇÃO DE COLOIDES

A produção de coloides pode ser realizada a partir de métodos de dispersão e de condensação. Como métodos de dispersão temos i) a Pulverização mecânica, feita por moinhos coloidais, onde uma substância sólida é macerada junto a um líquido; ii) Pulverização elétrica, produzida a partir do método de Bredig, a partir de dois eletrodos cujo coloide pretende se obter, imersos em água para gerar um arco voltaico, que acarreta a pulverização de partículas metálicas; iii) Pulverização por Ultrassom, onde as ondas sonoras de alta frequência (> 20 KHz) são produzidas por um gerador de quartzo piezelétrico, resultando na desagregação da matéria e produção de coloides; iv) Peptização, produzida por agentes peptizantes, que são substâncias com a capacidade de desintegrar quando adicionados a uma solução ou sistema. A água quente é um agente peptizante muito utilizado na indústria alimentícia na produção de gelatinas, gomas, o ágar-ágar. Os métodos de condensação se baseiam na precipitação de uma substância insolúvel num meio reacional, a exemplo da preparação de sais de halogenetos, a preparação de sais de sulfetos e a preparação de sais de hidróxidos.

6.1.1 Preparação de gelatinas comerciais

Vamos preparar um coloide tão frequente no nosso cotidiano, a gelatina, para estabelecer e compreender algumas de suas propriedades físico-químicas. A partir de diferentes tipos de gelatinas comerciais (de origem vegetal e animal) prepare géis com combinações diferentes do produto sólido e de água, a fim de estabelecer os limites de formação do gel, e características observáveis. Os ingredientes mais frequentes no produto comercial são: açúcar (sacarose), gelatina, sal (NaCl), vitamina C, regulador de acidez: citrato de sódio e ácido fumárico, edulcorantes (substâncias que possuem poder adoçante maior que o do açúcar comum): aspartame, ciclamato de sódio, acesulfame de potássio e sacarina sódica, aromatizante e corantes artificiais. Algumas gelatinas tipo "zero" não contém sacarose.

A gelatina comestível é geralmente preparada pela dissolução do conteúdo do produto comercial (20 g ou 25 g) em 250 mL de água quente ou fervente (micro-ondas, fogão), e após total dissolução, diluída com mais 250 mL de água gelada ou natural. A solução coloidal é levada para esfriamento na geladeira pelo mínimo de 2 h. Não se deve solidificar a mistura em congelador, pois não ficará com a consistência desejável, ela endurecerá e, na hora de descongelar, vai derreter.

EXPERIÊNCIA 76 KIT

Adquira no comércio diferentes tipos de gelatinas comestíveis, de origem vegetal e animal, e de sabores e marcas diferentes. Observe no rótulo do fabricante sua formulação a receita sugerida para o preparo da gelatina (em geral 20 g em 500 mL, ou seja, 25x mais água). Vamos preparar 5 relações diferentes gelatina/água, a saber: 5x, 15x, 25x, 40x e 60x. Para isto separe 5 copos de vidro ou plástico e pese em cada copo 4 g do produto comercial. Adicione em cada um a seguinte sequência de volumes de água quente recém fervida (no micro-ondas ou fogão): 20 mL, 30 mL, 50 mL, 80 mL e 120 mL. Agite a mistura até dissolver. Depois adicione no segundo copo e demais a mesma quantidade de água gelada ou natural, de forma a resfriar a mistura e obter as relações acima. (obs: no copo 1 adicionamos somente 20 mL de água quente para favorecer a total dissolução dos 4 gramas do produto).

Leve todas as misturas preparadas à geladeira por 4 horas, para favorecer a consolidação das gelatinas preparadas. Teste estas gelatinas quanto ao sabor, quanto a turbidez (passe um feixe laser através delas e verifique o efeito Tyndall), quanto a consistência (aperte com os dedos ou bastão) e durabilidade (deixe sobre uma mesa à temperatura ambiente por 2 dias). Que conclusões você pode tirar deste experimento?

Repita o experimento acima mudando as marcas dos produtos e estabelecendo o limiar para a geração ainda de um material semissólido e gelatinoso.

6.1.2 Preparação de um álcool gel simples

EXPERIÊNCIA 77 KIT

Dissolva cerca de 3 g de **acetato de cálcio** com 10 mL de água (solução concentrada), num béquer de 100 mL ou outro recipiente. Depois adicione lentamente 75 mL de **álcool etílico 96°GL**, sob agitação, até a formação de uma massa gelatinosa de álcool-gel de acetato de cálcio. Coloque um pouco do álcool-gel sobre uma superfície e inflame com um fósforo. Observe o resíduo gerado.

Caso deseje um álcool gel menos concentrado, dilua o preparado com água, os se preferir

Obs.: o álcool tem poderes antisséptico e desinfetante, e na concentração de 70%, tem a proporção exata e eficiente de água/álcool para matar microrganismos como o vírus, bactérias e fungos.

O álcool gel comercial a 70% utilizado atualmente em restaurantes, aeroportos, hospitais e demais lugares públicos para desinfetar as mãos é produzido a partir da gelatinização do etanol com substâncias gelatinizantes, como o carbopol. Outras formulações contêm diversas substâncias, a exemplo de amino metil propanol, propilenoglicol e polímero carboxivinílico. A vantagem de se usar álcool gel em vez de etanol é porque ele é menos inflamável e agride e desidrata menos a pele, mantendo sua camada natural de proteção.

Carbopol é um nome comercial de um tipo de carbômero, família de polímeros hidrossolúveis utilizados para estabilizar emulsões e dar viscosidade a soluções. É utilizado como matéria-prima na indústria de cosméticos para fabricação de produtos em gel. Quando adicionado ao peróxido de carbamida, em produtos para clareamento dental, tem como finalidade prolongar a liberação de oxigênio.

Caso tenha os ingredientes para preparação do álcool gel comercial, proceda da seguinte forma:

EXPERIÊNCIA 78

Adicione num recipiente de vidro 90 mL de álcool etílico a 70 °INPM ou 70% v/v – concentração utilizada nos antissépticos) e coloque-os em um recipiente de vidro. Adicione 0,8 g de Carbopol 676 pulverizado (comprar em lojas especializadas de perfumaria), agitando para dissolver, e depois homogeneizando com batedor de ovos ou mixer para dar a consistência de gel. Adicione agora 15 gotas de trietanolamina, agitando suavemente. Nesse momento, note a textura do gel. Se estiver muito líquido, acrescente mais trietanolamina. Porém, se estiver muito grosso, você pode adicionar mais álcool e misturar o tempo todo com o batedor, até adquirir a consistência desejada. Se você quiser que o álcool em gel tenha algum aroma ou cor de seu agrado é só acrescentar ao final do processo o colorante vegetal e a essência de aroma da sua preferência. Transfira todo o álcool em gel pronto para um recipiente plástico e armazene em local fresco para que o álcool não evapore.

6.1.3 Preparação de álcool sólido

O álcool sólido é preparado pela gelatinização de etanol com ácido esteárico (um ácido graxo) em meio alcalino. Pode ser utilizado como combustível sólido para aquecimento em restaurantes, em churrasqueiras, em acampamentos, etc.

O álcool usado para fazer essas pastilhas combustíveis é diferente do álcool etílico que se compra em farmácia e supermercados. Cada molécula do etílico é formada por apenas 2 átomos de carbono. O sólido é feito com álcoois de cadeia mais longa, ou seja, que têm maior número de carbonos em sua composição. O mais usado é o álcool estearílico, tão combustível quanto o etílico e não tóxico. Ele tem 18 carbonos em cada molécula. Isso faz com que sua consistência seja mais sólida, parecida com a da parafina, tornando possível a preparação de pastilhas para os diversos usos. A queima do álcool estearílico é menos intensa, o que garante maior segurança em seu uso, comparado ao etanol.

EXPERIÊNCIA 79 KIT

No béquer de 250 mL, aqueça em banho-maria **100 mL** de **álcool etílico** 96°GL e dissolva sob agitação **6 g** de **ácido esteárico**. Adicione a seguir solução saturada de **NaOH** contendo **1,4 g** da base dissolvidos no mínimo volume de água. Agite para homogeneizar, retire do aquecimento e deixe solidificar.

Apanhe um pouco do álcool sólido preparado e coloque-o numa superfície. Inflame com um fósforo e observe a queima lenta.

Obs.: Os géis acima são ditos inelásticos (como também o de silicato –seção 7.2), pois após a desidratação do gel (sol liófilo), o sólido que resta não regenera o gel após contato com água. A gelatina é um sol elástico.

6.1.4 Preparação de $Fe(OH)_3$ gelatinoso

Coloides de ferro podem ser preparados pela decomposição de seus sais quando aquecidos, favorecendo a hidrólise do íon aquoso.

$$Fe^{3+}(aq) + 3H_2O(l) \rightarrow Fe(OH)_3(s) + 3H^+(aq)$$

O hidróxido formado é estabilizado na suspensão por adsorção de cátions (Fe^{3+} ou H^+), acarretando mútua repulsão entre as partículas coloidais. Devido sua abundância na litosfera, os oxihidratos coloidais de ferro estão disseminados nos diversos compartimentos hidrogeoquímicos.

EXPERIÊNCIA 80 KIT

Adicione a um tubo de ensaio um pouco de **$Fe(NO_3)_3$**, uma pitada de **NaCl** e dissolva com cerca de 5 mL de água. Segure o tubo com a pinça de madeira e aqueça suave na lamparina ou bico de Bunsen, com agitação para evitar projeção, até a formação de hidróxido de ferro coloidal. Adicione mais 3 mL de água ao tubo, ainda quente, agite e deixe decantar. **Vamos utilizar esse coloide em experiências posteriores.**

6.1.5 Preparação de As_2S_3 coloidal

EXPERIÊNCIA 81 KIT

Dissolva num tubo de ensaio um pouco de **arsenito de sódio** e de **tiossulfato de sódio** com cerca de 5 mL de água. Adicione 10 gotas de **ácido acético** e agite por uns 30 segundos até a formação de suspensão coloidal. **Guarde o tubo para experiências posteriores.**

Você também preparou coloide de enxofre na seção 3.5.4 – Pôr do sol químico.

6.1.6 Arco de Bredig

O arco de Bredig tem como objetivo dispersar metais em fase coloidal a partir de um pedaço dele, utilizando um arco elétrico (Figura 6.2). Normalmente, é realizado com corrente contínua e utilizado para dispersar em água, metais menos ativos que o hidrogênio (E^o oxidação menor), principalmente metais nobres como prata, ouro e platina, formando hidrossóis. Metais mais ativos são dispersados em outros líquidos. Supõe-se que nesse método de eletrodispersão, o metal se vaporiza primeiro e o resfriamento brusco do vapor provoca a condensação deste em partículas de tamanho coloidal.

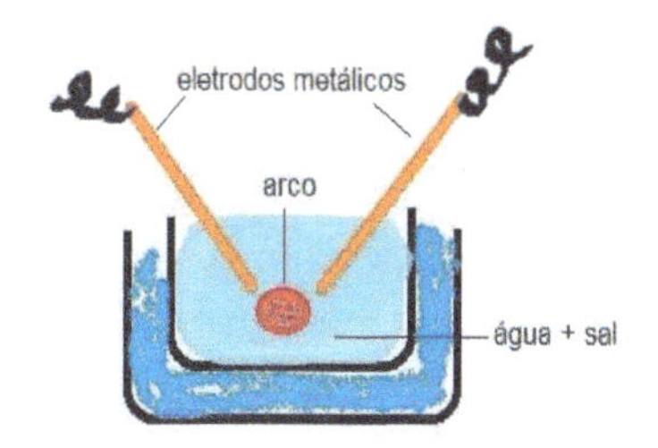

Figura 6.2. Arco de Bredig.

O método poderia ser então classificado como de condensação, mas também é classificado como de dispersão. Para a dispersão de metais moles como o mercúrio, chumbo e zinco, um arco formado pelo curto circuito de dois eletrodos ligados a rede elétrica comercial (110 ou 220 V) e 60 Hz é suficiente para formação dos hidrossóis.

EXPERIÊNCIA 82 KIT

Construa o circuito elétrico da Figura 6.3 consistindo de um fio paralelo grosso (p.ex. 4 mm^2) e uma tomada instalada em uma das pontas. Na outra extremidade separe os dois fios até uns 50 cm e corte um dos fios para instalação de um disjuntor de 10 ou 20 A, que será ligado em série a um béquer, para conter uma solução salina. Descasque as pontas dos fios instalados no béquer, dobre-os e fixe-os com uma fita adesiva (ver Figura 6.3). Dissolva um pouco de sal de cozinha, **NaCl**, em água e transfira para o béquer até cobrirem as pontas dos fios elétricos. Tal solução ficará em série com o circuito de arco para evitar altas correntes e possível curto-circuito na rede elétrica, ou seja, a solução salina funcionará como um amortecedor (tipo capacitor) para a rápida circulação de corrente elétrica (60 Hz), dificultando a migração de cargas elétricas (íons) numa solução com campo elétrico alternado (os íons ficam polarizados). Na ponta final desse circuito elétrico, instale dois pedaços de **fio rígido de cobre**, ou dois bastões de grafite (dois lápis) ou dois bastões de aço inox, para funcionarem como eletrodos.

Num outro béquer maior adicione **1 gota de mercúrio** e uns 50 mL de água. Ligue o circuito elétrico na tomada de 110 V e aproxime os dois eletrodos rígidos, com cuidado, da gota de mercúrio, para estabelecer arcos elétricos sobre o metal. Observe a formação de mercúrio coloidal. Teste também um curto circuito diretamente entre as pontas de dois fios rígidos.

Obs.: Tenha muito cuidado para evitar curto circuito na rede elétrica ou choque.

Tente usar outros tipos de eletrodos e gerar Hidrossol a partir do próprio material do eletrodo, p.ex., bastão de zinco, grafite, chumbo, etc.

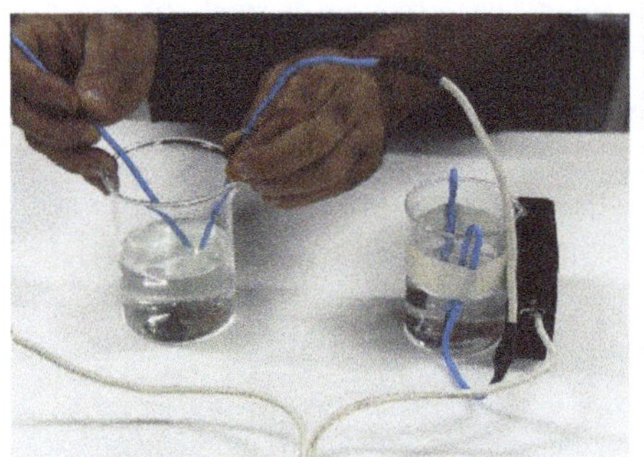

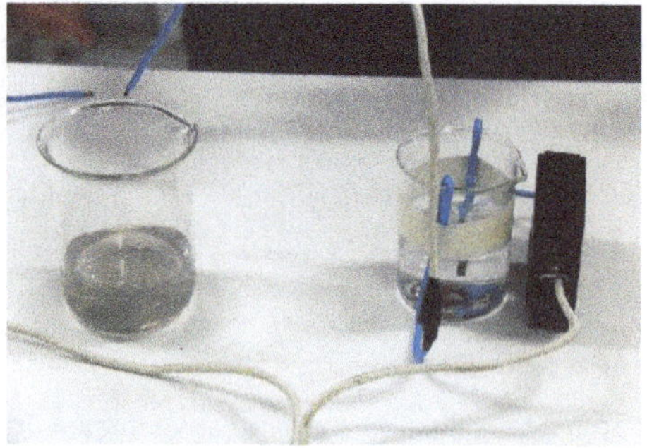

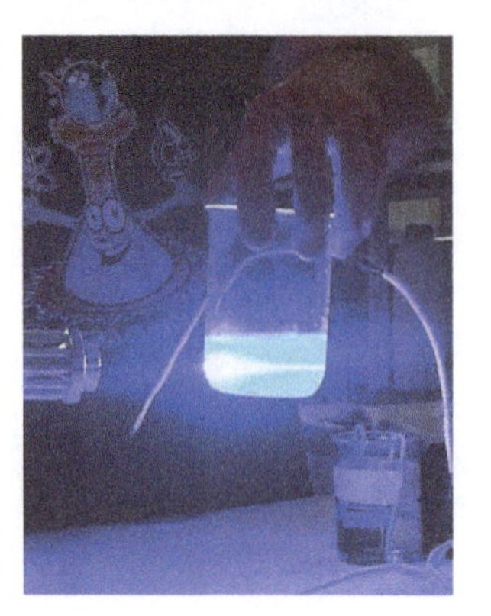

Figura 6.3. Foto acima: Arco formado pelo contato de dois eletrodos elétricos sobre um metal numa solução salina. Foto ao lado: A turvação gerada (coloide) pode ser identificada pela passagem de um feixe laser (efeito Tyndall).

6.2 PROPRIEDADES E APLICAÇÕES

6.2.1 Emulsão

O sabão e o detergente funcionam como agentes emulsificantes (seção 4.6), estabilizando as gotículas de gordura contra a coagulação, pois formam micelas no sistema aquoso. A parte polar da cadeia molecular é atraída pela água enquanto que a parte apolar é atraída pelo óleo/gordura. Devido ao tamanho da molécula e pelo fato de possuírem sítios polares e apolares, sabão, detergente e gelatina funcionam como coloides protetores.

EXPERIÊNCIA 83 KIT

Emulsão: Adicione num tubo de ensaio 5 mL de água e 10 gotas de **óleo vegetal**. Agite bem e observe que, após algum tempo, as fases líquidas se separam por serem imiscíveis. Adicione agora algumas gotas de **detergente** ou solução de sabão e agite fortemente. O sistema adquire um aspecto aparentemente homogêneo, pois agora o óleo se encontra finamente disperso em água, no estado coloidal, constituindo uma emulsão (seção 4.6).

6.2.2 Peptização

A peptização é um processo físico-químico de formação de coloide a partir da desagregação de matérias sólidos (que geralmente não forma coloide) quando são acrescidas pequenas quantidades de eletrólito ou agentes peptizantes, ou seja, substâncias com a capacidade de desintegrar tendo como produto final os coloides. Estes materiais são úteis, por exemplo, na indústria alimentícia na produção de gelatinas, gomas, o ágar-ágar e outras substâncias do gênero, a partir do uso da água quente que é um agente peptizante.

O barro é formado principalmente por oxidratos de ferro e argilominerais. A presença de excesso de íons no sistema neutraliza as cargas positivas (principalmente K^+ e Na^+) responsáveis pela união das cadeias lamelares dos filossilicatos, ou neutraliza cargas superficiais adsorvidas entre as partículas dos agregados de barro.

Embora a peptização seja útil na preparação de coloides para indústria e pesquisa, ela é um inconveniente na separação quantitativa de elementos precipitáveis numa marcha analítica, pois tais coloides formados se perdem por filtração convencional.

EXPERIÊNCIA 84 KIT

Adicione num tubo de ensaio um pouco de barro e uns 5 mL de água. Agite violentamente e espere sedimentar. O barro se decanta pois é formado de grandes agregados de óxidos e argilominerais. Adicione então algumas gotas de solução de **NaOH** e agite. Observe agora a formação de fase coloidal devido à peptização do barro, com formação de partículas não sedimentáveis pela gravidade.

6.2.3 Coagulação de coloides

EXPERIÊNCIA 85 KIT

Coagulação de coloides: Coagulação de coloide por aquecimento: transfira cerca de 2 mL de **$Fe(OH)_3$** (item 6.1.4) para outro tubo e aqueça na lamparina ou bico de Bunsen por cerca de meio minuto, com agitação. Deixe esfriar e espere 1 hora para a coagulação e sedimentação do coloide. Compare os dois tubos.

Observa-se que o aquecimento agora favoreceu a coalescência das partículas coloidais, pois o aumento do movimento cinético das partículas (movimento browniano) supera em muito a repulsão das cargas adsorvidas, com consequente agregação das partículas.

EXPERIÊNCIA 86 KIT

Coagulação mútua de coloides de cargas elétricas contrárias: Adicione a um tubo de ensaio cerca de 2 mL de **$Fe(OH)_3$** e de **As_2S_3** (item 6.1.5). Agite e espere 1 hora para a coagulação. Compare com o tubo de $Fe(OH)_3$ original.

As partículas coloidais de trissulfeto de arsênio adquirem cargas negativas quando preparados mediante precipitação de soluções aquosas (método de condensação). Assim, essas cargas negativas se neutralizam com as positivas adsorvidas pelo hidróxido férrico, ocasionando a mútua coagulação dos coloides. Um maior efeito de coagulação pode ser obtido quando se utilizar ânions de maior carga.

Metais coloidais e sulfetos metálicos adquirem geralmente cargas negativas, enquanto hidróxidos e óxidos metálicos adquirem carga positiva.

Quando você adicionou o sulfeto de arsênio ao hidróxido de ferro, deve ter observado uma mudança na coloração do coloide. Esse fato é devido à mudança na dupla camada elétrica (formada pelos íons adsorvidos e pela camada difusa de contra-íons, que envolve as partículas) e à possível mudança no tamanho das partículas. Só para lembrar, a cor de dispersões de ouro coloidal pode variar desde o azul até o vermelho rubi, dependendo do tamanho das partículas.

EXPERIÊNCIA 87 KIT

Coagulação de coloide por adição de eletrólito: Adicione uns 2 mL da suspensão de **$Fe(OH)_3$** a um tubo de ensaio e gotas de uma solução de **Na_2SO_4**. Agite e espere 1 hora para a coagulação do coloide, devido à neutralização das cargas positivas adsorvidas no $Fe(OH)_3$ pelo ânion SO_4^{2-}. Compare com o $Fe(OH)_3$ do tubo original (referência).

6.2.4 Coloide protetor

EXPERIÊNCIA 88 KIT

Dissolva num tubo de ensaio um pouco de **NaBr** em água e num segundo tubo dissolva pouco de **$AgNO_3$**. Num terceiro tubo, adicione 5 mL de água e gotas das duas primeiras soluções a fim de precipitar AgBr (use o conta-gotas).

Repita a experiência dissolvendo previamente um pouco de **gelatina** em 5 de água (aqueça o tubo para dissolução da gelatina). Observe agora que o AgBr formado não se agrega e não se precipita, estando, pois, protegido na solução pela gelatina (coloide protetor).

Obs.: A dispersão de halogenetos de prata em gelatina é usada na fabricação de filmes fotográficos.

6.2.5 Diálise

Esse é um importante método físico-químico de separação e purificação de coloides e macromoléculas orgânicas, cuja força motriz é o gradiente de contração. Duas soluções coloidais de concentrações diferentes são separadas por uma membrana semipermeável, às vezes na forma de um saco, e, após algumas horas, as moléculas menores passam pelos poros da membrana até equilíbrio das concentrações. As macromoléculas permanecerão dentro do saco de diálise. A diálise vem sendo substituída lentamente pelo processo de ultrafiltração, cuja força motriz é a pressão, o que acelera a separação das partículas e moléculas.

Na hemodiálise, a transferência de massa ocorre entre o sangue e o líquido de diálise por meio de uma membrana semipermeável artificial (o filtro de hemodiálise). A diferença de concentração entre o sangue e a solução de diálise permite que pequenas moléculas, tais como a água, ureia, creatinina e glicose, passem através dos poros da membrana de diálise, obtendo-se uma solução coloidal mais estável e mais pura. A diálise tem grande importância na medicina no tratamento da insuficiência renal, crônica e aguda.

O processo da diálise pode ser demonstrado por membranas naturais (tecidos/membranas de animais e vegetais) e artificiais (p.ex., polissulfona, poliamida, poliacrilonitrila (item 5.2.4), celobiose - dissacarídeo repetitivo da celulose, acetato de celulose, celulose regenerada e fibra oca), que tem porosidades variando em geral de 2 a 100 nm (Ulbricht, 2016). O celofane é um polímero derivado da celulose (portanto pode ser considerado natural), polímero natural fino e transparente, feito de celulose esterificada com soda cáustica, dissulfeto de carbono e água. Ele serve principalmente para embrulhar presentes e alimentos. Esse material apresenta diversas propriedades vantajosas, como flexibilidade, resistência a esforços de tensão, é biodegradável e compostável.

A partir de uma folha de celofane, adquirida em lojas de presentes ou papelarias, podemos fazer vários estudos sobre diálise variando a solução dialisável, sua concentração e a temperatura do sistema, e medindo a concentração de uma espécie de interesse na solução dialisada com o tempo (Abreu, 2017). O corante azul de metileno pode ser utilizado nestas demonstrações.

EXPERIÊNCIA 89 KIT

Adicione água a uma placa de Petri pela metade. Coloque sobre a água uma folha de celofane (Figura 6.4) e adicione sobre esta um pouco de solução coloidal de $Fe(OH)_3$, preparada no item 6.1.4. Espere cerca de 2 horas. Retire a folha de **celofane** sem deixar cair $Fe(OH)_3$ na água da placa de Petri. Detecte a presença de cloreto na água, gotejando **$AgNO_3$** e do íon ferro, dissolvendo um pouco de ferrocianeto de potássio, **$K_4[Fe(CN)_6]$** No primeiro caso, forma-se o precipitado de AgCl e, no segundo caso, o precipitado de ferrocianeto férrico (azul da Prússia). Os íons Cl^- e Fe^{3+} presentes na suspensão de $Fe(OH)_3$ migram através do celofane (membrana semipermeável), mas não as partículas grandes coloidais.

Figura 6.4. Diálise de uma solução coloidal de hidróxido de ferro utilizando a membrana celofane.

EXPERIÊNCIA 90 KIT

Repita a experiência acima, utilizando agora um béquer de 100 mL ou um copo de vidro, contendo 50 mL de água. Faça uma bolsa com o papel celofane e adicione dentro dela uma solução a 0,5% de **azul de metileno**. Deposite a bolsa na água do recipiente e a cada 15 min, agite a solução com um bastão e retire uma alíquota de 2 mL com uma seringa para leitura num colorímetro. Após leitura da absorbância volte a solução para o béquer e repita o processo a cada 15 min, até uma 3 h. Faça um gráfico Abs x tempo.

6.2.6 Eletroforese

O termo eletroforese é usado para descrever a migração de moléculas ou íons carregados sob influência de um campo elétrico, permitindo a separação das diferentes espécies químicas ou bioquímicas no meio. Ela é muito utilizada para separação de proteínas séricas ou plasmáticas, determinando suas proporções relativas. Sob condições de corrente elétrica constante, a força de deslocamento de uma partícula é resultado da carga efetiva, da concentração do tampão e da resistência do meio usado como suporte (ágar, acetato, gel capilar).

A técnica é muito seletiva, permitindo a separação analítica de moléculas sintéticas e biológicas praticamente iguais. A utilização da eletroforese para a separação de proteínas foi descrita pela primeira vez pelo bioquímico Arne Tiselius, em 1937, com a chamada eletroforese de fronteira móvel, contudo este método era realizado inteiramente em solução, o que gerava a mistura de proteínas em migração. Assim, suportes sólidos tais como papel filtro e celulose foram adicionados mais tarde à técnica, o que permitiu uma separação mais adequada das moléculas.

Na eletroforese em papel, amostras são aplicadas em uma tira de papel de filtro ou acetato de celulose umedecida com uma solução tampão. As extremidades do papel são colocadas em reservatórios separados contendo solução tampão na qual os eletrodos estão imersos. Uma corrente contínua é então aplicada ao sistema, forçando os íons migrarem para os eletrodos de polaridade contrária.

A eletroforese em gel é o método mais comumente utilizado na separação de macromoléculas, substituindo a eletroforese em papel. As macromoléculas migram através dos poros do gel sob efeito de um campo elétrico. Essa técnica pode ser empregada na separação de DNA, RNA e proteínas (Figura 6.5). A qualidade da amostra a ser separada vai definir a composição do gel, que pode ser basicamente de dois tipos: agarose e poliacrilamida. A partir de 1981 foi introduzida a técnica de eletroforese capilar baseados em capilares muito finos feitos de sílica, vidro ou plástico, com alta resolução e velocidade de separação.

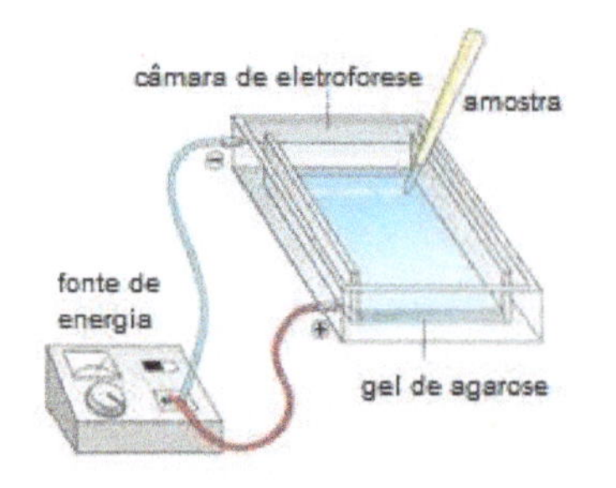

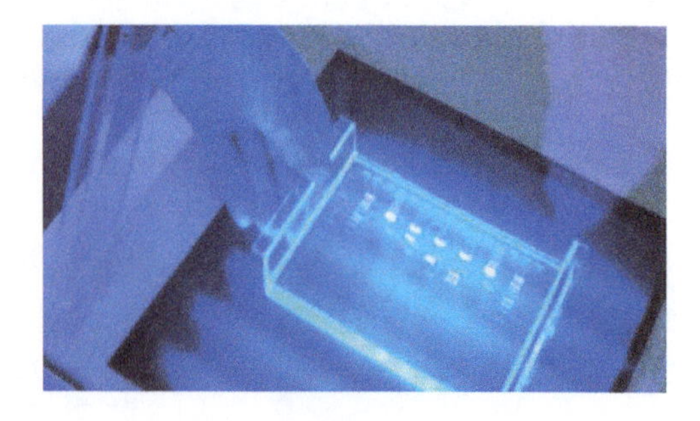

Figura 6.5 Técnica utilizada na amplificação de DNA

A eletroforese é utilizada em inúmeros processos de biologia molecular, entre eles: Ciência forense- para comparar o DNA encontrado no local do crime com o de possíveis suspeitos, Genética- teste de paternidade, diferenciação de espécies ou linhagens e engenharia genética, Microbiologia- detecção de diferentes patógenos como vírus, bactérias e fungos, Bioquímica- detecção da expressão de proteínas.

EXPERIÊNCIA 91

Caso você possua uma fonte de corrente contínua com saída de tensão até uns 120V, teste o efeito eletroforético de extratos de vegetais, sangue animal, corantes, etc., aplicando uma gota da amostra no meio de uma tira de papel de filtro umedecido com uma solução salina, e encaixando os eletrodos da fonte nos terminais do papel. Aplique tensões crescentes e verifique a possível migração dos cromóforos e seu sentido. Repita o experimento colocando a gota na extremidade oposta do sentido de migração, para melhor desenvolvimento do perfil eletroforético.

Também tente criar géis conforme a Figura 6.5 despejando a solução do gel numa cuba plana (ou use placa de petri), e deixando na geladeira para o gel solidificar. Teste a agarose ou ágar-ágar (item 6), sílica gel (item 7.2.2), e até mesmo gelatina comestível (item 6.1.1).

6.2.7 Precipitador Eletrostático

O precipitador eletrostático, também chamado de filtro de ar eletrostático ou precipitador de Cottrell, é um equipamento para remoção de impurezas particuladas sólidas ou líquidas do ar ou de outros gases industriais, em chaminés e outros canos de plantas industriais produtoras de ferro, petróleo, produtos químicos, metais, cimento e energia. Este equipamento captura os poluentes e libera o gás limpo para a atmosfera. Atualmente, os fabricantes de precipitadores eletrostáticos produzem, basicamente, dois tipos de precipitadores - secos e molhados. O tipo molhado recupera partículas úmidas ou molhadas, processo que envolve alguns tipos de ácido, óleo, resina e alcatrão, provenientes do escape de gás. O tipo seco, por outro lado, é empregado para remover partículas secas, tais como poeira e cinzas.

O princípio de funcionamento deste equipamento na indústria baseia-se na ionização das partículas, resultante da passagem destas partículas em arcos elétricos (efeito corona) produzidos por um campo elétrico de alta intensidade (entre 20 KV a 80 KV) aplicado entre placas ou eletrodos internos ao precipitador. As partículas adquirem carga negativa sob o campo elétrico, e são posteriormente atraídas e neutralizadas por placas ou outros mecanismos de coleta contidos nas laterais do precipitador, e direcionadas para um funil. Finalmente, um transportador leva as partículas para a área de descarte a fim de receber o tratamento adequado. Precipitadores eletrostáticos eficientes são capazes de recolher a maior quantidade (cerca de 99,9%) das partículas dos gases de escape antes que sejam lançadas ao ar.

Em 1824, M. Hohlfeld, professor de matemática em Leipzig, descreveu pela primeira vez a precipitação de partículas de fumaça por eletricidade. O primeiro processo de sucesso comercial foi patenteado em 1908, após experimentos do químico americano Frederick Gardner Cottrell, da Universidade da Califórnia, em Berkeley. As primeiras unidades foram usadas para remover a névoa de ácido sulfúrico e os gases de óxido de chumbo emitidos pelas atividades de fabricação de ácido e fundição. Os dispositivos ajudaram a proteger os vinhedos do norte da Califórnia das emissões de chumbo.

EXPERIÊNCIA 92

Você pode montar um pequeno precipitador eletrostático da seguinte maneira: Em um tubo de vidro, fechado nas extremidades por rolhas, insira um fio grosso de cobre, de forma que este passe do interior ao exterior do tubo por pequenos orifícios nas rolhas e, em seguida, enrole um fio fino, também de cobre, externamente ao tubo em formato helicoidal. Ambos os fios devem estar conectados a uma fonte de alta tensão (>10 KV – p.ex. transformador de sinalização neon). Faça um furo em cada rolha e insira um tubo de vidro em L em cada uma, onde um será entrada para fumaça e o outro funcionará como aspirador, conforme Figura 6.6. Montado o precipitador, insira fumaça dentro do tubo utilizando um cigarro ou incenso aceso e, posteriormente, ligue a fonte de tensão, a fumaça desaparecerá sob efeito do campo elétrico de alta tensão.

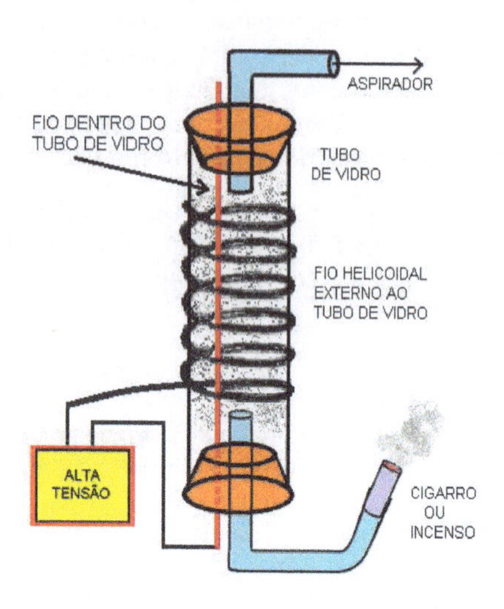

Figura 6.6. Precipitador eletrostático.

CAPÍTULO 7

Cristais e Géis de Silicato

7.1 CRESCIMENTO DE CRISTAIS

A habilidade para preparação de grandes cristais inorgânicos e orgânicos é de suma importância em várias áreas da ciência e em muitas indústrias e produtos tecnológicos. A cristalização é o processo natural ou artificial da formação de cristais sólidos, em geral a partir de uma solução homogênea. Nesse caso, a cristalização consiste de dois eventos principais, a nucleação e o crescimento dos cristais ou crescimento molecular. Esses processos acontecem quando há formação de fase sólida numa solução saturada.

A nucleação é a etapa em que as moléculas do soluto dispersas no solvente começam a se juntar em agregados atômicos em escala nanométrica. Esses agregados constituem o núcleo e só se tornam estáveis a partir de certo tamanho crítico, que depende das condições de temperatura, supersaturação, irregularidades, etc. Se os agregados não atingem a estabilidade necessária, ele redissolve. É no estágio de nucleação que os átomos se arranjam de uma forma definida e periódica que define a estrutura do cristal.

Os formatos dos cristais são resultado do fato de seus constituintes, que podem ser átomos, moléculas ou íons, se organizarem em um padrão tridimensional definido, que se repete continuamente, criando uma estrutura cristalina que podemos ver como sólidos com formatos geométricos específicos. Existem sete sistemas de cristalização distintos (cúbico, tetragonal, ortorrômbico, hexagonal, romboédrico ou trigonal, monoclínico e triclínico), embora dentro de alguns deles seja possível distinguir subcategorias em função dos centros de simetria (localizações das partículas na célula unitária), gerando no final até 14 estruturas cristalinas básicas, as denominadas redes de Bravais.

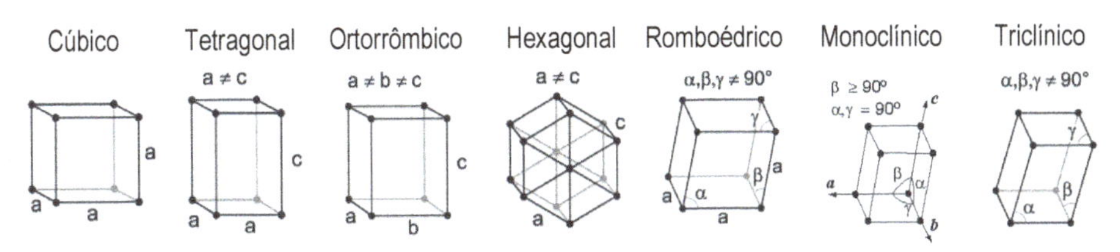

A nucleação pode ser homogênea (orientação de um grupo de íons em um arranjo ordenado) ou heterogênea (agregação em torno de diminutas partículas). Se o processo de formação dos cristais ou precipitado é lento, a nucleação inicial dá lugar ao crescimento dos cristais, onde diversos processos físico-químicos podem ocorrer, como o aperfeiçoamento dos cristais individuais, cimentação das partículas, maturação de Ostwald (processo de recristalização lento devido ao efeito do tamanho das partículas sobre a solubilidade) e transformação de forma instável em outra mais estável. O crescimento de cristais é desejado em marchas analíticas a fim de gerar sólidos cristalinos e graúdos e evitar sólidos muito finos ou gelatinosos (coloides hidrófilos). Também é muito desejado em inorgânica para gerar cristais puros e perfeitos para fins de análise cristalográfica.

Uma maneira de se evitar o excesso de nucleação (precipitados finos) e favorecer o crescimento dos cristais (precipitados graúdos) é se evitar a supersaturação relativa, ou seja, a geração de altas concentrações locais. Isso pode ser obtido por um processo lento de precipitação, devido à evaporação lenta do solvente, ou numa marcha analítica, por uma precipitação homogênea. Muitas vezes, a solução é aquecida para solubilizar um pouco mais de sal ou composto (a partir da solução saturada), de forma a garantir a formação de núcleos e precipitado após resfriamento.

EXPERIÊNCIA 93 KIT

Adicione uns 20 mL de água no **béquer**, ou outro volume de interesse, e vá dissolvendo, sob agitação, um composto ou sal de interesse (**NaCl, $CuSO_4$, $KMnO_4$, bórax, açúcar**, etc.), até não mais dissolver, de forma a se obter uma solução saturada*. Aqueça um pouco a solução (use a lamparina) de forma a solubilizar um pouco mais de sal e no resfriamento permitir a precipitação do excesso.

Cubra o béquer com uma folha de papel para evitar o acúmulo de poeira e deixe descansar por uma noite. Após esse tempo, transfira o conteúdo do béquer para outro recipiente limpo e colete um bom cristal formado para iniciar o crescimento de um cristal maior em outra etapa de cristalização.

Amarre esse cristal com uma linha e o pendure no centro da solução saturada. Cubra novamente o novo recipiente e deixe o cristal crescer por vários dias. Se houver formação de cristais na lateral ou no fundo do recipiente, cuidadosamente remova o cristal da solução, transfira a solução para outro recipiente e coloque o cristal de volta. Cristais formados nas paredes do jarro irão competir com o seu cristal fazendo com que ele não cresça uniformemente.

Um cristal ainda mais perfeito (Figura 7.1a) pode ser obtido separando um recipiente com tampa (p.ex. pote limpo de margarina), realizando um pequeno furo central na tampa, e passando a linha contento o cristal neste furo. Feche a tampa e permita o cristal ficar pendurado na solução saturada do composto por vários meses. A lenta evaporação resultará em cristais maiores e mais perfeitos.

***OBS: antes de solubilizar o sal na água, consulte a respeito de sua solubilidade.**

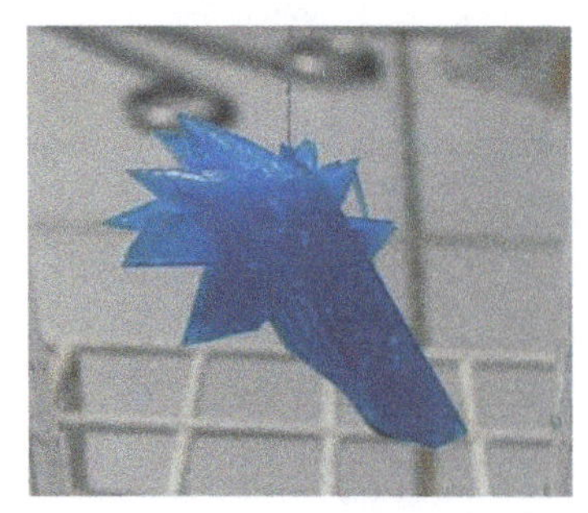

Figura 7.1a. Linha com um cristal de $CuSO_4.5H_2O$ formado.

Figura 7.1b. Cristalização de acetato de sódio em solução supersaturada.

Um processo muito interessante refere-se à cristalização de acetato de sódio numa solução supersaturada, conforme Figura 1.10 da seção 1.6.2 e Figura 7.1b acima. Esta é vulgarmente conhecida na internet como gelo instantâneo. A solução supersaturada de $NaC_2H_3O_2{\cdot}3H_2O$ pode ser obtida pela dissolução de uma quantidade do sal numa quantidade menor de água quente (p.ex. 175 g em 50 mL de água quente), ou até mesmo pela fusão do sal puro trihidratado que acontece acima de 58 °C (Shakhashiri, 1983).

EXPERIÊNCIA 94 KIT

a) Ferva um pouco d'água e adicione 6 mL da água quente a 20 g de acetato de sódio trihidratado contidos num béquer, agite com um bastão até dissolver. Deixe a solução supersaturada esfriar com cuidado, até a temperatura ambiente. Ao tocar na solução com um bastão impregnado com um pouco de cristais do sal, o excesso deste se cristalizará rapidamente, na forma de belas agulhas. Outro efeito interessante pode ser obtido vertendo a solução supersaturada do sal sobre cristais dispostos numa superfície (Figura 7.1b).

b) Pode-se também obter a solução supersaturada aquecendo-se diretamente o sal trihidratado num forno de micro-ondas caseiro (definir um tempo de aquecimento compatível com a massa utilizada).

Para temperaturas abaixo de 58 °C, soluções que são saturadas com respeito a acetato de sódio anidro (mais solúvel) são supersaturadas com respeito ao sal trihidratado. Para a solução **a)** da experiência acima, após ser resfriada à temperatura ambiente, ela será subsaturada com respeito ao sal anidro ($NaC_2H_3O_2$), mas supersaturada com respeito ao hidrato ($NaC_2H_3O_2 \cdot 3H_2O$). Ou seja, a adição de cristais do sal hidratado (gérmens de cristalização) propiciará a germinação e propagação do processo de cristalização do acetato de sódio hidratado, com liberação de calor (processo exotérmico, $\Delta H = -19{,}7$ kJ/mol).

Por outro lado, quando o sal trihidratado é aquecido diretamente acima de 58 °C, ele perde água de cristalização e começa a dissolver-se em sua própria água. O sal torna-se completamente dissolvido quando alcançar 79 °C, a temperatura na qual uma solução saturada do acetato de sódio anidro tem a mesma composição do sal trihidratado. Esta solução pode ser esfriada para produzir uma solução supersaturada com respeito ao sal anidro ou hidratado. Se não forem utilizados cristais semente para iniciar a cristalização da solução supersaturada, o acetato de sódio anidro é que será depositado.

Outra interessante experiência refere-se à cristalização do tiossulfato de sódio pentahidratado ($Na_2S_3O_3 \cdot 5H_2O$), que é bastante exotérmica, e é usada em bolsas térmicas. O sal quando aquecido começa a se fundir a 48,2 °C e dissolver-se na água do hidrato, formando uma solução homogênea a 60 °C. Quando resfriada à temperatura ambiente, a solução mantém-se supersaturada. Ao adicionar cristais semente do sal, uma rápida cristalização acontece liberando calor (−31,9 kJ/mol).

EXPERIÊNCIA 95 KIT

Adicione o sal $Na_2S_2O_3 \cdot 5H_2O$ à metade de um tubo de ensaio. Aqueça o tubo em bico de Bunsen ou em lamparina até total fusão e solubilização do sal. Espere esfriar até temperatura ambiente e a seguir adicione cristais do próprio sal para início da germinação e rápida cristalização. Observe o calor desprendido no tubo.

7.2 CRISTAIS E FORMAÇÕES EM GÉIS DE SILICATO

Um gel pode ser definido como um sistema de dois componentes, que é semissólido e particularmente rico em líquido (ver capítulo 6). Vários materiais existentes podem produzir géis, tais como materiais de sílica, oleatos, gelatina, álcool polivinílico e ágar. Géis têm sido usados em diversas formas para crescimento de cristais e estudos de alguns fenômenos. Os géis mais usados são os hidrogéis, nos quais a água é o meio dispersante, compondo de 90% a 98% do gel. Um dos mais importantes géis é o formado a partir dos silicatos de sódio (vidro solúvel). Uma rede polimérica tridimensional com ligações cruzadas resulta após a fixação do gel.

O silicato de sódio é obtido por fusão de areia muito fina (quartzo - SiO_2) e barrilha (carbonato de sódio) ou hidróxido de sódio, em fornos industriais operando entre 1300 °C a 1500 °C, com liberação de dióxido de carbono.

$$Na_2CO_3 + nSiO_2 \longrightarrow Na_2O.nSiO_2 + CO_2$$

A relação das matérias primas é feita de forma a se obter uma relação ponderal final (ou razão mássica R_w) entre a sílica (SiO_2) e óxido do metal alcalino (Na_2O) de 2,0 (vidro alcalino) ou de 3,3 (vidro neutro). Quando se deseja obter uma solução desde fundido, este é retirado continuamente do forno e resfriado, e dissolvido em água ainda quente, gerando o chamado **vidro solúvel**, ou vidro líquido, com relação R_w entre 1,5 a 3,85, com teores variados de água, além de viscosidades e densidades diferentes, respectivamente, de 400 a 800 cPs e 1,39 a 1,41 g/mL para o vidro solúvel neutro, e de 900 a 1350 cPs e 1,56 a 1,60 g/mL para o alcalino. A relação ponderal entre a sílica e barrilha no processo de fundição é variado para atender os diversos segmentos do mercado.

Além dos íons Na^+, OH^-, $H_xSiO_4{}^{(4-x)-}$ e metassilicato de sódio (Na_2SiO_3), as soluções de silicato podem conter uma vasta variedade de íons polissilicatos lineares, cíclicos e de ligações altamente cruzadas (p.ex., polissilicato de sódio $(Na_2SiO_3)_n$ e pirossilicato de sódio, $Na_6Si_2O_7$). Esta polimerização permite a dissolução de altos teores de silicatos, principalmente no vidro solúvel comercial "alcalino", que tem um maior teor de carbonato de sódio inicial, acarretando num pH final maior do que o chamado "neutro", aliado ao fato que o neutro é diluído em mais água devido a sua maior relação sílica/Na_2CO_3 inicial (daí a menor densidade). Devido a impossibilidade de determinação do pH no produto comercial altamente viscoso, o parâmetro é testado para solução comercial diluída à 1% com água, sendo maior que 11,0 para o produto alcalino, e maior que 10,5 para o produto neutro. Diferente do vidro solúvel, o vidro comum é silicato de sódio e cálcio. O vidro solúvel é utilizado na limpeza de óleos, graxas gorduras e materiais argilosos, na fabricação de sabões, impermeabilizantes, detergentes, sapólios, caixas de papelão, adesivos, fixador de corantes, cimentos, proteção passiva ao fogo, refratários, lavanderias indústrias e indústrias têxteis na lavagem e produção de tecidos, na indústria madeireira, desengraxante alcalino de limpeza de chapas ou peças, etc.

Na falta de silicato de sódio comercial (neutro ou alcalino), uma solução deste pode ser preparada no laboratório pela dissolução do sal comercial metassilicato de sódio ($Na_2SiO_3, M =$ 122,06 g/mol) em água. Uma solução preparada pela dissolução de 500 g do sal em 500 mL de água quente produzirá uma densidade semelhante àquelas dos vidros solúveis comerciais (neutro ou alcalino), e poderá ser utilizada nos experimentos envolvendo silicatos ou preparação de géis. Em soluções ácidas, o íon silicato reage com íons hidrogênio para formar ácido silícico, o qual quando aquecido e calcinado, forma sílica gel, uma dura e vítrea substância, usada como agente dessecante, na cromatografia e em processos de filtração.

Quando uma solução de silicato é acidificada, o íon silicato reage para formar o ácido monosilícico, o qual reage consigo mesmo para produzir água e ligações Si-O-Si, com formação de inúmeros ácidos polissilícicos, de fórmula geral $(SiO_2)_x(H_2O)_y$. As ligações siloxanas (Si-O-Si) continuam em vasta extensão formando cadeias que se intercruzam por meio de ligações cruzadas. A água é expulsa e o gel encolhe antes de endurecer (sinerese). A estrutura resultante do gel inclui canais abertos e bolsões, muito importantes para a formação de cristais no gel (ver seção 7.2.1). De fato, essa é uma técnica muito corrente para obtenção de grandes cristais.

Outro fenômeno é notado quando dois íons que interagem por difusão através do gel formam um precipitado insolúvel. Ao invés da formação de uma massa uniforme de precipitado ou de cristais espalhados, um anel ou anéis de precipitado são formados com camadas intercaladas de gel. Esses anéis, conhecidos como **anéis de Liesegang**, têm sido investigados desde o final do século XIX (ver seção 7.2.2). Acredita-se que várias formações naturais rochosas, anéis em ágata e geodos, e até cálculos renais, são o resultado desse fenômeno (Figura 7.2).

Figura 7.2. Padrões de anéis em formações rochosas, em ágatas e geodos, e em cálculos renais

Obs.: Geodos são formações rochosas, na forma de cavidades, que ocorrem em rochas vulcânicas e ocasionalmente em rochas sedimentares, e que são revestidas por formações cristalinas, principalmente do mineral ágata (variedade criptocristalina de quartzo, subvariedade da calcedônia), que apresenta uma diversidade de cores, geralmente dispostas em faixas paralelas, não concêntricas, mostrando a cristalização ou deposição em vesículas e com aspecto zonado. Embora as ágatas possam ser encontradas em vários tipos de rocha hospedeira, elas são classicamente associadas a rochas ígneas, onde há a formação de cavidades de bolhas de gás ou vapor. Com o tempo, a parede externa da cavidade endurece, e os silicatos e carbonatos dissolvidos depositam-se na superfície interior; o fornecimento lento de constituintes minerais pelas águas subterrâneas ou por soluções hidrotermais permite a formação de cristais e anéis no interior da câmara oca.

7.2.1 Jardim Químico

O Jardim Químico é um dos experimentos mais interessantes para iniciantes e entusiastas da Ciência. Ele difere da difundida técnica de formação de cristais em gel (Anéis de Liesegang - seção 7.2.2) onde a difusão de dois íons em gel leva à formação de anéis e cristais de interesse. No Jardim Químico, estruturas cristalinas insolúveis são formadas pela reação dos silicatos solúveis do gel com íons de metais presentes nos cristais adicionados.

Quando um cristal de sal metálico é adicionado à solução de silicato, ocorre uma migração de água da solução para o cristal (osmose), com sua dissolução e formação de silicato insolúvel do metal. O crescimento ascendente é explicado em termos da mais baixa densidade do cristal hidratado de silicato que cresce em relação à solução ao redor dele. Do ponto de vista químico, pode-se inferir que o cátion, funcionando como um ácido de Lewis, desidrata o silicato ao redor do cristal, com formação de ácidos silícicos e silicatos metálicos insolúveis. Esse ponto de vista se justifica pelo fato de que, a partir de um pequeno cristal de sal, forma-se um grande cristal de silicato (o cátion estaria disseminado entre as cadeias de siloxanas), e que para um cátion de maior carga, teremos uma formação mais rápida de cristais de silicato.

Observa-se geralmente a presença de uma pequena bolha de ar aderida ao cristal. A bolha advém dos cristais do sal adicionado, que contém ar. A bolha, ao ficar aderida ao cristal, facilita a rápida formação ascendente de silicato insolúvel. Pode-se esperar, portanto, que uma porção de sal adicionada mais pulverizada, acarrete em melhores resultados, contudo com maior dificuldade em afundar num meio de silicato relativamente denso. No final do processo teremos uma bela formação de estruturas semelhantes a um "Jardim Químico", conforme Figura 7.3. Para obtenção de estruturas brancas, use sais de cálcio, bário ou alumínio; para estruturas azuis escuras, sais de cobalto; para verde escuro, sais de cromo; verde claro para sais de níquel; laranja escuro ou marrom para sais de ferro; branco ou rosa claro para sais de manganês.

Observações:

- Adicione diretamente o vidro solúvel à água do béquer; não utilize proveta, pois a alta viscosidade do vidro solúvel dificultará sua limpeza posterior.

- Talvez seja melhor fazer o Jardim Químico em um copo de vidro transparente, pois um dia após a sua formação, as estruturas de silicatos insolúveis restam-se duras, aderentes e de difícil remoção do béquer.

Figura 7.3. Um belo Jardim Químico formado numa solução de silicato de sódio (vidro solúvel).

EXPERIÊNCIA 96 KIT

Inicialmente, prepare a solução do Jardim Químico adicionando num béquer de 100 mL (melhor ainda, num copo de vidro ou acrílico descartável) **40 mL de água** e **30 mL de vidro solúvel**, de densidade 1,4-1,6 g/mL. Agite a solução com o bastão de vidro até ficar homogêneo.

Adicione agora os maiores cristais que conseguir de sais solúveis (preferencialmente cloretos, nitratos e sulfatos) de alumínio, cobalto, cromo, níquel, ferro, manganês, chumbo, etc. No kit experimental Show de Química estão disponíveis $CuSO_4$, $NiSO_4$, $Al_2(SO_4)_3$, $MnSO_4$, $Fe(NO_3)_3.9H_2O$, $CoCl_2$, $HgCl_2$, $Bi(NO_3)_3$, $K_4[Fe(CN)_6]$ e $K_3[Fe(CN)_6]$. Adicione também alguns grãos de $KMnO_4$ e de $K_2Cr_2O_7$ para embelezar o jardim de violeta.

Para um melhor efeito visual, adicione porções de um mesmo sal em locais diferentes no béquer. Caso o sal fique suspenso na solução, force-o cair com o bastão de vidro. Observe o crescimento de cristais e espere cerca de 1 hora para a formação completa de um belo "Jardim Químico", com estruturas semelhantes às árvores desfolhadas (Figura 7.3).

Um experimento preliminar em tubos de ensaio foi realizado testando dois tipos de vidro solúvel, o alcalino comercial e outro preparado no laboratório a partir da dissolução do metassilicato de sódio em água (vide texto acima). Para cada tipo, três dissoluções foram preparadas, com as relações vidro solúvel: água de 1:1, 1:2 e 1:3, a fim de se avaliar a melhor concentração para o desenvolvimento das estruturas de silicatos. Foram adicionados aos tubos cristais verdes de nitrato de níquel e vermelho de cloreto de cobalto. Na Figura 7.4 pode-se observar as bolhas de ar presentes no sal adicionado, que direciona a formação dos silicatos metálicos insolúveis para cima. Após uns 20 min estruturas finais são obtidas. Neste experimento pôde-se concluir que as estruturas do "Jardim Químico" se desenvolvem bem em diferentes tipos e concentrações de vidro solúvel.

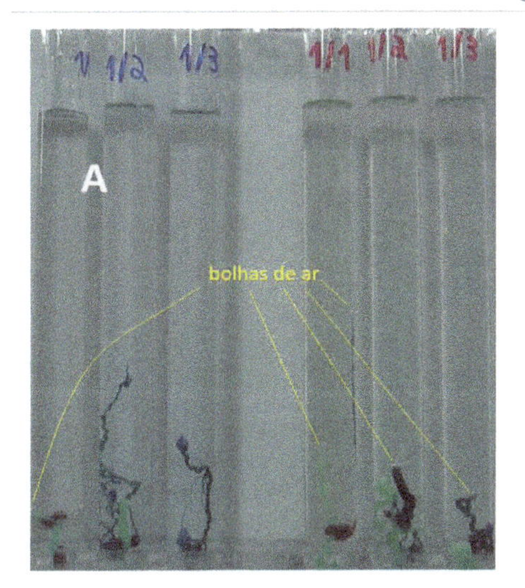

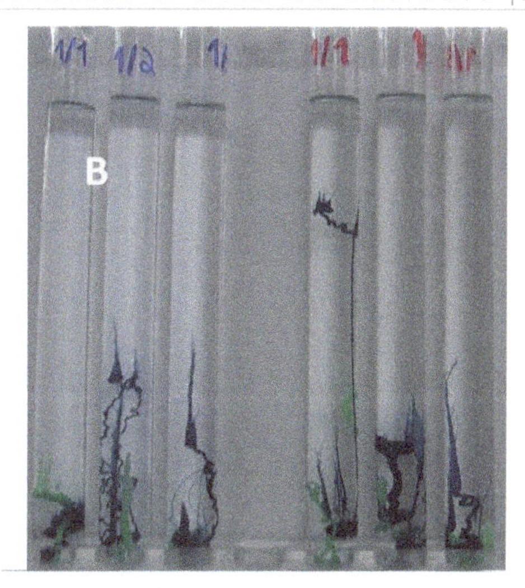

Figura 7.4. Desenvolvimento de estruturas insolúveis de silicato partindo-se do sal $Ni(NO_3)_2 . 6H_2O$ e do $CoCl_2 . 6H_2O$, em dois conjuntos de amostras distintas de vidro solúvel, cada conjunto com 3 tubos com relação silicato: água diferentes. Pode-se observar as bolhas de ar direcionando os cristais, e a mudança inicial da cor vermelha (foto A) do sal hidratado de cobalto para a cor azul (foto B), devido a formação do silicato de cobalto, $CoSiO_3$. A foto B foi retirada após 20 min de formação dos cristais.

Um outro Jardim Químico foi realizado, utilizando-se um recipiente construído com paredes de vidro paralelas e afastadas 1 cm uma da outra, de forma a se obter uma distribuição de cristas planar, tipo uma janela (Figura 7.5). Também foram adicionados cristais bem diminutos de permanganato de potássio e cromato de sódio para colorir o Jardim e torna-lo mais belo!

Figura 7.5. Um belo Jardim Químico preparado com a adição de vários sais metálicos inorgânicos em meio de silicato de sódio

7.2.2 Anéis de Liesegang

Conforme supracitado, os anéis de Liesegang são formados quando um gel contendo íons dissolvidos é colocado em contato com uma solução contendo outros íons que forma precipitado(s) com a solução do gel. Em 1896, o químico alemão Raphael E. Liesegang notou o fenômeno quando ele derramou uma solução de nitrato de prata em uma fina camada de gel contendo dicromato de potássio. Após algumas horas, formaram-se anéis concêntricos agudos de dicromato de prata insolúvel. O artigo original é apresentado na Figura 7.6.

Photographische Apparate und Bedarfsartikel

Max Steckelmann, Berlin

Das Bürgerliche Gesetzbuch für das Deutsche Reich.

Ferd. Dümmlers Verlagsbuchhandlung in Berlin SW. 12.

Geologische Ausflüge in die Umgegend von Berlin.

Dr. Max Fiebelkorn.

Naturwissenschaftliche Wochenschrift.

Redaktion: Dr. H. Potonié.

Verlag: Ferd. Dümmlers Verlagsbuchhandlung, Berlin SW. 12, Zimmerstr. 94.

XI. Band.	Sonntag, den 26. Juli 1896.	Nr. 30.

Abdruck ist nur mit vollständiger Quellenangabe gestattet.

Ueber einige Eigenschaften von Gallerten.

Figura 7.6. Artigo original de Raphael E. Liesegang de 1896.

Acredita-se que várias formações naturais, tais como anéis em ágata, ónix e em rochas, são o resultado desse fenômeno, e seu entendimento é de importância em estudos geológicos. A maioria das ágatas ocorre como nódulos em rochas eruptivas, ou antigas lavas, onde preenchem as cavidades produzidas originalmente pela desagregação do vapor na massa derretida, e posterior preenchimento por matéria silicosa depositada em camadas regulares. Estruturas semelhantes ocorrem em pedras nos rins.

Anéis Liesegang são um fenómeno observado em muitos sistemas químicos submetidos a uma reação de precipitação, sob certas condições de concentração e na ausência de convecção. Os anéis são formados quando sais fracamente solúveis são produzidos a partir da reação de duas substâncias solúveis, uma das quais é dissolvida em um meio de gel. O fenômeno é mais comumente visto como anéis em uma placa de Petri ou bandas em um tubo de ensaio. Apesar da investigação contínua desde a redescoberta dos anéis em 1896, o mecanismo para a formação dos anéis de Liesegang ainda não é totalmente compreendido. Estes anéis foram considerados os primeiros fenômenos químicos oscilatórios em fase heterogênea (ver capítulo 10).

Algumas teorias foram elaboradas para explicar a lenta e periódica formação dos anéis. A teoria da supersaturação avançada de Wilhelm Ostwald, desenvolvida há 90 anos, baseia-se no fato que o produto da concentração dos íons deve igualar a certo valor antes do precipitado se formar. Um anel assim formado tende a absorver e, portanto, diminuir a concentração de íons próximos a ele. Assim, a frente de difusão do eletrólito superior deve viajar certa distância antes que o produto de solubilidade seja excedido de novo. Isso causa um claro espaço entre os anéis. Contudo esta teoria falhou quando foi mostrado que semear o gel com uma dispersão coloidal do precipitado (o que poderia impedir qualquer região significativa de supersaturação) não evitou a formação dos anéis. Precipitação periódica também pode ocorrer na fase de vapor. Por exemplo, a reação entre trióxido de enxofre e o vapor d'água produz anéis de ácido sulfúrico condensado; e anéis de cloreto de amônio são formados quando ácido clorídrico gasoso e amônia são passados em extremidades opostas de um tubo na ausência de água.

Existem vários fatores que influenciam a preparação de cristais e anéis em géis. Os principais são o pH antes da formação do gel, concentração dos reagentes, local onde estes reagentes serão dispersos, a temperatura durante a nucleação e cristalização, o método de inserção dos reagentes juntos antes da gelatinização e o tipo de tubo usado no experimento. Caso este seja feito com aplicação de potencial elétrico com dois eletrodos (eletroforese) inseridos no gel, essas variáveis são também importantes.

Anéis de Liesegang são bem formados pela difusão e sorção dos íons precipitáveis em géis de silicato, que podem ser preparados pela diluição do vidro solúvel para obter-se uma densidade próxima de 1,06 g/mL, que produz consistência adequada ao transporte de íons quando acidificado por ácido fraco (geralmente ácido acético). A equação apresentada a seguir pode ser utilizada para obtenção do volume inicial de vidro solúvel (V_i) de densidade (d_i) a ser diluído com água, para obtenção de uma solução final de volume (V_f) com densidade recomendada V_f de 1,06 g/mL (Sharbaugh III, 1989).

$$V_i \text{ x } (d_i - 1) = V_f \text{ x } \left(V_f - 1\right)$$

Por exemplo, se partirmos de vidro solúvel comercial de densidade 1,40 g/mL, no preparo de 100 mL de solução final d=1,06 g/mL teremos que medir 15 mL de vidro solúvel e diluir com água até 100 mL.

Obs.: *Esta equação é aproximada pois considera a densidade da água unitária e não leva em conta a frequente expansão ou contração da solução final, devido à interação entre o soluto e solvente.*

O kit experimental Show de Química disponibiliza o vidro solúvel, mas caso queira prepará-lo, dissolva o sal metassilicato de sódio de laboratório em água quente (ver item 7.2). Adicione um pouco de NaOH para aumentar a solubilidade e densidade, e determine a densidade pela relação da massa de solução contida num volume da proveta.

Várias combinações de cátions e ânions podem ser utilizadas para preparação de precipitados, cristais e anéis, tanto em géis de ácido silícico ou em gelatina. Alguns precipitados de interesse são o cromato de bário, de bismuto, carbonato de chumbo, ortofosfato de cobalto, carbonato de prata, iodato de prata, iodato de chumbo, ortofosfato de chumbo, de cobalto, de prata, sais de mercúrio insolúveis, iodato cúprico, carbonato cúprico, oxalato de cálcio, oxalato de estrôncio, iodato de chumbo, etc. Alguns destes sais podem ser utilizados para preparar anéis de Liesegang em tubos de ensaio, conforme procedimento a seguir e Tabela 7.1.

EXPERIÊNCIA 97 KIT

Solução de silicato de sódio d =1,06 g/cm³: Dilua 15 mL de **vidro solúvel** 1,40 g/mL com água destilada até completar 100 mL de solução. Confirme a densidade final pesando a massa de um volume conhecido da solução (d=m/V), e ajustando água ou vidro solúvel.

Solução de ácido acético 1 M: Dilua **6 mL de ácido acético** glacial em água e complete para 100 mL.

Solução interna (inner): Dissolva o sal ou sais de interesse (Tabela 7.1) em 10 mL da solução preparada de ácido acético 1 M, e depois a misture com 10 mL da solução de silicato de sódio d =1,06 g/cm³ (o teor de ácido acético cairá para 0,5 M). Transfira os 20 mL para um tubo de ensaio e espere solidificar (algumas horas).

Solução externa (outer): Dissolva o sal ou sais desejados num pequeno volume de água, p.ex., em 2 mL de água.

Deposite a solução externa sobre o gel já solidificado no tubo de ensaio e arrolhe bem o frasco, para evitar a evaporação do líquido. Caso tenha use tubos com tampa rosqueável e septo de vedação. Acompanhe semanalmente o desenvolvimento dos anéis e estruturas, até pelo menos 3 meses. Você observará estruturas semelhantes àquelas da Figura 7.7.

Tabela 7.1. Experimentos sugeridos para preparação de cristais e anéis de Liesegang. A solução do gel de silicato de sódio é preparada antes, transferida para tubos de ensaio, e deixada solidificar (inner). Depois um pequeno volume da solução externa é adicionado sobre o gel.

Exp.	Descrição	Preparo das soluções (ver Experiência 97 Kit)
1	Anéis de PbI_2	**Gel:** Dissolver 0,30 g de $Pb(NO_3)_2$ em 10 mL de ácido acético 1 M, e depois misturar a 10 mL de silicato de sódio *d* = 1,06 g/mL.
		Externa: Dissolver 0,50 g de KI em 2 mL de água.
2	Anéis de $CuCrO_4$	**Gel:** Dissolver 0,20 g de Na_2CrO_4 em 10 mL de ácido acético 1 M, e depois misturar a 10 mL de silicato de sódio *d* = 1,06 g/mL.
		Externa: Dissolver 0,30 g de $CuSO_4$ em 2 mL de água.
		Refaça também esse experimento invertendo os íons, ou seja, colocando o Cu^{2+} no gel e o cromato na solução externa.
3	Anéis de Ag_2CrO_4	**Gel:** Dissolver 0,20 g de Na_2CrO_4 em 10 mL de ácido acético 1 M e depois misturar a 10 mL de silicato de sódio *d* = 1,06 g/mL.
		Externa: Dissolver 0,20 g de $AgNO_3$ em 2 mL de água.
4	Dupla banda	**Gel:** Dissolver 0,20 g de Na_2CrO_4 e 0,50 g de KI em 10 mL de ácido acético 1 M, e depois misturar a 10 mL de silicato *d* = 1,06 g/mL.
		Externa: Dissolver 0,30 g de $Pb(NO_3)_2$ + 0,30 g $CuSO_4$ em 2 mL de água
5	Reação de deslocamento:	**Gel:** Dissolver 0,30 g de $Pb(NO_3)_2$ em 10 mL de ácido acético 1 M, e depois misturar a 10 mL de silicato de sódio *d* = 1,06 g/mL.
	Cristais de Pb	**Externa:** pedaço de alumínio ou zinco sobre o gel.
6	Cristais de prata	**Gel:** 10 mL de silicato de sódio *d* = 1,06 g/mL misturados a 10 mL de ácido acético 1 M. Colocar uma tira de magnésio, zinco ou ferro no fundo do tubo e despejar o silicato acidificado para formação do gel.
		Externa: Dissolver 0,20 g de $AgNO_3$ em 2 mL de água.

Na Figura 7.7 são apresentados diversos experimentos realizados por Sharbaugh III (1989), mostrando belas formações de anéis e cristais. Em seu artigo o autor explorou outros efeitos de formação de cristais e anéis em géis, como a relação entre o deslocamento descendente dos anéis com o tempo, devido ao fenômeno da difusão. Ele observou uma dependência linear da posição do anel com a raiz quadrada do tempo, que pode ser explicada pela segunda Lei de Fick (1ª e 2ª lei derivadas por Adolf Fick em 1855). Também realizou experimentos com a variação da difusão com a temperatura do gel, e aplicação de um campo elétrico (eletroforese – seção 6.2.6).

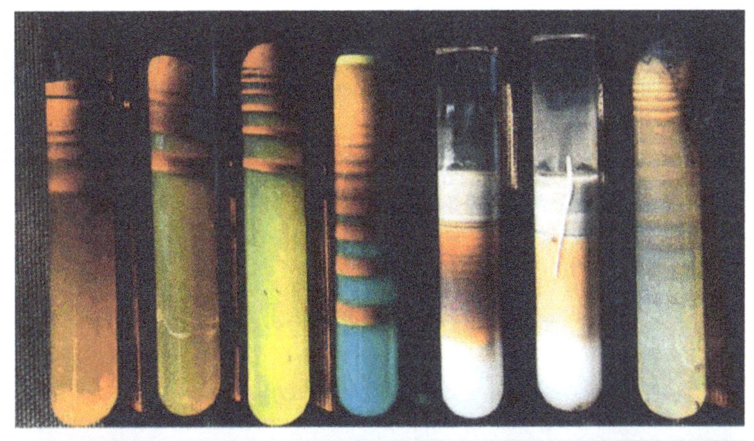

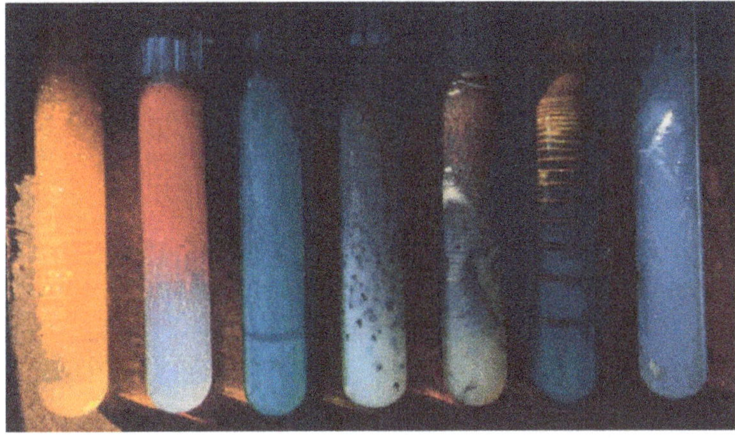

Figura 7.7. Na **foto A** os tubos de 1 a 3 referem-se a anéis de cromato de cobre formados pela interação de Na_2CrO_4 0,05 N (no gel inner) com concentrações aumentadas de $CuSO_4$ (outer) respectivamente 0,25 N, 0,5 N, 1 N e 2 N (neste quarto tubo a cor azul do sulfato e cobre sobressaiu ao do íon cromato). Os três últimos tubos referem-se à interação de $MnCl_2$ com H_2S. Na **foto B** em sequência temos no tubo 1 bandas de PbI_2 (inner: acetato de chumbo 1N, outer: KI 2 N); no tubo 2 formação de bandas e agulhas de HgI_2 (inner: KI 0,1 N, outer: $HgCl_2$ 0,5 N); no tubo 3 cristais tetraédricos de cobre após redução do $CuSO_4$ 0,05 N (inner) com hidroxilamina 1% (outer); no tubo 4 e 5 cristais e bandas de $HgCl_2 . 2H_2O$ em gel tornado mais básico; no tubo 6 formação de duplas bandas (inner: KI 0,2 N + Na_2CrO_4 0,1 N , outer: $Pb(NO_3)_2$ 1 N + $Cu(NO_3)_2$ 2 N); e tubo 7 formação de árvore de chumbo (item 3.9.1).

Obs.: A unidade de concentração normal (N), não mais recomendada pela IUPAC, é igual ao número de equivalentes (nEq.) divido pelo volume em litros, mas nEq. = massa dividida pelo equivalente do composto (Eg), que é massa que produz 1 equivalente de carga. Por exemplo, 1 mol de $CuSO_4$ produz 2 mols de carga, logo tem 2 Eq. Assim uma solução 1 M ou 1 mol/L de $CuSO_4$ será 2 N (usamos a relação $N = f \ x \ M$, onde o fator f refere-se a carga compartilhada na reação).

Sugestões:

1) Ajuste as concentrações dos íons para obtenção dos melhores resultados. Como sugestão, trabalhe com as seguintes faixas: sal interno de 0,02 a 1 M; ácido acético (HAc) para gelatinização de 0,5 a 1 M, e sal externo de 0,5 a 2 M. Observar que o sal externo tem sempre maior concentração do que o interno para promover a difusão descendente dos íons para dentro do gel.

2) Estude as principais reações de precipitação (capítulo 16) e planeje seus próprios experimentos, tanto para formação de cristais como para formação de anéis de Liesegang. O kit experimental Show de Química possui diversos reagentes (seção 2.5.1) capazes de se combinarem para produção das estruturas citadas.

3) Muitos outros experimentos poderão ser reproduzidos caso você obtenha os materiais necessários. Por exemplo, você pode preparar cristais de cobre incorporando $CuSO_4$ no gel e colocando cloreto de hidroxilamina (agente redutor) na parte superior. Caso tenha um tubo em U, você pode criar cristais de calcita colocando em um lado do gel $CaCl_2$ e, no outro lado, Na_2CO_3.

4) Todos os experimentos acima podem ser testados substituindo o gel acidificado de silicato de sódio por gelatina solúvel (de laboratório ou adquirida em supermercado) ou pelo hidrocoloide ágar-ágar. Nesse caso, ferva a água, dissolva a gelatina e adicione o sal interno antes do resfriamento e gelatinização da mistura.

Baseando-se na sugestão 2 acima, alguns experimentos foram reproduzidos a partir do trabalho de Sharbaugh III (1989) e outros novos desenvolvidos, no Laboratório de Química Analítica do DQUI-UFES no final de 2021. Inicialmente verificamos quais cátions e ânions se precipitam, a partir de dados bibliográficos (p.ex., CRC Handbook of Chemistry and Physics, 2004) e pela combinação dos íons em tubos de ensaio, com posterior filtração e fotografia dos sais precipitados. Os resultados obtidos são apresentados na Tabela 7.2. Algumas destas precipitações são sugestivas, e não absolutas, devido a carência de dados na literatura que corroborassem tais observações, e pela falta de um critério unívoco para considerar quando um composto passa a ser solúvel (uma sugestão usual é: concentrações > 0,01 mol/L). A solubilidade ***s*** de compostos precipitáveis pode variar de valores muito pequenos (p.ex., $Fe_2(OH)_3$), governada pela constante *K*ps em equilíbrio termodinâmico, até valores muito altos para compostos muito solúveis (p.ex., NH_4NO_3).

Tabela 7.2. Compostos inorgânicos precipitáveis (ppt) com suas cores aproximadas (fundo de cada caixa), após reação do cátion metálico solúvel com o ânion solúvel. Caixas brancas com a sigla ppt referem-se a precipitados de cor branca, com hachuras significa não precipitáveis, e sem cor ou sigla significa informações não definidas ou não encontradas.

Cu^{2+}	Bi^{3+}	Ni^{2+}	Co^{2+}	Fe^{2+}	Fe^{3+}	Ti^{3+}	Ag^{+}	Mg^{2-}	Pb^{2+}	Cr^{3+}	Cd^{2+}	Sr^{2+}	Ce^{4+}	Hg^{2+}	
	ppt						ppt		ppt						Cl^-
	ppt					Ppt	ppt		ppt	ppt				ppt	Br^-
ppt	ppt			ppt	ppt	Ppt	ppt		ppt	ppt			ppt	ppt	I^-
ppt	ppt	ppt	ppt	ppt	ppt	Ppt	ppt	ppt	ppt	ppt	ppt	ppt		ppt	$Fe(CN)_6^{4-}$
ppt	ppt	ppt	ppt	ppt	ppt	Ppt	ppt			ppt	ppt			ppt	$Fe(CN)_6^{3-}$
ppt	ppt			ppt	ppt		ppt	ppt	ppt		ppt			ppt	SCN^-
	ppt					Ppt	ppt		ppt			ppt	ppt	ppt	SO_4^{2-}
ppt	ppt	ppt	ppt	ppt	ppt	Ppt	ppt	ppt	ppt	ppt	ppt	ppt		ppt	PO_4^{3-}
ppt	ppt	ppt	ppt	ppt	ppt	Ppt	ppt	ppt	ppt		ppt	ppt	ppt	ppt	CrO_4^{2-}
ppt	ppt	ppt		ppt	ppt		ppt		ppt		ppt		ppt	ppt	$Cr_2O_7^{3-}$
ppt	ppt	ppt	ppt	ppt		Ppt	ppt	ppt	ppt	ppt	ppt	ppt			CO_3^{2-}
ppt	ppt	ppt	ppt	ppt	ppt	Ppt		ppt	ppt	ppt	ppt	ppt	ppt		OH^-

Esta tabela pode servir como guia para o desenvolvimento de novas estruturas e cores de cristais e anéis de Liesegang, semelhantes aos da Figura 7.7.

Na Tabela 7.3 e Figura 7.8 são apresentados alguns experimentos reproduzidos a partir do trabalho de Sharbaugh III e outros novos desenvolvidos no laboratório a partir das combinações de íons da Tabela 7.2 e que resultaram em precipitações. Nossos resultados foram em muitos casos diferentes aos de Sharbaugh III, provavelmente devido à maior basicidade da sílica gel utilizada, preparada no laboratório por dissolução do sal Na_2SiO_3 com água quente e adição de um pouco de NaOH para facilitar a dissolução, resultando na densidade final de 1,37 g/cm^3 e pH de 12,7 para uma solução diluída à 1% (ver item 7.2). Isto deve ter resultado na formação de bandas largas de hidróxidos metálicos insolúveis com baixa formação de anéis. Por outro lado, combinações inusitadas de íons geraram belos padrões, provavelmente inéditos na literatura. Estes anéis e cristais foram fotografadas durante 4 meses, e os mais bonitos serão descritas a seguir.

Tabela 7.3. Experimentos realizados com o vidro solúvel mais básico de densidade 1,37 g/cm^3, que depois foi diluído com água para densidade 1,06 g/cm^3 (ver preparação acima). 10 mL desta solução foi misturado com 10 mL de ácido acético (HAc) 1 M, tendo previamente dissolvido na solução ácida a massa do sal para gerar a concentração final na tabela. O sal incorporado (inner) fará parte do gel solidificado após umas 2 h. A seguir 3 mL de solução externa (outer), contendo a massa necessária de um segundo sal para produzir a concentração de interesse, são adicionados sobre o gel, para desenvolvimentos das estruturas esperadas.

Tubo	**Inner** incorporado ao gel	**Outer** sobre o gel	**Observações**
1	pedaço Al no fundo do gel	$AgNO_3$ 0,5 M	Formação AgOH ?
	$CuSO_4$ 0,025 M	cloreto hidroxilamônio 1%	Bonito sem cristais
3	$Pb(Ac)_2$ 0,04 M	KI 2 M	Cristais de PbI_2
4	$Pb(Ac)_2$ 0,10 M	KI 2M	Cristais de PbI_2
5	KI 0,10 M	$HgCl_2$ 0,25 M	Formação agulhas filamentosas, similar a sprites.
6	KI 0,10 M + 1 g glicose	$HgCl_2$ 0,25 M	
7	KI 0,025 M	$HgCl_2$ 0,25 M	
8	Apenas borbulhar H_2S	$MnCl_2$ 0,5 M	
9	K_2CrO_4 0,025 M	$CuSO_4$ 1 M	anéis de $CuCrO_4$
10	K_2CrO_4 0,025 M	$AgNO_3$ 0,5 M	anéis de Ag_2CrO_4
11	KI 0,2 M + K_2CrO_4 0,05 M	$Pb(Ac)_2$ 0,5 M + $CuSO_4$ 1 M	
12	KI 0,1 M	$Pb(Ac)_2$ 0,25 M + $HgCl_2$ 0,25 M	
13	KI 0,1 M + K_2CrO_4 0,05 M	$Pb(Ac)_2$ 0,25 M + $HgCl_2$ 0,25 M	
14	NaH_2PO_4 0,025 M	$AgNO_3$ 0,5 M	
15	NaH_2PO_4 0,025 M	$Co(NO_3)_2$ 0,5 M	
16	K_2CrO_4 0,025 M	$TiCl_3$ 0,5 M	
17	$K_4Fe(CN)_6$ 0,025 M	$FeSO_4$ 0,5 M	Azul de Turnbull
18	$K_3Fe(CN)_6$ 0,025 M	$FeSO_4$ 0,5 M	
19	$K_3Fe(CN)_6$ 0,025 M	$AgNO_3$ 0,5 M	

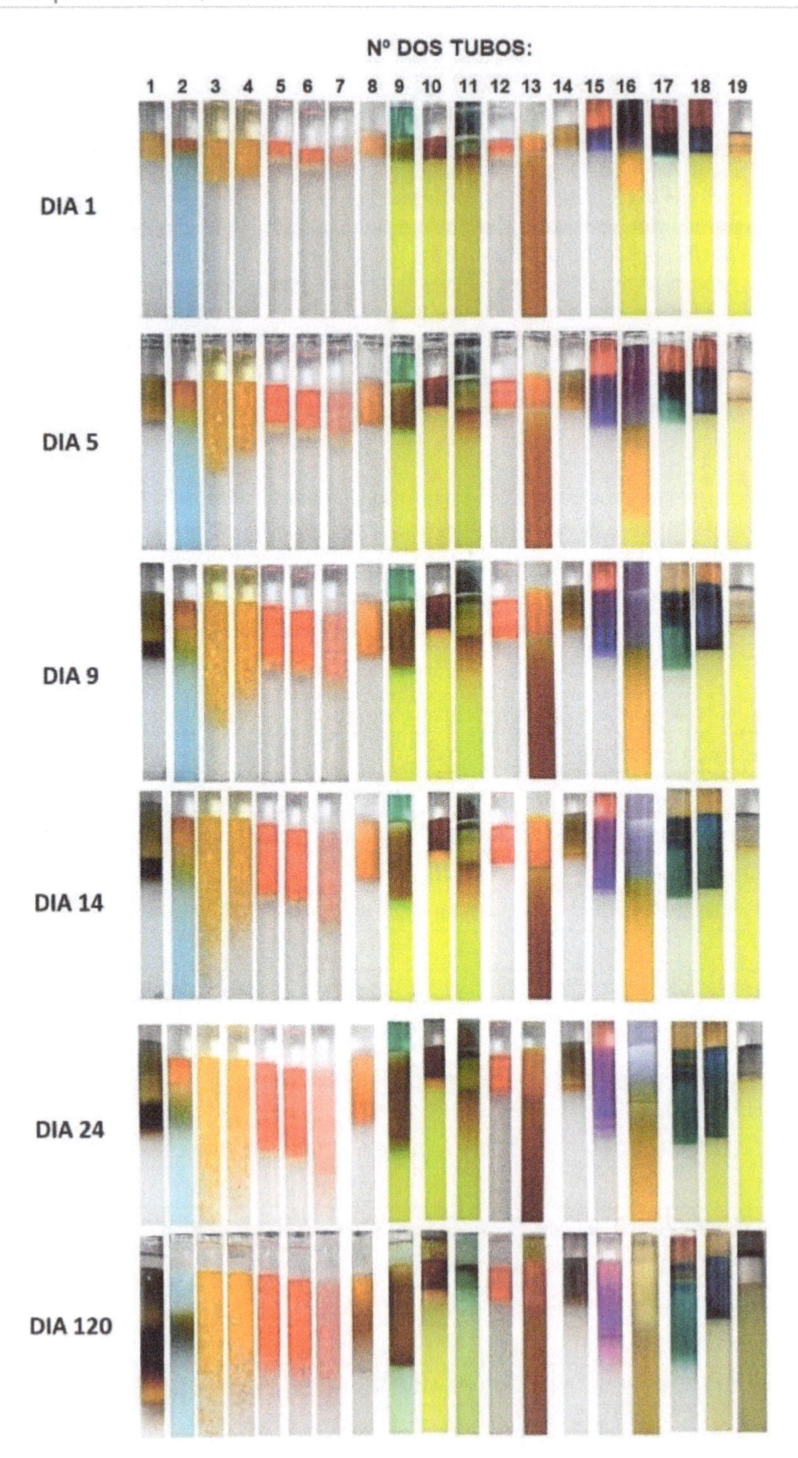

Figura 7.8. Padrões e anéis observados em géis de sílica a partir dos experimentos da Tabela 7.3.

Interprete as formações dos tubos da Figura 7.8 baseados nos reagentes da Tabela 7.3, verificando a formação de possíveis precipitados previstas na Tabela 7.2. Algumas destas formações são notáveis (Figura 7.9), como as das bandas e agulhas de HgI_2 parecendo as descargas elétricas acima de 80 km na atmosfera (Sprites - Figura 7.10).

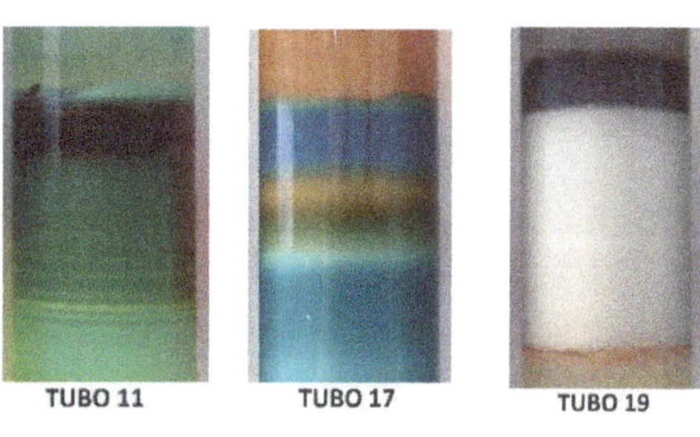

Figura 7.9. Detalhamento de algumas estrutu-ras obtidas a partir dos experimentos da Tabela 7.3. No tubo 4 formou-se belos cristais amarelos de PbI_2. Nos tubos de 5 a 6 cristais vermelhos de HgI_2, na forma de agulhas e bandas zoneadas. No tubo 7 a concentração de KI é menor. No tubo 11 Mix de precipitados. No tubo 17 provável mistura de Azul da Prússia e de Azul de Turnbull. No tubo 19 Mix de precipitados.

É notável a similaridade das formações de agulhas de HgI_2 dos tubos 5, 6 e 7 (com concentrações variadas do inner KI) com os sprites, que são eventos luminosos transitórios geradas por intensas descargas elétricas que partem do topo das nuvens e se estendem até o limite superior da mesosfera (em torno de 95 Km de altitude). Em certa altura, essa descarga gera um flash de plasma que, por alguns milissegundos, se torna iluminado assumindo formatos variados, como colunas de luz ou raiz de plantas.

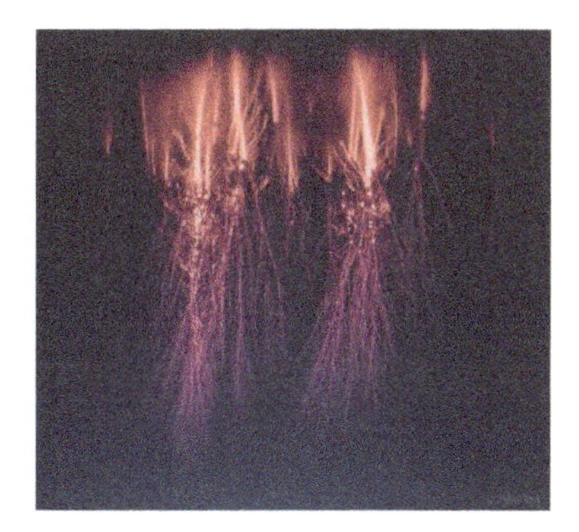

Figura 7.10. Fotografias registradas de sprites atmosféricos.

Observando a Figura 7.8 percebemos uma dependência da distância percorrida pelos anéis com o tempo. Segundo observado por Sharbaugh III (1989) em seu trabalho, a distância percorrida está relacionada com a raiz quadrada do tempo, conforme a Lei de difusão de Fick. Assim deve-se também esperar que as distâncias medidas nos tubos da Figura 7.8 se ajustem com a raiz quadrada do tempo (dias 1, 5, 9, 14, 24,120).

Concluindo, a formação de cristais e anéis de Liesegang é um assunto fascinante, e deveria ser melhor explorado no ensino superior e médio para incentivar os alunos no aprendizado da análise qualitativa de espécies inorgânicas (e até orgânicas), em sistemas dinâmicos (onde ocorre difusão) e estáticos (ver Capítulo 16).

7.2.3 Anéis de Liesegang radiais

Os anéis de Liesegang produzidos anteriormente viajam ao longo do tubo de ensaio, e são pois, de formação longitudinal. Eles também podem ser preparados de forma radial, numa superfície plana (p.ex., placa de petri), com colocação da solução ou sal externo no centro do gel.

EXPERIÊNCIA 98 KIT

Dissolva cerca de 1 g de gelatina em 20 mL de água fervente, destilada ou mineral, e adicione o sal interno, p.ex. 0,20 g de K_2CrO_4, até completa solubilização. Espalhe a solução sobre placas de petri, de forma a se obter espessuras da solução entre 1 a 2 mm. Leve as placas à geladeira para gelatinizar.

Repita o procedimento substituindo a gelatina por silicato de sódio (ver Tabela 7.1, dissolução de 0,20 g de K_2CrO_4 em 10 mL de ácido acético 1 M, seguida da mistura à 10 mL de silicato de sódio d = 1,06 g/mL).

Retire os géis da geladeira e adicione sobre eles pequenos cristais de $CuSO_4$, $FeSO_4$, $CoCl_2$, $AgNO_3$, $Bi(NO_3)_3$, ou outro que desejar. Disponha os cristais simetricamente opostos e distantes cerca de 2 cm da borda da placa de Petri. Se preferir, prepare uma solução do sal externo (p.ex., 0,30 g de $CuSO_4$ em 2 mL de água) e espalhe no centro da placa uma gota larga. Também prepare soluções mistas com mais de um íon precipitante.

Lacre cada placa de petri com outra superior utilizando fita adesiva transparente, e espere algumas semanas para os anéis radiais e desenvolverem.

A partir das sugestões apresentadas neste capítulo crie suas próprias estruturas e arte com a química (quadros planos, tubos longos, cubos 3D, etc.). Boa Viagem!

CAPÍTULO 8

8.1 TESTE DE CHAMA

O teste de chama é um procedimento usado para testar qualitativamente a presença de certos metais em compostos químicos. Quando o composto a ser estudado é submetido ao aquecimento, em uma chama, ele é decomposto e atomizado, e os átomos e íons formados sofrem excitação e posterior relaxamento energético com emissão de luz. Baseado no espectro de emissão do elemento, o composto vai modificar a cor da chama para uma cor característica.

Uma importante propriedade dos elétrons é que suas energias são "quantizadas", um elétron ocupa sempre um nível energético bem definido e não um valor qualquer de energia. Se um elétron receber energia adequada (calor, luz, etc.), ele pode sofrer uma mudança de um nível energético mais baixo para outro de energia mais alta, ocorrendo assim a excitação. O estado excitado é um estado metaestável de curta duração (10^{-8} s) e o elétron retorna imediatamente ao seu estado fundamental ou estados energéticos intermediários. A energia absorvida durante a excitação é emitida na forma de radiação eletromagnética em diversos comprimentos de onda λ ou frequências ν (velocidade da luz $= c = \nu . \lambda$), sendo que algumas dessas emissões ocorrem em frequências que o olho humano é capaz de detectar (espectro visível). Como o elemento emite uma radiação característica (com diversas linhas espectrais definidas), ela pode ser usada como método analítico (espectrofotometria).

Na Figura 8.1 é apresentado o espectro eletromagnético com suas principais faixas espectrais, com expansão da estreita faixa de cores no visível, escala de comparação do comprimento de onda (λ) ou frequência (ν) e aplicações das faixas espectrais. O espectro se estende desde as ondas de energia extremamente baixa (10^{-6} eV – p.ex. rede elétrica) até os raios gama produzidos por transições nucleares com energia extremamente alta (10^{8} eV), equivalendo aproximadamente a frequências de 100 Hz a 10^{22} Hz, respectivamente.

Em geral, os metais, sobretudo os alcalinos e alcalinos terrosos, são os elementos cujos elétrons exigem menor energia para serem excitados e, por isso, são utilizados experimentalmente em testes de chama ou percepção visual para identificação do elemento. Em geral, nesses testes é utilizado o bico de Bunsen, pois gera energia de queima suficiente para decompor e excitar a maioria dos compostos químicos.

Por exemplo, no átomo de potássio, cuja configuração eletrônica é $1s^2 2s^2 2p^6\ 3s^2 3p^6 4s^1$, o elétron $4s^1$ mais externo pode ser facilmente elevado para o nível $4p$, ocorrendo a excitação eletrônica. O elétron excitado apresenta tendência a voltar a seu estado normal, $4s^1$, emitindo um quantum de energia, na forma de fóton em 404,4 nm. Além dessa transição eletrônica, outras ocorrem (766,5 nm e 769,9 nm), contudo esta é a mais visível ao olho humano, acarretando numa coloração violeta da chama.

Para o átomo de sódio, a principal transição refere-se ao duplete em 589,0 e 589,6 nm, que produz uma coloração amarela.

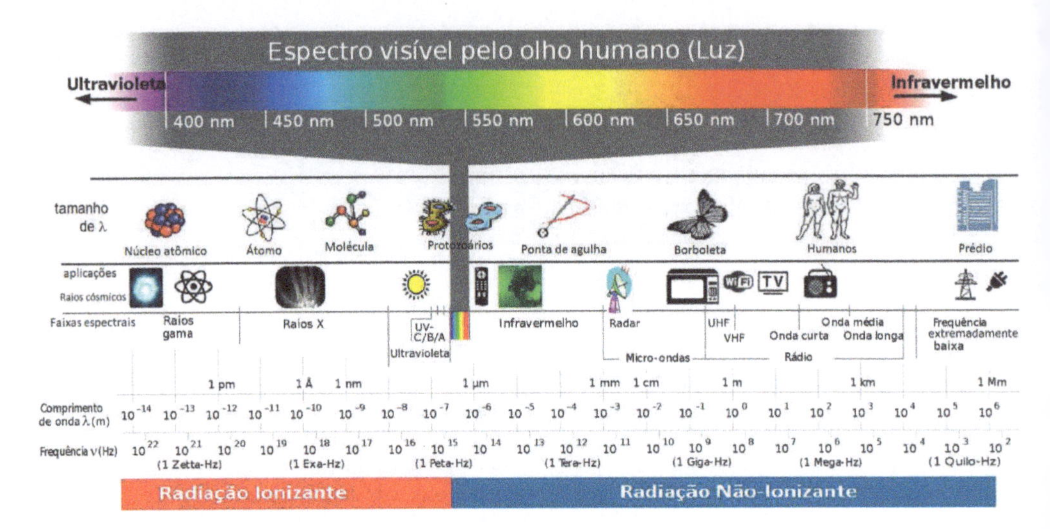

Figura 8.1. Espectro eletromagnético com expansão para a região do visível.

> **EXPERIÊNCIA 99 KIT**
>
> Separe sais de **sódio**, **potássio**, **cálcio**, **bário** e **cobre** para utilizar no teste de chama. Coloque **ácido clorídrico** em um tubo de ensaio. Caso possua HCl concentrado, use-o em capela ou ambiente ventilado. Acenda uma lamparina ou bico de Bunsen e leve o **fio de níquel-cromo** ao fogo até que a chama não mude mais de cor (para melhores resultados, use **um fio de platina** caso tenha). Caso haja presença de cor na chama, mergulhe a ponta do fio no ácido clorídrico. Passe a ponta do fio no sal do cátion que desejar, leve-o à chama e observe a cor. Limpe o fio mergulhando-o novamente no ácido clorídrico. Repita o processo com os demais sais. Na Figura 8.2 o procedimento de limpeza é ilustrado, utilizando-se o fio de platina. Tal metal é o preferido para esse tipo de teste devido ser muito resistente à temperatura e ao ataque químico.

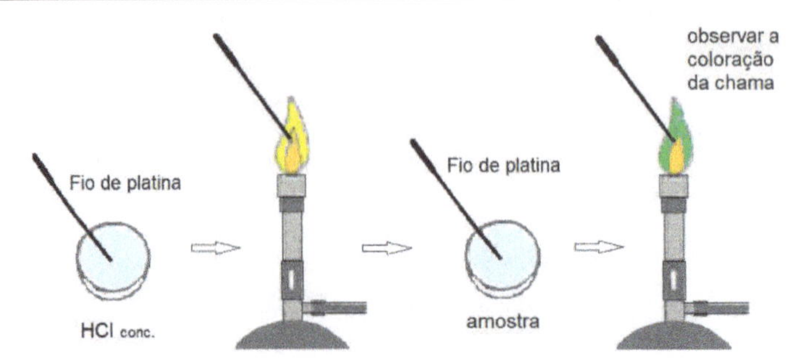

Figura 8.2. Procedimento do teste das chamas.

O cloreto de sódio normalmente contamina as demais amostras, adulterando os resultados; por este motivo, deve ser deixado por último.

As cores resultantes no experimento são:

- Sódio – amarelo-alaranjado.
- Potássio – violeta-pálido
- Cálcio – vermelho-alaranjado
- Bário – verde-amarelado
- Cobre – verde-azulado

EXPERIÊNCIA 100 KIT

Uma forma elegante de fazer os testes de chama é utilizando metanol. Coloque um pouco de **metanol** em placas de Petri (figura acima), ou melhor ainda, em recipientes metálicos de forma baixa (p.ex., forma para empadinha ou tampa de latas).

Adicione um pouco de sal de interesse em cada recipiente diferente e ateie fogo no metanol e com cuidado. As chamas serão mais extensas e persistentes, facilitando a visualização da cor característica de cada elemento, principalmente quando a experiência é realizada em local com pouca iluminação.

A queima do metanol produz uma chama fracamente azulada com calor suficiente para atomizar e excitar a amostra. A produção de luz é mais intensa do que no fio de platina ou níquel-cromo, devido a maior área de combustão, com a vantagem ainda de não precisar ficar limpando o fio.

EXPERIÊNCIA 101 KIT

Uma chama muito bonita de cor verde é gerada pela combustão do borato de etila, produzido pela reação de **bórax** ou de ácido bórico com **etanol** num tubo de ensaio, acidificado com 3 gotas de H_2SO_4. Quando o tubo é aquecido na lamparina e depois a boca dele é aproximada da chama, o borato de etila formado se decompõe gerando a coloração verde, característica do elemento boro.

Uma das utilidades para a qual o teste de chamas contribuiu ao longo desses séculos foi o desenvolvimento de fogos de artifício (pirotecnia - Capítulo 15), com uma grande gama de cores devido à utilização de diversas combinações de sais, compostos orgânicos e metais em pó, como ilustrado na Figura 8.3.

Figura 8.3: Queima de fogos de artifício.

8.2 INDICADORES ÁCIDO-BASE

Os indicadores sintéticos e os naturais presentes em diversas frutas, legumes e plantas possuem grupos ácidos e/ou básicos (ácido carboxílico, sulfônico, nitrocomposto, fenol, aminas, etc.) e estrutura molecular com muitas ligações covalentes e deslocamento de ligações π (estruturas ressonantes), gerando alta absortividade molar na transição molecular. Apresentam assim mudança de cor na presença de diferentes regiões de pH, podendo ser utilizados na identificação da acidez e da basicidade de diferentes soluções aquosas.

Eles geralmente exibem cores intermediárias com valores de pH dentro do intervalo de mudança, como o vermelho de fenol que possui cor alaranjada quando o pH estiver entre 6,6 e 8,0. Podem ocorrer pequenas alterações no intervalo, dependendo da concentração do indicador, do solvente usado e da temperatura. A Figura 8.4 e a Tabela 8.1 apresentam alguns dos indicadores de pH mais comuns utilizados em laboratório.

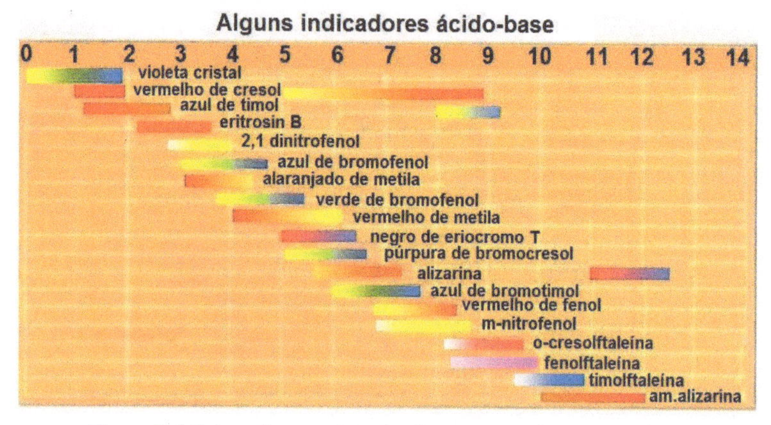

Figura 8.4. Faixas de transição de alguns indicadores ácido-base.

Tabela 8.1. faixa de transição de alguns indicadores ácido-base.

Indicador	Cor ácida	Intervalo	Cor básica
Violeta de Metila	Amarelo	0,0-1,6	Azul-púrpura
Azul de Timol	Vermelho	1,2-2,8	Amarelo
Amarelo de metila	Vermelho	2,9-4,0	Amarelo
Azul de Bromofenol	Amarelo	3,0-4,6	Violeta
Alaranjado de Metila	Vermelho	3,1-4,4	Amarelo
Púrpura de Bromocresol	Amarelo	5,2-6,8	Violeta
Azul de Bromotimol	Amarelo	6,0-7,6	Azul
Vermelho de Metila	Vermelho	4,4-6,2	Amarelo
Vermelho de Fenol	Amarelo	6,6-8,0	Vermelho
Azul de Timol	Amarelo	8,0-9,6	Azul
Fenolftaleína	Incolor	8,2-10,0	Rosa-carmim
Timolftaleína	Incolor	9,4-10,6	Azul
Amarelo de Alizarina	Amarelo	10,1-12,0	Vermelho

Na literatura podemos encontrar combinações de indicadores a fim de gerar uma gama ampla de cores para toda a faixa de pH (0 a 14), a exemplo do indicador universal, composto da mistura de 4 indicadores (20 mg de alaranjado de metila + 40 mg de verde de bromocresol + 20 mg de azul de bromotimol + 50 mg de azul de timol, tudo dissolvido em 10 mL de etanol + 10 mL de água). Comercialmente são disponibilizados papéis de pH contendo uma mistura de indicadores numa mesma tira ou em faixas diferentes, por exemplo os da empresa Merck (Figura 8.5), disponibilizados no kit experimental Show de Química.

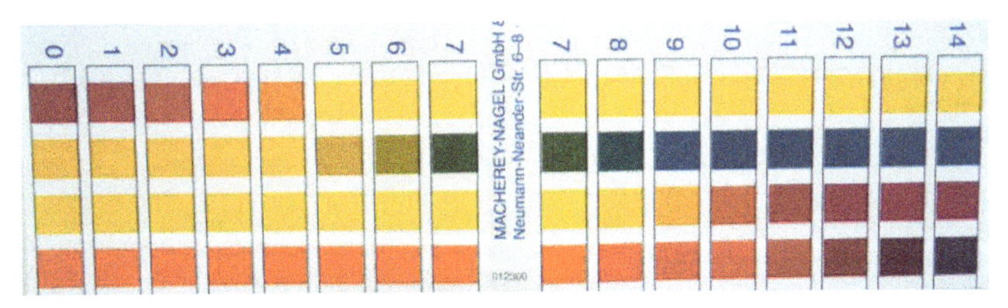

Figura 8.5. Quadro comparativo de cores para definição do pH de papel comercial.

Na natureza é possível encontrar diversos pigmentos de origem vegetal que têm diversas estruturas químicas, e que incluem as antocianinas (classe de flavonoides, apresentando as cores laranja, vermelho, violeta e azul), os carotenoides (subclasse de terpenos, com cores entre amarelo a vermelho), as clorofilas e as betalaínas. As antocianinas e betaleínas são notáveis quanto a variação de cor pela mudança de pH.

As antocianinas (do grego *anthos* flor, e *kyanos* azul) pertencem a uma classe de compostos naturais conhecidos como flavonoides, associados a moléculas de açúcar, e constituem o maior grupo de pigmentos hidrossolúveis existentes no reino vegetal estando presentes nos tecidos de plantas superiores, desde folhas, caules, raízes, flores e frutos. São derivadas das antocianidinas que não apresentam grupos glicosados. São responsáveis por muitas cores naturais atraentes, que vão do vermelho-alaranjado, ao vermelho vivo, roxo e azul. A cor que estes pigmentos exibem nas plantas depende de vários fatores tais como o pH, a presença de metais pesados e outros compostos incolores que atuam como copigmentos (Freitas, 2019). As antocianinas apresentam diversas funções nas plantas, como reprodutiva (atração de insetos envolvidos na polinização), antioxidante, fotoproteção (contra radiação UV) na fotossíntese, defesa contra certos tipos de agressores animais, etc. São compostos solúveis em água e altamente instáveis em temperaturas elevadas.

As antocianinas apresentam como estrutura básica o cátion 2-fenilbenzopirílio ou, mais simplificadamente, cátion flavílio (Figura 8.6). As diferentes antocianinas diferem apenas nos grupamentos ligados aos anéis nas posições R1 a R7, que podem ser átomos de hidrogênio, hidroxilas ou metoxilos. Muitas frutas escuras são ricas em tais pigmentos, como o açaí, framboesa, amora, cereja, uva, mirtilo (blueberry), morango, jabuticaba, acerola, etc.

Figura 8.6. Estrutura geral da antocianina (esquerda) e do ácido betalâmico (direita).

Já as betalaínas são originadas de aminoácidos aromáticos (L-fenilanina e a L-tirosina) e são pigmentos (alcalóides coloridos) vacuolares naturais biossintetizados a partir do ácido betalâmico (aldeído α,β-insaturado instável), que são responsáveis por substituir as antocianinas em 17 famílias da ordem *Caryophyllales*. Elas podem ser encontradas em algumas flores de cactos, figo-da-índia, beterrabas, acelgas, pitaia, buganvílias vermelha, rosa e laranja, além de flores de amaranto vermelhas. A betalaína é subdividida em duas classes, as betaxantinas (grego *beta* = beterraba e *xanthos* = amarelo) que possuem o máximo de absorção entre 460 e 480 nm, sendo percebida como coloração amarela-alaranjada; e as betacianinas, em que a absorção se dá em 540 nm, uma coloração violeta intensa, sendo ela a mais comum na natureza. As betalaínas possuem atividades antimicrobianas, anti-inflamatórias, antioxidantes e são solúveis em água.

Tabela 8.2. Cores de extratos vegetais na região básica e ácida.

Solução	Em pH alto	Em pH baixo
Chá preto	Amarelo-pálido	Castanho
Beterraba	Roxo	Vermelho
Rabanetes	Castanho	Vermelho
Pera	Verde-seco	Vermelho
Repolho roxo	Verde ou azul	Vermelho
Jamelão	Azul-esverdeado	Vermelho
Amoras	Esverdeado/azulado	Vermelho intenso
Cravo-de-defunto	Vermelho	Amarelo
Trevo roxo	Esverdeado	Vermelho
Feijão preto	Verde	Vermelho

A extração desses corantes naturais é muito simples. Por exemplo, para obter-se um indicador do pinhão misture alguns pinhões com água quente por meia hora. Já para a preparação de indicador a partir de repolho roxo é feita primeiramente a maceração de uma folha de repolho roxo seguida da diluição em água fervente. Também a extração do indicador pode ser realizada com etanol, pois estes são mais solúveis em álcoois. Alguns exemplos de extratos vegetais contendo indicadores naturais (antocianinas e/ou betalaínas) são mostrados na Tabela 8.2.

EXPERIÊNCIA 102 KIT

Corte o **repolho roxo** em tiras bem finas, coloque-as em um béquer contendo água quente para extração dos pigmentos. Deixe esfriar e, com o auxílio de uma peneira fina ou papel de filtro, coe o líquido, passando para outro béquer. Teste a acidez de diferentes substâncias (vinagre, soda cáustica, água sanitária, leite, sucos de frutas, etc.) colocando uma pequena quantidade de cada uma, diluídas em água, em tubos de ensaio diferentes. Adicione gotas do extrato de repolho preparado em cada tubo, e verifique a cor resultante. O procedimento de extração citado pode ser utilizado para preparar outros extratos de flores, frutas e legumes.

Também os indicadores podem ser extraídos dos tecidos vegetais utilizando-se álcool etílico. Na Figura 8.7, temos as cores de indicadores naturais extraídos de frutas e legumes no laboratório, em meio ácido, neutro e básico, obtidos por adição de HCl ou NaOH diluídos na água.

Observações:

- Teste também as cores dos indicadores sintéticos disponibilizados pelo kit experimental Show de Química. Teste o pH de diversos sais com hidrólise ácida ou básica, como acetato de cálcio, nitrato férrico, cloreto de amônio, carbonato e bicarbonato de sódio, tiossulfato de sódio, etc.

- Utilize papel indicador comercial disponibilizado no kit experimental para definição aproximada do pH.

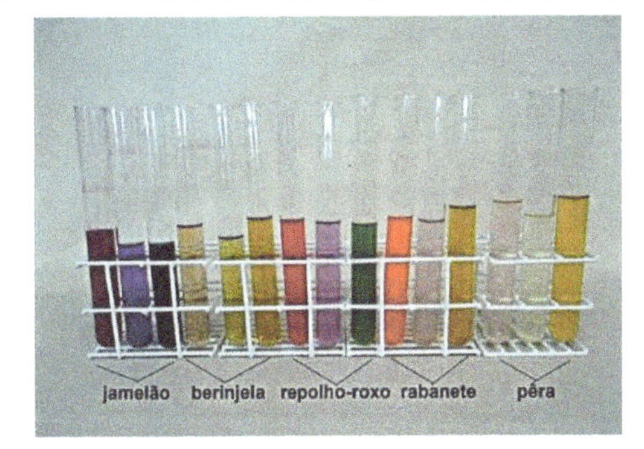

Figura 8.7. Extração de compostos solúveis em álcool de vários legumes e frutas, e cores resultantes em meio ácido, neutro e básico para cada extrato.

Outro experimento mais completo foi realizado recentemente no laboratório com diversos tecidos vegetais e em diferentes pH, cujos resultados são apresentados na Figura 8.8. Os tecidos foram macerados em liquidificador com água e um pouco de etanol, e depois filtrados em papel qualitativo. As diferenças na cor em relação à Figura 8.7 podem ser devidos a quantidade usada de tecido vegetal, e menor caminho ótico da solução nos copinhos plásticos ao lado.

Figura 8.8. Cores de diversos extratos vegetais em função do pH.

8.3 CROMATOGRAFIA

A cromatografia (termo criado em 1906 por um botânico russo - *chrom* = cor e *graphie* = escrita) é uma técnica quantitativa que objetiva a identificação de substâncias e a separação-purificação de misturas, utilizando-se das propriedades dos compostos químicos como solubilidade, afinidade, tamanho e massa. A interação dos componentes da mistura é influenciada por diferentes forças intermoleculares, como iônica, bipolar, apolar, etc. Quando acoplada com detectores de massas ou UV/Vis fornecem também informações sobre a identidade da molécula. Independentemente do tipo, a cromatografia tem duas fases: móvel e estacionária. A fase móvel é aquela em que os componentes, quando ficam isolados, movem-se por um solvente fluido, que pode ser líquido ou gasoso.

Para o processo de separação de misturas, a mistura passa por duas fases, sendo uma estacionaria (fixa, sendo um material poroso como um filtro) e outra móvel (como um líquido ou um gás, que ajuda na separação da mistura). Os constituintes dessas misturas interagem com as fases por meio de forças intermoleculares e iônicas, fazendo a separação. A mistura pode ser separada em várias partes distintas ou ainda ser purificada eliminando-se as substâncias indesejáveis.

Para a identificação dos compostos desconhecidos, comparam-se os resultados da análise com os de outros previamente conhecidos, por comparação de corrida de substâncias padrões ou de parâmetros cromatográficos previamente registrados. Existem várias classificações relativas à cromatografia:

Classificação pela forma física do sistema cromatográfico: Em relação à forma física do sistema, a cromatografia pode ser subdividida em cromatografia em coluna e cromatografia planar (de papel, CP; de centrifugação e de camada delgada, CCD).

Classificação pela fase móvel: Tratando-se da fase móvel, são três tipos de cromatografia: a cromatografia gasosa (CG – fase móvel gasosa é arrastada através da coluna), a líquida clássica (CLC – fase móvel líquida arrastada através da coluna pelo efeito da gravidade) e a supercrítica (CSC – vapor pressurizado, acima de sua temperatura crítica). Caso a cromatografia líquida seja realizada sob alta pressão, ela é chamada de cromatografia líquida de alta eficiência (CLAE), na qual se utilizam fases estacionárias de partículas menores, sendo necessário então o uso de uma bomba de alta pressão para a eluição da fase móvel. Na cromatografia gasosa de alta resolução (CGAR). Uma varição da CG é a cromatografia gasosa de alta resolução (CGAR), que utiliza colunas capilares, nas quais a fase estacionária é um filme depositado na mesma. A CG utiliza colunas de maior diâmetro empacotadas com a fase estacionária.

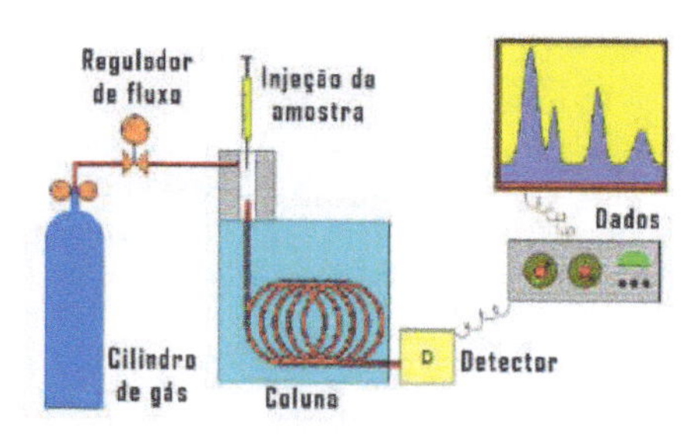

Figura 8.9. Cromatografia gasosa.

Classificação pela fase estacionária: Quanto à fase estacionária, distinguem-se sólidas, líquidas e quimicamente ligadas. No caso de a fase estacionária ser constituída por um líquido, este pode estar simplesmente adsorvido sobre um suporte sólido ou imobilizado sobre ele. Suportes modificados são considerados separadamente, como fases quimicamente ligadas, por normalmente diferirem dos outros dois em seus mecanismos de separação.

Classificação pelo modo de separação: As separações cromatográficas se devem à adsorção, partição, troca iônica, exclusão ou misturas desses mecanismos.

Os diferentes tipos de cromatografia são resumidos no diagrama abaixo:

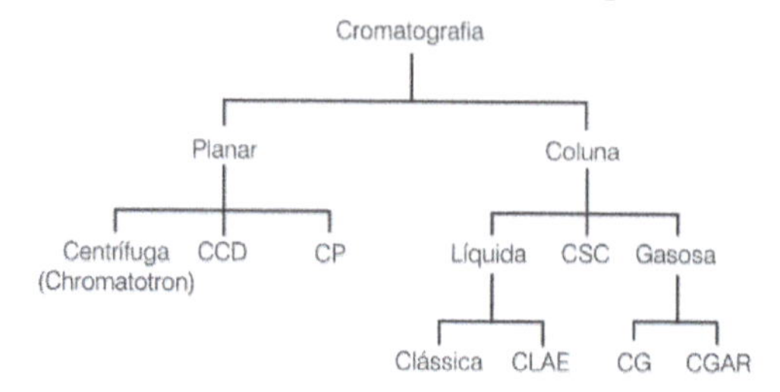

Cromatografia planar ou em camada delgada (CCD)

Na cromatografia planar, a fase estacionária, por exemplo, alumina ou sílica gel, é suportada sobre uma placa plana ou nos poros de um papel. Nesse caso, a fase móvel desloca-se através da fase estacionária, sólida e adsorvente, por ação da capilaridade ou sob a influência da gravidade. Útil em separação de compostos polares. Encontra-se bastante difundida devido à sua facilidade experimental e ao seu baixo custo.

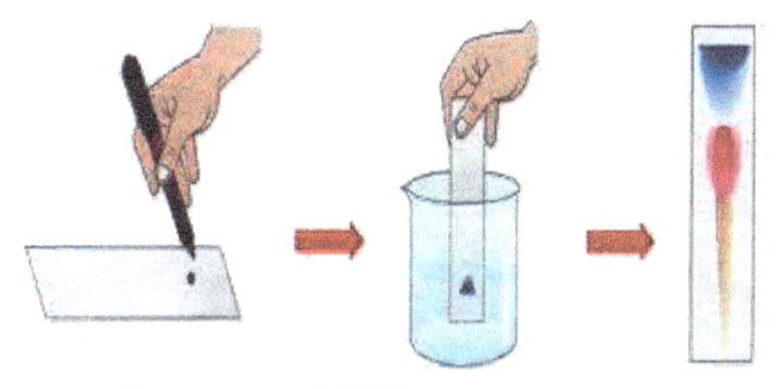

Figura 8.10. desenho esquemático da cromatografia de camada fina.

Cromatografia em papel (CP)

É similar à anterior onde o substrato é a celulose do papel. Baseia-se na técnica de partição, utilizando dois líquidos ou misturas de líquidos, um atuando como fase móvel (eluente), p. ex., álcool, e outro, suportado sobre o papel, atuando como fase estacionária, p. ex., água. Ocorre a retenção das substâncias devido às diferentes afinidades com as fases estacionária e móvel. Utiliza-se papel normal ou papel de filtro como suporte da fase estacionária.

Cromatografia em coluna

É a técnica de separação cuja fase estacionária acontece dentro de um tubo onde é utilizada uma coluna de vidro aberta na parte superior e munida de uma torneira na extremidade inferior, por onde o líquido é eluído. Dentro da coluna encontra-se a fase estacionária constituída por um enchimento sólido no caso da cromatografia de adsorção, ou por uma fase líquida no caso da cromatografia de partição. A fase móvel é líquida em ambos os casos. A ordem das substâncias dependerá da sua polaridade.

Cromatografia de leito móvel

É uma forma de transformar a cromatografia de leito fixo num processo contínuo em contracorrente e, dessa forma, maximizar as taxas de transferência de massa entre fases. Nessa técnica, o absorvente move-se no sentido oposto ao do eluente com uma velocidade compreendida entre as velocidades de migração dos dois componentes.

A cromatografia em camada delgada (CCD) ou fina (TLC em ingês - *thin layer chromatography*) é uma técnica simples, barata e muito importante para a separação rápida e análise quantitativa de pequenas quantidades de material. Ela é usada para determinar a pureza do composto, identificar componentes em uma mistura comparando-os com padrões, acompanhar o curso de uma reação pela variação na concentração de produtos e reagentes e ainda para isolar componentes puros de uma mistura.

Na cromatografia de camada delgada, a fase líquida ou eluente ascende por uma camada fina do adsorvente estendida sobre um suporte, sendo o mais típico uma placa de vidro. Sobre a placa espalha-se uma camada fina de adsorvente (p.ex., alumina ou sílica gel) suspenso em água ou outro solvente e deixa-se secar. A placa coberta e seca chama-se "placa de camada delgada". A amostra é colocada na parte inferior da placa, por meio de aplicações sucessivas de uma solução da amostra com um pequeno capilar, formando um pequeno ponto circular. A placa com a amostra aplicada é colocada numa cuba contendo o solvente de eluição (p.ex., n-hexano, acetato de etila, acetona, metanol, ou uma mistura de solventes). À medida que o solvente sobe pela placa, a amostra é compartilhada entre a fase líquida móvel e a fase sólida estacionária, com a separação dos diversos componentes da mistura. As substâncias menos polares avançam mais rapidamente que as substâncias mais polares, resultando na separação dos componentes da amostra.

Depois que o solvente ascende pela placa, ela é retirada da cuba e seca até que esteja livre do solvente. Cada mancha corresponde a um componente separado da mistura original. Se os componentes são substâncias coloridas, as diversas manchas serão claramente visíveis, se não, coloca-se a placa de vidro numa cuba de vidro fechada contendo iodo, cujos vapores interagem com diversos compostos orgânicos, formando produtos de cor marrom ou amarela. Outros reagentes também podem ser utilizados no processo de revelação.

A cromatografia em papel (CP) pode ser utilizada para produzir arte no papel. Ao adicionarmos na ponta de uma tira de papel, ou no centro do papel, via capilar ou conta gotas com ponta estreita, uma pequena quantidade de extrato alcoólico de legumes, frutas ou outra mistura orgânica, após eluição da fase móvel (p.ex., álcool) serão observados padrões de cores associados a eluição diferenciada de compostos orgânicos presentes na amostra. Um belo experimento!

EXPERIÊNCIA 103 KIT

Disponha um **papel de filtro** numa superfície plana e desenhe uma pequena circunferência na parte central do papel utilizando **caneta**(s) **hidrográfica**(s) **colorida**(s) ou **extrato de legumes ou frutas** (principalmente aquelas escuras com alto teor de pimentos antocianinas e betalaínas – ver seção 8.2), ou aplique uma **mistura de compostos**. Na parte central da circunferência pingue álcool etílico no papel de forma a eluir radialmente os compostos químicos presentes na tinta ou extratos. Continue pingando o álcool até obter um efeito circular de cores. Observe os padrões e faixas coloridas no papel. Repita o experimento mudando o extrato a ser separado e testando outros eluentes (acetona, metanol, aguarrás, etc.), de forma a se obter belos quadros cromatográficos. Corte o disco de papel em tiras se desejar (Figura 8.11).

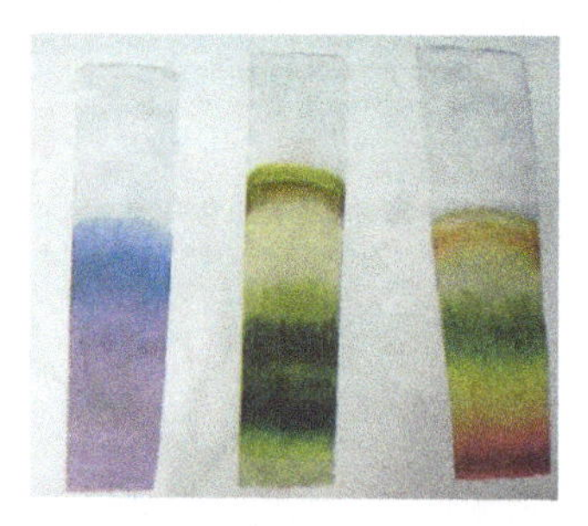

Figura 8.11: Cromatografia em papel: Uma mistura de tintas coloridas (ou amostra desconhecida) é circulada na parte central de um papel de filtro. Após eluição com álcool do centro para as bordas, anéis coloridos se formaram. Na foto tiras recortadas do papel redondo são apresentadas.

EXPERIÊNCIA 104

Vamos repetir o experimento acima agora usando o papel na forma de uma tira com uns 2 cm de largura (CP). Caso tenha sílica gel ou alumina cromatográfica, prepare placas de vidro (lâminas de microscópio) com a fase estacionária suportada (faça uma mistura de sílica ou alumina com o eluente, mergulhe duas placas de vidro juntas, retire-as da suspensão, separe-as e deixe secar), conforme a técnica CCD supracitada.

Utilizando um capilar de vidro ou uma pipeta de Pasteur adicione uma gota minúscula da mistura de pigmentos na base do papel ou placa. Adicione um pouco de eluente num béquer e suspenda a tira de papel, ou posicione a placa de vidro em pé, de forma que o eluente fique abaixo no nível da mancha aplicada (spot), conforme Figura 8.12. Feche o béquer com um vidro de relógio, para saturar o ar interno com vapor do eluente, e espere o líquido eluente ascender sobre o papel ou fase fixa da placa CCD, até o primeiro composto se aproximar do topo. Meça as distâncias dos componentes separados.

Sob condições previamente estabelecidas (fase adsorvente fixa, fase móvel eluente e espessura da camada fina), pode-se determinar a identidade de substâncias orgânicas através da razão entre a distância percorrida por um composto (d_x) com relação à distância percorrida pela fase móvel (d_m), isto é, $R_f = d_x/d_m$.

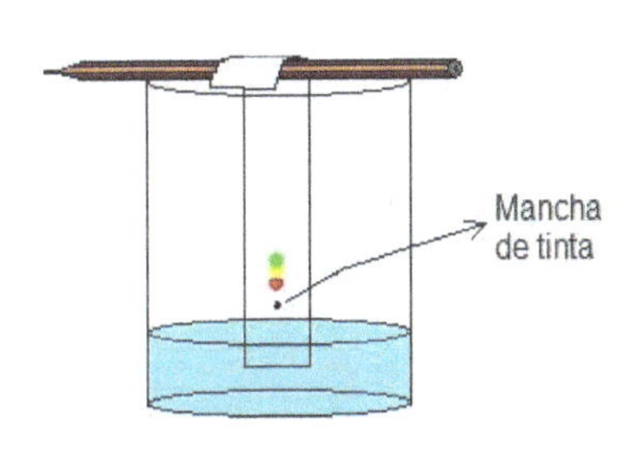

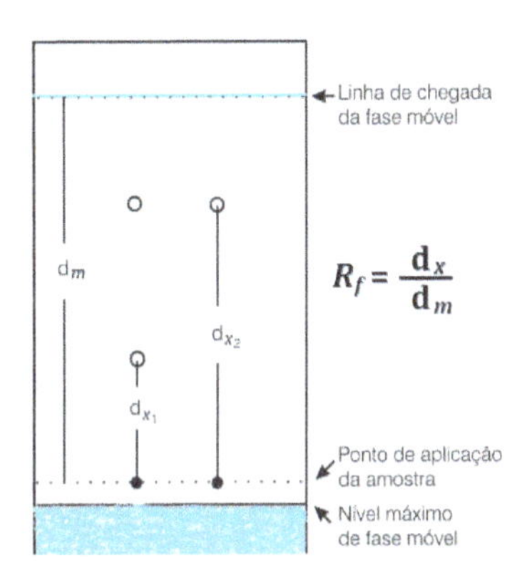

Figura 8.12. Ilustração da técnica de cromatografia em camada fina (CCD). Ao lado obtenção das razões R_f para identificação dos compostos eluídos.

8.4 COMPLEXOS

Um complexo é uma espécie na qual um íon metálico central, usualmente derivado de um metal de transição, está ligado a moléculas ou ânions denominados *ligantes*. Os complexos são chamados também de **compostos de coordenação**. Em princípio, qualquer molécula ou ânion com um par de elétrons não compartilhado pode doá-lo a um íon metálico para formar uma ligação covalente coordenada. Os complexos podem ter diversos números de coordenação (nº de ligantes coordenados) e geometrias. A força dessas ligações irá ditar a estabilidade do complexo. Os ligantes que possuem mais de um par de elétrons doados são ditos *polidentados* e seus complexos denominados *quelatos*, como os exemplificados na Figura 8.13.

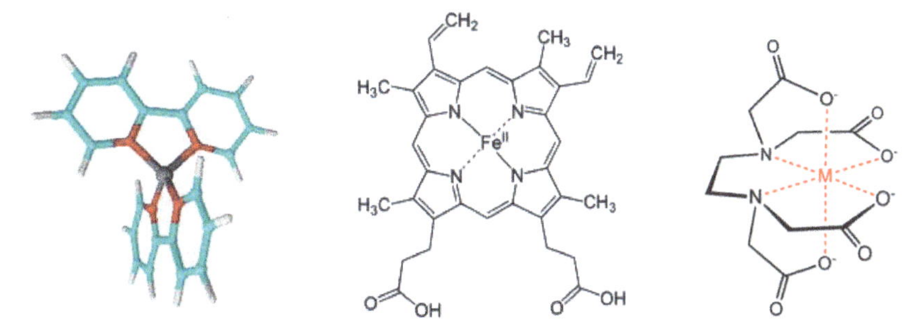

Figura 8.13: Exemplos de complexos quelatos: a) bidentado [bis-dipiridil-paládio II], b) tetradentado [porfirina de ferro II ou ferriheme], c) hexadentado [complexo etilenodiaminotetraacético ou EDTA com metal].

Existem duas teorias para explicar a formação e as propriedades dos complexos. A teoria do campo cristalino interpreta a ligação entre ligantes e um íon metálico de natureza primordialmente eletrostática. Os pares de elétrons ligantes não são doados para orbitais do íon metálico central. Em vez disso, os ligantes criam um campo eletrostático em torno dos orbitais *d* do íon metálico, alterando as energias relativas desses orbitais. Teremos assim ligantes de campo forte ou de campo fraco em função do poder de separação dos orbitais *d*. Na teoria do orbital molecular ocorre formação de ligações covalentes entre os ligantes e os orbitais do metal, híbridos ou não (ver seção 1.5). Tal teoria é mais abrangente do que a primeira.

Na Tabela 8.3 são apresentados os valores mais comuns do número de coordena-ção, o tipo de configuração e os orbitais híbridos que tomam parte na ligação, para diversos átomos:

Tabela 8.3. Principais configurações de compostos de íons metálicos.

Configuração:	Linear	Tetraédrica	Planar	Octaédrica	Octaédrica
Hibridização:	sp	sp^3	dsp^3	d^2sp^3	sp^3d^2
	Ag^+	Cu^+	Cu^{2+}	Cr^{2+}, Cr^{3+}	Al^{3+}
	Au^+	Be^{2+}	Pt^{2+}	Mn^{2+}	Ga^{3+}
		Zn^{2+}	Pd^{2+}	Fe^{2+}, Fe^{3+}	In^{3+}
		Cd^{2+}	Ni^{2+}	Co^{2+}, Co^{3+}	Zn^{2+}
		Hg^{2+}		Ni^{2+}	Cd^{2+}
		B^{3+}		Pt^{4+}	Hg^{2+}

Os elementos de transição se caracterizam pelo fato de formarem compostos e complexos coloridos. Essa característica se associa frequentemente com a excitação dos elétrons *d* para orbitais vazios ou parcialmente cheios. A radiação do espectro visível, de 400 a 750 nm, é de energia adequada para excitar os elétrons dos níveis superiores. A separação energética dos orbitais *d*, e consequentemente a cor, depende não só do ligante como também do estado de oxidação do íon metálico. Como a cor também está associada à intensidade, substâncias que possuem diferentes íons do mesmo elemento, possuem intensa cor (p. ex., o azul da Prússia). Muitas reações de complexos são abordadas no Capítulo 16, relativo a reações de cátions e ânions.

8.4.1 Papel sensível ao calor – Mensagem oculta

A solução aquosa de cloreto de cobalto (II) tem a cor rosa-pálido característica do íon complexo hexaaquocobalto (II), $[Co(H_2O)_6]^{2+}$, de geometria octaédrica. Por aquecimento, a água é deslocada, acarretando uma maior formação do íon complexo tetraclorocobaltato (II), $[CoCl_4]^{2-}$, de geometria tetraédrica e de cor azul, através do equilíbrio:

$$[Co(H_2O)_6]^{2+} + 4Cl^- \rightleftharpoons [CoCl_4]^{2-} + 6H_2O$$

A água é um ligante de campo mais forte que o cloreto e, por isso, desdobra o subnível *d* do Co de forma mais acentuada. Absorve fótons de maior energia e transmite os de menor energia (cuja mistura da radiação gera a cor rosa), enquanto que a absorção de menores energias no complexo de cloreto acarreta na cor complementar azul.

EXPERIÊNCIA 105 KIT

Dissolva um pouco do sal **$CoCl_2$** em uns 5 mL de água. Espalhe essa solução em um papel branco ou qualquer material absorvente. Seque ao ar ou ao sol. Quando o papel é aquecido, ele muda de rosa para azul. Você pode criar mensagens ocultas escrevendo a solução com um cotonete numa **cartolina de cor rosa**. Assim, a coloração rosa da solução, à temperatura ambiente, ficará camuflada. Ao aquecer o papel com um secador de cabelo a mensagem será revelada!

Observação:

- Durante décadas, essa simples reação de complexação foi utilizada para preparar papéis indicadores de umidade do ar, como também na confecção do famoso "Galinho Português" ou galinho da chuva, que é vendido até hoje em Portugal (Figura 8.14). A cor do galinho é função da umidade relativa do ar (cor rosa em tempo úmido e cor azul em tempo seco, com baixa umidade relativa do ar).

Figura 8.14. Galinho do tempo português.

8.4.2 Equilíbrio do Cloreto de cobalto

Vamos afetar o equilíbrio dos complexos de cobalto visto anteriormente, adicionando mais água ou cloreto a fim de preponderar uma das espécies complexas.

EXPERIÊNCIA 106 KIT

Dissolva um pouco de **$CoCl_2$** em uns 5 mL de água. Divida essa solução em dois tubos de ensaio. No primeiro, vá adicionando, com cuidado, **ácido sulfúrico concentrado**, até preponderância do complexo de tetraclorocobaltato (II) de cor azul. O H_2SO_4 desidrata a solução, permitindo uma maior formação de $[CoCl_4]^{2-}$.

No outro tubo de ensaio, adicione gotas de **ácido clorídrico** até preponderância de $[CoCl_4]^2$. O excesso de Cl^- em solução favorece a formação do complexo de cloreto.

Em ambos os tubos, ao adicionar água, o equilíbrio é deslocado para a formação de hexaaquocobalto (II), $[Co(H_2O)_6]^{2+}$, de cor rosa.

8.4.3 Complexos de Cobre

EXPERIÊNCIA 107 KIT

Adicione num tubo de ensaio um pouco de **$CuSO_4.5H_2O$**. Aqueça o tubo num bico de Bunsen ou lamparina até calcinação (Figura 8.15 e 8.16), e observe que o sólido se torna esbranquiçado, devido à perda de água. Cesse o aquecimento e deixe o tubo resfriar.

Adicione cerca de 2 mL de **água** e observe o retorno da cor azul. Adicione gotas de **HCl** até formação de coloração verde.

O sulfato de cobre anidro, $CuSO_4$, é incolor (branco). Quando se dissolve em água, aparece a cor azul característica dos íons de cobre hidratados, tetraaquocobre (II), $Cu(H_2O)_4^{2+}$. Acrescentando-se íons cloreto à solução, a cor muda para verde, devido à mistura balanceada de íons azuis hidratados e amarelos do tetraclorocuprato II.

No sal $CuSO_4.5H_2O$, quatro moléculas de água estão coordenadas ao cobre, formando um complexo quadrado plano, e a quinta molécula pertence a rede cristalina do sal.

Figura 8.15

$$Cu(H_2O)_4^{2+} + 4Cl^- \rightleftharpoons CuCl_4^{2-} + 4H_2O$$

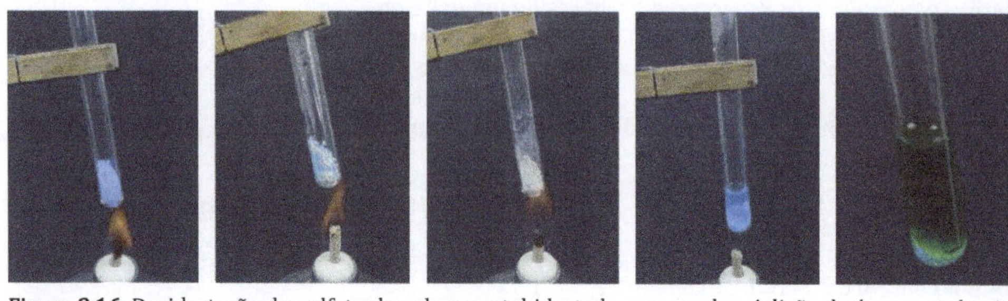

Figura 8.16. Desidratação do sulfato de cobre pentahidratado com o calor. Adição de água no tubo 4 e de HCl no tubo 5.

EXPERIÊNCIA 108 KIT

Dissolva um pouco de **sulfato de cobre** num tubo de ensaio e acrescente gotas de **NaOH** para formação de precipitado. Adicione agora **solução de amônia** até dissolução do precipitado inicial de $Cu(OH)_2$ e formação de intensa **cor azul** do íon complexo tetraminocobre (II), $[Cu(NH_3)_4]^{2+}$, que é conhecido como reagente Schweizer $[Cu(NH_3)_4(H_2O)_2](OH)_2$, Figura 8.17, muito utilizado na fabricação de fibras de celulose e rayon.

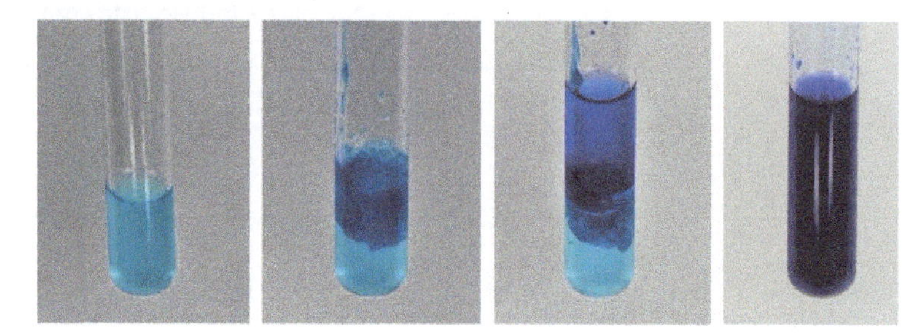

Figura 8.17. Precipitação inicial de sulfato de cobre com hidroxila, seguida da redissolução com excesso de amônia, que forma o complexo solúvel $[Cu(NH_3)_4]^{2+}$.

8.4.4 Complexos de Ferro

Uma experiência muito interessante sobre complexos refere-se a combinação de sais de ferro (II) e ferro (III) com os íons complexos ferrocianeto e ferricianeto, provenientes de sal de potássio, conforme a Tabela 8.4.

EXPERIÊNCIA 109 KIT

Separe 4 tubos de ensaio, dissolvendo nos dois primeiros um pouco de **sulfato ferroso**, e nos dois últimos, um pouco de **nitrato férrico**. Dissolva também em outros dois tubos um pouco de **ferrocianeto de potássio**, $K_4[Fe(CN)_6]$, e um pouco de **ferricianeto de potássio**, $K_3[Fe(CN)_6]$, e introduza gotas dessas soluções nos tubos contendo íon ferro, conforme Tabela 8.4. Observe as diferentes cores dos diferentes complexos formados.

Tabela 8.4. Complexos do íon ferro com o ânion ferrocianeto e ferricianeto de potássio.

Cátion	Ânion	Produto
Fe^{3+}	Hexacianoferrato (II) $[Fe(CN)_6]^{4-}$	**Precipitado azul escuro** (**Azul da Prússia**) de hexacianoferrato (II) de ferro (III) ou $Fe_4[Fe(CN)_6]_3$
Fe^{3+}	Hexacianoferrato (III) $[Fe(CN)_6]^{3-}$	**Complexo não dissociado de coloração marrom** de hexacianoferrato (III) de ferro (III). *Com adição de um pouco de H_2O_2 ou $SnCl_2$, o hexacianoferrato (III) reduz-se formando o Azul da Prússia.*
Fe^{2+}	Hexacianoferrato (II) $[Fe(CN)_6]^{4-}$	Precipitado branco de hexacianoferrato (II) de ferro (II) e potássio ou $K_2Fe[Fe(CN)_6]$. *Lentamente torna-se azul-pálido devido à oxidação de ferro (II) com o oxigênio do ar.*
Fe^{2+}	Hexacianoferrato (III) $[Fe(CN)_6]^{3-}$	**Precipitado azul**. Era de se esperar um precipitado de hexacianoferrato (III) de ferro (II), $Fe_3[Fe(CN)_6]_2$ (conhecido como **Azul de Turnbull**), mas como o íon hexacianoferrato (III) oxida o ferro (II), de fato precipita o hexacianoferrato (II) de ferro (III), que é o próprio Azul da Prússia.

8.4.5 Sinais de *Stigmata*

A complexação do íon tiocianato com o íon ferro (III) é muito sensível, gerando um complexo de cor vermelho sangue e, por isso, durante alguns séculos atrás, foi utilizada por charlatãs para reproduzir os sinais da crucificação de Cristo a fim de enganar os outros. Tal prática arremete aos *estigmas* (singular), que são cada um dos cinco sinais (*Stigmata* – plural) que aparecem no corpo, nos mesmos pontos onde se acredita ter ocorrido a crucificação de Jesus Cristo, isto é, nos pés, punhos e tórax, e que reproduzem as cinco chagas de Jesus.

Vamos voltar ao passado e reproduzir um falso estigma nas mãos.

EXPERIÊNCIA 110 KIT

Dissolva um pouco de **$Fe(NO_3)_3$** num tubo de ensaio. Prepare outra solução com **KSCN** em outro tubo. Com um conta-gotas ou borrifador espalhe algumas gotas destas soluções em cada mão distinta. Retire o excesso com um papel toalha. Diante das pessoas, represente como se estivesse recebendo alguma espécie de energia do além ou espírito, e junte as mãos. Uma mancha vermelha semelhante à sangue aparecerá, impressionando os espectadores (Figura 8.18).

$$Fe^{3+} + 3SCN^- \rightarrow Fe(SCN)_3$$

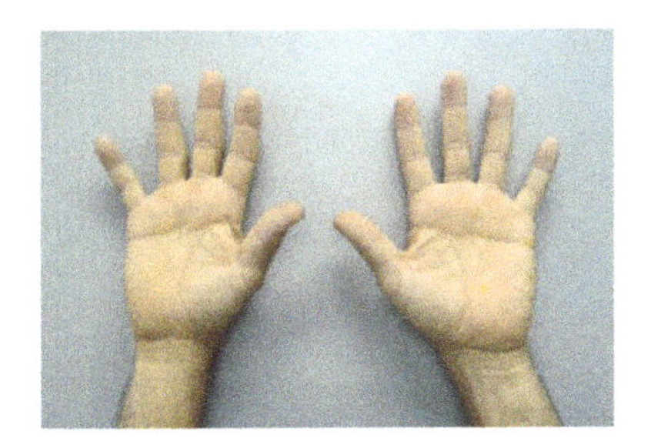

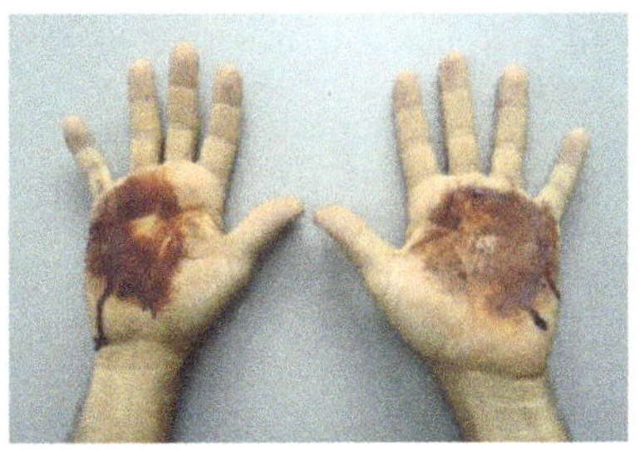

Figura 8.18. Mãos impregnadas com solução de $Fe(NO_3)_3$ e KSCN antes e depois de se encostarem, criando um falso sinal de sangue, tipo *stigmata*.

Essa molécula não carregada pode ser extraída por éter ou álcool amílico. Além dela, se forma uma série de complexos de ferro, tais como: $[Fe(SCN)]^{2+}$, $[Fe(SCN)_2]^{+}$, $[Fe(SCN)_4]^{-}$, $[Fe(SCN)_5]^{2-}$ e $[Fe(SCN)_6]^{3-}$. A proporção desses complexos depende da concentração inicial do íon férrico e do tiocianato. Tal reação é muito sensível ao íon de ferro (III), e pode ser usada na especrofotometria UV-Vis para quantificar o íon ferro em amostras diversas.

8.5 PROCESSOS CROMÁTICOS

O Cromismo é um processo de mudança de cor em materiais e compostos induzido por diversos estímulos externos, que podem alterar a densidade eletrônica das moléculas, principalmente associados as transições de elétrons π ou d. Muitos compostos naturais apresentam cromismo, mas muito outros foram sintetizados pelo homem. O fenômeno é classificado em função do tipo de estímulo (mais de 20 tipos diferentes). Alguns deles são: Termocromismo – mudança de cor causada pelo calor, que acarreta na variação da temperatura; Fotocromismo – mudança reversível de cor causada pela luz (isomerização de moléculas, centro de cor em cristais, etc.); Eletrocromismo – induzido pela perda e ganho de elétrons em íons metálicos ou radicais com sítios ativos redox, ou por passagem de corrente elétrica; Solvatocromismo – influência da polaridade do solvente em complexos metálicos; Concentratocromismo – mudança de cor causada por mudanças na concentração no meio; Ionocromismo – mudança de cor causada por íons; Halocromismo – mudança de cor causada por uma mudança no pH; Metalocromismo – mudança de cor causada por íons metálicos; Mecanocromismo – mudança de cor causada por ações mecânicas; Tribocromismo – mudança de cor causada por atrito mecânico; Piezocromismo – mudança de cor causada por pressão mecânica; Catodocromismo – mudança de cor causada por irradiação de feixe de elétrons; Radiocromismo – mudança de cor causada por radiação ionizante; Biocromismo – mudança de cor causada pela interface com uma entidade biológica; Criocromismo – mudança de cor causada pela diminuição da temperatura; Cronocromismo – mudança de cor indiretamente como resultado da passagem do tempo; Cristalocromismo – mudança de cor devido a mudanças na estrutura cristalina de um cromóforo; e Sorptiocromismo – mudança de cor quando uma espécie é adsorvida na superfície. Muitos desses fenômenos são reversíveis.

Os materiais cromáticos têm sido utilizados em diversas aplicações como corantes para fibras têxteis, couro, papel, plástico, cabelo (fotocromia e termocromia); em óculos, lentes, vidros, roupas, tecidos, cosméticos, segurança, sensores, interruptores ópticos (fotocromia); em papel de cópia, impressão térmica direta e sensores têxteis (ionocromia); em espelhos de automóveis , janelas inteligentes, dispositivos flexíveis e proteção solar (eletrocromia); em sondas e sensores biológicos (solvatocromia); e janelas e sensores de gás (gasocromia).

Lente fotocromática para óculos.

Muitas classes de compostos orgânicos têm comportamento fotocrômico reversível, a saber: triarilmetanos, estilbenos (isômeros do 1,2-difenileteno), azaestilbenos, nitronas, quinonas, espiropiranos (que se converte por UV em merocianina, Nascimento, 2022), naftopiranos e espiro-oxizinas.

H_3C CH_3 ... N, R, O, R' — λ_{UV} ⇄ Δ / λ_{vis} — H_3C CH_3 ... $N^{\oplus}$, R, $^{\ominus}O$, R'

espiropirano merocianina

Uma solução de 50 mg do cromóforo espiropirano diluídos em 20 mL de tolueno, quando é misturada com um pouco de isopor, gera um líquido espesso e adequado para ser aplicado a uma folha de papel branco. Após secagem do filme polimérico de poliestireno, o cromóforo incorporado torna a folha fotos-sensível por um feixe de luz azul ou violeta. As imagens formadas na folha (Figura 8.19) podem ser apagadas pela luz branca ou calor. Fantástica experiência fotocrômica!

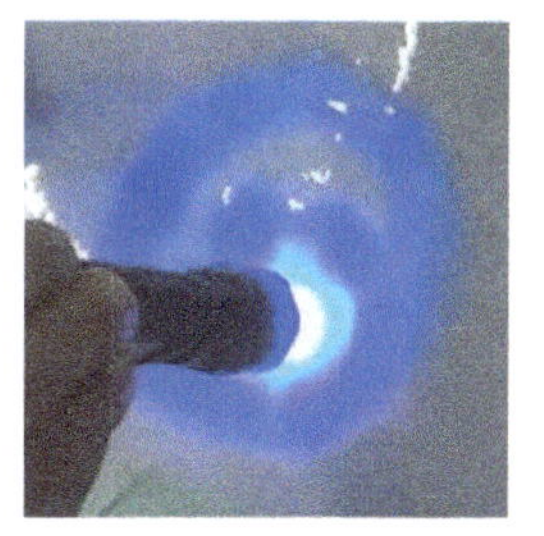

Figura 8.19. Fotocromismo do composto espiropirano.

Fenômenos crômicos são aqueles fenômenos nos quais a cor de um material ou composto, num ambiente já iluminado, sofre mudança pelos estímulos supracitados, que podem ser agrupados da seguinte forma: Mudança de cor estimulada (reversível), absorção e reflexão da luz, absorção de energia seguida pela emissão de luz, absorção de luz e transferência de energia (ou conversão) e manipulação da luz. Ou seja, o espectro de absorção do material muda em função dos diferentes estímulos, acarretando num espectro complementar de luz diferenciado (devido a reflexão, transmissão, emissão ou perda de energia luminosa).

O fotocromismo não tem uma definição rigorosa, mas geralmente é usado para descrever compostos que sofrem uma reação fotoquímica reversível, onde uma banda de absorção na parte visível do espectro eletromagnético muda drasticamente em intensidade ou comprimento de onda. O grau de mudança necessário para que uma reação fotoquímica seja chamada de "fotocrômica" é o que parece dramático a olho nu, mas em essência não há linha divisória entre reações fotocrômicas e outras fotoquímicas.

A absorção de energia seguida pela emissão de luz é frequentemente descrita pelo termo **luminescência**, fenômeno onde uma substância não necessariamente colorida absorve energia (fótons, partículas carregadas, energia mecânica, etc.) e devolve parte desta energia na forma de radiação visível ou ultravioleta (ver seção 11). Assim podemos distinguir o **fotocromismo** (p.ex., em lentes de óculos que mudam de cor pelo nível de radiação) – que está relacionado com a banda espectral complementar àquela absorvida; do fenômeno **fotoluminescência** (fluorescência e fosforescência), onde luz é verdadeiramente emitida após excitação eletrônica por fótons absorvidos. Uma solução fluorescente do composto diclorofluoresceína mudará de cor, num ambiente iluminado, em função de fenômenos crômicos (efeito do caminho ótico e concentração, ângulo de incidência e reflexão da luz ambiente, etc.), mas emitirá intensamente uma cor amarelo/esverdeada (banda de emissão) caso seja excitada por luz ultravioleta (agora temos a fotoluminescência).

Alguns compostos até aqui abordados (complexos, ácidos e base, corantes) são cromáticos devido a alguns dos fatores supracitados. Alguns outros compostos cromáticos serão discutidos a seguir (fotocromáticos e termocromáticos). Outros luminescentes serão abordados no Capítulo 11, especialmente os quimiluminescentes.

8.5.1 Reação fotocromática do tris-oxalato de ferro(III)

Processos fotocromáticos são aqueles que mudam de cor induzidos por fótons, ou seja, pela luz. Eles podem ser considerados uma classe especial dos processos fotoquímicos, onde reações químicas se processam com absorção ou emissão de energia radiante (p.ex., a fotossíntese). Nos processos químicos fotocromáticos, uma transformação química ocorre quando energia luminosa é absorvida e convertida em energia química (conversão, isomerização, etc.), apresentando mudança da cor do sistema.

Exemplificaremos isso por meio da reação fotocromática do tris-oxalato de ferro III. Essa experiência baseia-se na fotoredução do complexo tris-oxalato de ferro (III) (de cor amarelada) em meio aquoso para formar o complexo di-oxalato de ferro (II) e dióxido de carbono.

$$2[Fe(C_2O_4)_3]^{3-} + h\nu \longrightarrow 2[Fe(C_2O_4)_2]^{2-} + 2CO_2 + C_2O_4{}^{2-}$$

O ferro (II) do complexo reduzido é detectado pelo ânion ferricianeto, ou hexacianoferrato (III), que forma o precipitado azul escuro de ferricianeto de ferro (II) (azul de Turnbull - $Fe_3[Fe(CN)_6]_2$), o qual rapidamente se interconverte para o complexo estável e irreversível, ferrocianeto de ferro (III), $Fe_4[Fe(CN)_6]_3$ (azul da Prússia), conforme abordado na seção 8.4.4.

$$3[Fe(C_2O_4)_2]^{2-} + 2[Fe(CN)_6]^{3-} \longrightarrow Fe_3[Fe(CN)_6]_2 + 6C_2O_4{}^{2-}$$

A experiência pode ser feita de forma que parte da solução não seja exposta à luz. Com isso, teremos parte da solução amarela e parte azul.

EXPERIÊNCIA 111 KIT

Dissolva num béquer **0,60 g de nitrato férrico** em 50 mL de água. Dissolva em outro béquer **0,40 g de ácido oxálico** e mais **0,15 g de ferricianeto de potássio** em 50 mL de água. Misture as duas soluções e agite. Observe a mudança de cor da solução, de amarelo para azul, quando exposta à luz. Maior tonalidade de azul é obtida quanto maior a intensidade da luz (use luz solar direta).

Repita a experiência transferindo as duas soluções para uma proveta ou tubo comprido de vidro, previamente envolvida(o) com uma cartolina preta. Arrolhe o recipiente para homogeneizar as soluções, e depois levante a cartolina para expor a metade da solução final ao sol. Observe as diferenças de cor das soluções.

Também você pode fazer desenhos com a solução fotocromática num papel branco ou colorido para observar diferentes padrões artísticos quando o papel é exposto à luz.

A experiência acima pode ser reproduzida pela solubilização direta em água do sal complexo trioxalatoferrato (III) de potássio (ou ferrioxalato de potássio), de geometria octaédrica (Figura 8.20). O sal tri-hidratado tem coloração verde esmeralda, e sofre redução com a luz, que na presença do íon ferricianeto fica azul. Este sal pode ser sintetizado pela reação entre sulfato de ferro (III), oxalato de bário e oxalato de potássio. Os reagentes são misturados em água e o precipitado sólido de sulfato de bário é removido. A solução resultante é então resfriada para permitir a cristalização do sal complexo. Também pode ser sintetizado pela reação do cloreto férrico com oxalato monohidratado. Este sal tem sido utilizado ao longo de décadas, em solução de H_2SO_4 0,1 M, para absorção de radiação entre 250 a 500 nm. Esta é uma técnica de medição de luminosidade (**dosimetria** ou actinometria química).

Figura 8.20. Estrutura e aspecto do sal $K_3[Fe(C_2O_4)_3]$.

8.5.2 Conversão fotocromática do bis-ditizonato de mercúrio(II)

EXPERIÊNCIA 112 KIT

Apanhe o tubo do kit experimental Show de Química contendo a solução do complexo **bis-ditizonato de mercúrio (II)**, dissolvido em **benzeno**, e o exponha à luz. Observe a formação de regiões azuladas na solução, que vai se propagando para todo o tubo à medida que o tubo fica exposto à luz. Use de preferência luz solar direta e intensa. Retorne a solução para um ambiente escuro, e observe o retorno da coloração laranja.

A ditizona (Figura 8.21) forma complexos fortemente coloridos com muitos metais de transição e tem extensiva aplicação em química analítica. A irradiação por luz visível de soluções de bis-ditizonato de mercúrio (II) em solventes orgânicos, induz a reversível mudança de cor de amarelo para azul. Em clorofórmio, a forma normal alaranjada possui uma banda de absorção em 485 nm, a qual é substituída pela forma ativada azul com uma banda de absorção em 604 nm. O efeito fotocrômico é explicado em termos da quebra, por ativação, da ligação de hidrogênio N-H---S da forma laranja, e isomerização cis-trans em torno da ligação C=N, seguida de rearranjo e transferência de próton do nitrogênio 5 para o de nº 2, o qual estabelece uma nova ligação de hidrogênio mais fraca.

cis — amarelo $\underset{k}{\overset{h\nu}{\rightleftharpoons}}$ azul — trans

A Figura 8.21 ilustra a exposição ao sol de um tubo de ensaio contendo alguns miligramas do complexo bis-ditizonato de mercúrio (II) dissolvido em 6 mL de benzeno. Pode-se observar a interconversão reversível da configuração cis do complexo (laranja) para a forma trans (cor escura) após forte incidência de luz solar.

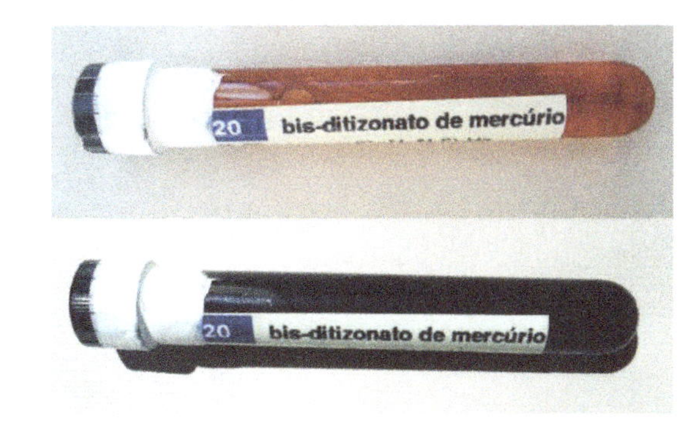

Figura 8.21. Estrutura da ditizona acima. Foto à direita, uma pequena quantidade do complexo de bisditizonato de mercúrio (II) dissolvido em benzeno sem exposição à luz solar. Foto abaixo, complexo após exposição à luz solar.

O fotocromismo do bis-ditizonato de mercúrio (II) é um processo reversível e foi primeiro reportado por Reith e Gerritsma em 1945.

8.5.3 Termocromismo do tetraiodomercurato de prata

O termocromismo é a propriedade das substâncias de mudar de cor quando sofrem aquecimento, ou seja, sofrem mudança na temperatura. Na foto ao lado é ilustrado o anel do humor, constituído de cristais líquidos que mudam de cor em função da temperatura do dedo. Outras aplicações do termocromismo incluem camisas e vestuários *Hypercolor*, onde o calor afeta a cor do tecido; mamadeiras que mudam de cor quando esfriam o suficiente para beber; ou chaleiras que mudam de cor quando a água se aproxima do ponto de ebulição.

O fenômeno é baseado na presença de corantes leuco ou cristais líquidos no material termocrômico. Um corante leuco (do grego *leukos*: branco) é um corante que pode alternar entre duas formas químicas; um dos quais é incolor. As transformações reversíveis podem ser causadas pelo calor, luz ou pH. Estes corantes são utilizados em aplicações onde a precisão da resposta à temperatura não é crítica, como em brinquedos, plásticos, tintas, impressoras térmicas, indicadores de temperatura aproximada para alimentos aquecidos por micro-ondas e indicadores de estado da bateria. Já os cristais líquidos são utilizados em aplicações mais precisas, mas sua faixa de cores é mais limitada. Como exemplo de aplicação temos uso em termômetros de quarto, geladeira, aquário, tintas especiais, indicadores de nível de propano em tanques, e no anel do humor.

Muitos compostos orgânicos tem propriedades termocrômicas, que incluem o nonanoato de colesterol, lactona cristal violeta, espirolactonas, fluoranos, espiropiranos (Figura 8.19), bisfenol A, parabenos, polímeros termocrômicos, etc. Também compostos inorgânicos apresentam tais propriedades, alguns deles mais notáveis que outros, como resultado de transição de fase ou existência de bandas de transferência de carga perto da região do visível. Alguns exemplos incluem o tetraiodomercurato de cobre(I), Cu_2HgI_4 (transição de fase reversível a 67 °C de vermelho para marrom); o tetraiodomercurato de prata, Ag_2HgI_4 (transição de amarelo para laranja a 51 °C); o iodeto de mercúrio (II), HgI_2 (transição a 126 °C da fase alfa vermelha para a fase beta amarela pálida); bis(dimetilamônio) tetracloro-niquelato (II), transição de vermelho framboesa para azul a cerca de 110 °C; bis(dietilamônio) tetracloro-cuprato(II), transição de verde para amarelo a 53 °C; e o dióxido de vanádio dopado com 1,9% de tungstênio, que se comporta como semicondutor transparente a temperaturas menores que 29 °C, e material reflexível para temperaturas maiores. Diversos outros semicondutores já investigados tem propriedades termocrômicas.

O ânion tetraiodomercurato (HgI_4^{2-}) pode ser sintetizado a partir dos sucessivos complexos solúveis do íon iodeto sobre o íon mercúrio(II), conforme diagrama de abundância da Figura 3.12. Assim podemos complexar o mercúrio a partir de um sal solúvel (p.ex., $Hg(NO_3)_2$ ou $HgCl_2$), ou através do seu sal insolúvel iodeto mercúrico (HgI_2 - 0,0055 g/100 g de solução). A partir deste ânion complexo, podemos precipitá-lo com o íon prata ou cobre(I), gerando os sais inorgânicos insolúveis termocrômicos Ag_2HgI_4 ou Cu_2HgI_4, segundo as reações abaixo:

$$HgCl_2 + 2KI \longrightarrow HgI_2(s) + 2KCl$$

$$HgI_2(s) + 2KI \longrightarrow [HgI_4]^{2-} + 2K^+$$

$$2M^+ + [HgI_4]^{2-} \longrightarrow M_2[HgI_4]\ (s) \quad \text{onde } M^+ = Ag^+ \text{ ou } Cu^+$$

Caso prefira, adquira no comércio o sal puro do complexo potássico, de estrutura tetraédrica. Este reagente é utilizado para análise espectrofotométrica de nitrogênio amoniacal em amostras, através do reagente Nessler (tetraiodomercurato(II) de potássio $K_2[HgI_4]$ 0,09 mol/L em KOH 2,5 mol/L), que forma um composto de cor âmbar com a amônia (leitura espectrofotométrica em 450 nm).

$2\,K^{+}\ [HgI_4]^{2-}$

EXPERIÊNCIA 113 KIT

- *Síntese a partir dos metais puros:*

Num béquer de 100 mL pese 1,30 g de prata metálica e 1,20 g de mercúrio metálico. Adicione 20 mL de HNO_3 concentrado e espere a reação se processar, até total desprendimento de gás NO_2 e clareamento da solução.

Em outro béquer de 250 mL dissolva 4 g de iodeto de potássio em 100 mL de água destilada, e adicione lentamente e sob agitação a solução ácida acima contendo os íons Ag^+ e Hg^{2+}. Observe a precipitação de Ag_2HgI_4, que deve se apresentar com cor laranja devido ao calor gerado na reação. Espere decantar, descarte o sobrenadante, e lave o precipitado com um pouco de água. Após a segunda decantação, e descarte do sobrenadante, filtre o material num filtro qualitativo (pode ser o caseiro) e deixe secar ao ar ou em estufa a 50 °C.

Espalhe um pouco o produto amarelo em outro papel, e o aqueça com um soprador térmico, ou uma chama (cuidado queimar o papel). Observe a conversão termocrômica para laranja, que rapidamente volta para amarelo com o resfriamento (Figura 8.22).

Figura 8.22. mudança de cor do composto tetraiodomercurato de prata com o calor. Acime de 50°C ele muda de amarelo para laranja, de forma reversível.

Obs.: - As relações das quantidades de substâncias (n) na experiência acima são praticamente estequiométricas, i.e., proporção 2:1:4.

- Você pode substituir o metal prata pelo sal $AgNO_3$. Após dissolver o mercúrio com ácido nítrico, adicione ao béquer 2 g de nitrato de prata dissolvidos em uns 20 mL de água. Depois prossiga adicionando esta solução àquela contendo o KI.

EXPERIÊNCIA 114

- *Síntese a partir do iodeto de mercúrio (II):*

Dissolva 2 g de KI em 50 mL de água, e vá adicionando, sob agitação, 3 g de HgI_2 sólido até total dissolução e formação do complexo solúvel de $[HgI_4]^{2-}$. Caso restar algum sólido não dissolvido, filtrar a solução. Em outro béquer dissolver 2 g de $AgNO_3$ em 30 mL de água, e adicionar esta solução à primeira, lentamente e sob agitação, até perceber a finalização da precipitação. Secar e testar o produto.

Obs.: Caso tenha o iodeto mercúrico testar sua termocromia diretamente, pois ao ser aquecido acima de 130 °C ele muda da cor vemelha para amarela pálida.

A síntese tetraiodomercurato de cobre(I) é mais difícil, pois íon cobre(I) é muito instável em água, sofrendo desproporcionamento em cobre metálico e Cu^{2+}. O nitrato de cobre não é isolado quimicamente, o sulfato de cobre(I) facilmente decompõe-se em água em Cu e sulfato cúprico, e o cloreto cuproso é insolúvel. Uma solução para estabilizar o íon cuproso seria a adição de agentes redutores à solução de sulfato cuproso, como tiossulfato de sódio ou ácido ascórbico, seguida da precipitação com o íon tetraiodomercurato. Outra opção seria reduzir o íon Cu^{2+} dos sais $CuSO_4$ ou $CuCl_2$com estes agentes redutores.

Essa seção sobre cor também pode ser explorada a partir das reações químicas quimiluminescentes ou de compostos fluorescentes e fosforescentes (Capítulo 11). Alguns destes compostos são chamadados de luminóforos (item 11.6.1).

CAPÍTULO 9

Reações Relógio

9. REAÇÕES RELÓGIO

Reações relógio é uma classe de reações químicas conhecidas por apresentarem um período de tempo (conhecido como período de indução) em que parece não haver mudança visual nas propriedades físico-químicas (principalmente a cor da solução) após a adição dos reagentes. Ao término do período de indução, ocorre uma mudança abrupta da cor ou de outra propriedade físico-química da solução.

A primeira dessas reações foi graças a Landolt, em 1885, o qual investigou o sistema iodato-bissulfito. Essa reação relógio tem sido a mais estudada e reproduzida no ensino superior para demonstração desse tema em cinética química (p. ex., efeito da concentração dos reagentes e da temperatura na velocidade das reações). Numa reação relógio, a mudança de característica da solução, após o período de indução, pode ocorrer devido à formação de um precipitado (superação do produto de solubilidade), à mudança de cor pela presença de indicador (indicador ácido-base ou redox) ou pela formação de complexo (p. ex., amido-iodo), ou a outra propriedade qualquer.

As reações relógio têm sido muito utilizadas no ensino de **cinética química** devido ao notável impacto visual apresentado por elas. Muitas reações relógio foram descobertas, porém a mais conhecida e utilizada continua sendo a reação de Landolt. Essas reações são adequadas na determinação de ordem de reação e energia de ativação, em aulas práticas do ensino superior, visto que, para certas reações relógio, há uma dependência direta entre o período de indução e a velocidade inicial da reação e uma dependência direta desta velocidade com a temperatura para concentrações fixas de reagentes (equação de Arrhenius).

9.1 SISTEMA IODATO-BISSULFITO

9.1.1 Reação Landolt

Esse sistema baseia-se no seguinte conjunto de reações:

$$IO_3^- + 3HSO_3^- \rightarrow I^- + 3SO_4^{2-} + 3H^+ \quad (1)$$

$$IO_3^- + 5I^- + 6H^+ \rightarrow 3I_2 + 3H_2O \quad (2)$$

$$I_2 + HSO_3^- + H_2O \rightarrow 2I^- + SO_4^{2-} + 3H^+ \quad (3)$$

$$I_2 + I^- + \text{amilose (do amido)} \rightarrow \text{complexo azul escuro} \quad (4)$$

O iodato é um agente oxidante e oxida o bissulfito a sulfato e o iodeto a iodo. Observe que a reação global (1) + (2) é auto-catalítica (o iodeto formado em (1) é consumido em (2)). Devido à **rapidez da reação (3)**, comparada às outras, a concentração de iodo e do complexo azul restam-se essencialmente zero, até que o bissulfito aproxime da exaustão. Nesse momento, a taxa de geração de iodo por (2) começa a exceder a taxa de consumo por (3), gerando um acúmulo de iodo que prontamente forma o complexo I_3^- ligado a amido e uma abrupta transição de incolor para azul.

Para que o iodo se acumule, deve haver falta de bissulfito no balanço final das equações (1) + (2) + (3):

$$IO_3^- + 3HSO_3^- \rightarrow I^- + 3SO_4^{2-} + 3H^+$$

Ou seja, a concentração molar de **bissulfito não deverá exceder 3 vezes a de iodato** pois, nesse caso, teremos sempre um excesso de bissulfito e um rápido consumo de iodo por (3), cuja reação global será a de formação de iodeto e sulfato, com nenhuma mudança de cor da solução. Church e Dreskin (1968) observaram que na prática a concentração inicial de bissulfito pode se estender até 3,1 vezes a de iodato, pois há um pequeno consumo de bissulfito pelo oxigênio da solução.

Variando-se as concentrações iniciais dos reagentes, teremos períodos de indução diferentes. Para menores concentrações de reagentes, teremos maiores períodos de induções, como também um maior tempo de transição de cor.

O período de indução para a reação Landolt, conforme Church e Dreskin (1968), é:

$$P = \frac{K}{[KIO_3].[NaHSO_3]} \ \text{s.mol}^2.\text{L}^{-2} \quad \text{a} \quad 23\ °C, \ K=0{,}0037$$

A constante K para outras temperaturas poderá ser obtida aplicando o logaritmo à equação (ver experiência do item 12.3):

$$\log P = \log K - \log[KIO_3].[NaHSO_3]$$

Nessa mesma equação pode-se estudar o efeito da concentração inicial de iodato e bissulfito na cinética de reação (Capítulo 12).

O uso de metabissulfito de sódio ($Na_2S_2O_5$, M=190,1 g/mol) é preferível ao do bissulfito de sódio ($NaHSO_3$, M=104,06 g/mol) pois o sal é mais estável no estado sólido, produzindo em solução aquosa 2 mols de HSO_3^- para cada mol de $S_2O_5^{2-}$,

$$Na_2S_2O_5 + H_2O \rightarrow 2NaHSO_3$$

Pode-se usar o fator de 0,913 para conversão equimolecular da massa de bissulfito em metabissulfito [190,1/(2x104,06)].

Na experiência a seguir a reação relógio de Landolt é exemplificada, sendo ilustrada na Figura 9.1.

EXPERIÊNCIA 115 KIT

Preparo da solução de **amido 2%**: Adicione um pouco de água sobre **1 g de amido** e misture para formar uma pasta. Depois adicione **50 mL de água fervente** e agite bem. Armazene a solução num frasco e a preserve na geladeira. Prepare nova solução semanalmente ou quando perceber forte turvação (para melhor preservação veja observação no item 3.4.1).

Pese **0,75 g de KIO_3** e dissolva em 100 mL de água mineral ou destilada contida num copo plástico. Prepare outra solução dissolvendo-se **0,59 g de $Na_2S_2O_5$** em 100 mL de água, com a adição prévia de **5 mL da solução** preparada de **amido 2%**. Misture as soluções e agite até aparecimento da cor (≈ 7 s).

Figura 9.1. Mudança de cor da reação Landolt, de incolor para escuro (a cor azul do complexo de amido só é percebida para solução muito diluída). Devido à forte adsorção de I_3^-, o coloide de amido resta-se escuro. O tempo de transição é muito rápido, da ordem de 5 ms.

Baseado na equação do período de indução P, pode-se otimizar as concentrações de bissulfito e iodato de forma a ajustar o tempo de viragem com momentos marcantes de músicas (p. ex., Marcha de "O Quebra Nozes" de Tchaikovsky, William Tell Overture, etc.).

O autor do presente livro desenvolveu uma montagem de acrílico contendo dois compartimentos, um para a solução de KIO_3 e outro para a solução de $Na_2S_2O_5$. Cada um desses compartimentos foi dividido em 18 células de volumes diferentes, formando assim 18 pares de células (lado a lado), de forma que a soma dos volumes de cada par é sempre constante, conforme ilustrações da Figura 9.2, volumes estes calculados a partir da equação do período de indução P para garantir uma velocidade constante na variação de cor. Após a abertura simultânea dos compartimentos, o volume de cada par de soluções é direcionado para uma célula na parte inferior da montagem. Como as células superiores (KIO_3 e $Na_2S_2O_5$) possuem volumes diferentes, seguindo uma função matemática (no caso dessa montagem, uma hipérbole), haverá a formação de uma onda de cor ao longo da montagem, com o tempo variando linearmente.

Na Tabela 9.1 são listadas experiências do sistema iodato-bissulfito reportadas na literatura, incluindo variações da reação Landolt (Old Nassau, Variante 1 a 4). É importante ressaltar que, enquanto a maioria dos autores usaram apenas KIO_3 e $NaHSO_3$ em sistema aquoso, Brice (1980) utilizou H_2SO_4 no meio, o que acarretou em uma diminuição do período de indução da ordem de 15 vezes para as mesmas concentrações iniciais. A partir do esquema de reações supracitado, pode-se observar que um aumento na concentração de H^+na reação (2) acelera a produção de iodo, diminuindo assim o período de indução.

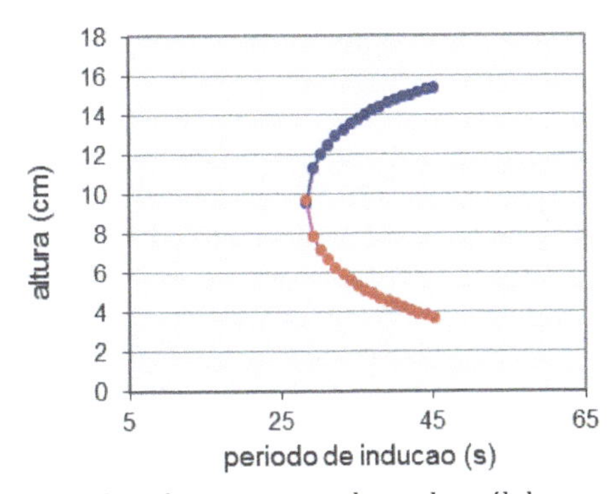

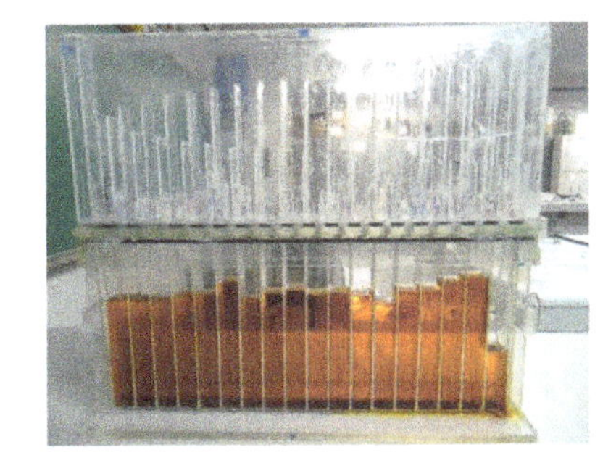

Figura 9.2. Relação entre a altura das células na montagem de acrílico (foto lateral) e o período de indução. Cada par de pontos refere-se a um volume (e altura correspondente) da solução de $\mathbf{KIO_3}$ (pontos azuis) e de $Na_2S_2O_5$ (pontos vermelhos), gerando somas iguais. Quando os compartimentos superiores são abertos, cria-se uma onda de cor nos compartimentos inferiores devido à mudança nas concentrações finais.

Tabela 9.1. Algumas experiências do sistema iodato-bissulfito. As concentrações na tabela são expressas em mol/L (M), exceto amido (% m/v), e referem-se à solução final após mistura das soluções dos reagentes. L-landolt, ON-Old Nassau, Vn-variantes.

Exp.	Autor	[KIO_3]	[$NaHSO_3$]	Outro reagente	% amido
L	Church	0,002 a 0,15	0,001 a 0,05		0,044
L	Moss	0,0175	0,0312		n.i.
L	Alyea	0,0350	0,0721		0,15
L	Lambert	0,0140	0,0288		0,04
L	Brice	0,0025-0,0047	0,0010 a 0,0019	[H_2SO_4] 0,008 a 0,015	0,05 a 0,1
L	Autuori	0,0047	0,0019	[H_2SO_4] 0,015	0,10
ON	Moss	0,0175	0,0312	[$HgCl_2$] 0,00276	n.i.
ON	Alyea	0,0234	0,0480	[$HgCl_2$] 0,00368	0,10
ON	Lambert	0,0175	0,0360	[$HgCl_2$] 0,00497	0,05
V1	Moss	0,0175	0,0625	[$HgCl_2$] 0,00276	n.i.
V1	Shigematsu	0,00785	0,0295	[$HgCl_2$] 0,00157	
V2	Shigematsu	0,00769	0,0288	[$Pb(NO_3)_2$] 0,0231	
V3	Shigematsu		0,20	[$KClO_3$] 0,2 [KI] 0,6	
V4	Autuori	0,0047	0,0019	[malônico] 0,048	0,10

9.1.2 Reação Old Nassau

A reação "Old Nassau" é uma modificação da reação Landolt e foi descoberta acidentalmente em 1955 por dois estudantes universitários da universidade de Princeton, Nova Jersey, EUA. O nome foi uma homenagem ao antigo colégio Nassau Hall, do século XVIII. "Old Nassau", como o colégio Nassau Hall é afetivamente chamado pelos Princetonianos, refere-se ao príncipe de Orange and Nassau que também foi o rei da Inglaterra e da Escócia, William III ou Guilherme III, no final do século 17.

Esse sistema baseia-se no seguinte conjunto de reações

$$IO_3^- + 3HSO_3^- \rightarrow I^- + 3SO_4^{2-} + 3H^+ \quad (1)$$
$$IO_3^- + 5I^- + 6H^+ \rightarrow 3I_2 + 3H_2O \quad (2)$$
$$I_2 + HSO_3^- + H_2O \rightarrow 2I^- + SO_4^{2-} + 3H^+ \quad (3)$$
$$Hg^{2+} + 2I^- \rightarrow HgI_2 \text{ (sólido laranja)} \quad (5)$$
$$I_2 + \text{amido} \rightarrow \text{complexo (azul-escuro)} \quad (6)$$

A reação "Old Nassau" inclui o íon Hg^{2+} na mistura Landolt de forma que, à medida que a concentração de iodeto aumenta pelas reações (1) e (3), o iodeto mercúrico (de cor laranja) precipita ($Hg^{2+} + 2I^- \rightarrow HgI_2$) quando seu produto de solubilidade é excedido. Logo após o iodeto mercúrico se formar, o bissulfíto é exaurido, acumulando rapidamente iodo, formando o complexo I_3^- e a cor laranja é mascarada pelo complexo azul-escuro de amido com iodo. O produto iônico aumenta até que $[Hg^{2+}] \times [I^-]^2$ fique maior que o produto de solubilidade (K_{ps}) do precipitado HgI_2. Quando a cristalização finalmente começa, a supersaturação em excesso é rapidamente aliviada, HgI_2 laranja é precipitado. Propostas de mecanismo de reações mais sofisticadas são reportadas na literatura, a exemplo de Lambert (1984) que sugeriu a presença de outras espécies reacionais (IO_2^-, HOI, $[Hg(SO_3)_2]^{2-}$, $[HgSO_3I]^-$). A sequência de adição na reação Old Nassau pode ser mudada, desde que a solução de $HgCl_2$ não seja adicionada por último, a fim de se evitar a formação de iodo antes da precipitação do HgI_2.

Se a concentração de amido na solução final for insuficiente, a coloração do complexo triiodeto-amido restará marrom. Um estudo realizado em laboratório estabeleceu uma concentração mínima de amido na solução final em torno de 0,15% para aparecimento da coloração azul. Essa concentração é, em geral, a mais alta daquelas reportadas na Tabela 9.1.

EXPERIÊNCIA 116 KIT

Prepare as seguintes soluções em copos plásticos ou béqueres: A) **0,56 g de KIO_3** em 50 mL de água mineral ou destilada com adição de **5 mL de amido a 2%** (ver EXPERIÊNCIA 115), B) **0,11 g de $HgCl_2$** em 50 mL de água; e C) **0,45 g de $Na_2S_2O_5$** em 50 mL de água. Misture em sequência as soluções A + B + C num béquer de 250 mL e agite até mudança de coloração de incolor para amarelo alaranjado (6 s) e depois para marrom escuro (11 s), conforme Figura 9.3. Varie algumas concentrações e compare os resultados.

Figura 9.3. Variação de cor na reação Old Nassau.

9.1.3 Reação Variante 1

Algumas variações no sistema iodato-bissulfito foram propostas a fim de produzir sequências de cores diferentes. Moss aumentou a concentração de bissulfito o suficiente para reduzir todo iodato a iodeto. Como explicado anteriormente, se a concentração de bissulfito for maior que 3 vezes a de iodato, iodo não é formado em abundância pois este é controlado e consumido pela reação (3) do esquema de reações (seção 9.1.1), e o complexo azul não pode ser formado. Enquanto a reação prossegue, a concentração de iodeto aumenta e o precipitado laranja de HgI_2 é formado quando seu K_{ps} (produto de solubilidade) é atingido. Entretanto, a concentração de iodeto continua crescendo e o excesso de iodeto dissolve o precipitado, formando um complexo solúvel de mercúrio.

$$HgI_2\,(s) + 2I^-(aq) \rightarrow HgI_4^{2-}(aq)$$

EXPERIÊNCIA 117 KIT

Baseado nas concentrações citadas por Moss (1978) (Tabela 9.1) temos: $[HSO_3^-]$ = 0,0625 M, $[IO_3^-]$ = 0,0175 M e $[Hg^{2+}]$ = 0,00276 M. Prepare as seguintes soluções em copos plásticos: Solução A) dissolva **0,56 g de KIO_3** em um recipiente com 50 mL de água mineral ou destilada; Solução B) dissolva **0,11 g de $HgCl_2$** em 50 mL de água; e Solução C) dissolva **0,89 g de $Na_2S_2O_5$** em 50 mL de água. No béquer de 250 mL, misture as soluções na sequência A + B + C ou C + B + A, agitando e observando a mudança de incolor para amarelo (4 s), e depois para incolor (11 s), conforme Figura 9.4.

Figura 9.4. Mudança de cor na reação Variante 1.

A reação acima foi também realizada por Shigematsu (1979), contudo com concentrações finais menores (Tabela 9.1), o que produz uma mudança de incolor para amarelo em 16 s e de novo para incolor em 38 s.

9.1.4 Reação Variante 2

Essa reação foi proposta por Shigematsu (Tabela 9.1), que substituiu o íon Hg^{2+} por Pb^{2+}. Quando o íon Pb^{2+} é adicionado à solução de iodato, uma densa suspensão branca de iodato de chumbo se forma. À medida que I^- é produzido pela reação (3) do esquema de reações, o excesso de Pb^{2+} em solução reage com o iodeto com formação de PbI_2, de cor amarela. Conforme a reação se processa, SO_4^{2-} é produzido e o PbI_2 muda para o precipitado branco de $PbSO_4$ (Figura 9.5).

EXPERIÊNCIA 118 KIT

Baseado nas concentrações citadas por Shigematsu (Tabela 9.1), temos: $[IO_3^-]$= 0,0077 M, $[HSO_3^-]$= 0,0288 M, $[Pb^{2+}]$= 0,0231 M. Prepare as seguintes soluções em copos plásticos: Solução A) dissolva **0,25 g de KIO_3** em um recipiente com 50 mL de água mineral ou destilada; Solução B) dissolva **1,15 g de $Pb(NO_3)_2$** em 50 mL de água; e solução C) dissolva **0,41 g de $Na_2S_2O_5$** em 50 mL de água. No béquer, misture as soluções na ordem A+B+C agitando continuamente, observando a mudança de branco para amarelo (aprox. 7 s), e depois para branco novamente (aprox. 12 s).

Figura 9.5. Mudança de cor na reação Variante 2.

9.1.5 Reação Variante 3

Nessa reação são utilizadas soluções de bissulfito de sódio, iodeto de potássio e clorato de potássio, que substitui o iodato de potássio:

$$ClO_3^- + 3HSO_3^- \rightarrow Cl^- + 3H^+ + 3SO_4^{2-}$$

Conforme concentrações propostas por Shigematsu (Tabela 9.1: $[ClO_3^-]$= 0,2 M, $[HSO_3^-]$= 0,2 M e $[I^-]$= 0,6 M), o clorato está em excesso em relação ao bissulfito e, portanto, além de reagir lentamente com este íon gerando um aumento da acidez do meio, propicia a oxidação de iodeto (solução incolor) a iodo (solução amarela), que continua sendo oxidado pelo clorato ao íon iodato (solução novamente incolor).

EXPERIÊNCIA 119 KIT

Prepare as seguintes soluções em copos plásticos: Solução A) dissolva **3,68 g de $KClO_3$** em um recipiente com 50 mL de água mineral ou destilada; Solução B) dissolva **15 g de KI** em 50 mL de água; e Solução C) dissolva **2,85 g de $Na_2S_2O_5$** em 50 mL de água. No béquer de 250 mL, misture as soluções na sequência A + B + C, agitando continuamente, observando a mudança de incolor para amarelo (aprox. 1 minuto) e depois retorno gradual para incolor (aprox. 2 minutos), conforme Figura 9.6.

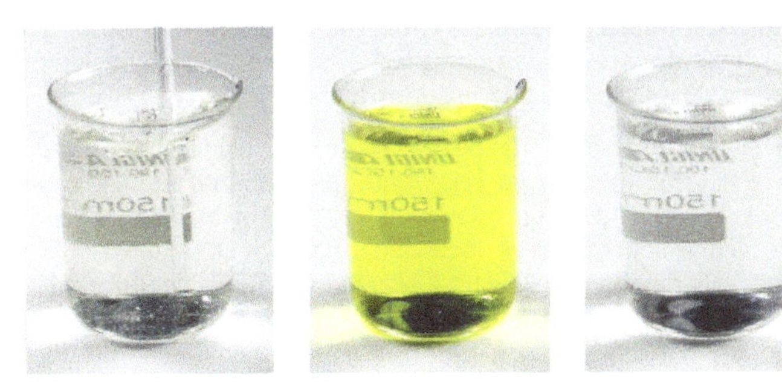

Figura 9.6. Mudança de cor na reação Variante 3.

9.1.6 Reação Variante 4

Nessa reação relógio proposta por Autuori (2010) (concentrações na Tabela 9.1), derivada da reação de Landolt (item 9.1.1), é adicionado no sistema ácido malônico (ácido propanodióico). Após a reação de iodato com bissulfito e aparecimento da cor escura devido ao iodo, este é reduzido lentamente pelo ácido malônico com esmaecimento da cor até incolor (Figura 9.7), conforme a reação:

$$HOOC\text{-}CH_2\text{-}COOH + I_2 \rightarrow HOOC\text{-}CIH\text{-}COOH + HI$$

EXPERIÊNCIA 120 KIT

Prepare as seguintes soluções em copos plásticos: Solução A) dissolva **0,15 g de KIO_3** em um recipiente com 50 mL de água destilada e adicione 5 mL da solução de amido a 2%; Solução B) dissolva **0,75 g de ácido malônico** em 50 mL de água; e Solução C) dissolva **0,03 g de $Na_2S_2O_5$** em 50 mL de água. No béquer, misture as soluções na sequência A + B + C agitando continuamente, observando a mudança de incolor para azul (10 s), que lentamente vai descolorindo (totalmente incolor em 75 s), como ilustrado na Figura 9.7 para alguns quadros tirados em sequência por máquina fotográfica.

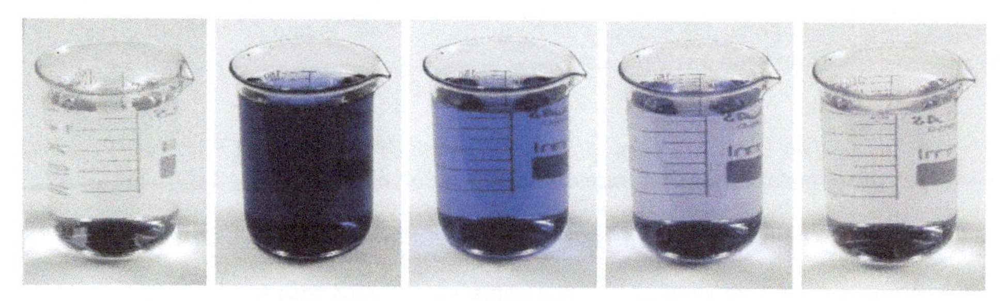

Figura 9.7. Mudança para a cor azul e lenta descoloração na reação Variante 4.

9.2 SISTEMA ARSENITO-TIOSSULFATO

Essa reação relógio foi estudada por Watkins e Distefano (1987) e se baseia na mistura de duas soluções transparentes, uma contendo arsenito de sódio e outra contendo tiossulfato de sódio. Após cerca de 20 segundos, a mistura torna-se amarela brilhante. Tal coloração deve-se à formação da suspensão coloidal de sulfeto de arsênio III (As_2S_3), uma substância utilizada como pigmento para pintura por milhares de anos. O intervalo de tempo é reprodutível e dependente das concentrações de ácido acético e tiossulfato. Essa reação relógio é adequada para a determinação da ordem de reação e da energia de ativação.

A preparação de sulfeto de arsênio (III) por essa reação foi primeiro reportada por Vortmann em 1889, porém ele não fez menção ao repentino aparecimento de As_2S_3. A "característica relógio" da reação foi reportada por Forbes *et al.* em 1922, num artigo que descreve o efeito da concentração dos reagentes sobre o intervalo de tempo. O autor sugeriu o uso dessa reação como uma alternativa prática de demonstração para a reação Landolt. Os detalhes do mecanismo para a reação não são totalmente conhecidos. A formação do As_2S_3 está relacionada à decomposição de tiossulfato ($S_2O_3^{2-}$) em meio ácido, na qual foi usada na demonstração do pôr de sol químico (seção 3.5.4).

$$H^+(aq) + S_2O_3^{2-}(aq) \rightarrow HSO_3^-(aq) + S\ (s)$$

A reação é mais complicada devido à formação de ácidos politiônicos e sulfeto de hidrogênio. Quando tiossulfato é acidificado na presença de arsenito, o produto formado é o sulfeto de arsênio (III) ao invés do enxofre.

$$20H^+ + 12S_2O_3^{2-} + 2AsO_2^- \rightarrow As_2S_3(s) + 6HSO_3^- + 3H_2S_5O_6 + 4H_2O$$

Ácido pentatiônico, $H_2S_5O_6$, é também formado pela acidificação do $S_2O_3^{2-}$ e o rendimento é melhorado pelo aumento da concentração de arsenito. É interessante notar que razões de AsO_2^- para $S_2O_3^{2-}$, tão pequenas quanto 1:20, já são suficientes para prevenir a formação de significantes quantidades de enxofre livre.

O motivo para o intervalo de tempo antes da repentina formação de As_2S_3 parece não ser totalmente compreendido. É possível que um intervalo de tempo (período de indução) seja necessário antes que a solução ultrapasse a saturação do precipitado. Isso poderia ser similar à reação "Old Nassau" e a reações relacionadas onde $HgI_2(s)$ é formado.

Devido à baixa solubilidade de As_2S_3 (0,5 mg/L H_2O a 18 °C ou 2×10^{-6} M), as concentrações dos reagentes restam-se praticamente constantes durante o intervalo de tempo, e assim a dependência da concentração e temperatura (*T*) com este intervalo de tempo pode ser demonstrada utilizando-se o método das velocidades iniciais. A velocidade da reação é inversa ao período de indução (P). Este pode também ser relacionado com a temperatura através da linearização Log $1/P$ versus Log $1/T$.

Watkins e DiStefano estudaram a dependência da concentração de arsenito e tiossulfato e da temperatura, no período de indução, tendo concluído que a reação é de 1ª ordem para tiossulfato, de ordem variada para ácido acético e de ordem zero para arsenito. Esses autores também propuseram um mecanismo de reações mais completo daquele descrito acima.

EXPERIÊNCIA 121 KIT

Dissolva **3,2 g de arsenito de sódio**, $NaAsO_2$, em 80 mL de água destilada ou mineral num copo plástico, adicionando em seguida **20 mL de ácido acético**. Num outro copo plástico, dissolva **23,5 g de tiossulfato de sódio**, $Na_2S_2O_3.5H_2O$, em 100 mL de água. Misture as duas soluções num béquer de 250 mL e agite com um bastão de vidro até o aparecimento da coloração amarelo forte (≈20 s) devido à formação da suspensão de As_2O_3 (Figura 9.8).

Obs: Esse experimento foi baseado no trabalho de Watkins e DiStefano (1987) resultando nas seguintes concentrações: $[AsO_2^-]$=0,12 M, [HAc]=1,7 M e $[S_2O_3^{2-}]$=0,48 M.

Figura 9.8. transição de cor no relógio química arsenito-tiossulfato.

9.3 SISTEMA FORMALDEÍDO-BISSULFITO

A reação relógio de formaldeído é a base de várias demonstrações e experiências químicas, sendo primeiramente investigada por Wagner em 1929 e posteriormente estudada por vários autores. Cassen (1976) usou a reação para gerar dados de velocidade para análise de cinética elementar. Ele sugeriu um mecanismo de três etapas, no qual a última etapa é mais rápida comparada às duas primeiras.

$$HCOH + HSO_3^- \rightarrow CH_2OSO_3^-$$

$$H_2O + HCOH + SO_2^{2-} \rightarrow CH_2OSO_3^- + OH^-$$

$$OH^- + HSO_3^- \rightarrow SO_3^{2-} + H_2O$$

Na reação, o formaldeído está na forma de metileno glicol e o controle da velocidade é a etapa que ocorre a desidratação $[CH_2(OH)_2 \rightarrow HCHO + H_2O]$. A geração de OH^- na segunda etapa proporciona o meio para o monitoramento da reação. A concentração de OH^-se mantém baixa devido ao rápido consumo pelo íon bissulfito, até que a concentração de bissulfito diminua, permitindo assim um rápido crescimento do pH da solução.

Cassen estudou a variação do período de indução em função das concentrações de bissulfito, formaldeído e da temperatura. Para a faixa de concentração estudada, ele assumiu que a velocidade inicial da reação é proporcional ao inverso do período de indução (1/P):

$$V_o = k[A_o]^a.[B_o]^b \quad \text{e} \quad 1/P = k[A_o]^a.[B_o]^b$$

Fixando a concentração de um reagente e variando o outro, Cassen concluiu, após logaritimização dos dados, que a velocidade da reação é de ordem 1 em relação ao formaldeído e ordem −1 em relação ao bissulfito (inversamente proporcional), ou seja, o período de indução diminui com o aumento da concentração de formaldeído e aumenta com mais bissulfito (que neutraliza o OH^- produzido na reação de sulfito com formaldeído - segunda reação).

A reação pode também ser estudada em função da temperatura. Sob as suposições do método das velocidades iniciais, a velocidade da reação será diretamente proporcional à constante de velocidade, *k*, para concentrações constantes de A e B: $k = \mathrm{K} \times \mathrm{V}_0$.

Assumindo que a constante de velocidade obedece à equação de Arrhenius, $k = A.e^{-Ea/RT}$, a energia de ativação pode ser conhecida após logaritimização dos dados (a partir da inclinação do gráfico).

$$\mathrm{V}_0 = (\mathrm{A}/\mathrm{K}).\mathrm{e}^{-Ea/RT} \quad \text{ou} \quad 1/P = (\mathrm{A}/\mathrm{K}').e^{-Ea/RT} \quad \text{ou} \quad \ln(1/\mathrm{P}) = \ln(\mathrm{A}') - Ea/RT$$

Burnett investigou de forma mais detalhada o sistema formaldeído-bissulfito, tendo salientado que soluções comerciais de formaldeído contêm predominante-mente metileno glicol e polímeros deste, e que desidratam lentamente após diluição em água com formação de formaldeído. Dessa forma, o tempo de reação para mudança de cor depende da idade da solução preparada de formaldeído e soluções mais velhas produzem resultados mais reprodutíveis. O autor aponta ainda vários erros cometidos por trabalhos anteriores.

EXPERIÊNCIA 122 KIT

Pese num copo plástico **0,20 g de metabissulfito de sódio, $Na_2S_2O_5$** e **0,05 g de sulfito de sódio, Na_2SO_3,** e dissolva ambos os sais com 100 mL de água destilada. Adicione **5 gotas de fenolftaleína 0,5%** neste copo. Em outro copo plástico, adicione 100 mL de água e **15 gotas** de **formaldeído** (solução a 37% m/m). Misture ambas as soluções e agite com o bastão de vidro até a viragem da cor para rosa (≈ 20 s), quando o pH aumenta acima de 9 (Figura 9.9).

Repita a experiência utilizando agora o indicador timolftaleína, que vira para azul.

Figura 9.9. Mudança de cor na reação formaldeído-bissulfito utilizando-se fenolftaléna (conjunto à esquerda) e timolftaleína (direita). A transição do sistema formaldeído não é tão rápida.

EXPERIÊNCIA 123 KIT

Repita a experiência acima substituindo a fenolftaleína pelo **azul de bromotimol** ou **azul de timol**. Agora, a solução muda de verde para azul ou de amarelo para azul, respectivamente. Outras combinações de cores podem ser planejadas (ver seção 8.2)

Observações:

1) As quantidades acima foram baseadas no trabalho de Cassen (1976), a saber: $[HSO_3^-]$= 0,009 M, $[SO_3^{2-}]$= 0,001 M e [HCHO]=0,052 M.

2) A transição da fenolftaleína acontece na faixa de pH de 8,0 a 10,0 (incolor para vermelho rosado). O azul de timol possui duas zonas de transição, uma na faixa ácida de pH 1,2-2,8 (vermelho para amarelo) e outra na faixa básica 8,0-9,6 (amarelo para azul). Como no sistema formaldeído-bissulfito o pH da solução varia de 6 para 10, qualquer indicador que tenha transição nesta faixa poderá ser utilizado na experiência, como a fenolftaleína, azul de timol, azul de bromotimol (pH 6,0/amarelo-verde → 7,6/azul), púrpura de bromocresol (pH 5,2/púrpura → 6,8/azul), vermelho de cresol (pH 4,5/amarelo → 8,3/violeta) e vermelho de bromofenol (pH 5,8/vemelho → 7,6/violeta). Ver Figura 8.4 e Tabela 8.1 para indicadores de laboratório.

3) Formaldeído é conhecido comercialmente também como formalina ou formol solução aquosa de 37 a 50% de formaldeído e 6 a 15% de álcool (estabilizador).

Fortman e Schreler (1991) propuseram a preparação de indicador misto timolftaleína + *p*-nitrofenol para mudança de cor de amarelo ouro para verde, e assim reproduzir as cores da bandeira de uma universidade americana. Também propuseram a mistura de fenolftaleína com *p*-nitrofenol para mudança de amarelo para vermelho. Contudo, trabalhou com concentrações maiores dos reagentes: $[HSO_3^-]$= 0,100 M, $[SO_3^{2-}]$= 0,025 M, [HCHO]= 0,136 M. É interessante notar que, embora as concentrações sejam bem maiores do que as de Cassen, o tempo de reação é semelhante, já que nesse sistema relógio, a velocidade da reação aumenta com a concentração de formaldeído, mas diminui com a concentração de bissulfito.

9.4 OUTRAS REAÇÕES RELÓGIO

Oliveira e Faria (2005), em seu trabalho sobre reação relógio com o sistema clorato-iodo, cita importantes reações relógio desenvolvidas ao longo das últimas décadas, a saber: sistema iodato-bissulfito, iodato-arsenito, periodato-ditionato, bromato com iodeto e iodo, bromito na presença de fenol, sulfito, tiouréia, N-acetilcisteína, guaniltiouréia e iodeto, reações de clorito com iodeto, brometo, iodo e tiouréia, reações do íon Ce(IV)-ditionato, formaldeído–sulfito/bissulfato, arsenito-tiossulfato e arsenito-tiossulfato.

Snehalatha *et al.* (1997) descreve a reação azul de metileno - ácido ascórbico (vitamina C), tendo demonstrado que ela é simples e muito útil em estudos de cinética química, como: determinação da ordem de reação, efeito da concentração, efeito de radicais livres, efeito da acidez, efeito da salinidade, efeito do solvente e efeito da temperatura. A variação da concentração dos reagentes iniciais ou da temperatura do meio reacional resultam em períodos de indução variados, que podem ser linearizados via relação matemática adequada, para estabelecer respectivamente a ordem da reação e a energia de ativação (seção 1.9). Para maiores detalhes veja o trabalho do autor.

EXPERIÊNCIA 124 KIT

Solução A) adicione 3 mL de **H_2SO_4 concentrado** em 100 mL de água. Acrescente 4 gotas de solução **azul de metileno 0,5%**. Solução B) dissolva 0,90 g de **ácido ascórbico** em 100 mL de água.

Misture as duas soluções, sob agitação, que fica azul inicialmente e depois ficar incolor após 20 s.

Teste o efeito da concentração dos reagentes sobre o período de indução (azul para incolor). Varie a quantidade de gotas de azul de metileno e meça o período de indução. Faça um gráfico correlacionando estas duas variáveis. Teste também o efeito da temperatura sobre o período de indução.

Figura 9.10. Variação da cor azul inicial para incolor no sistema relógio azul metileno e ácido ascórbico.

Outra reação relógio com vitamina-C de fácil execução pode ser realizada com a mistura de uma solução de vitamina-C com solução de peróxido de hidrogênio (água sanitária a 3%) e solução de iodo (tintura de iodo a 2%), segundo o roteiro abaixo:

EXPERIÊNCIA 125 KIT

Pulverize comprimidos de **vitamina-C** de farmácia ou use ácido ascórbico. Dissolva cerca de 1 g do composto em 50 mL de água destilada ou mineral. Retirar cerca de 15 mL desta solução com uma proveta (ou usar uma colher de sopa) e misturar a 15 mL de **tintura de iodo a 2%** num copo plástico ou béquer. Completar o volume para mais 50 mL de água. Esta será *a solução A*.

Em outro recipiente adicionar 40 mL de **água oxigenada a 3%** (10 volumes) a 50 mL de água. Adicionar também 5 mL de solução de amido a 2%. Esta será a *solução B*.

Adicionar a *solução A* à *solução B* em um copo maior e observar o período de indução. Faça testes diluindo uma ou duas soluções e verifique a variação do período de indução.

Outras reações relógio são também apresentadas por Shakhashiri, vol 4 (1992), com destaque para o sistema oxidação de iodeto de potássio pelo peróxido de hidrogênio (de fácil execução), oxidação do ânion iodeto pelo íon Fe^{3+} e condensação de aldeído e cetona.

CAPÍTULO 10

Reações Oscilantes

10. REAÇÕES OSCILANTES

Enquanto que fenômenos oscilatórios ou periódicos são frequentemente observados na física, astronomia e biologia, por exemplo, como o movimento do pêndulo, órbitas dos planetas e batimentos do coração, oscilações em sistemas químicos são geralmente escassas e foram consideradas impossíveis de ocorrer em sistemas homogêneos fechados, até mesmo há duas décadas.

As oscilações eletroquímicas e os **anéis de Liesegang** (seção 7.2.2), descobertos no final do século XIX, foram por longo tempo exemplos bem conhecidos de oscilações químicas. Pelo fato de ambos envolverem gradientes de difusão, tornara-se um dogma que tais gradientes fossem necessários para que oscilações ocorressem em sistemas químicos. Assim, oscilações químicas em sistemas fechados e homogêneos ficavam descartadas, principalmente porque acreditava-se confrontar diretamente a segunda lei da termodinâmica (seção 1.8.2), na qual diz que a entropia do universo aumenta, e que, aplicada às reações químicas, requer que os sistemas químicos, na ausência de troca de matéria e energia com o ambiente, devam continuamente aproximar de um estado de equilíbrio.

Trabalhos teóricos, como o de Prigogine, demonstraram que a termodinâmica clássica de Clausius requeria que o sistema não somente fosse fechado como também estivesse próximo do seu estado de equilíbrio. Em sistemas distantes do equilíbrio, um número de novos fenômenos descritos como estruturas dissipativas poderia surgir, tais como periódicas oscilações nas concentrações de espécies intermediárias numa reação química. Entretanto, os reagentes iniciais e os produtos finais não estariam sujeitos à oscilação. Esse comportamento oscilatório de espécies intermediárias é acompanhado pelo decréscimo da energia livre de Gibbs da reação química global. Difusão dessas espécies pode acoplar a reações químicas sob algumas circunstâncias e guiar a ondas viajantes de atividade química, na qual suas concentrações estão abaixo ou acima da mistura reacional.

O descrédito acerca das reações oscilantes era tão grande (por uma incorreta visão de princípios termodinâmicos), que os poucos trabalhos sobre o assunto, quando não eram rejeitados para publicação, caíam no esquecimento. Acreditava-se que as oscilações deviam-se a artefatos, tais como partículas de poeira, processos como corrosão ou formação de filmes no curso da reação, ou outras origens estranhas.

A primeira reação química oscilante homogênea é atribuída a W. C. Bray em 1921, que estudou o papel catalítico de iodato na decomposição da água oxigenada. Esse oscilador foi estudado posteriormente por H. Liebhafsky (1931) e hoje é conhecido como oscilador BL. Naquela época, foi elaborado por A. J. Lotka um simples modelo para descrever o comportamento oscilatório. O modelo consistia de duas reações auto catalíticas acopladas e uma decomposição unimolecular, que davam oscilações sustentáveis. Uma analogia a tal modelo pode ser imaginada considerando um campo contendo grama como reagente, coelhos e lobos como intermediários, e a decomposição dos lobos como produtos finais. Para uma dada quantidade inicial de grama, a população de coelhos aumentará à medida que comem grama (reação $A + X \rightarrow 2X$). Contudo, o aumento na população de coelhos causa um aumento na população de lobos (reação $X + Y \rightarrow 2Y$) até um nível crítico, quando por falta de comida (coelhos) a população de lobos começa a diminuir e a de coelhos volta a aumentar. O ciclo então se repete. Como produto, teríamos a matéria orgânica graças à morte dos lobos (reação $Y \rightarrow P$). Apesar do modelo de Lokta não ter sido provado aplicável às reações químicas, guiou o pensamento de muitos químicos e tem sido de considerável utilidade na descrição de oscilações de populações presa-predador em sistemas ecológicos.

A moderna era no estudo das reações oscilantes começou na Rússia em 1951, quando B. P. Belousov descobriu oscilações temporais na razão [Ce(IV)]/ [Ce(III)] durante a oxidação de ácido cítrico pelo íon bromato catalisada pelo íon cério. A coloração da solução varia entre o amarelo e o incolor. Infelizmente, o manuscrito de Belousov de 1951 foi rejeitado e somente aceito para publicação em 1958 em resumos de um obscuro simpósio de escassa divulgação. Após alguns anos, o trabalho de Belousov foi continuado por A. M. Zhabotinsky, o qual substituiu o ácido cítrico por ácido malônico, cério por ferroína, e publicou vários artigos no início dos anos 60 sobre a fenomenologia e o mecanismo da reação estudada, e que hoje é conhecida como oscilador BZ. Zhabotinsky descobriu também os padrões de oscilações espaciais quando uma fina camada de solução BZ é deixada em repouso.

Como resultado de modelos mais aperfeiçoados para reações oscilantes, tanto para sistemas abertos como fechados, um sistema poderia oscilar se apresentasse as seguintes características: primeiro, quando a oscilação ocorre, o sistema está longe do equilíbrio e o ciclo se repete conforme a energia livre diminui. Segundo, a queda de energia pode se dar por, pelo menos, dois caminhos diferentes, e a reação procede alternando periodicamente um caminho e outro. Terceiro, um desses caminhos produz um intermediário que o outro caminho consome. Quando a concentração desse intermediário é baixa, a reação segue o caminho que o produz. Se a concentração é alta, a reação segue outro caminho. Assim, a reação repetidamente muda de um caminho para o outro. Essas reações são ditas auto catalíticas. Para um sistema fechado homogêneo, as oscilações seriam amortecidas ao longo de uma trajetória descendente e tendendo ao equilíbrio. Já num sistema aberto, onde reagentes são introduzidos e produtos retirados constantemente, oscilações sustentáveis poderiam ser mantidas indefinidamente. As oscilações não dependeriam se o reagente é introduzido por transporte de massa ou é formado por reação química.

Uma ampla divulgação do oscilador BZ deu maior credibilidade às reações oscilantes após final da década de 60 e, a partir daí, muitos outros osciladores derivados ou novos foram investigados e descobertos. O mais notável desses novos osciladores foi um híbrido dos sistemas BZ e BL, descoberto por T. S. Briggs e W. R. Rauscher em 1973. O sistema, conhecido como BR, é composto de iodato de potássio, peróxido de hidrogênio, ácido perclórico ou sulfúrico, ácido malônico, sulfato de manganês e amido. O sistema oscila entre o incolor, o amarelo e o azul.

Muitos outros osciladores foram descobertos, sejam em sistemas fechados como em sistemas abertos, em que há um constante suprimento de reagentes, realizados em reatores químicos (CSTR – Continuous-flow Stirred Tank Reactor). Pode-se citar, por exemplo, uma família de 12 novos osciladores baseados no íon clorito e osciladores abertos baseados no íon bromato e iodato. Quase todo sistema que oscila em condições fechadas pode ser executado em condições abertas, porém o contrário é raramente verdadeiro. Outros osciladores baseados em elementos não halogênios têm sido investigados. Devido à variedade de compostos orgânicos e à evidente oscilação em sistemas orgânicos vivos, a descoberta de muitos outros osciladores baseados no carbono parece inevitável em futuro próximo. No domínio inorgânico, metais de transição, enxofre e nitrogênio parecem ser prováveis candidatos para novos osciladores.

Os estudos das reações oscilantes em sistema aberto levaram a inúmeras descobertas, como as oscilações de dois ciclos e ao *caos químico*.

Outro fenômeno inerentemente conectado às oscilações químicas são as ondas viajantes de atividade química. Para alguns sistemas oscilantes sob concentrações adequadas, ondas de concentração podem surgir e viajar através da solução por difusão. Nesses sistemas, o processo de convecção deve ser evitado. Bons resultados são obtidos por espalhamento da solução em fina camada numa placa de Petri. Dois modelos podem ser aplicados para a formação das ondas a partir de um meio homogêneo. No primeiro, uma flutuação randômica de concentração criaria uma "semente" de concentração que perturbaria o sistema (suponhamos em estado reduzido), acarretando numa mudança de estado para aquela região (agora oxidado) e induzindo autocataliticamente as regiões vizinhas. Essa perturbação se propagaria radialmente ao redor da "semente" e, como a reação é também oscilante, zonas centrais do disco voltariam ao estado original (no nosso caso reduzido). Frentes de ondas surgiriam por consequência e se aniquilariam com outras frentes graças a outras "sementes" no sistema reacional. No segundo modelo, essas "sementes" seriam de origem estritamente heterogênea devido às partículas filtráveis, imperfeições na superfície ou partículas aderentes nas interfaces, ou outras origens estranhas.

A maioria dos estudos sobre osciladores químicos tem vastamente se concentrado em fase líquida. Entretanto, a história de reações homogêneas em fase gasosa é longa e igualmente rica, como os osciladores com evolução de gases (GEO - Gas Evolution Oscillator). Apesar da descoberta do primeiro oscilador desse tipo ter sido feita por Morgan em 1916 (podendo, pois, ser caracterizado, de fato, como o primeiro sistema químico com comportamento oscilatório), tal oscilador ficou em obscuridade durante décadas até a retomada de interesse no final dos anos 60. A reação envolvia a evolução oscilatória de monóxido de carbono durante a desidratação de ácido fórmico por ácido sulfúrico concentrado. A evolução oscilatória de gás é mais bem explicada sob um ponto de vista físico, antes que químico, por meio de um mecanismo baseado num ciclo de supersaturação-desaturação do(s) gás(es) formado(s), onde a espuma tem um importante papel. O sistema é, pois, heterogêneo. Um GEO é por essência um oscilador físico-químico e difere estritamente dos osciladores químicos, em que a evolução de gás é devido a um mecanismo químico, antes que físico, conforme exemplo da reação BZ, onde CO_2 é formado de forma oscilatória como produto da reação. Num GEO, normalmente é medida a variação temporal da pressão do sistema reacional, para o qual temperatura, concentração inicial e velocidade de agitação desempenham um papel fundamental na amplitude e frequência dos pulsos de pressão obtidos a partir da evolução oscilatória de gás, devidos a fenômenos de nucleação e supersaturação. Entretanto, não deve ser excluída a possibilidade que processos químicos, às vezes, podem acoplar com a evolução gasosa em ordem para causar ou aumentar o processo oscilatório.

Se no passado as reações químicas oscilantes encontraram descrédito e dificuldades teóricas para consolidação, hoje em dia consistem numa das mais incipientes áreas da química, sendo usadas como exemplos de protótipos de comportamento possível em sistemas governados por leis dinâmicas não lineares. Tais sistemas aparecem em química, física, geologia, biologia e engenharia. Os resultados dos estudos das reações químicas oscilantes são de interesse das pessoas envolvidas nessas áreas. Possíveis aplicações em problemas biológicos incluem a avaliação quantitativa de sistemas de reação enzimática, transmissão de sinais em organismos vivos e mitose. Estudos de formação de padrões tem despertado interesse em sistemas biológicos, físicos e geológicos. As mesmas forças que criam anéis coloridos e camadas em osciladores químicos não agitados podem também ser responsáveis pelo espaçamento dos anéis de saturno e pelas estriações achadas em certas formações rochosas e nas ágatas. Muitos outros fenômenos naturais podem ter uma explicação essencialmente oscilatória.

10.1 OSCILADOR BR (Brigss-Rauscher)

Esse sistema oscila por cerca de 7 min à temperatura ambiente apresentando umas 35 oscilações resultantes das flutuações na concentração de iodo e iodeto, com formação ou não do complexo azul com o amido. Após a fase oscilatória, a reação química continua tendendo para o equilíbrio com liberação de CO_2 e permanecendo na cor azulada (ou seja, resta-se iodo no final da fase oscilatória).

A reação BR é interessante para o cálculo da energia de ativação (seção 1.9). A temperatura (T) tem uma profunda influência do tempo total (t) da reação oscilante. O tempo total (t) decresce de 65 min a 0 °C para 0,66 min a 61 °C. Entretanto, o número de oscilações (35) permanece o mesmo. A aparente constante de velocidade (k) é inversamente proporcional a t. Um gráfico de log (1/t) contra (1/T) produz uma linha reta, de cuja inclinação a aparente energia de ativação do processo global é achada para ser 13,7 Kcal.

Após combinação das soluções incolores, os íons IO_3^- reagem com H_2O_2 produzindo o ácido hipoiodoso HIO (reação catalisada pelo Mn^{2+}), que parcialmente é reduzido a iodeto pela água oxigenada. HIO reage com o I^- formando iodo que reage lentamente com o ácido malônico formando iodeto novamente:

$$2H_2O_2 + IO_3^- + H^+ \rightarrow HIO + 2O_2 + 2H_2O$$

$$H_2O_2 + HIO \rightarrow I^- + O_2 + H^+ + H_2O$$

$$I^- + HIO + H^+ \rightarrow I_2 + H_2O$$

$$I_2 + CH_3(COOH)_2 \rightarrow ICH(COOH)_2 + H^+ + I^-$$

O efeito catalítico do manganês é mostrado nas reações abaixo:

$$HIO_2 + IO_3^- + H^+ \rightarrow 2IO_2^\bullet + H_2O$$

$$IO_2^\bullet + Mn^{2+} + H_2O \rightarrow Mn(OH)^{2+} + HIO_2$$

$$Mn(OH)^{2+} + H_2O_2 \rightarrow Mn^{2+} + H_2O + HOO^\bullet$$

$$2HOO^\bullet \rightarrow H_2O_2 + O_2$$

$$2HIO_2 \rightarrow IO_3^- + HIO + H^+$$

A solução fica âmbar quando um pouco de I_2 é produzido (Figura 10.1), depois fica azul quando a concentração de I^- for superior à concentração de HIO. A alteração de cores se dá até que todo o ácido malônico seja consumido.

EXPERIÊNCIA 126 KIT

No béquer de 250 mL, adicione **190 mL de água** destilada e **2,80 g de KIO_3**. Agite o sal com bastão de vidro até dissolver. Adicione em sequência os seguintes reagentes: **25 gotas de H_2SO_4 6 M**; **1,00 g de ácido malônico**; **0,23 g de $MnSO_4$** e **20 gotas de amido a 2%**. Dissolva todos os reagentes e adicione finalmente **8 mL de H_2O_2 a 30 %.**

Agite com o bastão de vidro e observe a variação de cor de amarelo para azul e vice-versa. Quando bem executado, o oscilador BR perdura pelo menos por 5 min.

As concentrações finais em 200 mL de solução são: 0,050 M de ácido malônico; 0,0067 M de Mn^{2+}; 0,067 M de IO_3^-; 1 M de H_2O_2; 0,038 M de H_2SO_4.

Figura 10.1. Variação de cor da solução no oscilador BR (Briggs and Rauscher). Após mais de 20 oscilações, o oscilador sai do estado oscilatório onde intermediários de reação (como o iodo) variam a concentração dentro de limites. A solução final fica saturada em iodo (azul).

Na Figura 10.2 é apresentada uma medida da absorção (absorbância) de uma solução BR realizada num espectrofotômetro UV-Vis.

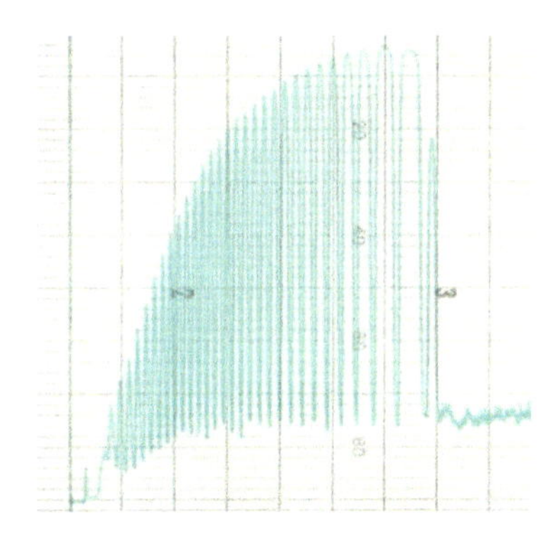

Figura 10.2. Variação da absorbância para a reação BR nas seguintes condições (concentrações finais dos reagentes): KIO_3 0,05 M; H_2O_2 0,9 M; ácido malônio 0,04 M; $HClO_4$ 0,04 M; Mn^{2+} 0,006 M; amido 0,01%. A solução resta-se no final de cor azul. Condições instrumentais: λ= 610 nm varredura= 1,2 min/cm (cada divisão horizontal no papel). No início foram observadas 6 oscilações por 1,2 min ou cerca 12 s por oscilação.

10.2 OSCILADOR BZ (Belousov-Zhabotinsky)

Nesse sistema, o íon cério fica oscilando entre os estados de oxidação (III), incolor, e o (IV), de cor amarela. Se não tivéssemos ferroína, esta seria a mudança de cor do sistema. **Ferroína** é uma solução do complexo de 1,10-fenantrolina com ferro (II), $[Fe(phen)_3]^{2+}$, preparada pela dissolução de **0,27 g de o-fenantrolina** (180,21 g/mol) e **0,15 g de $FeSO_4 . 7H_2O$** (278,02 g/mol) em **10 mL de água** (concentração do complexo de 0,05 M). A solução é um importante indicador redox, tendo coloração vermelha no estado reduzido e azul no estado oxidado (E^o = 1,06 V em H_2SO_4 1 M).

Para a fase inicial do oscilador BZ, a tonalidade verde seria consequência da mistura do azul do complexo com o amarelo do íon Ce^{4+}. Esse oscilador produz um período de oscilação inicial maior que o oscilador BR (cerca de 20 s contra 10 s no oscilador BR), porém tem um tempo de vida muito mais longo (cerca de 2 horas). Em ambos os osciladores, e certamente em quase todos outros, o período das oscilações vai aumentando como mostrado na Figura 10.2.

O mecanismo do oscilador BZ pode ser dividido em dois processos. O Processo 1 é representado pela reação global segundo a equação:

$$BrO_3^- + 5Br^- + 6H^+ \rightarrow 3Br_2 + 3H_2O$$

que representa a redução dos íons bromato pelos íons brometo através de uma série de transferências de oxigênio (reduções de 2 elétrons). A geração de bromo no sistema confere à solução uma coloração âmbar, que desaparece à medida que o bromo reage com ácido malônico, conforme equação:

$$Br_2 + CH_2(COOH)_2 \rightarrow BrCH(COOH)_2 + Br^- + H^+$$

Uma vez que o processo 1 fornece uma quantidade suficiente de intermediários e consome a maior parte de Br^-, o processo 2 começa a dominar. A reação global desse processo é:

$$2BrO_3^- + 12H^+ + 10Ce^{3+} \rightarrow Br_2 + 6H_2O + 10Ce^{4+}$$

O processo 2 produz Ce (IV) e Br_2 e ambos oxidam o material orgânico, gerando íons brometo. Como a concentração deste íon volta a aumentar, o processo 1 volta a dominar, acarretando num sistema oscilatório (Figura 10.3).

EXPERIÊNCIA 127 KIT (segundo Shakhashiri, 1985)

Preparar as seguintes soluções em copos plásticos. *Solução A*: dissolver **2,38 g de $NaBrO_3$** em 70 mL de água destilada ou mineral. *Solução B*: dissolver **2,24 g de ácido malônico** e **0,42 g de NaBr** em 70 mL de água destilada. *Solução C*: adicionar **10 mL de H_2SO_4** concentrado a 60 mL de água, lentamente e com agitação. Resfriar a solução e em seguida dissolver **0,74 g de $Ce(NH_4)_2(NO_3)_6$**.

Num béquer 250 mL juntar a *solução A* com *a solução B*, agitar até descoloração da solução âmbar (1 min). **Nesta etapa evitar cheirar o gás bromo exalado pois ele é tóxico.**

Adicionar em seguida a *solução C* e agitar com o bastão de vidro. Adicionar finalmente **20 gotas** do indicador redox **ferroína** 0,05 M.

Quando bem executado, o oscilador BZ perdura por mais de 2 h.

Figura 10.3. Variação de cor da solução no oscilador BZ (Belousov and Zhabotinsky). Quando bem executada, a reação BZ oscila por cerca de 2 h. A solução varia em vários tons de cor, dependendo da quantidade de ferroína adicionada.

O oscilador BZ é bem flexível e suporta grandes variações nas concentrações dos reagentes, a saber: H_2SO_4 0,5 a 2,5 M; $NaBrO_3$ 0,01 a 0,09 M; $Ce(NH_4)_2(NO_3)_6$ 0,0001 a 0,1 M; $CH_2(COOH)_2$ 0,012 a 0,50 M; ferroína 0,0006 M. Em geral, o aumento das concentrações dos reagentes (principalmente H_2SO_4) acarreta numa diminuição do período de oscilação. A temperatura da solução também exerce forte efeito sobre a diminuição desse período. O oscilador possui um período de pré-oscilação de uns 30 s antes de começar a oscilar.

As concentrações finais do experimento 126 são: H_2SO_4 0,90 M; $NaBrO_3$ 0,079 M; NaBr 0.020 M; $Ce(NH_4)_2(NO_3)_6$ 0,0067 M; $CH_2(COOH)_2$ 0,11 M e ferroína 0,00025 M.

10.3 OSCILADOR DE ÁCIDO GÁLICO

Essa é uma adaptação de um oscilador investigado por M. Orbán em 1978 e que pertence à classe de osciladores com bromato não catalisados. No sistema contendo somente bromato, ácido gálico e ácido sulfúrico, foi reportado por aquele autor um conjunto de somente 8 oscilações. Em minhas experiências em 1992, acrescentei ferroína como catalisador e indicador redox, o que permitiu a observação de um grande número de oscilações (mais de 30) durante uns 12 min. A reação possui um período de pré-oscilação de cerca de um minuto e varia entre o vermelho e o verde (Figura 10.4).

EXPERIÊNCIA 128 KIT

No béquer de 250 mL, adicione **0,95 g de ácido gálico** e 20 mL de água destilada. Adicione **gotas** de **solução de NaOH** 10% e agite até dissolver. Adicione agora mais 180 mL de água e lentamente, com cuidado, **20 mL de H_2SO_4 conc.** . Resfrie a solução. Adicione **2,20 g de $NaBrO_3$** e agite a solução até desvanecimento da cor inicial (não cheirar o bromo). Adicione em sequência **10 gotas** do indicador redox **ferroína** , e agite com um bastão de vidro.

Após um período de pré-oscilação de cerca de 2 min, a cor da solução varia de vermelho para verde e vice-versa. Quando bem executado, o oscilador de ácido gálico perdura por mais de 5 min. Caso deixe a solução aquecida pela adição do ácido sulfúrico, você terá um período de oscilação bem menor (seção 12.4).

Figura 10.4. Variação de cor da solução no oscilador de ácido gálico. O oscilador necessita de uns 2 min para começar a oscilar nas cores do semáforo (verde e vermelha).

10.4 OSCILADOR COM EVOLUÇÃO DE GÁS (GEO)

Há um século, Morgan (1916) observou a evolução oscilatória de monóxido de carbono (CO) durante a decomposição de ácido fórmico em ácido sulfúrico concentrado. Sendo assim, a primeira reação química oscilante foi descoberta cinco anos antes da reação de Bray-Liebhafsky e quarenta anos antes do oscilador Belousov-Zhabotinsky. Desde então, muitos outros osciladores com evolução de gás (GEO) foram descobertos.

Na desidratação do ácido fórmico catalisada por ácido (H_2SO_4), parece que a nucleação homogênea da solução supersaturada tem um importante papel no mecanismo da evolução oscilatória do CO. Quando HNO_3 também está presente, além do CO e CO_2 formado, outros gases de nitrogênio aparecem, gerando tonalidade amarelas e azuladas devido à presença destes gases. Bowers and Noyes, em 1983, reportaram uma série de experimentos com outros ácidos orgânicos, como o ácido málico, oxálico, tartárico, cítrico e malônico, contudo o sistema com ácido fórmico é um dos mais notáveis, seja devido à baixa temperatura para se desenvolver, seja devido ao grande número de oscilações da pressão do sistema ($n > 60$) observadas.

Se bem que, nos osciladores GEO's, o gás liberado pela espuma é monitorado por medidores de pressão, acoplados a finos tubos de saída do gás e é possível perceber visualmente essas variações de pressão pela formação e destruição de espuma, cuja altura num tubo cilíndrico varia com o processo oscilatório.

EXPERIÊNCIA 129 KIT

Numa proveta de vidro de 100 mL, adicione **2 mL de ácido fórmico** e, de uma vez, **20 ml de H_2SO_4 concentrado.** Observe a rápida evolução de gás com formação de abundante espuma. Aproxime um fósforo aceso da boca da proveta e observe a chama azul devido à combustão do CO ($CO + \frac{1}{2} O_2 \rightarrow CO_2$) gerado na decomposição pelo ácido sulfúrico. Para evitar a influência dessa chama no sistema, abafe-a para apagar.

Aqueça a proveta em um recipiente com água a **50 °C** ou via secador de cabelo. Após 5 min, adicione mais **4 mL de ácido fórmico**. Quando a oscilação do gás CO estiver sido estabelecida (após + 5 min), acrescente **4 mL de HNO_3**. Após mais 1 hora, acrescente mais **4 mL de ácido fórmico**. Uma suave camada amarela é observada movendo-se para baixo da proveta, tendo uma cor azulada no fundo. Ambas as cores variam no sistema durante sua oscilação, a cor amarela é atribuída ao NO_2 e a cor azulada ao gás N_2O_3 ($N_2O_3 \rightarrow NO + NO_2$). Observe a variação da altura da coluna de espuma, devido à supersaturação-desaturação dos gases na espuma (CO, CO_2, NO, NO_2). Pelo menos você observará umas 10 oscilações (Figura 10.5).

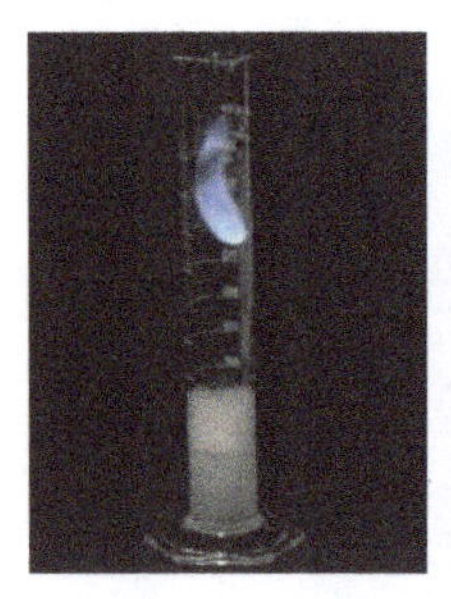

Figura 10.5. oscilações com evolução de gás (GEO) do sistema ácido fórmico, H_2SO_4 e HNO_3. Na primeira foto pode-se ver a combustão do gás CO gerado.

Observação: O nome fórmico tem sua origem do latim *formica*, que significa formiga, dado que a primeira vez que o ácido foi isolado ocorreu por destilação de formigas.

Outro oscilador mais interessante é descrito por Shakhashiri (1985), vol. 2, a partir da reação de sulfato de amônio com nitrito de sódio em meio ácido (Figura 10.6). O processo de decomposição acontece em várias etapas, mas pode ser representado pela equação global:

$$NH_4^+(aq) + NO_2^-(aq) \longrightarrow N_2(aq) + 2H_2O(l)$$

EXPERIÊNCIA 130

Solução A: Adicione **10 gotas de H_2SO_4 conc.** (ou 1,7 mL H_2SO_4 6M) em 50 mL de água. Dissolva nesta solução **13 g de $(NH_4)_2SO_4$**.

Solução B: Em outro recipiente dissolva **14 g de $NaNO_2$** em 50 mL de água.

Num béquer de 100 mL adicione 10 mL da solução A e 10 mL da solução B. Agite a mistura rapidamente por uns 5 segundos, que resultará numa imediata efervescência.

Mantenha a agitação num ritmo mais suave, e observe aumento e diminuição da efervescência em intervalos de 8 segundos, por um período total de uns 4 min.

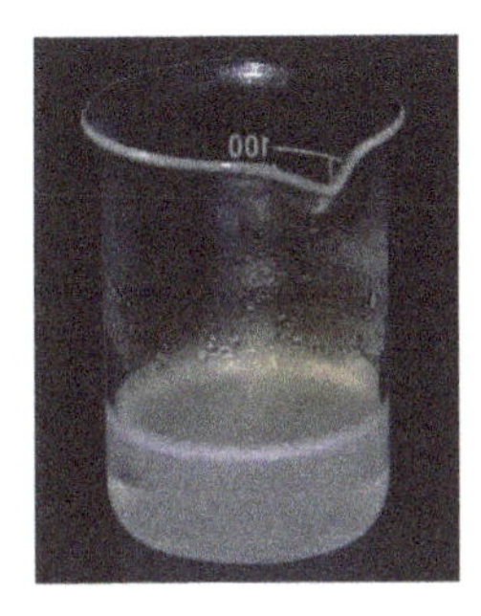

Figura 10.6. oscilador com evolução de gás (GEO) para o sistema ácido sulfúrico, sulfato de amônio e nitrito de sódio.

10.5 OSCILADOR ESPACIAL

Em um sistema químico oscilatório, a concentração de intermediários de reação varia com o tempo. Oscilação temporal é estabelecida quando a solução é bem agitada. No caso de ausência de agitação, pode haver zonas de heterogeneidade de concentração no espaço. Zaikin e Zhabotinsky (1970) foram os primeiros a reportar o surgimento de ondas químicas num sistema composto de bromato, ácido malônico, ácido bromomalônico, ácido sulfúrico e ferroína, quando a solução era espalhada numa fina camada numa placa de Petri. Field e Noyes explicaram esse fenômeno em termos de um mecanismo de reação baseado na oscilação temporal de intermediários acoplado com a difusão deles.

Existem muitos osciladores espaciais baseados em compostos orgânicos (anilina, fenol, ácido 4-aminobenzenosulfônico, etc.), mas o mais conhecido baseia-se na reação oscilante BZ. Uma solução com concentrações adequadas desse oscilador é vertida numa placa de Petri para formar uma película de cerca de 1 mm (de forma a dificultar o movimento convectivo). Após algum tempo, começa a se formar na solução vermelha pontos azuis que viajam pela solução na forma de anéis. Essas ondas viajantes são também oscilatórias, o que resulta num lindo mosaico de anéis azuis e vermelhos intercalados e que se anulam quando uma frente de ondas encontra outra frente (Figura 10.7).

EXPERIÊNCIA 131 KIT

Pese num copo descartável ou béquer **0,40 g de $NaBrO_3$** e **0,08 g de NaBr**. Dissolva os sais em 7 mL de água e adicione **8 gotas** de **H_2SO_4 6 M**. Agite e assopre o recipiente até que a coloração vermelha formada pela liberação de bromo se extingue (evite aspirar o bromo, pois ele é tóxico).

Dissolva agora **0,15 g de ácido malônico** e adicione à solução límpida **3 gotas** de **ferroína**. Espalhe a solução final numa placa de Petri colocando-a numa superfície branca rigorosamente horizontal. Após cerca de 1 minuto, observe a formação de pontos azulados e a migração das ondas oscilantes. Caso necessário, adicione mais ferroína e agite para nova formação de ondas espaciais.

Figura 10.7. Oscilador espacial baseado no sistema BZ, com frentes de ondas se propagando e se nucleando em sistema homogêneo. A cor varia entre o vermelho e azul, influenciada pela concentração dos reagentes e da ferroína, espessura da camada, impurezas e agitação.

Em sistemas bromato com ácidos aromáticos, outras estruturas aparecem, como faixas, ondas e mosaicos. Algumas sugestões são:

Sistema 1) H_2SO_4 2,2 M; $NaBrO_3$ 0,055 M e anilina 0,022 M;

Sistema 2) H_2SO_4 2,0 M; $NaBrO_3$ 0,05 M e fenol 0,026 M.

As concentrações molares são as finais da solução.

10.6 ONDAS VIAJANTES NO SISTEMA ARSENITO-IODATO

Ondas espaciais proporcionam uma boa oportunidade para observar a detalhada interação entre reação e difusão, e uma introdução para a importante noção de quebra de simetria, na qual estruturas podem aparecer espontaneamente num meio inicialmente homogêneo (seção 10.5). A reação entre arsenito e iodato em meio ácido, embora não seja considerada uma reação oscilante, oferece uma excelente introdução pedagógica para um número de interessantes experimentos dinâmicos, particularmente ondas viajantes (Epstein, 1983).

A reação entre arsenito e iodato é uma da família de reações Landolt (seção 10.1), nas quais um agente redutor reage com iodato num processo auto catalítico para produzir iodeto ou iodo. Foi sugerido que a reação envolve dois processos componentes:

$$5I^- + IO_3^- + 6H^+ \rightarrow 3I_2 + 3H_2O \qquad (1)$$

$$H_3AsO_3 + I_2 + H_2O \rightarrow H_3AsO_4 + 2I^- + 2H^+ \qquad (2)$$

Obs: O íon arsenito AsO_2^- em meio ácido aquoso forma o ácido arsenioso, H_3AsO_3.

A reação (1) é a bem conhecida reação Dushman e é base de muitos métodos e práticas físico-químicas e analíticas (Iodometria - seção 3.4.1). Ela é a base da reação Landolt. Numa solução agitada, se iodato está em excesso sobre arsenito ($[IO_3^-]_0$ / $[H_3AsO_3]_0 >$ 1:2,5), o iodo gerado na reação (1) não será prontamente consumido em (2), gerando assim um excesso de iodo e uma repentina coloração azul ou marrom escuro, típica do complexo I_3^- ligado ao amido (reação relógio - item 9.1.1). Se arsenito está em excesso, o iodo produzido em (1) é consumido pela reação (2), cineticamente mais rápida. Sob essas condições, a reação líquida é:

$$5I^- + IO_3^- + 3H_3AsO_3 \rightarrow 6I^- + 3H_3AsO_4$$

Existe uma produção líquida de iodeto, mas o processo determinante da velocidade (1) acelera com a concentração de iodeto, de forma que a reação é auto catalítica. Com excesso de arsenito numa solução agitada, a cor marrom pode aparecer somente por um breve momento antes que o iodo seja consumido.

Quando uma reação auto catalítica é conduzida num tubo fino, com apropriadas concentrações e em repouso, uma simples onda de concentração pode se propagar através da solução inicialmente homogênea. O efeito é resultado do acoplamento entre a reação auto catalítica e a difusão da espécie auto catalítica (X). Se a reação e a difusão estão em apropriada relação, então X excede um valor limiar em algum lugar da solução, como resultado de uma flutuação, e sua concentração cresce naquela região devido à autocatálise. X difunde nas regiões vizinhas, onde sua concentração de novo cresce rapidamente, e a onda se propaga (veja também, para comparação, explicação das ondas viajantes e oscilantes neste capítulo).

Na reação entre arsenito e iodato, a espécie auto catalítica é o iodeto e, para excesso de iodato, sua migração no seio da solução acarretará numa nova formação de iodo, com consequente migração de uma banda marrom escura (ou azulada, no caso de se ter amido em solução).

Parece que o oxigênio desempenha fundamental papel no surgimento da onda, pois a mesma sempre aparece no topo da solução. De alguma forma, o oxigênio difundido no topo favorece a reação inicial entre iodato e arsenito, com formação de iodeto.

EXPERIÊNCIA 132 KIT

No trabalho original de Epstein, ele preparou soluções separadas de $NaIO_3$ 0,18 M e Na_2AsO_2 0,05 M e 0,115 M, todas soluções em meio tampão de bissulfato-sulfato, pH 1,80 e 1,50, misturando um volume de iodato com cinco de arsenito, agitando e transferindo as soluções finais para tubos de ensaio de 10x1 cm.

Vamos reproduzir as experiências controlando o pH do sistema reacional por adição de ácido sulfúrico às soluções.

Dissolva **0,13 g de KIO_3** em **18 ml de água**, utilizando o bastão de vidro. Adicione agora **0,25 g de $NaAsO_2$**, **40 gotas** de **amido 2%** e finalmente **1 gota de H_2SO_4 6 M**. Agite rapidamente a solução e transfira para um tubo de ensaio de 20 mL, deixando-o no suporte para tubos de ensaio. Após cerca de 5 min, observe a formação de uma faixa no topo do tubo, que se propaga para baixo por completo.

Repita a experiência adicionando agora apenas **0,11 g de $NaAsO_2$**. Nesse caso, o iodato fica em excesso e haverá a formação de uma banda de iodo que se propaga para baixo. Você pode tentar novas combinações de reagentes, por exemplo, diminuindo a acidez do meio (dilua previamente o ácido sulfúrico).

CAPÍTULO 11

Quimiluminescência e Fosforescência

11 QUIMILUMINESCÊNCIA

Entende-se por luminescência o fenômeno que envolve a absorção de energia (fótons, partículas carregadas, energia mecânica, etc.) por uma substância e sua emissão como radiação visível ou próxima da visível. Distingue-se da incandescência, cuja emissão de luz visível dos corpos aquecidos ($T > 400$ °C) deve-se à agitação térmica.

Muitos tipos de luminescência são classificados de acordo com a fonte de energia excitadora. Se a luminescência é produzida por absorção de radiação eletromagnética temos a **fotoluminescência**. Se for produzida por bombardeio de elétrons temos a **catodoluminescência**; por partículas de alta energia temos a **radioluminescência**; por atrito ou fratura mecânica a **triboluminescência**; por ação do calor sobre um corpo, ativado previamente a frio pela luz, temos a **termoluminescência** (método de datação para antigos objetos); por absorção de intensas ondas sonoras em líquidos, induzindo cavidades gasosas dentro de um líquido com rápida eclosão (cavitação), a **sonoluminescência**; por reação química temos a **quimiluminescência**, a qual deriva em bioluminescência quando produzida por reações químicas em organismos vivos.

Na fotoluminescência, a emissão de luz pode ser quase simultânea com a excitação e desaparecer quando esta termina; o fenômeno é a ***fluorescência***. Ou então, a emissão persiste um tempo razoavelmente longo depois do término da excitação; o fenômeno é a ***fosforescência***. Na fluorescência, o intervalo de tempo entre a excitação e a emissão é de 10^{-9} a 10^{-6} s, enquanto que na fosforescência este intervalo é de 10^{-3} s a vários minutos, podendo chegar a horas em alguns sólidos cristalinos ativados. Uma melhor distinção entre os dois fenômenos é feita quando se consideram os respectivos mecanismos de transição eletrônica. Na fluorescência, o estado excitado é um *singleto* (não há mudança do spin eletrônico durante a transição) e, por consequência, a transição para o estado fundamental é muito rápida e facilitada, com produção de maior potência luminosa. Na fosforescência, o estado excitado é um *tripleto* (há mudança no spin eletrônico durante a transição) e o relaxamento para o estado fundamental ou estados intermediários é mais demorada e pouco frequente, pois a probabilidade das transições é menor. Adicionalmente, as energias dos estados excitados tripletos são relativamente menores que a dos seus equivalentes singletos, consequentemente, a banda de emissão fosforescente ocorre em região espectral de menor energia (comprimento de onda maior).

Os interruptores caseiros, adesivos e variados plásticos e materiais contêm pigmentos fosforescentes que continuam emitindo luz algumas horas depois da cessão da excitação luminosa proveniente do ambiente ou das lâmpadas ligadas. Já na lâmpada fluorescente, ao desligar a eletricidade, cessa a emissão luminosa pelo processo fluorescente de excitação dos átomos de mercúrio, ou sódio, presentes na lâmpada, embora ainda persista uma emissão residual devido à débil fosforescência dos pigmentos brancos que recobrem a lâmpada. Esta camada interna, também chamada de fósforo ("phosphor" em inglês), é composta de uma mistura de óxidos e fosfatos de alcalinos terrosos, metais e elementos das terras raras, cuja função é a transladar a banda de emissão do ultravioleta para o visível (a composição da lâmpada varia com a aplicabilidade da lâmpada).

Todas as reações químicas transcorrem com absorção ou liberação de energia (variação entálpica). Na maioria dos casos, a energia desprendida ou absorvida é calorífica. Porém, em algumas reações químicas, parte da energia química é liberada sob forma de energia luminosa e em condições de baixas temperaturas. Essa emissão de luz fria é chamada de **quimiluminescência**. Nesse tipo de luminescência, a conversão de energia química em energia luminosa envolve a formação de um reagente intermediário, ou molécula produto, num estado eletrônico excitado (diretamente ou por transferência de energia) e a emissão de um fóton por aquela espécie.

O primeiro composto sintético orgânico a apresentar uma reação quimilumines-cente foi a lofina (2,4,5-trifenilimidazol), preparada em 1887 por Radiziszewski, que observou a emissão luminosa somente na presença de oxigênio. O termo quimilumi-nescência foi introduzido por E. Wiedemann em 1888. Contudo, a bioluminescência produzida por diversos animais na natureza já era conhecida desde a antiguidade. Em 1669, o médico H. Brandt conseguiu isolar o fósforo branco a partir da exaustiva destilação de urina, tendo observado sua luminescência quando exposto ao ar.

Uma vasta variedade de compostos é conhecida atualmente por serem quimiluminescentes, porém poucos emitem apreciável quantidade de luz e por prolongados períodos de tempo. Alguns desses notáveis compostos são o luminol, a lucigenina, o tetrakis-dimetilaminoetileno (TKDE), o cloreto de peróxi-oxalil e seus ésteres, 1,2-dioxietano e a 1,2-dioxetanona. Esses peróxidos cíclicos com anel de 4 átomos foram comprovados como intermediários-chave na bioluminescência do vagalume, a qual envolve a oxidação do substrato luciferina, catalisada pela enzima luciferase. Já os peróxioxalatos são muito utilizados na confecção de bastões luminosos, conhecidos como "lightsticks", "glowsticks" ou pulseiras neons, devido à sua alta eficiência quântica. O lightstick da marca CYALUME contém peróxido de hidrogênio diluído em éster ftálico, contidos num tubinho de vidro, envolvidos por outra solução contendo o éster oxalato de bifenila e um sensibilizador fluorescente ("fluorescent dye"). Quando o tubinho é quebrado o peróxido de hidrogênio reage com o éster oxálico com produção de luz, cuja cor de emissão ($h\nu$) dependerá o sensibilizador fluorescente, que funciona como um aceptor excitado (quimiluminescência indireta) e translada a banda de emissão para diversas faixas espectrais (em função do indicador usado), gerando diversas cores. Esse sistema é muito eficiente e perdura por várias horas, sendo muito utilizados em bastões de luz de emergência para navios, aviões, campings e como pulseiras para festas. Um mecanismo simplificado para oxidação do oxalato de bifenila é dado abaixo:

$$PhO{-}CO{-}CO{-}OPh + H_2O_2 \longrightarrow 2\ PhOH + \begin{matrix} O-C{=}O \\ | \quad\ | \\ O-C{=}O \end{matrix}$$

$$\begin{matrix} O-C{=}O \\ | \quad\ | \\ O-C{=}O \end{matrix} + dye \longrightarrow 2\,CO_2 + dye^* \qquad dye^* \longrightarrow dye + h\nu$$

11.1 OXIGÊNIO SINGLETE

Através do diagrama de orbital molecular (Figura 11.1), o oxigênio molecular, no estado fundamental, possui dois elétrons com spins paralelos ocupando dois orbitais π de mesma energia, chamados de degenerados ou desemparelhados, caracterizando, portanto, um estado triplete, $^3\Sigma_g^-$ (Ronsein, 2006). Consequentemente, a redução direta do oxigênio por dois elétrons é proibida pela regra de conservação do spin. Uma forma mais reativa do oxigênio, conhecida como oxigênio singlete, pode ser gerada por um acréscimo de energia. Nela, a restrição da regra de conservação do spin é removida. Sendo assim, o oxigênio singlete é muito mais oxidante que o oxigênio molecular no seu estado fundamental. Existem dois estados singlete do oxigênio: o primeiro estado excitado, $^1\Delta_g$, tem dois elétrons com spins opostos no mesmo orbital, possui uma energia de 22,5 kcal acima do estado fundamental e tempo de meia vida em solvente aquoso de aproximadamente 10^{-6} s; o segundo estado excitado, $^1\Sigma_g^-$, tem um elétron em cada orbital π degenerado, com spins opostos, e possui uma energia de 37,5 kcal acima do estado fundamental. O estado $^1\Sigma_g^-$, tem um tempo de vida muito curto (10^{-11} s) em meio aquoso, sendo rapidamente desativado para o estado $^1\Delta_g$. Portanto, apenas o primeiro estado apresenta interesse em sistemas biológicos e será denotado por $^1O_2$. Por se tratar de uma espécie eletronicamente excitada, o $^1O_2$ decai para o estado fundamental emitindo luz.

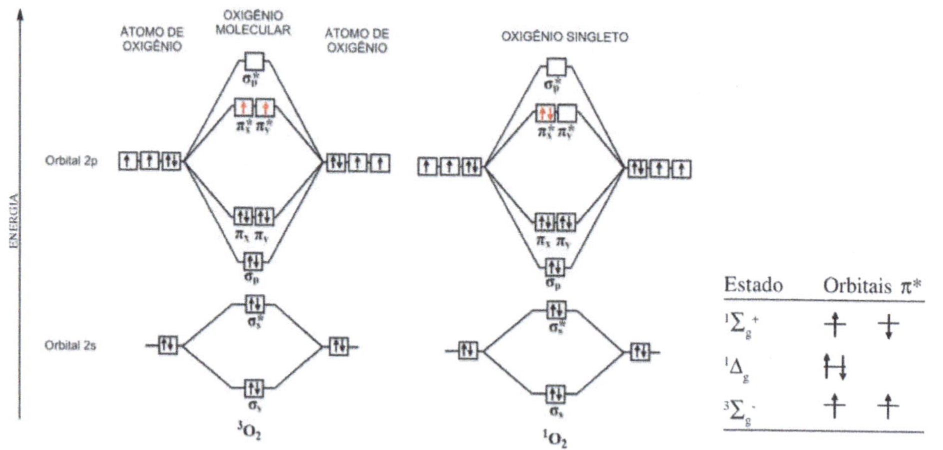

Figura 11.1. Representação do diagrama de orbital molecular do oxigênio nos estados triplete e singlete nos níveis 2s e 2p.

O oxigênio singleto ($^1\Delta_g$, com dois elétrons emparelhados no mesmo orbital) é uma molécula extremamente reativa que pode ser gerada diretamente pela reação de água oxigenada (H_2O_2) com hipoclorito de sódio (NaOCl) ou indiretamente pela transferência de energia de uma molécula excitada por luz visível ou ultravioleta. Este último é comumente mais usado devido à simplicidade de controle do processo de geração de oxigênio singleto. Moléculas como porfirinas, as clorofilas, azul de metileno e muitas outras moléculas orgânicas podem gerar oxigênio singleto por transferência de energia desde que irradiadas com luz no comprimento de onda apropriado. A transferência de energia promove a inversão do spin de um dos elétrons da molécula de oxigênio transformando-a de tripleto para singleto.

A investigação espectroscópica da luminescência vermelha que acompanha a decomposição de peróxido de hidrogênio (H_2O_2) na presença do íon hipoclorito (OCl^-), realizada por Khan e Kasha (1963), revelou a existência de duas bandas de emissão centradas em 634 e 703 nm, atribuídas ao decaimento para o estado fundamental do $^1O_2$ gerado na reação (dentro das bolhas formadas na reação). A pesquisa também revelou que a quimiluminescência é devida a transição simultânea de duas moléculas de oxigênio excitadas para o estado fundamental em um processo um fóton duas moléculas.

$$2O_2(^1\Delta_g) \longrightarrow 2O_2(^3\Sigma_g^-) + h\nu\ (\approx 630\ \text{nm})$$

Dois fatores afetam sobremaneira esta emissão: a intensidade depende do quadrado da concentração do oxigênio singlete, e o nível do efeito de supressão devido a outras moléculas presentes ("quenching"). Este efeito é aumentado quando muita espuma é gerada no sistema reacional.

Para o experimento pode-se utilizar uma solução de hipoclorito de sódio a 5% (≈0,7 M) e peróxido de hidrogênio a 30% (10 M). O meio básico da solução de hipoclorito (água sanitária) garante a máxima emissão. A ordem de injeção dos reagentes é importante. Quando a solução diluída de hipoclorito de sódio é adicionada na solução concentrada de H_2O_2, todo o ânion OCl^- é consumido no ponto de injeção, e a quimiluminescência ocorre. No caso contrário, o peróxido introduzido deve primeiro difundir na solução de hipoclorito, gerando uma lenta produção de oxigênio singleto, não resultando em quimiluminescência.

$$OCl^-(aq) + HO_2^-(aq) \longrightarrow O_2(g) + Cl^-(aq) + OH^-(aq)$$

EXPERIÊNCIA 133 KIT

Oxigênio singlete:

Método 1) Num béquer de 250 mL adicionar uns 50 mL de H_2O_2 concentrado ou peridrol (30%, 35% ou 50%). Desligar as luzes para total escuridão e adicionar água sanitária (4-5%) sobre o peridrol, e observar a emissão quimiluminescente de luz vermelha (Figura 11.2).

Método 2) Triturar umas 30 g de ácido dicloroisocianúrico, ou melhor ainda, seu sal mais solúvel dicloroisocianurato de sódio ($C_3Cl_2N_3NaO_3$), que pode ser adquirido em lojas de matérias para piscinas (ver item 3.3). Transferir o sólido granulado para um béquer de 250 mL, desligar as luzes e adicionar a água sanitária, com agitação.

Figura 11.2. Emissão de luz vermelha devido a quimiluminescência do oxigênio singlete.

Dicloroisocianurato de sódio

11.2 LUMINOL

11.2.1 Oxidação do luminol em água

Esse é o exemplo mais conhecido de quimiluminescência, sendo a mais utilizada em aplicações analíticas desde os anos 60. A oxidação do luminol (3-aminoftalilhidrazida ou 5-amino-2,3-dihidroftalazina-1,4-diona) produz uma intensa luz azul, tendo sida primeira reportada por Albrecht em 1928, e foi a primeira reação quimiluminescente caracterizada mecanisticamente.

Para a quimiluminescência, além do luminol, são necessários um reagente oxidante (H_2O_2, O_2, ClO^-) e normalmente um catalisador (p. ex., metais de transição tais como Cu^{2+} e Fe^{3+}, ou ferricianeto de potássio, que atua também como agente oxidante). A reação mostra-se mais eficiente em **meio básico**, podendo ser realizada em solventes próticos (em geral água) ou dipolares apróticos (por exemplo, dimetilsulfóxido – DMSO). Contudo, o mecanismo de reação é diferente nesses dois meios.

Na oxidação do luminol em meio aquoso, que exige a presença de um oxidante e de um metal catalisador, o íon aminoftalato é formado num estado excitado e decai para o estado fundamental com emissão de fóton em comprimento de onda $\lambda_{máx}$= 424 nm e rendimento quântico de somente 1% (99% da energia é perdida em outros processos não radiantes, como rotação e vibração molecular, colisões, i.e., calor). Essa é a experiência quimiluminescente mais usual devido ao baixo custo e facilidade de execução.

Observações:

- Luminol é um sólido cristalino branco-amarelado, com temperatura de fusão entre 319-320 °C, praticamente insolúvel em água (< 0,1g/100mL), estável à temperatura ambiente e sensível à luz e ao calor. Possui pKa_1 de 6,74 e pKa_2 de 15,1.

- Devido à oxidação do luminol em solução pelo oxigênio do ar, ele é melhor armazenado em fase sólida. Suas soluções devem ser preparadas no momento do uso.

- Luminol é um produto relativamente caro, mas pode ser sintetizado a partir da reação do ácido 3-nitroftálico (ou a partir da nitração do anidrido ftálico) com sulfato de hidrazina, mediante aquecimento com a posterior redução do grupamento nitro 5-nitroftalhidrazina para formação do produto final (ver literatura).

Ácido 3-nitroftálico + Hidrazina → (Δ, $-H_2O$) 5-nitroftalhidrazina → (Na_2SO_4) Luminol

EXPERIÊNCIA 134 KIT

A oxidação do luminol será executada de 3 maneiras diferentes:

Método 1) Pese num copinho plástico as seguintes massas: **30 mg de luminol; 0,40 g de Na_2CO_3; 2,4 g de $NaHCO_3$** e **40 mg de $CuSO_4.5H_2O$**. Dissolva tudo em uns 20 mL de água destilada e adicione umas **2 gotas de NH_4OH**. Transfira tudo para um béquer em 250 mL e complete o volume para 100 mL com água destilada. Prepare agora outra solução diluindo 10 gotas de H_2O_2 a 30%, ou **5 mL de água oxigenada a 10 Volumes** (3%), em 100 mL de água. No escuro, misture e agite as duas soluções. Observe a quimiluminescência.

Método 2) Inicialmente, dissolva **30 mg de luminol** com 10 mL de água adicionando **4 gotas de NaOH a 10%**. Transfira a solução para béquer de 250 mL e complete para 100 mL com água. Prepare outra solução contendo de **50 mg de ferricianeto de potássio** e **5 gotas de H_2O_2 a 30%** em 100 mL de solução. No escuro, misture e agite as duas soluções.

Método 3) Inicialmente, dissolva **30 mg de luminol** com 10 mL de água adicionando **5 gotas de NaOH a 10%**. Transfira a solução para béquer de 250 mL e complete para 150 mL com água. De uma vez só e no escuro adicione **50 mL de água sanitária** (solução de NaClO a 2,5%).

Compare os três métodos de oxidação e decida qual é o melhor em termos de intensidade luminosa (Ver Figura 11.3) e duração. Se adicionar mais luminol a solução volta a brilhar.

Figura 11.3. Quimiluminescência da oxidação de luminol em meio aquoso básico.

11.2.2 Luminol em Perícia Criminal

Somente a partir de 1937 o luminol foi aplicado na ciência forense para a identificação de sangue. Esse mecanismo é complexo e baseia-se na emissão de luz através do processo de quimiluminescência, onde ocorre uma reação de oxirredução na presença do ferro da hemoglobina e de peróxido de hidrogênio. Vários agentes podem interferir na eficiência desta reação, seja de natureza ambiental, industrial ou doméstica (p.ex., hipocloritos, cobre metálico, polidores de móveis e algumas tintas). Apesar da elevada sensibilidade desse reagente, não apresenta especificidade para sangue humano (Vasconcelos e Paula, 2017). A manipulação das soluções utilizadas nos testes deve ser realizada sempre com a utilização de equipamentos de proteção individual.

Algumas proteínas possuem uma porção não peptídica, denominada de grupo prostético, a qual está envolvida em funções biológicas das mesmas, como é caso da hemoglobina, que corresponde a um complexo hexacoordenado responsável pela condução de oxigênio aos tecidos do organismo. É composta por uma porção proteica, chamada globina, e quatro cadeias polipeptídicas ligadas a um grupamento prostético heme, contendo o átomo de ferro ligado ao sistema pirrólico, chamado de porfirina (figura ao lado).

Vamos então reproduzir tal investigação!

EXPERIÊNCIA 135 KIT

Inicialmente vamos preparar uma solução de luminol, sem catalisador, a ser armazenada num borrifador. Num copo plástico ou béquer de 100 mL dissolva **50 mg de luminol** e **2 g de bicarbonato de sódio** em 50 mL de água destilada ou mineral. Adicione agora **5 mL de peróxido de hidrogênio a 3%** (água sanitária a 10 volumes). Transfira a solução final para um borrifador.

Espalhe um pouco de sangue de galinha ou carne bovina numa superfície plana, utilizando um cotonete. Borrife um pouco da solução de luminol sobre a mancha de sangue, apague as luzes e observe a quimiluminescência induzida pelo ferro da hemoglobina.

11.2.3 Oxidação do luminol em DMSO

Em solventes apróticos, a oxidação requer apenas uma base forte e oxigênio, e a emissão de luz (em torno de 485 nm) é mais intensa do que aquela observada em água devido a um menor efeito "quenching" (absorção da radiação emitida, principalmente pelo solvente). Dimetilsulfóxido (DMSO) é o melhor solvente utilizado. Com o objetivo de aumentar o brilho da luz branca-azulada da quimiluminescência, são acrescentadas pequenas quantidades de compostos fluorescentes (chamados de sensibilizadores), que não só aumentam centenas de vezes a intensidade da emissão no visível, como também deslocam a banda de emissão para maiores comprimentos de onda (após absorverem a radiação emitida pelo luminol, parte no ultravioleta).

Abaixo é apresentado um mecanismo de reação para a oxidação do luminol em DMSO com produção de luz.

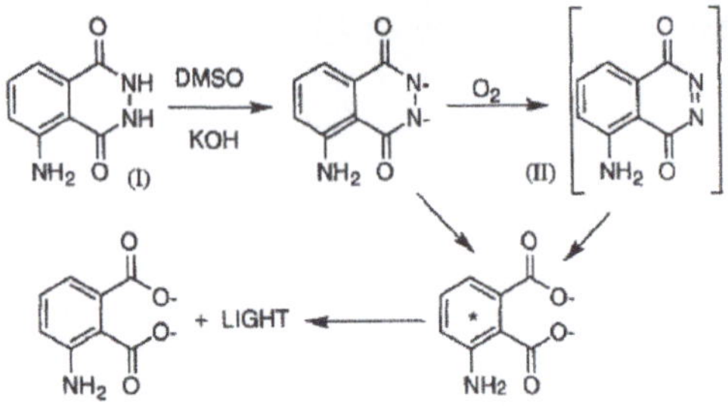

Na experiência a seguir, uma razoável quantidade de luminol é acrescida a um tubo contendo DMSO em meio básico. Como somente uma pequena quantidade de oxigênio é dissolvida na solução após agitação, a solução do tubo poderá funcionar durante meses, desde que a guarde fechada na geladeira. Caso queira, coloque um pouco mais de luminol para resgatar o brilho inicial.

EXPERIÊNCIA 136 KIT

Inicialmente, transfira para um tubo de ensaio uns 15 mL de dimetilsulfóxido **DMSO** e adicione umas **10 gotas de NaOH 10%**. Feche o tubo e agite para homogeneizar e aerar a solução. Abra o tubo e acrescente **30 mg de luminol**. Feche-o novamente e agite vigorosamente no escuro. Dentro de alguns segundos o conteúdo do tubo emitirá uma luz azulada característica da oxidação do luminol, parecendo um "light stick" (Figura 11.4).

Vamos agora deslocar a banda de emissão. Abra o tubo e adicione uma pitada (coisa de miligramas) do sensibilizador **eosina**. Feche o tubo e agite-o vigorosamente no escuro e observe agora uma luz laranja (Figura 11.4).

Caso tenha outros indicadores fluorescentes (fluoresceína, diclofluoresceína, rubreno, rodamina B, violantrona, etc.), use-os a fim de mudar a cor de emissão do luminol.

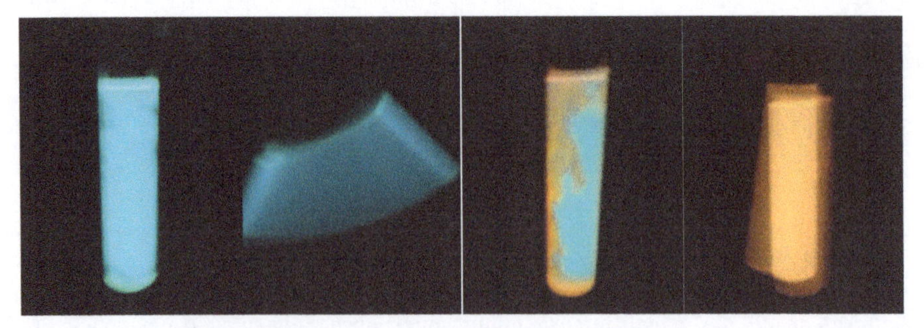

Figura 11.4. Soluções quimiluminescentes criadas a partir da dissolução de luminol em DMSO e meio básico. Da esquerda para a direita, temos i) luminol após agitação do tubo (aeração), ii) durante sua agitação, iii) eosina sendo introduzida na solução, e iv) após nova agitação.

Considerações finais:

- Existem hoje no mercado diversas substâncias quimiluminescentes, contudo são muito caras e são de difícil síntese.

- Você também pode preparar um chafariz semelhante àquele produzido na seção 4.3.1, só que agora quimiluminescente. Para isto, consiga um tubo em Y ou T de forma a aspirar duas soluções contidas em recipientes separados, um contendo a mistura aquosa do luminol e outro contendo o peróxido de hidrogênio. A outra ponta do tubo encaixe na rolha que levará ambas as soluções para dentro do kitassato ou balão de vidro, no qual foi previamente introduzida amônia gasosa.

11.3 RELÓGIO QUIMILUMINESCENTE

Essa é uma interessante experiência de associação do efeito relógio (Capítulo 9) a uma reação quimiluminescente, tendo sido primeiro descrita por White em 1957. Ao invés da solução mudar de cor após certo período, o processo final se caracteriza pela emissão de luz da reação quimiluminescente do luminol.

A oxidação do luminol (3-amino-ftalil-hidrazida) pelo peróxido de hidrogênio produz uma banda de emissão em torno de 424 nm. A reação é catalisada por uma variedade de espécies, tais íons Cu(II), complexos ferriheme (porfirinas de Fe^{3+}), enzimas heme (peroxidases, catalases), etc. A reação relógio envolve a competição entre luminol e outro substrato redutor mais eficiente (íons cianeto, cisteína, ascorbato, etc.), pelos energéticos intermediários de oxidação formados na reação com o H_2O_2. Se as condições experimentais são arranjadas de forma que a quantidade do substrato redutor é limitada, a emissão de luz é observada somente após a oxidação deste substrato se fazer completa.

A reação relógio quimiluminescente de White (1957) utiliza uma solução contendo luminol, peróxido de hidrogênio, amônia e um complexo de cianeto com cobre. Após todos os íons cianetos serem oxidados, as espécies de Cu(II) podem funcionar como ativador da oxidação do luminol pelo peróxido de hidrogênio, resultando em quimiluminescência. Essa reação pode ser realizada da seguinte maneira:

EXPERIÊNCIA 137 KIT

Num béquer de 250 mL dissolva **20 mg de luminol** em **10 mL de hidróxido de amônio** (15M). Complete o volume para **100 mL** com água destilada.

Adicione agora **2 mL** da solução do complexo **tricianocuprato(I) de potássio**, $K_2Cu(CN)_3$ 0,25 M (reagente do kit experimental Show de Química), e agite a solução. Este complexo pode ser preparado pela adição de quantidades estequiométricas de cloreto cuproso **$CuCl_2$** e **KCN** (nunca acidifique esse sal para evitar a formação de HCN altamente venenoso).

Apague as luzes, e sob agitação da solução acima, adicione **3 mL de peróxido de hidrogênio** a 30%. Um lampejo de luz será observado após 10 s da mistura. Esse tempo será aumentado se diminuirmos a quantidade do H_2O_2 adicionado (p. ex., 25 s para 1 mL).

Outra reação relógio quimiluminescente ainda mais interessante refere-se à produção de luz de duas cores (vermelho e azul), a partir da mistura de pirogalol, formaldeído e luminol em meio básico. A cor vermelha inicial é atribuída ao oxigênio molecular singleto formado durante a oxidação do pirogalol e formaldeído pelo H_2O_2 em meio alcalino, e a luz azul pela subsequente oxidação do luminol. O gatilho da reação do luminol que ocorre após o final da primeira quimiluminescência, sugere fortemente que radicais livres são envolvidos na oxidação subsequente. Esta magnífica reação é reproduzida a seguir:

EXPERIÊNCIA 138 KIT

Dissolva **8 g de NaOH** e **15 g $NaHCO_3$** em **40 mL de água** destilada contidos num béquer de 250 mL. Acrescente **5 mg de luminol** e **1 g de pirogalol**. Agite para dissolver. Acrescente **10 mL de formaldeído** a 40% e transfira toda a solução para um béquer de 1 L, colocado sobre outro recipiente maior (p.ex. bacia).

Para demonstração da dupla quimiluminescência, apague as luzes e adicione à solução do béquer **30 mL de H_2O_2** a 30%. A reação brilha vermelha por poucos segundos e depois azul por mais alguns segundos, produzindo abundante espuma e liberação de calor. Fantástico não?

11.4 OSCILADOR QUIMILUMINESCENTE

Conforme abordado no Capítulo 10, existe uma classe de reações em que as concentrações de reagentes, compostos intermediários e produtos variam periodicamente com o tempo, sendo assim chamadas de reações oscilantes. Ao longo dessas décadas, tais sistemas foram acoplados a reações quimiluminescentes de forma a gerar os chamados "osciladores quimiluminescentes". O mais famoso deles foi desenvolvido por Orban em 1986 e é baseado na reação entre H_2O_2 e KSCN, catalisada pelo par redox Cu^{2+} e Cu^+. Na presença de luminol, o qual reage com peróxido sob catálise por íons aminocomplexos de cobre, o sistema sofre oscilações com emissão de luz azul que diminui em intensidade após alguns segundos. Ao aquecer a solução sob agitação a 50-60 °C (banho-maria), a emissão fraca aumenta novamente, para depois diminuir. O processo se repete por umas 5 vezes, com intervalos escuros de 30 s e tempos de emissão de alguns segundos. Caso adicione eosina, a emissão será laranja.

EXPERIÊNCIA 139 KIT

Num béquer de 250 mL, dissolva **0,73 g de KSCN** e **5 mg de $CuSO_4.5H_2O$** (na balança de ourives do kit experimental pese 0,01 g) com **140 mL de água** destilada. Adicione agora **10 mL de H_2O_2** a 30%.

Prepare outra solução dissolvendo **40 mg de luminol** e **0,20 g de NaOH** em **50 mL de água**.

Num recinto escuro, adicione a solução do luminol à primeira solução e observe a emissão de luz azul. Introduza a solução sob agitação em um banho de água, previamente aquecido entre 50 °C e 60 °C, e observe após um período de indução algumas oscilações quimilumi-nescentes.

No sentido de melhor visualizar o fenômeno, repita as experiências adicionando também à solução do luminol compostos fluorescentes, tais como a **eosina** de cor laranja, fluoresceína (amarela) ou rodamina B (violeta).

11.5 EXPLOSÃO QUIMILUMINESCENTE DA MISTURA CS_2 + NO

Talvez uma das mais belas demonstrações químicas seja a reação explosiva da mistura entre o gás óxido nítrico (NO) e o vapor de dissulfeto de carbono (CS_2), coletados previamente num largo tubo de vidro. Quando a mistura é inflamada no topo do tubo, uma chama viaja para baixo do tubo, produzindo uma explosão e uma brilhante luz azul.

Shakhashiri (1983) sugeriu o uso de um tubo de vidro de 122 cm de comprimento e 58 mm em diâmetro, com duas rolhas largas de borracha ou silicone, contudo tubos mais estreitos podem ser utilizados. O tubo na posição vertical é inicialmente fechado na parte de baixo, enchido com água para expulsar o ar, e depois fechado na parte superior. Ele é transferido para um recipiente contendo água e aberto na parte inferior, conforme a Figura 11.5.

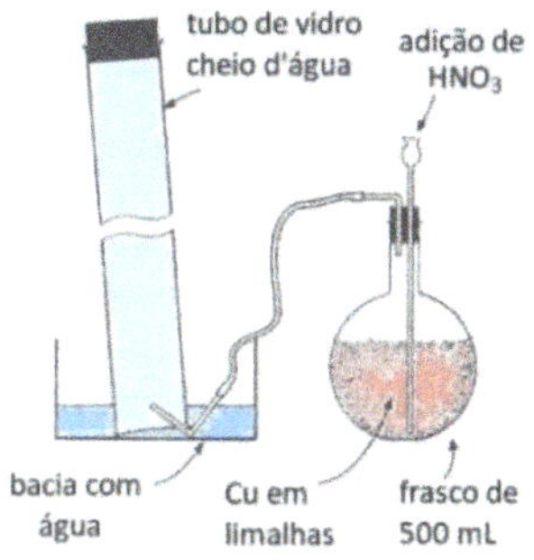

tubo de vidro cheio d'água
adição de HNO_3
bacia com água
Cu em limalhas
frasco de 500 mL

Figura 11.5. Montagem para quimiluminescência da mistura cs2 + no

EXPERIÊNCIA 140

Uma mangueira de saída advinda de um frasco de reação (p.ex., balão ou kitassato) é introduzida na parte inferior do tubo de vidro. No frasco de reação são adicionados 35 g de **limalhas de cobre** e, lentamente, 100 mL de **HNO_3 concentrado**. Inicialmente forma-se NO_2 devido a oxidação do NO gerado com o O_2 presente no ar dentro do frasco. Com a adição continuada de HNO_3 o óxido nítrico vai deslocando a água dentro do tubo de vidro, até total deslocamento e saída de gás na base. Neste momento, feche a base com uma rolha de borracha, de forma a reter o gás dentro do tubo (ver Figura 11.5). Mantendo o tubo na posição vertical, abra suavemente a rolha superior e introduza rapidamente via seringa 2,5 mL de **dissulfeto de carbono** (CS_2). Feche a rolha e agite o tubo para homogeneizar a mistura durante alguns segundos. Alivie a pressão interna levantando suavemente a rolha. Fixe o tubo num tripé, apague as luzes e rapidamente levante a rolha superior com introdução imediata de uma chama via palito de fósforo. Uma explosão azul ocorrerá, devido à reação quimiluminescente do NO com o CS_2 (ver Figura 11.6) Esta combustão produz N_2, CO, CO_2, SO_2 e S. O espectro luminoso azul emitido se estende de 310 a 490 nm, e é associado à transição tripleto-singleto do SO_2.

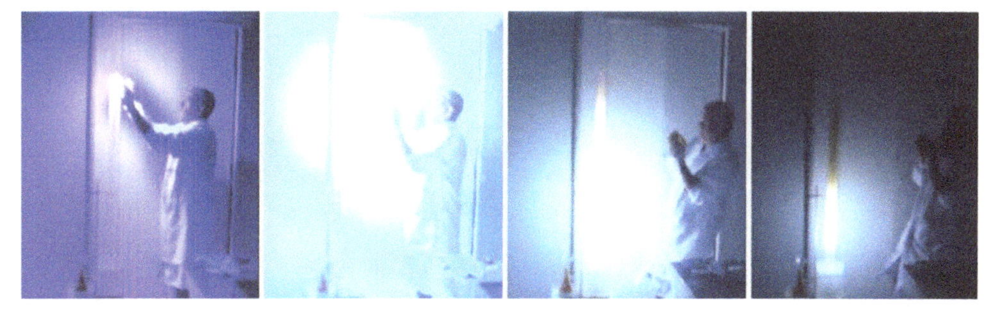

Figura 11.6. Sequência da rápida e fantástica explosão quimiluminescente da reação do dissulfeto de carbono com o óxido nítrico, conforme texto acima.

11.6 FÓSFORO BRANCO

O fósforo, símbolo P, foi o primeiro elemento químico isolado pelo ser humano, em 1669, pelo alquimista e médico alemão Henning Brand. Sua busca pela pedra filosofal o levou a aquecer resíduos sólidos de urina (fosfatos) com carvão, em um forno. A reação de redução permitiu que Brand obtivesse um composto branco amarelado, o fósforo branco, com uma consistência semelhante à da cera de abelha, e com propriedades luminescentes e emitindo luz sem chama ou calor (daí o nome grego *Phosphoros*, portador de luz, devido seu brilho no escuro). Quando exposto ao ar se inflama após um período de tempo.

O fósforo apresenta pelo menos 10 variedades alotrópicas, as quais podem ser divididas em branca, vermelha, e preta, sendo o alótropo de unidades P_4 (branco), o primeiro a ser descoberto. De fato, o fósforo branco adquire uma coloração amarela pela exposição à luz. Esta variedade é muito reativa e venenosa. A variação alotrópica vermelha apresenta uma estrutura polimerizada de cadeias interligadas da unidade teraédrica P_4, e esta polimerização torna o fósforo vermelho menos reativo, atóxico, menos inflamável e não fosforescente. Contudo, entra em combustão quando iniciado por uma chama. Já a variação preta apresenta a maior estabilidade, sendo considerada quimicamente inerte. Não é tóxica e também não apresenta propriedade pirofórica, sendo obtida pelo aquecimento da variação branca em pressões elevadas. É similar ao grafite quanto a estrutura e propriedades, como a cor e sua condutividade elétrica.

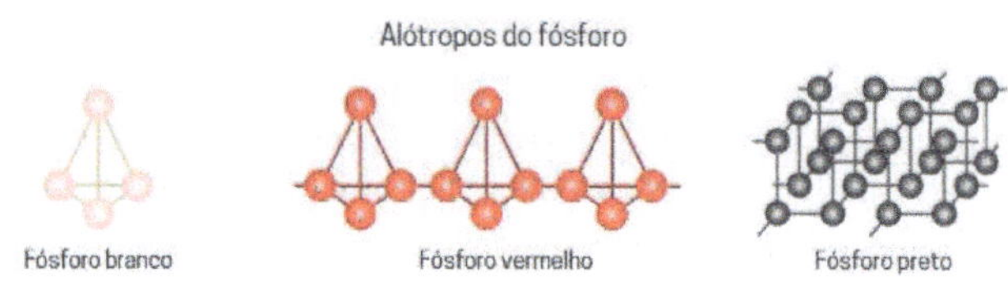

Devido sua alta reatividade, o fósforo branco é armazenado dentro d´água e, ao ser exposto no ar, reage lentamente com o oxigênio, produzindo trióxido de fósforo e luz. Essa quimiluminescência é débil e pode ser observada no escuro com uma cor verde pálida (Figura 11.7). À medida que essa reação se processa, a temperatura aumenta, e quando o sólido atingir 30 °C, ele se inflama com formação de fumos brancos de pentóxido de fósforo - P_2O_5 (se o ar estiver úmido, formam-se posteriormente gotículas de ácido fosfórico). A luminescência do fósforo branco não é observada no ar perfeitamente seco. Quando úmido, oxida-se lentamente com produção de P_2O_3 (na realidade o dímero P_4O_6), ozônio, ácido fosforoso e fosfórico, e luz.

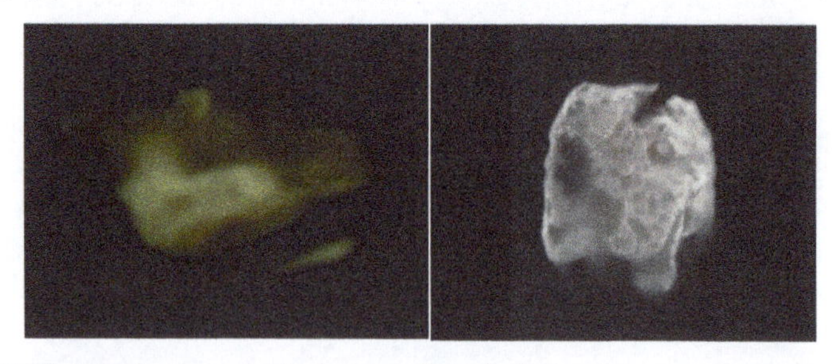

Figura 11.7. Quimiluminescência de um pedaço de fósforo branco ao ser exposto no ar.

A quimiluminescência do fósforo branco foi confundida durante séculos com outros processos de produção de luz, como a luminescência do **sulfeto de cálcio**, quando este era ativado pela luz. Aplicava-se o termo "fosforescência" a qualquer substância que tinha a capacidade de emitir luz. Essa questão foi somente resolvida no início do século 20, quando investigações mais apuradas levaram à descoberta da quimiluminescência do fósforo branco. O termo "fosforescência" diz respeito, hoje em dia, à forma de relaxamento eletrônico, de tripleto para singleto, forma distinta da fluorescência (singleto para singleto). Assim, o CaS, ativado por metais pesados, é uma substância fotoluminescente, com desexcitação eletrônica através da fosforescência (ver item 11.6). Porém, o fósforo branco não é fosforescente, mas sim quimiluminescente.

O elemento fósforo ligado a outros átomos forma uma enorme variedade de compostos, a exemplo do íon fosfato, e é um importante nutriente para a vida animal e vegetal, participando de diversos processos bioquímicos, como na fotossíntese e respiração. É um macronutriente essencial para o solo, junto ao nitrogênio e potássio. Está presente na constituição do DNA, nos dentes, ossos, e molécula de adenosina trifosfato (ATP), nossa principal fonte de energia química.

Contudo, na forma elementar e na variedade alotrópica branca, é extremamente venenoso (dose fatal de 100 mg por ingestão) e facilmente pega fogo no ar, sendo assim muito utilizado para a fabricação de fogos de artifício, bombas incendiárias e bombas de fumaça para camuflagem de tropas militares. Já o fósforo vermelho menos reativo é usado na fabricação de palitos de fósforo, fogos de artifício, bombas de fumaça, pesticidas e insumo de uma variedade de outros produtos.

11.6.1 Síntese do fósforo branco

Devido sua alta reatividade e uso militar, o fósforo branco não é encontrado no comércio popular. Contudo pode sintetizado pela despolimerização do fósforo vermelho, em atmosfera inerte e temperatura acima de 270 °C.

EXPERIÊNCIA 141 KIT

Monte o sistema ilustrado na Figura 11.8 com um tubo de ensaio fino e maior, a ser introduzido num outro mais largo e menor, com uma distância entre as paredes dos tubos de uns 2 mm. Coloque um pouco de **fósforo vermelho** (cerca de 1 g) no fundo do tubo largo e introduza nele o tubo mais fino, deixando uns 2 cm de espaço no fundo deles. Segure o tubo mais largo com uma garra, e o outro com outra mão (use luvas), e aqueça o sistema numa lamparina ou bico de Bunsen. O fósforo vermelho inicialmente reage com o oxigênio do ar interno formando P_2O_5, mas depois sublima na parede do tubo interno, mais frio, formando um depósito de fósforo branco. Cesse o aquecimento, espere um pouco para resfriar o sistema, e retire o tubo fino e o afaste da mão que segura o tubo de ensaio com a garra. Observe a bonita queima do fósforo branco ainda aquecido, com faíscas e lampejos de luz, e a formação de fumos de P_2O_5 (ou P_4O_{10}).

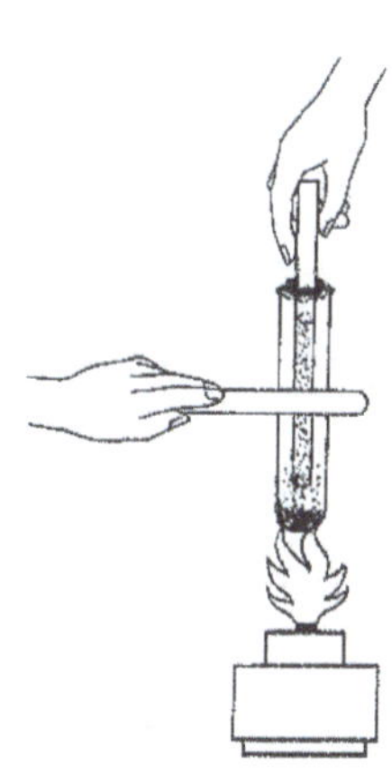

Figura 11.8

Obs.: Faça a experiência com luvas e em ambiente arejado ou dentro de uma capela de laboratório.

Se desejar produzir uma quantidade relevante de fósforo branco, dobre no maçarico um tubo de vidro mais largo e comprimido, e feche uma das pontas (Figura 11.9). Adicione no fundo deste tubo curvo umas 5 g de fósforo vermelho e mergulhe a boca do tubo num béquer contendo água. Aqueça a ponta com o maçarico ou bico de Bunsen e observe a formação de intensos fumos de P_4O_{10} e fósforo branco que se deposita na água. Após desligamento do maçarico, o fósforo branco gerado pode ser fundido com aquecimento da água, para obtenção de uma massa uniforme.

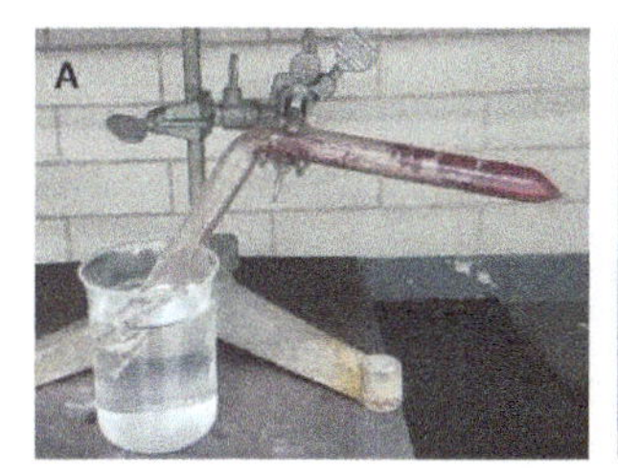

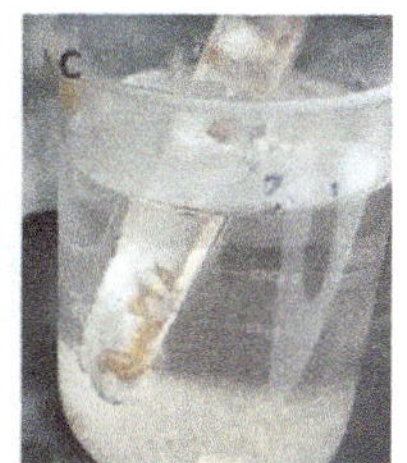

Figura 11.9. Produção de fósforo branco em escala laboratorial. A foto **A** ilustra o tubo curvado, já contendo o fósforo vermelho, com sua extremidade aberta imersa em água. Na foto **B** o aquecimento do fósforo vermelho e na foto **C** o fósforo branco acumulado no béquer com água.

11.6.2 Quimiluminescência do fósforo branco

Vamos repetir o experimento acima, só que dessa vez resfriando o tubo de ensaio de forma a permitir uma lenta oxidação do fósforo branco formado e emissão de luz quimiluminescente.

EXPERIÊNCIA 142 KIT

Limpe e recoloque o tubo fino dentro do tubo de ensaio (verifique se há **fósforo vermelho** ainda, se não adicione mais um pouco) e o reaqueça para nova formação de fósforo branco. Após o seu acúmulo no fundo do tubo fino, cesse o aquecimento e espere o sistema resfriar completamente antes de retirar o tubo fino do tubo de ensaio e expô-lo ao oxigênio do ar. Num recinto escuro, levante o tubo fino e observe a quimiluminescência do fósforo branco, com uma tênue luz esverdeada.

Um efeito quimiluminescente mais impactante foi obtido quando o tubo fino foi mantido dentro do mais largo, mas movendo-se para frente e para trás, de forma a assimilar um pouco oxigênio sem a combustão plena do fósforo branco produzido, conforme Figura 11.10. Um vídeo gravado desta experiência faz ela aparecer como um fenômeno fantasmagórico!

Destrua o fósforo branco ateando fogo no mesmo.

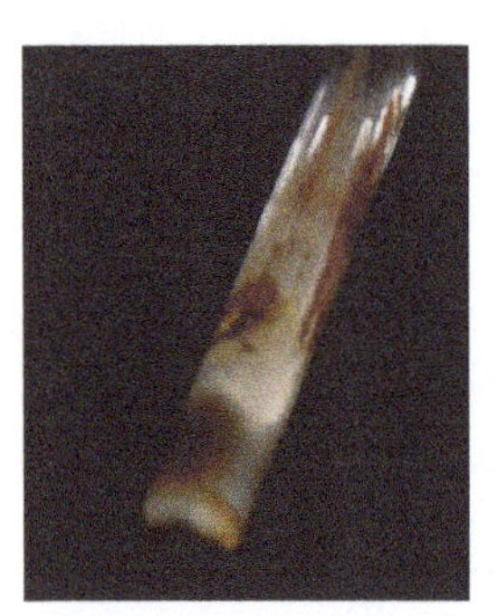

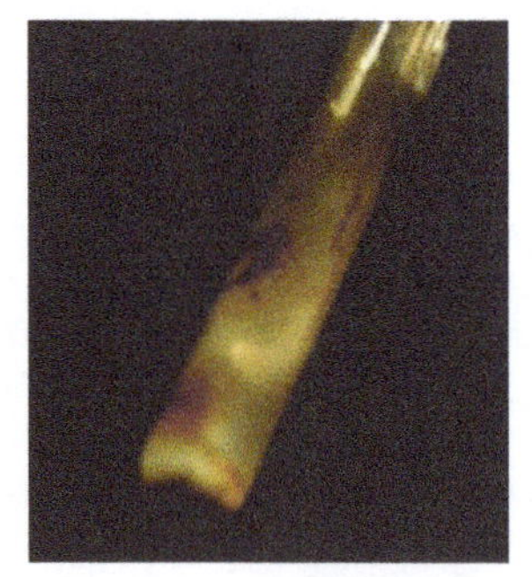

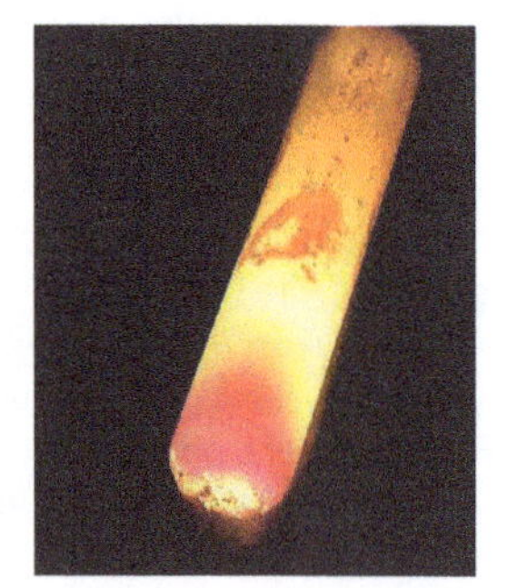

Figura 11.10. Impressionantes efeitos quimiluminescentes obtidos quando uma pequena quantidade de fósforo vermelho é aquecida num tubo e ensaio, e outro mais interno é agitado vigorosamente.

CUIDADO: Nunca toque o fósforo branco, pois o calor do corpo é suficiente para inflamá-lo. As queimaduras produzidas pelo fósforo são muito dolorosas e de cura prolongada. Além do mais, o fósforo branco é altamente venenoso.

11.6.3 Quimiluminescência a partir da caixa de fósforos

EXPERIÊNCIA 143 KIT

Caso não tenha fósforo vermelho você pode obtê-lo a partir de caixas de fósforo, que contêm este elemento nas superfícies abrasivas.

Num tubo de ensaio, coloque pedaços pequenos das **tiras de papel abrasivas de caixas de fósforo** (use uma tesoura). Envolva um arame com algodão na forma de uma escova e a introduza no tubo de ensaio (Figura 11.11). Num recinto escuro, aqueça o tubo na lamparina ou bico e Bunsen. Observe a difusão de vapores dentro do algodão, desligue o aquecimento, e espero o tubo esfriar. Puxe o arame com algodão, agora impregnado de fósforo branco, e observe a maior emissão de luz, devido à maior difusão dos vapores de fósforo vermelho no algodão e posterior condensação na forma de fósforo branco.

Terminado o experimento, destrua o algodão ateando fogo num local arejado.

As superfícies laterais abrasivas das caixas de fósforo contêm uma mistura de fósforo vermelho, trissulfeto de antimônio, um pouco de óxido de ferro, areia (ou vidro moído) e cola. A cabeça dos palitos de fósforo contém uma mistura de enxofre (ou trissulfeto de antimônio), clorato de potássio (ou $K_2Cr_2O_7$) e cola. Quando o palito é riscado na caixa, o calor inflama o fósforo vermelho, após convertê-lo em fósforo branco, e a chama gerada inflama a mistura combustível da cabeça do palito de fósforo.

Figura 11.11

Os palitos de fósforo foram inicialmente desenvolvidos por John Walker em 1827, que utilizou fósforo branco em sua composição, e acendia prontamente em qualquer superfície atritada. Contudo, por questões de segurança foram substituídos no final do século XIX pelo fósforo vermelho, menos reativo e menos inflamável, gerando assim os chamados "fósforos de segurança". Atualmente, os palitos de fósforo não possuem mais fósforo, sendo feitos de enxofre, oxidantes e cola. O único resquício de fósforo está na lixa contida na parte externa das caixas, garantindo maior segurança no uso do palito.

11.6.4 Fantasma Químico e Fogo Fátuo

Essa talvez seja uma das mais fascinantes experiências químicas, raras vezes citada na literatura. Ela exige muito cuidado por envolver a oxidação direta de fósforo branco na forma de um aerossol líquido, que é produzido por um frasco borrifador contendo fósforo branco dissolvido em **dissulfeto de carbono**. Durante esses vinte anos de apresentações do espetáculo Show de Química, realizei algumas vezes tal experiência em auditórios que podiam ficar complemente escuros e onde havia condições mínimas de segurança (boa ventilação).

Poucos líquidos conseguem dissolver o fósforo branco. O dissulfeto de carbono dissolve muito, mas não o éter etílico e azeites vegetais. Dissulfeto de carbono é um líquido incolor, volátil com a fórmula CS_2. Este composto é usado frequentemente como um bloco de construção em química orgânica assim como um solvente industrial e laboratorial. Tem um odor similar ao do éter, mas amostras comerciais são tipicamente contaminadas com impurezas que lhe conferem um odor desagradável típico. É muito pouco solúvel em água, mas é um ótimo diluente de iodo, enxofre, fósforo, gorduras, óleos vegetais, ceras e borracha. Tal poder de dissolução é largamente empregado tanto na indústria quanto em laboratório. Ao contrário do tetracloreto de carbono (CCl_4), que em determinados usos laboratoriais tem aplicações similares, o dissulfeto de carbono é inflamável.

EXPERIÊNCIA 144

Caso possua dissulfeto de carbono (ele é muito caro), dissolva nele um pouco de fósforo branco (comprado ou sintetizado conforme seção 11.5.1) e transfira a solução para um borrifador (eu uso frasco plástico de desodorante), **sempre utilizando luvas de borracha em ambas as mãos**. Num ambiente escuro, borrife a solução numa placa de madeira, parede ou no ar e observe nuvens quimiluminescentes semelhantes a um "Fantasma" (Figura 11.12). Lindo, não?

Figura 11.12. Quimiluminescência do fósforo branco quando uma solução do composto dissolvido em CS_2 é borrifada no ar, gerando nuvens de luz semelhantes a "fantasmas". Embora a luz seja bem visível ao olho humano, ela fica fraca ao ser capturada por uma câmera fotográfica típica.

Outra experiência igualmente fantástica refere-se à produção de fosfina (PH_3) no laboratório a partir da reação de fósforo branco com hidróxido de sódio. A fosfina é utilizada principalmente na indústria eletrônica para dopagem de silício para obtenção de semicondutores com propriedades especiais. Na indústria química é utilizada na preparação de compostos antichamas e de agrotóxicos. É transportado em cilindros de aço como gás liquefeito.

Fosfina é o nome comum para o hidreto de fósforo (PH_3), também conhecido pelo seu nome IUPAC fosfano e, eventualmente, fosfamina. À pressão ambiente, é um gás incolor, altamente tóxico e de cheiro desagradável, semelhante a peixe podre, estando sujeito à combustão espontânea quando em contato com o ar atmosférico (pirofórico). Em regiões pantanosas e em cemitérios, sua combustão espontânea faz surgir na escuridão uma luz esverdeada que foi associada durante séculos na idade média a espíritos, alma ou energia sobrenatural. Foi chamado de "Fogo Fátuo" (*ignis fatuus* em latim). Nada mais do que a inflamação espontânea do gás fosfina e seus derivados resultantes da decomposição anaeróbia de seres vivos, plantas e animais típicos do ambiente! O gás, ao alcançar a atmosfera úmida, entra em combustão com o oxigênio para formar ácido fosfórico ($PH_3 + 2O_2 \rightarrow H_3PO_4$) e luz quimiluminescente. Hoje em dia, o fenômeno é pouco observado, devido à iluminação das cidades e sepultamento de cadáveres (em cemitérios) em caixas de madeira e concreto.

EXPERIÊNCIA 145

A Figura 11.13 ilustra a síntese da fosfina no laboratório, onde um pedaço de fósforo branco é colocado para reagir com uma solução 40% de NaOH ou KOH, aquecida até a fervura. A fosfina produzida é direcionada para um recipiente contendo água. A combustão da fosfina no ar atmosférico produz ácido fosfórico, com uma bela luz fria quimiluminescente esverdeada e estruturas semelhantes à "fumaça de índio".

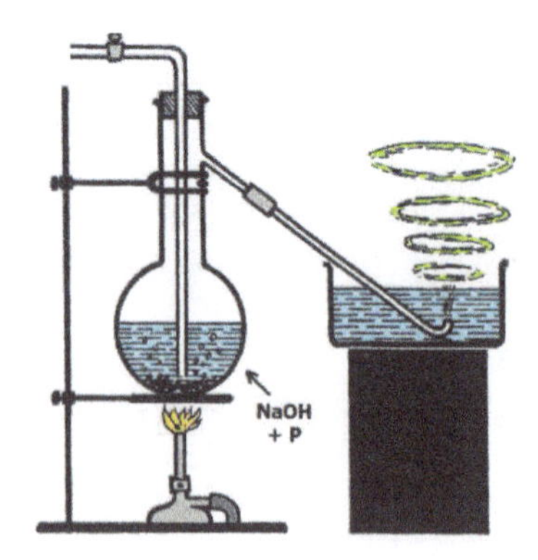

Figura 11.13

11.7 PIGMENTOS FOSFORESCENTES

Outra experiência que explorei na minha adolescência e pouco explorado atualmente refere-se à preparação de compostos e tintas fosforescentes (não quimiluminescentes). Hoje, no mercado e em papelarias, é comum encontrar estrelas e outras figuras adesivas fosforescentes (que brilham no escuro), como também pigmentos fosforescentes na forma de pó (Figura 11.14). A maioria desses pigmentos é baseada em compostos inorgânicos (óxidos, sulfetos, aluminatos), em que incorporam em sua estrutura cristalina traços de metais que causam perturbação energética no arranjo cristalino, permitindo que alguns elétrons do estado fundamental, ao receberem um fóton de excitação, sejam promovidos a estados quânticos proibidos (estado tripleto), cujo relaxamento eletrônico para o estado fundamental demora a acontecer (lembrar que na fluorescência isso é instantâneo, $t \approx 10^{-8}$ s).

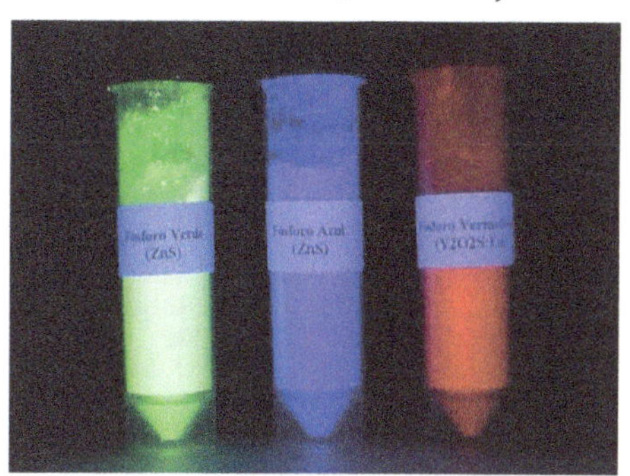

Figura 11.14. Pigmentos fosforescentes ("fósforos") inorgânicos com diversas dopagens.

Os pigmentos fosforescentes (também chamados de fósforos ou luminóforos) baseados em sulfeto de zinco dopado com cobre têm sido usados por um longo tempo para aplicações em brinquedos, artesanato, anúncios e principalmente segurança. Uma opção mais moderna baseada em aluminatos de metais alcalinos terrosos dopados com terras raras oferece resultados muito superiores tanto em intensidade como em tempo de percepção para o olho humano. O Aluminato de estrôncio dopado com európio é um material luminescente muito superior ao sulfeto de zinco dopado com cobre. Ele é aproximadamente 10 vezes mais brilhante e emite luz perceptível ao olho humano por um período 10 vezes mais longo e, por essa razão, tem uma grande aplicação na área de brinquedos e de segurança para indicação de rota de fuga.

Vamos preparar assim um pigmento fosforescente de forma artesanal. Algumas receitas antigas, listadas na Tabela 11.1, eram baseadas na reação de sais e óxidos a quente a fim de gerar o sólido base (p. ex., ZnS). Esses sólidos pulverizados recebiam durante ou depois da calcinação quantidades traço de metais, a fim de propiciar a perturbação energética da rede cristalina, gerando assim a propriedade fosforescente do material. Pode-se adicionar também a esses sólidos inorgânicos elementos radioativos (p. ex., rádio e trítio) de forma a propiciar uma fosforescência permanente, como a utilizada em display de relógios (Figura 11.15).

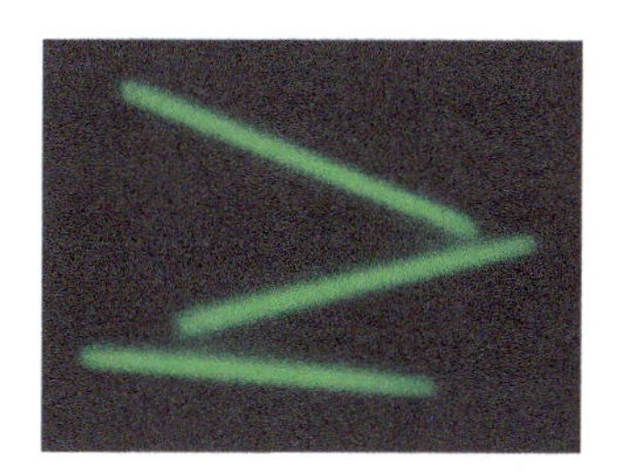

Figura 11.15.
Foto 1: tubos finos de vidro contendo ZnS dopados com rádio.
Foto 2: relógio militar suíço com fósforo dopado com trítio.

EXPERIÊNCIA 146 KIT

Transfira para um béquer ou, de preferência, para um gral de porcelana, as seguintes massas das substâncias: 1,5 g CaO (no caso do kit, usar **4 g de acetato de cálcio**); **0,50 g de enxofre**; **0,15 g de amido**; **0,10 g de NaCl** e 0,11 g de KCl (no caso do kit, usar **0,15 g de KNO_3**). Misture bem com o bastão de vidro ou o pistilo do gral e adicione 1 mL de uma solução de **$Bi(NO_3)_3$**, preparada previamente dissolvendo **0,32 g do sal em 10 mL de água** destilada (tente também usar $CuSO_4$). Homogeneíze a massa úmida e seque em estufa. Triture novamente o material e transfira para um cadinho de porcelana. Feche-o com tampa **e aqueça ao rubro** com bico de Bunsen ou maçarico por 15 min (não tendo cadinho de porcelana, use um tubo de ensaio, colocando um chumaço de algodão na boca para evitar a combustão do enxofre). Aqueça por mais 15 min agora com chama mais oxidante.

Findo o aquecimento, deixe esfriar completamente e transfira o material para um gral de porcelana para trituração e conversão em pó. No escuro, observe que sua massa preparada é fosforescente!

Caso queira, dissolva a massa num verniz incolor (p. ex., esmalte) e pinte alguma peça.

Na Tabela 11.1 são listadas algumas receitas antigas de massas fosforescentes. Na falta de alguns dopantes (causam perturbação energética no arranjo cristalino) de difícil acesso, como o tálio (altamente tóxico e caro), tente substituí-los por sais de outros metais. Repita a experiência acima substituindo o CaO por ZnO, e dopando o ZnS resultante por quantidades ínfimas de cobre.

Tabela 11.1. Outras receitas antigas para massas fosforescentes (massas em g).

Luz	A: Mistura base	B: solução para umedecer e ativar
Violeta	CaO 20 g + S 6 g + amido 2 g + Na_2SO_4 0,5 g + K_2SO_4 0,5 g	2 mL $Bi(NO_3)_3$ 0,5% + 0,5 mL de Tl_2SO_4 0,5%.
Azul intensa	CaO 20 g + S 6 g + $BaOH_2$ 20 g + amido 2 g + Na_2SO_4 1 g + K_2SO_4 1 g + Li_2CO_3 2 g	2 mL $Bi(NO_3)_3$ 0,5% + 2 mL de $RbNO_3$ 1%.
Verde	$SrCO_3$ 40 g + S 6 g + Li_2CO_3 1 g + As_2S_3 1 g	2 mL $TlNO_3$ 0,5%
Laranja	$BaCO_3$ 40 g + S 6 g + Li_2CO_3 1 g + Rb_2CO_3 0,5 g	Não precisa
Amarelo	$BaCO_3$ 25 g + $Sr(OH)_2$ 15 g + amido 3 g + S 10 g + Li_2SO_4 1 g + MgO 1 g	2 mL $Th(SO_4)_2$ 0,5% + 3 mL $CuSO_4$ 0,4%

11.7.1 Luminóforos

Um luminóforo (às vezes abreviado para lumóforo) é um átomo ou grupo funcional em um composto químico responsável por suas propriedades luminescentes. Pode se referir também a compostos orgânicos e inorgânicos fotoluminescentes (diferenciar dos fotocromáticos, item 7.5). Os luminóforos podem ainda ser classificados como fluoróforos ou fósforos, dependendo da natureza do estado excitado responsável pela emissão dos fótons. No entanto, alguns luminóforos não podem ser classificados como sendo exclusivamente fluoróforos ou fósforos. Exemplos incluem complexos de metal de transição, como o cloreto de tris(bipiridina)rutênio(II), cuja luminescência vem de um estado excitado (nominalmente tripleto) de transferência de carga de metal para ligante (MLCT), que não é um estado tripleto verdadeiro no sentido estrito da definição; e pontos quânticos coloidais, cujo estado emissivo não tem um spin puramente singleto ou tripleto.

A maioria dos luminóforos consiste em sistemas π conjugados ou complexos de metais de transição. Existem também luminóforos puramente inorgânicos, como sulfeto de zinco dopado com íons de metais de terras raras, oxissulfetos de metais de terras raras dopados com outros íons de metais de terras raras, óxido de ítrio dopado com íons de metais de terras raras, silicato de zinco dopado com manganês (Zn_2SiO_4:Mn) (ver outros pigmentos fosforescentes acima). O titanato de estrôncio ($SrTiO_3$) é um luminóforo com estrutura peroviskta. Os luminóforos podem ser observados em ação em luzes fluorescentes, telas de televisão, telas de monitores de computador, diodos emissores de luz orgânicos e bioluminescência.

Um fluoróforo (ou fluorocromo, semelhante a um cromóforo) é um composto químico fluorescente que pode reemitir luz após a excitação da luz. Os fluoróforos normalmente contêm vários grupos aromáticos combinados, ou moléculas planares ou cíclicas com várias ligações π. Os fluoróforos às vezes são usados sozinhos, como traçador em fluidos, como corante para coloração de certas estruturas, como substrato de enzimas ou como sonda ou indicador (quando sua fluorescência é afetada por aspectos ambientais, como polaridade ou íons). Mais geralmente eles estão ligados covalentemente a uma macromolécula, servindo como um marcador (ou corante, ou marcador, ou repórter) para reagentes afins ou bioativos (anticorpos, peptídeos, ácidos nucleicos). Os fluoróforos são notavelmente usados para corar tecidos, células ou materiais em uma variedade de métodos analíticos, ou seja, imagens fluorescentes e espectroscopia.

Em síntese o termo luminóforo é mais abrangente envolvendo absorção de energia e emissão de luz por variados processos de relaxação (p.ex., semicondutores, fluorescência, fosforescência). Já o fluoróforo é mais específico aos materiais que absorvem e emitem luz por fluorescência.

A fluoresceína, através do seu derivado isotiocianato reativo com aminas, isotiocianato de fluoresceína (FITC), tem sido um dos fluoróforos mais populares. A partir da marcação de anticorpos, as aplicações estenderam-se aos ácidos nucleicos graças à carboxifluoresceína. Outros fluoróforos historicamente comuns são derivados de rodamina, cumarina e cianina. As gerações mais recentes de fluoróforos, muitos dos quais são de direito privado, geralmente apresentam melhor desempenho, sendo mais fotoestáveis, mais brilhantes e/ou menos sensíveis ao pH do que os corantes tradicionais com excitação e emissão comparáveis.

Um luminóforo de fácil síntese pode ser obtido pela mistura de fluoresceína (ou diclorofluoresceína) com ácido bórico, seguida de aquecimento, conforme procedimento abaixo.

EXPERIÊNCIA 147 KIT

Adicione num cadinho de porcelana ou num pequeno recipiente metálico (p.ex., forma de empada) umas 10 g de ácido bórico (H_3BO_3) e uma pequena porção de fluoresceína (uns 100 mg). Adicione algumas gotas de água, e misture bem até obter uma massa homogênea. Aqueça a mistura numa chama (p.ex., bico de bunsen, maçarico) até fundir e formar uma massa vítrea. O ácido bórico se decompõe com perda parcial de água e formação de trióxido de diboro. Ao se esfriar este óxido agregará a fluoresceína em sua estrutura cristalina, gerando um material luminóforo. Transfira o material para um gral de porcelana e triture para homogeneização. Incida um facho de luz intenso (lanterna, laser azul), desligue depois a luz e observe a luminescência persistente (alguns segundos) devido à fosforescência (Figura 11.16).

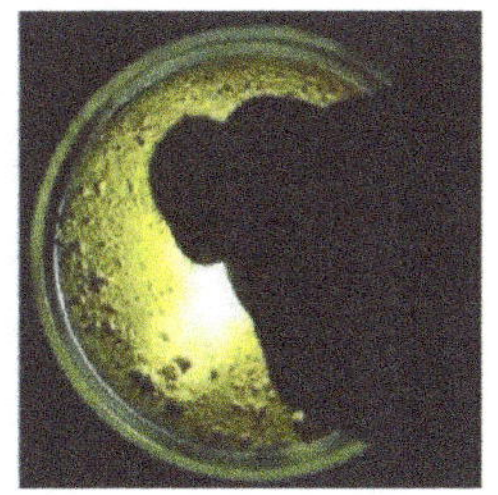
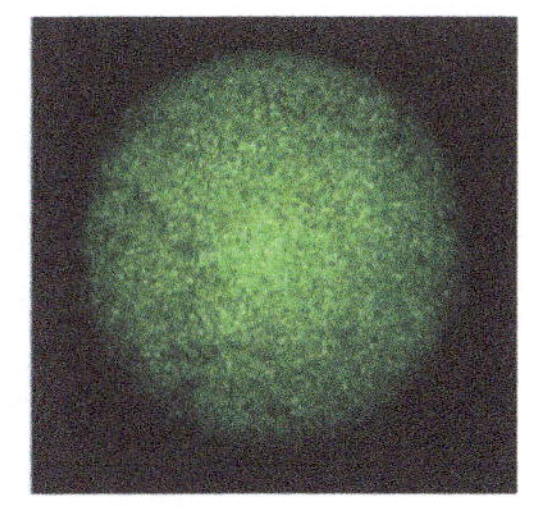

Figura 11.16. Luminóforo formado a partir da incorporação de fluoresceína na rede cristalina do trióxido de boro. O material após ser iluminado emite luz durante alguns segundos.

CAPÍTULO 12

Cinética Química

12.1 FATORES NA CINÉTICA QUÍMICA

Cinética química é a parte da química que estuda a velocidade de uma reação química e quais fatores a influenciam. Velocidade de uma reação química é o aumento na concentração molar de um produto ou o decréscimo na concentração molar de um reagente na unidade de tempo, ou seja, a taxa de variação de uma espécie química em função do tempo (maiores detalhes na seção 1.9).

Os principais fatores que influenciam a velocidade da reação são:

- Natureza dos reagentes: Quanto maior o número de ligações a serem rompidas nos reagentes e quanto mais fortes essas ligações, mais lenta será a reação;
- Superfície de contato: Quanto maior a superfície de contato entre os reagentes, maior a probabilidade de um choque efetivo, maior a velocidade da reação;
- Temperatura: Quanto maior a temperatura, maior a energia cinética das partículas, maior a probabilidade de choque, maior a velocidade da reação;
- Pressão: O efeito da pressão é considerável quando trabalhamos com gases. Quanto maior a pressão, menor o volume, maior a probabilidade de choque, maior a velocidade da reação;
- Concentração dos reagentes: Quanto maior a concentração dos reagentes, maior o número de partículas por unidade de volume, maior a probabilidade de choque e maior a velocidade;
- Luz: Para as reações fotoquímicas, a luz é importante, fornecendo energia necessária para a reação ocorrer. Como na fotossíntese e em chapas fotográficas;
- Catalisador: Os catalisadores são substâncias que aumentam a velocidade das reações, pois diminuem a energia de ativação criando um novo caminho para a reação. O catalisador não é consumido durante a reação, sendo recuperado ao final.

12.1.1 Efeito da natureza dos reagentes

Um dos principais fatores que afetam a velocidade de transformação dos reagentes em produtos é a capacidade reativa dos reagentes, que está relacionada à natureza dos reagentes e à força das ligações existentes. As reações que envolvem menor rearranjo de ligações ocorrem mais rapidamente que as que envolvem maior arranjo de ligações, isso pode ser observado nas diferentes velocidades de formação de polímeros, como o polietileno (mais rápido) e o poliéster (mais lento), como também nas rápidas reações de precipitação envolvendo íons.

Esse tema é vastamente abordado neste livro em diversas experiências, como por exemplo, nas seções 3.1.1, 3.3.1, 3.4.2, 3.5.6, 3.6.1, 3.6.2, 3.8.1, 4.1.4, 4.2.3, 4.4.1, 11.5; 15.2 e 15.3. Vamos complementar comparando a reatividade de um metal alcalino terroso (cálcio) com um alcalino (sódio). Cálcio tem dois elétrons na camada de valência para serem extraídos (configuração [Ar]

$4s^2$) e adquirir a configuração do octeto mais estável (seção 1.5), enquanto que o sódio (configuração [Ne] $3s^1$) apenas um. A retirada dos dois elétrons do cálcio exige maior energia e, por consequência, ele é menos reativo cineticamente (embora termodinamicamente a oxidação do cálcio gere maior variação de energia livre de Gibbs - $E^o{}_{oxid.}$Ca > $E^o{}_{oxid.}$Na, Tabela 1.8).

EXPERIÊNCIA 148 KIT

Adicione um pouco de **cálcio metálico** num tubo de ensaio e depois uns 5 mL de água. Observe a lenta reação do cálcio com a água, semelhante àquela do sódio com etanol (seção 3.6.2). Ateie fogo na boca do tubo e observe um estampido devido à combustão do hidrogênio.

O efeito da natureza dos reagentes pode ser explorado comparando-se diversos tipos de compostos químicos, cujas reatividades dependem das diferentes estruturas e ligações químicas (iônicas, covalentes simples, duplas e triplas) envolvidas. Muito destas reações são exploradas neste livro. Por exemplo, o metal sódio é um forte agente redutor, e reage violentamente com a água, de caráter polar, produzindo hidrogênio e hidroxila, mas reage lentamentte com etanol e não consegue reagir com querosene, mistura complexa de hidrocarbonetos (alifáticos, naftênicos e aromáticos) de caráter polar.

12.1.2 Efeito da superfície de contato

Existem diversas maneiras de observarmos esse fator em reações cotidianas, por exemplo, quanto menos mastigamos, mais sono sentimos após o almoço. Isso acontece porque o suco gástrico que digere os alimentos possui como principal constituinte o ácido clorídrico (HCl). Para a formação desse ácido, são retirados íons H^+ do sangue, o que gera o estado de sonolência, que é chamado de alcalose pós-prandial. Então, quanto menos mastigamos, mais tempo durará a reação de digestão e mais íons serão retirados do sangue, aumentando a nossa vontade de dormir.

Outra forma de observar é por meio da dissolução de comprimidos efervescentes, pois se ele for triturado a velocidade de reação será maior do que se ele estiver inteiro. Além disso, pessoas costumam brincar de colocar fogo em palha de aço e girar, divertindo-se com as fagulhas que se soltam (ver Figura 12.1). A composição da palha de aço é de aproximadamente 99,9% de ferro e 0,1% de carbono (desprezando-se possíveis impurezas tais como enxofre), ou seja, é praticamente ferro puro, que só se queima com essa facilidade devido à lâmina estar tão finamente dividida, possibilitando um maior contato com o oxigênio do ar.

Figura 12.1. Chuva de fagulhas incandescente provocada pela combustão de uma esponja de aço ao ser girada em torno do corpo de uma pessoa.

Isso ocorre porque as colisões entre as moléculas acontecem na superfície do sólido e, considerando que quanto mais fragmentado está o sólido, maior é a superfície exposta, o número de colisões aumenta, determinando também um aumento na velocidade da reação. Além deste fator cinético, temos também um favorecimento termodinâmico, pois a energia livre de Gibbs, ΔG (item 1.8.3), aumenta com a área superficial, o que faz, p.ex., que muitos materiais finamente divididos tenham uma alta capacidade de adsorção (carvão ativado, ferritas, hematitas, zeólitas, etc.) ou reatividade.

A seguir, estudaremos este tema a partir da reação de carbonato de cálcio com ácido clorídrico, com formação de gás carbônico e água.

$$CaCO_3(s) + 2HCl(aq) \rightarrow CaCl_2(s) + H_2O(l) + CO_2(g)$$

EXPERIÊNCIA 149 KIT

Consiga uma amostra sólida contento **carbonato de cálcio** (calcário, mármore, casca de ovos) e fragmente-a em três frações de tamanhos diferentes (cerca de 3 mm, 0,5 mm e bem pulverizada) utilizando um martelo e, para o pó, um gral de porcelana. Pese em três copos plásticos distintos cerca de 300 mg de cada fração da amostra.

Iniciaremos o experimento com a fração em pó, que deve ser transferida para um kitassato. Separe a rolha para esse frasco. Encha o béquer de 250 mL com água até a metade e emborque nele a proveta de 100 mL completamente cheia de água. Como sugestão para se evitar a entrada de ar, encha a proveta completamente com água e passe na boca um filme de PVC ou teflon. Inverta a proveta dentro do béquer e retire o filme plástico embaixo d´água. Acople uma mangueira na saída do kitassato e encaixe a outra ponta dentro da proveta, conforme Figura 12.2. Adicione 5 mL de **ácido clorídrico 6 M** no kitassato e feche-o rapidamente com a rolha. Marque o tempo necessário para cessar a evolução de CO_2 e enchimento da proveta. Levante ou abaixe a proveta dentro do béquer para nivelamento dos níveis d´água e igualar as pressões (ver item 3.1.4). Anote o volume gerado.

Repita o experimento para as duas outras frações de tamanhos da amostra, deixando o carbonato reagir pelo mesmo tempo anterior. Findo esse tempo, abra a rolha do kitassato para cessar a transferência de gás para a proveta. Compare o volume de gás transferido nos experimentos, que deve ser menor para o material mais granulado, devido à menor velocidade de reação como resultado da menor área superficial.

Figura 12.2. Montagem para coleta de gás carbônico gerado no kitassato e direcionado para uma proveta invertida, que inicialmente foi cheia de água e corante. A mangueira da saída do frasco é cuidadosamente inserida na proveta cheia d´água de forma a não entrar ar. Após a adição de calcário ou outro carbonato no kitassato, seguida de ácido, o gás é direcionado para a proveta. Quando maior a área superficial da amostra, mais gás é formado no mesmo tempo de coleta.

O experimento acima pode ser ainda explorado para testar a relação de volume ocupado de um gás (V) com a quantidade de substância (n), via relação $PV = nRT$, conforme item 3.1.4. Como a solubilidade do gás carbônico é alta (Tabela 1.3), repita a experiência algumas vezes para saturar a água dentro da proveta com o CO_2. Caso precise de uma maior exatidão use uma bureta de 100 mL em vez da proveta.

Ao longo deste livro diversas reações abordam o efeito da superfície de contato, como no item 3.8.1 e 15.1.1. O alumínio em pó é extremamente reativo (termita, bombas), mas uma barra do metal não. Da mesma forma o álcool etílico no estado líquido inflama-se lentamente, mas no estado nebulizado (aerossol líquido) forma uma mistura explosiva como o oxigênio do ar (foguete de garrafa PET). Outras seções neste livro também abordam tal assunto, como a piroforicidade de substâncias (item 3.9.2).

12.1.3 Efeito da concentração

Quando observamos um pedaço de carvão em brasa, as moléculas de oxigênio O_2 presentes no ar estão colidindo com o carvão, contudo apenas cerca de 21% das moléculas do ar são de O_2. As demais não participam da reação, acarretando numa queima lenta do carvão. Se colocarmos esse carvão em brasa em um frasco contendo gás oxigênio puro, ele se inflamará com maior velocidade, devido ao maior teor de oxigênio na reação (cinco vezes maior).

O efeito da concentração sobre a cinética química é geralmente estudado em laboratórios químicos com o uso de "reações relógio" (Capítulo 9), embora outras reações possam ser abordadas (p. ex., seção 3.5.4, 3.5.5 e 4.2.3). As reações relógio se caracterizam por possuírem um período de indução, quando não se percebe grandes variações na cor ou alterações da solução durante esse período, e por uma brusca variação da cor após esse período.

Quando analisamos o efeito da concentração dos reagentes sobre a cinética da reação relógio Landolt (seção 9.1.1), o período de indução é dado por:

$$\mathrm{P} = \frac{K}{[\mathrm{KIO_3}] \times [\mathrm{NaHSO_3}]}\,\mathrm{s.mol^{-1}.L^{-2}} \quad \text{à } 23\ °\mathrm{C}, \ K = 0{,}0037$$

Execute os experimentos da Tabela 12.1 (ou outros por você propostos) para observar a relação da concentração dos reagentes com o tempo da reação, e para se obter a constante K da equação acima.

EXPERIÊNCIA 150 KIT

Pese **3,21 g de KIO_3** (214,0 g/mol), previamente seco em estufa e dessecado (padrão primário) e dissolva em água destilada. Adicione **5 mL da solução de amido 2%** e complete o volume para 500 mL em balão volumétrico (caso não precise de exatidão, use proveta). Esta solução será 0,030 M para íon iodato.

Pese **2,85 g de $Na_2S_2O_5$** (190,1 g/mol), seco em dessecador, e dissolva em água destilada e complete para 500 mL em balão volumétrico (ou proveta como supracitado). Esta solução será 0,030 M no íon metabissulfito ou 0,060 M em bissulfito (HSO_3^-) devido a hidrólise do ânion $S_2O_5^{2-}$ (item 9.1.1).

Transfira para um béquer de 250 mL (ou copo plástico) o volume correspondente de metabissulfito de sódio 0,030 M e água, conforme a Tabela 12.1, de forma a se obter o total de 100 mL de solução.

Adicione ao béquer, de forma rápida, 100 mL da solução de KIO_3 0,030 M (contendo amido) sob agitação, e meça o tempo para surgimento da cor. Repita este experimento mais 1 ou 2 vezes e tire a média. Meça também a temperatura da solução final de 200 mL.

Repita o experimento com as outras combinações de volume da tabela, determine os novos períodos de indução, complete a tabela e **calcule a constante média *K* da equação de Landolt** na temperatura do experimento. Compare com o valor de 0,0037 a 23°C.

Tabela 12.1. Experimentos para estudos de cinética química e obtenção da constante K da equação de Landolt. Em vermelho o período de indução previsto para as concentrações de entrada.

Ex	KIO_3 0,030 M (mL)	$Na_2S_2O_5$ 0,030 M (mL)	Água (mL)	$[HSO_3^-]$ final	Período indução* (s)	K calculada
1	100	100	0	0,030 M	8,2	
2	100	80	20	0,024 M	10,3	
3	100	60	40	0,018 M	13,7	
4	100	40	60	0,012 M	20,6	
5	100	20	80	0,006 M	41,1	

Uma forma mais elegante e precisa de obtenção da constante K pode ser obtida pela linearização da equação de Landolt, via transformação:

$$\log P = \log K - \log[KIO_3].[NaHSO_3]$$

$y = \log P$ e $x = -\log[KIO_3].[NaHSO_3]$. Assim $\log K$ será a interseção da reta.

Para todos os experimentos da Tabela 12.1, após a mistura, a concentração de iodato será sempre igual a 0,015 M, mas você pode planejar outras combinações de volumes e concentrações, mas tendo o cuidado para que a concentração molar de **bissulfito não exceda 3 vezes a de iodato** (seção 9.1.1), pois neste caso não haverá mudança de cor.

A constante K não é a constante de equilíbrio termodinâmica, que relaciona a concentração das espécies no equilíbrio final (lei de ação das massas – seção 1.10 ou Capítulo 13). Também não é a constante de velocidade da reação iodato – bissulfito.

12.1.4 Efeito da temperatura

Podemos utilizar diversos acontecimentos cotidianos para demonstrar a relação entre a temperatura e a velocidade das reações. Por exemplo, guardamos alimentos em refrigeradores ou freezers para retardar a sua decomposição, uma vez que apresentam temperaturas menores que a temperatura ambiente. Além disso, quando preparamos um alimento de cozimento mais lento utilizamos panela de pressão para acelerar esse processo, pois nesse tipo de panela a água ferve a uma temperatura maior que 100 °C, ponto de ebulição da água a 1 atm. de pressão, o que favorece o cozimento.

No final do século XIX, Jacobus Van't Hoff observou que em algumas reações uma elevação de 10 °C durante a reação fazia com que a velocidade dobrasse. Com isso, ele estabeleceu a seguinte regra, conhecida por regra de Van't Hoff: um aumento na temperatura provoca um aumento na energia cinética média das moléculas e, com isso, um aumento no número de colisões, o que irá acarretar num aumento da velocidade da reação. Vale lembrar que em um sistema nem todas as moléculas apresentam a mesma energia cinética e somente uma fração delas possui energia suficiente para reagir e vencer a barreira de ativação (seção 1.9). Tal distribuição de energia é deslocada para a direita com o aumento da temperatura, o que aumenta o número de moléculas com energia de ativação suficiente para que a reação ocorra.

Anteriormente citada na seção 1.9, a equação de Arrhenius relaciona a constante de velocidade k com a temperatura T:

$$k = A.e^{-E_a/RT}$$

Onde A é um fator de frequência (aproximadamente constante para uma dada reação), R é a constante dos gases (8,314 J K) e E_a é a energia de ativação.

Utilizaremos novamente a reação Landolt para demonstrar a relação entre temperatura e velocidade das reações, uma vez que o período de indução está diretamente relacionado à temperatura.

EXPERIÊNCIA 151 KIT

Repita o experimento 3 da EXPERIÊNCIA 148 KIT.

Para uma análise qualitativa, misture 100 mL de IO_3^- (0,030 M), 60 mL de HSO_3^- (0,030 M) e 40 mL de H_2O. Anote o período de indução.

Repita a experiência com as mesmas quantidades de IO_3^- e H_2O, aquecendo a mistura numa lamparina ou bico de Bunsen até observar um expressivo aumento na temperatura (utilize um termômetro para medir a temperatura). Adicione agora a solução de HSO_3^-, agite rapidamente e anote o novo período de indução.

Para uma análise quantitativa, repita o experimento variando a temperatura de 10 em 10 °C e anote os períodos de indução. Assumindo que a velocidade inicial da reação é proporcional ao inverso do período de indução (1/P), e a partir de outras considerações da seção 9.3, aplique o logaritmo à equação de Arrhenius, plote Ln(1/P) *versus T* e calcule a energia de ativação (inclinação x constante R).

$$1/P = (A/K').e^{-Ea/RT} \quad \text{ou} \quad Ln(1/P) = Ln(A') - Ea/RT$$

12.1.5 Efeito do catalisador

12.1.5.1 Catálise homogênea

Catalisador homogêneo é um catalisador presente na mesma fase que as moléculas reagentes, ou seja, formam um sistema homogêneo. Existem vários exemplos tanto em solução quanto na fase gasosa. Por exemplo, considere a decomposição auto redox (redução e oxidação da mesma molécula) da solução aquosa de peróxido de hidrogênio H_2O_2 (em água e oxigênio.

$$2H_2O_2(aq) \rightarrow 2H_2O(l) + O_2(g)$$

Essa reação, na ausência de um catalisador, ocorre lentamente. Porém, muitas substâncias diferentes conseguem catalisar a reação, incluído o íon brometo, Br^-, que reage com o peróxido de hidrogênio **em soluções ácidas**, produzindo bromo aquoso e água.

$$2Br^-(aq) + H_2O_2(aq) + 2H^+ \rightarrow Br_2(aq) + 2H_2O(l)$$

A cor vermelha observada mostra a formação de Br_2 (aq). Se essa fosse a reação completa, o íon brometo sofreria mudança química e não seria um catalisador. Porém, o peróxido de hidrogênio também reage com o Br_2 (aq) formado:

$$Br_2(aq) + H_2O_2(aq) \rightarrow 2Br^-(aq) + 2H^+(aq) + O_2(g)$$

O borbulhamento na reação deve-se à formação de O_2 (g) e a equação global desse processo é a decomposição do peróxido de hidrogênio em água e oxigênio. De fato, o íon brometo é um catalisador da reação porque acelera a reação total sem que sofra qualquer variação líquida. Entretanto, Br_2 é intermediário, pois é formado primeiro e em seguida consumido.

Pela equação de Arrhenius, a constante de velocidade (k) é determinada através da energia de ativação (E_a) e o fator de frequência (A), o catalisador atua nessa equação com a alteração da E_a ou A. O efeito catalítico mais dramático vem da redução de E_a.

Um catalisador diminui a energia de ativação total de uma reação fornecendo um mecanismo completamente diferente para a reação. Muitas reações deste livro usaram catalisador (p. ex., seção 4.2.1, 4.2.3, Capítulo 10). Na decomposição do peróxido de hidrogênio, por exemplo, ocorrem duas reações sucessivas de H_2O_2, com brometo e bromo. Uma vez que essas reações juntas servem como um caminho catalítico para a decomposição de peróxido de hidrogênio, ambas devem ter energia de ativação significativamente mais baixa que a decomposição não catalisada.

EXPERIÊNCIA 152 KIT

Adicione em um tubo de ensaio cerca de **2 mL de água** e **2 mL de peróxido de hidrogênio**. Adicione umas **5 gotas de H_2SO_4 6 M**. Observe a solução e a lenta evolução de oxigênio. Adicione agora uma pitada de **brometo de sódio** e observe que ela fica avermelhada devido à formação de bromo gasoso, com rápida evolução de O_2. Quando todo H_2O_2 se decompõe, a solução volta a ficar incolor.

Obs.: Não aspire o bromo pois ele é muito tóxico.

Catalisadores têm amplo emprego na indústria, por exemplo, no processo de fabricação de ácidos (como ácido sulfúrico e ácido nítrico), hidrogenação de óleos e de derivados do petróleo. Todos os organismos vivos dependem de catalisadores complexos chamados enzimas que regulam as reações bioquímicas.

Outras reações de decomposição do peróxido de hidrogênio podem ser realizadas, a exemplo do EXPERIÊNCIA 54 KIT (seção 4.2.1). Diversos cátions metálicos são eficientes catalisadores homogêneos. Compare o poder catalítico dos íons Fe^{3+} e de Cu^{2+}. Observe também que a mistura dos dois íons acelera ainda mais a decomposição.

Outra reação interessante sobre catálise através da formação de um composto intermediário refere-se à reação de permanganato de potássio com zinco em meio ácido, com adição de um pouco de nitrato.

EXPERIÊNCIA 153 KIT

Dissolva **0,10 g de $KMnO_4$** em 20 mL de água e adicione **15 gotas de H_2SO_4 concentrado**. Distribua essa solução em dois tubos de ensaio e coloque em ambos as quantidades semelhantes de **zinco** (corte pedacinhos da placa de zinco ou adicione Zn em pó). Num dos tubos adicione também um pouco de **KNO_3**.

Observe que no tubo com nitrato o descoramento da solução se faz mais rápido, devido à formação de composto catalítico (ácido nitroso) intermediário, com mecanismo proposto:

$$5NO_3^- + 15H^+ + 10e^- \rightarrow 5HNO_2 + 5H_2O \quad \text{(reação rápida)}$$

$$5HNO_2 + 2MnO_4^- + 6H^+ \rightarrow 5NO_3^- + 2Mn_2^+ + 3H_2O \quad \text{(reação rápida)}$$

$$2MnO_4^- + 16H^+ + 10e^- \rightarrow 2Mn_2^+ + 8H_2O \quad \text{(reação lenta sem catalisador)}$$

As equações acima são de redução, enquanto o zinco se oxida: $Zn \rightarrow Zn^{2+} + 2e^-$

12.5.1.2 Catálise Heterogênea

a) Decomposição do H_2O_2 com óxidos.

Quando um catalisador existe em fase diferente das moléculas do reagente, ou seja, forma um sistema heterogêneo, geralmente como um sólido em contato com os reagentes na fase gasosa ou com os reagentes em solução líquida, trata-se de uma catálise heterogênea. Esse tipo de reação é muito utilizado em processos industriais, como a síntese de amônia pelo processo de Haber-Bosch, que só é vantajoso pela ação catalítica do ferro.

$$N_2(g) + 3H_2(g) \xrightarrow{Fe} 2NH_3(g)$$

Ao longo deste livro foram abordadas algumas reações com catalisadores heterogêneos, como na seção 4.2.1 e 4.2.3.

EXPERIÊNCIA 154 KIT

Adicione a três tubos de ensaio 5 mL de água e **20 gotas de H_2O_2 a 30%**. Ao primeiro, acrescente uma pequena porção (ponta de espátula) de **MnO_2**, ao segundo, uma pequena porção de **PbO_2** e, ao terceiro, não acrescente nada. Observe e compare a velocidade de decomposição em cada tubo.

Muitos processos catalíticos heterogêneos envolvendo óxidos e metais são encontrados na indústria e na pesquisa, a exemplo de metais nobres (Pt, Pd, Rh, Ir) associados a outros metais para formação de eletrodos ativos em tratamentos de efluentes (p.ex., eletrocoagulação, eletroFenton – seção 14.3, processos oxidativos avançados -POAs), conversão de substâncias nocivas liberadas pelo escapamento de automóveis, processos de fabricação de ácidos (como ácido sulfúrico e ácido nítrico), hidrogenação de óleos e de derivados do petróleo, fabricação de fármacos, hidrogenação de olefinas e incorporação a zeólitas.

b) Gerador de etenona numa placa de cobre

Impressionantes experimentos sobre catálise heterogênea podem ser realizados em sistemas envolvendo um metal aquecido em contato com vapores de líquidos inflamáveis, a exemplo da "lâmpada de Platina", abordado no item 3.9. Outro belo experimento similar refere-se à oxidação catalítica da acetona, ou propanona, (contida num recipiente de vidro) pelo oxigênio do ar, após a inserção no recipiente de uma placa de cobre ao rubro. Inicialmente esta placa quente inicia a combustão catalítica da propanona, gerando CO_2 e H_2O, e liberando 403,9 kcal de energia (processo exotérmico), mantendo a placa de cobre aquecida a 800 °C.

$$CH_3C{=}OCH_3 + 4O_2 \longrightarrow 3CO_2 + 3H_2O \qquad \Delta H° = -403{,}9\ \text{kcal}$$

A alta temperatura da placa promove também a pirólise de uma quantidade menor de propanona, com formação de etenona e metano, uma reação endotérmica.

$$CH_3C{=}OCH_3 + \textit{calor} \longrightarrow CH_2C{=}C{=}O + CH_4 \qquad \Delta H° = +19{,}3\ \text{kcal}$$

O balanço energético exotérmico garante o aquecimento permanente da placa de cobre, majoritária oxidação da acetona, com formação de CO_2 e água; e minoritária redução da acetona com formação de etenona (de cheio pungente e desagradável) e metano. Esta é uma rara reação onde coexiste um processo exotérmico e endotérmico ao mesmo tempo.

A decomposição pirolítica da acetona sobre a placa de cobre gera um magnífico padrão de cores devido ao resfriamento da placa nesta etapa endotérmica, associado ainda aos movimentos convectivos do vapor de acetona dentro da cuba contendo o líquido. Algo "mágico" ou "fantasmagórico", como ilustrado na Figura 12.3.

EXPERIÊNCIA 155 KIT

Inicialmente prepare uma **placa de cobre** (sugestão 4x5 cm) e faça um furo no centro da face superior. Fixe um arame e pendure a placa no centro de um béquer vazio de 250 mL (use um lápis ou fio grosso para segurar). Deixe um espaço de uns 2 cm entre o final da placa e o fundo do béquer, e acrescente **acetona**, deixando um espaço livre de cerca de 1 cm. Retire a placa do béquer e a aqueça ao rubro com um maçarico ou bico de Bunsen. Rapidamente a recoloque no béquer e observe o belo padrão de cores devido a pirólise da acetona com formação de etenona e metano.

Outros metais podem ser utilizados para gerar tal efeito catalítico (Pt, Pd, Rh), mas devem ter ponto de fusão alto para não fundirem devido a alta temperatura alcançada na placa metálica. Metanol funciona com cobre, mas a oxidação libera tanto calor que o cobre derrete e funde. Por isto que é melhor usar a platina que tem um ponto de fusão mais alto (ver item 3.11).

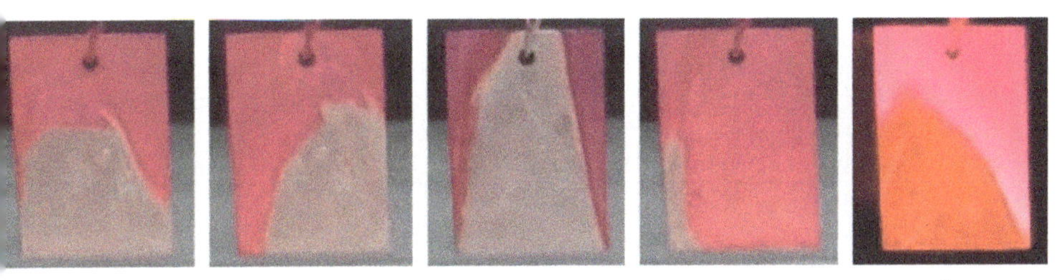

Figura 12.3. Padrões de cores devido a decomposição catalítica da acetona pelo cobre. Última foto foi tirada no escuro, para maior contraste.

- **Autocatálise**

É um tipo de reação na qual um dos produtos formados atua como catalisador. Um exemplo é a reação que ocorre entre o cobre (Cu) e o ácido nítrico (HNO_3). Inicialmente, a reação ocorre lentamente, porém à medida que o óxido de nitrogênio (NO) é formado, ele age como catalisador, aumentando violentamente a velocidade da reação. Outro exemplo refere-se à reação Landolt (seção 9.1.1), em que o iodeto gerado da reação do íon iodato com bissulfito também reage com o iodato, numa reação intermediária.

Na padronização de soluções de permanganato de potássio ($KMnO_4$) costuma-se usar oxalato de sódio com padrão primário. A titulação é realizada em meio ácido a quente e a própria cor violeta do permanganato (na bureta) é utilizada como ponto final da titulação. No início da titulação a reação é lenta, mas logo que começa a formar uma quantidade maior de Mn^{2+} (autocatalisador) a reação se acelera.

$$2MnO_4^- + 5C_2O_4^{2-} + 16H^+ \xrightarrow{Mn^{2+}} 2Mn^{2+} + 10CO_2 + 8H_2O$$

- **Veneno ou inibidor catalítico**

É uma substância que se combina com o catalisador, diminuindo ou anulando a sua ação. Por exemplo, sabemos que o método industrial de produção de amônia (NH_3), conhecido por Haber-Bosch, utiliza o ferro como catalisador, no entanto sua eficiência se torna muito pequena se ocorrer a presença de arsênio (As), que inibe a ação do ferro, ou seja, o arsênio é um veneno catalítico.

12.2 GARRAFA AZUL

Na tentativa de descobrir as condições necessárias para que as reações químicas possam ocorrer, foi proposta há décadas uma experiência que aborda diversos conceitos como óxido-redução, ação de catalisadores e dissolução do ar atmosférico em água, a famosa "Garrafa Azul". No experimento, uma garrafa de plástico transparente é preenchida parcialmente com um líquido incolor. Quando o líquido é agitado, a solução torna-se azul-violeta e, após permanecer em repouso, a coloração da solução volta para incolor. Esse ciclo incolor-azul-incolor pode ser repetido diversas vezes até que o líquido se inutilize.

EXPERIÊNCIA 156 KIT

Consiga uma garrafa plástica de água ou refrigerante, limpa e vazia, com tampa. Adicione na garrafa 500 mL de água mineral, **10 g de NaOH** e **10 g de glicose** (D-glucose, o mesmo que dextrose). Agite tudo para dissolver. Adicione agora **30 gotas de azul de metileno 0,5%**, feche a garrafa e deixe em repouso até a solução resultante tornar-se incolor. Agite vigorosamente a solução e observe a rápida mudança para azul, que lentamente vai retornando para incolor. Repita o ciclo novamente anotando o tempo de surgimento da cor azul e de permanência desta cor até completo retorno para incolor (Figura 12.4). Repita a experiência variando as concentrações dos reagentes, tempo de agitação, temperatura e abertura ou não do recipiente.

Figura 12.4. Reação de oxidação da glicose em meio básico catalisada pelo azul de metileno.

Quando a solução contendo glicose, azul de metileno e NaOH é agitada, o oxigênio do ar é dissolvido na solução com rápida oxidação do azul de metileno (AzMe) para sua forma azul. Esse composto oxidado sofre redução pela glicose (GlOH) em meio básico, esta sendo lentamente oxidada pelo oxigênio dissolvido, formando o ânion gliconato em meio básico.

[glicose: HO, OH, OH, O, H, OH, OH] + ½ O_2 + OH^- → [gliconato: HO, OH, OH, O, O^-, OH, OH] + H_2O

O azul de metileno catalisa a reação porque atua como um agente de transferência de oxigênio. Ao ser reduzido pela glicose (que está em excesso), o azul de metileno transforma-se na sua forma leucometileno, tornando-se incolor. Quando a garrafa é agitada novamente, aumenta-se o número de colisões entre o leucometileno reduzido com o oxigênio do sistema, reoxidando novamente à sua forma azul. Esse experimento pode ser repetido muitas vezes até o gás oxigênio ser gasto a ponto de se tornar-se inutilizável, o que pode ser notado com a diminuição de pressão no final do experimento dentro da garrafa. A fim de recuperar um pouco da cor azul novamente, pode-se abrir a garrafa para assimilar mais oxigênio do ar.

Essa experiência pode ser utilizada na química como uma atividade para investigação de um fenômeno, pois diversos desdobramentos podem ser depreendidos, como feito por J. A. Campbell (1965) em seu livro "Por que as reações ocorrem". O autor investiga como a reação é afetada pela presença de oxigênio, número e tempo das agitações, concentração da glicose e do azul de metileno, temperatura da solução, etc. Dessa forma, diversos aspectos de cinética química também podem ser explorados. O autor observou que a velocidade de reação total v (surgimento da cor azul até desaparecimento logo a seguir) depende da concentração de azul de metileno, glicose e de hidróxido de sódio:

$$v = k[\text{AzMe}].[\text{GlOH}].[\text{OH}^-]$$

e que a etapa lenta se refere à oxidação da glicose pela forma oxidada do azul de metileno (cor azul), que se reduz à forma incolor (leuco-metileno). A etapa rápida refere-se à oxidação do AzMe pelo ar. Este composto de oxirredução comporta-se como catalisador, pois é oxidado na etapa de agitação (rápida) e regenerado à sua forma incolor durante a redução do íon gliconato em meio básico (lenta).

A lei de velocidade pode ser explorada variando-se a concentração inicial de AzMe, glicose, hidróxido de sódio, tempo de agitação da solução e temperatura. Campbell observou que o aumento do tempo de agitação não afeta a velocidade de surgimento da cor azul, mas afeta o tempo para completa exaustão do oxigênio do sistema e desvanecimento da cor azul do AzMe oxidado. Também observou que um aumento de 10 °C na temperatura (de 25 °C a 35 °C) aumentou a velocidade da reação em cerca de 4 vezes.

Observações:

- A glicose, glucose ou dextrose, um monossacarídeo, é o carboidrato mais importante na biologia. As células a usam como fonte de energia e intermediário metabólico, sendo um dos principais produtos da fotossíntese – inicia a respiração celular em células procarióticas e eucarióticas. É um cristal sólido de sabor adocicado, de formula molecular $C_6H_{12}O_6$, encontrado na natureza na forma livre ou combinada. Juntamente com a frutose e a galactose, é o carboidrato fundamental de carboidratos maiores, como sacarose e maltose. Amido e celulose são polímeros da glicose. A molécula de glicose pode existir em uma forma de cadeia aberta (acíclica) e anel (cíclica). Em solução aquosa, as duas formas estão em equilíbrio e, em pH 7, a forma cíclica é predominante. É encontrada nas uvas e em vários frutos. Industrialmente, é obtida a partir do amido.

- Azul de metileno é largamente utilizado como um indicador redox em química analítica (E^o = 0,53 V), dando soluções azuis em sistema oxidado e incolor em sistema reduzido. Também tem diversas outras aplicações na química, biologia e farmácia. Azul de metileno é também usado para fazer a reação entre solução de Fehling e açúcares redutores mais visível. Na biologia, o composto é usado como corante para um grande número de diferentes procedimentos de coloração.

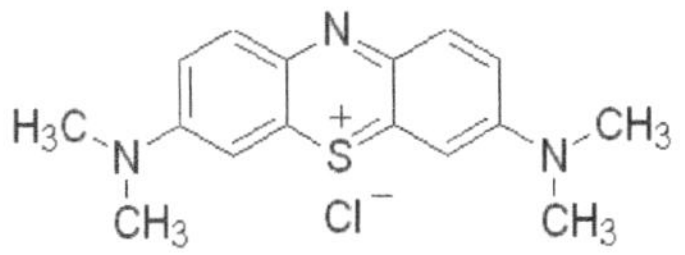

Estrutura do azul de metileno.

CAPÍTULO 13

Equilíbrio Químico

13. DEFINIÇÃO DE EQUILÍBRIO QUÍMICO

Equilíbrio químico é a parte da química que estuda as reações reversíveis e as condições para o estabelecimento dessa atividade equilibrada. Qualquer sistema em equilíbrio representa um estado dinâmico no qual dois ou mais processos estão ocorrendo ao mesmo tempo e na mesma velocidade. Tal sistema final é o resultado da reação inicial entre as substâncias reagentes gerando produtos, reação esta, controlada por fatores cinéticos. A capacidade de reação desses reagentes vai acarretar no final uma maior ou menor constante de equilíbrio.

Como exemplo, Fe pode ser aquecido com vapor d'água num sistema fechado e originar Fe_3O_4 e H_2. Porém, à medida que o óxido de ferro e hidrogênio vão se formando, ambos reagem entre si formando novamente ferro e água. O processo continua até que se estabeleça o equilíbrio dinâmico:

$$3Fe + 4H_2O \rightleftharpoons Fe_3O_4 + 4H_2$$

Uma reação é dita irreversível quando não há tendência de reação dos produtos formados, com regeneração dos reagentes. Como exemplo, tem-se a decomposição pelo calor do clorato de potássio:

$$2KClO_3 + \text{calor} \rightarrow 2HCl + 3O_2$$

ou a combustão de uma folha de papel que ocorre até que o fogo consuma toda a folha, daí então só restam as cinzas. O papel não volta ao estado inicial.

A tendência da reação se processar para o lado de formação dos produtos (lado direito) é estabelecida pela constante de equilíbrio, que segue a lei de ação das massas (seção 1.10), dado:

$$aA + bB \rightleftharpoons cC + dD, \qquad K = \frac{[C]^c[D]^d}{[A]^a[B]^b}$$

A constante de equilíbrio termodinâmica depende do produto das atividades das espécies, que em soluções diluídas são próximas às suas concentrações molares. O equilíbrio pode ser deslocado por variação das concentrações ou pressões (no caso de gases) de reagentes e/ou produtos, e pela variação da temperatura e meio do sistema (nesses dois casos, K também varia). Tais variações podem ser avaliadas pelo princípio de Le Chatelier, que diz: "Se um sistema químico em equilíbrio se submete a qualquer causa exterior perturbadora, o equilíbrio se desloca (reagindo quimicamente) no sentido que minimize a ação perturbadora".

Enquanto que o equilíbrio químico nos dá informações de quanto a reação se deslocou para a direita, a cinética química nos informa quanto tempo é necessário para que o equilíbrio seja alcançado.

Veja também discussão sobre equilíbrio químico no início do Capítulo 16.

13.1 FATORES NO EQUILÍBRIO QUÍMICO

13.1.1 Efeito da temperatura e pressão

Quando variamos a temperatura de um sistema em equilíbrio químico, esse equilíbrio desloca-se no sentido a amenizar essa variação. Um aumento na temperatura deslocará o equilíbrio para o lado endotérmico da reação, pois esse é lado que absorve calor das vizinhas, minimizando o aumento da temperatura (Le Chatelier).

EXPERIÊNCIA 157 KIT

Faça essa experiência em local arejado ou numa capela de laboratório (exaustor). Coloque num tubo de ensaio **5 ml de HNO_3 concentrado**. Tenha em mãos 2 outros tubos com rolhas de borracha. Adicione um pedaço de **fio de cobre** ao ácido e recolha o gás formado nos outros dois tubos, emborcando cada tubo sobre o primeiro e virando de vez em quando para que o gás avermelhado desça (já que ele é mais denso que o ar).

Após encher os dois tubos com gás, feche-os com as rolhas de borracha. Certifique-se que os dois tubos tenham mais ou menos a mesma cor. Resfrie um deles em banho de gelo e observe o esmaecimento da cor para o amarelo, comparando com o tubo à temperatura ambiente. Aqueça agora o tubo no bico de Bunsen e observe o avermelhamento do gás. Com um aquecimento mais enérgico, feito pelo bico de Bunsen ou chama de um fogão, o gás começa a ficar incolor.

Quando HNO_3 concentrado reage com cobre, forma-se dióxido de nitrogênio (de cor vermelha),

$$4HNO_3 + Cu \rightarrow Cu(NO_3)_2 + 2H_2O + 2NO_2$$

parte do qual se dimeriza em tetróxido de nitrogênio (de cor amarela), gerando o equilíbrio,

$$2NO_2 \rightleftharpoons N_2O_4.$$

A 27 °C têm-se 21% do monômero (NO_2); a 70 °C têm-se 65% e a 135 °C têm-se 98,5%. Acima de 140 °C tem-se praticamente NO_2, de cor vermelha escura (Figura 13.1). Com o aumento da temperatura, o NO_2 começa a dissociar-se, formando o gás incolor NO, o qual existe somente exclusivo acima de 600 °C.

$$\underset{\text{Amarelo}}{N_2O_4(g)} \overset{\text{calor}}{\rightleftharpoons} \underset{\text{vermelho}}{2NO_2(g)} \overset{\text{calor}}{\rightleftharpoons} \underset{\text{incolor}}{2NO(g) + O_2(g)}$$

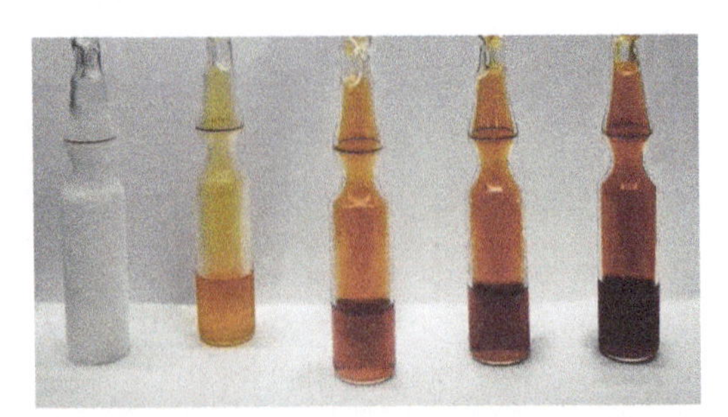

Figura 13.1. Equilíbrio do tetróxido de nitrogênio com o dióxido de nitrogênio a -196 °C, 0 °C, 23 °C, 35 °C e 50 °C. A medida que a temperatura aumenta o N_2O_4 (incolor) se converte em NO_2 (vermelho). Em altas temperaturas mais altas o NO_2 se converte em NO incolor.

Como os equilíbrios acima são endotérmicos no sentido da direita, o aumento da temperatura no sistema favorece o deslocamento dos equilíbrios para a direita (princípio de Le Chatelier). Pode-se esperar, talvez, um pequeno efeito contrário (deslocamento para a esquerda) para o primeiro equilíbrio, quando o sistema é aquecido, pois o aumento de pressão favoreceria o deslocamento para o lado de menor pressão, de menor quantidade de substância, ou seja, formação de N_2O_4.

Observações:

- Caso se usasse HNO_3 diluído na reação com o cobre, formar-se-ia NO, incolor, que prontamente reagiria com o ar, formando NO_2.

- Evite aspirar NO_2, pois ele é tóxico.

Outra reação já estudada (seção 8.4.1) refere-se à conversão do complexo hexaaquocobalto II para tetraclorocobaltato II quando a solução deles é aquecida. Como a reação é endotérmica, o equilíbrio é deslocado para a direita com mais formação de $CoCl_4^{2-}$.

$$[Co(H_2O)_6]^{2+} + 4Cl^- \rightleftharpoons [CoCl_4]^{2-} + 6H_2O$$

13.1.2 Efeito da concentração

Quando aumentamos a concentração de um participante do equilíbrio, ele é deslocado no sentido de consumir a substância que foi adicionada. Do mesmo modo, quando diminuímos a concentração de algum participante, o equilíbrio desloca-se no sentido de aumentar a sua produção.

Podemos estudar o efeito da concentração sobre o equilíbrio por meio do equilíbrio de hidrólise do íon bicarbonato (seção 4.1.2).

$$HCO_3^-(aq) + H_2O(l) \rightleftharpoons H_2CO_3(aq) + OH^-(aq)$$

que é deslocado por um aumento da concentração do ácido carbônico (H_2CO_3) obtido pelo borbulhamento de gás carbônico na solução.

$$CO_2(aq) + H_2O(l) \rightleftharpoons H_2CO_3(aq)$$

EXPERIÊNCIA 158

Reproduza a EXPERIÊNCIA 51 KIT para observar o efeito do CO_2 no equilíbrio do bicarbonato. Você pode aumentar o efeito reversível dos equilíbrios acima substituindo o pouco teor de CO_2 exalado pelos pulmões (o ar expirado contém 16% de oxigênio e 4,6 % de gás carbônico) por aquele produzido a partir de reação química (ou até mesmo pela introdução de **gelo seco** [CO_2 sólido] ao sistema aquoso).

Para produção química de CO_2 reproduza a EXPERIÊNCIA 149 KIT, acoplando uma mangueira no kitassato, e colocando sal de bicarbonato ou carbonato de sódio no frasco que reagirá com ácido clorídrico diluído (ver montagem Figura 12.2). O gás carbônico gerado é borbulhado no Erlenmeyer contendo um pouco de bicarbonato de sódio e azul de bromotimol. Observe o deslocamento do equilíbrio.

O equilíbrio gás carbônico/ácido carbônico pode também ser escrito como:

$$CO_2(aq) + H_2O(l) \rightleftharpoons H^+(aq) + HCO_3^-(aq)$$

Assim, fica mais fácil visualizar como o equilíbrio funciona no sangue. Pessoas que respiram em excesso (sofrem de hiperventilação, por exemplo, por ansiedade) causam diminuição da quantidade de CO_2 no sangue. Por outro lado, insuficiência respiratória (devido a algumas formas de pneumonia, por exemplo) leva a um aumento da quantidade de CO_2 e acidez no sangue.

Várias experiências sobre o efeito da concentração no equilíbrio químico foram apresentadas neste livro, como na seção 8.2 (indicadores), 8.4 (complexos), 7.2.2 e 8.5.2.

Uma experiência também interessante refere-se ao equilíbrio do íon cromato e dicromato influenciado pela acidez do meio.

EXPERIÊNCIA 159 KIT

Dissolva num tubo de ensaio um pouco de **cromato de potássio** em 5 mL de água e observe a cor amarela do íon cromato. Adicione **gotas de H_2SO_4 6 M** e observe o deslocamento do equilíbrio para a direita, com formação do íon dicromato de cor laranja. Adicionando água ou base ao tubo, deslocamos o equilíbrio para a esquerda, com regeneração do íon cromato.

$$2CrO_4^{2-}(aq) + 2H^+ \rightleftharpoons H_2O + Cr_2O_7^{2-}$$

13.1.3 Efeito do íon comum

O efeito do íon comum é explorado em diversas partes deste livro, a exemplo dos equilíbrios ácido-base (seção 8.2) e equilíbrios de complexação, a exemplo do cátion cobalto com o ânion cloreto (item 8.4.1 e 8.4.2). Ao adicionarmos HCl na solução, o equilíbrio desloca-se para a direita com maior formação do complexo azul ($CoCl_4^{2-}$). Outras reações são exemplificadas abaixo.

EXPERIÊNCIA 160 KIT

Num tubo de ensaio, adicione uma espátula de **NaCl** (ou sal de cozinha) e o dissolva em água. Em outro tubo, dissolva um pouco de **$AgNO_3$** em água e adicione gotas dessa solução à solução de NaCl para precipitar de um pouco de AgCl. Espere decantar para visualização do sobrenadante, que está em equilíbrio com o precipitado:

$$Ag^+(aq) + Cl^-(aq) \rightleftharpoons AgCl\ (s)$$

Ao adicionarmos mais gotas de $AgNO_3$, o excesso de prata (íon comum) deslocará o equilíbrio para a direita formando mais cloreto de prata.

EXPERIÊNCIA 161 KIT

Num tubo de ensaio, adicione cerca de 3 g de **NaCl** ou sal de cozinha a 5 mL de água. Feche o tubo com o dedo e agite violentamente até saturação da solução (solubilidade de 36 g/100 mL a 25 °C). Espere decantar e transfira a solução saturada para outro tubo, adicionando em seguida 10 gotas de **HCl**. Observe a precipitação de NaCl devido ao deslocamento do equilíbrio para a esquerda.

$$NaCl\ (s) \rightleftharpoons Na^+(aq) + Cl^-\ (aq)$$

Interessantes experiências de equilíbrio químico envolvendo íon comum e formação de complexos foi abordada no item 3.7.2 para a formação sucessiva de complexos de iodeto-mercúrio (II), e no item 3.9.3 e 3.9.4 para a formação de precipitados de iodeto-chumbo (II).

13.1.4 Efeito da hidrólise

A hidrólise do nitrato de bismuto dá origem ao precipitado branco de nitrato de bismutila.

$$Bi(NO_3)_3 + H_2O \rightleftharpoons BiONO_3 + 2H^+ + 2NO_3^-$$

A reação é reversível e, ao adicionarmos HNO_3 à solução, o precipitado se dissolve, regenerando o nitrato de bismuto.

EXPERIÊNCIA 162 KIT

Adicione um pouco de **$Bi(NO_3)_3$** num tubo de ensaio com cerca de 5 mL água. Dilua o **HNO_3** umas 5 vezes e vá adicionando essa solução, gota a gota, sob agitação, até dissolução do sólido, sem excesso de ácido. Adicione agora água ao tubo até a turvação da solução devido à formação do precipitado de nitrato de bismutila. Desloque o equilíbrio para a esquerda adicionando gotas de ácido nítrico até solubilização do precipitado.

Muitas outras reações de hidrólise são encontradas neste livro, como na formação de precipitados de íons facilmente hidrolisáveis (p.ex. $Fe^{3+}, Ti^{3+}, Al^{3+}, Hg^{2+}$), e que exigem meio ácido para estabilização do íon polivalente. Outros exemplos são apresentados a seguir.

EXPERIÊNCIA 163 KIT

Num tubo de ensaio, adicione 1 mL de água e 1 ou 2 gotas de solução de **sabão**. Adicione 1 gota de **fenolftaleína** e observe o aparecimento de uma coloração vermelha que evidencia o caráter básico da solução. Adicione 1 mL de **álcool** e agite. Observe que a coloração vermelha do indicador desaparecerá.

O caráter básico da solução aquosa de sabão é justificado pela reação:

$$NaR + H_2O \rightarrow HR + Na^+ + OH^-$$ (sendo R um estearato ou palmitato, seção 4.6)

Ao adicionarmos álcool, o equilíbrio é deslocado para a esquerda (menos básico), pois parte da água é retirada do equilíbrio com o sabão para hidratar o álcool.

EXPERIÊNCIA 164 KIT

Dissolva em tubos de ensaio diferentes, pequenas quantidades de sais para investigação da hidrólise deles em meio aquoso. Sugerimos **NH_4Cl, NaCl, Na_2CO_3** e **acetato de cálcio**. Adicione também quantidades equimoleculares de NH_4Cl e acetato de cálcio em água. Verifique o pH dessas soluções utilizando o papel comercial de pH, comparando as cores com aquelas apresentadas na Figura 8.4 da seção 8.2.

Levante as constantes de equilíbrio das espécies hidrolisáveis em livros e avalie os resultados.

CAPÍTULO 14

Reações redox e Eletroquímica

14.1 CÉLULAS ELETROQUÍMICAS

Eletroquímica é uma área da química que estuda as reações espontâneas que produzem corrente elétrica numa pilha através de reações de oxidação e redução, ou estuda os processos químicos não espontâneos gerados pela eletrólise de uma solução quando é fornecida a mesma energia elétrica externa. Esse assunto foi introduzido na seção 1.11 deste livro.

Oxidação é qualquer transformação química que envolve a perda de elétrons ou aumento do número de oxidação e redução envolve ganho de elétrons ou diminuição do número de oxidação. Chamamos de agente oxidante a espécie que produz oxidação, logo ela se reduz, e de agente redutor a espécie que produz redução, logo ela se oxida. Em qualquer sistema, sempre que ocorre uma oxidação, ocorrerá também uma redução, e este processo chamamos de **oxirredução** ou **redox**. Além disso, quanto maior for a tendência de uma espécie se oxidar, mais forte ela atuará com agente redutor, e vice-versa.

As reações de metais mais ativos com cátions de metais mais nobres, ambos presentes no mesmo compartimento, são processos espontâneos de oxirredução, onde o fluxo de elétrons vai diretamente do agente redutor para o agente oxidante, sem realização de trabalho útil (ver seção 3.10.2). Se separarmos o agente redutor do agente oxidante em dois compartimentos distintos, teremos construído uma célula galvânica que produzirá trabalho útil.

Na pilha galvânica, dois eletrodos em compartimentos separados são ligados entre si gerando um fluxo espontâneo de elétrons, através do circuito externo, do eletrodo negativo (anodo) onde ocorre a oxidação, para o eletrodo positivo (catodo) onde ocorre a redução. Na pilha de Daniell temos:

$$\text{Anodo:} \quad \mathrm{Zn(s)} \rightleftharpoons \mathrm{Zn^{2+}}(aq) + 2\mathrm{e^-} \qquad E_2^o = 0{,}76\ \mathrm{V}$$

$$\text{Catodo:} \quad \mathrm{Cu^{2+}}(aq) + 2\mathrm{e^-} \rightleftharpoons \mathrm{Cu(s)} \qquad E_1^o = 0{,}34\ \mathrm{V}$$

$$\text{Reação Global:} \quad \mathrm{Zn}(s) + \mathrm{Cu^{2+}}(aq) \rightleftharpoons \mathrm{Zn^{2+}}(aq) + \mathrm{Cu}(s) \quad E_{célula}^o = 1{,}10\ \mathrm{V}$$

Durante o funcionamento da pilha, observa-se aumento de massa do catodo e diluição da solução de cobre, devido à redução dos íons de cobre (Cu^{2+}) que saem da solução e aderem-se ao eletrodo (Cu^o). Observa-se também redução da massa do anodo (Zn^o) que sofre oxidação e aumento da concentração do íon Zn^{2+} na solução. A ponte salina faz o balanço de cargas da solução, permitindo a passagem de cátions para a solução onde está o catodo e ânions para a solução onde está o anodo.

O potencial da célula galvânica para uma condição de trabalho diferente da condição padrão ($\Delta E^o = E_1^o - E_2^o$, $T = 25\,°$ e concentração das espécies 1 M) é dado pela Equação de Nernst (seção 1.11.1):

$$\Delta E = \Delta E^o - \frac{0.0592}{n} \log Q \quad \text{para } T = 25\,°\text{C, onde } Q \text{ é a relação das espécies}$$

14.1.1 Construindo a pilha de Daniell

EXPERIÊNCIA 165 KIT

Prepare uma solução de Cu^{2+} 1 M dissolvendo **3,75 g de $CuSO_4.5H_2O$** em 15 mL de água num copinho plástico e instale um eletrodo de cobre (placa ou fio de cobre).

Em outro copinho, prepare uma solução de Zn^{2+} 1 M dissolvendo **2,42 g de $ZnSO_4$** em 15 mL de água. Instale um eletrodo de zinco.

Prepare a ponte salina enchendo um tubo em U com solução de **KNO_3** ou **NaCl** , dissolvendo cerca de 1 g em 10 mL. Feche o tubo com dois chumaços de algodão nas pontas. Instale a ponte salina entre os dois copinhos e meça o valor do potencial da pilha com um multímetro digital, que deverá ficar próximo de 1,10 V, conforme previsto pela equação de Nernst. Meça também a corrente gerada colocando o multímetro na escala de mA e ligação em série com a pilha.

Como a pilha gera pouca voltagem, duplique esta célula galvânica colocando-as em série, para produção de uns 2 Volts suficientes para acender um LED, conforme Figura 14.1. Meça também a corrente produzida.

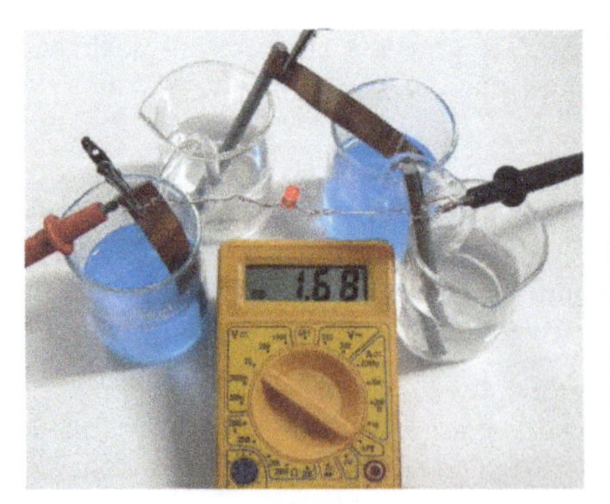

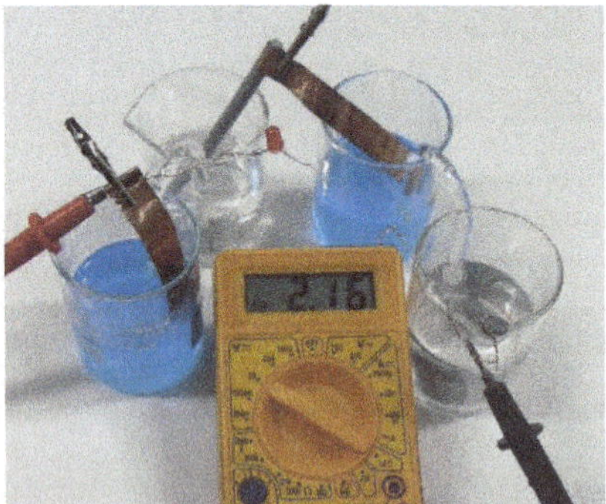

Figura 14.1. Duas pilhas de Daniell em série, gerando cerca de 2,1 V, potencial suficiente para acender um LED de alto brilho.

Observações:

- Devido à baixa concentração dos reagentes e à pequena área dos eletrodos na pilha acima, a corrente gerada é pequena, da ordem de miliamperes, suficiente apenas para acender um LED, mas não uma lâmpada maior (tipo com filamento incandescente).

- Em geral, os LEDs operam com nível de tensão de 1,6 a 3,3 V, sendo compatíveis com os circuitos de estado sólido. É interessante notar que a tensão é dependente do comprimento da onda emitida. Assim, os leds infravermelhos geralmente funcionam com menos de 1,5 V; os vermelhos com 1,7 V; os amarelos com 1,7 V ou 2.0 V; os verdes entre 2.0 V e 3.0 V; enquanto os leds azuis, violeta e ultravioleta geralmente precisam de mais de 3 V. A potência necessária está na faixa típica de 10 a 150 mW, com um tempo de vida útil de 100.000 ou mais horas. Como o LED é um dispositivo de junção P-N, sua característica de polarização direta é semelhante à de um diodo semicondutor.

- Para drenagem de maior corrente na pilha de Daniell, você deverá usar eletrodos com grande área superficial (folhas de zinco e de cobre) e alta concentração de eletrólitos. Na pilha seca comercial (seção 1.11.1) não existe solução líquida, mas sim uma pasta concentrada de MnO_2 e NH_4Cl funcionando como catodo, e um cilindro de zinco com grande área superficial funcionando como anodo. Reproduza o sistema de Volta (item 1.11.1) colocando em série discos de Cu e Zn separados por tecido grosso embebido em ácido. Você terá um potencial e potência elétrica maior.

- As construções de pilhas tipo Daniell são muito úteis para avaliar os princípios eletroquímicos e a equação de Nernst. Tente mudar as concentrações das soluções de cobre e zinco. Também mude o tipo de eletrodo. Por exemplo, substitua a semicela de zinco por um prego e solução de $Fe(NO_3)_3$.

- Embora o potencial sem carga aproxime daquele dado pela equação de Nernst numa condição termodinâmica reversível (sem trabalho útil, $\Delta G = 0$), ao extrair trabalho elétrico da célula galvânica, o potencial elétrico cai e parte da energia potencial química de ligação é transformada em calor, sendo este um processo irreversível.

14.1.2 Construindo uma pilha com limão ou laranja

As etapas para a construção de uma pilha de limão ou de outra fruta cítrica, utilizando placas de cobre e zinco (ver Figura 14.2) baseiam-se nos mesmos conceitos da pilha de Daniell discutida acima e na seção 1.11. O limão é rico em ácido cítrico, e diversos outros eletrólitos, incluindo sais minerais, carboidratos, açucares, proteínas e vitaminas. Ou seja, o suco de limão é uma solução eletrolítica e pode assim ser utilizado como eletrólito numa célula galvânica. Se introduzirmos uma placa de zinco (ou um metal galvanizado) num dos lados do limão, e uma placa menos ativa no outro lado (p.ex. placa de cobre ou uma moeda de cobre de 5 centavos), teremos a oxidação do zinco no anodo (polo −) e a redução do íon hidroxônio ou de outras espécies solúveis redutíveis na catodo (polo +), gerando potencial elétrico da ordem de 1 V. Com dois limões em série teremos cerca de 2 V (Figura 14.2), com uma corrente menor ainda do que na experiência anterior, suficiente apenas para acender um LED vermelho de baixa potência.

EXPERIÊNCIA 166 KIT

Utilizando um estilete, faça pequenos cortes nas extremidades de dois limões, em seu sentido axial. Introduza uma placa de **cobre** ou moeda de 5 centavos num dos cortes, e uma placa de **zinco** ou um clipe galvanizado no outro corte. Coloque as duas células galvânicas em série, prendendo a placa de cobre de uma célula na placa de zinco da outra célula, com uma garra jacaré, conforme Figura 14.2. Meça o potencial elétrico e corrente produzida pelas pilhas em série com um multímetro digital, e teste o possível acendimento de um LED de baixa potência. Meça a corrente de curto de uma pilha seca pequena e compare com sua pilha construída. Explique as diferenças.

Observação: Se preferir substitua o catodo de cobre por um prego de ferro. Também faça um sistema com mais frutas em série para geração de mais potencial e corrente elétrica.

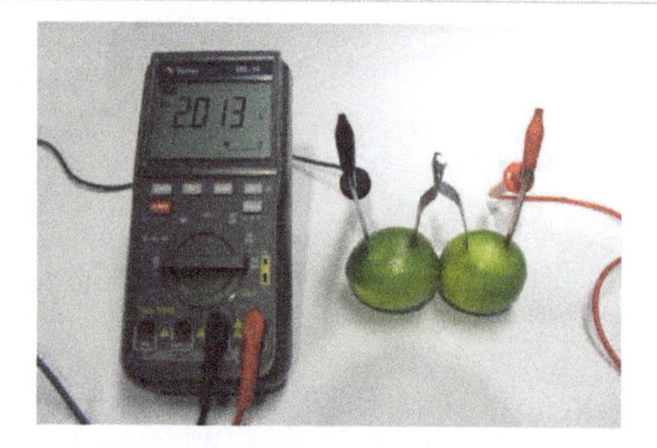

Figura 14.2. Pilhas construídas com dois limões. Cada limão produz cerca de 1 V.

Dos mesmos princípios de uma pilha com limão é possível produzir uma pilha utilizando laranja, tomate, batata, refrigerante, entre outros; pois esses materiais também possuem cátions e ânions que funcionarão como eletrólitos para a pilha, permitindo a migração de íons e a geração de corrente elétrica. O tomate, a laranja e o refrigerante são ácidos, já a batata é básica. A mudança do tecido vegetal, que funciona apenas como ponte salina, não acarretará em importantes variações do potencial da pilha, que efetivamente é gerada pelo par ativos de eletrodos redox.

14.1.3 Pequena bateria de automóvel

O acumulador de chumbo é uma pilha reversível e foi inventado pelo francês Gaston Planté em 1859 (ver pilhas comerciais na seção1.11.1). As baterias dos carros atuais consistem em 6 unidades destas, sendo cada unidade composta de duas grades de liga chumbo-antimônio como eletrodos (mais resistente à corrosão que o chumbo puro), uma grade envolvida com chumbo esponjoso (anodo) e outra com dióxido de chumbo (catodo). Elas estão imersas em solução diluída de H_2SO_4. Quando a bateria está à plena carga, a densidade da solução está na faixa de 1,25 a 1,30 g/cm³ (30 a 40% m/m). Cada unidade gera cerca de 2 Volts e as 6 unidades perfazem então aproximadamente 12 V. Quando a densidade está abaixo de 1,20 g/cm³, indica que a concentração de H_2SO_4 está baixa e, portanto, uma bateria parcialmente descarregada.

Quando a bateria de chumbo está fornecendo corrente, o chumbo na tela do anodo é oxidado a íons Pb^{2+}, que prontamente reagem com SO_4^{2-} do eletrólito, precipitando $PbSO_4$ na grade. No catodo, PbO_2 é reduzido a Pb^{2+}, que também precipita como sulfato. Na carga da bateria, esta funciona como uma célula eletrolítica e as reações se processam no sentido contrário. Resumindo:

No polo (−) ou **anodo:** $$Pb + SO_4^{-} \underset{\text{carga}}{\overset{\text{descarga}}{\rightleftharpoons}} PbSO_4 + 2e^-$$

No polo (+) ou **catodo:** $$PbO_2 + 4H^+ + SO_4^{-} + 2e^- \underset{\text{carga}}{\overset{\text{descarga}}{\rightleftharpoons}} PbSO_4 + 2H_2O$$

Processo total: $$Pb + PbO_2 + 4H^+ + 2SO_4^{2-} \underset{\text{carga}}{\overset{\text{descarga}}{\rightleftharpoons}} 2PbSO_4 + 2H_2O$$

Em nossa bateria experimental, o depósito de $PbSO_4$ nos eletrodos de chumbo, necessário ao processo de carga, é gerado inicialmente pela reação do ácido sulfúrico com o chumbo. Você deve ter observado evolução de gás hidrogênio nos eletrodos devido à oxidação pelo H_2SO_4.

Embora uma elevada sobrevoltagem desfavoreça a evolução de H_2 e O_2 nos eletrodos de chumbo durante o processo de carga (e daí favoreça felizmente a decomposição do $PbSO_4$), alguma evolução de H_2 no catodo e de O_2 no anodo, referente à eletrólise da água, ocorre, o que aumentará com o aumento da tensão aplicada, o que não é desejável. Ou seja, o processo de carga não deverá exceder demais a tensão gerada de cada pilha (2 V) (nas oficinas elétricas automotivas usa-se carregadores comerciais de 13 a 15 V para carregar os 6 elementos da bateria do carro).

EXPERIÊNCIA 167 KIT

No béquer de 100 mL, adicione 20 mL de água e, lentamente e com agitação, mais **10 mL de H_2SO_4 concentrado**. Resfrie num banho de água ou gelo.

Instale **2 placas de chumbo** diametralmente opostas nas bordas do béquer, de forma que ambas toquem o seu fundo. Raspe as pontas das placas e instale os terminais elétricos de uma bateria de 6 V ou de um suporte com 4 pilhas (instale as pilhas pequenas tipo AA). Carregue o acumulador por meia hora. Após esse tempo, desconecte o suporte de pilhas e conecte os terminais da lâmpada LED na polaridade adequada. Agora, o acumulador funciona como bateria acendendo nossa lâmpada por um breve período de tempo.

Obs: A corrente só não é maior devido ao pequeno tamanho do acumulador, quantidade pequena de $PbSO_4$ e PbO_2 gerados e baixa área superficial dos eletrodos.

14.1.4 Construindo uma célula eletrolítica

Células eletrolíticas são muito utilizadas na indústria para obtenção de gases, metais e compostos de interesse comercial, como cloro, hidrogênio, oxigênio, soda cáustica e hipoclorito de sódio. Você poderá explorar esse assunto utilizando diversos reagentes do kit experimental Show de Química ou do seu laboratório.

EXPERIÊNCIA 168 KIT

Reproduza a EXPERIÊNCIA 34 KIT da **seção 3.6.4** adicionando um pouco de solução concentrada de NaCl numa placa de Petri e acrescentando 5 gotas de **fenolftaleína**.

Use uma bateria externa de 6 ou 12 V, fonte de alimentação ou o suporte de pilhas para gerar energia elétrica suficiente para forçar reações não espontâneas na cuba eletrolítica. Mergulhe os terminais da fonte de energia na solução de NaCl e observe as transformações que se sucedem. Explique suas observações.

Caso queira obter os produtos gasosos da eletrólise, você pode usar dois tubos de ensaio invertidos ou a montagem de Hoffman, conforme Figura 14.3. Use eletrodos de cobre ou de grafite (retire de uma pilha seca), mas o melhor mesmo seria utilizar placas inertes de platina (muito caro). Embora o eletrodo de grafite seja inerte, caso ele não seja muito compacto (caso do grafite do lápis), a evolução de gás sobre ele causa com o tempo seu desagregamento, sujando a solução.

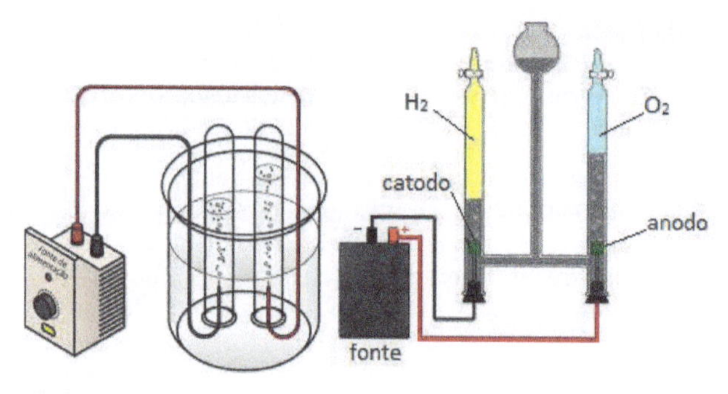

Figura 14.3. Cuba eletrolítica com tubos de ensaio e o aparelho de Hoffman para coleta de gases. Nessa montagem, pode-se ver o maior volume de H_2 coletado na eletrólise da água: $2H_2O \rightarrow 2H_2 + O_2$.

Para obtenção de gás hidrogênio e oxigênio na eletrólise da água, use solução de H_2SO_4 de 10 a 15% (ou Na_2SO_4) em vez de NaCl para evitar a evolução de gás cloro. Também use eletrodo de carbono ou de platina. Tente também efetuar outras eletrólises utilizando NaOH, $CuSO_4$ e $NiSO_4$.

A eletrólise de solução de $CuSO_4$ com dois fios de cobre exemplifica bem o processo industrial de purificação de metais, onde cobre impuro do anodo é oxidado e redepositado de forma mais pura no catodo. Diversos processos de galvanoplastia são utilizados na indústria para obtenção de superfícies lisas e homogêneas de metais (cobreação, douração, prateação, cromagem, niquelagem, etc.).

Como abordado na seção 1.11.3, o íon sódio de uma salmoura não sofre redução em meio aquoso com catodo de grafite ou platina, já que a água ou o íon H_3O^+ (meio ácido) é mais facilmente redutível do que o íon Na^+, formando assim o gás H_2. Mas é possível obter sódio metálico em meio aquoso quando usamos eletrodo de mercúrio, pois este acarreta uma alta sobrevoltagem à evolução do gás hidrogênio, permitindo assim a redução de Na^+ ($E^o = -2{,}71$ V).

Na indústria, é empregado um catodo de mercúrio e um anodo de titânio recoberto de platina ou óxido de platina. O catodo está depositado no fundo de uma célula eletrolítica e o anodo sobre este, a pouca distância. A célula é preenchida com salmoura e, com uma diferença de potencial adequada, se processa a eletrólise:

$$Cl^- \rightarrow \tfrac{1}{2}Cl_2(g) + e^-$$

$$Hg + Na^+ + e^- \rightarrow Na \cdot Hg$$

A seguir, procede-se a decomposição da amálgama formada, para recuperar o mercúrio. A base sobre a qual está a amálgama é ligeiramente inclinada para escorrer a amálgama para uma torre onde, em presença da água, o sódio da amálgama é oxidado, gerando soda cáustica concentrada e de alta pureza.

$$Na \cdot Hg + H_2O \rightarrow Na^+ + OH^- + \tfrac{1}{2}H_2 + Hg$$

Dessa forma o mercúrio é reutilizado, sendo bombeado de volta à cuba eletrolítica. Contudo, devido ao alto custo do processo e problemas ambientais e ocupacionais relativo ao uso de mercúrio, altamente tóxico, o processo tem sido abandonado.

EXPERIÊNCIA 169 KIT

Vamos reproduzir a eletrólise da salmoura com catodo de mercúrio.

Adicione num tubo de ensaio uns **2 mL de mercúrio** e uns 10 mL de solução saturada de **NaCl** ou sal de cozinha (contendo **3,5 g** em 10 mL). Instale no tubo dois fios grossos de cobre encapados com as pontas desencapadas. Mergulhe um fio no mercúrio e o outro deixe livre na solução. Aplique potencial elétrico na cuba eletrolítica acima de 6 V por cerca de meia hora. Após esse tempo, desconecte o circuito externo e retire os eletrodos e a solução aquosa do tubo de ensaio (use um conta-gotas). Adicione agora um pouco de água no tubo e observe a lenta reação do sódio amalgamado com a água, semelhante à EXPERIÊNCIA 33 KIT da seção 3.6.3.

14.2 ESCRITA ELETROQUÍMICA

Podemos usar os conceitos de eletroquímica para produzir escrita. No sistema de pilhas galvânicas, utilizam-se as reações químicas para produzir eletricidade; porém se o processo é invertido, a eletricidade é usada para gerar uma reação química, e o processo é chamado de eletrólise, conceito no qual se baseia a escrita química.

Um exemplo simples da eletrólise que pode ser usado para fazer escrita eletroquímica é utilizando uma solução aquosa de iodeto de potássio na presença do indicador ácido/base fenolftaleína e do indicador complexométrico amido. Ao aplicarmos corrente elétrica contínua de uma fonte externa, a água sofrerá redução no catodo produzindo íons hidroxilas (OH^-), deixando o meio básico e rosa na presença de fenolftaleína, e no anodo haverá a oxidação dos íons iodeto formando iodo, que na presença de amido forma uma cor azul ou marrom. As reações que ocorrem nesse processo são as seguintes:

$$\text{Anodo:} \quad 2I^-(aq) \rightarrow I_2(s) + 2e^-$$

$$\text{Catodo:} \quad 2H_2O(l) + 2e^- \rightarrow H_2(g) + 2OH^-(aq)$$

Outro exemplo de escrita eletroquímica refere-se ao uso de solução de ferricianeto de potássio e de um anodo de ferro (prego). Ao oxidarmos o ferro, forma-se o íon Fe^{2+} que se complexa com o íon ferricianeto, formando o sólido hexacianoferrato (III) de ferro (II), $Fe_3[Fe(CN)_6]_2$, conhecido como Azul de Turnbull, que se converte para azul da Prússia (ver seção 8.4.4).

Partindo-se desse conhecimento, é possível criar diversos tipos de escrita eletroquímica com cores variadas. Por exemplo, na redução da água forma-se hidroxila, na oxidação forma-se H^+ e, variando-se o indicador ácido-base, mudamos a cor da escrita.

EXPERIÊNCIA 170 KIT

Sobre uma placa metálica ou de alumínio instale três folhas de papel de filtro quantitativo, uma sobre a outra, fixando-as na borda superior com fita crepe. Utilizando um pincel, **molhe as três folhas** com a seguinte solução: **2 g de KI** dissolvidos em 20 mL de água, com adição de **20 gotas de solução de amido a 2 %** e **40 gotas de fenolftaleína 0,5%**.

A partir de uma fonte de alimentação, bateria ou suporte de pilhas, conecte o polo negativo à placa metálica e o polo positivo a um fio de cobre. Utilizando este eletrodo, escreva ou desenhe no papel e observe a formação de linhas escuras devido à produção de iodo que se complexa com o amido, e se adsorve no papel (ver seção 5.2.7). Mude os polos na montagem e observe agora linhas vermelhas devido à redução da água e cor rosa da fenolftaleína em meio básico (Figura 14.4a-c). Observe que, ao levantar as duas primeiras folhas de papel, surge a imagem das escritas com cores opostas, pois se de um lado o eletrodo é um catodo, do outro é um anodo.

EXPERIÊNCIA 171 KIT

Siga o mesmo procedimento da EXPERIÊNCIA anterior, porém utilizando uma solução de **cloreto de sódio** (p. ex., **2 g do sal** em 20 mL de água). Passe a solução no papel com auxílio de um pincel e pingue gotas de extratos de indicadores naturais e artificiais em álcool. (Consulte a seção 8.2 para maiores informações acerca dos indicadores naturais). Utilize o eletrodo, ora positivo ora negativo, para escrever. Observe a mudança de cor da linha em função do indicador natural ou sintético utilizado (ver Figura 14.4d).

EXPERIÊNCIA 172 KIT

Agora utilize uma solução de **ferricianeto de potássio** e um anodo de ferro (**prego**). Dissolva **1 g do sal** em 20 mL de água e espalhe a solução num papel de filtro colocado sobre uma placa metálica. Ligue o polo positivo da bateria no prego, que funcionará como anodo, e escreva alguma mensagem. Observe a cor azul devido à oxidação do ferro e formação do complexo Azul da Prússia.

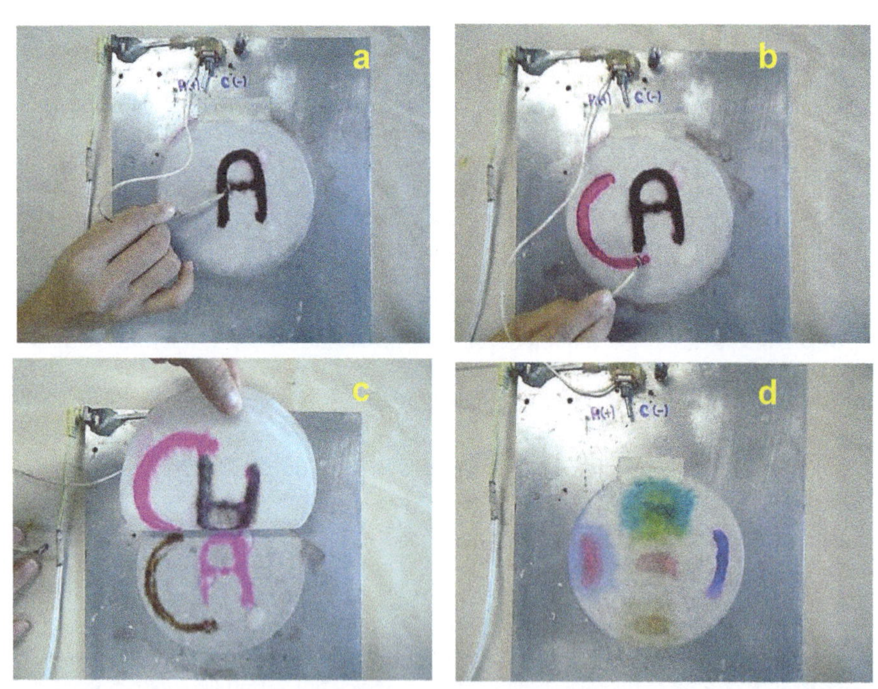

Figura 14.4. Placa de alumínio alimentada por uma fonte de corrente contínua, com uma chave reversora e um eletrodo de cobre (fio) funcionando com uma caneta de escrever. Na figura a é aplicado potencial positivo no eletrodo, o que propicia a oxidação do iodeto e a formação de complexo escuro do iodo com amido. Na figura b temos agora a redução da água com formação de hidroxila, que em meio básico fica vermelho. Na figura c temos as escritas reversas, pois foram utilizadas três folhas de papel de filtro. Se um lado é catodo, o outro é anodo. Na figura d temos vários indicadores pingados sobre um papel embebido em solução de NaCl. Os traços foram feitos com o eletrodo negativo (formação de OH^-): no centro extrato de jamelão, à direita timolftaleína, em cima indicador universal, à esquerda azul de bromotimol, em baixo solução de café.

14.3 ELETROCOAGULAÇÃO

O aterro sanitário, apesar de ser uma boa alternativa para o gerenciamento dos resíduos sólidos urbanos, tem o inconveniente da geração de lixiviado, o qual não pode ser descartado em qualquer lugar, seja o solo ou corpos d'água, e requer um tratamento adequado antes de ser liberado para o meio ambiente. Devido à complexidade da composição do lixiviado (também chamado de chorume), inúmeras alternativas são utilizadas no seu tratamento, como os processos biológicos aeróbios e anaeróbios (mais utilizados em estações de tratamentos de esgotos domésticos devido ao menor custo e boa eficiência de tratamento), os métodos físico-químicos e recirculação do lixiviado no próprio aterro. Entre os processos físico-químicos, destacam-se a eletrocoagulação e o reativo de Fenton (uso do oxidante H_2O_2 e do catalisador $FeSO_4$), e quando são combinados simultaneamente, eletroFenton.

A eletrocoagulação já é conhecida desde o final do século XIX, porém inicialmente foi pouco explorada devido à complexidade das etapas que envolvem processos hidrodinâmicos acoplados a sistemas eletroquímicos. A Eletrocoagulação também é chamada de Eletrofloculação e Eletroflotação (mais adequado para óleos). A técnica tem despertado interesse devido a sua fácil operação e aplicação no tratamento de efluentes e águas residuárias, em tratamento de efluentes de curtume, de aterros sanitários, de águas subterrâneas, de indústrias, de laticínios, etc.

Um reator de Eletrocoagulação (EC) é composto basicamente por um catodo e um anodo, ou um conjunto de placas paralelas, em ligação tipo colmeia, de catodos e anodos, formando assim uma cela eletrolítica. Os eletrodos mais utilizados são os de ferro e alumínio (ferro é mais econômico). O reator quando é conectado a uma fonte de potencial externa (> 6 V) promove a oxidação do anodo (eletrodo de sacrifício), com formação do cátion metálico precipitante (p.ex., Fe^{2+} e Fe^{3+}), e redução da água no catodo, com formação de hidrogênio gasoso e do ânion hidroxila). Como a solução eletrolítica está sob agitação, e em contato com o ar, os íons se combinam formando precipitados de $Fe(OH)_2$ e $Fe(OH)_3$, que arrastam para o fundo (eletrocoagulação) diversos compostos e resíduos presentes no efluente, via coprecipitação, absorção, oclusão, etc., clarificando o efluente (ver Figuras 14.5 a 14.7). Caso o efluente contenha componentes leves (p.ex., óleos, petróleo, etc.) o hidrogênio gerado promove a flotação e ascensão dos resíduos, na forma de espuma (eletroflotação). Tanto o lodo como a espuma gerada são retiradas do sistema e destinadas a posteriori a um destino final (p.ex., aterro sanitário). O efluente clarificado, caso atinja os critérios ambientais em vigor, podem ser finalmente liberados em cursos d'água.

A Eletrocoagulação envolve estágios sucessivos como se pode verificar na Figura 14.5.

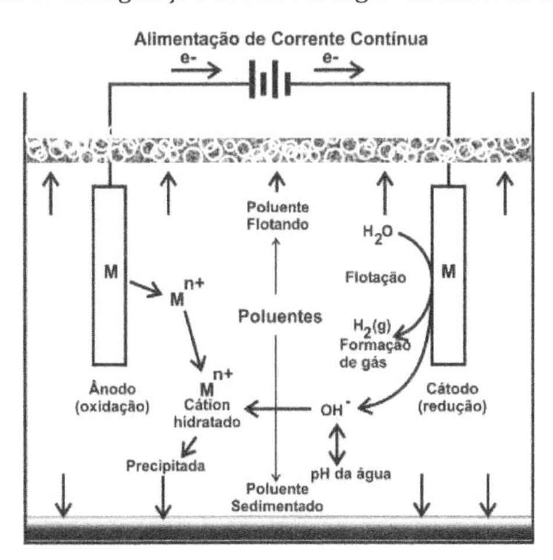

Figura 14.5. Mecanismo dos processos eletrolíticos na eletrocoagulação.

Figura 14.6. Vista lateral de um eletrodo simples com 2 placas de ferro (catodo e anodo), e com 10 placas tipo colmeia (5 catodos e 5 anodos ligados em paralelo).

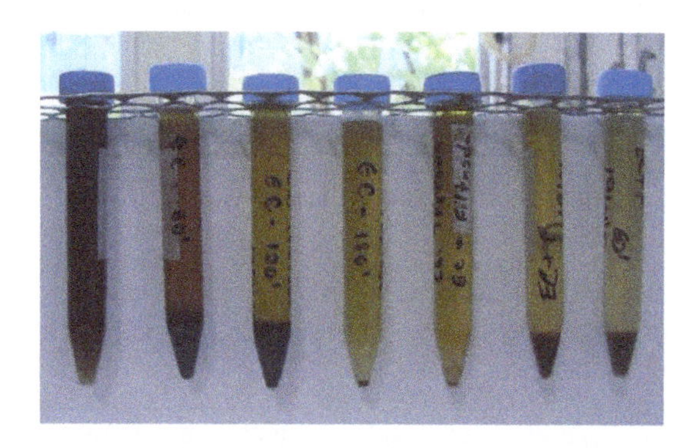

Figura 14.7. Foto 1: Resultado final da eletrocoagulação de uma amostra de chorume. Na parte superior temos a espuma gerada pela flotação de sólidos/líquidos leves, no meio o efluente clarificado, e no fundo o lodo gerado constituído principalmente de $Fe(OH)_2$ hidratado. Foto 2: tubo 1) amostra de chorume bruto; 2-4) tratamento de eletrocoagulação nos períodos de 60, 120 e 180 min; 5) amostra filtrada; e 6-7) eletrocoagulação seguida de Fenton nos períodos de 30 e 60 min.

EXPERIÊNCIA 173 KIT

Prepare um reator simples para eletrocoagulação cortando duas **placas de ferro** de boa corrosibilidade (p.ex., aço carbono 1020), fixando em cada placa um fio elétrico, que deverão depois serem ligados aos terminais de uma bateria de carro, moto ou fonte de alimentação de 6, 9 ou 12 V, com razoável potência e capacidade de corrente (> 5 A). Mergulhe as placas num efluente a ser tratado (solução de urina, água de esgoto, corante artificial, p.ex., azul de metileno). Se precisar adicione um pouco de sal para aumentar a condutância da solução. Ligue a bateria e proceda a eletrocoagulação por uns 30 min. Espere 1 h para a suspenção de oxidratos de ferro e compostos do efluente precipitar. Observe então o clareamento do efluente de partida.

Se tiver um amperímetro de corrente contínua (DC) ligue-o em série com o circuito. Monitore o potencial com um voltímetro ou multímetro. Faça seus próprios experimentos, variando o tipo de reator (2 ou mais placas), área das placas, corrente e tensão aplicada, frequência de inversão dos polos (para se evitar polarização e sobrevoltagem), temperatura da solução, tipo de fluente, diluição do efluente, etc. Seja um pesquisador!

14.4 BAFÔMETRO

O bafômetro é um aparelho que permite determinar a concentração de bebida alcóolica em uma pessoa, analisando o ar exalado dos pulmões. O princípio de detecção do grau alcoólico do bafômetro moderno está fundamentado na avaliação das mudanças das características elétricas de um sensor sob os efeitos provocados pelos resíduos do álcool etílico no hálito do indivíduo. O sensor é um elemento formado por um material cuja condutividade elétrica é influenciada pelas substâncias químicas do ambiente que se aderem à sua superfície. Sua condutividade elétrica diminui quando a substância é o oxigênio e aumenta quando se trata de álcool. Entre as composições preferidas para formar o sensor destacam-se aquelas que utilizam polímeros condutores ou filmes de óxidos cerâmicos, como óxido de estanho (SnO_2), depositados sobre um substrato isolante.

A correspondência entre a concentração de álcool no ambiente, medida em partes por milhão (ppm), e uma determinada condutividade elétrica é obtida mediante uma calibração prévia onde outros fatores, como o efeito da temperatura ambiente, o efeito da umidade relativa, o regime de escoamento de ar, etc., são rigorosamente avaliados.

A concentração de álcool no hálito das pessoas está relacionada com a quantidade de álcool presente no seu sangue dado o processo de troca que ocorre nos pulmões. Sabe-se que, no momento em que se ingere bebidas alcoólicas, o etanol entra na circulação sanguínea e, ao passar pelos pulmões, uma parte do álcool é liberada através da respiração. Desse modo, um motorista suspeito de dirigir após ingestão de bebidas alcoólicas apresentará, em sua respiração, uma quantidade de álcool proporcional à que ele teria ingerido.

Os bafômetros mais antigos e descartáveis têm seu princípio de funcionamento baseado na mudança de cor que ocorre na reação de oxidação do etanol com dicromato de potássio em meio ácido produzindo o aldeído etanal. Essa solução era introduzida num tubo contento material poroso. A reação que ocorre pode ser representada por:

$$\underset{\text{laranja}}{Cr_2O_7^{2-}} + 8H^+ + 3CH_3CH_2OH \longrightarrow \underset{\text{verde}}{2Cr^{3+}} + 7H_2O + 3CH_3CHO$$

No laboratório pode ser feita uma simulação desse tipo de bafômetro.

EXPERIÊNCIA 174 KIT

Dissolva **0,2 g de $K_2Cr_2O_7$** em 12 mL de água num béquer e, em seguida, adicione lentamente sob agitação **5 mL de H_2SO_4 concentrado**. Esfrie a solução e transfira 5 mL para um tubo de ensaio. Em um kitassato, adicione **20 mL de álcool etílico** (pode ser comercial ou diferentes bebidas alcoólicas) e instale um tubo de vidro ou plástico dentro da rolha furada, conforme Figura 14.8. Instale agora uma mangueira na saída do kitassato e a outra ponta no tubo de ensaio contendo o dicromato em meio ácido. Assopre no interior do kitassato para evaporação do álcool e direcionamento deste para o tubo de ensaio, seguida da mudança de cor na solução de dicromato, conforme Figura 14.9. Tome cuidado para que o álcool não passe para o tubo de ensaio.

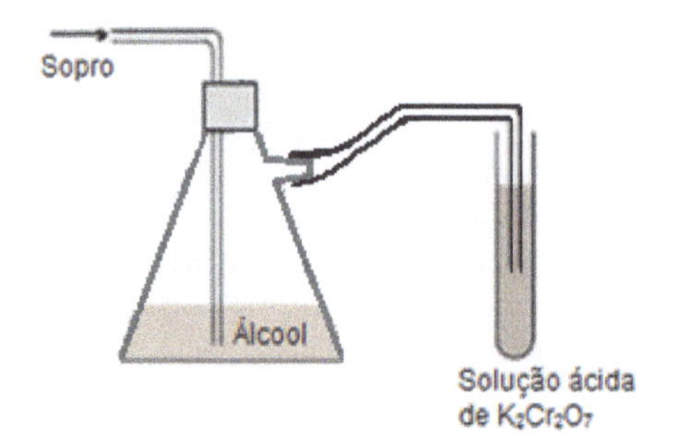

Figura 14.8. Uma simples montagem para demonstrar o princípio químico de bafômetros mais antigos

Figura 14.9. Oxidação do vapor de álcool etílico com dicromato de potássio em meio ácido com mudança de cor de laranja ($Cr_2O_7^{2-}$) para verde (Cr^{3+}).

Obs.: Os aldeídos são todos os compostos orgânicos que possuem o grupo carbonila ligado a um hidrogênio. O principal aldeído de uso no cotidiano é o metanal, que em solução aquosa é conhecido como formol, sendo usado como conservante de tecidos e de cadáveres (ver capítulo 17).

CAPÍTULO 15

Reações Exotérmicas, Pirotécnicas e Explosivas

15.1 REAÇÕES EXOTÉRMICAS

Muitas são as reações químicas que envolvem uma alta e rápida liberação de energia ($\Delta G < 0$), favorecidas tanto entropicamente ($\Delta S > 0$) como entalpicamente ($\Delta H < 0$), isto é, $\Delta G = \Delta H - T\Delta S$ e variação da energia livre negativa. A entalpia (ΔH) é uma função de estado, que à pressão constante, é igual ao fluxo de calor Q (ver item 1.8.3). Quando todos os reagentes e produtos estão em seu estado padrão (forma mais estável à pressão de 1 atm e a 25 °C), a variação da entalpia padrão (ΔH^o) refere-se a diferença entre a soma das entalpias dos produtos e a soma das entalpias dos reagentes. Esta variação de energia é muito alta para as reações de combustão, pirotécnicas e explosivas, da ordem de centenas a milhares de kJ/mol, liberada na forma de calor para as vizinhanças, sendo muito maior que a contribuição entrópica. Só para exemplificar a entalpia padrão de combustão da grafita (carvão amorfo) é de -394 kJ/mol, a do hidrogênio gasoso de -286 kJ/mol, a do etanol líquido de -1368 kJ/mol e a do acetileno gasoso de -1300 kJ/mol (item 4.4.1). Só para comparar a dissolução endotérmica do nitrato de amônio (NH_4NO_3), usado em bolsa de gelo, absorve 26 kJ/mol; a cristalização exotérmica do tiossulfato de sódio pentahidratado libera $-31{,}9$ kJ/mol de calor; a dissolução exotérmica de H_2SO_4 18M em água libera $-61{,}4$ kJ/mol e a hidratação da cal virgem $CaO(s)$ libera $-81{,}9$ kJ/mol (item 4.1.1).

O que difere muitas reações de combustão das pirotécnicas, e ainda mais, das explosivas, é a cinética da reação. Nas duas últimas a combustão ou decomposição do produto químico é muito rápida, produzindo uma violenta expansão de gases e fumaças, com velocidade de até milhares de km/h, associada ainda a produção de flashes de luz e estrondosa onda sonora. Algumas destas reações serão abordadas neste capítulo, desde misturas de gases, líquidos e sólidos, que podem ser exploradas na termodinâmica química para elucidação de ligações químicas, da transferência de calor e entropias associadas.

15.1.1 Foguete de garrafa PET

Uma das mais curiosas experiências químicas, muito reproduzida por estudantes em escolas, refere-se à combustão de álcool etílico borrifado previamente numa garrafa plástica tipo PET – poli(tereftalato de etileno) – ver seção 5.1. Na tampa da garrafa é feito um furo para saída dos gases de expansão. A garrafa plástica viaja como um foguete! Tal experiência é segura, desde que a queima do vapor de álcool seja realizada por meio de um bastão com chama na ponta (ou use um acendedor de fogão), pois caso se inflame a mistura ar-álcool com um isqueiro ou fósforo, a expressiva transferência de calor para as mãos do operador pode gerar queimaduras.

Embora o autor nunca tenha experimentado outros líquidos inflamáveis, como gasolina, querosene, acetona, éter, etc., a princípio tais combustíveis poderiam ser testados. Para o álcool etílico tem-se a reação de combustão abaixo, um processo altamente exotérmico.

$$CH_3CH_2OH + 2O_2 \rightarrow CO_2 + 3H_2O \qquad \Delta H° = -1368 \text{ kJ/mol}$$

EXPERIÊNCIA 175 KIT

Consiga uma **garrafa PET** de 1,5 L de refrigerante ou água mineral vazia, limpa e seca. Faça um furo na tampa de uns 6 mm de diâmetro (use uma ponta de tesoura ou furadeira para isso). Num frasco vazio tipo spray de desodorante ou **frasco borrifador**, coloque **álcool etílico** a **96 °GL** (não serve o hidratado de farmácia a 70 °INPM). Caso não tenha um acendedor de fogão, coloque algodão numa ponta de um bastão, para servir de tocha. **Não use isqueiro, pois poderá queimar suas mãos.**

Destampe a garrafa PET e a coloque numa área livre, de forma que ela possa correr sem bater em nada. Dê umas quatro borrifadas de álcool dentro da garrafa. Feche-a imediatamente, acenda a tocha e inflame à mistura explosiva. Observe a violenta projeção da garrafa como um foguete (Figura 15.1).

Observação:

- Caso faça a experiência num ambiente fechado, instale duas argolas na garrafa de forma que ela possa correr num fio de náilon, sem quebrar ou ferir ninguém (Figura 15.1). Segure também uma proteção acima da tocha para se evitar a queima da linha. Também coloque no final da linha um absorvedor do impacto (p.ex. espuma).

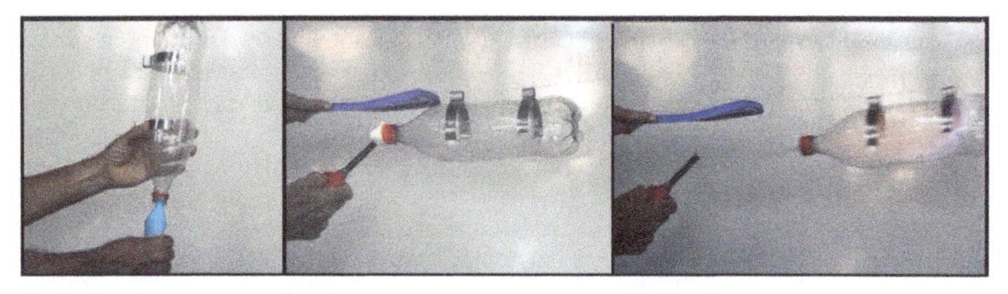

Figura 15.1. Garrafa PET presa com duas argolas a uma linha de náilon, com a tampa furada (ϕ uns 6 mm). Quando álcool etílico é borrifado e depois inflamado, a garrafa vira um foguete.

15.1.2 Reação fotoquímica de Hidrogênio e Cloro

O gás hidrogênio reage exotermicamente com o gás cloro produzindo ácido clorídrico (entalpia de formação, $\Delta H_f^o = -537$ kJ/mol). A reação é induzida fotoquimicamente através de etapas em cadeia, a saber:

$$Cl_2 + h\nu \rightarrow 2Cl^\bullet \quad (1)$$
$$Cl^\bullet + H_2 \rightarrow HCl + H^\bullet \quad (2)$$
$$H^\bullet + Cl_2 \rightarrow HCl + Cl^\bullet \quad (3)$$
$$H^\bullet + O_2 \rightarrow HO_2 \quad (4)$$
$$Cl^\bullet + O_2 \rightarrow ClO_2 \quad (5)$$

A reação 1 é o passo de iniciação da cadeia, envolvendo a absorção de luz pelo cloro e gerando átomos de cloro. As reações 2 e 3 são etapas de propagação da cadeia, e as reações 4 e 5 ilustram como o gás oxigênio atua como inibidor. Na presença de 1% O_2, a propagação da cadeia é reduzida de aproximadamente 10^6 para 10^3.

Devido à alta toxidade do gás cloro, este deve ser produzido numa capela de laboratório ou em área bem ventilada. A produção de hidrogênio também deve ser realizada com cuidado devido sua alta inflamabilidade.

EXPERIÊNCIA 176 KIT

Separe um tubo de ensaio de 150x15 mm e uma rolha de cortiça que encaixe nele. Faça uso da montagem da EXPERIÊNCIA 1 KIT para produção de hidrogênio, e da EXPERIÊNCIA 11 KIT para produção de gás cloro. Use um kitassato com rolha de borracha e uma mangueira plástica acoplada à saída para liberação dos gases. O hidrogênio será gerado pela reação de uma solução de **NaOH** com pedaços de **alumínio em folha**, e o cloro será gerado pela reação de **água sanitária** com **HCl**.

Inicialmente encha o tubo com água, vede-o com o dedo ou com a rolha de cortiça, e o mergulhe de cabeça para baixo num béquer contendo água. Não deixe entrar ar no tubo. Agora produza hidrogênio e introduza a saída da mangueira do kitassato na entrada do tubo de ensaio, de forma a encher o tubo até à metade com este gás. Retire a mangueira com o kitassato, lave-o e proceda para a preparação do gás cloro. Repita o procedimento para transferir o gás cloro para a outra metade do tubo, até transbordo de gás na parte inferior do tubo de ensaio. Retire a mangueira e vede o tubo com a rolha de cortiça, ainda dentro d'água.

Seque a parte externa molhada do tubo e fixe-o num tripé, num ângulo de 45°. Direcione um feixe de luz forte para o tubo (luz de datashow, lanterna potente, laser azul, ou melhor ainda a **queima de uma fita de magnésio**), até surgimento da explosão e projeção da rolha. Use luvas e tenha cuidado.

15.1.3 Reações Hipergólicas

Um par hipergólico (do grego *hyper* – super + *erg* – trabalho + *ol* – sufixo para produtos químicos + *ic* – adjetivo) consiste de dois componentes químicos que entram em ignição espontânea, sem a presença de oxigênio, calor ou catalisador, e com grande liberação de energia. Hipergolicidade é o resultado da combustão espontânea desta mistura de propelentes (combustível e oxidante), a temperatura ambiente e na ausência de qualquer fonte de ignição, ou seja, a reação é auto inflamável. Tal característica é explorada na indústria aeroespacial para propulsores de controle de altitude de satélites, motores de rolamento de foguetes e sistemas de aproximação (Meyer, 2017). Propulsores hipergólicos possibilitam múltiplas partidas do motor-foguete sem a necessidade de complexos mecanismos de ignição. Mesmo que estes reagentes hipergólicos tenham dificuldades de manuseio e armazenagem, devido as suas características de toxicidade e corrosão, a alta energia que produzem justifica os esforços necessários para usá-los.

O desenvolvimento de motores de foguetes usando pares hipergólicos remonta a 1931, quando Valentin Glushko fez algumas experiências, e a 1935, quando o cientista alemão Prof. O. Lutz, efetuou experiências com centenas de compostos químicos. As combinações mais comuns combustível/oxidante são baseadas em misturas de hidrazina, metil-hidrazina (MMH) e dimetil-hidrazina assimétrica (UDMH) com tetróxido de nitrogênio (NTO). Também temos a combinação de trietilamina + xilidina com ácido nítrico fumegante ou NTO; e trietilborano/trietilalumínio (TEA/TEB) com oxigênio líquido. Algumas misturas menos comuns e obsoletas são: hidrazina + ácido nítrico; Anilina + ácido nítrico; anilina + peróxido de hidrogênio de alto teste - HTP (teor de $H_2O_2 > 80\%$); álcool furfurílico + ácido nítrico fumegante vermelho (IRFNA – 84% de HNO_3, 13% de N_2O_4 e 1-2% de H_2O); terebentina + IRFNA; UDMH + IRFNA; querosene + HTP + catalisador; trifluoreto de cloro + todos os combustíveis; e tetrametiletilenodiamina + IRFNA.

Como vantagens os componentes químicos de uma mistura hipergólica podem geralmente ser armazenados em temperatura ambiente, a combustão se dá por contato acarretando em motores mais simples, que podem ser desligados e religados várias vezes sem grandes dificuldades (ideal para manobras no espaço). Como desvantagens estes componentes são tóxicos e corrosivos, o que aumenta os custos de manipulação, transporte e segurança, além desta combinação ser mais pesada e menos potente do que os pares criogênicos, como oxigênio e hidrogênio líquidos.

Na última década, em função da crescente preocupação quanto à segurança ambiental, tem sido despertado um grande interesse por propelentes líquidos estocáveis e não tóxicos. O peróxido de hidrogênio (H_2O_2) é um dos mais importantes candidatos para aplicação como oxidante em sistemas propulsivos limpos (não tóxicos) e de baixo custo. Um estudo recente (Meyer, 2017) demonstrou que a mistura contendo 61% de etanolamina + 30% de etanol + 9% do catalisador nitrato de cobre é eficaz para formar par hipergólico com peróxido de hidrogênio de alto teste (teor $H_2O_2 > 80\%$).

15.1.3.1 Síntese do Ácido Nítrico fumegante

Conforme supracitado, o ácido nítrico (*aqua fortis* ou *spirit of niter*) é um forte agente oxidante e participa de diversas misturas hipergólicas. Ele é produzido industrialmente pelo processo de Ostwald, onde amônia (produzida pelo processo de Haber-Bosch) é oxidada com ar sob telas catalíticas de platina/ródio gerando monóxido de nitrogênio (NO), que oxidado com ar à dióxido de nitrogênio (NO_2), é absorvido sob pressão em água formando ácido nítrico. O processo envolve altas temperaturas (de 600 a 800 °C) e pressões entre 4 a 10 atmosferas.

$$2NH_3(g) + 5O_2(g) \longrightarrow 4NO(g) + 6H_2O(l) \qquad \Delta H = -905 \text{ kJ/mol}$$

$$2NO(g) + O_2(g) \longrightarrow 2NO_2(g) \qquad \Delta H = -114 \text{ kJ/mol}$$

$$3NO_2(g) + H_2O(l) \longrightarrow 2HNO_3(aq) + NO(g) \qquad \Delta H = -117 \text{ kJ/mol}$$

O NO é reciclado e o ácido obtido é concentrado por destilação, até formação da mistura azeotrópica com água (ponto de ebulição constante e fixo, de 120 °C), com teor de 68% m/m de HNO_3 e densidade 1,41 g/cm^3. No comércio o ácido concentrado também é encontrado com teores menores, entre 52% a 68%. Já o ácido nítrico fumegante é obtido na indústria por desidratação com H_2SO_4 e destilação, chegando a teores entre 86 a 100%. É classificado como i) ácido nítrico fumegante vermelho (sigla RFNA em inglês), recebendo o nome IRFNA quando o inibidor de corrosão HF a 0,7% é adicionado (a cor vermelha é devida aos elevados teores de NO_2 ou N_2O_4); ou ii) ácido nítrico fumegante branco (sigla WFNA), de cor clara e teores próximos ao anidro 100% ($d = 1{,}51$ g/cm^3 e ponto de ebulição 83 °C). O nome fumegante advém do fato que, ao se abrir o frasco do ácido, fumos densos de ácido e gás aparecem.

O HNO_3 tem diversas aplicações na pesquisa, indústria e comércio, como reagente analítico, nitração de compostos orgânicos, produção de fertilizantes, corantes, explosivos, produção do ácido adípico para síntese do nylon, fibras sintéticas e de polímeros, galvanoplastia, etc.

Caso você tenha acesso a um laboratório químico, equipado com vidrarias apropriadas, monte um sistema de destilação para produção de HNO_3 fumegante conforme Figura 15.2. Use vidraria com junta esmerilhada, para se evitar contaminação e vazamentos de vapores tóxicos. Trabalhe numa capela de laboratório ou área aberta.

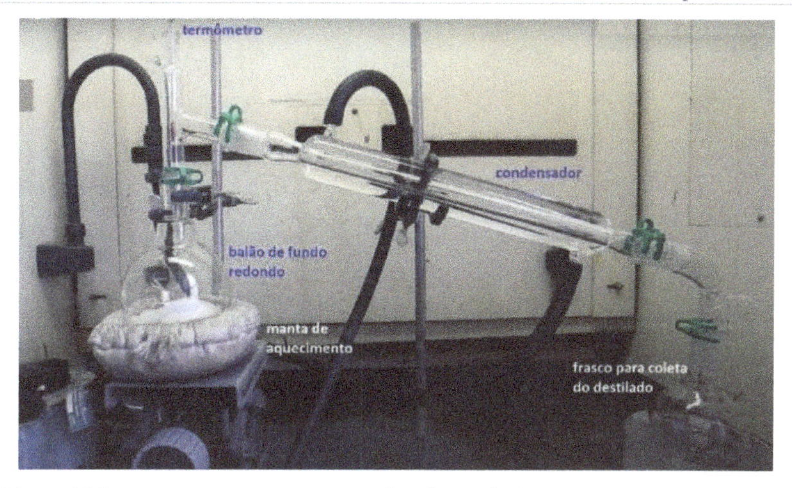

Figura 15.2. Aparato para separação via destilação de diversas substâncias líquidas.

EXPERIÊNCIA 177

De posse do sistema de destilação acima, adicione **100 g KNO_3** ou 84 g de $NaNO_3$ no balão de destilação. Adicione lentamente **55 mL de H_2SO_4 concentrado** (98% m/m) e cubra a vidraria com folha de alumínio para se evitar a fotólise do ácido nítrico destilado, com produção do gás NO_2 de cor avermelhada. Ligue a água de refrigeração e a manta aquecedora (não use bico de Bunsen), e mantenha a temperatura do balão próximo a 83 °C (temperatura de ebulição do ácido nítrico anidro). Excessivo calor favorecerá a decomposição do HNO_3. Proceda a lenta destilação até perceber pouco líquido no balão de destilação e uma massa aglomerada do sal $KHSO_4$. Você deve produzir um volume de HNO_3 fumegante (teor > 86%) em torno de 25 mL.

Outra forma de produção do ácido fumegante no laboratório é pela destilação direta do HNO_3 com o ácido sulfúrico concentrado, que funciona com agente desidratante (ver seção 3.5.5)

EXPERIÊNCIA 178

De posse do sistema de destilação acima, adicione no balão de destilação **50 mL de HNO_3 concentrado** e **50 mL de H_2SO_4 concentrado**. Cubra a vidraria com folha de alumínio e aqueça o sistema numa temperatura em torno de 83 °C, deixando destilar lentamente por algumas horas até apreciável redução de volume do balão, com manutenção da cor clara do destilado.

A força do ácido nítrico fumegante preparado pode ser testada pingando, via conta-gotas ou pipeta de Pasteur e vidro, o ácido em luva de látex ou nitrílica. No caso de combustão espontânea temos um bom ácido fumegante. O HNO_3 comum não produz tal combustão. Por outro lado, este ácido diluído é capaz de oxidar moedas de cobre (Figura 15.3), mas o fumegante não, pois gera uma camada passivadora de óxido de cobre, impedindo a continuidade da reação.

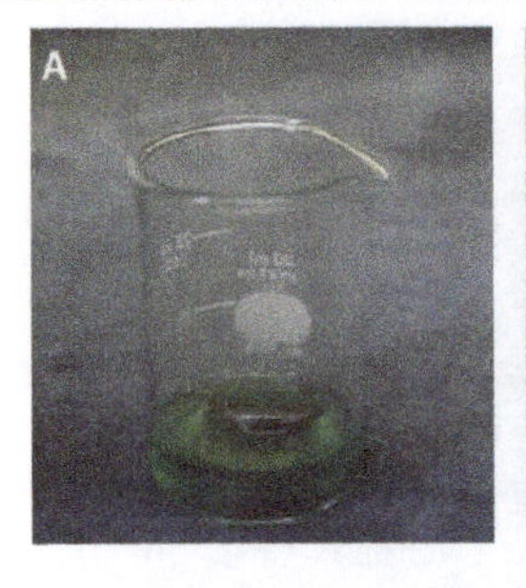

Figura 15.3. Comparação do ácido nítrico fumegante (foto A) que não reage com o cobre, devido a passivação, com o ácido nítrico comum a 65% (foto B), que reage violentamente com cobre formando densas nuvens de dióxido de nitrogênio, NO_2.

15.1.3.2 Reação hipergólica de anilina com HNO_3 fumegante

Embora não utilizadas para fins práticos ou comercias, algumas destas misturas hipergólicas obsoletas podem ser reproduzidas no laboratório químico, via "teste da gota", para demonstração da alta energia térmica associada. Conforme supracitado, ácido nítrico fumegante (RFNA) ou o tetróxido de nitrogênio (NTO) são poderosos agentes oxidantes e formam par hipergólico com anilina (fenilamina) e terebentina (o mesmo que aguarrás - líquido obtido por destilação de resina de coníferas, sendo uma mistura de hidrocarbonetos terpênicos).

EXPERIÊNCIA 179

Para realização deste experimento use equipamentos de proteção individual, como luva de borracha, jaleco e óculos de segurança (ou máscara face shield).

Numa capela de exaustão, fixe um tubo de ensaio numa garra e tripé, e adicione dentro dele 1 mL de **HNO_3 fumegante**. Com a pipeta de vidro introduza no tubo gotas de **anilina** até a autoignição da reação hipergólica e liberação de intensa energia, com produção de um jato de gases e vapores, tipo motor de foguete (Figura 15.4), e um intenso som agudo.

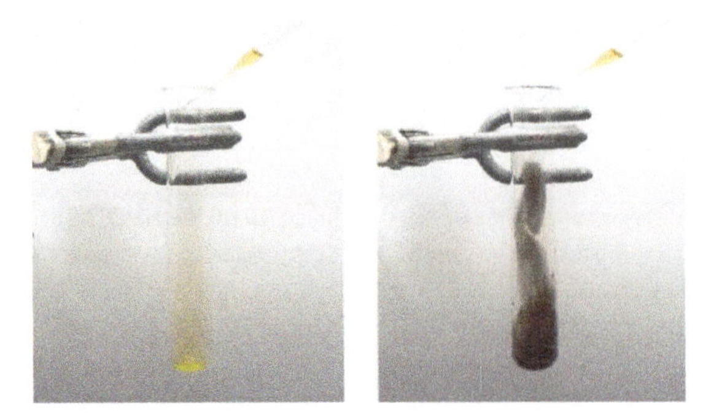

Figura 15.4. Sequência da reação hipergólica entre HNO_3 fumegante e anilina. A explosão ocorre em frações de segundos e é muito energética.

Repita a experiência acima substituindo a anilina pela terebentina (aguarrás), ou caso possua, use outros líquidos orgânicos hipergólicos, como trietilamina, hidrazina e seus derivados, querosene, etc. Caso possua ainda peróxido de hidrogênio de alto teste - HTP (teor de H_2O_2 > 80%), substitua o HNO_3 fumegante por este poderoso oxidante.

15.1.3.3 Reação hipergólica de cloro com acetileno

Outra interessante experiência com característica hipergólica, de fácil execução, mas sem aplicação na engenharia de motores aeroespacial, refere-se à reação do gás cloro com o gás etino ou acetileno. O gás cloro pode ser produzido pela decomposição ácida de uma solução de hipoclorito de sódio (ver seção 3.3.1), enquanto que o acetileno, pela reação de carbureto com água (item 4.4.1).

EXPERIÊNCIA 180 KIT

Adquira no supermercado **água sanitária com 3% de cloro ativo**. Adicione 20 mL da solução num béquer de 100 mL ou Erlenmeyer de 125 mL e acrescente **5 mL de HCl**. Após evolução do gás cloro, adicione um pedaço de **carbureto de cálcio** (carbeto de cálcio). Espere um pouco e observe uma pequena explosão devido a combustão hipergólica do gás cloro com o acetileno, com formação de HCl e carbono elementar, e grande liberação de energia, conforme Figura 15.5.

A reação ocorre em três etapas:

$$NaClO + 2HCl \rightarrow NaCl + H_2O + Cl_2(g)$$

$$CaC_2 + 2H_2O \rightarrow Ca(OH)_2 + C_2H_2(g)$$

$$C_2H_2(g) + Cl_2(g) \rightarrow 2HCl + 2C(s)$$

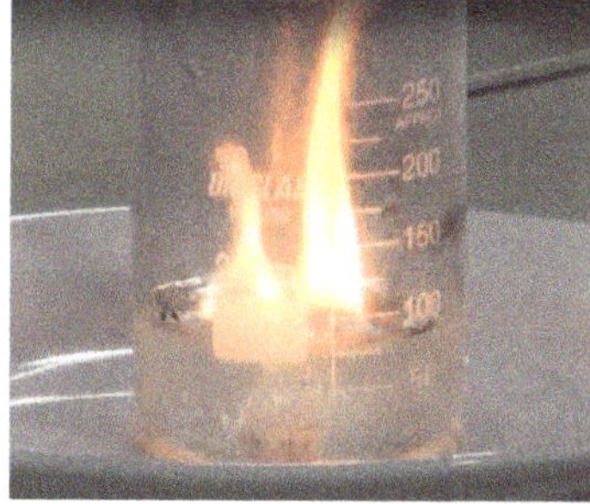

Figura 15.5. Explosão hipergólica entre o gás acetileno e o gás cloro (milissegundos de duração).

15.2 REAÇÕES PIROTÉCNICAS

A arte dos fogos de artifício é tão remota quanto a dos explosivos, tudo começando com o advento, pelos chineses, da pólvora negra a cerca de 2000 anos atrás. A pólvora negra, composta de salitre, carvão e enxofre, além do uso militar, era usada na confecção de foguetes, projéteis e aparatos pirotécnicos. Variações na composição da pólvora, com adição de raspas de ferro, carvão grosso e realgar (As_2S_2) produziam notáveis efeitos visuais.

A pirotecnia atual apresenta-se muito diversificada e desenvolvida. Além da pólvora negra, usada principalmente como propelente, muitos outros materiais são usados para gerar explosões, chispas, clarões luminosos, luzes coloridas, etc. Além do salitre (KNO_3), muitos outros compostos podem ser usados para proporcionar oxigênio, como o nitrato de bário, clorato de potássio e perclorato de potássio. Materiais combustíveis sem especial efeito sobre a coloração da chama são o carvão, o enxofre e a goma laca. Para coloração das chamas, são usados diversos materiais. Para luz branca, utiliza-se trissulfeto de antimónio, alumínio e magnésio em pó; para luz amarela, oxalato, nitrato ou carbonato de sódio; luz vermelha, sais de estrôncio; para luz azul, sais de cobre, e para luz verde, sais de bário. Chispas são produzidas por limalhas de ferro (branca), zinco (azulada), latão (verde-pálido) e cobre (verde azulada). Muitos outros materiais são usados nas composições pirotécnicas para proporcionar a maravilha visual que todos nós conhecemos.

15.2.1 Misturas pirotécnicas

Você poderá tentar fazer algumas composições pirotécnicas com o material do laboratório. Nossa principal substância oxidante será o nitrato de potássio. Também temos o permanganato de potássio e o clorato de potássio. Como substâncias combustíveis, você poderá usar enxofre, magnésio em pó, fósforo vermelho, gelatina, açúcar e carvão vegetal (triture carvão para churrasco).

Muitos produtos utilizados em pirotécnica são controlados pelo Exército e Polícia Federal, como o clorato de potássio e nitrato de potássio. Este último pode ser substituído pelo nitrato de sódio, comprado em casa de adubos, que deve ser bem seco devido sua alta higroscopicidade (absorção de umidade do ar).

EXPERIÊNCIA 181 KIT

Use uma placa de madeira lisa ou azulejos para preparar as **misturas experimentais** listadas abaixo. Trabalhe com pequenas quantidades, retiradas dos frascos com a espátula, e as misture bem. Em geral, a quantidade da substância oxidante deve ser maior que a da substância combustível. Experimente apanhar cerca do dobro da substância oxidante, mas, caso prefira, calcule as quantidades estequiométricas a partir de reações químicas ou experimente outras relações de massa.

Após a homogeneização da mistura, inflame-a com uma tocha ou palito de fósforo longo. **Lembre-se que isso deve ser feito em capela ou local arejado.**

Teste as seguintes combinações:

a) 60% **KNO_3** ou $NaNO_3$ seco + 30% **açúcar** + 10% **$NaHCO_3$**

b) **Permanganato de potássio** + **açúcar**

c) **Mistura b** + **enxofre**

d) **Clorato de potássio** + **açúcar**

e) **Nitrato de potássio** + **carvão vegetal** + **enxofre** (a pólvora negra contém 75% de KNO_3, 15% de C e 10% de S).

Figura 15.6. Bastões artesanais de bambu contendo misturas pirotécnicas e corantes para gerar um belo efeito artístico ou de sinalização.

Outras misturas pirotécnicas podem ser testadas com os reagentes do kit experimental Show de Química ou com produtos de laboratório. Tente executar para cada mistura, proporções de massa diferentes, ou procure informações na literatura. Algumas reações pirotécnicas ou exotérmicas foram descritas nos itens 3.5.5 (H_2SO_4 + açúcar), 3.6.1 (sódio + água), 3.8.1 (aluminotermia) e 3.9.2 (chumbo pirofórico).

Além das misturas pirotécnicas com enxofre citadas acima e daquelas descritas no item 3.5.1, 3.5.5 e 3.5.6, outras podem ser obtidas misturando enxofre com metais pulverizados. Reação com zinco ou ferro em pó resultam em seus respectivos sulfetos metálicos ($\Delta H_f^o = -206$ kJ/mol e -100 kJ/mol, respectivamente) com produção de brilho e faíscas na massa pirotécnica. A entalpia de formação do sulfeto de zinco é maior, pois Zn é um agente redutor mais forte.Outra interessante reação é obtida pela mistura de Zn em pó com iodo metálico. Ao adicionarmos gotas d'água à mistura, ocorre a formação exotérmica de ZnI_2 ($\Delta H_f^o = -208$ kJ/mol) com desprendimento de abundantes fumos de I_2 de cor violeta.

EXPERIÊNCIA 182 KIT

VARINHA MÁGICA: Essa é uma simples e curiosa experiência usada há décadas, onde na ponta de um bastão de vidro é colocado algodão embebido com **álcool** e, na outra ponta, uma mistura de **permanganato de potássio** em meio de **ácido sulfúrico**. Ao se aproximar as duas pontas, o álcool é oxidado pelo permanganato produzindo uma bela chama e, portanto, a varinha é dita "mágica".

Outro tipo de varinha pode ser feita colocando-se numa ponta amônia e na outra ponta HCl, produzindo assim fumos de $NH_4Cl(s)$.

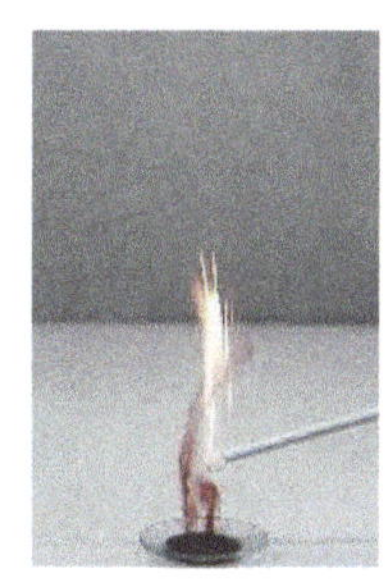

Figura 15.7. A famosa varinha mágica, contendo na ponta álcool embebido num algodão. Ao se encostar na mistura de $KMnO_4$ e H_2SO_4 ela se inflama espontaneamente.

15.2.2 Cortina de fumaça

Na Segunda Guerra Mundial, o fósforo foi bastante utilizado na fabricação de bombas incendiárias e de retardamento, bem como na obtenção de "cortinas de fumaça". O fósforo branco e o vermelho, quando queimados, reagem com o oxigênio do ar, produzindo densos fumos de pentóxido de fósforo, P_2O_5 (a fórmula molecular na verdade é dímera P_4O_{10}). Ainda hoje tais artefatos são utilizados, principalmente para dispersar multidões em conflitos sociais.

EXPERIÊNCIA 183 KIT

No Kit Experimental Show de Química, queime numa superfície apropriada **um pouco de fósforo vermelho**. Observe a formação de densos fumos de P_2O_5.

15.2.3 Vulcão Químico

O dicromato de amônio é muito utilizado na experiência do Vulcão Químico (Figura 15.8), pois ao se queimar dentro de um cone de areia ou recipiente refratário, gera muita energia, fumaça e lampejos de luz, com a produção final de um resíduo verde de óxido de cromo, segundo a reação abaixo.

$$(NH_4)_2Cr_2O_7(s) \rightarrow Cr_2O_3(s) + N_2(g) + 4H_2O(g) \qquad \Delta H_r^o = -315 \text{ kJ/mol}$$

Figura 15.8. Vulcão químico de dicromato de amônio, misturado com um pouco de nitrato de potássio.

Na falta de dicromato de amônio, é relatado em alguns livros e na internet o efeito vulcão colocando-se no cone do vulcão uma mistura contendo fermento para alimentos, bicarbonato de sódio, detergente e corante. Ao adicionar vinagre, a reação do ácido acético do vinagre com a base do sal (íon bicarbonato) e fermento gera a evolução de CO_2 junto com muita espuma devido à presença de detergente. Esse efeito não é tão notável quanto ao vulcão à base de dicromato, tendo somente a desvantagem da toxidade dos compostos de crômio, em caso de despejo no meio ambiente.

Na prática, mais chama é desejada que aquela produzida pelo dicromato de amônio sozinho, e daí se utiliza uma mistura combustível auxiliar (com o oxidante nitrato de potássio, permanganato de potássio, etc.).

EXPERIÊNCIA 184 KIT

No Kit Experimental Show de Química, misture duas partes de **dicromato de amônio** com uma parte da **mistura de $KMnO_4$ e açúcar** (letra a da EXPERIÊNCIA 181 Kit). (Tente também substituir o $KMnO_4$ pelo KNO_3). Disponha a mistura em forma cônica e acenda o cume do vulcão com um palito de fósforo. Observe a formação do resíduo verde de óxido de cromo III (Cr_2O_3).

Observação:

- O dicromato de amônio pode ser sintetizado no laboratório dissolvendo 100 g de ácido crômico (CrO_3) em 70 mL de água, e adicionando a seguir 200 mL de hidróxido de amônio - NH_4OH. Após a reação, concentre a solução por evaporação e deixe cristalizar.

15.2.4 Serpente do Faraó

Essa talvez seja uma das mais fascinantes experiências da Química. Wohler, em 1821, foi o primeiro a reportar a notável propriedade do tiocianato mercuroso que se incha quando aquecido, decompondo-se em um material muito leve de cor de grafite, com evolução de dissulfeto de carbono, nitrogênio e mercúrio. Foi verificado posteriormente que tiocianato mercúrico dava melhores resultados que o sal mercuroso. A resultante "serpente" de cor amarelada, se quebrada, apresentava-se mais escura no interior, consistindo de paracianogênio (Figura 15.9) e sulfeto de mercúrio; e mercúrio tendo sido queimado e vaporizado para as camadas exteriores, junto com enxofre. Em 1866, Hermes preparou tiocianato de mercúrio com fins comerciais, tendo chamado seu produto de *Serpente do Faraó*, fazendo referência à estória contada na Bíblia quando Moisés jogou o seu cajado no chão e este virou uma serpente.

Os fumos da queima do tiocianato de mercúrio são irritantes devido à produção de dióxido de enxofre. A pequena produção de vapor de mercúrio não apresenta sério perigo, mas deve ser evitada. Contudo, a possibilidade de ingestão acidental da Serpente do Faraó por crianças, com consequências fatais, é um sério risco. Esse fato levou a maioria dos estados dos EUA a proibir a venda de ovos Serpente do Faraó nos anos de 1930. Talvez essa proibição tenha levado tal interessante brinquedo pirotécnico ao ostracismo, o qual é ainda constatado nos dias atuais, em que a grande maioria dos químicos nunca viu ou ouviu falar na notável *Serpente do Faraó*. A Figura 15.9 é uma foto dessa serpente mostrando a estrutura interna polimérica de paracianogênio (polímero obtido pelo aquecimento do cianogênio a altas temperaturas).

Figura 15.9

EXPERIÊNCIA 185 KIT

Coloque uma bolinha de **Serpente do Faraó** (fornecido pelo kit experimental Show de Química) numa superfície descartável (placa de vidro, azulejo, folha de alumínio, etc.). Num local arejado ateie fogo na bolinha com um palito de fósforo. Observe a bela evolução de uma serpente e a deposição de um filme de mercúrio sobre a superfície.

Evite respirar os vapores da decomposição, pois eles são tóxicos (principalmente SO_2 e vapor de mercúrio). Durante a queima da serpente afaste-se dela.

Síntese da Serpente do Faraó

Como supracitado, a Serpente do Faraó é formada após combustão de uma bolinha formada por tiocianato de mercúrio II, misturada com um pouco de oxidante auxiliar e agregada com uma pitada de cola. O tiocianato de mercúrio II pode ser comprado em lojas de química especializadas, contudo é muito caro! Ele pode ser sintetizado a partir da reação de nitrato de mercúrio II com tiocionato de potássio, mas você terá sérias dificuldades para comprar o $Hg(NO_3)_2$ pois ele atualmente controlado pelo exército. Este sal pode ser sintetizado pela reação de mercúrio metálico com ácido nítrico, e depois sobre esta solução, adiciona-se ácido nítrico fumegante para insolubilizar o sal. O HNO_3 fumegante pode ser preparado pela destilação da mistura 1:1 de HNO_3 e H_2SO_4 concentrados (ver item 15.1.3.1). Uma opção mais fácil seria reagir Hg metálico com ácido nítrico, eliminar os fumos de NO_2 por aquecimento e cristalizar o sal formado.

No caso da preparação do tiocionato de mercúrio(II) via reação prévia do Hg com quantidade estequiométrica de ácido nítrico, você deve diluir bastante esta solução, antes da adição do íon tiocianato, pois a alta acidez do meio e impede a precipitação. Baseando-se na estequiometria da reação,

$$Hg + 4HNO_3 \longrightarrow Hg(NO_3)_2 + 2NO_2 + 2H_2O$$

Sugerimos reagir 5 g de mercúrio metálico com 8 mL de HNO_3 concentrado num béquer de 100 mL, e esperar a total dissolução do mercúrio e desprendimento do gás NO_2, de cor vemelha. Transferir a solução para outro béquer maior contendo uns 500 mL de água destilada e adicionar lentamente, com agitação, uma solução (uns 50 mL) contendo 5 g KSCN. Esperar o precipitado precipitar completamente e filtrar.

EXPERIÊNCIA 186 KIT

Baseado na estequiometria, **$Hg(NO_3)_2$ + 2KSCN → $Hg(SCN)_2$ + $2KNO_3$**, dissolva **5 g de nitrato de mercúrio II** em 100 mL de água destilada. Caso forme um pouco de resíduo branco de óxido de mercúrio, filtre a solução ou decante, separando o sobrenadante. Em outro recipiente, dissolva **3 g de tiocianato de potássio** em 50 mL de água e misture as duas soluções vagarosamente sob agitação. Após total precipitação, espere um tempo para decantar. Filtre e descarte a solução. Lave o precipitado com água, seque ao ar por dias e armazene em frasco fechado.

Quando desejar fazer "ovos" da Serpente do Faraó, umedeça o tiocianato de mercúrio(II) com uma solução aquosa contendo um pouco de **nitrato de potássio** e uma pitada de **goma arábica** ou **dextrina** (ou outra cola solúvel). Você deve umedecer a massa de tiocianato até perceber com os dedos uma textura tipo goma, e que possa ser manipulada para criar ovinhos com a palma da mão. Seque em estufa a 80 °C ou ao ar.

Quando seco, disponha um "ovinho" numa superfície e ateie fogo via palito de fósforo ou isqueiro. Você observará uma estrutura sendo formada na forma de uma serpente, conforme Figura 15.9.

Observações:

- Nas apresentações do Show de Química (www.showdequimica.com.br) nas escolas e eventos, antes da apresentação da queima da Serpente de Faraó, descontraio a plateia recriando a estória de Moisés, mas acrescentando que a cobra antes de morrer, deixou vários ovos numa fenda numa pirâmide no Egito e que um colega arqueólogo recentemente descobriu e trouxe um exemplar para mim. Quando fogo é ateado no ovo fossilizado, sob o encanto de uma música árabe e de uma dançarina convidada da plateia, vestindo roupas típicas cedidas pelo show, a serpente (ou pejorativamente "a cobra branca") ressuscita após 5000 anos. A plateia vai ao delírio!

- Caso prefira, adicione umas duas gotas de solução de $FeCl_3$ na solução de nitrato de mercúrio para melhor visualização do ponto de equivalência, antes da adição de KSCN. Após excesso de tiocianato a solução fica vermelha devido a formação do complexo tiocianato férrico (seção 8.4.5). Adicione depois uma pequena quantidade a mais de nitrato mercúrico para voltar a cor branca do precipitado. Esse é o método que uso corriqueiramente, pois o sal KSCN é muito higroscópico, dificultando a definição de sua massa estequiométrica. A pitada de nitrato de potássio e dextrina pode ser adicionada à solução de mercúrio antes da precipitação.

- O uso de cloreto mercúrico ($HgCl_2$) como agente precipitante não é eficaz junto ao ânion tiocianato, pois os clorocomplexos $HgCl^{+}(aq)$ e $HgCl_2(aq)$ são muito estáveis ($\log K_1 =$ 6,74 e $\log K_2 = 6{,}48$), devido ao caráter covalente das ligações Hg-Cl, impedindo a precipitação do $Hg(SCN)_2$.

- Na internet existem muitos vídeos sobre combustões do tiocianato de mercúrio, com nomes tipo "Monstro de Marte" ou serpente do Faraó", contudo tais demonstrações não geram o impacto da verdadeira "Serpente do Faraó", pois não resultam numa formação típica de serpente, já que não usam um oxidante auxiliar (KNO_3). Outras tentativas, ainda mais frustrantes são relatadas, baseadas na reação de misturas combustíveis com bicarbonato de sódio (açúcar + álcool + bicarbonato), produzindo intumescimento da massa, mas nada parecido como uma serpente (Figura 15.9). Uma variação destas serpentes caseiras refere-se a queima do medicamento gluconato de cálcio (suplemento mineral e agente de gelificação), depositado sob pastilhas de álcool sólido (ver item 6.1.3). Na Figura abaixo podemos ver o resultado da queima deste sal, algo mais parecido com gravetos de madeira queimada do que com serpente química!

Figura 15.10. Falsa Serpente do Faraó preparada pela queima do medicamento gluconato de cálcio sobre pastilhas de álcool sólido.

15.2.5 Serpente Preta

Conforme supracitado, a Serpente do Faraó foi banida dos EUA nos anos de 1930, devido sua toxidade causada pelos gases tóxicos gerados durante a queima e possível ingestão acidental por crianças do produto que contém mercúrio. Isso levou ao desenvolvimento, naquela década, da Serpente Preta, que é produzida a partir da nitração do β-naftol e aditivos. Na síntese dessa serpente, misturo o produto final com fósforo vermelho para produzir uma queima suave, não tóxica e com uma textura lisa do corpo da serpente, conforme ilustrado na Figura 15.11.

Há 20 anos tenho utilizado a serpente preta em vez da branca, devido ao seu expressivo maior tamanho e sua baixa toxidade. Nas apresentações do Show de Química conto a estória de Moisés durante a queima da Serpente Preta, sob música árabe, mas agora falando que a serpente africana **Mamba Negra** está voltando à vida.

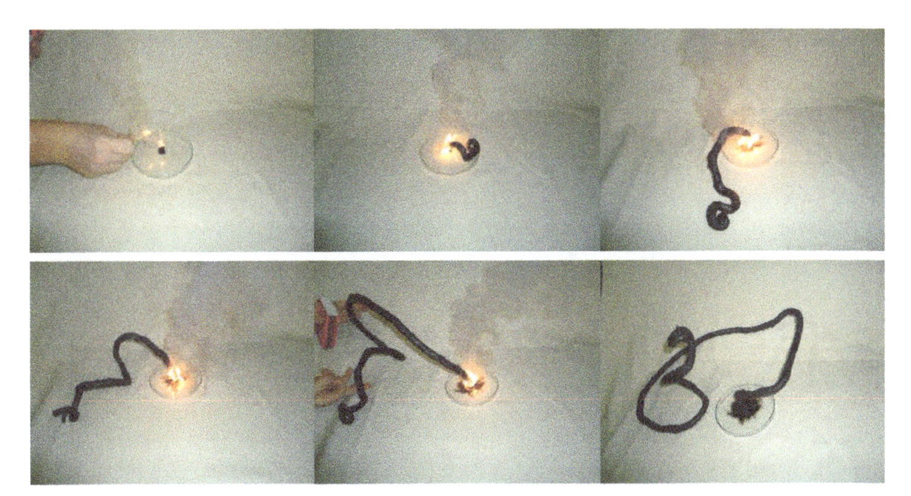

Figura 15.11. Sequência da queima da Serpente Preta, a mais bela das serpentes! Ela é atóxica, vistosa e maior que a Serpente branca do Faraó.

EXPERIÊNCIA 187 KIT

Repita a EXPERIÊNCIA 183 KIT utilizando agora um ovo da **Serpente Preta**, fornecida pelo kit experimental Show de Química. Observe a queima suave e a formação regular da serpente, acompanhada de abundantes fumos brancos de pentóxido de fósforo, devido à queima do fósforo vermelho usado em sua formulação (ver item 15.2.2).

O resíduo final é apenas uma estrutura polimérica de carbono, num aspecto extremamente esponjoso e leve (Figura 15.11).

Obs: *No final das apresentações do Show de Química lanço a serpente em direção à plateia para assustar alguns participantes. Muitas risadas!*

15.2.6 Serpentes no vulcão ou na grama

Conforme seção 15.2.3, a decomposição do dicromato de amônio produz um belo efeito tipo vulcão e um resíduo verde de óxido de cromo III, semelhante a grama ou folhas pequenas. Se dispusermos ovos da Serpente do Faraó ou da Serpente Preta sobre uma porção de dicromato de amônio, teremos um belo efeito. Ao atearmos fogo sobre $(NH_4)_2Cr_2O_7$ ou diretamente sobre os ovos da serpente, serpentes surgirão de dentro do monte de dicromato que após queima gera um resíduo de óxido de cromo III parecendo com grama e dando a impressão de "serpente na grama" (Figura 15.12.).

EXPERIÊNCIA 188 KIT

Espalhe **dicromato de amônio** sobre um azulejo ou outro material que pode sofrer uma queima (chão, lajota, bacia metálica, etc.) e coloque no meio um ovinho da **Serpente do Faraó**. Toque fogo na bolinha e observe a formação da serpente, seguida da queima do dicromato de amônio com formação de estrutura parecendo com grama, resultando no final no descanso da "serpente na grama".

Figura 15.12. Serpentes na grama formadas pela queima de ovinhos da Serpente do Faráo dispostos em dicromato de amônio, que ao ser queimado decompõe-se em óxido crômico ("grama verde") e ativa a combustão das serpentes químicas.

15.3 REAÇÕES EXPLOSIVAS

Denomina-se explosivo qualquer mistura ou composto capaz de se transformar quimicamente dando lugar ao desprendimento rápido de uma grande quantidade de gás e energia. Embora os acetiletos de prata e de cobre ao se decomporem não produzam gases, podem ser considerados explosivos pois ao se explodirem produzem rápida evolução de calor e, consequentemente, rápida expansão do ar.

A definição de explosivo engloba duas classes de materiais. Uma dessas é constituída pelos que sofrem autocombustão a velocidades que variam de uns poucos centímetros por minuto até cerca de 400 metros por segundo (1440 km/h), como, por exemplo, a pólvora negra e o algodão pólvora. Materiais desse tipo são classificados como baixo-explosivos e podem ser usados como propelentes. A reação química que produz essa transformação tem o nome de *deflagração*. As partículas do explosivo queimam em rápida sucessão e, se a matéria explosiva estiver convenientemente confinada, pode produzir explosão.

A outra classe de explosivos compreende todos os materiais conhecidos como auto explosivos, que sofrem uma transformação explosiva quase instantânea, denominada *detonação*. A velocidade de detonação de tais explosivos varia de 1000 a 9000 m/s (=32400 km/h). A dinamite, o TNT e o explosivo C-4 servem de exemplo.

Os explosivos podem ser classificados em compostos inorgânicos (p. ex. azida de chumbo), orgânicos (TNT, nitroglicerina, RDX, etc.) e misturas de materiais oxidáveis e agentes oxidantes que, separadamente não são explosivos (p. ex. a pólvora negra, amonales – NH_4NO_3 + Al, etc.). Quanto ao emprego, podem ser classificados em: a) explosivos iniciadores; b) explosivos reforçadores; c) explosivos de ruptura; d) pólvoras; e e) propelentes.

Os explosivos iniciadores são usados para a iniciação ou excitação das cargas explosivas. São muito sensíveis ao atrito, calor ou choque. São exemplos a azida de chumbo, o fulminato de mercúrio e o estifinato de chumbo. Os explosivos reforçadores são usados como intermediários entre o iniciador e a carga explosiva propriamente dita. São exemplos o tetril, a nitropenta e a ciclonite. Os explosivos de ruptura são os que necessitam de iniciação pela detonação de outros explosivos mais sensíveis e que são empregados para produzir efeitos de ruptura, arrebentamento e sopro. São exemplos o ácido pícrico, trotil (TNT), amatol, nitrato de amônio, nitroglicerina, RDX e HMX. As pólvoras são composições explosivas de velocidade de decomposição moderada, que sofrem combustão ou deflagração em vez de detonação. São divididas em mecânicas (pólvora negra) e balísticas (p. ex. nitrocelulose). Os propelentes são compostos ou misturas capazes de assegurar a manutenção controlada do movimento rápido dos engenhos autopropulsados, como os foguetes.

A próxima seção não irá instruí-lo na prática de fabricação de um explosivo, seja pelo aspecto de periculosidade, seja pelo aspecto moral. Pretende-se por meio da introdução supracitada e das experiências que se seguem, dar uma visão acerca de explosivos e da grande quantidade de energia armazenada nos mesmos. Todos nós sabemos dos malefícios que os explosivos possuem quando usados na guerra, terrorismo e em atividades criminosas. Contudo, não podemos esquecer dos grandes benefícios que desempenham para a humanidade, como na edificação de cidades e obras de engenharia.

15.3.1 Azida de Chumbo

A azida de chumbo é um composto químico de fórmula $Pb(N_3)_2$, formado pela reação do ânion nitreto com o cátion Pb^{2+}.

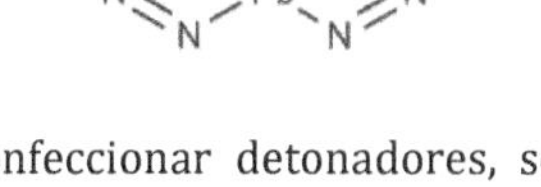

É um dos explosivos primários mais utilizados para confeccionar detonadores, sejam eles elétricos ou acionados por estopins hidráulicos (pavios). Em sua forma pura é um sólido branco em forma de cristais, é muito sensível ao atrito, mas menos sensível que o fulminato de mercúrio, e gera maior impacto que o mesmo. Sua velocidade de explosão é de 5180 m/s. Os detonadores feitos com azida são usados para detonar explosivos de baixa sensibilidade como o TNT e ácido pícrico.

EXPERIÊNCIA 189

A azida de chumbo pode ser sintetizada pela reação de 2,5 g de $Pb(NO_3)_2$ dissolvidos em água, como outra solução contendo 1 g de NaN_3 (produto controlado). Filtre o precipitado e seque ao ar por 1 dia. Retire uma pequena porção do explosivo (tamanho de um grão de arroz) e a deposite sobre um azulejo (Figura 15.13). Cuidado para não atritar o produto. Com o braço esticado e usando um tampão de ouvido (ou algodão), detone a azida com um fósforo. CUIDADO, o estalo é muito forte! Mantenha o braço esticado e o rosto de frente, o mais afastado possível. DETONE SOMENTE PEQUENAS QUANTIDADES. Não detone perto de pessoas!

Figura 15.13. Detonação de uma pequena quantidade de azida de chumbo com um palito de fósforo. Uma quantidade maior da ordem de 50 mg é suficiente para fragmentar um azulejo 15x15 cm.

Obs: A azida de sódio é também utilizada em misturas explosivas de air bags para automóveis, biocida em hospitais e laboratórios e controle de pestes na agricultura. Reage com outros cátions metálicos produzindo azidas ainda mais sensíveis, como a azida de cobre e de prata.

15.3.2 Fulminato de Mercúrio, $Hg(CNO)_2$

Fulminato de mercúrio (II), $Hg(CNO)_2$, é um explosivo primário, muito sensível à fricção e ao impacto, utilizado como iniciador de outros explosivos em detonadores e espoletas. É sintetizado pela reação de mercúrio metálico com ácido nítrico, e posterior reação com etanol catalisada por cobre.

$$^{-}O-\overset{+}{N}\equiv C-Hg-C\equiv\overset{+}{N}-O^{-}$$

EXPERIÊNCIA 190

O fulminato de mercúrio(II) pode ser realizada em pequena escala pela reação de **1 g de mercúrio metálico** com **8 mL de HNO_3 concentrado** (formação de vapores nitrosos - NO_2), seguida da adição lenta desta solução sobre **10 mL de álcool etílico (96 °GL)**, contidos num Erlenmeyer de 250 mL. Aqueça um pouco o recipiente (uns 40 °C) para início da reação, quando o líquido entra em ebulição com forte emanação de acetaldeído, nitrito de etilo e vapores nitrosos, acarretando na formação de um precipitado branco de fulminato de mercúrio (Figura 15.14). Essa reação é muito bonita! Após resfriamento, o sobrenadante é descartado, e o resíduo é filtrado e lavado com um pouco de água. O fulminato é seco ao ar sobre a parte porosa de um azulejo. Quando seco, uma pequena porção pode ser deflagrada com um palito de fósforo (Figura 15.15), ou detonada com uma leve pancada de um objeto (p.ex., um martelo).

A azida de chumbo e o fulminato de mercúrio são dois importantes explosivos iniciadores. A azida possui menor sensibilidade ao choque, maior temperatura de detonação (só detona a 345 °C) e maior potência explosiva, com forte efeito de arrebentação. Dependendo da quantidade colocada no azulejo, ele causa uma cratera ou fragmenta o azulejo, quando aquecido com uma chama ou impacto.

O fulminato de mercúrio detona com o menor choque ou quando aquecido a 180 °C. Foi muito empregado de forma pura ou misturado com nitratos e cloratos na preparação das espoletas e detonadores. Atualmente tem sido substituído pelo estifnato de chumbo (2,4,5-tri--nitroresorcinato de chumbo ou tricinato), azida de chumbo e derivados de tetrazeno, compostos mais eficazes, não corrosivos, menos tóxicos e mais estáveis ao longo do tempo.

Figura 15.14

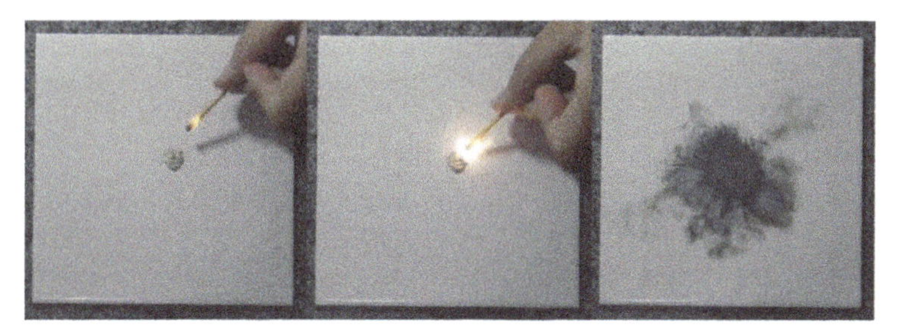

Figura 15.15. Deflagração do fulminato de mercúrio sobre um azulejo.

15.3.3 Peroxiacetona

Outra experiência simples relativa a explosivo refere-se à síntese da peroxiacetona, obtida pela reação de peróxido de hidrogênio com acetona. Peroxiacetona (triperóxido de triacetona ou peróxido de acetona – $C_3H_8O_4$) é um peróxido orgânico e um alto explosivo, utilizado como iniciador de outros explosivos primários e secundários, como o nitrato de amônio. Ele toma a forma de um pó cristalino branco com um destacado cheiro acre, e foi descoberto por Richard Wolffenstein em 1895. É altamente suscetível ao calor, fricção e choque, e devido a isto, ganhou no seio de alguns grupos militantes islâmicos o codinome "Mãe de Satã". Por sua instabilidade, não é usada para fins militares.

EXPERIÊNCIA 191 KIT Utilize luvas para execução desse experimento.

Num béquer de 100 mL adicione **10 mL de H_2O_2 30%** e **10 mL de acetona** (use a pura de laboratório, pois a de farmácia contém apenas 50% de acetona). Acrescente ao béquer **1 mL de HCl concentrado** e agite. Em cerca de 10 a 20 min começará a se formar um precipitado, caso contrário aqueça a solução em torno de 40 °C para iniciar a reação. Após 2 h, retire o sobrenadante e filtre o sólido com papel de filtro, lavando-o com um pouco de água destilada. Abra o papel de filtro, coloque-o sobre a parte porosa de um azulejo e deixe-o secar ao ar por algumas horas. Após a secagem, coloque uma pequena porção da peroxiacetona numa superfície e aproxime um palito de fósforo aceso com o braço esticado. Observe a detonação e tenha cuidado!

Cuidados: - O peróxido de hidrogênio é um agente oxidante forte. Evite o contato com a pele e os olhos. No caso de contato, lave com água em abundância.

- Peroxiacetona é extremamente inflamável. Quando a peroxiacetona é acesa, a chama se expande para uma área dez vezes o tamanho do sólido. Ao sofrer impacto o composto explode com alta velocidade de detonação (5300 m/s).

- Na presença de íons hidrogênio e excesso de acetona, a forma dímera do composto ($C_6H_{12}O_4$) se converte na forma trímera ($C_9H_{18}O_6$).

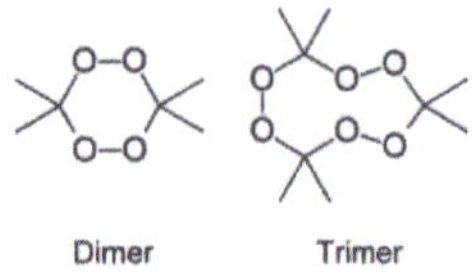

Dimer Trimer

- A reação de decomposição da peroxiacetona é altamente exotérmica,

$$2C_9H_{18}O_6(s) + 21O_2(g) \rightarrow 18CO_2(g) + 18H_2O(g) \quad \Delta H^o = -1882 \text{ kJ/mol}$$

15.3.4 Algodão Pólvora (Nitrocelulose)

O algodão pólvora é o resultado na nitração da celulose (algodão), tendo sido preparada pela primeira vez por Pelouze em 1837. Deflagra em ambiente aberto e explode (detona) quando confinado. A velocidade de deflagração é tão alta que pode ser queimado sobre pólvora negra sem iniciar a mesma. Possui potência comparada à dinamite e pode ser usado como pólvora balística, como explosivo para trabalhos em minas e pedreiras, carregamento de minas e torpedos submarinos, e na confecção da gelatina explosiva, que é o resultado da gelatinização com a nitroglicerina.

A celulose pode reagir com 4 a 12 moléculas de ácido nítrico, dando assim uma série de nitroceluloses, que vai até a celulose dodecanítrica. A reação pode ser assim representada:

$$C_{24}H_{10}O_{20} + nHNO_3 \rightarrow nH_2O + C_{24}H_{40-n}(NO_2)_nO_{20}$$

Nitrocelulose com baixo valor de **n** é utilizada para fazer colódio e fibra têxtil artificial, enquanto que com valores altos (n> 9) é utilizada para fabricação de propolentes ou explosivos, sendo assim chamada de "algodão pólvora".

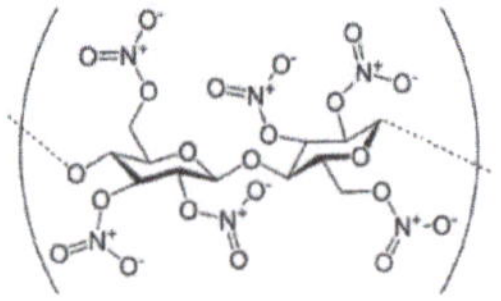

Síntese do algodão pólvora

EXPERIÊNCIA 192 KIT **Proceda tal síntese num local arejado ou numa capela de laboratório. Use luvas para manuseio das soluções.**

Inicialmente transfira 70 mL **ácido sulfúrico concentrado** para um béquer de 100 mL e esfrie num banho de gelo (ou em geladeira). Resfrie também 30 mL de **ácido nítrico concentrado** disposto num béquer de 250 mL (cubra-o com um filme plástico para evitar a evaporação de vapor ácido).

Após refrigeração de ambas, transfira lentamente sob agitação, o ácido sulfúrico para o béquer de 250 mL contendo o ácido nítrico. Como a mistura é muito exotérmica, deixa-a mais um tempo no banho de gelo para esfriar.

A seguir, utilizando-se um bastão de vidro, introduza pequenos tufos de algodão comercial dentro da mistura sulfonítrica, e deixe reagir por uns 30 min, agitando de vez em quando. Em seguida, despeje todo o material do béquer dentro de uma pia ou outro recipiente grande contendo água. Usando luvas, retire os tufos de algodão e lave-os com água corrente, transferindo-os para outro recipiente contendo um pouco de $NaHCO_3$ para retirada da acidez residual. Deposite o algodão pólvora sintetizado na parte porosa de um azulejo e deixe-o secar ao ar livre ou em estufa a 60 °C. Caso tenha pressa na secagem, enxague-o previamente com etanol antes de secar.

EXPERIÊNCIA 193 KIT

Coloque um pouco do **algodão pólvora** sintetizado ou disponível no kit experimental Show de Química numa superfície e queime-o com um fósforo ou isqueiro. Que tal? Caso a queima tenha sido instantânea, significa que o material está seco e a síntese teve alto rendimento. Neste caso você pode deflagrar o algodão pólvora da mão e brincar de mágico!

Observação:

Nas apresentações do Show de Química, enganamos a plateia colocando na mão esquerda, lado a lado, um pouco de algodão comum e de algodão pólvora, e dizendo que testaremos a energia das pessoas. Escolhemos voluntários da plateia e pedimos para eles segurarem uma porção do algodão com uma pinça. Perguntamos quem está com energia e ora ateamos fogo com um isqueiro no algodão comum e no algodão pólvora. Ninguém entende nada até o segredo ser revelado (Figura 15.16). Pura alegria!

Figura 15.16. Queima do algodão pólvora causando surpresa na plateia.

Outra forma de entretenimento é deflagrar o algodão pólvora na mão, desde que ela tenha sido bem sintetizada (combustão instantânea), para se evitar transferência apreciável de calor para às mãos (Figura 15.17).

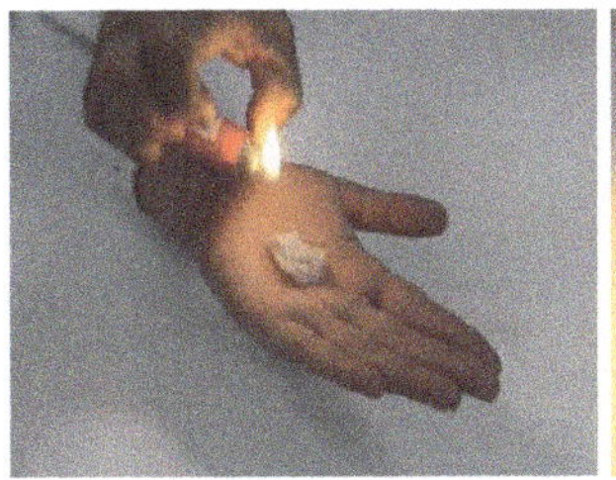

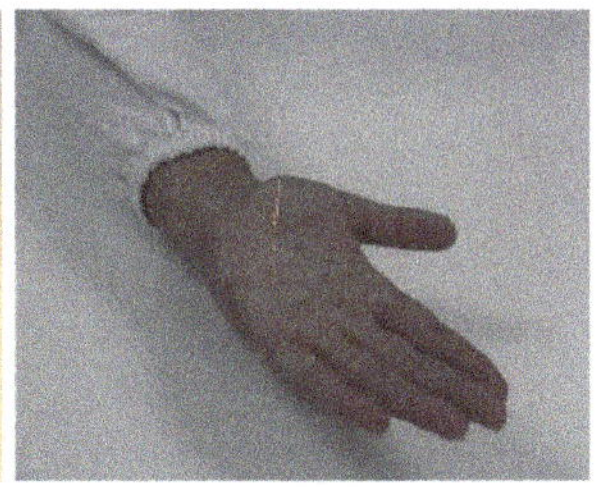

Figura 15.17. Captura da rápida combustão do algodão pólvora estendido sobre uma mão. Sempre testar a rapidez da combustão da nitrocelulose antes de deflagrá-la na mão, pois caso seja lenta, expressivo calor poderá ser transferido para a mão causando queimadura!

15.3.5 Síntese da Nitroglicerina

Nitroglicerina ($C_3H_5N_3O_9$), também conhecida como trinitroglicerina ou trinitrato de glicerina, é um composto químico explosivo obtido a partir da reação da nitração da glicerina (um álcool ou triol), utilizando uma mistura sulfonítrica. O H_2SO_4 tem a função de manter o teor de HNO_3 alto durante a nitração, pois forma hidratos com a água produzida na reação. Sua decomposição produz grande quantidade de gases e alta energia de detonação.

Síntese: $C_3H_8O_3 + 3HNO_3 \rightarrow C_3H_5N_3O_9 + 3H_2O$

Detonação: $2C_3H_5N_3O_9 \rightarrow 5H_2 + 6NO_2 + 6CO$ $\Delta H° = -1421$ kJ/mol

Nas condições ambientes, é um líquido oleoso com a aparência da glicerina original, de coloração amarela, mais densa que a água. Solidifica-se a 13,3 °C.

Foi descoberta por Ascanio Sobrero em 1847 na Itália, que primeiramente a chamou de "piroglicerina", misturando glicerina, ácido sulfúrico e ácido nítrico. Devido à sua alta sensibilidade a choques e atrito, causou graves acidentes e explosões em fábricas da época, o que gerou a proibição na produção e utilização. Somente em 1863, Alfredo Nobel (o criador do Prêmio Nobel) deu um destino adequado à nitroglicerina, quando a incorporou numa matéria porosa (terra de diatomáceas), obtendo assim uma massa moldável e o primeiro tipo de dinamite.

Devido à necessidade de alta concentração do ácido nítrico para a nitração da glicerina, ela é de difícil síntese por leigos. Na indústria, usa-se o HNO_3 fumegante com concentração alta da ordem de 95% m/m (o ácido nítrico comercial forma um azeótropo com concentração de 68%) e o ácido sulfúrico comercial (98%), na proporção de **10 partes de glicerina** (pura, d=1,26 g/cm^3), **27 partes de HNO_3 fumegante** e **36 partes de H_2SO_4 98%**. Esse é o processo Nobel. No processo, Nathan também utiliza H_2SO_4 fumegante (o *oleum*) com teores elevados de SO_3 (>30%).

Após minhas peripécias juvenis na adolescência, somente aos 23 anos de idade em 1986 consegui sintetizar a nitroglicerina pela primeira vez (pouco volume, apenas para teste), utilizando **H_2SO_4 fumegante** em vez do comercial, de forma a compensar o uso de HNO_3 comercial disponível, mais diluído (teor de apenas 68%). Eu usei quantidades semelhantes dos dois ácidos na mistura e, como em qualquer nitração (seção 15.3.4), os ácidos devem ser refrigerados, misturados e refrigerados novamente antes da reação com a glicerina pura, pois caso contrário, a energia liberada é tão alta que decompõe o produto formado (meus insucessos no começo das peripécias!).

Na falta de um dos dois ácidos fumegantes, você pode preparar HNO_3 fumegante em um laboratório químico através da destilação da mistura 1:1 de ácido nítrico e sulfúrico, conforme item 15.1.3.1.

Cuidado, caso um dia você tente sintetizar a nitroglicerina, mantenha as soluções ácidas refrigeradas antes da mistura e sintetize quantidades pequenas (coisa de mililitros). Tenha a supervisão de um Químico experiente.

CAPÍTULO 16

Identificação de compostos inorgânicos

16.1 SOLUBILIDADE DE SAIS

Os compostos inorgânicos são todas as substâncias formadas por átomos e moléculas de diferentes elementos da Tabela Periódica, com exceção daqueles que contenham em sua estrutura átomos de carbono formando cadeias e ligações com o hidrogênio (ramo da química orgânica - capítulo 17). Em algumas situações o carbono pode aparecer na estrutura do composto inorgânico, mas devido a forma como está ligado, é considerado inorgânico (p.ex., CO_2 e Na_2CO_3).

Historicamente os compostos orgânicos eram associados aos organismos vivos (de origem biológica) e os inorgânicos aos "mortos" (de origem mineral). Dentro do leque de compostos inorgânicos pertence os minerais de rochas e sedimentos, metais, ácidos, bases, sais, óxidos, compostos organometálicos, nitretos, carbetos e hidretos. Contudo os mais abordados são os ácidos, bases e sais, assunto deste capítulo.

A neutralização de ácidos fortes ou fracos (inorgânicos ou orgânicos), com bases fortes ou fracas, geram sais, que podem ser muitos solúveis (produzem uma mistura homogênea, a saber: uma solução), moderadamente solúveis ou muito insolúveis (mistura heterogênea). Os íons gerados na dissociação dos sais, e muitas moléculas dissolvidas, podem se comportar como ácidos e bases de Brønsted-Lowry (respectivamente doadores de prótons e receptores de prótons). Também podem se comportar como anfólitos (também conhecidos como espécie anfiprótica), que têm comportamento antagônico (p.ex., o íon bicarbonato ou dihidrogenofosfato), podendo ser ácidos ou bases dependendo das espécies com que reagem. O termo anfótero (do grego "ambos") é mais vasto, sendo utilizado para alguns metais (Zn, Al, Cr, Mn), óxidos e hidróxidos, que reagem com ácidos ou com bases fortes, mas este termo não é adequado para equilíbrios químicos em soluções aquosas. A presença de quantidades relevantes de uma espécie ácida e de sua base conjugada num sistema aquoso gera a formação de um sistema tampão (p.ex., tampão ácido acético - acetato de sódio, tampão NH_4Cl - NH_3). Veja os exemplos do item 1.10 para maiores detalhes de equilíbrios ácido-base.

A solubilidade dos sais solúveis é vastamente apresentada em Handbooks e livros de Química, em termos de massa do sal máxima dissolvida em 100 mL de água ou 100 g de água. Por exemplo, a solubilidade do sal cloreto de sódio (NaCl) é de 36 g por 100 g de água a 20 °C. A solubilidade destes sais é fortemente influenciada pela temperatura (ver Figura 1.12), e em geral aumenta com a temperatura pois em geral a dissolução é um processo endotérmico (ver Le Chatelier, item 1.10). A dissolução ocorre por que a entropia do sistema aumenta, compensando o aumento da entalpia do sistema (ver item 1.8.5), e acarretando num $\Delta G<0$ (processo espontâneo). Como as concentrações obtidas destes sais solúveis são altas em água (muitas vezes > 1 mol/L), o conceito de equilíbrio termodinâmico não se aplica a estas soluções. As altas concentrações, em mol/L, dos íons dissolvidos nestas soluções não permitirão o real conhecimento das atividades das espécies, responsáveis pela obtenção da constante de equilíbrio termodinâmica.

Diversas tabelas de solubilidade dos sais são disponíveis na internet e livros de química, algumas delas considera sal solúvel quando ele acarreta em concentrações maior que 0,1 M, mas este critério é arbitrário, pois a solubilidade dos sais pode variar de aproximadamente zero a mais de 100% (p.ex., a solubilidade de NaOH é de 109 g/ 100 g de água a 20°C). A tabela abaixo resume as principais características dos sais solúveis e insolúveis em água.

	Sais formados por:	**Motivo:**	**Características:**	**Exceções:**
Sais Essencialmente Solúveis	Ânions NO_3^-, ClO_4^-, NO_2^-, $HCOO^-$ e CH_3COO^-.	São íons grandes de carga única, sendo de fácil dissociação.	Temos aqui sólidos de alto ponto de fusão e alta solubilidade.	-
	Ânions Cl^-, Br^- e I^-.	Estes ânions de carga única são menores do que os anteriores citados e apresentam interações mais fortes com os cátions em seus sólidos, sendo de menordissociação que os acima.	Pontos de fusão mais elevados e solubilidade um pouco menor.	Sais cujo cátion é Ag^+, Hg_2^{2+} ou Pb^{2+}.
	Ânions SO_4^{2-}.	Íon grande, porém carga dupla, seus sais são geralmente menos solúveis do que os de Cl^-.	-	Sais cujo cátion é Ba^{2+}, Sr^{2+} ou Pb^{2+}.Os sais $CaSO_4$, Ag_2SO_4 e Hg_2SO_4 são poucos solúveis.
	Cátions Na^+, K^+ e NH_4^+.	Estes íons são fortemente hidratados e possuem apenas uma carga.	-	Os sais de sódio geralmente são mais solúveis do que os de potássio, e os de lítio são os mais solúveis de todos. O íon complexo $[Co(NO_2)_6]^{3-}$ forma sais insolúveis com K^+ e NH_4^+.
Sais Essencialmente Insolúveis	Todos os hidróxidos são insolúveis, exceto os de sódio, potássio, amônio e bário.	O íon hidroxila é um caso especial.Trata-se se um íon relativamente pequeno;mas, em sólidos, o O^{2-} geralmente substitui duas hidroxilas com perda de água.	-	Diferentemente do comportamento dos correspondentes sulfatados, o hidróxido de bário é mais solúvel do que o hidróxido de cálcio, que é pouco solúvel.
	Todos os carbonatos e fosfatos são insolúveis.	Os íons carbonato e fosfato são ânions de carga múltipla, o que os tornam pouco solúvel.	Os íons CO_3^{2-} e PO_4^{3-} são tão básicos que seus sais costumam apresentar quantidades variáveis de OH^-.	Os sais formados pelos cátions Na^+, K^+ e NH_4^+.Se os íons forem protonados, para formar HCO_3^{2-}, HPO_4^{2-}, $H_2PO_4^-$, seus sais serão solúveis.
	Todos os sulfetos são insolúveis.	Devido a grande eletronegatividade do sulfeto.	O íon Al^{3+} apresenta uma afinidade tão grande por OH^- que chega a formar $Al(OH)_3$ insolúvel em soluções básicas, em vez de ligar-se ao sulfeto.	Os sais cujo cátion é Na^+, K^+, NH_4^+, Mg^{2+}, Ca^+, Sr^{2+}, Ba^{2+} e Al^{3+}.

A nomenclatura dos sais deve ser feita de acordo com os reagentes formadores do sal: "nome do ânion" de "nome do cátion". P.ex., ácido perclórico + NaOH gerará perclorato de sódio.

Sufixo do ácido	Sufixo do ânion formado	Número de oxidação do ânion
-ídrico	-eto	NOX fixo e negativo
Hipo.....oso	Hipo.....ito	+1, +2
-oso	-ito	+3, +4
-ico	-ato	+5, +6
Per.....ico	Per.....ato	+7

Para sais e outros compostos pouco solúveis, as baixas concentrações das espécies dissolvidas estão relacionas entre si pela lei de ação das massas (item 1.10), onde a relação das espécies (K_c) é similar à constante de equilíbrio termodinâmica (K^o). Temos uma boa aproximação entre a atividade ($\boldsymbol{a}$) e concentração das espécies dissolvidas [X], pois a força iônica do meio é baixa ($\boldsymbol{\mu}$) e os coeficientes de atividades ($\boldsymbol{\gamma}$) ficam próximos da unidade. Para sais insolúveis define-se a **constante do produto de solubilidade (K_{ps})**, que é função da temperatura. Por exemplo,

$$AgCl_{(s)} \rightleftharpoons Ag^+ + Cl^- \qquad K_{ps}{}^o = \boldsymbol{a}_{Ag^+}.\boldsymbol{a}_{Cl^-} = [Ag^+].[Cl^-].\boldsymbol{\gamma}_{Ag^+}.\boldsymbol{\gamma}_{Cl^-}$$

$$\text{Quando } \boldsymbol{\mu} < 0{,}01 \;\Rightarrow\; \boldsymbol{\gamma} \approx 1 \;\Rightarrow\; K_{ps}{}^o \approx K_{ps}{}' = [Ag^+].[Cl^-]$$

Além da temperatura, a solubilidade das espécies dissolvidas na água a partir do sólido insolúvel também varia pela adição de íons comuns (sol. diminui), com a mudança da força iônica do meio, por adição de íons distintos (sol. aumenta), interação ácido-base de espécies hidrolisáveis (variação do pH), presença de agentes complexantes e de oxirredução (sol. aumenta), diminuição do tamanho das partículas sólidas (para partículas < 10 μm a solubilidade aumenta) e adição de outro solvente miscível na água (sol. diminui).

Estas propriedades ajudam a engendrar uma marcha analítica para separação de cátions. Uma precipitação seletiva pode ser alcançada pela escolha de um agente precipitante que alcance seletivamente o K_{ps} de um grupo de cátions, deixando outros íons na solução. A seguir é apresentado um fluxograma da marcha mais utilizada para separação de importantes cátions metálicos, baseada na precipitação com o íon sulfeto, e devida a Fresenius em 1841. O inconveniente desta marcha é a toxidade relacionada ao gás sulfídrico, mormente gerada nos procedimentos de separação a partir de compostos do sulfeto ($H_2S, Na_2S, (NH_4)_2S$. O uso de tioureia - $(NH_2)_2CS$ - é vantajoso, pois o ânion sulfeto é gerado lentamente por hidrólise devido ao aquecimento da solução (precipitação homogênea), gerando cristais mais graúdos.

16.2 SEPARAÇÃO DE CÁTIONS EM GRUPOS

Além das muitas reações realizadas até agora neste livro, envolvendo cátions e ânions, serão dadas a seguir mais algumas reações que podem ser executadas com o material do laboratório. Tais reações podem ser úteis na investigação qualitativa de cátions e ânions, conforme marcha analítica geralmente abordada no ensino superior de química. Em geral, os cátions são divididos em 5 grupos:

- Grupo V, relativo aos cátions precipitáveis com HCl diluído (separa-se assim este grupo dos demais após filtração);
- Grupo IV, relativo aos cátions precipitáveis com sulfeto em meio fortemente ácido pH 0,5 (seus sulfetos são, pois, muito insolúveis). O grupo se divide em dois subgrupos, o do arsênio solúvel em NaOH e o do cobre insolúvel em base forte);
- Grupo III, dos cátions precipitáveis como hidróxidos ou sulfetos em pH 10 (inicialmente coloca-se um tampão de NH_3/NH_4Cl para precipitação do subgrupo do ferro na forma de hidróxidos, filtra-se e depois adiciona-se sulfeto para precipitação do subgrupo do zinco);
- Grupo II, relativo aos metais alcalinos terrosos;
- e o Grupo I relativo aos metais alcalinos.

Muitos livros usam tal notação (de V para I), pois os alunos começam investigando os cátions mais simples (alcalinos - Grupo I), com poucas reações e com reagentes específicos, passando pelo Grupo II (alcalinos terrosos), e depois vão complicando, chegando aos metais de transição cujos cátions são precipitáveis com sulfeto (via Na_2S ou hidrólise de tioacetamida) - grupo III e IV, e terminando com o grupo V dos haletos insolúveis com $AgNO_3$ em meio ácido.

Um esquema simplificado dessa marcha analítica, cujos princípios básicos datam de mais de um século, com diversas contribuições e mudanças ao logo destas décadas, é apresentado a seguir. A sua reprodução completa deve ser feita consultando livros específicos sobre o assunto. Contudo, os reagentes disponíveis no kit experimental Show de Química podem ser usados para reprodução de muitas dessas reações químicas.

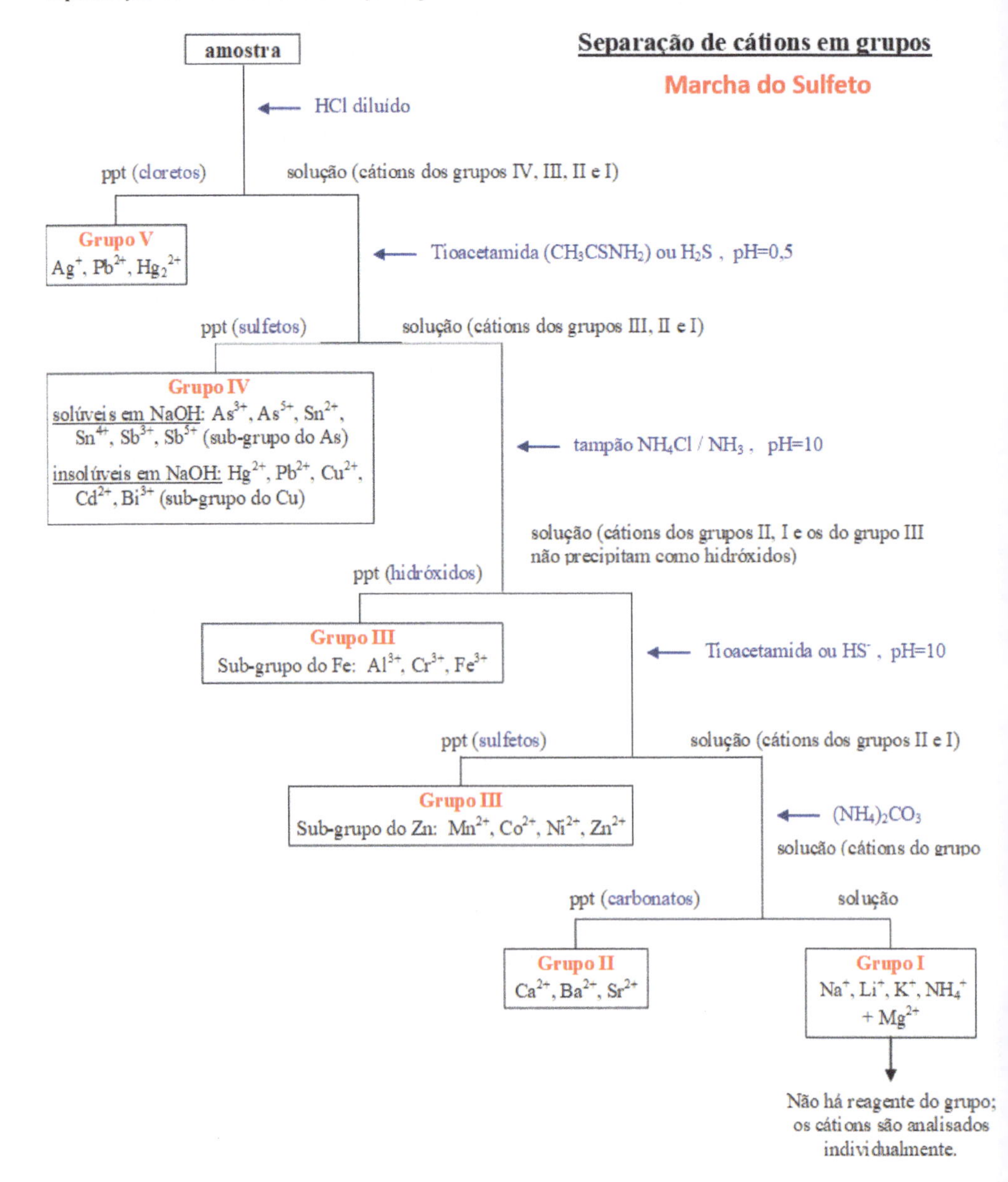

Para eliminar alguns inconvenientes da marcha do sulfeto (toxidade do H_2S, tendências de formar soluções coloidais de sulfetos insolúveis, reações secundárias devido ao forte poder redutor do íon sulfeto), recentemente foi proposta uma marcha de separação baseada no uso de carbonato de sódio como agente precipitante inicial (Jimeno, 1993 apud Mueller, 2016). Há a precipitação de todos os cátions, exceto os metais alcalinos e íon NH_4^+. A partir do precipitado conjunto de cátions, são usados quatro reagentes de grupo. Para o Grupo 1: **HNO_3 concentrado** (metais insolúveis neste meio), para o Grupo 2: **NH_4Cl** (cloretos insolúveis), para o Grupo 3: **$(NH_4)_2SO_4$** – solução saturada (sulfatos precipitados em meio ácido), e para o Grupo 4: **NH_4OH 6 M** em meio tamponado (precipitados na forma de hidróxidos).

SEPARAÇÃO DE CÁTIONS EM GRUPOS ANALÍTICOS SEM EMPREGO DE H_2S
MARCHA ANALÍTICA DO Na_2CO_3

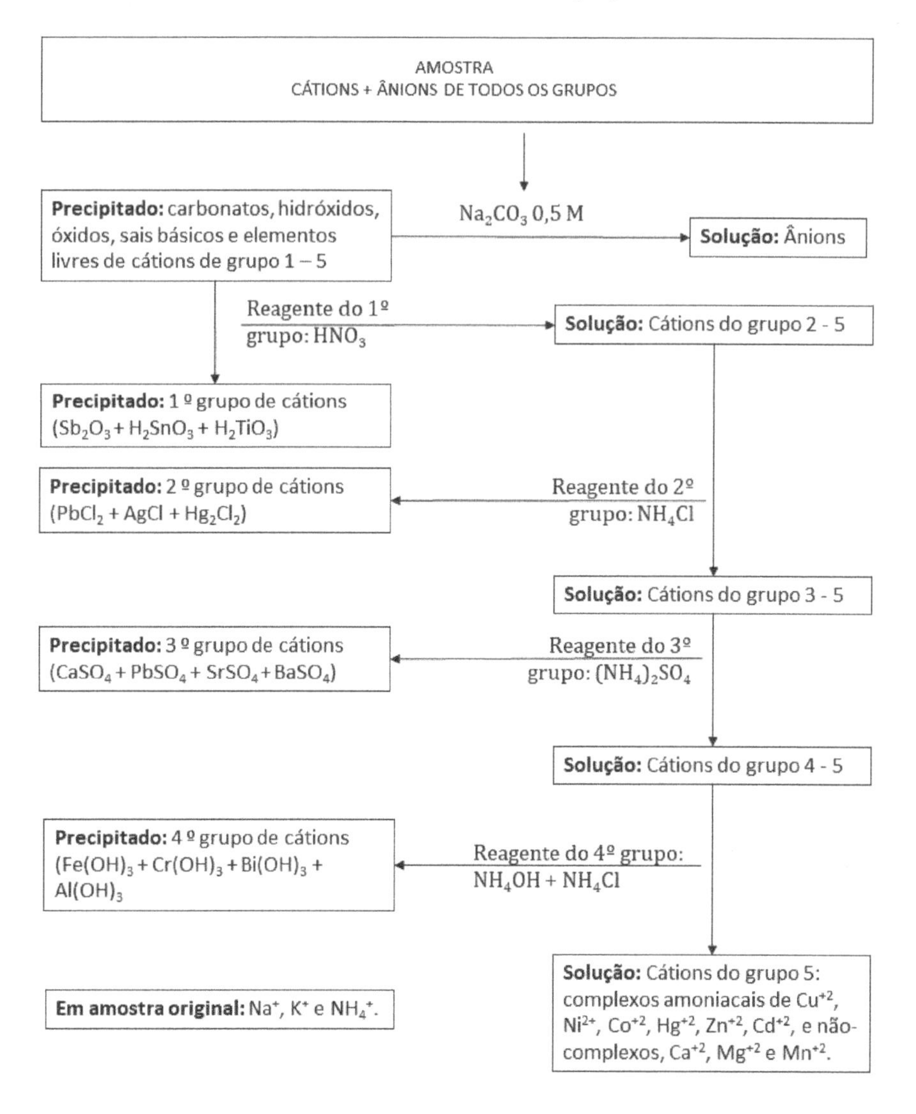

16.3 IDENTIFICAÇÃO DE CÁTIONS

Para todas as experiências a serem executadas neste capítulo, prepare previamente soluções em torno de **0,2 mol/L** dissolvendo a massa calculada em 25 mL de água ($M = \frac{m}{M.V}$). Armazene as soluções em conta-gotas de 25 mL e transfira a quantidade solicitada em cada reação. Caso prepare quantidades maior de soluções, preserve-as na geladeira. Para soluções de metais de transição e hidrolisáveis ($Fe^{3+}, Bi^{3+}, Mn^{2+}, Ce^{3+}$), adicione gotas de HCl ou HNO_3 diluídos para preservação.

16.3.1 Reações do íon alumínio (III)

a) Hidróxido de sódio: precipitado branco de hidróxido de alumínio (III), solúvel em excesso de álcali: $Al^{3+} + 3OH^- \rightarrow Al(OH)_3$

$$Al(OH)_3 + OH^- \rightarrow [Al(OH)_4]^-$$

16.3.2 Reações do íon amônio

a) Hidróxido de sódio: desprende-se amônia gasosa por aquecimento (item 4.3.1): $NH_4^+ + OH^- \rightarrow NH_3 + H_2O$, que pode ser detectada pelos fumos de NH_4Cl formados quando vapores de HCl são aproximados, ou por aproximação de um papel indicador de pH (papel de tornassol vermelho).

b) Reagente de Nessler (solução alcalina de tetraiodomercurato (II) de potássio): produz-se um precipitado alaranjado/marrom de amido iodeto básico de mercúrio (II) (base de Millon): $NH_4^+ + 2[HgI_4]^{2-} + 4OH^- \rightarrow HgO{\cdot}Hg(NH_2)I + 7I^- + 3H_2O$

Prepare o complexo amarelado de tetraiodomercurato (item 16.3.12 e seção 8.5.3) adicionando a 5 mL de água, 3 gotas de $HgCl_2$ e 1 gota de KI. Agite para solubilizar. Adicione 1 gota de NaOH. Comprove o reativo adicionando uma pitada de NH_4Cl e agitando.

16.3.3 Reações do íon bismuto (III)

a) Solução de NaOH: adicione num tubo de ensaio uma pitada de $Bi(NO_3)_3$ e 3 gotas de HNO_3. Agite o tubo para dissolver o sólido. Adicione 3 mL de água para total dissolução do sal. Adicione 5 gotas de NaOH. Observe a formação do precipitado branco de hidróxido de bismuto (III): $Bi^{3+} + 3OH^- \rightarrow Bi(OH)_3$.

Aqueça o tubo na lamparina e observe o amarelamento do sólido, devido à formação de hidróxido de bismutila.

$$Bi(OH)_3 \rightarrow (BiO)OH + H_2O$$

Adicione agora 5 gotas de H_2O_2 e observe a formação de cor marrom amarelada devido aos íons bismutato.

$$(BiO)OH + H_2O_2 \rightarrow BiO_3^- + H^+ + H_2O$$

b) Iodeto de potássio: adicione meia espátula de $Bi(NO_3)_3$ e 5 gotas de HNO_3 num tubo de ensaio. Agite para dissolver. Adicione 3 mL de água e 2 gotas de KI. Observe a formação do precipitado preto de iodeto de bismuto (III).

$$Bi^{3+} + 3I^- \rightarrow BiI_3$$

Adicione excesso de KI (umas 20 gotas) até dissolução do precipitado, e formação de íons tetraiodobismutato de coloração laranja: $BiI_3 + I^- \rightarrow [BiI_4]^-$. Adicione água ao tubo até formação do precipitado preto de iodeto de bismutila.

$$BiI_3 + H_2O \rightarrow BiOI + 2H^+ + 2I^-$$

16.3.4 Reações do íon cálcio (II)

a) Ácido oxálico: precipitado branco de oxalato de cálcio: $Ca^{2+} + C_2H_2O_4 \rightarrow CaC_2O_4 + 2H^+$.

b) Ferrocianeto de potássio: precipitado branco de um sal misto: $Ca^{2+} + 2K^+ + [Fe(CN)_6]^{4-} \rightarrow K_2Ca[Fe(CN)_6]$.

16.3.5 Reações do íon cério (III)

a) Solução de amônia: precipitado branco de hidróxido de cério (III), prontamente oxidado pelo peróxido de hidrogênio, dando um precipitado marrom avermelhado gelatinoso de peróxido de cério ($CeO_2 \cdot H_2O_2 \cdot H_2O$). Este não é muito estável. Fervendo a mistura, obtém-se hidróxido de cério (IV) amarelo.

b) Sulfato de sódio: precipitado branco cristalino de sulfato de cério, $Ce_2(SO_4)_3 \cdot 3Na_2SO_4$

16.3.6 Reações do íon chumbo (II)

a) Hidróxido de sódio: precipitado branco de hidróxido de chumbo: $Pb^{2+} + 2OH^- \rightarrow Pb(OH)_2$, solúvel em excesso de reagente com formação de íons tetrahidroxiplumbato (II): $Pb(OH)_2 + 2OH^- \rightarrow [Pb(OH)_4]^{2-}$.

b) Cromato de potássio: precipitado amarelo de cromato de chumbo: $Pb^{2+} + CrO_4^{2-} \rightarrow PbCrO_4$.

c) Iodeto de potássio: precipitado amarelo de iodeto de chumbo (amarelo-canário): $Pb^{2+} + 2I^- \rightarrow PbI_2$, solúvel em excesso de iodeto: $PbI_2 + 2I^- \rightarrow [PbI_4]^{2-}$.

16.3.7 Reações do íon cobalto (II)

a) Cloreto: já foi visto (item 8.4.2).

b) Solução de NaOH: adicione gotas de $CoCl_2$ a 3 mL de água num tubo de ensaio. Adicione 1 gota de NaOH e observe a precipitação de um sal básico azul: $Co^{2+} + OH^- + Cl^- \rightarrow Co(OH)Cl$. Adicione um excesso de NaOH (mais 5 gotas) e observe a formação do precipitado rosa de hidróxido de cobalto (II): $Co(OH)Cl + OH^- \rightarrow Co(OH)_2 + Cl^-$. Adicione 5 gotas de H_2O_2 e observe a transformação para o precipitado marrom-escuro de hidróxido de cobalto (III): $2Co(OH)_2 + H_2O_2 \rightarrow 2Co(OH)_3$.

c) Solução de amônia: adicione gotas de $CoCl_2$ a 3 mL de água num tubo de ensaio. Adicione 1 gota de solução de amônia e observe a precipitação do sal básico azul. $Co^{2+} + NH_3 + H_2O + Cl^- \rightarrow Co(OH)Cl + NH_4^+$. Adicione um excesso de amônia (mais 25 gotas) e observe a formação de íons hexaminocobaltato (II) marrom-amarelados: $Co(OH)Cl + 6NH_3 \rightarrow [Co(NH_3)_6]^{2+} + Cl^- + OH^-$.

d) Ferrocianeto e ferricianeto de potássio: adicione a dois tubos de ensaio 3 mL de água. No primeiro, dissolva uma pitada de ferrocianeto de potássio e, no segundo, uma pitada de ferricianeto de potássio. Adicione agora 5 gotas de $CoCl_2$ aos dois tubos. No primeiro, forma-se o precipitado verde de hexacianoferrato (II) de cobalto e, no segundo, o precipitado vermelho de hexacianoferrato (III) de cobalto.

$$2Co^{2+} + [Fe(CN)_6]^{4-} \rightarrow Co_2[Fe(CN)_6]$$

$$3Co^{2+} + 2[Fe(CN)_6]^{3-} \rightarrow Co_3[Fe(CN)_6]_2$$

16.3.8 Reações do íon cobre (II)

a) Solução de amônia: reproduza a formação do complexo tetraminocobre (II) conforme seção 8.4.3.

b) Solução de NaOH: adicione num tubo de ensaio 3 mL de água, 2 gotas de $CuSO_4$ e 2 gotas de NaOH. Observe o precipitado azul de hidróxido de cobre (II), $Cu^{2+} + 2OH \rightarrow Cu(OH)_2$, insolúvel em excesso de reagente. Aqueça o precipitado na lamparina. O hidróxido se converte em óxido de cobre (II) preto, por desidratação: $Cu(OH)_2 + calor \rightarrow CuO + H_2O$.

Repita o experimento adicionando um pouco de ácido tartárico antes da adição do NaOH. Agora não há formação de precipitado, devido à formação do íon complexo $Cu(C_4H_4O_6)_2]$. **Essa solução é conhecida como reativo de Fehling, usada na análise de açúcares.**

c) Iodeto de potássio: adicione num tubo de ensaio 3 mL de água, 2 gotas de $CuSO_4$ e 2 gotas de KI. Observe a formação de precipitado branco de iodeto de cobre (I), que na solução apresenta uma forte coloração marrom, graças à formação de íons triiodeto: $2Cu^{2+} + 5I^- \rightarrow 2CuI + I_3^-$. Adicione algumas gotas de tiossulfato de sódio para tornar visível a cor branca do precipitado: $I_3^- + 2S_2O_3^{2-} \rightarrow 3I^- + S_4O_6^{2-}$

d) Ferrocianeto de potássio: dissolva alguns grãos de $K_4[Fe(CN)_6]$ em 5 ml de água num tubo de ensaio. Adicione 2 gotas de $CuSO_4$ e observe o precipitado vermelho de hexacianoferrato (II) de cobre: $2Cu^{2+} + [Fe(CN)_6]^{4-} \rightarrow Cu_2[Fe(CN)_6]$. Adicione NaOH até decomposição do precipitado e formação de hidróxido de cobre (II) azul: $Cu_2[Fe(CN)_6] + 4OH^- \rightarrow 2Cu(OH)_2 + [Fe(CN)_6]^{4-}$.

e) Ferro: adicione num tubo de ensaio 5 mL de água e 5 gotas de $CuSO_4$. Coloque um prego limpo e observe, após meia hora, um depósito vermelho de cobre (ou negro no caso de um depósito irregular), pelo fato de o ferro ter potencial de oxidação maior: $Cu^{2+} + Fe \rightarrow Fe^{2+} + Cu$.

f) Ensaio de chama: limpe um bastão com fio de níquel cromo ou platina (melhor) com HCl 1:1 e o coloque na chama da lamparina (ou bico de Bunsen) até completa limpeza. Molhe a ponta do bastão com solução de cobre e aproxime da chama. Observe a coloração verde característica da emissão dos átomos de cobre excitados na chama.

16.3.9 Reações do íon estanho (II)

a) Hidróxido de sódio: precipitado branco de hidróxido de estanho (II), solúvel em excesso de álcali.

$$Sn^{2+} + 2OH^- \rightarrow Sn(OH)_2$$

$$Sn(OH)_2 + 2OH^- \rightarrow [Sn(OH)_4]^{2-}$$

b) Nitrato de bismuto: use a solução do complexo acima para reação com hidróxido de bismuto (item 16.2a). Deposita-se um precipitado preto de bismuto metálico: $2Bi(OH)_3 + 3[Sn(OH)_4]^{2-} \rightarrow 2Bi + 3[Sn(OH)_6]^{2-}$.

16.3.10 Reações do íon ferro (III)

a) Solução de NaOH: adicione num tubo de ensaio 3 mL de água, 2 gotas de $Fe(NO_3)_3$ e 2 gotas de NaOH. Observe a formação do precipitado marrom avermelhado de hidróxido de ferro (III): $Fe^{3+} + 3OH^- \rightarrow Fe(OH)_3$.

b) Reproduza as experiências da seção 8.4.4 relativas à reação do íon Fe^{2+}e Fe^{3+} com ferrocianeto e ferricianeto de potássio.

c) Ácido ascórbico: reduza o ferro (III) para ferro (II) adicionando num tubo de ensaio 3 mL de água, 2 gotas de $Fe(NO_3)_3$ e 6 gotas de ácido ascórbico. Observe o descoloramento da solução amarela de Fe^{3+}: $2Fe^{3+} + C_6H_8O_6 \rightarrow 2Fe^{2+} + C_6H_6O_6 + 2H^+$.

16.3.11 Reações do íon mercúrio (II)

a) Hidróxido de sódio: quando adicionado em pequenas quantidades: precipitado vermelho pardo com composição variada; se a adição for estequiométrica a cor muda para amarela, devido à formação de óxido de mercúrio (II): $Hg^{2+} + 2OH^- \rightarrow HgO + H_2O$.

b) Iodeto de potássio: em pequenas quantidades: precipitado vermelho de iodeto de mercúrio: $Hg^{2+} + 2I^- \rightarrow HgI_2$. O precipitado é solúvel em excesso de reagente, com formação de íons tetraiodomercurato (II) incolor: $HgI_2 + 2I^- \rightarrow [HgI_4]^{2-}$

c) Cloreto de estanho (II): precipitado branco de cloreto de mercúrio (I) (calomelano): $2Hg^{2+} + Sn^{2+} + 2Cl^- \rightarrow Hg_2Cl_2 + Sn^{4+}$.

d) Cromato de potássio: precipitado amarelo de cromato de mercúrio (II): $Hg^{2+} + CrO_4^{2-} \rightarrow HgCrO_4$.

16.3.12 Reações dos íons de manganês (II)

a) Hidróxido de sódio: precipitado inicialmente branco de hidróxido de manganês (II): $Mn^{2+} + 2OH^- \rightarrow Mn(OH)_2$.Ele se oxida rapidamente em contato com o ar, tornando-se marrom e formando o dióxido de manganês hidratado: $Mn(OH)_2 + O_2 + H_2O \rightarrow MnO(OH)_2 + 2OH^-$.

b) Estados de oxidação do manganês: Os compostos de manganês exibem estados de oxidação de +2 a +7. Os mais comuns são os +2, +4 e +7, mas os menos comuns +3, +5 e +6 podem ser facilmente preparados. Prepare uma solução de Mn (III) adicionando num tubo de ensaio 3 mL de água, 5 gotas de $MnSO_4$, 10 gotas de H_2SO_4 6 M e alguns grãos de $KMnO_4$. Agite e observe a cor avermelhada. Para manganês (VI), adicione a uma solução diluída de $KMnO_4$ algumas gotas de NaOH. Então acrescente gotas de Na_2SO_3. A cor muda para verde devido à redução de permanganato para manganato. Para manganês (V), adicione a 1 mL de solução diluída de $KMnO_4$ cerca de 1 mL de NaOH. Observe a cor azul devido ao íon MnO_4^-. Em resumo, temos os seguintes estados de oxidação:

+2, rosa pálido, Mn^{2+} (manganoso ou manganês II)
+3, rosa forte, Mn^{3+} (mangânico ou manganês III)
+4, marrom, MnO_2 (óxido de manganês IV)
+5, azul, MnO_4^{3-} (manganato V)
+6, verde, MnO_4^{2-} (manganato VI)
+7, violeta, MnO_4^-(permanganato)

16.3.13 Reações do íon níquel (II)

a) Solução de NaOH: adicione gotas da solução de $NiSO_4$ a 3 mL de água num tubo de ensaio, seguido de 2 gotas de NaOH. Observe a formação do precipitado verde de hidróxido de níquel (II): $Ni^{2+} + 2OH^- \rightarrow Ni(OH)_2$. Oxide o precipitado para hidróxido de níquel (III) preto, adicionando ao tubo 2 mL de água sanitária (solução de hipoclorito de sódio): $2Ni(OH)_2 + ClO^- + H_2O \rightarrow 2Ni(OH)_3 + Cl^-$ (pode-se usar também H_2O_2).

b) Solução de amônia: adicione gotas de $NiSO_4$ e 3 mL de água num tubo de ensaio. Adicione 1 gota de solução de amônia e observe a formação do precipitado verde de hidróxido de níquel (II): $Ni^{2+} + 2NH_3 + H_2O \rightarrow Ni(OH)_2 + 2NH_4^+$. Adicione um excesso de amônia (umas 20 gotas) e observe a formação do íon complexo azul hexaminoniquelato (II): $Ni(OH)_2 + 6NH_3 \rightarrow [Ni(NH_3)_6]^{2+} + 2OH^-$.

16.3.14 Reações do íon prata (I)

a) Solução de amônia: em pequena quantidade: precipitado marrom de óxido de prata: $2Ag^+ + 2NH_3 + H_2O \rightarrow Ag_2O + 2NH_4^+$, solúvel em excesso de reagente, com formação de íons complexos diaminoargentato: $Ag_2O + 4NH_3 + H_2O \rightarrow 2[Ag(NH_3)_2]^+ + OH^-$

b) Iodeto de potássio: precipitado amarelo de iodeto de prata: $Ag^+ + I^- \rightarrow AgI$

c) Cromato de potássio: precipitado vermelho de cromato de prata: $2Ag^+ + CrO_4^{2-} \rightarrow Ag_2CrO_4$.

d) Ferrocianeto de potássio: precipitado branco de hexacianoferrato (II) de prata: $4Ag^+ + [Fe(CN)_6]^{4-} \rightarrow Ag_4[Fe(CN)_6$

e) Ferricianeto de potássio: precipitado laranja de hexacianoferrato (III) de prata: $3Ag^+ + [Fe(CN)_6]^{3-} \rightarrow Ag_3[Fe(CN)_6]$

16.4 IDENTIFICAÇÃO DE ÂNIONS

16.4.1 Reações do íon acetato

a) Etanol em meio sulfúrico: formação do éster de acetato de etila. Adicionar 10 gotas de solução de acetato de sódio 0,2 M em um tubo de ensaio, seguida da adição de 8 gotas de álcool etílico e 6 gotas de H_2SO_4 concentrado. Agitar e aquecer em bico de Bunsen, e notar o odor de frutas devido ao acetato de etila que se desprende.

16.4.2 Reações do íon arsenito

a) Sulfato de cobre: precipitado verde de arsenito de cobre (verde de Scheele), $Cu(AsO_2)_2 \cdot xH_2O$.

b) Nitrato de prata: precipitado amarelo de arsenito de prata.

c) Solução de $SnCl_2$ e HCl concentrado (reação de Bettendorff): Adicione num tubo de ensaio um pouco de $SnCl_2$, 2 ml de HCl concentrado e 5 gotas da solução de arsenito. Aqueça. A solução torna-se marrom-escura e depois preta devido à separação de arsênio elementar.

$2As^{3+} + 3Sn^{2+} \rightarrow 2As + 3Sn^{4+}$.

16.4.3 Reações do íon bromato

a) Ácido sulfúrico concentrado: desprendimento de bromo, vermelho:

$$2BrO_3^- + H_2SO_4 \rightarrow Br_2 + 5/2\ O_2 + SO_4^- + H_2O$$

b) Nitrato de prata, em solução concentrada: precipitado branco de bromato de prata: $BrO_3^- + Ag^+ \rightarrow AgBrO_3$.

16.4.4 Reações do íon brometo

a) Nitrato de prata: precipitado floculento, amarelo-pálido, de brometo de prata.

$$Br^- + Ag^+ \rightarrow AgBr$$

b) MnO_2 e H_2SO_4 6 M: Adicione num tubo de ensaio um pouco de MnO_2, gotas da solução de brometo, gotas de ácido sulfúrico e aqueça. Vapores vermelhos de bromo são desprendidos.

$$2Br^- + MnO_2 + 2H_2SO_4 \rightarrow Br_2 + Mn^{2+} + 2SO_4^{2-} + 2H_2O$$

16.4.5 Reações do íon carbonato

a) HCl diluído: Decomposição com formação de gás carbônico (CO_2). Teste muito usado para detectar a presença de calcário ($CaCO_3$ ou $CaMg(CO_3)_2$) em rochas. O gás carbônico pode ser confirmado encaixando um tubo plástico no tubo gerador e borbulhando o gás gerado em outro tubo contendo solução de água de barita ($Ba(OH)_2$). A formação de uma película branca de $BaCO_3$ confirma a presença de carbonato na amostra inicial.

16.4.6 Reações do íon cromato e dicromato

Esses dois íons se interconvertem dependendo da acidez ou basicidade do meio:

$$2CrO_4^{2-} + 2H^+ \rightarrow Cr_2O_7^{2-} + H_2O$$

$$Cr_2O_7^{2-} + 2OH^- \rightarrow 2CrO_4 + H_2O$$

a) Peróxido de hidrogênio, em meio ácido: solução azul de pentóxido de cromo (ver item 4.2.2).

b) Etanol (álcool etílico): na presença de ácido sulfúrico, reduz os cromatos e dicromatos a cromo (III) (verde) e aldeído acético:

$$2CrO_4^{2-} + 3C_2H_5OH + 10H^+ \rightarrow 2Cr^{3+} + 3CH_3CHO + 8H_2O$$

c) Cloreto e H_2SO_4 concentrado: adicione num tubo de ensaio um pouco de NH_4Cl ou sal de cozinha e 3 gotas de $K_2Cr_2O_7$. Adicione gotas de ácido sulfúrico e observe a evolução de vapores vermelhos de cloreto de cromila, CrO_2Cl_2.

16.4.7 Reações do íon fosfato

a) $AgNO_3$ 0,1 M: formação de precipitado amarelo de Ag_3PO_4, que escurece sob ação da luz, e que se dissolve em HNO_3 e NH_4OH. O sal precipitado Ag_3PO_4 é, pois, um anfótero.

b) Molibdato de amônio, $(NH_4)_6Mo_7O_{24}.4H_2O$: Colocar 5 gotas de uma solução de $NaHPO_4$ 0,2 M em um tubo de ensaio, juntar 3 gotas de HNO_3 6 M e em seguida 8 gotas de uma solução molibdato de amônio. Aquecer o tubo em banho-maria e depois deixar em repouso por 5 min. A formação e um precipitado amarelo confirma a presença de fosfato.

$$PO_4{}^{3-} + 12MoO_4{}^{2-} + 24H^+ + 3NH_4{}^+ \rightleftharpoons (NH_4)_3PO_4 12MoO_3(s) + 12H_2O$$

16.4.8 Reações do íon iodato

a) Nitrato de prata: precipitado branco de iodato de prata: $IO_3^- + Ag^+ \rightarrow AgIO_3$

b) Iodeto de potássio em solução ácida: formação de iodo livre, facilmente detectado pelo amido: $IO_3^- + 5I^- + 6H^+ \rightarrow 3I_2 + 3H_2O$

16.4.9 Reações do íon iodeto

a) Cloro: prepare cloro conforme seção 3.3.1 e aproxime do gás um papel umedecido de solução de iodeto e amido. O papel ficará azul devido à formação de iodo: $2I^- + Cl_2 \rightarrow I_2 + 2Cl^-$

b) $K_2Cr_2O_7$ e H_2SO_4: somente iodo é liberado e nenhum cromo está presente na fase de vapor (distinção do cloreto - item 16.17c).

$$6I^- + Cr_2O_7^{2-} + 7H_2SO_4 \rightarrow 3I_2 + 2Cr^{2+} + 7SO_4^{2-} + 7H_2O$$

16.4.10 Reações do íon nitrato

a) H_2SO_4 concentrado: adição de gotas de H_2SO_4 a amostras sólidas de sal de nitrato, aquecidas num bico de gás, produzirão NO_2 de cor marrom.

b) Reação com sulfato ferroso: Colocar num tubo de ensaio 10 gotas de $NaNO_3$ 0,2 M, 5 gotas de H_2SO_4 2 M e mais 10 gotas de $FeSO_4$ 0,2 M. Inclinar o tubo 45° e deixar escorrer pela parede do tubo 10 gotas de H_2SO_4 concentrado. A formação de anel marrom do complexo ferronitrosilo, $Fe(NO)^{2+}$ confirma a presença de nitrato ou nitrito na amostra.

16.4.11 Reações do íon nitrito

Devido à maior instabilidade do íon nitrito, suas reações podem ser feitas em meio de ácido diluído. Repetir os testes a) e b) do nitrato, substituindo o ácido concentrado por H_2SO_4 2 M. Ou seja, teste positivo com H_2SO_4 2 M confirma a presença de nitrito; teste positivo com H_2SO_4 concentrado confirma a presença de nitrito e/ou nitrato.

16.4.12 Reações do íon sulfato

a) Nitrato de chumbo: precipitado branco de sulfato de chumbo: $SO_4^{2-} + Pb^{2+} \rightarrow PbSO_4$.

b) Nitrato de mercúrio (II): precipitado amarelo de sulfato básico de mercúrio (II): $SO_4^{2-} + 3Hg^{2+} + 2H_2O \rightarrow HgSO_4 \cdot 2HgO + 4H^+$.

16.4.13 Reações do íon sulfeto

a) HCl diluído: Num tubo de ensaio adicionar gotas da solução contendo sulfeto ou pequenas quantidades de amostra (p.ex., FeS). Adicionar HCl diluído e aquecer em banho-maria. Forma-se gás sulfídrico (H_2S) que pode ser identificado por seu cheiro de ovo podre ou por meio de um papel de filtro colocado na boca do tubo, impregnado com solução de $Cd(NO_3)_2$ ou $Pd(NO_3)_2$. Forma-se uma chama amarela de CdS ou negra de PbS, respectivamente.

b) Nitroprussiato de sódio, $Na_2[Fe(CN)_5NO]$: em meio levemente básico formação do complexo vermelho-violeta $[Fe(CN)_5NO]^{4-}$.

16.4.14 Reações do íon sulfito

a) HCl diluído: decompõe-se sob aquecimento em dióxido de enxofre:

$$SO_3^{2-} + 2H^+ \rightarrow SO_2 + H_2O$$

b) Nitrato de prata: inicialmente o complexo solúvel de sulfitoargentato: $SO_3^{2-} + Ag^+ \rightarrow AgSO_3^-$. Com a adição de mais reagente forma-se sulfito de prata cristalino: $AgSO_3^- + Ag^+ \rightarrow Ag_2SO_3$. Adicionando íons sulfito em excesso o precipitado dissolve-se: $Ag_2SO_3 + SO_3^{2-} \rightarrow 2AgSO_3^-$.

c) Dicromato de potássio, previamente acidificado com H_2SO_4 diluído: coloração verde, devido à formação de íons cromo (III): $3SO_3^{2-} + Cr_2O_7^{2-} + 8H^+ \rightarrow 2Cr^{3+} + 3SO_4^{2-} + 4H_2O$.

16.4.15 Reações do íon tiossulfato

a) Nitrato de prata: precipitado branco de tiossulfato de prata.

$$S_2O_3^{2-} + 2Ag^+ \rightarrow Ag_2S_2O_3$$

b) Nitrato de chumbo: precipitado branco de tiossulfato de chumbo, solúvel em excesso de tiossulfato: $S_2O_3^{2-} + Pb^{2+} \rightarrow PbS_2O_3$. Aquecendo a suspensão, o precipitado escurece, devido à formação de sulfeto de chumbo: $PbS_2O_3 + H_2O \rightarrow PbS + 2H^+ + SO_4^{2-}$.

c) Nitrato de ferro (III): aparece uma coloração vermelha escura devido provavelmente à formação do complexo ditiossulfatoférrico: $2S_2O_3^{2-} + Fe^{3+} \rightarrow [Fe(S_2O_3)_2]^-$ em repouso, a cor desaparece rapidamente, formando íons tetrationato e ferro (II): $[Fe(S_2O_3)_2]^- + Fe^{3+} \rightarrow S_4O_6^{2-} + 2Fe^{2+}$

d) HCl diluído: formação de enxofre coloidal: $S_2O_3^{2-} + H^+ \rightarrow HSO_3^- + S(s)$ (ver pôr do sol - seção 3.5.4).

Neste capítulo têm 29 testes em tubos de ensaio para identificação de cátions e ânions, que se somarão à sequência de experiências deste livro.

CAPÍTULO 17

Identificação de Funções Orgânicas

17.1 HIDROCARBONETOS

Hidrocarbonetos são compostos orgânicos constituídos exclusivamente por átomos de hidrogênio e carbono, o que inclui os alcanos, cicloalcanos, alcenos, alcinos, dienos e polienos. Por não conterem outros elementos, como oxigênio, nitrogênio ou halogênios, os hidrocarbonetos representam uma classe fundamental de compostos orgânicos. Eles são amplamente encontrados na natureza, constituindo a base de muitos compostos orgânicos importantes, como os encontrados em combustíveis fósseis.

As duas principais categorias de hidrocarbonetos são:

- Alcanos: São hidrocarbonetos saturados, com ligações simples (σ) entre os átomos de carbono e hidrogênio, e de fórmula geral C_nH_{2n+2}. Como exemplo temos os gases leves metano (presente cerca de 90% no gás natural) e, etano, propano e butano, presentes no GLP - gás liquefeito de petróleo – uma complexa combinação de hidrocarbonetos produzidos pela destilação do petróleo. Frações mais pesadas da destilação fracionada do petróleo incluem a gasolina, o óleo diesel, o querosene e a parafina. Usualmente os alcanos não são caracterizados por procedimentos químicos (devido à baixa reatividade em condições simples), mas sim por técnicas físicas e espectroscópicas. A Parafina é uma mistura de alcanos de alta massa molar (C>20) apresentando-se na forma sólida, e matéria prima para produção de velas, combustíveis, embalagens e revestimentos, cosméticos, tintas, giz de cera, etc.
- Alcenos e Alcinos (ou alquenos e alquinos): São hidrocarbonetos insaturados, contendo pelo menos uma ligação dupla (alcenos) ou tripla (alcinos) entre átomos de carbono. Isso resulta numa proporção menor de hidrogênio em relação aos alcanos. A fórmula geral dos alcenos é C_nH_{2n}, e dos alcinos é C_nH_{2n-2}. Os alcenos são a matéria-prima para vários produtos no cotidiano, como sacos de polietileno, recipientes de polipropileno, canos de policloreto de vinila (PVC). Os alcenos são produzidos a partir do craqueamento do petróleo. O mais importante alquino é o acetileno, sendo utilizado em soldas de alta temperatura, matéria-prima na síntese de diversos compostos orgânicos, como ácido acético, plásticos e borrachas sintéticas (ver item 4.4).

As diferentes características físicas são uma consequência das diferentes composições moleculares, mas todos os hidrocarbonetos apresentam uma propriedade comum, a alta inflamabilidade, i.e., oxidam-se facilmente com o oxigênio do ar liberando calor.

A benzina (também chamada de éter de petróleo, embora não seja um éter) é um líquido obtido na destilação fracionada do petróleo entre 35–90°C, constituído por hidrocarbonetos, geralmente alifáticos, de baixo peso molecular (pentano, hexano). A fração de alto ponto de ebulição (70 a 120 °C) denomina-se ligroína. A benzina é empregada como solvente e como extratante. Também é utilizada em lavagens a seco, devido a sua volatilidade.

O xileno é um hidrocarboneto aromático, extraído do alcatrão e petróleo, constituído por uma mistura de 3 isômeros: orto- xileno (o-xileno), meta-xileno (m-xileno) e para-xileno (p-xileno). Este último isômero é utilizado em grande escala para a fabricação de ácido tereftálico, que serve de base para o plástico PET (item 5.1).

Existem quatro tipos de reações de oxidação orgânicas, que são: combustão, ozonólise, oxidação branda e oxidação energética. Neste texto, trataremos apenas da oxidação branda com os alcenos, pois ela não ocorre com alcanos, já que é necessário que o hidrocarboneto seja insaturado. Ela pode ocorrer também com alcinos e com cicloalcanos.

Para a ocorrência da oxidação branda, o oxigênio pode ser obtido por meio do reativo de Baeyer (ou Bayer), que é uma solução de permanganato de potássio ($KMnO_4$), em meio neutro ou ligeiramente básico, diluído e a frio. Esta solução interage com compostos insaturados mudando a cor rosa-púrpura do íon permanganato para a cor marrom, característica da formação do dióxido de manganês (MnO_2). Um alceno é oxidado para 1,2-diol (álcool glicol) e um alcino para ácido carboxilíco.

O teste de Baeyer não é específico para alcenos e alcinos, dando resultados positivos para ácido fórmico e seus ésteres, aldeídos (benzaldeído, formaldeído), alguns álcoois e fenóis. Na figura ao lado temos o antes (solução de $KMnO_4$) e depois do teste (formação do MnO_2).

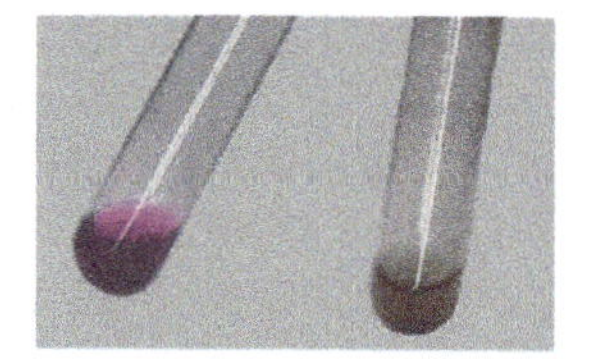

$$H_2C{=}CH_2 + 2KMnO_4 + 2H_2O \longrightarrow H_2C(OH){-}C(OH)H_2 + MnO_2 + K_2MnO_4$$

etileno — etilenoglicol — manganato de K

$$H_3C{-}C{\equiv}C{-}H + 2KMnO_4 + 2H_2O \longrightarrow H_3C{-}C({=}O){-}OH + CO_2 + MnO_2 + K_2MnO_4$$

propino — ácido acético

EXPERIÊNCIA 223 KIT

<u>Reagente de Baeyer</u> ($KMnO_4$ 2%): Dissolva 1 g de permanganato de potássio em 50 mL de água.

Teste diversos compostos orgânicos quanto a reatividade com o reagente de Baeyer, dispondo em tubos de ensaio pequenas quantidades do composto (2 mL ou 0,5 g para sólidos) e adicionando gota a gota a solução de Baeyer, com agitação constante até persistência da cor púrpura do íon permanganato. Espere uns 5 min para a reação e possível formação do precipitado marrom de MnO_2. Para compostos mais apolares (p.ex. hidrocarbonetos) adicione um pouco de acetona para melhor interação (solubilidade) da fase orgânica do composto com a aquosa de $KMnO_4$.

Faça o ensaio para 2-penteno, benzina, xileno, tolueno, fenol, benzaldeído, formaldeído, anilina, ácido fórmico, dextrose, álcool benzílico, 2-butanol, etc. Alguns destes compostos e outros estão presentes no kit experimental Show de Química. Quais compostos foram reativos?

Repita o teste de Baeyer em meio ácido e básico, adicionando previamente à solução de $KMnO_4$ 6 gotas de H_2SO_4 6 M ou 10 gotas de NaOH 10%, respectivamente. Há um aumento do poder de oxidação em meio ácido (seção 1.2).

Uma reação mais seletiva para alcenos e alcinos é obtida com o uso do oxidante iodo, que tem potencial de oxidação menor do que o íon permanganato (ver iodometria e permanganimetria, seção 1.12).

EXPERIÊNCIA 224 KIT

Coloque 1 mL de cada hidrocarboneto, ou composto orgânico sob teste, em pequenos tubos de ensaio etiquetados. Acrescente gota a gota, e sob agitação, solução de iodo a 1%, preparada em tetracloreto de carbono ou acetona. Observe possível modificação de cor. Continue a adição de iodo aos hidrocarbonetos nos quais houve modificação até que persista a cor do iodo. Neste experimento pode-se observar que somente os hidrocarbonetos insaturados reagem, devido à presença de ligação dupla ou tripla.

17.2 FUNÇÕES ORGÂNICAS OXIGENADAS

Funções orgânicas oxigenadas são aquelas que contém oxigênio, além de carbono e hidrogênio na cadeia carbônica. As principais funções, que serão aqui apresentadas, são: álcoois, fenóis, éteres, aldeídos, cetonas, ácidos carboxílicos e seus derivados.

A presença de funções oxigenadas em compostos orgânicos é capaz de alterar as propriedades dos compostos, em comparação ao respectivo hidrocarboneto, com igual número de carbonos. As funções oxigenadas são caracterizadas pela ocorrência de grupamentos hidroxila, carbonila ou carboxila, e o átomo de oxigênio aumenta o caráter polar dos compostos, tornando-os mais hidrofílicos, isto é, aumentando sua afinidade pela água. Tais funções são responsáveis pelo tipo de força intermolecular preponderante entre as moléculas, e sua intensidade afeta a solubilidade e as temperaturas de fusão e ebulição. Muitos compostos oxigenados têm importância biológica, como, por exemplo: o açúcar comum, o amido, a glicerina, o colesterol, entre outros.

As funções oxigenadas mais usuais são descritas abaixo:

17.2.1. Álcoois

Compostos orgânicos que contêm um ou mais grupos hidroxila (OH) ligados diretamente a átomos de carbono saturados. Os álcoois são classificados de acordo com o tipo de carbono ao qual a hidroxila está ligada. Álcoois primários têm a hidroxila ligada a carbono primário, álcoois secundários hidroxila ligada a carbono secundário, e álcoois terciários ligada a carbono terciário.

O principal álcool é o etanol (álcool etílico CH_3CH_2OH), utilizado como combustível, em bebidas alcoólicas, como solvente químico, produção de tintas, agente de limpeza, desinfetante, perfumes, desodorantes, cremes diversos e produtos de higiene.

Importante observar que nem todos os compostos que apresentam o grupo hidroxila pode ser considerados álcoois. É necessário que a hidroxila esteja ligada a carbono saturado (ligação simples). Veja dois exemplos que não são álcoois:

OH

hex-3-en-3-ol

OH

fenol

EXPERIÊNCIA 225 KIT

O teste de Baeyer pode ser repetido para distinção de um álcool primário e secundário dos terciários simples. Prepare a solução de $KMnO_4$ 2% em ácido acético diluído. Caso tenha em seu laboratório os álcoois a seguir, compare o 1-butanol (n-butanol ou álcool butílico), sec-butanol (2-butanol) com o terc-butanol. Compare também o álcool etílico, com o álcool benzílico e com o 2-butanol (presentes no kit Show de Química).

EXPERIÊNCIA 226 KIT

Oxidação com dicromato de potássio em meio ácido:

Num tubo de ensaio colocar cerca de 1 mL de solução de dicromato de potássio a 10%, 3 gotas de H_2SO_4 6 M e umas 4 gotas do composto a ser testado. Agitar o tubo por alguns minutos e observar possível reação (coloração verde devido a formação do íon Cr^{3+}). Os álcoois primários e secundários reagem facilmente, mas não os terciários.

EXPERIÊNCIA 227 KIT

Teste do iodofórmio:

Esta reação é geral para os álcoois e é do tipo oxirredução. Processa-se com os álcoois que tem um grupamento metila, CH_3, ligados ao carbono que contém o grupo hidroxila, OH, conforme fórmula geral abaixo (*). Esta reação não é característica dos álcoois, processa-se também com as metilcetonas (e compostos que podem ser oxidados a metilcetonas), pois nestas os hidrogênios estão ativados pelo grupo carbonila.

Num tubo de ensaio seco adicione 6 gotas do líquido (ou 100 mg de sólido) a ser investigado. Dilua para 3 mL com água (ou éter etílico para líquidos insolúveis). Adicione 1 mL de solução de NaOH 10% e 1 mL de solução de Lugol (5 g de iodo + 10 g KI em 100 mL de água). Agite e observe se há precipitação e desprendimento de cheiro característico de iodofórmio. Se a precipitação não ocorrer, aqueça à ebulição durante 3 min.

Faça o ensaio para álcool etílico, álcool isopropílico, acetona, acetato de etila, acetofenona e metanol puro (caso o metanol esteja impuro pode dar resultado positivo).

* $R-C(OH)(H)-CH_3$ $\qquad$ $R-C(=O)-CH_3$ metilcetonas

A oxidação de Jones é uma reação química descrita como a oxidação, pelo ácido crômico, de álcoois primários a aldeídos e ácidos carboxílicos, ou de álcoois secundários a cetonas. O reagente de Jones é uma solução de coloração alaranjada de trióxido de cromo em ácido sulfúrico. Pode também ser preparado a partir de dicromato de sódio ou de potássio.

EXPERIÊNCIA 228 KIT

Reagente de Jones: Adicionar 5 g de anidrido crômico (CrO_3) ou de $K_2Cr_2O_7$ em 5 mL de H_2SO_4 conc. Agitar e lentamente adicionar 15 mL de água. Esta experiência é equivalente à 226 KIT.

Em tubo de ensaio adicionar 4 gotas ou 0,5 gramas da amostra e dissolver em 1 mL de acetona. Adicionar 2 gotas do Reagente de Jones e agitar durante 1 min. Havendo coloração para verde (redução do ácido crômico ou dicrômico para Cr^{3+}) o ensaio é positivo para álcoois primário e secundário e aldeídos. Álcoois terciários não reagem.

Uma outra reação interessante refere-se à oxidação de ácido ascórbico (vitamina-C). Esta molécula é usada na hidroxilação de várias reações bioquímicas nas células, principalmente a do colágeno, além de agir como um poderoso antioxidante biológico e na síntese de algumas moléculas que servem como hormônios e neurotransmissores. Teste o reagente de Jones sobre a vitamina-C.

Estrutura do ácido ascórbico

O teste de Lucas é uma reação química utilizadas para diferenciar álcoois de baixo peso molecular terciários de secundários e primários pela reação com o reagente de Lucas, uma solução de cloreto de zinco anidro em ácido clorídrico concentrado. A reação é uma substituição na qual o cloreto substitui um grupo hidroxila.

Um teste positivo é indicado por uma mudança de clara e incolor para turva, sinalizando a formação de um cloroalcano (cloreto de alquila). Além disso, os melhores resultados para este teste são observados em álcoois terciários, pois formam os respectivos halogenetos de alquila mais rapidamente, devido à maior estabilidade do carbocátion intermediário.

EXPERIÊNCIA 229 KIT

Reagente de Lucas: Dissolver 1,4 g de $ZnCl_2$ em 10 mL de HCl concentrado.

Em tubo de ensaio misturar gotas do composto sob teste a 3 mL do reagente de Lucas. Esperar 15 min. Após este período anotar o tempo requerido para a separação do haleto. A turvação do sistema é o primeiro sinal de ração. Se o composto parece não reagir deixar na estante por mais 40 min. Os álcoois terciários reagem em menor tempo, os secundários levam de 15 a 20 min, e os primários mais de 30 min. O teste é útil somente para álcoois solúveis no reagente (como menos de 6 carbonos).

$$R{-}OH + HCl \xrightarrow[\Delta]{ZnCl_2} R{-}Cl + H_2O$$

17.2.2. Fenóis

Compostos orgânicos que contêm um ou mais grupos hidroxila (OH) ligados diretamente a anéis benzênicos. Apesar de possuir um grupo -OH característico de um álcool, o fenol é mais ácido, por possuir uma estrutura de ressonância que estabiliza a base conjugada. Os fenóis São obtidos principalmente através da extração de óleos a partir do alcatrão de hulha. São sólidos, cristalinos, tóxicos, cáusticos, e causam irritação/queimadura na pele.

Fenol também é o nome popular do fenol mais simples, o hidroxibenzeno, que consiste em uma hidroxila ligada ao anel benzênico. Ele pode ser obtido da oxidação parcial do benzeno. A solubilidade do fenol é de 8,4 g por 100 mL de água a 20 °C.

Hidróxi-benzeno 1,2-dihidróxi-benzeno 1,3,5-trihidróxi-benzeno

EXPERIÊNCIA 230 KIT

Força de acidez do fenol:

O hidroxibenzeno (fenol ou ácido fênico) tem um caráter ácido muito fraco (pK_a=9,9), similar ao íon amônio (pKa=9,24), e uma solução de fenol a 0,8 mol/L terá um pH próximo a 5,0, i.e., levemente ácido, que pode ser testada com um pHmetro ou papel de pH.

Dissolva alguns cristais de fenol num tubo de ensaio com um pouco de água. Agora adicione um pouco de carbonato de sódio e observe que não há efervescência com formação de CO_2 (decomposição do ácido carbônico gerado), atestando o fraco caráter ácido do fenol. O íon CO_3^{2-} é uma base forte relativamente forte (pKb=3,68), mas não consegue desprotonar o ácido fênico muito fraco, gerando o ânion fenolato. Veja a experiência 237.

Pela Lei de Hess, a constante termodinâmica do equilíbrio químico entre o ácido fênico ($\mathrm{H}fen$) e o íon carbonato ($\mathrm{CO_3}^{2-}$), será:

$$2\,\mathrm{H}fen \rightleftharpoons \cancel{2\mathrm{H}^+} + 2fen^- \qquad K = 10^{-2x9,9} = 10^{-19,8}$$
$$\mathrm{CO_3}^{2-} + \cancel{\mathrm{H}^+} \rightleftharpoons \mathrm{H\cancel{CO_3}}^- \qquad K = 1/K_{a2} = 10^{+10,33}$$
$$\mathrm{H\cancel{CO_3}}^- + \cancel{\mathrm{H}^+} \rightleftharpoons \mathrm{H_2CO_3} \qquad K = 1/K_{a1} = 10^{+6,35}$$

$$2\,\mathrm{H}fen + \mathrm{CO_3}^{2-} \rightleftharpoons \mathrm{H_2CO_3} + 2fen^- \qquad K = 10^{-3,2}$$

ou seja, como $K < 1$ o processo não é espontâneo, e não há efervescência com evolução de CO_2, nem se fosse usado bicarbonato de sódio.

EXPERIÊNCIA 231 KIT

Reação de Liebermann:

Fenóis não substituídos nas posições orto e para produzem coloração azul-violácea com ácido nitroso. Num tubo de ensaio adicionar um pequeno cristal de fenol e 1 mL de H_2SO_4 concentrado. Adicionar alguns cristais de nitrito de sódio,jjjjj e agitar a cor se desenvolver. Adicionar 10 mL de água bem gelada e observar a cor. Alcalinizar a solução com NaOH a 10% e observar novamente a cor.

EXPERIÊNCIA 232 KIT

Teste do cloreto férrico:

Colocar 2 mL de solução de fenol a 0,1% num tubo de ensaio, e adicionar 3 gotas de solução $FeCl_3$ 1% recentemente preparada. Repetir o teste com ácido salicílico e com etanol. Muitos fenóis produzem cor vermelha, roxa ou verde com o íon ferro, devido a formação de complexos Fe-fenolato. Contudo outros compostos também dão reação positiva.

$$6\mathrm{C_6H_5OH} + \mathrm{Fe^{3+}} \longrightarrow [\mathrm{Fe(OC_6H_5)_6}]^{3-} + 6\mathrm{H^+}$$

17.2.3. Éteres

Compostos orgânicos em que o oxigênio está diretamente ligado a duas cadeias carbônicas (ou seja, a dois grupos alquila ou arila). Os dois grupos podem ser iguais ou diferentes entre si, bem como alifáticos ou aromáticos. Além disso, são chamados também de óxidos orgânicos e podem ser considerados derivados da água, pela substituição dos dois hidrogênios por grupos orgânicos.

Sua preparação se dá por diversas rotas, como a desidratação de álcoois e a síntese de Wiliamson, que consiste no descolamento nucleofílico de halogenetos de alquila por alcóxidos.

$$R - O^{-}Na^{+} + R' - X \longrightarrow R - O - R' + Na^{+}X^{-}$$

São inflamáveis, possuem odor intenso e o tamanho de suas cadeias influencia em seu estado físico a temperatura ambiente, sendo o éter metílico um gás e os de massa maior são predominantemente líquidos voláteis. A partir de 16 carbonos, assumem a fase sólida. Amplamente utilizado como solvente de tintas, graxas e resinas, na extração de gorduras e na fabricação de seda artificial. O éter etílico já foi utilizado pela medicina como anestésico, o que não é mais permitido dada a sua toxicidade. Também são encontrados em produtos naturais como no eugenol, na vanilina e na hipofilantina, presentes no cravo-da-índia, na baunilha e no chá de quebra-pedra, respectivamente.

17.2.4. Aldeídos e cetonas

São funções marcadas pela presença do grupo carbonila (C=O), diferenciando-se por sua posição. No caso dos aldeídos, a carbonila aparece sempre em uma extremidade da cadeia, enquanto as cetonas apresentam este grupo entre dois carbonos.

O H

Propanal (aldeído)

O

Propanona (cetona)

Os aldeídos são amplamente utilizados na fabricação de perfumes por possuírem aroma agradável que varia de acordo com o tamanho da cadeia. Em cadeias curtas, apresentam cheiro irritante e, conforme aumentam, tendem a ficar com odor mais adocicado e agradável ao olfato. São espécies reativas, polares e inflamáveis e também podem ser empregados na síntese de polímeros, fungicidas, agentes de conservação e alguns fármacos.

Já as cetonas são importantes solventes, tanto na indústria, quanto em laboratórios. São muito utilizadas como matéria-prima na síntese de diversos produtos, incluindo a preparação de sedas e medicamentos. Muitos compostos desta classe possuem fragrância agradável, motivo pelo qual também são aplicadas na produção de perfumes. Industrialmente, quinonas como a antraquinona e a p-benzoquinona são utilizadas em revelação fotográfica e na fabricação de corantes, respectivamente.

Enquanto comercialmente, destaca-se a propanona, comumente conhecida como acetona e utilizada na remoção de esmaltes e para o transporte seguro do acetileno. Recipientes contendo materiais porosos são inicialmente preenchidos com acetona seguido pelo acetileno, o qual se dissolve na acetona. Um litro de acetona pode dissolver cerca de 250 litros de acetileno.

EXPERIÊNCIA 233 KIT

Teste com o Reagente de Benedict: É uma reação de oxirredução, dando resultados positivos para glicose e aldeídos alifáticos. Pode ser usada na análise de glicose na urina humana (análise clínica).

Preparo do reagente: Dissolver 0,9 g de $CuSO_4.5H_2O$ + 8,6 g de citrato de sódio + 5 g de Na_2CO_3 em 50 mL de água destilada. *(No kit experimental Show de Química o citrato de sódio pode ser obtido pela neutralização estequiométrica do ácido cítrico pelo NaOH).*

Adicionar em tubo de ensaio 1 mL do composto a ser testado (ou 0,1 g dissolvido em água) e 3 mL do reagente de Benedict. Observar se há formação de precipitado amarelo ou verde amarelo. Caso negativo, ferva a solução em bico de gás. Faça o ensaio com formaldeído, dextrose, sacarose, glicerol (glicerina), 2-butanol e acetona.

A solução de Benedict contém o íon cúprico complexado com o ligante citrato, e funciona com um agente oxidante seletivo.

$$RCHO + 2Cu(C_6H_5O_7)^- + 5OH^- \rightarrow RCOO^- + Cu_2O + 2C_6H_5O_7^{3-} + 3H_2O$$

Foi introduzida, como reagente redutor para açucares, para substituir o licor de Fehling, que é fortemente alcalino. Este reagente é capaz de evidenciar 0,01% de glicose em água. A coloração do precipitado pode variar de vermelha, amarela ou verde-amarela, dependendo da natureza ou quantidade do composto redutor presente. Não oxida os aldeídos aromáticos simples, e nem moléculas que contém somente o grupo funcional álcool (primário, secundário ou terciário, e glicóis), ou com somente o grupo cetona.

EXPERIÊNCIA 234 KIT

Teste com o Reagente de Fehling: Utilizada para diferenciar entre os grupos funcionais cetona e Aldeído. A amostra é aquecida junto com a Solução de Fehling, de cor azul; e caso ocorra a formação de um precipitado de cor vermelha (oxidação do aldeído e redução do íon Cu^{2+} complexado para Cu_2O), indica a presença de um aldeído, enquanto as cetonas não reagem, permanecendo a cor azul.

Preparo do reagente: Solução A) Dissolver 1,7 g de $CuSO_4.5H_2O$ em 25 mL de água. Solução B) Dissolver 8,6 g de tartarato de sódio e potássio (sal de Rochelle) e 4,5 g de NaOH em 25 mL de água. Misturar as duas soluções na hora de usar.

Adicionar em tubo de ensaio 10 gotas do composto a ser testado, p.ex. formaldeído (ou 100 mg de composto dissolvido em um pouco d´água) e 1 mL da solução A e 1 mL da solução B do reativo de Fehling. Aquecer na chama de um bico de gás e observar a alteração de cor, devido a redução do tartarato de cobre (II) para óxido cuproso.

$$\underset{\text{Aldeído}}{R\text{-}CHO} + \underset{\text{Solução de Fehling}}{2Cu^{2+}(\text{complexado})} \xrightarrow[\triangle]{[O]} \underset{\text{Ácido Carboxílico}}{R\text{-}COOH} + \underset{\text{Óxido Cuproso (Vermelho)}}{Cu_2O\downarrow}$$

Tartarato de sódio e potássio

EXPERIÊNCIA 235 KIT

Teste com o Reagente de Tollens: Utilizada para diferenciar aldeídos de cetonas. A maioria das cetonas dão resultados negativos, com exceção de alfa-hidroxi-cetonas. Também geram resultados positivos difenilamina e outras aminas aromáticas, α-naftóis e outros fenóis. Tanto o reagente de Tollens quanto o reagente de Fehling apresentam resultados positivos com ácido fórmico.

Num tubo de ensaio adicionar 5 mL de $AgNO_3$ 2% e 1 gota de NaOH 10%. Adicionar gotas de solução de amônia a 2% até dissolver o precipitado de óxido de prata (evitar excesso de amônia). Noutro tubo de ensaio colocar 1 mL deste reagente e 2 gotas do composto problema a 2%. Agitar e deixar o composto em repouso por até 15 min. A formação de um espelho de prata ou precipitado cinzento, devido a redução do complexo diaminprata para prata metálica ou coloidal, caracteriza resultado positivo. Quando não há reação a frio, a solução deve ser ligeiramente aquecida.

Testar os seguintes compostos: ácido fórmico, formaldeído, acetona, benzaldeído e glicose.

$$Ag_2O(s) + 4\,NH_3 + 2\,NaOH + H_2O \longrightarrow 2\,[Ag(NH_3)_2]OH + 2\,NaOH$$

EXPERIÊNCIA 236 KIT

Adição com bissulfito: A precipitação de um complexo de adição com o bissulfito é indicadora de diversos compostos de carbonila. Os aldeídos, algumas cetonas (metilcetonas e cetonas cíclicas) e alguns compostos com grupos carbonila muito ativos geram derivados bissulfíticos, os quais são sólidos cristalinos, pouco solúveis.

Preparo do reagente: Adicionar 3 mL de etanol a 12 mL de solução aquosa de bissulfito de sódio a 40% (4,8 g de $NaHSO_3$ ou 2,4 g de $Na_2S_2O_5$ em 12 mL de água – filtrar e separar a fase aquosa).

Colocar 2 mL do reagente num tubo de ensaio e 10 gotas do composto a ser testado. Arrolhar o tubo e agitar vigorosamente. Verificar possível precipitação de sólido cristalino. Fazer o teste com formaldeído, acetona, benzaldeído e heptanal.

$$R-CHO + NaHSO_3 \longrightarrow R-C(=O)(NaSO_3)-H$$

17.2.5. Ácidos carboxílicos

Compostos orgânicos que contêm um ou mais grupos carboxila (COOH - Carbonila + hidroxila) ligados a cadeias carbônicas, implicando em uma diferença de polaridade à molécula.

$$-C(=O)OH$$

As características deste grupo funcional variam de acordo com o tamanho da cadeia. Ácidos de cadeia curta (com até quatro carbonos) são solúveis em água. Entretanto, o aumento da cadeia diminui a polaridade da molécula e, portanto, a sua solubilidade em água. De modo geral, são solúveis em solventes apolares. Quando comparados aos inorgânicos, são ditos como ácidos fracos, mas possuem o maior caráter ácido dentre as funções orgânicas.

No cotidiano, podem ser encontrados no sangue e em bebidas gaseificadas (ácido carbônico), no vinagre (ácido acético), no leite e em seus derivados (ácido butanóico), em veneno para formigas (ácido fórmico), na indústria alimentícia como conservante e medicinalmente como fungicida (ácido benzoico), além de frutas cítricas, como laranja e limão (ácido cítrico). Participam de reações de i) neutralização, para formação de sais orgânicos; ii) eliminação, para formação de anidridos; iii) redução, para formação de álcoois e; iv) esterificação, para formação de ésteres.

EXPERIÊNCIA 237 KIT

Teste a acidez de diversos ácidos orgânicos adicionando cerca de 1 mL ou 0,5 g do composto em tubo de ensaio, seguido da adição de solução a 10% de bicarbonato de sódio. Observe possível efervescência, o que identifica uma reação de neutralização do ácido orgânico.

Faça a reação para o ácido fórmico (ou metanoico – p*K*a=3,74), ácido acético (etanoico – p*K*a=4,76), ácido benzoico (p*K*a=4,20), ácido bórico (pKa_1=9,24), salicílico (p*K*a=2,97) e ácido acetilsalicílico (p*K*a=3,5), ácido ascórbico (pKa_1=4,17), ácido cítrico (pKa_1=3,15), ácido esteárico, ácido gálico (p*K*a=4,5), ácido malônico (pKa_1=2,85), ácido oxálico (pKa_1=1,25), ácido tartárico (pKa_1=2,9). Compare com a experiência 230 para o fenol.

EXPERIÊNCIA 238 KIT

Refaça o teste de Bayer (experiência 223) adicionando num tubo de ensaio 1 mL do ácido carboxílico e gotas de solução de permanganato de potássio 2%, sob agitação, até persistência da cor púrpura do íon permanganato. Aqueça se necessário. Faça o teste com os ácidos anteriormente citados e avalie se há reação com o íon permanganato. Em sua maioria, os ácidos carboxílicos são resistentes a este tipo de oxidação.

17.2.6. Ésteres

São compostos que possuem o grupo éster (-COO-) onde o grupo carbonila está ligado a um átomo de oxigênio e a um grupo alquilo.

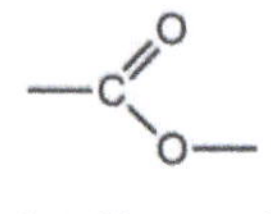

Possuem temperaturas de fusão e ebulição inferiores aos ácidos carboxílicos e álcoois de massas moleculares semelhantes que, de modo geral, são pequenas. Esses compostos não formam ligações de hidrogênio, o que também influencia na sua solubilidade. A temperatura ambiente são líquidos voláteis e incolores, solúveis em álcoois, mas não em água.

São compostos flavorizantes, isto é, empregados como aromatizantes artificiais na indústria alimentícia e farmacêutica. Com cadeias menores, são encontrados em essências de frutas, de madeira e de flores. Já cadeias maiores, estão presentes em ceras e lipídios (óleos e gorduras). Também são aplicados na fabricação de produtos de limpeza (pelo processo de saponificação), de perfumes e cosméticos, de alguns medicamentos (como a aspirina, por exemplo) e, ainda, na produção de biodiesel.

EXPERIÊNCIA 239 KIT

Esterificação do ácido bórico:

Adicione uma pequena quantidade de borato (bórax ou ácido bórico) em dois tubos de ensaio contendo 2 mL de álcool etílico (ou metílico). Em apenas um deles, adicione 10 gotas de H_2SO_4 concentrado. Agite vigorosamente e leve à aquecimento, com cuidado, diretamente sobre uma chama de gás. Após fervura do líquido leve a boca do tubo de ensaio próximo à chama para que os vapores se inflamem. A presença do éster borato de etila é demonstrada pela chama de cor esverdeada, característica do elemento boro.

$$3C_2H_5OH + H_3BO_3 \rightleftharpoons (CH_2H_5)_3BO_3 + 3H_2O$$

Borato de etila

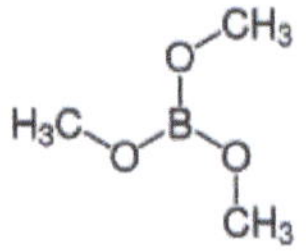

Borato de metila

O ácido acetilsalicílico ou AAS ($C_6H_8O_4$), conhecido popularmente como aspirina, nome de uma famigerada marca comercial, é um fármaco da família dos salicilatos, utilizado como medicamento para tratar a dor (analgésico), a febre (antipirético) e a inflamação (anti-inflamatório). Pode ser preparado pela reação do ácido salicílico com anidrido acético, em presença de um pouco de ácido sulfúrico, que atua como catalisador. Técnicas como filtração e recristalização são depois empregadas para separação e purificação do produto obtido.

EXPERIÊNCIA 240 KIT

Acetilação do ácido salicílico:

Adicionar num béquer ou Erlenmeyer pequeno (de 125 mL) 2,5 g de ácido salicílico, 6 ml de anidrido acético e algumas gotas de ácido sulfúrico concentrado. Agitar e aquecer a mistura em banho-maria (50 a 60 °C) durante 10 minutos. Resfriar e adicionar 10 a 15 ml de água destilada gelada para decompor o excesso de anidrido acético. Filtrar a solução em funil com papel quantitativo e transferir o produto para outro béquer para proceder a purificação do AAS por recristalização. Dissolver o produto em 10 ml de etanol e aquecer em banho-maria. Adicionam-se 25 ml de água aquecida. Cobrir o recipiente e deixar em repouso para resfriar e recristalizar. Depois filtrar e secar os cristais. Determinar o ponto de fusão do ácido acetilsalicílico e comparar com o valor tabelado (T= 135 °C).

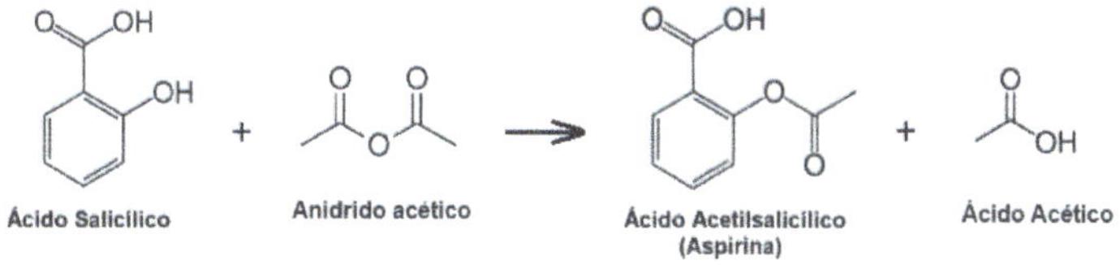

Ácido Salicílico + Anidrido acético → Ácido Acetilsalicílico (Aspirina) + Ácido Acético

EXPERIÊNCIA 241 KIT

Reação com o cloreto férrico: Conforme experiência 232, compare as respostas do Ácido Salicílico e do ácido acetil salicílico (AAS).

Adicionar alguns cristais de ácido salicílico em um tubo de ensaio. Em outro tubo adicionar AAS. Adicionar algumas gotas da solução de $FeCl_3$ 1% em ambos os tubos e observar a cor.

Como o ácido salicílico possui uma hidroxila fenólica o teste é positivo (cor escura), mas no caso de AAS o teste é negativo.

Saponificação é o processo de fabricação de sabão. Consiste na hidrólise básica de lípideos (óleos, gorduras e ceras), mais precisamente triglicerídeos mediante a adição de uma base forte e facilitada com aquecimento. Cada molécula de triglicerídeo se quebra em uma molécula de glicerina e em seus três ácidos graxos correspondentes (ver item 4.6 e figura abaixo).

Triglicerídeo, é o nome genérico de qualquer tri-éster oriundo da combinação do glicerol (um triálcool) com ácidos, especialmente ácidos graxos (ácidos carboxílicos de longa cadeia alquílica), no qual as três hidroxilas do glicerol sofreram condensação carboxílica com os ácidos, os quais não precisam ser necessariamente iguais. Triglicerídeos são prontamente reconhecidos como óleos ou gorduras, produzidos e armazenados nos organismos vivos para fins de reserva alimentar. Abaixo um exemplo de triglicerídeo:

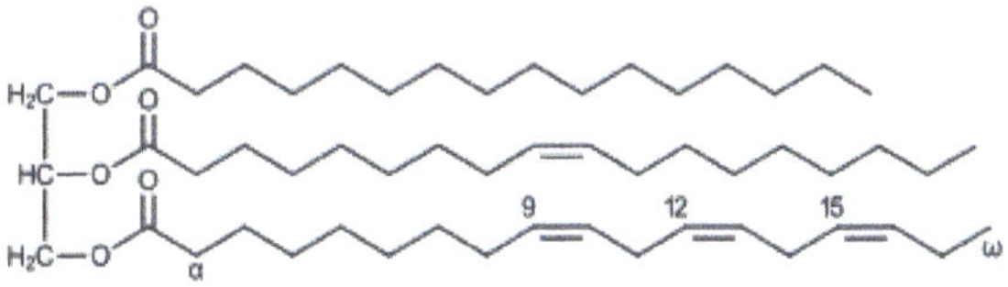

Triglicerídeo insaturado com radicais carboxílicos diferentes: Porção à esquerda: glicerol. Porção à direita (de cima para baixo): ácido palmítico, ácido oleico, ácido alfa-linolênico ($C_{55}H_{98}O_6$)

Existem várias formulações de sabões e apresentações comerciais (barra sólida, pó e líquidos viscosos). Além do óleo (líquido) ou gordura (sólido), de origem vegetal ou animal, podem ser adicionados na manufatura do sabão outros aditivos como barrilha (Na_2CO_3), bicarbonato de sódio ($NaHCO_3$), enxofre, cloreto de sódio, essenciais, etc. O sabão difere do sabonete quanto à destinação de uso: o sabão é destinado a necessidades de limpeza mais intensas, enquanto o sabonete é um sabão nobre visando evitar danos à pele, com menor poder de limpeza.

Abaixo é apresentada uma formulação simples de preparo de sabão em pequena quantidade (comparar com a experiência da seção 4.6.1).

EXPERIÊNCIA 242 KIT

Num béquer ou cápsula de porcelana disposta sobre uma tela refratária (ou tela de amianto) adicionar 10 mL de etanol e duas colheres de óleo. Aquecer suavemente a tela com um bico de gás (de Bunsen ou fogão) e misturar com um bastão de vidro. Adicionar em seguida 10 mL de soda cáustica (NaOH) a 50%, e continuar o aquecimento e agitação, até não mais perceber odor de álcool. Apagar o fogo e resfriar. Após a separação das fases testar o poder de limpeza do sabão artesanal produzido.

17.3 FUNÇÕES ORGÂNICAS NITROGENADAS

As funções orgânicas nitrogenadas envolvem a presença de átomos de nitrogênio em moléculas orgânicas, conferindo propriedades químicas específicas.

17.3.1. Aminas

Contêm grupos funcionais amino (NH_2) ligados a átomos de carbono e são derivados da amônia, pelo processo de substituição de um ou mais átomos de hidrogênio por grupos alquilas ou arilas, que podem ser ou não iguais. Utilizadas para a produção de corantes (, como as anilinas, remédios e sabões, são apreciadas por sua basicidade quando em solução aquosa. As principais reações são de alquilação, acilação e neutralização para a formação de sais de amina. Assim, podem ser classificadas em:

Aminas primárias: Um átomo de hidrogênio da amônia é substituído por um radical alquila ou arila. Exemplo: metilamina (CH_3NH_2).

Aminas secundárias: Dois átomos de hidrogênio da amônia são substituídos por radicais alquila ou arila. Exemplo: dietilamina ($(C_2H_5)_2NH$).

Aminas terciárias: Três átomos de hidrogênio da amônia são substituídos por radicais alquila ou arila. Exemplo: trimetilamina ($(CH_3)_3N$.

Um grupo de aminas importantes refere-se aos alcaloides, que são aminas cíclicas com anéis heterocíclicos contendo nitrogênio, a exemplo de nicotina, cafeína, morfina, cocaína e heroína, extraídos das folhas de tabaco, grão de café, papoula, folhas de coca e ópio, respectivamente. O sabor amargo destas plantas é atribuído a presença destes compostos.

Anilina, fenilamina ou aminobenzeno é uma base orgânica fraca ($pK_b = 9{,}40$), líquida, incolor e ligeiramente amarela de odor característico, que se obtém a partir do nitrobenzol. Não se evapora facilmente à temperatura ambiente, sendo facilmente inflamável, queimando com uma chama fumacenta. A anilina é solúvel no éter e no álcool, bem como na maioria dos solventes orgânicos e inorgânicos.

anilina

Com a anilina confeccionam-se uma variedade de corantes, desde o azul de metileno, passando pela fucsina, pela eosina, pelo vermelho-do-congo e pelo violeta-de-genciana, entre outros, advindo daí, o uso errôneo deste termo como sinônimo de corante. A anilina é usada para fabricar uma ampla variedade produtos como por exemplo a espuma de poliuretano, produtos químicos agrícolas, pinturas sintéticas, antioxidantes, estabilizadores para a indústria do látex, herbicidas e vernizes e explosivos, e também na fabricação de preservativos masculinos e femininos.

EXPERIÊNCIA 243 KIT

Algumas reações com a anilina:

Adicionar em diversos tubos de ensaio 1 mL ou ≈ 20 gotas de solução alcóolica de anilina (preparar 5 mL de anilina em 10 mL de álcool etílico). Em cada um deles colocar um dos reagentes a seguir: a) gotas de fenolftaleina 0,5%, b) HCl diluído (6 M), gota a gota, até aparecimento de precipitado, c) 1 mL de sulfato de cobre a 10%, d) 1 mL de sulfato de alumínio a 10% e e) 1 mL de cloreto férrico a 10%.

Resultado: a) a solução fica rósea devido ao caráter básico da anilina, b) a anilina reage com ácidos resultando em precipitado marrom de sais de aril-amônio, c) com $CuSO_4$ gera um precipitado de coloração verde, d) com $Al_2(SO_4)_3$ um precipitado branco, e e) um precipitado avermelhado com $FeCl_3$.

EXPERIÊNCIA 244 KIT

Oxidação de aminas:

Misturar num tubo de ensaio 10 gotas de amina com 15 gotas de solução de dicromato de potássio a 2%. Adicionar 1 mL de HCl a 10% e agitar a mistura e observar possível mudança de cor para verde (redução de Cr^{6+} para Cr^{3+}). Nestas condições as aminas alifáticas não são oxidadas. Comparar a anilina com a dietilamina.

EXPERIÊNCIA 245 KIT

Teste do ácido nitroso: Serve para distinguir amina primária, secundária e terciária, e ainda pode distinguir uma aromática de uma alifática.

a) Diazotização: Num tubo de ensaio adicionar 5 gotas de amina a 1 mL de solução de HCl a 50% v/v (1:1). Resfriar a mistura em banho de gelo e adicionar lentamente 1 mL de solução recente de nitrito de sódio ($NaNO_2$) a 10%. *Ocorrendo uma rápida evolução de gás, trata-se de uma amina primária não aromática*. Algumas aminas formam nitritos pouco solúveis nestas condições. *Se formar uma camada oleosa o teste é positivo para amina secundária*. Se formar um sólido trata-se de um cloreto de um para-nitro derivado de uma amina aromática. Filtrar e adicionar solução diluída de NaOH; *se se formar um derivado nitroso fortemente colorido trata-se de uma amina secundária aromática*.

b) Acoplamento: Se a solução permanecer límpida após adição de nitrito, adicionar a frio, 2 mL de solução de NaOH a 10% contendo 1% de β-naftol (preparo: dissolver 100 mg de β-naftol em 10 mL de NaOH a 10%). *Se precipitar um composto colorido (azo composto) a amina é primária aromática*. Esta reação com o β-naftol recebe o nome de acoplamento.

EXPERIÊNCIA 246

Reação de Hinsberg: Serve para distinguir e separar aminas primárias, secundárias e terciárias. O teste baseia-se na reação da amina com o cloreto de benzenossulfonila em meio básico. Uma amina primária formará um sal sulfonamida solúvel (*a acidificação posterior deste sal precipita então a sulfonamida da amina primária*). Uma amina secundária na mesma reação formará diretamente uma sulfonamida insolúvel. Uma amina terciária não reage com a sulfonamida (*a acidificação direta desta amina terciária insolúvel pode produzir em um sal de amônio solúvel*).

Num tubo de ensaio adicionar 1 mL de amina e 5 mL de solução de NaOH a 10%. Acrescentar 5 mL de água e 2 mL de cloreto de benzenossulfonila. Agitar bem e esperar 1 min para total reação. Resfriar em banho de gelo, acidificar a solução com 5 mL de ácido clorídrico e agitar. Ocorrerá a cristalização de um derivado de amina primária ou secundária. Aguardar a decantação, filtrar e descartar o sobrenadante. Secar a fase sólida num papel de filtro e testar a solubilidade do sólido em uma solução diluída de NaOH a quente. A solubilização da sulfonamida só ocorre se for derivada de uma amina primária.

No caso de uma amina terciária, teste a solubilidade com ácido clorídrico diluído, que será identificada pela formação de sal solúvel de amônio.

Cloreto de benzenossulfonila é um composto organossulfurado com a fórmula $C_6H_5SO_2Cl$. É um líquido oleoso viscoso incolor que se dissolve em solventes orgânicos, mas reage com compostos contendo ligações N-H e O-H reativas, como aminas ou fenóis.

O O S Cl

17.3.2. Amidas

Contêm o grupo funcional amida ($CONH_2$), onde o átomo de nitrogênio está ligado a um carbono da carbonila. Exemplo: acetamida (CH_3CONH_2).

São muito aplicadas na fabricação de fertilizantes, medicamentos, resinas e polímeros e estão envolvidas no processo de formação dos aminoácidos, que originam a proteína. Com caráter polar, possem pontos de fusão e ebulição elevados. Algumas amidas em nosso cotidiano são: i) a ureia, utilizada como adubo e na alimentação de gado, estabilizador de explosivos e na produção de medicamentos, dentre outras aplicações; ii) o náilon, como matéria prima na produção de paraquedas, tendas, fios, entre outros; iii) o Kevlar, utilizado na forração do compartimento do motor de aviões, coletes e capacetes à prova de balas, roupas contra incêndios, dentre outros e; iv) a penicilina, um antibiótico amplamente utilizado.

A acetilação da anilina dá formação à acetanilida, que pode servir de base para a preparação de sulfanamida, que, por sua vez, tem grande aplicação farmacológica, sendo empregada para combater infecções bacterianas. Eis a equação da reação:

Anilina + Anidrido acético → Acetanilida + Ácido acético

A acetanilida (C_8H_9NO) é uma amida e foi um dos primeiros analgésicos (alívio de dor) e antipiréticos (redução da febre) a serem introduzidos na Alemanha e na França em 1884, a fim de substituir os derivados da morfina. Hoje não é mais utilizada, devido a seus efeitos colaterais (lesão hepática e problemas no transporte de oxigênio). Foi totalmente substituída por seus derivados, os analgésicos salicilados, como a Aspirina e o Paracetamol, também chamado Acetaminophen.

EXPERIÊNCIA 247 KIT

Preparo da acetanilida:

Dissolver 2,5 g de anilina em 70 mL de água num béquer, e adicionar 2,5 mL de HCl concentrado. Adicionar 3 mL de anidrido acético e 15 mL de uma solução de acetato de sódio, contendo 2,7 g do sal. Agitar tudo e colocar o béquer num banho de gelo. Filtrar o produto e lavar com um pouco de água. Recolher o produto, que deve ser incolor e ter ponto de fusão próximo de 114 °C quando bem seco.

OBS: A acetanilida é reportada como um padrão para calibração de aparelhos de ponto de fusão.

Outra amida importante é a ureia (diamida do ácido carbônico), composto químico formado no organismo dos animais como resultado do metabolismo (quebra) das proteínas. Ela é produzida principalmente no fígado a partir da quebra de aminoácidos, que são os "blocos de construção" das proteínas presentes na dieta. Também está presente no mofo dos fungos, e nas folhas e sementes de numerosos legumes e cereais. É solúvel em água e em álcool, e ligeiramente solúvel em éter.

Além das aplicações supracitadas, a ureia é usada na manufatura de plásticos, especificamente da resina ureia-formaldeído (ver item 5.2.10), em cosméticos e para aumentar a solubilidade de corantes na indústria têxtil.

EXPERIÊNCIA 248 KIT

Hidrólise da ureia:

Num tubo de ensaio adicionar cerca de 500 mg de ureia e adicionar 3 mL de solução de NaOH 10%. Aquecer o tubo num bico de gás e aproximar um papel indicador de pH (p.ex. papel de tornassol vermelho), previamente umedecido, para observar a evolução de amônia após a decomposição térmica da ureia, que é uma diamida.

17.3.3. Nitrilas

Contêm o grupo funcional ciano (CN), onde o átomo de nitrogênio está ligado a um átomo de carbono. Exemplo: acetonitrila (CH_3CN).

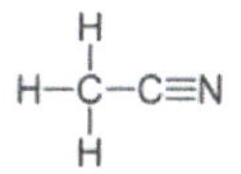

$$H-\underset{H}{\overset{H}{C}}-C\equiv N$$

Também conhecidas como cianetos, são obtidos pela substituição do hidrogênio no gás cianídrico (HCN) por outra substância orgânica. Presentes na composição de diversas borrachas e polímeros, corantes, fertilizantes e plásticos. A acetonitrila, por exemplo, é um solvente comum na extração de pesticidas em amostras vegetais.

17.3.4. Nitrocompostos

Contém o grupo funcional nitro ($-NO_2$), onde um átomo de nitrogênio está ligado a dois átomos de oxigênio. Exemplo: nitrometano (CH_3NO_2) e ácido pícrico.

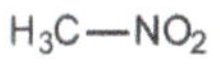

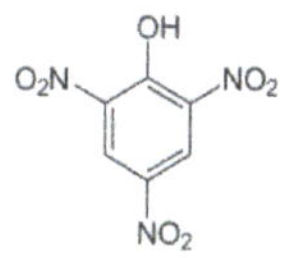

$H_3C—NO_2$

OH, O_2N, NO_2, NO_2

De modo geral são insolúveis em água, com exceção do nitrometano e nitroetano, dada a elevada densidade de ambos os compostos. São produzidos pela reação entre o ácido nítrico (HNO_3) e um alcano ou aromático, sendo os aromáticos mais aplicáveis como solvente. Muito reativos, podem ser empregados na produção de explosivos, como é o caso da TNT (2,4,6-trinitrotolueno – ver capítulo 15). Esta característica é amplificada com o aumento do número de grupos nitro. Já o ácido pícrico (2,4,6-trinitrofenol) é utilizado na fabricação do picrato de butesin, um princípio ativo de pomadas para queimaduras. Também podem ser utilizadas na produção do polímero baquelite usado em cabos de panelas e de ferramentas, interruptores elétricos, tomadas, cola de madeira, dentre tantas outras aplicações.

EXPERIÊNCIA 249 KIT

Nitração do fenol:

Num tubo de ensaio adicionar 1 g de fenol e 2 mL de ácido sulfúrico concentrado. Aquecer a mistura no banho-maria por 10 minutos e deixe esfriar por mais 5 minutos. *Nesta etapa há a formação dos ácidos o- e p-fenolssulfônicos*. Adicionar cuidadosamente 2 mL de ácido nítrico concentrado, sob agitação. Repetir o processo de aquecimento anterior. *Observar a intensa liberação de vapores vermelhos de* NO_2. Resfriar em banho de gelo sob agitação constante até precipitação total do sólido amarelo. Transferir o material do tubo de ensaio para um béquer contendo uns 50 mL de água. Agitar o sólido na água, filtrar, lavar com água e secar o sólido amarelo, que é composto de ácido pícrico (trinitro-2,4,6-fenol, um explosivo primário – item 15.3).

Você pode também fazer a nitração do naftaleno (comercialmente chamado de naftalina, hidrocarboneto aromático constituído por dois anéis benzênicos condensados), que resultará em compostos nitronaftalenos (p.ex., o α-nitronaftaleno de cor amarela).

De maneira geral, a nitração de compostos orgânicos forma produtos amarelos pela entrada do grupo nitro na cadeia, que aumenta a deslocalização dos elétrons pi. Esse fenômeno faz com que essa classe de compostos absorva luz no início da região do ultravioleta-visível, e reflita ou transmita sua cor complementar amarela. Quando o HNO_3 cai na pele humana ocorre uma reação xantoproteica, devida a desnaturação de proteínas e aminoácidos do tecido, por hidrólise ácida e formação de compostos nitroderivados.

17.4 OUTRAS FUNÇÕES ORGÂNICAS

Além das funções acima apresentadas, existem outras funções orgânicas menos utilizadas na educação básica, mas de suma importância no nosso dia a dia, como as sulfuradas, as halogenadas e os organometálicos.

17.4.1 Funções Sulfuradas

Também conhecida como tiocompostos, essa função é marcada pela presença do átomo de enxofre na cadeia carbônica. Os principais compostos dessa classe são:

Ácidos sulfônicos: Classe de compostos definida pelo grupo funcional sulfônico (SO_3H) e que pode ser obtido através da reação entre um hidrocarboneto e o ácido sulfúrico. Muito usados em processos de obtenção de espumantes presentes em xampus, detergentes e cremes dentais. Exemplo: Sulfato de sódio e laurila ($H_3C[CH_2]10CH_2OSO_3Na$) espumante mais comumente empregado em pastas dentais.

Tioalcoóis: Formados pela substituição oxigênio do grupo hidroxila (OH) por um átomo de enxofre. São utilizados em reservatórios de combustíveis gasosos, como indicadores de vazamento pelo cheiro característico. Exemplo: Butan-2-tiol, aditivo ao gás de cozinha.

Tioéteres ou sulfetos: Compostos que se assemelha à estrutura dos éteres, mas apresentam dois radicais orgânicos ligados a um átomo de enxofre ao invés do oxigênio (R-S-R'). Podem ser utilizados para fabricação de armas químicas, solvente de alguns compostos orgânicos apolares ou processos extrativos. Exemplo: 2-cloroetilsulfanil-2-cloroetano, foi usado como arma em guerras, pode causar cegueira, edema pulmonar, lesões na pele e asfixia.

17.4.2 Funções Halogenadas

Também chamados de haletos orgânicos, este grupo de compostos é caracterizado pela presença de halogênios na cadeia carbônica. Alguns compostos presentes no cotidiano:

- Bromometano (CH_3Br): É um gás incolor e não inflamável, com leve cheiro de clorofórmio, muito utilizado como inseticida e nematicida.

- Tricloroetileno ($CHCl=CCl_2$): Possui aspecto de líquido claro não inflamável, com cheiro doce e irritante. É muito utilizado como solvente em indústrias, ingrediente em adesivos, desengorduramento de peças metálicas, removedor de manchas e pinturas. Foi usado como analgésico volátil, administrado através de inalação em Obstetrícia.

- Cloreto de etila (CH_3-CH_2-Cl): É um gás incolor e inflamável. Muito utilizado na produção de corantes, fertilizantes, agrotóxicos e agente de refrigeração. Além disso, é muito utilizado na formulação de líquidos lança-perfumes.

EXPERIÊNCIA 250 KIT

Teste de Beilstein:

Levar um fio de cobre a um bico de Bunsen e queimar até que não apareça mais a coloração verde. Esperar que o fio resfrie naturalmente. Mergulhá-lo na solução do composto halogenado e levar novamente à chama. A chama verde indica a presença do halogênio.

EXPERIÊNCIA 251 KIT

Nitrato de prata alcoólico:

Em um tubo de ensaio, adicionar 2 gotas do composto-problema a 2 mL de solução alcoólica de nitrato de prata a 2%. Se após 5 minutos não houver a formação de precipitado ou turvação, aquecer o tubo em banho maria por 3 minutos. No tubo com precipitado adicionar 2 gotas de ácido nítrico a 5%. Se houver dissolução, não há cloreto de prata.

A maior parte dos compostos aromáticos com halogênios ligado ao anel dão teste negativo, pois o halogênio está fortemente ligado ao carbono. Já compostos halogenados alifáticos dão positivo, majoritariamente.

17.4.3 Organometálicos

Consiste em compostos orgânicos com ao menos um átomo metálico em sua estrutura. De maneira geral, são formados por magnésio, zinco, chumbo e mercúrio. Existe ainda a subclasse de organomagnésio, também conhecidos como reagentes de Grignard, no qual o magnésio que caracteriza a substância como organometálica está ligado a um halogênio. Estes reagentes podem ser utilizados para obtenção de álcoois a partir de cetonas, reações de substituição (dado o forte caráter nucleofílico) e, principalmente, em sínteses orgânicas.

REFERÊNCIAS BIBLIOGRÁFICAS

Abreu, D. C. A.; Figueiredo, K., C. S.; *Separação de proteínas de uma solução salina por membrana de diálise de acetato de celulose.* The Journal of Engineering and Exact Sciences, 03(07), 1023-1033, 2017.

Albertin, R.; Arribas, M. A. G.; Bastos, E. L.; Röpke, S.; Sakai, P. N.; Sanches, A. M. M.; Stevani, C. V.; Umezu, I. S.; Yu, J.; Baader, W. J.; *Quimiluminescência orgânica: alguns experimentos de demonstração para a sala de aula.* Quím. Nova, 21(6), 772-779, 1998.

Alves, N. P.; *Guia dos elementos químicos: uma fascinante viagem pela descoberta dos blocos que constituem nosso Universo.* São Paulo: Quimlab Produtos de Química Fina, 2008.

Alyea, H. N.; *The Old Nassau reaction.* J. Chem. Educ. 54(3), 167-168, 1977.

Anwar, J.; Nagra, S.A.; Nagi, M.; *Thin-Layer Chromatography: Four Simple Activities for Undergraduate Students.* J. Chem. Educ. 73(10), 977-979, 1996.

Arroio, A.; Honório.K. H.; Weber, K. C.; *The Chemistry show: motivating the scientific interest.* Química Nova. 29(1), 1-9, 2006.

Atkins, P. W.; Jones, L.; Princípios de Química: questionando a vida moderna e o meio ambiente. 3ª ed. Porto Alegre: Bookman, 2006.

Autuori, M. A.; Brolo, A. G.; Mateus, A. L. M. L.; *The Iodine Clock Reaction: A Surprising Variant.* J. Chem. Educ. 87(9), 945-947, 2010.

Avnir, D.; *Chemically Induced Pulsations of Interfaces: The Mercury Beating Heart.* J. Chem. Educ. 66(3), 211-212, 1989.

Babor, J.A.; Aznárez, J. I.; Química General Moderna. Barcelona: Editorial Marín, 1935.

Baker, A. D.; Casadevall, A.; *A Clock Reaction with Paraquat.* J. Chem. Educ. 57(7), 515-516, 1980.

Bare, W. D.; Resto, W.; *Vanadium Íons as Visible Electron Carriers in a Redox System*, J. Chem. Educ. 71(8), 692-693, 1994.

Batscelet, W. H.; *Photochemical Energy Conversion.* J. Chem. Educ. 63(5), 435-436, 1986.

Becker, R.; Ihde, J; Cox, K.; Sarquis, J.L.; *Making Radial Chromatography Creative Chromatography - or Fun Flowers on Fabrics.* J. Chem. Educ, 69(12), 979-980, 1992.

Benini, O.; Cervellati, R.; Fetto, P.; *The BZ Reaction: Experimental and Model Studies in the Physical Chemistry Laboratory.* J. Chem. Educ. 73(9), 865-868, 1996.

Bessler, K. E.; Química em tubos de ensaio. 1. Ed. São Paulo: Edgard Blücher Ltda, 2004.

BIPM statement: Information for users about the proposed revision of the SI (PDF). Archived (PDF) from the original on 21 January 2018. Retrieved 5 May 2018. Disponível em: https://en.wikipedia.org/wiki/2019_redefinition_of_the_SI_base_units.

Boulanger, M. M.; *The Color Blind Traffic Light.* J. Chem. Edu. 55(9), 584-585, 1978.

Bowers, P. G.; Noyes, R. M.; *Gas Evolution Oscillators. 1. Some New Experimental Examples.* J. Am. Chem. Soc. 105(9), 2572-2574, 1983.

Bowers, P. G.; Rawji, G.; *Oscillatory Evolution of Carbon Monoxide in the Dehydration of Formic Acid by Concentrated Sulfuric Acid.* J. Phys. Chem. 81(16), 1549-1551, 1977.

Bozzelli, J. W.; *A Fluorescence Lecture Demonstration.* J. Chem. Educ. 59(9), 787, 1982.

Bozzelli, J. W.; *The Thermite Lecture Demonstration.* J. Chem. Educ. 56(10), 675-676, 1979.

Braathen, C. *Desfazendo o mito da combustão da vela para medir o teor de oxigênio no ar*. Química Nova na Escola, nº 12, nov, 2000.

Brady, J. E.; Holum, J. R.; Chemistry: The Study Of Matter and Its Changes. New York: John Wiley & Sons, 1993.

Bramwel, F. B.; Spinner, M. L.; *Phophosrescence: A Demonstration.* J. Chem. Educ. 54(03), 167-168, 1977.

Bramwell, F. B.; Goodman, S.; Chandross, E. A.; Kaplan, M.; *A Chemiluminescence – Oxalyl Chloride Oxidation.* J. Chem. Educ. 56(2), 111, 1979.

Bray, W. C.; *A Periodic Reaction in Homogeneous Solution and its Relation to Catalysis.* J. Am. Chem. Soc. 43(6) 1262-1267, 1921.

Brice, L.K.; *Rossini, William Tell and the Iodine Clock Reaction: A Lecture Demonstration.* J. Chem. Educ. 57 (2), 152, 1980.

Briggs, T. S. *Spontaneous Combustion of Familiar Substances in chlorine.* J. Chem. Educ, 59(9), 788, 1982.

Briggs, T. S.; Rauscher, W. C.; *An Oscillating Iodine Clock.* J. Chem. Educ. 50, 496, 1973.

Brown, T. L.; Química: a Ciência Central. 9ª ed. São Paulo: Pearson Prentice Hall, 2005.

Buchholz, F. L.; *Superabsorbent Polymers – An Idea Whose Time Has Come.* J. Chem. Educ. 73(6), 512-515, 1996.

Burnett, M. G.; *The Mechanism of the Formaldehyde Clock Reaction – Methylene Glycol Dehydration.* J. Chem. Educ. 59(2), 160-162, 1982.

Busse, H. G.; *A Spatial Homogeneous Chemical Reaction.* J. Chem. Educ. 73, 750, 1969.

Campbell, J. A.; *Por Que Ocorrem Reações Químicas.* São Paulo: Edgard Blucher, 1965.

Cassen, T.; *Faster Than a Speeding Bullet – A freshman kinetics experiment.* J. Chem. Educ. 53(3), 197-198, 1976.

Chalmers, J. H.; Bradbury, M. W.; Fabricant, J. D.; *A Multicolored Luminol-Based Chemiluminescence Demonstration.* J. Chem. Educ. 64(11), 969, 1987.

Church, J. A.; Dreskin, S. A.; *On the Kinetics of Color Development in the Landolt ("Iodine Clock") Reaction.* J. Chem. Educ. 72(4), 1387-1390, 1968.

Clark, C. *A Stopped-Flow Kinetics Experiment for Advanced Undergraduate Laboratories: Formation of Iron(III) Thiocyanate.* J. Chem. Educ. 74(10), 1214-1217, 1997.

Clyde, D. D.; *Dynamite Demo.* J. Chem. Educ. 72(12), 1130.1995.

Coichev, N.; Eldik, R. V. *A Fascinating Demonstration of Sulfite-Induced Redox Cycling of Metal Ions Initiated by Shaking.* J. Chem. Educ., 71(9), 767-768, 1994.

Cortel, A.; *Equilibrium with Fried Eggs of PbI_2 and $KPbI_3$.* J. Chem. Educ. 74(3), 297, 1997.

Cotton, F. A.; Wilkinson, G.; Química Inorgânica. Rio de Janeiro: Livros Técnicos e Científicos, 1978.

Cox, M. B.; A *Safe and Easy Classroom Demonstration of the Generation of Acetylene Gas.* J. Chem. Educ, 71(3), 253, 1994.

CRC Handbook of chemistry and physics (CRC handbook), 84th ed. Edited by David R. Lide. CRC Press, Boca Raton, Florida, 2004.

Da Silva, R. R.; Bocchi, N.; Filho, R. C. R.; Introdução à Química Experimental, McGraw-Hill, 296 p., 1990.

Dalby, D. K.; *Bigger and Brighter Flame Tests.* J. Chem. Educ. 73(1), 80-81, 1996.

Degn, H.; *Oscillating Chemical Reactions in Homogeneous Phase.* J. Chem. Educ., 49(5), 302-307, 1972.

DeLuca, J. A.; *An Introduction to Luminescence in inorganic Solids.* J. Chem. Educ., 57(8), 541-545, 1980.

Driscoll, J. A.; *Visible Ion Exchange Demonstration for Large or Small Lecture Halls.* J. Chem. Educ., 73(7), 640-641, 1996.

Elsworth, F. J.; *Entertaing Chemistry.* J. Chem. Educ. 72(12), 1128-1130, 1995.

Emsley, J.; Moléculas em Exposição. São Paulo: Edgard Blücher Ltda, 2001.

Epp. D. N.; *Teas as Natural Indicators.* J. Chem. Educ, 70(4), 326, 1993.

Epstein, I. R.; Kustin, K.; De Kepper, P.; Orbán, M.; *Oscillating Chemical Reactions.* Sci. Amer, 248(3), 96-108, 1983.

Epstein, I.R. *Traveling Waves in the Arsenite-Iodate System.* J. Chem. Educ. 60(6), 494-496, 1983.

Faria, R. de B.; Epstein, I. R.; Kustin, K.; *The Bromite-Iodide Clock Reaction.* J. Am. Chem. Soc, 114, 7164-7171, 1992.

Fenster, A. A.; Harpp, D. N.; Schwarcz, J. A.; *A Versatile Demonstration with Calcium Carbide* J. Chem. Educ., 64(5), 444. 1987.

Field, R. J.; *A Reaction Periodic in Time and Space– A lecture demonstration.*, J. Chem. Edu., 49(5), 308-311, 1972.

Fortman, J. J.; Stubbs, K. M.; *Demonstrations with Red Cabbage Indicator.* J. Chem. Educ, 69(1), 66, 1992

Fortman, J. J; Schreler, J.A.; *Some Modified Two-Color Formaldehyde Clock Salutes for Schools With Colors of Gold and Green or Gold and Red.* J. Chem. Educ., 68(4), 324, 1991.

Freitas, V.; *O mundo colorido das antocianinas,* Rev. Ciência Elem., 7(2):017, 2019.

Ganapathisubramanian, N.; Noyes, R. M.; *Oscillatory Oxygen Evolution during Catalyzed Disproportionation of Hydrogen Peroxide.* J. Phys. Chem., 85, 1103-1105, 1981.

Garritz, A.; Chamizo, J. A.; Química, São Paulo: Pearson Education do Brasil, 625 p., 2002.

Gaspar, A.; *Experiências de Ciências.* São Paulo: Editora Ática, 325 p. ,2003.

Guenther, W. B.; *Density Gradient Columns for chemical displays.* J. Chem. Educ., 63(2), 148-150, 1986.

Hawkes, S. J.; *All Positive ions Give Acid Solutions in Water,* J. Chem. Educ., 73(6), 516-517, 1996.

Herrmann, M. S.; *Testing the Waters for Chromium.* J. Chem. Educ. 71(4), 323-324, 1994.

Hutchison, S. G.; Hutchison, F. I.; *Radioactivity in Everyday Life,* J. Chem. Educ. 74(5), 501-505, 1997.

Hutton, A. T.; *The Yellow-Blue Photochromism of Mercury(II) Dithizonate.*, J. Chem. Educ., 63(10), 888-889, 1986.

IFA – Institut für Arbeitsshutz der Deutschen Gesetzlichen Unfallversicherung. Disponível em: https://gestis.dguv.de/data?name=125150&lang=en. Acesso em: 03 agosto 2021.

IUPAC 2007, *Quantities, Units and Symbols in Physical Chemistry*: 2nd Printing, IUPAC & RSC Publishing: Cambridge (UK). Versão para o Português: *Grandezas, unidades e símbolos em físico-química*/E. Richard Cohen ... [et al.]; tradução de Romeu C. Rocha-Filho e Rui Fausto (coords.). – São Paulo: Sociedade Brasileira de Química, 2018. 272 p.

Jimeno, S. A.; Análisis cualitativo inorgânico – sin empleo del H_2S. 5 ed. Madrid: Paraninfo, 1993. 206 pg.

Jolly, W. L.; *The induction by Iron (II) of the Oxidation of Iodide by Dichromate.* 64(5), 444-445, 1987.

Kelly, T. R.; *A Simple Colorful Demonstration of Solubility and Acid/Base Extraction Using a Separatory Funnel.* J. Chem. Educ. 70(10), 848-849, 1993.

Kelter, P. B.; Carr, J. D.; Johnson, T.; Castro-Acuña, C. M.; *The Chemical and Educational Appeal of the Orange Juice Clock*, J. Chem. Educ. 73(12), 1123-1127, 1996.

Khodakov, Iu. V.; Epstein, D. A.; Glorióozon, P. A.; *Química 1: Inorgânica,* Moscow: Editora Mir Moscovo, 275 p., 1986.

Khodakov, Iu. V.; Epstein, D. A.; Glorióozon, P. A.; *Química 2: Inorgânica,* Moscow: Editora Mir Moscovo, 207 p., 1984.

Kistler, S. S.; *Coherent expanded aerogels and jellies.* Nature, 127, 741, 1931.

Kolb, D.; *Oscillating Reactions.*, J. Chem. Educ. 65(11), 1004, 1988.

Kolb, D.; *Oxidation States of Manganese.* J. Chem. Educ. 65(11), 1004-1005, 1988,

Körös, E.; Orbán, M.; *Uncatalysed oscillatory Chemical Reactions.* Nature, 273, 371-372, 1978.

Kumar, Y. & Saxena, D. *A Review on Starch Aerogel: Application and Future Trends.* 8th International Conference on Advancements in Engineering and Technology (ICAET), março 2020. ISBN: 978-81-924893-5-3.

Lambert, J.L.; Fina, G. T.; *Iodine Clock Reaction Mechanisms.* J. Chem. Educ., 61(12), 1037-1038, 1984.

Lefelhocz, J. F.; *The Color Blind Traffic Light – An undergraduate kinetics experiment using an oscillating reaction.* J. Chem. Edu., 49(5), 312-314, 1972.

Lei, L.; Yao, X.; Xin, X. *Classroom Demonstration of Solid State Reaction at Room Temperature.* J. Chem. Educ., 73(11), 1018, 1996.

Letcher, T. M.; Sonemann, A. W.; *A Lemon-Powered Clock*, J. Chem. Educ., 69(2), 157-158, 1992.

Lisensky, G. C.; Patel, M. N.; Reich, M. L.; *Experiments with Glow-in-the-Dark Toys: Kinetics of Doped ZnS Phosphorescence.* J. Chem. Educ., 73(11), 1048-1052, 1996.

Marquardt, R.; Meija, J.; Mester, Z.; Towns, M.; Weir, R.; Davis, R.; Stohner, J.; *Definition of the mole (IUPAC Recommendation 2017).* Pure Appl. Chem. 2018; 90(1): 175–180.

Masterton, W. L.; Slowinski, E. J.; Stanitski, C. L.; Princípios de Química. 6. ed. Rio de Janeiro: Livros Técnicos e Científicos, 1990.

Mateus, A. L.; Química na Cabeça: Experiências espetaculares para você fazer em casa ou na escola. Belo Horizonte: Editora UFMG, 128p., 2001.

Mateus, A. L.; Química na Cabeça 2: Mais experimentos espetaculares para fazer em casa ou na escola. Belo Horizonte: Editora UFMG, 119p., 2010.

Mebane, R. C.; Rybolt, T. R.; *Edible Acid-Base Indicators.* J. Chem. Educ., 62(4), 285, 1985.

Meyer, W. M.; *Estudo da ignição hipergólica do peróxido de hidrogênio concentrado com um combustível catalíticamente promovido.* 2017. Relatório final de projeto de iniciação científica, Instituto Nacional de Pesquisa espaciais/MCTI. Disponível em: http://mtc-m21 c.sid.inpe.br/col/sid.inpe.br/mtc-m21c/2020/06.05.18.30/doc/meyer_estudo.pdf. Acesso em 11 julho 2021.

Mishra, H. C.; Singh, C. M.; *Belousov's Oscillating Reaction in Acidic Medium Other Than Sulfuric Acid.* J. Chem. Educ., 54(6), 377, 1977.

Mitchell, R. S.; *Iodine Clock Reaction.* J. Chem. Educ. 73(8), 783, 1996.

Mohan, A. G.; Turro, N. J.; *A Facile and Effective Chemiluminescence Demonstration Experiment.* J. Chem. Educ., 51(8), 528-529, 1974.

Moore, H.; Moore, E. B.; *The Rainbow Reaction: pH and Universal Indicator Solution.* J. Chem. Educ., 70(5), 406-407, 1993.

Morse, J. G. *A Simple Demonstration Model of Osmosis.* J. Chem. Educ. 76(1), 64-65, 1999.

Moss, A.; *The Landolt, "Old Nassau", and Variunt Reactions.* J. Chem. Educ., 55(4), 244-245, 1978.

Mueller, H.; Souza, D.; Química Analítica Qualitativa Clássica. 2 ed. rev. e ampl. Blumenau: Edifurb, 2016. 408 p.

Nascimento, R. F. F.; Silva Filho, C. I.; Ruiz-Crespo, A. G.; Alves Junior, S.; Preparação e Caracterização de Merocianinas Derivadas de Espiropirano Ativadas por Foto/ Ionocromismo. Research, Society and Development, 11(5), e53511528661, 2022.

Nassau, K.; *The Causes of Color.* Sci. Am., 106-123, 1980.

Oliveira, A. P. and Faria, R. B. ; *The chlorate-iodine clock reaction.* J. Am. Chem. Soc. 127 (51): 18022-18023, 2005.

Orbán, M.; De Kepper, P.; Epstein, I. R.; *An Iodine-Free Chlorite-Based Oscillator. The Chlorite-Thiosulfate Reaction in a Continiuous Flow Stirred Tank Reactor.* J. Phys. Chem., 86(4), 431-433, 1982.

Orbán, M.; *Stationary and Moving Structures in Uncatalyzed Oscillatory Chemical Reactions.* J. Amer. Chem. Soc. 102(13), 4311-4314, 1980.

Orbán, M.; De Kepper, P.; Epstein, I. R.; *New family of homogeneous chemical oscillators: chlorite-iodite-substrate.* Nature. 292(27), 816-818, 1981.

Phillips, D. B.; *A Very Rapidly Growing Sillicate Crystal*, J. Chem. Educ, 65(5), 453-454, 1988.

Ramaswamy, R.; Swamy, C. S.; Doss, K. S. G.; *Oscillations in the Iodate-Mn^{2+} System: Apparent Energy of Activation.* J. Chem. Educ. 56(5), 321, 1979.

Rastogi, R. P.; Das, I.; Sharma, A.; *Crystal Morphology and Pattern Formation – Some Additional Experiments*, J. Chem. Educ., 71(8), 694-695, 1994.

Rauhut, M. M.; *Chemiluminescence from Concerted Peroxide Decomposition Reactions.* 2, 80-87, 1969.

Raw, C. J. G.; Kubik, J. P.; Tecklenburg, R. E.; *Color Oscillations in the Formic Acid-Nitric Acid-Sulfuric Acid System.* J. Chem. Educ. 1994.

Rayleigh, R. H. L.; *The Glow of Phosphorus.* Nature, 114(2869), 612-614, 1924.

Reynolds, R. C.; Comber, R. N.; *The ABC's of Chromatography – A Colorful Demonstration*, J. Chem. Educ, 71(12), 1075-1077, 1994.

Roesky, H. W.; *Chemistry "in Miniature".* J. Chem. Educ. 74(4), 399-400, 1997.

Russel, J. B.; Química Geral: Volume 2. São Paulo: Makron Books, 1994.

Russell, R. A.; Switzer, R. W.; *The Cola Clock: A New Flavor to an Old Classic.* J. Chem. Educ. 64(5), 445, 1987.

Salter, C.; Range, K.; Salter, G.; *Laser-Induced Fluorescence of Lightsticks.* 76(1), 84-85, 1999.

Scott, S. K.; *Oscillations, Waves, and Chaos in Chemical Kinetics,* series sponsor ZENEZA. Ney York: Oxford Science publications, 92 p., 1994.

Shakhashiri, B. Z.; *Chemical Demonstrations: a handbook for teacher of chemistry.* Madison: The University of Wisconsin Press, vol. 1 (1983), vol. 2 (1985), vol. 3 (1989), vol.4 (1992) and vol. 5 (2011).

Shakhashiri, B. Z.; Williams, L.G.; Dirreen, G. E.; Francis, A.; *"Cool-Light" Chemiluminescence.* J. Chem. Educ. 58(1), 70-72, 1981.

Sharbaugh III, A.H.; Sharbaugh Jr, A.H.; *An Experimental Study of the Liesegang Phenomenon and Crysatl Growth in Silica Gel*, J. Chem. Educ., 66(7), 589-594, 1989.

Shigematsu, E.; *A Few Chemical Magic Tricks Based on the Clock Reaction.* J. Chem. Educ., 56 (3), 184, 1979.

Showalter, K.; Noyes, R. M.; *Oscillations in Chemical Systems. 15. Deliberate Generation of Trigger Waves of Chemical Reactivity.* J. Am. Chem. Soc., 98(12), 3730-3731, 1976.

Silva, P. P.; Guerra, W.; *Platina.* Quim. Nova na Escola, 32(2), 2010.

Silva, V. D; *Problema no ensino do equilíbrio de fases condensadas.* Quím. Nova na Escola, 42(4), 368-372, 2020.

Slabaugh; Parsons; Química Geral. Rio de Janeiro: Livros Técnicos e Científicos, 277p., 1976.

Smith, P. E.; Johnston, K.; Reason, D. M.; Bodner G. M., *A multicolored luminescence Demonstration.* J. Chem. Educ. 69 (10), 827-829, 1992.

Snehalatha, T.; Rajanna, K. C.; Saiprakash, P. K.; *Methylene Blue-Ascorbic Acid – An Undergraduate Experiment in Kinetics.*, 74(2), 228-233, 1997.

Snyder, C. A.; Snyder, D. C.; *Simple Soda Bottle Solubility and Equilibria.* 69(7), 573, 1992.

Solomon, s.; hur, C.; Lee, A.; Smith, K.; *Quick Method for Making Colored-Flame Flash Paper.* J. Chem. Educ. 72(12), 1133-1134, 1995.

Stick, R. V.; Mocerino, M. *Sodium Chloride Revisited.*, J. Chem. Educ., 73(6), 539-539, 1996.

Suib, S.L.; *Crystal Growth in Gels.* J. Chem. Educ, 62(1), 81-82, 1985.

Taylor, L. C.; *Burning Phosphorus under Water Safely.* J. Chem. Educ., 74(9), 1074, 1997.

Teggins, J.; Mahaffy, C.; *Kinetics Studies Using a Washing Bottle.* J. Chem. Educ, 74(5), 566, 1997.

Thomas, N. C.; *A Chemiluminescent Ammonia Fountain.* J. Chem. Educ., 67(4), 339, 1990.

Tsvetkov, L. A.; Química 3: Orgânica, Moscow: Editora Mir Moscovo, 232 p., 1987.

Ulbricht M.; *Advanced Functional Polymer Membranes.* Polymer, 47, 2217-2262, 2006.

Vasconcellos, F. A.; Paula, W. X.; *Aplicação forense do luminol – uma revisão*. Revista Criminalística e Medicina Legal, 1(2), 28-36, 2017.

Vella, A. J.; *Laboratory Explosion Danger from Mixing Magnesium and Copper Oxide*. J. Chem. Educ. 71(4), 328, 1994.

Ward, T. C.; *Molecular Weight and Molecular Weight Distributions in Synthetic Polymers*. J. Chem. Educ. 58(11), 867-879, 1981.

Watkins, K. W.; Distefano, R.; *The Arsenic (III) Sulfide Clock Reaction*. J. Chem Educ., 64(3), 255-257, 1987.

Weaver, G. C. Kimbrough, D. R.; *Colorful Kinetics.* J. Chem. Educ.73(3), 256. 1996.

Weimer, J. J.; *An Oscillating Reaction as a Demonstration of Principles Applied in Chemistry and Chemical Engineering*. J. Chem. Educ. 71(4), 325-327, 1994.

Whitaker, R. D.; McGarian, T.; *The Ketene Generator: Simultaneous exo-endothermic reactions*. J. Chem. Educ. 53(12), 776, 1976.

White, E. H.; *An efficient chemiluminescent system and a chemiluminescent clock reaction*. J. Chem. Educ., 34 (6), 275, 1957.

Wikipedia. Propelente Hipergólico. Disponível em: https://ao.melayukini.net/wiki/Hypergolic_propellant. Acesso em: 11 julho 2021.

Winfree, A. T.; *Spiral Waves of Chemical Activity*. Science. 634-635, 1972.

Wright, S. W.; *Pyrotechnic Reactions without Oxygen*. J. Chem. Educ, 71(3), 251-252, 1994.

Zaikin, A. N.; Zhabotinsky, A. M.; *Concentration Wave Propagation in Two-dimensional Liquid Phase Self-oscillating system*. Nature. 225, 535-537, 1970.

Zhou, R. E.; *How to Offer the Optimal Demonstration of the Electrolysis of Water*. J. Chem. Educ. 73(8), 786-787, 1996.

ALGUNS SITES DA INTERNET CONSULTADOS:

BRASIL ESCOLA. Funções oxigenadas. Disponível em:
https://brasilescola.uol.com.br/quimica/funcoes-oxigenadas.htm. Acesso em: 10 abr. 2024.

BRASILESCOLA. Fósforo (P). Disponível em:
https://brasilescola.uol.com.br/quimica/fosforo.htm. Acesso em: 10 fev. 2022.

CHEMISTRY LEARNER. It's all about Chemistry. Disponível em:
https://www.chemistrylearner.com/baeyers-reagent.html. Acesso em 10 abr. 2024.

HIDROSILO. Porque parar de usar poliacrilato de sódio na agricultura. Disponível em:
https://hidrosilo.com/porque-parar-de-usar-poliacrilato-de-sodio-na-agricultura/. Acesso em: 17 mar. 2022.

PHONEARENA. Batteries that can't explode and last a lifetime are on the horizon. Disponível em:
https://www.phonearena.com/news/Game-changing-battery-technologies_id101570. Acesso em: 17 mar. 2022.

QNINT. Cromatografia. Disponível em:
http://qnint.sbq.org.br/novo/index.php?hash=conceito.33. Acesso em: 10 fev. 2022.

QNINT. Pilhas e Baterias: Funcionamento e Impacto Ambiental. Disponível em: http://qnint.sbq.org.br/qni/popup_visualizarConceito.php?idConceito=45&semFrame=1. Acesso em: 10 fev. 2022.

SCIENTIFICUS. Reação Relógio. Disponível em: https://scientificusblogpt.wordpress.com/2019/04/12/reacao-relogio/. Acesso em 17 abr. 2004

SILVA, Úrsula Monteiro da. Veículos elétricos - contribuições e impactos no setor energético. Disponível em: https://repositorio.uft.edu.br/bitstream/11612/2909/1/%C3%9Arsula%20Monteiro%20da%20Silva%20-%20TCC.pdf. Acesso em: 30 mar. 2022.

TECNOLÓGICA, Inovação. Bateria de lítio-ar funciona em ar ambiente pela primeira vez. Disponível em: https://www.inovacaotecnologica.com.br/noticias/noticia.php?artigo=bateria-litio-ar-funciona-ar-ambiente-pela-primeira-vez&id=010115180405#.Ylcg8vrMKUk. Acesso em: 17 jan. 2022.

UNESP. Diagrama de Hommel. Disponível em: https://www.google.com/search?q=diagrama+de+hommel&sitesearch=https%3A%2F%2Fwww2.unesp.br. Acesso em: 12/12/2021

WIKIPEDIA. Gel permeation chromatography. Disponível em: https://en.m.wikipedia.org/wiki/Gel_permeation_chromatography#:~:text=Gel%20permeation%20chromatography%20(GPC)%20is,1955%20by%20Lathe%20and%20Ruthven. Acesso em: 17 fev. 2022.

YOUTUBE, Hidrosilo -. Tipos de Gel de Plantio do Mercado - Qual é o melhor para sua plantação. Disponível em: https://www.youtube.com/watch?v=Pe0h0FxSk34. Acesso em: 10 mar. 2022.

APÊNDICE 1: Tabela Periódica

CLASSIFICAÇÃO PERIÓDICA DOS ELEMENTOS

(com massas atômicas referidas ao isótopo 12 do carbono)

APÊNDICE 2: Massa molares de elementos e compostos

Massas molares dos elementos químicos baseados no isótopo $^{12}C = 12$ (g mol^{-1})

Elemento	Símbolo	Z	*M*	Elemento	Símbolo	Z	*M*
Alumínio	Al	13	26,982	Ferro	Fe	26	55,847
Antimônio	Sb	51	121,76	Flúor	F	9	18,998
Arsênio	As	33	74,922	Fosforo	P	15	30,974
Bário	Ba	56	137,33	Hélio	He	2	4,0026
Bismuto	Bi	83	208,98	Hidrogênio	H	1	1,0079
Bromo	Br	35	79,904	Iodo	I	53	126,90
Cádmio	Cd	48	112,41	Magnésio	Mg	12	24,305
Cálcio	Ca	20	40,078	Manganês	Mn	25	54,938
Carbono	C	6	12,011	Mercúrio	Hg	80	200,59
Cério	Ce	58	140,12	Molibdênio	Mo	42	95,94
Chumbo	Pb	82	207,2	Níquel	Ni	28	58,693
Cloro	Cl	17	35,453	Nitrogênio	N	7	14,007
Cobalto	Co	27	58,933	Oxigênio	O	8	15,999
Cobre	Cu	29	63,546	Potássio	K	19	39,098
Crômio	Cr	24	51,996	Prata	Ag	47	107,87
Enxofre	S	16	32,066	Silício	Si	14	28,086
Estanho	Sn	50	118,71	Sódio	Na	11	22,990
Estrôncio	Sr	38	87,62	Zinco	Zn	30	65,39

Massas molares aproximadas de alguns compostos (g mol-1)

Comp.	*M*	Composto	*M*	composto	*M*	Comp.	*M*
AgCl	143,32	$CO(NH_2)_2$(uréia)	60,05	KCN	65,12	NaI	149,89
Ag_2CrO_4	331,74	CuO	79,54	KCNS	97,18	$NaNO_2$	69,00
AgI	234,77	$CuSO_4.5H_2O$	249,68	KCl	74,56	$NaNO_3$	85,00
$AgNO_3$	169,88	Fe_2O_3	159,69	$KClO_3$	122,55	NaOH	40,00
Al_2O_3	101,96	Fe_3O_4	231,54	K_2CrO_4	194,20	Na_3PO_4	163,95
$Al(OH)_3$	78,00	$Fe(OH)_2$	89,87	$K_2Cr_2O_7$	294,20	Na_2S	78,04
$Al_2(SO_4)_3$	342,15	$Fe(OH)_3$	106,87	$K_3Fe(CN)_6$	329,26	Na_2SO_3	126,04
As_2O_3	197,84	FeS	87,91	$K_4Fe(CN)_6$	368,36	Na_2SO_4	142,04
As_2O_5	229,84	$FeSO_4.7H_2O$	278,02	KI	166,00	NH_3	17,03
$BaCO_3$	197,35	H_3BO_3	61,83	KIO_3	214,00	NH_4Cl	53,49
$BaCl_2$	208,24	$HCHO_2$ (ác. fórmico)	46,03	$KMnO_4$	158,04	P_2O_5	141,95
$Ba(OH)_2$	171,36	$HC_2H_3O_2$ (ác. acético)	60,05	KNO_3	101,11	$PbCO_3$	267,20
$BaSO_4$	233,40	$H_2C_2O_4.2H_2O$ ác. oxál.	126,07	KOH	56,11	PbI_2	461,00
$CaCO_3$	100,09	$H_2C_4H_4O_6$ (ác. tartár.)	150,09	$MgCO_3$	84,32	$Pb(NO_3)_2$	230,40
CaC_2O_4	128,10	HCl	36,46	$Mg(OH)_2$	58,33	PbS	239,25
CrO_3	99,99	HF	20,01	$MgSO_4$	120,37	$PbSO_4$	303,25
CaO	56,08	HNO_3	63,02	MnO_2	86,94	SiO_2	189,60
$Ca(OH)_2$	74,10	H_2O_2	34,02	MnS	87,00	$SnCl_2$	150,69
$CaSO_4$	136,14	H_3PO_4	97,99	NaBr	102,90	$SrSO_4$	183,68
CO	28,01	H_2S	34,08	Na_2CO_3	105,99	TiO_2	79,90
CO_2	44,01	H_2SO_4	98,08	$Na_2C_2O_4$	134,00	ZnS	97,43
Cr_2O_3	151,99	KBr	119,01	NaCl	58,44	$ZnSO_4$	161,45
$Cu(NO_3)_2$	187,54	$(NH4)_2Ce(SO_4)_3.2H_2O$	500,41	$NaHCO_3$	84,01		

APÊNDICE 3: Algumas informações de Produtos Químicos

(diagrama de Hommel: extraído de https://www2.unesp.br/)

Ácido Clorídrico concentrado (HCl)

Propriedades físicas e químicas	**Estado físico:** Líquido **Cor:** Incolor a amarelado **Odor:** Pungente e irritante **pH:** próximo de zero, fortemente ácido. **Ponto de ebulição:** 108,6 °C a 20,2% **Ponto de fusão:** -35°C **Ponto de fulgor:** Não inflamável **Densidade:** 1,15 g/cm3 **Solubilidade em água:** solúvel em qualquer proporção **Solubilidade em outros solventes:** solúvel em álcool	
Reatividade	**Instabilidade:** Sob condições normais de uso é considerado estável. **Reações perigosas:** Evite o contato do produto com álcalis fortes e metais alcalinos. **Condições a evitar:** Altas temperaturas, contato direto com metais. **Substâncias incompatíveis:** bases fortes (NaOH), aminas, agentes oxidantes, matéria orgânica e ácido sulfúrico. **Produtos perigosos da decomposição:** o HC reage com metais para formar gás hidrogênio que é inflamável e explosivo.	
Informações toxicológicas	**Ingestão:** perfuração de estômago e esôfago, queda brusca de pressão. **Inalação:** em doses maciças traqueobronquite, bronquite, edema pulmonar e cianose. **Contato com a pele:** queimadura de difícil cicatrização e dermatose. **Contato com os olhos:** Edema da conjuntiva e destruição da córnea.	0 3 1 COR

Ácido Fórmico (CH_2O_2)

Propriedades físicas e químicas	**Estado físico:** Líquido. **Cor:** Levemente avermelhado. **Odor:** pungente. **pH**: 2,2 a 20 °C (10g/L H_2O). **Ponto de fusão**: -13 °C. **Ponto de ebulição:** 107,3 °C. **Densidade:** 1,195 g/cm³ a 20 °C	
Reatividade	**Instabilidade:** Estável à temperatura ambiente e ao ar. **Reações perigosas**: Cloretos, ácidos, álcalis, agentes oxidantes, anidridos, pós de metais finos, álcool furfurol, H_2O_2, nitrato hidrato de tálio, permanganatos, H_2SO_4. **Condições a evitar:** Luz, calor, em estado gasoso/vapor risco de explosão. **Substâncias incompatíveis**: aminas, álcalis, cloretos, ácidos, agentes oxidantes, isocianatos, anidridos, pós de metais finos, álcool furfurol. **Produtos perigosos de decomposição:** Dióxido e monóxido de carbono.	
Informações toxicológicas	**Ingestão:** Causa severa destruição do trato digestivo. **Inalação**: Pode causar a morte por asfixia através de paralisação respiratória. **Contato com a pele e olhos:** Causa severas irritações.	2 3 0 COR

Ácido Nítrico Concentrado (HNO_3)

Propriedades físicas e químicas	**Estado físico**: Líquido. **Cor:** Incolor a marrom claro. **Odor**: Asfixiante **pH**: Ácido **P.E**: 86 °C. **P.F**:-42 °C. **Solubilidade:** Solúvel em água **Densidade:** 1,507 g/cm³(20 °C).	
Reatividade	**Instabilidade:** se decompõe no ar, em contato com a luz e substâncias orgânicas. **Reações perigosas:** Agente oxidante, concentrado é incompatível com a maioria das substâncias, especialmente, bases fortes, e materiais orgânicos combustíveis. **Condições a evitar:** Contatos com materiais combustíveis e orgânicos, e alguns metais. **Substâncias incompatíveis**: bases fortes, materiais orgânicos combustíveis; oxida materiais como madeira e metais particulados.	
Informações toxicológicas	**Inalação:** irritação das vias aéreas superiores, causando espirros, tosse, dor no tórax, dificuldade respiratória, salivação e tontura, podendo evoluir para edema pulmonar e morte. **Contato com os olhos:** descoloração amarelada e graves queimaduras, risco de cegueira. **Contato com a pele:** irritação moderada a sérias. **Ingestão:** escaras amareladas nos lábios, na língua e no céu da boca, necrose do tubo digestivo, com perfuração gástrica, pode evoluir para asfixia, convulsões e coma.	0 3 1 COR

Ácido Sulfúrico concentrado (H_2SO_4)

Propriedades físicas e químicas	**Estado físico:** Líquido. **Cor**: Incolor a leve amarelado. **pH** 5%: ~0,3 **Odor:** inodoro **Ponto de Fusão:** -15°C. **Densidade**: 1,84 g/cm³ **Ponto de ebulição:** 310 °C. **Solubilidade:** Solúvel em água e etanol.	
Reatividade	**Condições a evitar:** Calor excessivo, materiais combustíveis. **Materiais ou substâncias incompatíveis**: Bases, cloratos, óxidos, hidretos metálicos. **Produtos de decomposição perigosa**: Óxidos de enxofre, gases e fumos tóxicos e irritantes.	
Informações toxicológicas	**Inalação:** Lesões nas mucosas. **Contato com a pele:** queimaduras graves. **Contato com os olhos**: lesões na córnea. **Ingestão**: Lesão da boca e mucosas, queimadura do trato gastrointestinal.	0 3 2 COR

Arsenito de sódio ($NaAsO_2$)

Propriedades físicas e químicas	**Estado:** Sólido. **Cor**: Incolor. **Densidade:** 1,87 g/cm³ **Ponto de fusão:** 150 °C. **Ponto de ebulição**: se decompõe. **Solubilidade em água**: Muito solúvel **pH**: 9,3.
Reatividade	**Condições a serem evitadas**: Forte aquecimento **Substâncias a serem evitadas:** Os reagentes geralmente conhecidos pela água.

Informações toxicológicas	**Inalação:** Venenoso. **Ingestão:** Irritante para a garganta, venenoso se ingerido. **Contato com a pele:** Irritante para a pele.	0 3 2 COR

Cromato de sódio (Na_2CrO_4)

Propriedades físicas e químicas	**Estado físico:** Sólido. **Cor:** Alaranjado. **Odor**: Inodoro. **pH**: Aprox. 3,5 (solução 100g/L de água a 20 °C). **Ponto de fusão:** 398 °C **Ponto de ebulição:** 610 °C **Densidade:** 1400 g/cm^3 a 20 °C **Solubil.**: 130 g/L de água a 20°C.	
Reatividade	**Reatividade:** Forte oxidante, libera calor em contato com agentes redutores e materiais combustíveis podendo causar ignições. **Materiais incompatíveis:** Redutores fortes, materiais inflamáveis ou combustíveis e materiais facilmente oxidáveis (papel, madeira, enxofre, alumínio, etc.). **Produtos de decomposição perigosa:** Libera oxigênio aumentando a combustão.	
Informações toxicológicas	**Inalação:** Pode ser fatal, irritante respiratório. As poeiras podem causar ulcerações às membranas mucosas. **Contato com a pele:** Facilmente absorvido pela pele, severas irritações ou queimaduras. **Contato com os olhos:** Irritações ou queimaduras. **Ingestão:** Pode ser fatal e causar câncer devido ao Cromo (VI).	0 3 2 OXI

Cloreto de mercúrio ($HgCl_2$)

Propriedades físicas e químicas	**Aparência**: Sólido. **Odor:** Inodoro. **Densidade:**5.43 g/cm^3. **Ponto de fusão:** 277 °C. **Ponto de ebulição**: 302 °C. **Solubilidade**: 7.4 g/100 mL (20 °C)	
Reatividade	**Condições a evitar:** Aquecimento forte. **Materiais ou substâncias incompatíveis:** flúor, metais alcalinos. **Produtos de decomposição perigosa:** Em caso de incêndio pode formar cloreto de hidrogênio.	
Informações toxicológicas	**Inalação:** Danifica as mucosas dos tratos respiratório, colapso circulatório, alterações no SNC, envenenamento e até morte. **Ingestão:** Danifica as mucosas dos tratos gastrointestinal, insuficiência renal, alterações no SNC e envenenamento. **Contato com a pele**: Risco de reabsorção cutânea.	0 3 1

Dicromato de Amônio ($(NH_4)_2Cr_2O_7$)

Propriedades físicas e químicas	**Odor:** inodoro. **pH:** (100 g/L H_2O): 3,45 **Ponto de fusão:**180 °C **Solubilidade:** em água: 360 g/L **Densidade:** 2,115 g/cm^3
Reatividade	**Estabilidade química**: Estável. **Evitar**: O aquecimento. **Materiais ou substâncias incompatíveis**: Anidrido acético, hidroxilamina, redutor.
Informações toxicológicas	**Ingestão**: tóxico **Inalação**: tóxico. **Contato com a pele**: Nocivo **Contato com os olhos**: Nocivo. 1 / 2 / 1 / OXI

Dicromato de Potássio ($K_2Cr_2O_7$)

Propriedades físicas e químicas	**Estado físico:** Sólido. **Cor:** Alaranjado **Odor**: Inodoro. **pH**: Aprox. 3,5 (solução 100g/L de água a 20 °C). **Ponto de Fusão:** 398 °C. **Ponto de ebulição:** 610 °C. **Densidade:** 1400 g/L a 20 °C **Solubilidade**: 130 g/L de água a 20°C.
Reatividade	**Reatividade:** Forte oxidante. **Condições a evitar**: Forte aquecimento. **Materiais ou substâncias incompatíveis:** anidridos, substâncias orgânicas inflamáveis, ácido clorídrico.
Informações toxicológicas	**Contato com a pele:** Ulcerações **Inalação**: Ulcerações e cacro no septonasal. **Ingestão:** Tóxico podendo ocorrer lesões renais pelo cromo VI contido. 0 / 4 / 1 / OXI

Enxofre (S)

Propriedades físicas e químicas	**Aparência:** Sólido cristalino, amarelado. **Ponto de Fusão:**119 °C **Ponto de ebulição**: 444,6 °C. **Densidade (relativa à água):** 2,07g/cm^3. **Solubilidade**: Insolúvel em água, solúvel nos solventes orgânicos: benzeno, tolueno, tetracloreto de carbono e dissulfeto de carbono.
Reatividade	**Estabilidade Química:** Estável sob condições usuais de manuseio e armazenamento. Não sofre polimerização. **Substâncias incompatíveis:** Oxidantes fortes, Al, NH_3, Ca, carbetos de zinco, P, halogenados, halogênios, Ni, K, Na NH_4NO_3, perclorato de amônio. **Produtos perigosos da decomposição:** A combustão libera vapores irritantes, corrosivos e tóxicos como e SO_2.

Informações toxicológicas	**Inalação:** Pode causar danos ao sistema respiratório através da exposição repetida ou prolongada. **Contato com a pele e os olhos**: Irritação a pele aos olhos.	2 2 2

Fenol C_6H_5OH)

Propriedades físicas e químicas	**Estado físico**: sólido. **Cor:** translúcido a branco **Odor**: Forte, irritante e característico. **P.F:** 41 °C **P.E**: 182 °C **Densidade:** 1,07 g/cm³ **pH** ≈ 5,0 **Solubilidade**: moderadamente solúvel em água (8,4 g por 100 mL a 20 °C)
Reatividade	**Condições a evitar:** Forte aquecimento e contato com a pele. **Substâncias incompatíveis**: Aldeídos, nitratos/nitritos, agentes oxid. fortes **Produtos perigosos de decomposição:** Por combustão ou decomposição térmica libera gases tóxicos.
Informações toxicológicas	**Ingestão:** Causa severa irritação do trato gastrintestinal, vômitos e náuseas. **Inalação:** Destrutivo para os tecidos das membranas mucosas e trato respiratório superior. **Contatos com a pele**: desenvolve dermatites de contato. **Lesões oculares graves** — 2 4 0 COR

Formaldeído (CH_2O)

Propriedades físicas e químicas	**Estado físico**: Líquido. **Cor:** Incolor. **pH:** 2,0 – 4,0. **Odor**: Forte, irritante e característico. **P.F:** - 92 °C **P.E**: 96 – 111 °C **Densidade:** 1,100 g/cm³ a 1,150 g/cm³ a 20 °C. **Solubilidade**: Solúvel em água
Reatividade	**Condições a evitar:** Calor e fontes de ignição. **Substâncias incompatíveis**: Cloretos, ácidos, álcalis, agentes oxidantes, isocianatos e anidridos. **Produtos perigosos de decomposição:** A queima pode produzir gases tóxicos e irritantes.
Informações toxicológicas	**Ingestão:** Causa severa irritação do trato gastrintestinal, vômitos e náuseas, acidose metabólica e hematúria. **Inalação:** Altas concentrações de vapores de formol podem causar laringite, bronquite. **Contatos com a pele**: desenvolve dermatites de contato. — 2 3 0 COR

Hidróxido de Amônio (NH_4OH)

Propriedades físicas e químicas	**Aparência:** Solução muito volátil, incolor, de cheiro amargo. **Densidade:** 880,00 kg/m³. **Ponto de fusão:** -91,5 °C **Ponto de ebulição:** 24,7 °C. **Solubilidade em água**: Miscível.	
Reatividade	**Instabilidade:** Se decompõe liberando nitrogênio e hidrogênio. **Reações perigosas:** Liberação de calor quando reage com ácido. O produto é incompatível com ácidos, oxidantes fortes, peróxidos, Cl_2 e Br. **Condição a evitar**: Contato com elevadas temperaturas e fogo. **Produtos perigosos de decomposição:** Gases nitrosos tóxicos (NO_x) e amônia.	
Informações toxicológicas	**Ingestão:** Nocivo e causa irritação. **Inalação**: Irritação no trato respiratório. **Contato com a pele:** extrema irritação quando absorvido pela pele.	0 3 1 COR

Hidróxido de Sódio (NaOH)

Propriedades físicas e químicas	**Estado físico:** Sólido **Forma:** Escamas ou blocos **Cor:** Branco **Odor:** Inodoro **pH:** 13,0 a 14,0 **P.F.:** 318°C **P. E.:** 1390°C **d:** 2,13 g/cm³ **Solubilidade em água:** 109 g/100 mL a 20°C	
Reatividade	**Instabilidade:** Em condições normais de uso, é estável. **Reações perigosas:** Reage violentamente com ácidos e outros materiais (principalmente orgânicos e solventes clorados). **Condições a evitar:** Substâncias incompatíveis, que levam ao aumento de temperatura e geração de H_2 e de subst. tóxicas, como Al, Zn, Sn, Cu, aldeídos, solventes clorados e ácidos.	
Informações toxicológicas	Ingestão: Podem causar queimaduras severas e perfurações nos tecidos da boca, garganta, esôfago e estômago. Inalação: Irritação das vias respiratórias. Contato com a Pele e Olhos: Queimaduras severas e destruição dos tecidos, cegueira.	0 3 1 COR

Iodato de potássio (KIO_3)

Propriedades físicas e químicas	**Estado físico**: Sólido **Aparência**: Pó **Odor:** Inodoro **Cor:** Branca ***M*****:** 214 g/mol **P.F.:** 560°C **d**: 3,93 g/cm³ **pH** (sol. saturada 5%): 5,0 a 8,0 **Sol. água a 25°C**: Pouco solúvel.
Reatividade	**Estabilidade Química:** Estável em condições normais. **Produtos de Decomposição:** Vapores tóxicos de Iodo e óxidos. **Materiais Incompatíveis:** Calor; alumínio; peróxidos; agentes redutores, substâncias inflamáveis e combustíveis.

Informações toxicológicas	**Inalação:** Irritação moderada para as vias respiratórias. **Pele olhos:** Irritação moderada. **Ingestão:** Irritação gastrointestinal moderado, náuseas e vômito. **Efeito crônico:** Dor de cabeça	

Mercúrio Metálico (Hg)

Propriedades físicas e químicas	**Aparência:** Líquido denso, prateado. **Odor: Inodoro** **Ponto de ebulição:** 357 °C. **Densidade**: 13,540 g/cm³
Reatividade	**Substâncias incompatíveis:** Acetileno, NH_3, óxido de etileno. **Condições a serem evitadas**: Exposições a altas temperaturas, superfícies metálicas. **Substâncias incompatíveis:** Incompatível com halogênios e oxidantes fortes, bromina, 3-bromopropina, Cl_2, dióxido de cloro, ácido nítrico, ou ácido peróxifórmico,níquel tetracarbonil +O_2 e alcalinos + perclorato de prata (Ag), óxidoetileno, compostos acetilênicos (explosivo), amônia (explosivo), fosfo-dióxido de boro, nitrometano e carbeto de sódio.
Informações toxicológicas	**Inalação**: o vapor do mercúrio é altamente tóxico. **Ingestão**: Queimaduras na boca e na garganta, dor abdominal, vômitos, ulceração corrosiva e diarreia sanguinolenta. **Contato com a pele**: Irritação e queimaduras. **Contato com os olhos**: irritação ocular.

Nitrato de prata ($AgNO_3$)

Propriedades físicas e químicas	**Estado físico:** Cristais. **Cor:** Incolor. **Odor:** Inodoro. **pH:** em 100 g/L H_2O (20 °C) 5,4-6,4 **Ponto de ebulição:** 444 °C **Ponto de fusão:** 212 °C **Densidade:** (20 °C) 4,35 g/cm³. **Densidade bruta:** ~ 2350 kg/m³. **Solub. em água**: (20 °C) 2160 g/L
Reatividade	**Condições a serem evitadas:** Aquecimento muito forte (decomposição). **Substâncias a serem evitadas:** substâncias inflamáveis, oxidáveis, aldeídos, acetileno, amônia, azidas, carbetos, hidrazina e seus derivados, Mg em pó, NaOH, arsênio em forma em pó, álcoois. **Outras informações:** Sensível à luz.
Informações toxicológicas	**Contato com a pele e olhos:** Provoca queimaduras, perigo de cegueira. **Inalação:** Irritação das mucosas, tosse e dificuldade em respirar. **Ingestão:** Lesões corrosivas na boca, faringe, esôfago e aparelho gastrintestinal.

Nitrato de chumbo ($PbNO_3$)

Propriedades físicas e químicas	**Estado físico:** Sólido **Cor:** Incolor **Odor:** Inodoro **pH:** 3 – 4 em 50 g/L **Ponto de fusão:** 458 – 459 °C. **Ponto de ebulição:** 500 °C. **Densidade relativa do vapor:** 4,49 g/cm^3 em 20 °C. **Solubilidade em água:** 486 g/L em 20°C.
Reatividade	**Reatividade:** Explosivo, oxidante forte. **Condições a serem evitadas:** Aquecimento. **Estabilidade química:** Estável em condições ambientes padrão. **Possibilidade de reações perigosas:** Perigo de explosão em presença de: substâncias orgânicas inflamáveis, compostos de amônio, acetatos, álcoois, ésteres.
Informações toxicológicas	**Após a inalação:** Ligeira irritação das mucosas, tosse, absorção. **Contato com a pele e olhos:** irritação. **Após a ingestão:** náuseas e vômitos; absorção. **Depois da absorção:** perturbações do SNC (sistema nervoso central), metahemoglobinémia. 0 3 3

Permanganato de Potássio ($KMnO_4$)

Propriedades físicas e químicas	**Aparência:** Cristal roxo-bronze. **Cheiro:** Sem cheiro **Solubilidade:** 7 g em 100 g de água. **Densidade:** 2.7 g/cm^3 **Ponto de fusão:** 240 °C.
Reatividade	**Estabilidade:** Estável sob as condições normais de uso e estocagem. **Produtos de decomposição**: Fumaça tóxica. **Incompatibilidades:** Metais em pó, álcool, arsenitos, brometos, iodetos, H_2SO_4, compostos orgânicos, enxofre, carvão ativado, hidretos, H_2O_2 (concentrado), hipofosfitos, hiposulfitos, sulfitos, peróxidos e oxalatos. **Evitar:** Calor, chamas, fontes de ignição e incompatíveis.
Informações toxicológicas	**Inalação:** Irritação ao trato respiratório, tosse e dificuldade para respirar. Altas concentrações podem causar edema pulmonar. **Ingestão:** Distúrbios graves do sistema gastrointestinal com possíveis queimaduras e edema. **Contato com a pele:** Queimaduras severas, manchas marrons na área de contato e possível endurecimento da epiderme. Soluções diluídas são levemente irritantes para a pele. **Contato com os olhos:** Irritação severa, visão borrada, podendo causar cegueira. 0 1 0 OXI

Peróxido de Hidrogênio (H_2O_2)

Propriedades físicas e químicas	**Estado físico:** Líquido. **Forma:** Límpido. **Cor:** Incolor. **Odor:** Fraco penetrante. **pH:** < 3,5 a 20 ºC. **Ponto de fusão:** -23 ºC -56 ºC . **Densidade:** 1,101- 1,241 **Solubil. Em água:** completa.	
Reatividade	**Instabilidade:** Estável em temperatura ambiente. Este produto é um oxidante forte e muito reativo. **Reações perigosas:** Perigo de decomposição com a influência do calor. Ao entrar em contato com o produto, impurezas, catalisados de decomposição, sais metálicos, álcalis, e substâncias incompatíveis podem conduzir a decomposição exotérmica autocatalisada e a formação de grandes quantidades de oxigênio e alta pressão, com risco de explosão se o produto estiver confinado. As misturas com substâncias orgânicas poderão apresentar propriedades explosivas. **Condições a evitar:** Evite incidência direta de raios de sol e/ou aquecimento. **Produtos perigosos de composição:** Vapor d´água/oxigênio.	
Informações toxicológicas	**Inalação:** Irritação do nariz e garganta, tosse, e no caso de exposições prolongadas há risco de dor de garganta, perda de sangue p/ nariz. **Contato com a pele:** Pode causar irritação e/ou queimaduras na pele. Irritação e branqueamento passageiro na zona de contato. **Contato com os olhos:** Irritação imensa, lacrimejamento, vermelhidão dos olhos e edema das pálpebras, risco de lesões graves ou permanentes nos olhos. **Ingestão:** risco de queimaduras, perfuração digestiva com estado de choque.	0 2 1 OXI

Pirogalol ($C_6H_6O_3$)

Propriedades físicas e químicas	**Aparência:** Sólido branco. **Odor:** Inodoro. **pH**: 4,0 – 5,0 **Ponto de Fusão:** 130-132 °C. **Ponto de ebulição**: 309°C **Solubilidade em água:** 400g/L	
Reatividade	**Estabilidade Química:** Estável. **Condições a serem evitadas:** Forte aquecimento. **Substâncias incompatíveis:** Metais.	
Informações toxicológicas	**Inalação:** tóxico. **Ingestão**: tóxico **Contato com a pele:** Irritação severa. **Contato com os olhos**: Irritação e perigo de cegueira.	1 3 0

Sódio (Na)

Propriedades físicas e químicas	**Aparência:** Sólido cinzento. **Odor:** Inodoro. **Ponto de Fusão:** 97,8 °C. **Ponto de ebulição**: 883 °C. **Densidade:** 0,968 g/cm³	
Reatividade	**Estabilidade química:** Estável sob as condições recomendadas de armazenamento. **Reações perigosas:** Reage violentamente em contato com a água. **Condições a evitar:** Exposição à humidade. **Substância a evitar:** Oxidantes. **Produtos de decomposição perigosos:** Produtos perigosos de decomposição formados durante os incêndios.	
Informações toxicológicas	**Inalação:** Extremamente destrutivo para os tecidos das membranas mucosas e do trato respiratório superior. **Ingestão**: Provoca queimaduras. **Contato com a pele e olhos:** Causa queimaduras na pele.	3 3 3 COR

Sulfito de Sódio (Na_2SO_3)

Propriedades físicas e químicas	**Aparência:** Branco, granulado. **Densidade:** 2,633 g/cm³ (anidro) 1,561 g/cm³ (heptaidratado). **Ponto de fusão:** 33,4 °C (desidratação do heptaidrato), 500°C (anidro). **Ponto de ebulição:** Se decompõe. **Solubilidade em água:** 67,8 g/100 mL de heptaidrato (18°C).	
Reatividade	**Condições a evitar:** Fontes de calor e fontes de umidade. **Produtos de decomposição perigosa:** Óxidos sulfurosos. **Incompatibilidade:** Ácidos, oxidantes fortes.	
Informações toxicológicas	**Inalação**: Irritação das membranas mucosas e da parte superior do trato respiratório. **Ingestão:** Irritação gástrica pela liberação de ácido sulfuroso. Grandes doses podem resultar em distúrbios circulatórios, diarreia. **Contato com a pele e olhos**: Causa irritação.	0 2 1

APÊNDICE 4: Algumas fotos do projeto Show de Química

https://www.showdequimica.com.br/

www.showdequimica.com.br

SHOW DE
MICA - UFES
A Química

A Química

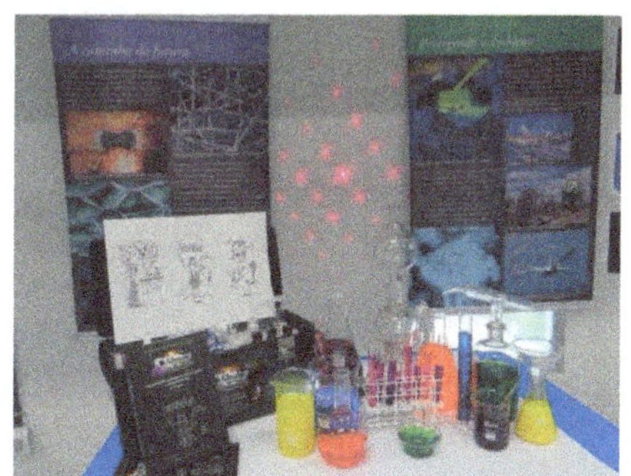

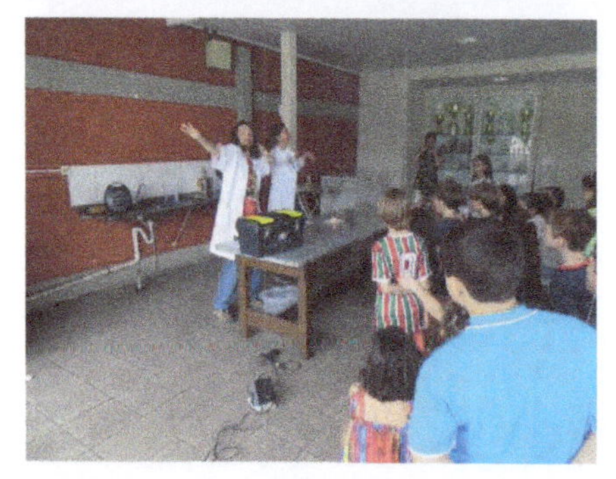

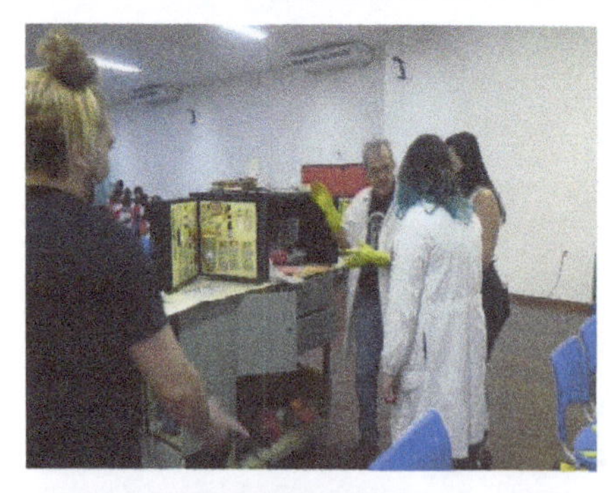

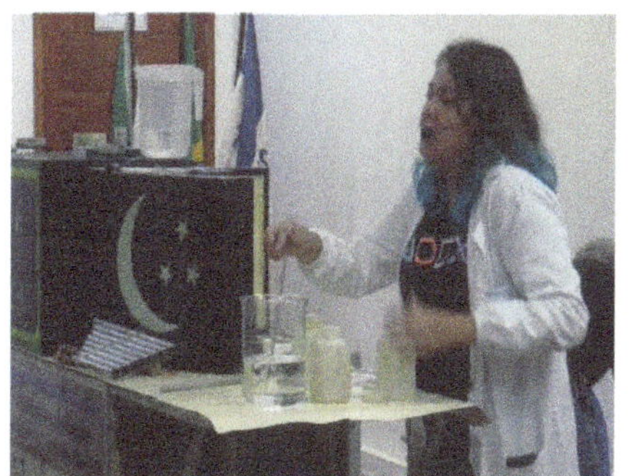

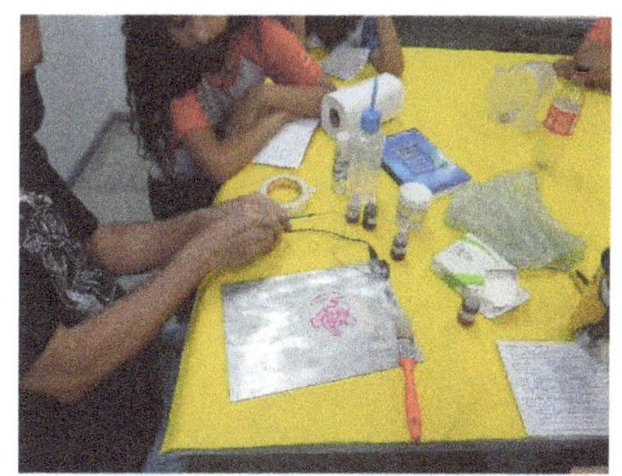

CONTEXTUALIZAÇÃO

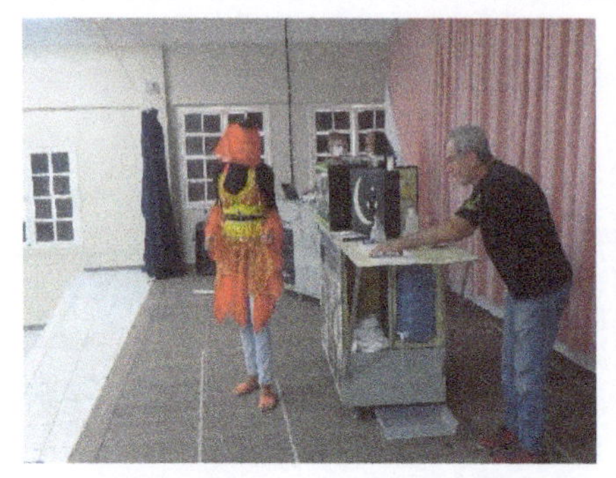

SHOW DE
QUIMICA

SHOW DE
QUIMICA

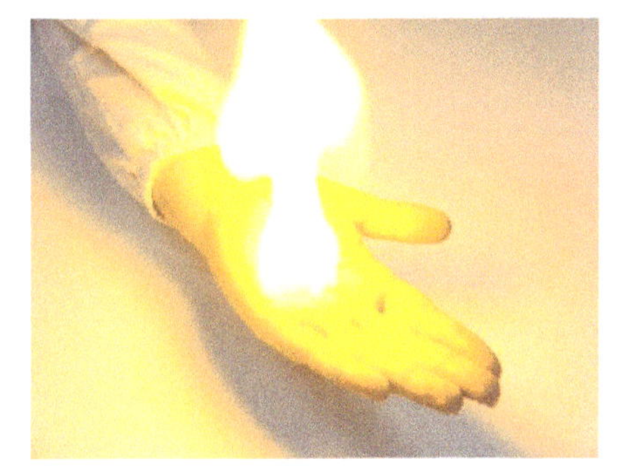

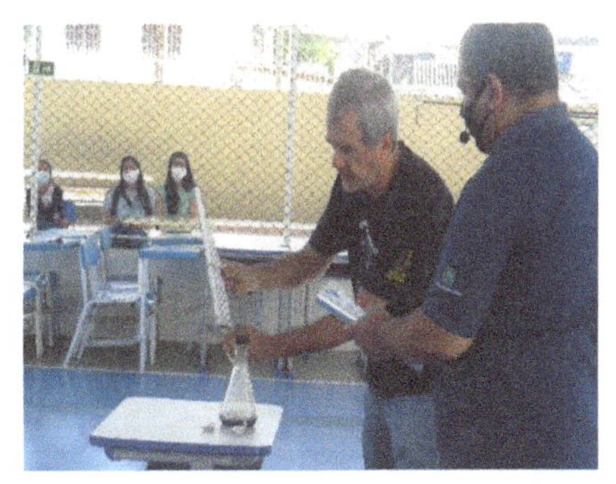

Arrasta pro lado para saber mais!
Tem química aqui?
POR QUE CHORAMOS AO CORTAR CEBOLAS?
@showdequimica

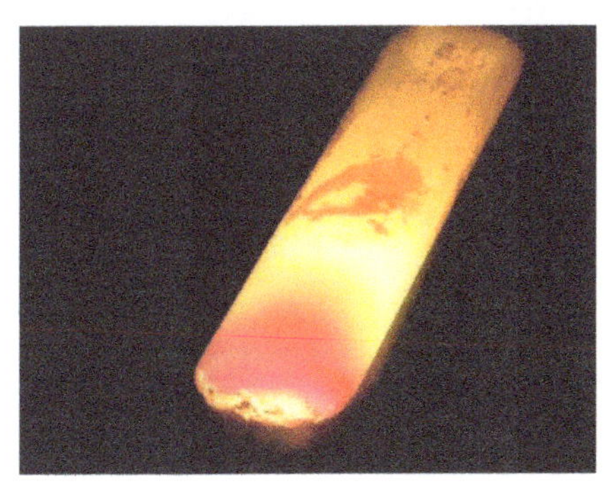

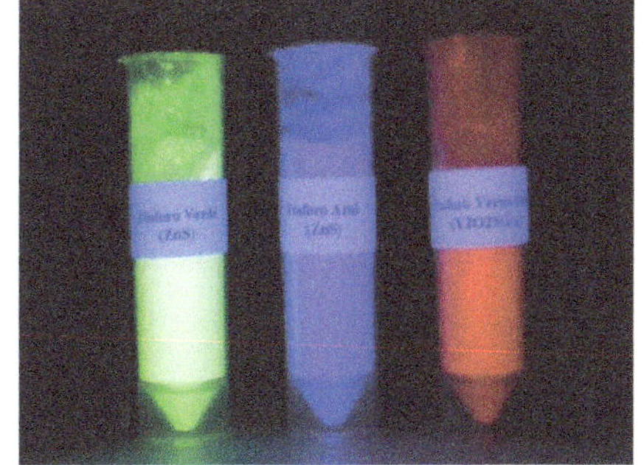

INDÍCE